Eine Arbeitsgemeinschaft der Verlage

Böhlau Verlag · Wien · Köln · Weimar
Verlag Barbara Budrich · Opladen · Toronto
facultas.wuv · Wien
Wilhelm Fink · München
A. Francke Verlag · Tübingen und Basel
Haupt Verlag · Bern · Stuttgart · Wien
Julius Klinkhardt Verlagsbuchhandlung · Bad Heilbrunn
Mohr Siebeck · Tübingen
Nomos Verlagsgesellschaft · Baden-Baden
Ernst Reinhardt Verlag · München · Basel
Ferdinand Schöningh · Paderborn · München · Wien · Zürich
Eugen Ulmer Verlag · Stuttgart
UVK Verlagsgesellschaft · Konstanz, mit UVK / Lucius · München
Vandenhoeck & Ruprecht · Göttingen · Bristol
vdf Hochschulverlag AG an der ETH Zürich

Ingolf Terveer

Mathematik für Wirtschaftswissenschaften

3., überarbeitete und aktualisierte Auflage

UVK Verlagsgesellschaft mbH · Konstanz
mit UVK/Lucius · München

Dr. Ingolf Terveer lehrt am Institut für Wirtschaftsinformatik der Westfälischen Wilhelms-Universität Münster.

Online-Angebote oder elektronische Ausgaben sind erhältlich unter www.utb-shop.de.

Bibliografische Information der Deutschen Bibliothek
Die Deutsche Bibliothek verzeichnet diese Publikation in der Deutschen Nationalbibliografie; detaillierte bibliografische Daten sind im Internet über <http://dnb.ddb.de> abrufbar.

Die 2. Auflage ist unter dem Titel „BWL-Crash-Kurs Mathematik" von Ingolf Terveer erschienen.

Einbandgestaltung: Atelier Reichert, Stuttgart
Einbandmotiv: Shenki, iStockphoto
Druck und Bindung: fgb · freiburger graphische betriebe, Freiburg

UVK Verlagsgesellschaft mbH
Schützenstr. 24 · 78462 Konstanz
Tel. 07531-9053-0 · Fax 07531-9053-98
www.uvk.de

UTB-Nr. 8506
ISBN 978-3-8252-8506-7

Inhalt

Vorwort zur dritten Auflage

In der dritten Auflage wurden größere „Umbauten" vorgenommen. Anlass ist vor allem der von meiner Frau Susanne und mir verfasste und 2011 bei UTB erschienene „Analysis-Brückenkurs für Wirtschaftswissenschaften". Darin wird die schulische Analysis einer Variablen ausführlich wiederholt und an die Bedürfnisse der Wirtschaftswissenschaften angepasst. Daher habe ich mich entschlossen, diese Inhalte im vorliegenden Werk als bekannt vorauszusetzen und nicht aufzunehmen. Statt dessen werden die übrigen Themen breiter und mit mehr Beispielen zu behandelt

- In der linearen Algebra ist vor allem der Abschnitt über Vektoren recht umfassend neugestaltet worden, die Konzepte Linearkombination, lineare Unabhängigkeit und Basis wurden deutlicher herausgestellt; zudem findet sich in diesem Kapitel jetzt auch ein Abschnitt über Projektionen.

- Das Thema Folgen und Reihen wurde um spezifische Aspekte der Finanzmathematik ergänzt.

- Nach dem Wegfall der Schul-Analysis fand der Abschnitt über Differentialrechnung die umfangreichsten Änderungen – beginnend bei einer ausführlichen ökonomischen Einordnung des Begriffs „Funktion mehrerer Variablen" bis zur Ausweitung der Darstellung impliziter Ableitungen.

- Bei der Optimierung ohne Nebenbedingungen finden Sie jetzt eine kurze Darstellung numerischer Verfahren; bei der Optimierung unter Nebenbedingungen schließlich illustrieren mehr typische Beispiele die Herangehensweise beim Randwertvergleich.

Neben dem größeren Format dürfte beim Layout vor allem die Verwendung von Farben zur Hervorhebung in Beispielen, Definitionen ( ), Sätzen, Merksätzen und Schaubildern/Funktionsgraphen auffallen. Hier danke ich dem Verlag, namentlich Herrn Rainer Berger, für zahlreiche wertvolle Hinweise.

Die Aufgaben wurden überarbeitet, ergänzt und finden sich jetzt nach jedem Abschnitt, hervorgehoben durch . Wenn Sie den Stoff des Buches systematisch erarbeiten wollen, so empfehle ich Ihnen, die Aufgaben eines jeden Abschnittes zunächst weitgehend zu lösen, bevor Sie den nächsten Abschnitt angehen. Einige Kapitel schließen zusätzlich mit vertiefenden Aufgaben. Ausführliche Lösungen sind im Web-Auftritt zum Buch verfügbar, kürzere Kontrollergebnisse finden Sie im Anhang ebenso wie drei Übungsklausuren.

Münster, im Oktober 2012 Ingolf Terveer

Vorwort zur zweiten Auflage

Mit der erneuten Auflage des Lehrbuches wurde einige Themen aus Kapitel 6 (Folgen und Reihen) zugunsten einer ausführlicheren Behandlung von Gleichgewichtspreisen beschnitten. Damit verbunden findet sich in Kapitel 7 jetzt eine kurze Einführung in die Wohlfahrtsrechnung als Anwendung der Integralrechnung. Kapitel 8 behandelt die Optimierung unter Nebenbedingungen jetzt in einer organischeren Form: zunächst werden die notwendigen Bedingungen behandelt, so dass der Einstieg in die Lagrange-Methode etwas einfacher fallen sollte; die komplizierteren hinreichenden Bedingungen wurden in einem anschließenden Abschnitt zusammengefasst; das Konzept des Randwertvergleichs wurde dabei auf ökonomische Standardsituationen abgestimmt.

Neben den etwas gestrafften Übungsaufgaben finden Sie nun drei Übungsklausuren, die jeweils den Inhalt des Buches abdecken und für eine Klausurdauer von 120 bis 180 Minuten konzipiert sind.

Die Layoutwünsche des Verlages wurden noch weiter umgesetzt, etwa in Form von Kapitelzusammenfassungen und einer einheitlicheren Verweisform. Dem Symbolverzeichnis folgt zudem eine Übersicht über das griechische Alphabet, das zuweilen in Formeln verwendet wird. Last but not least habe ich etliche Hinweise – in den meisten Fällen auf typografische Unzulänglichkeiten, aber auch auf ein paar ernstere Fehler – erhalten. Den zahlreichen Hinweisgebern, namentlich Herrn Dr. Mirko Kraft, sei an dieser Stelle für ihre Hilfe herzlich gedankt.

Münster, im August 2007   Ingolf Terveer

Vorwort zur ersten Auflage

Dieses Lehrbuch richtet sich an Sie, die Studienanfängerinnen und -anfänger der Wirtschaftswissenschaften. Es ist aus Vorlesungen entstanden, die ich an der Universität Münster für Erstsemester im Fachbereich Wirtschaftswissenschaften halte, und behandelt die Grundlagen der linearen Algebra und der Analysis mit der Ausrichtung auf wirtschaftliche Anwendungen, wie sie in einer ein- bis zweisemestrigen Veranstaltung vermittelt werden.

Die gewählte Darstellung folgt der Systematik der vorgestellten Begriffe und Methoden: So kann die Optimierung nicht ohne den Ableitungs-Kalkül für Funktionen mehrerer Variablen auskommen. Dieser wiederum baut auf Vektoren, Matrizen und Folgen auf, die auch ohne den Kontext der Differentialrechnung schon wichtige Bausteine in der Ökonomie sind. Grundlegend für die meisten genannten Bereiche sind Lösungsmethoden für lineare Gleichungssysteme. Liest man diese Aneinanderreihung in umgekehrter Reihenfolge, so ergibt sich unmittelbar die Gliederung des Buches.

Nach jedem Abschnitt finden Sie zur Vertiefung zahlreiche Übungsaufgaben, von denen einige als klausurtypisch gekennzeichnet sind. Weiter hinten können Sie Lösungshinweise nachschlagen; aber bringen Sie sich nicht vorschnell um das gute Gefühl, von selbst auf eine Lösung gekommen zu sein.

Die Konzeption und Abfassung dieses Lehrbuches wäre ohne tatkräftige Hilfe von vielen Seiten nicht möglich gewesen. Vor allem danke ich Professor Dr. Ulrich Müller-Funk und Dr. Ulrich Kathöfer für zahlreiche fruchtbare Diskussionen über die Themenwahl und -ausgestaltung. In der Schlussphase haben Duc Khiem Huynh, Hermann Linder, Kerstin Schmidt, Jan Carl Stegert und Christian Wirtz Korrektur gelesen. Was an Fehlern noch übrig sein sollte, habe natürlich ich zu verantworten. Dem Verlag, namentlich Frau Preimesser und Frau Vogel, danke ich für die überaus gute Zusammenarbeit und zahlreiche Anregungen zum Layout. Bei der Manuskripterstellung mit LaTeX war mir das KOMA-Script-Paket von Markus Kohm eine große Hilfe. Dennoch ist gerade die Schlussphase sehr zeitaufwändig gewesen. Mein besonderer Dank gilt daher meiner Familie, vor allem meiner Frau Susanne, die mir in dieser Zeit den Rücken frei gehalten hat.

Münster, im August 2005   Ingolf Terveer

Lineare Wirtschaftsalgebra

1 Lineare Gleichungssysteme

Übersicht

Lineare Gleichungssysteme (LGS) stellen sich ganz allgemein dar mittels

- Unbekannten/Variablen $x_1, \ldots, x_n$, deren Werte zu bestimmen sind.

- m Gleichungen der Form $a_1 x_1 + \cdots + a_n x_n = b$, wobei die Werte $a_1, \ldots, a_n$ und b in jeder der Gleichungen fest vorgegeben sind.

In den Wirtschaftswissenschaften werden viele Fragestellungen direkt mit Hilfe linearer Gleichungssysteme modelliert und gelöst. Die Behandlung linearer Gleichungssysteme ist zudem Grundlage der linearen Optimierung. Schließlich treten lineare Gleichungssysteme im Hintergrund fast aller Fragestellungen der linearen Algebra auf, z.B. bei der Beschreibung von Koordinatensystemen, bei der Matrixinversion und im Rahmen der Berechnung von Eigenvektoren.

Zu Beginn besprechen wir typische betriebswirtschaftliche Anwendungssituationen für lineare Gleichungssysteme bis hin zur Grundfragestellung der linearen Optimierung ⇨ vgl. Abschnitt 1.1, S. 15. Anschließend wird der Fall von zwei linearen Gleichungen in zwei Unbekannten diskutiert ⇨ vgl. Abschnitt 1.2, S. 20. Zur Lösung allgemeiner linearer Gleichungssysteme wird danach das Gauß'sche Eliminationsverfahren ⇨ vgl. Abschnitt 1.3, S. 25 besprochen. Dabei werden Zeilenumformungen als Transformationen des Gleichungssystems behandelt, welche die Lösungsmenge nicht verändern. Die Lösungsmenge ergibt sich schließlich aus der so genannten Zeilenstufenform eines linearen Gleichungssystems der Form, dass ein Teil der Variablen prinzipiell frei wählbar ist, während die übrigen Variablen jeweils in genau einer der verbliebenen Gleichungen auftreten und frei gestellt sind. Diese explizite Form der Lösungsmenge ist gleichzeitig Grundlage der linearen Optimierung ⇨ vgl. Abschnitt 1.4, S. 33.

1.1 Lineare Eingabe-Ausgabe-Beziehungen in der Wirtschaft

Fragestellungen der Ökonomie betreffen häufig Zusammenhänge der Form

$$\xrightarrow{\text{Input } x} \boxed{\text{BLACK BOX}} \xrightarrow{\text{Output } y}$$

zwischen ökonomischen Größen x, y. Die Begriffe „Input" und „Output" können im eigentlich produktionstechnischen Sinn gemeint sein, d.h. Produktionsfaktoren (z.B. Rohstoffe) und Produktionserträge bezeichnen. Viel allgemeiner wird die Darstellung für jede jede Konstellation verwendet, in der durch die ökonomische Größe x eine eindeutige Festlegung der ökonomischen Größe y erfolgt. Überdies kann in Form der Symbole x und y eine Bündelung mehrerer ökonomischer Größen als Profile vorliegen.

Der „Black Box" liegen sachlogische, mitunter technische Zusammenhänge zugrunde, deren Verständnis zwar hilfreich, aber für das eigentliche ökonomische Problem meist gar nicht unmittelbar erforderlich ist. Wesentlich ist, dass ein rechnerischer Zusammenhang zwischen x und y hergestellt werden kann. Dieser Zusammenhang wird mit Hilfe von mathematischen **Funktionen** f mathematisch modelliert. Durch f wird dabei jedem Input x eindeutig ein rechnerischer Output $y = f(x)$ zugeordnet.

Die lineare Wirtschaftsalgebra versucht, Input-Output-Zusammenhänge der oben beschriebenen Art – wenn möglich – durch eine **lineare Funktion** f zu beschreiben. Das ist in vielen Bereichen der Wirtschaftswissenschaften möglich:

- Produkt-Rohstoff-Verflechtung: verschiedenen Produkten eines werden die benötigten Rohstoffe in Form von Teilelisten zugewiesen.

- Rohstoff-Produkt-Verflechtung: mittels „Rezepturen" wird Rohstoffen ein Produkt-Mix zugewiesen. Beispiele hierfür sind Verschnittprobleme.

- Kostenmodelle: **Variable Kosten** für die Herstellung eines Produktes folgen oft einem linearen Ansatz.

- Modelle für Marktanteile: der Markt für ein Produkt ist in der Regel auf verschiedene Anbieter aufgeteilt. Zwischen den Marktanteilen sukzessiver Verkaufsperioden lassen sich oft lineare Zusammenhänge begründen.

- Sektoren-Verflechtungsmodelle: ein Spezialfall der Produkt-Rohstoff-Verflechtung, bei dem die gegenseitig benötigten Dienstleistungen verschiedener Wirtschaftssektoren wechselseitig linear verrechnet werden.

Häufig sucht man in einem solchen Verflechtungsansatz zu einem Output y nach dem dafür „ursächlichen" Input x. Dies entspricht mathematisch der Lösung der Gleichung $y = f(x)$ in der Unbekannten x. Wenn Input und Output nicht nur einzelne Größen, sondern ganze Profile ökonomischer Größen sind, so liegt für jede Komponente des Profils y eine Gleichung, d.h. insgesamt ein System von Gleichungen vor. Unabhängig hiervon kann man bei der Lösbarkeit zwischen zwei Fällen unterscheiden:

- Falls f eine Umkehrfunktion f^{-1} hat und $y \in W_f$, d.h. im Wertebereich von f liegt, lautet die Lösung $x = f^{-1}(y)$. Nicht immer ist die Umkehrfunktion explizit angebbar.

- Bei nicht invertierbarer Funktion f hat die Gleichung bzw. das Gleichungssystem $f(x) = y$ oft mehrere (ggf. unendlich viele) Lösungen. Unter diesen suchen Ökonomen stets die in einem von ihnen geeignet gewählten Sinne ökonomisch vorteilhafteste.

Beispiel 1.1 (Produkt-Rohstoff-Verflechtung)
Die Ikebau-GmbH stellt Massivholz-Regale der Marke „Bill" her. Es sind vier verschiedene Bausätze im Sortiment, die jeweils aus verschiedenen Anzahlen Regalträgern und -böden, Montagestiften und Querstangen (zur Stabilisierung der Regale) dienen. Die Zusammensetzung der Regale aus diesen Bauteilen wird üblicherweise in Form einer Teileliste oder als **Gozintograph** wie in Abbildung 1.1 angegeben. Das Unternehmen will unter vollständiger Verpackung der lagerständigen Bauteile und vollständigem Verkauf der Bausätze einen möglichst hohen Gesamt-Deckungsbeitrag erzielen. Lagerbestand, Teiletabellen und Deckungsbeiträge der vier Regaltypen gibt Tabelle 1.1 ⇨ vgl. S. 18.

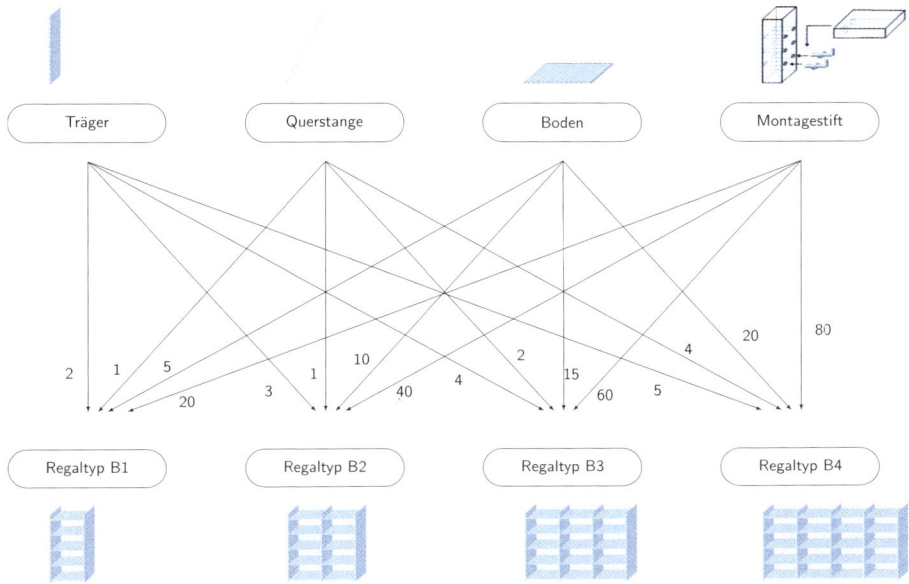

Abbildung 1.1: Gozintograph des Regal-Verpackungsproblems

Bei Räumung des Lagers – mit Ausnahme der Montagestifte – müssen die zu produzierenden Anzahlen x_j der vier Regalbausätze das Gleichungssystem

$$
\begin{array}{rcrcrcrcr}
2x_1 & + & 3x_2 & + & 4x_3 & + & 5x_4 & = & 300 \\
x_1 & + & x_2 & + & 2x_3 & + & 4x_4 & = & 130 \\
5x_1 & + & 10x_2 & + & 15x_3 & + & 20x_4 & = & 1000
\end{array}
$$

lösen. Zusätzlich müssen $x_1, \ldots, x_4 \geq 0$ und ganzzahlig sein. Da es mehrere Lösungen dieses Gleichungssystems gibt, liegt das eigentliche Ziel im Auffinden der ertragreichsten Lösung, d.h. in der Maximierung des Deckungsbeitrags $65x_1 + 120x_2 + 170x_3 + 230x_4$ unter den Lösungen des Gleichungssystems.

Realistischer ist zusätzlich noch die folgende Annahme: Alle Lösungen, zu deren Herstellung die Rohstoffquantitäten ausreichen, müssen in Betracht gezogen werden. Es müssen also nicht alle Bauteile komplett aufgebraucht werden. In diesem Fall ist das Ungleichungssystem

$$
\begin{array}{rcrcrcrcr}
2x_1 & + & 3x_2 & + & 4x_3 & + & 5x_4 & \leq & 300 \\
x_1 & + & x_2 & + & 2x_3 & + & 4x_4 & \leq & 130 \\
5x_1 & + & 10x_2 & + & 15x_3 & + & 20x_4 & \leq & 1000
\end{array}
$$

zu lösen. Man formt dieses in ein Gleichungssystem um, indem diejenigen Bauteilquantitäten, die nicht verpackt werden, als so genannte **Schlupfvariablen** $x_5, x_6, x_7 \geq 0$ in die Ungleichungen integriert werden. Hierdurch werden die Ungleichungen zu – leichter

Produkt	Bill 1	Bill 2	Bill 3	Bill 4	
Deckungsbeitrag	65€	120€	170€	230€	
Stückliste:					Bestand
Regalträger	2	3	4	5	300
Querstangen	1	1	2	4	130
Regalböden	5	10	15	20	1000
Montagestifte	20	40	60	80	ausreichend vorhanden

Tabelle 1.1: Ausgangsdaten des Regal-Verpackungsproblems

ergibt Anzahl Rollen vom Typ	1 Rolle D (95 cm) mit Schnittmuster					
	1	2	3	4	5	6
A (60 cm)	1	1	0	0	0	0
B (30 cm)	1	0	3	2	1	0
C (20 cm)	0	1	0	1	3	4
Verschnitt	5	15	5	15	5	15

Tabelle 1.2: Schnittmöglichkeiten im Beispiel 1.2

zu handhabenden – Gleichungen:

$$
\begin{array}{rcrcrcrcrcrcrcr}
2x_1 &+& 3x_2 &+& 4x_3 &+& 5x_4 &+& x_5 & & & & &=& 300 \\
x_1 &+& x_2 &+& 2x_3 &+& 4x_4 & & &+& x_6 & & &=& 130 \\
5x_1 &+& 10x_2 &+& 15x_3 &+& 20x_4 & & & & &+& x_7 &=& 1000
\end{array}
$$

Nach wie vor lautet der Deckungsbeitrag $65x_1 + 120x_2 + 170x_3 + 230x_4$ und ist zu maximieren. Die Schlupfvariablen finden nur mittelbar, d.h. über die linearen Verflechtungsgleichungen Eingang in die Optimierung.

Beispiel 1.2 (Verschnittproblem, Rohstoff-Produkt-Verflechtung)
Papierrollen der Breiten 60 cm (Typ A), 30 cm (Typ B) und 20 cm (Typ C) sollen aus Rollen der Breite 95 cm (Typ D) durch Zurechtschneiden hergestellt werden. Dies ist auf sechs Arten mit unbrauchbarem Verschnitt möglich, wie in Tabelle 1.2 dargestellt wird. Aufgrund einer Bestellung müssen exakt 1440 Rollen vom Typ A, 2160 Rollen vom Typ B und 1080 Rollen vom Typ C hergestellt werden.

Für diese Bestellung will man eine kostenoptimale Schnittmuster-Vorschrift angeben, d.h. Schnittanzahlen $x_1, x_2, \ldots, x_6$ der sechs Muster, die zum einen folgendes Gleichungssystem lösen

$$
\begin{array}{rcrcrcrcrcrcr}
x_1 &+& x_2 & & & & & & & & &=& 1440 \\
x_1 & & &+& 3x_3 &+& 2x_4 &+& x_5 & & &=& 2160 \\
& & x_2 & & &+& x_4 &+& 3x_5 &+& 4x_6 &=& 1080
\end{array}
$$

zum anderen aber unter den zulässigen Lösungen dieses Gleichungssystems eine minimale Anzahl von Rollen $x_1 + x_2 + x_3 + x_4 + x_5 + x_6$ verbrauchen. Dass die Lösung zusätzlich ganzzahlig sein muss, soll hier nicht berücksichtigt werden. Realistischer ist zudem die Annahme, dass mehr als die geforderten Rollenanzahlen der Typen A,B,C hergestellt werden dürfen. Gesucht ist dann eine kostenoptimale Lösung von

$$
\begin{array}{rcl}
x_1 + x_2 & \geq & 1440 \\
x_1 + 3x_3 + 2x_4 + x_5 & \geq & 2160 \\
x_2 + x_4 + 3x_5 + 4x_6 & \geq & 1080
\end{array}
$$

Transformation in Gleichungen mittels Schlupfvariablen $x_7 \geq 0$, $x_8 \geq 0$, $x_9 \geq 0$ (die jeweils angeben, um wieviel die Bestellmengen von den Produktionsmengen überschritten werden) ergibt das Gleichungssystem

$$
\begin{array}{rcl}
x_1 + x_2 \qquad\qquad\qquad -x_7 & = & 1440 \\
x_1 + 3x_3 + 2x_4 + x_5 \qquad -x_8 & = & 2160 \\
x_2 + x_4 + 3x_5 + 4x_6 \qquad -x_9 & = & 1080
\end{array}
$$

wobei nach wie vor $x_1 + x_2 + x_3 + x_4 + x_5 + x_6$ zu minimieren ist.

Definition 1.1

[1] Ein Gleichungssystem

$$
\left.
\begin{array}{ccccccccc}
a_{11}x_1 & + & a_{12}x_2 & + & \dots & + & a_{1n}x_n & = & b_1 \\
a_{21}x_1 & + & a_{22}x_2 & + & \dots & + & a_{2n}x_n & = & b_2 \\
\vdots & & \vdots & & & & \vdots & & \vdots \\
a_{m1}x_1 & + & a_{m2}x_2 & + & \dots & + & a_{mn}x_n & = & b_m
\end{array}
\right\} \quad (*)
$$

mit $a_{ij} \in \mathbb{R}$, $b_i \in \mathbb{R}$, $i = 1, \dots, m$, $j = 1, \dots, n$, $m \in \mathbb{N}$, $n \in \mathbb{N}$, heißt **lineares Gleichungssystem** mit m Gleichungen und n Variablen (bzw. Unbekannten) (kurz: LGS).

[2] Falls $b_1 = \dots = b_m = 0$, so heißt das LGS **homogen**, andernfalls **inhomogen**.

[3] Unter einer **Lösung** des linearen Gleichungssystems $(*)$ versteht man ein n–**Tupel** $(x_1, \dots, x_n)$ von n reellen Zahlen, das $(*)$ erfüllt.

Die **Lösungsmenge** $\mathbb{L}$ ist die Menge aller Lösungen von $(*)$.

Übungen zu Abschnitt 1.1

1. Ein Funktionssteckbrief ist ein Bündel von Angaben zu einer ganzrationalen Funktion (einem Polynom) $f : \mathbb{R} \to \mathbb{R}$, meist zum Werteverhalten von f, f' und f''. Die Koeffizienten der Funktion lassen sich dann mit Hilfe eines linearen Gleichungssystems ermitteln. Stellen Sie für die nachfolgenden vier Steckbriefe jeweils das lineare Gleichungssystem auf.

a) $grad(f) = 1$, $f(2) = 4$, $f(3) = 0$

b) $grad(f) = 2$, $f(2) = 4$, $f(3) = 0$, $f(4) = -6$

c) $grad(f) = 2$, $f(0) = 5$, $f'(3) = 1$, $f(5) = 0$

d) $grad(f) = 3$, $f(4) = 0$, $f'(4) = 4$, $f''(4) = 0$, $f(0) = 16$

2. Die Schokoladennikoläuse der Schokoladenfabrik LiLa bestehen aus weißer Schokolade und Vollmilchschokolade:

- Es gibt einen kleinen Nikolaus (Preis 1 €) bestehend aus 200g Vollmilchschokolade.

- Der mittlere Nikolaus zum Preis von 3 € hat Verzierungen (u.a. Bart) aus weißer Schokolade und besteht aus 200g Vollmilchschokolade sowie 400g weißer Schokolade.

- Der große Nikolaus (für Schleckermäuler zum Sonderpreis von 4 €!) besteht aus 600g Vollmilchschokolade und 400 g weißer Schokolade.

Beschreiben Sie diesen Sachverhalt durch einen Input-Output-Zusammenhang. Welche Fragestellung führt in diesem Kontext zu einem linearen Gleichungssystem? Wie lassen sich die Lösungen dieses linearen Gleichungssystems bewerten?

3. Eine Spielzeugfabrik stellt Kasperle-Mobilés her. Die benötigten Figuren werden unter Verwendung folgender Schnittmuster aus rechteckigen Spanplatten (zum Stückpreis von 50 Cent) ausgeschnitten: S1 (1 Kasper und 2 Prinzessinnen), S2 (2 Kasper und 1 Seppl), S3 (2 Kasper und 1 Zauberer), S4 (1 Prinzessin und 1 Seppl), S5 (1 Prinzessin und 1 Zauberer) und S6 (1 Seppl und 1 Zauberer). Die Fabrik stellt hieraus drei verschiedene Mobilés her:

- Mobilé A: mit je einem Kasper, einer Prinzessin und einem Zauberer

- Mobilé B: mit je einem Kasper und einem Seppl und

- Mobilé C: mit je einer Figur Kasper, Prinzessin, Seppl und Zauberer

Es sollen je 100 Mobiles aller drei Sorten produziert werden. Stellen Sie ein lineares Gleichungssystem zur Bestimmung der möglichen Schnittmustervarianten auf, die zur Erfüllung dieses Auftrags erforderlich sind.

4. Die Mathematik-Professoren G. Auß, F. Ermat und E. Uler haben eine MAWIWI-Klausur zu korrigieren. Da G. Auß meint, er habe wichtigeres als seine Kollegen im Kopf, beschließt er, jeweils ein Fünftel seiner Klausuren den beiden Kollegen unterzumogeln. F. Ermat weiß natürlich, daß nur sein Wissen ganz im Zeichen der Wissenschaft steht und so beschließt er, da er G. Auß besser leiden kann als E. Uler, letzterem zwei Fünftel seiner Klausuren zu vermachen. Als E. Uler die Mogelei seiner Kollegen zufällig bemerkt, dankt er es ihnen, indem er beiden Kollegen jeweils ein Viertel seiner ursprünglichen Klausuren zuschiebt. Nach diesen Umverteilungen stellen alle drei Professoren fest, dass sie wieder dieselben Anzahlen an Klausuren zu korrigieren haben wie zuvor. Wieviele sind es jeweils, wenn insgesamt 820 Klausuren zu korrigieren sind? Stellen Sie ein lineares Gleichungssystem auf und lösen Sie dieses.

1.2 Lineare Gleichungssysteme in zwei Variablen

Wir wollen zunächst einmal die Lösung von Gleichungssystemen in zwei Variablen in Erinnerung rufen.

Eine lineare Gleichung in zwei Variablen x, y ist von der Form $a_1 x + a_2 y = c$. Man spricht hierbei auch von einer Geradengleichung, denn die Menge aller Lösungspaare $(x|y)$ dieser Gleichung bildet eine Gerade, sofern nicht ausgerechnet beide Koeffizienten $a_1 = a_2 = 0$ sind.

Falls dabei $a_2 \neq 0$, so ergibt sich durch Umformung nach y die so genannte Normalform $y = \frac{c}{a_2} - \frac{a_1}{a_2} x$. Die möglichen Lösungen $(x|y)$ der linearen Gleichung bilden also den Graph einer linearen Funktion der Variable x, eine Gerade mit der Steigung $-\frac{a_1}{a_2}$, dem Ordinaten-Schnittpunkt $(0|\frac{b}{a_2})$ und im Falle $a_1 \neq 0$ mit dem Abszissenschnittpunkt $(\frac{b}{a_1}|0)$, wie in Abbildung 1.2 dargestellt.

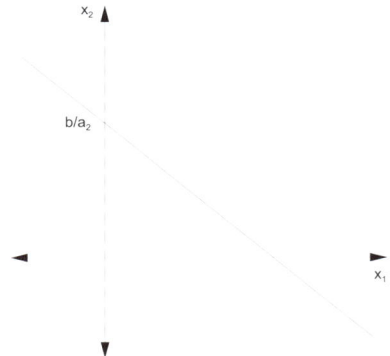

Abbildung 1.2: Lösungsmenge einer linearen Gleichung mit zwei
Unbekannten

Beispiel 1.3
Die Geradengleichung $2x + 7y = -3$ wird in die Normalform $y = -\frac{2}{7}x - \frac{3}{7}$ überführt.
Die zugehörige lineare Funktion hat als Graph die Gerade durch den Ordinatenschnittpunkt $(0|-\frac{3}{7})$ und den Abszissenschnittpunkt $(-\frac{3}{2}|0)$.

Falls $a_2 = 0$ und $a_1 \neq 0$, so verläuft die entsprechende Gerade parallel zur Ordinatenachse. Sie lässt sich nicht als Graph einer Funktion der Variablen x darstellen.
Solche vertikalen Geraden treten beispielsweise als Asymptoten gebrochen-rationaler
Funktionen auf.

Beispiel 1.4
Die Geradengleichung $2x = -3$ wird in $x = -\frac{3}{2}$ überführt. Die zugehörige Gerade ist
eine Parallele zur Ordinatenachse durch den Punkt $(-\frac{3}{2}|0)$.

Falls $a_1 = a_2 = 0$ und $c \neq 0$, so gibt es offensichtlich keine Lösung. Gilt schließlich
$a_1 = a_2 = c = 0$, so wird die Gleichung durch jede Belegung der Variablen x, y zu einer
wahren Aussage. Solch eine Gleichung wird auch als **Tautologie** bezeichnet.

Beispiel 1.5
Die Gleichung $0x + 0y = 3$ ist unerfüllbar, sie hat keine Lösung. Die Gleichung $0x + 0y = 0$ ist allgemeingültig, d.h. jeder Punkt $(x|y)$ macht die Gleichung zu einer wahren
Aussage.

Besteht das LGS aus zwei (oder mehr) Gleichungen $a_{11}x + a_{12}y = c_1$ und $a_{21}x + a_{22}y = c_2$, so ergeben sich damit in der grafischen Darstellung zwei (oder mehr) Geraden. Je
nachdem, wie diese Geraden zueinander stehen, gibt es drei Möglichkeiten der Lösbarkeit des linearen Gleichungssystems:

- Alle Geraden schneiden sich in einem Punkt. Dann hat das lineare Gleichungssystem
  genau eine Lösung, nämlich diesen Schnittpunkt $(x_1^*|x_2^*)$, wie in Abbildung 1.3,
  links.

- Alle Geraden liegen genau aufeinander, wie in Abbildung 1.3, Mitte. Dann ist jeder
  Punkt auf diesen Geraden eine Lösung, es existieren also unendlich viele Lösungen
  für das lineare Gleichungssystem.

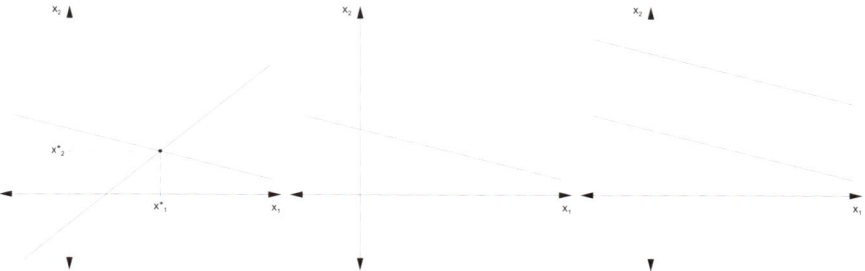

Abbildung 1.3: Lineare Gleichungssysteme mit zwei Gleichungen und zwei Variablen; eindeutige Lösung(links), unendliche viele Lösungen (Mitte), keine Lösungen (rechts)

Zwei der Geraden verlaufen parallel zueinander, wie in Abbildung 1.3, rechts. Dann liegt kein Punkt $(x_1|x_2)$ auf beiden Geraden, erfüllt also beide Gleichungen. Das lineare Gleichungssystem hat keine Lösung.

Lineare Gleichungssysteme in zwei Variablen lassen sich ad-hoc mit dem Einsetzungs- oder dem Gleichsetzungsverfahren lösen. Wir betrachten hier den Fall von zwei Gleichungen; die Vorgehensweise lässt sich aber auch auf mehr als zwei Gleichungen übertragen.

Einsetzungsverfahren für lineare Gleichungssysteme (2×2)

[1] In einer der beiden Gleichungen wird eine der Variablen (etwa x) auf der linken Seite isoliert.

[2] Die rechte Seite dieser Gleichung wird in der anderen Gleichung für diese Variable eingesetzt (Substitution). Die sich ergebende Gleichung wird nach der verbleibenden Variablen (hier y) aufgelöst. Das lineare Gleichungssystem ist

    [a]   eindeutig lösbar, wenn genau eine Lösung (für y) gefunden wird.

    [b]   mehrdeutig lösbar, wenn diese Gleichung allgemeingültig ist

    [c]   unlösbar, wenn die sich ergebende Gleichung keine Lösung hat.

[3] Im Fall [a] wird das Ergebnis (für y) in die anfangs umgeformte Gleichung zurück eingesetzt (Rücksubstitution) und man berechnet hieraus den Wert der anfangs substituierten Variable (hier x).

Beispiel 1.6
Wir lösen das lineare Gleichungssystem

$$2x + 7y = -3$$
$$3x - 5y = 11$$

mit dem Einsetzungsverfahren.

$$\left\{\begin{array}{c} 2x + 7y = -3 \\ 3x - 5y = 11 \end{array}\right\} \overset{[1]}{\Leftrightarrow} \left\{\begin{array}{c} 2x + 7y = -3 \\ x = -\frac{3}{2} - \frac{7}{2}y \end{array}\right\} \overset{[2]}{\Leftrightarrow} \left\{\begin{array}{c} 2(-\frac{3}{2} - \frac{7}{2}y) + 7y = -3 \\ x = -\frac{3}{2} - \frac{7}{2}y \end{array}\right\}$$

$$\Leftrightarrow \left\{\begin{array}{c} y = -1 \\ x = -\frac{3}{2} - \frac{7}{2}y \end{array}\right\} \overset{[3]}{\Leftrightarrow} \left\{\begin{array}{c} y = -1 \\ x = -\frac{3}{2} - \frac{7}{2} \cdot (-1) = 2 \end{array}\right\}$$

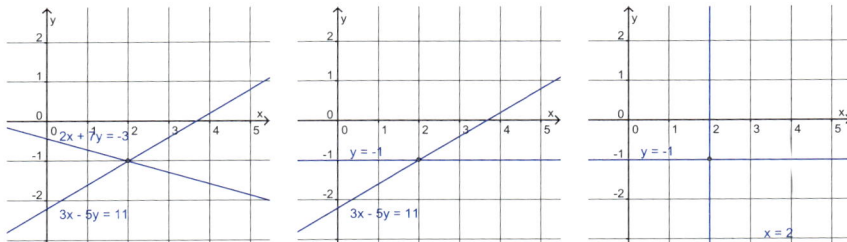

Abbildung 1.4: Die Geraden eines linearen Gleichungssystems in zwei Variablen ändern sich während der Umformungen, der Schnittpunkt der Geraden als Lösung des linearen Gleichungssystems bleibt erhalten: Links: Geraden vor Substitution; Mitte: Geraden nach Substitution; Rechts Geraden nach Rücksubstitution

Die Lösung des linearen Gleichungssystems ist also $(2|-1)$.

Bei den genannten Umformungen des linearen Gleichungssystems verändern sich die linearen Gleichungen, wie man an den zugehörigen Schaubildern erkennen kann, nicht aber der Schnittpunkt $(2|-1)$ der Gleichungen. Im letzten Schaubild ist die Lösung als Schnitt horizontaler und vertikaler Geraden erkennbar, d.h. unmittelbar von den Koordinatenachsen ablesbar.

Nahe verwandt mit dem Einsetzungsverfahren ist das Gleichsetzungsverfahren.

Gleichsetzungsverfahren für lineare Gleichungssysteme (2×2)

[1] In beiden Gleichungen wird jeweils die gleiche Variable auf der linken Seite isoliert.

[2] Die rechten Seiten der Gleichungen werden gleichgesetzt. Anhand der hieraus gewonnenen Gleichung ist das lineare Gleichungssystem

    [a]   eindeutig lösbar, wenn diese Gleichung eindeutig lösbar ist,

    [b]   mehrdeutig lösbar, wenn diese Gleichung allgemeingültig ist

    [c]   unlösbar, wenn diese Gleichung nicht erfüllbar ist.

[3] Im Falle der eindeutigen Lösung wird die Lösung für die zweite Variable zurücksubstituiert, um die erste Variable zu gewinnen.

Beispiel 1.7
Das lineare Gleichungssystem aus dem vorangegangenen Beispiel wird mit dem Gleichsetzungsverfahren gelöst:

$$\left\{ \begin{array}{l} 2x+7y=-3 \\ 3x-5y=11 \end{array} \right\} \overset{[1]}{\Leftrightarrow} \left\{ \begin{array}{l} x=-\frac{3}{2}-\frac{7}{2}y \\ x=\frac{11}{3}+\frac{5}{3}y \end{array} \right\} \overset{[2]}{\Leftrightarrow} \left\{ \begin{array}{l} x=-\frac{3}{2}-\frac{7}{2}y \\ -\frac{3}{2}-\frac{7}{2}y=\frac{11}{3}+\frac{5}{3}y \end{array} \right\}$$

$$\Leftrightarrow \left\{ \begin{array}{l} x=-\frac{3}{2}-\frac{7}{2}y \\ -\frac{31}{6}y=\frac{31}{6} \end{array} \right\} \Leftrightarrow \left\{ \begin{array}{l} x=-\frac{3}{2}-\frac{7}{2}y \\ y=-1 \end{array} \right\} \overset{[3]}{\Leftrightarrow} \left\{ \begin{array}{l} x=-\frac{3}{2}-\frac{7}{2}\cdot(-1)=2 \\ y=-1 \end{array} \right\}$$

Das Gleichsetzungsverfahren muss nicht zwangsläufig in Schritt [1] eine Variable frei-stellen; es genügt auch, wenn die beiden Gleichungen in dem Term einer Seite über-einstimmen.

Mit dem Einsetzungs- und Gleichsetzungsverfahren kann man auch im Falle nichtli-nearer Gleichungssysteme arbeiten; wir werden dies später in Beispielen zur Lagrange-Methode häufiger verwenden.

Beispiel 1.8
Wir suchen die Lösungsmenge des (nichtlinearen) Gleichungssystems

$$x + 2y = 1$$
$$x^2 + y^2 = 10$$

Im ersten Schritt wird in der linearen Gleichung die Variable x isoliert:

$$x = 1 - 2y$$

Dies wird in die zweite Gleichung eingesetzt, es ergibt sich eine quadratische Gleichung in y, welche gelöst wird:

$$(1 - 2y)^2 + y^2 = 10 \Leftrightarrow 5y^2 - 4y - 9 = 0 \Leftrightarrow y = -1 \vee y = \tfrac{9}{5}$$

Schließlich werden die beiden gefundenen Lösungen in der Gleichung, in welcher x freigestellt wurde, rücksubstituiert:

- Für $y = -1$ erhält man $x = 1 - 2 \cdot (-1) = 3$.
- Für $y = \tfrac{9}{5}$ erhält man $x = 1 - 2 \cdot \tfrac{9}{5} = -\tfrac{13}{5}$.

Das Gleichungssystem hat die beiden Lösungen $(3|-1)$ und $(-\tfrac{13}{4}|\tfrac{9}{5})$.

Übungen zu Abschnitt 1.2

5. Lösen Sie die folgenden linearen Gleichungssysteme mit Einsetzungs- oder Gleich-setzungsverfahren (in den letzten beiden Gleichungssystemen ist die Lösung abhängig von den Parametern $a, b \in \mathbb{R}$ zu finden):

a) $\begin{cases} 2x + 3y & = 7 \\ x - 4y & = 3 \end{cases}$

b) $\begin{cases} x + 3y & = 1 \\ 3x + 3y & = 0 \end{cases}$

c) $\begin{cases} x + 3y & = 1 \\ -2x - 6y & = 0 \end{cases}$

d) $\begin{cases} 9x + 3y + z & = 1 \\ x - 2y + 3z & = 2 \\ 3x + 2y - z & = 0 \end{cases}$

e) $\begin{cases} x + 2y & = 2 \\ x + y & = b \end{cases}$

f) $\begin{cases} -4x + 2y & = 2 \\ x + ay & = b \end{cases}$

6. Gegeben ist das LGS $ax + by = e, cx + dy = f$ in den Unbekannten x, y. In welcher Beziehung müssen die Koeffizienten $a, b, c, d \in \mathbb{R}$ zueinander stehen, damit das LGS eindeutig lösbar ist?

1.3 Das Gauß'sche Eliminationsverfahren

Ad-hoc-Rechnungen wie das Einsetzungs- und Gleichsetzungsverfahren lassen sich auch auf lineare Gleichungssysteme mit mehr als zwei Variablen anwenden, allerdings werden die Rechnungen mit wachsender Anzahl von Gleichungen und Variablen doch recht unübersichtlich. Zudem wird die Lösung in vielen Fällen nur mit DV-technischer Hilfe gefunden werden können; ein Computer benötigt dazu ein Programm, in dem der Ablauf der Rechenschritte genau festgelegt ist - man spricht dann von einem Algorithmus zur Lösung eines linearen Gleichungssystems. Das Gauß'sche Eliminationsverfahren ist ein solches algorithmisches Verfahren und soll im Folgenden besprochen werden.

Um sowohl bei der algorithmischen Umsetzung auf DV-Systemen als auch in der händischer Rechnung den Arbeitsaufwand gering zu halten, verwendet man zunächst eine kompaktere Schreibweise für lineare Gleichungssysteme, bei der die Variablen und Rechenzeichen unterdrückt werden.

Definition 1.2

Gegeben sei das LGS
$$\left\{ \begin{array}{ccccccccc} a_{11}x_1 & + & a_{12}x_2 & + & \ldots & + & a_{1n}x_n & = & b_1 \\ a_{21}x_1 & + & a_{22}x_2 & + & \ldots & + & a_{2n}x_n & = & b_2 \\ \vdots & & \vdots & & & & \vdots & & \vdots \\ a_{m1}x_1 & + & a_{m2}x_2 & + & \ldots & + & a_{mn}x_n & = & b_m \end{array} \right\}$$

[1] $A := \begin{bmatrix} a_{11} & a_{12} & \ldots & a_{1n} \\ a_{21} & a_{22} & \ldots & a_{2n} \\ \vdots & \vdots & \ddots & \vdots \\ a_{m1} & a_{m2} & \ldots & a_{mn} \end{bmatrix}$ heißt **Koeffizientenmatrix.**

[2] $[A|b] := \left[\begin{array}{cccc|c} a_{11} & a_{12} & \ldots & a_{1n} & b_1 \\ a_{21} & a_{22} & \ldots & a_{2n} & b_2 \\ \vdots & \vdots & \ddots & \vdots & \vdots \\ a_{m1} & a_{m2} & \ldots & a_{mn} & b_m \end{array} \right]$ heißt **Gleichungsmatrix.**

Jede Spalte einer Koeffizientenmatrix (bzw. des linken Teils der Gleichungsmatrix) stellt die **Koeffizienten** jeweils genau einer Variablen dar. Bis auf die Namen dieser Variablen sind also Gleichungsmatrizen und lineare Gleichungssysteme zueinander gleichwertig, die Gleichungsmatrix ist aber wegen ihrer Übersichtlichkeit besser für eine systematische Behandlung von LGS geeignet.

Wie der Name schon besagt, werden beim **Gauß'schen Eliminationsverfahren** (kurz: GEV) Variablen aus dem LGS eliminiert. Nach Abschluss des Verfahrens verbleiben Gleichungen, in denen einige Variablen als unabhängig, d.h. (prinzipiell) frei wählbar klassifiziert werden, während sich die übrigen als **lineare Funktionen** der unabhängigen Variablen ergeben. In diesem Sinne wechselt man von einer **impliziten** Darstellung (nämlich durch ein LGS) zu einer **expliziten** Darstellung der Lösungsmenge.

1.3.1 Zeilenumformungen eines LGS

Das Gauß'sche Eliminationsverfahren verwendet drei Typen von Umformungsschritten, ohne dabei die Lösungsmenge zu verändern. Die Umformungsschritte lassen sich sowohl anhand der Gleichungen als auch anhand der Gleichungsmatrix eines LGS veranschaulichen.

Satz 1.1

Die Lösungsmenge eines LGS ändert sich nicht, wenn folgende **elementaren Zeilenumformungen** ausgeführt werden (links für LGS, rechts für Gleichungsmatrizen):

[1] **Vertauschungsregel:** Zwei Gleichungen dürfen vertauscht werden.

[1] **Vertauschungsregel:** Zwei Zeilen dürfen vertauscht werden.

[2] **Multiplikationsregel:** Jede Gleichung darf mit einer Konstanten $\beta \neq 0$ multipliziert werden.

[2] **Multiplikationsregel:** Jede Zeile darf mit einer Konstanten $\beta \neq 0$ multipliziert werden.

[3] **Additionsregel:** Zu jeder Gleichung darf ein Vielfaches einer anderen Gleichung addiert werden.

[3] **Additionsregel:** Zu jeder Zeile darf ein Vielfaches einer anderen Zeile addiert werden.

Wir führen diese Zeilenumformungen und die Notationen, mit denen sie beschrieben werden, an einem Beispiel vor:

Beispiel 1.9 (Fortsetzung von Beispiel 1.1 ⇨ vgl. S. 16)
Angenommen, auf die Herstellung von Bill4 wird verzichtet. Die Lösung des LGS

$$
\begin{array}{rrrcr}
2x_1 & +3x_2 & +4x_3 & = & 300 \\
x_1 & +x_2 & +2x_3 & = & 130 \\
5x_1 & +10x_2 & +15x_3 & = & 1000
\end{array}
$$

liefert dann alle Möglichkeiten, die Bauteile zu verbrauchen. Nun werden die verschiedenen Zeilenumformungen bis zur Lösungsmenge durchgeführt:

$$
\left.\begin{array}{rrrcr}
2x_1 & +3x_2 & +4x_3 & = & 300 \\
x_1 & +x_2 & +2x_3 & = & 130 \\
5x_1 & +10x_2 & +15x_3 & = & 1000
\end{array}\right\}
\quad
\left[\begin{array}{ccc|c}
2 & 3 & 4 & 300 \\
1 & 1 & 2 & 130 \\
5 & 10 & 15 & 1000
\end{array}\right]
\quad I \leftrightarrow II
$$

$$
\left.\begin{array}{rrrcr}
x_1 & +x_2 & +2x_3 & = & 130 \\
2x_1 & +3x_2 & +4x_3 & = & 300 \\
5x_1 & +10x_2 & +15x_3 & = & 1000
\end{array}\right\}
\quad
\left[\begin{array}{ccc|c}
1 & 1 & 2 & 130 \\
2 & 3 & 4 & 300 \\
5 & 10 & 15 & 1000
\end{array}\right]
\quad III/5
$$

$$
\left.\begin{array}{rrrcr}
x_1 & +x_2 & +2x_3 & = & 130 \\
2x_1 & +3x_2 & +4x_3 & = & 300 \\
x_1 & +2x_2 & +3x_3 & = & 200
\end{array}\right\}
\quad
\left[\begin{array}{ccc|c}
1 & 1 & 2 & 130 \\
2 & 3 & 4 & 300 \\
1 & 2 & 3 & 200
\end{array}\right]
\quad \begin{array}{l} II - 2I \\ III - I \end{array}
$$

$$
\left.\begin{array}{rrrcr}
x_1 & +x_2 & +2x_3 & = & 130 \\
& x_2 & & = & 40 \\
& x_2 & +x_3 & = & 70
\end{array}\right\}
\quad
\left[\begin{array}{ccc|c}
1 & 1 & 2 & 130 \\
0 & 1 & 0 & 40 \\
0 & 1 & 1 & 70
\end{array}\right]
$$

Jetzt ist x_1 aus den beiden letzten Gleichungen „eliminiert". Diese lassen sich nun separat lösen und die Lösungen in die erste Gleichung „rücksubstituieren".

$$
\left.\begin{array}{rrrcr}
x_1 & +x_2 & +2x_3 & = & 130 \\
& x_2 & & = & 40 \\
& x_2 & +x_3 & = & 70
\end{array}\right\}
\quad
\left[\begin{array}{ccc|c}
1 & 1 & 2 & 130 \\
0 & 1 & 0 & 40 \\
0 & 1 & 1 & 70
\end{array}\right]
\quad III \rightarrow III - II
$$

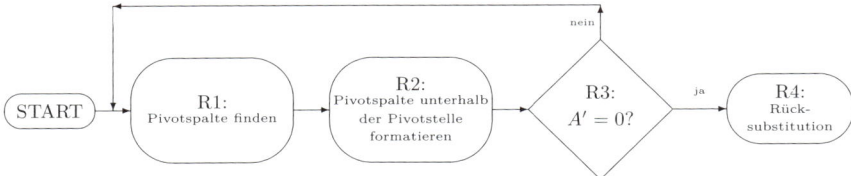

Abbildung 1.5: Fluss-Darstellung des Gauß'schen Eliminationsverfahrens

$$
\left.\begin{array}{rcl}
x_1 \;+x_2 \;+2x_3 &=& 130 \\
x_2 &=& 40 \\
x_3 &=& 30
\end{array}\right\}
\qquad
\left[\begin{array}{ccc|c}
1 & 1 & 2 & 130 \\
0 & 1 & 0 & 40 \\
0 & 0 & 1 & 30
\end{array}\right]
\qquad I \to I - 2III
$$

$$
\left.\begin{array}{rcl}
x_1 \;+x_2 &=& 70 \\
x_2 &=& 40 \\
x_3 &=& 30
\end{array}\right\}
\qquad
\left[\begin{array}{ccc|c}
1 & 1 & 0 & 70 \\
0 & 1 & 0 & 40 \\
0 & 0 & 1 & 30
\end{array}\right]
\qquad I \to I - II
$$

$$
\left.\begin{array}{rcl}
x_1 &=& 30 \\
x_2 &=& 40 \\
x_3 &=& 30
\end{array}\right\}
\qquad
\left[\begin{array}{ccc|c}
1 & 0 & 0 & 30 \\
0 & 1 & 0 & 40 \\
0 & 0 & 1 & 30
\end{array}\right]
$$

Es können je 30 Bausätze Bill1 und Bill3 sowie 40 Bausätze Bill2 gepackt werden.

Wie im vorangegangenen Beispiel lassen sich lineare Gleichungssysteme durch systematische Anwendung der drei genannten Typen von Zeilenumformungen lösen. Das Berechnungsbeispiel folgt dabei bereits den Leitlinien des gleich behandelten Gauß'schen Eliminationsverfahrens, auch wenn es sicher schnellere Wege zum Ziel gibt.

Weitere Zeilenumformungstypen ließen sich als Verkettung mehrerer hintereinander ausgeführter elementarer Zeilenumformungen erklären und auch anwenden, sie erhöhen die Effizienz des Lösungsverfahrens aber nicht wesentlich und bergen die Gefahr von händischen Rechenfehlern in sich.

1.3.2 Die Staffelform eines LGS

Die Koeffizienten der letzten drei in Beispiel 1.9 berechneten Gleichungsmatrizen ordnen sich in einer Treppen-Struktur an, die Staffelform genannt wird. Von links oben nach rechts unten treten mit wachsender Zeilenzahl immer mehr Null-Einträge in der Koeffizientenmatrix, d.h. immer weniger Variablen mit „kleinen" Indizes auf. Das Gauß'sche Eliminationsverfahren, grafisch in Abbildung 1.5 dargestellt,   sorgt nun dafür, dass in einem ersten Schritt mittels elementarer Zeilenumformungen die Gleichungsmatrix in eine derartige Staffelform überführt wird.

Satz 1.2 (Schritt 1 des GEV)
Durch Anwendung elementarer Zeilenumformungen vom Typ 1., 2., 3. lässt sich jede Gleichungsmatrix auf die sogenannte **Staffelform** gemäß Abbildung 1.6 bringen (dabei bezeichnen die ∗–Einträge oberhalb der Treppenlinie reelle Zahlen; im Bereich der Koeffizientenmatrix unterhalb der Treppenlinie stehen nur Null–Einträge).

Die Spalten der Staffelform, in denen eine Treppenstufe beginnt, haben für die weitere Lösung eine besondere Bedeutung, daher werden für sie und die zugehörigen Variablen folgende Bezeichnungen eingeführt:

$$
\begin{array}{cccccccccccccc|c}
 & & & \overset{\displaystyle j_1}{\downarrow} & & & & \overset{\displaystyle j_2}{\downarrow} & & & & \overset{\displaystyle j_k}{\downarrow} & & & \\
0 & \cdots & 0 & \mathbf{1} & * & \cdots & * & * & * & \cdots & * & \cdots & * & * & \cdots & * & * \\
0 & \cdots & 0 & 0 & 0 & \cdots & 0 & \mathbf{1} & * & \cdots & * & \cdots & * & * & \cdots & * & * \\
0 & \cdots & 0 & 0 & 0 & \cdots & 0 & 0 & 0 & \cdots & 0 & \ddots & * & * & \cdots & * & * \\
\vdots & & \vdots & \vdots & \vdots & & \vdots & \vdots & \vdots & & \vdots & & \vdots & \vdots & & \vdots & \vdots \\
 & & & & & & & & & & & \ddots & * & * & \cdots & * & * \\
0 & \cdots & 0 & 0 & 0 & \cdots & 0 & 0 & 0 & \cdots & 0 & \cdots & \mathbf{1} & * & \cdots & * & * \\
0 & \cdots & 0 & 0 & 0 & \cdots & 0 & 0 & 0 & \cdots & 0 & \cdots & 0 & 0 & \cdots & 0 & b'_{k+1} \\
\vdots & & \vdots & \vdots & \vdots & & \vdots & \vdots & \vdots & & \vdots & & \vdots & \vdots & & \vdots & \vdots \\
0 & \cdots & 0 & 0 & 0 & \cdots & 0 & 0 & 0 & \cdots & 0 & \cdots & 0 & 0 & \cdots & 0 & b'_m
\end{array}
$$

Abbildung 1.6: Staffelform eines linearen Gleichungssystems, schematisch

- Die Spalten $j_1, \dots, j_k$ (wie in Abbildung 1.6 bezeichnet) heißen **Basis-Spalten** bzw. **Pivot-Spalten**.

- Die Stellen $(1, j_1), (2, j_2), \dots, (k, j_k)$ heißen **Pivot-Stellen** der Matrix.

- Die Variablen $x_{j_1}, \dots, x_{j_k}$ des zugehörigen linearen Gleichungssystems heißen **Basis-Variablen** bzw. **Pivot-Variablen**.

- Eine Matrix A kann verschiedene Staffelformen haben, aber diese Staffelformen haben stets die selbe Anzahl k von Treppenstufen bzw. Pivotspalten. Die Zahl k ist eindeutig bestimmt, sie wird **Rang** von A genannt

Die Staffelform einer Gleichungsmatrix entspricht einem linearen Gleichungssystem, bei dem in den von oben nach unten nummerierten Gleichungen sukzessive immer weniger Variablen vorkommen (erkennbar an der zunehmenden Anzahl von Null-Einträgen je Zeile). Dies kann durch eine geeignete Hintereinander-Ausführung der nachfolgend beschriebenen Schritte R1, R2 und R3 erreicht werden. Wir führen das Verfahren gleich an einem Beispiel vor:

Beispiel 1.10
Gelöst werden soll das LGS

$$
\begin{array}{rcrcrcrcrcr}
3x_1 & + & 6x_2 & + & 12x_3 & + & 15x_4 & + & 15x_5 & = & 0 \\
x_1 & + & 2x_2 & + & 5x_3 & + & 2x_4 & + & 9x_5 & = & 1 \\
-3x_1 & - & 6x_2 & - & 10x_3 & - & 21x_4 & - & 6x_5 & = & -4 \\
-2x_1 & - & 4x_2 & - & 5x_3 & - & 19x_4 & + & 3x_5 & = & -3
\end{array}
$$

Die Gleichungsmatrix lautet

$$
\left[\begin{array}{rrrrr|r}
3 & 6 & 12 & 15 & 15 & 0 \\
1 & 2 & 5 & 2 & 9 & 1 \\
-3 & -6 & -10 & -21 & -6 & -4 \\
-2 & -4 & -5 & -19 & 3 & -3
\end{array}\right]
$$

R1. In $[A|b]$ sei j die Nummer der am weitesten links stehenden von Null verschiedenen Spalte. Man sorge mit Zeilenumformungen für $a_{1j} = 1$.

Beispiel 1.11 (Fortsetzung von Beispiel 1.10)
Die erste Zeile wird durch 3 geteilt

$$
\begin{bmatrix}
3 & 6 & 12 & 15 & 15 & | & 0 \\
1 & 2 & 5 & 2 & 9 & | & 1 \\
-3 & -6 & -10 & -21 & -6 & | & -4 \\
-2 & -4 & -5 & -19 & 3 & | & -3
\end{bmatrix}
\rightarrow
\begin{bmatrix}
1 & 2 & 4 & 5 & 5 & | & 0 \\
1 & 2 & 5 & 2 & 9 & | & 1 \\
-3 & -6 & -10 & -21 & -6 & | & -4 \\
-2 & -4 & -5 & -19 & 3 & | & -3
\end{bmatrix}
$$

In R1 gibt es oft mehrere Möglichkeiten, händisch vorzugehen. Liegt wie hier bereits ein 1-Eintrag in dieser Spalte vor, kann man durch eine Zeilenvertauschung das gewünschte Ergebnis erzeugen. Anderenfalls muss der vorhandene Nicht-Nulleintrag an der linken oberen Stelle durch einen Multiplikationsschritt normiert werden. Zuweilen sind sogar sowohl eine Zeilenvertauschung als auch ein Multiplikationsschritt erforderlich.

R2. Durch Anwendung der Additionsregel sorge man dafür, dass die Einträge in der j–ten Spalte unterhalb der ersten Zeile alle Null werden.

Dies geschieht etwa in der i-ten Zeile, indem das a_{ij}-fache der ersten Zeile von der i-ten Zeile subtrahiert wird (dabei bezeichne a_{ij} den entsprechenden Eintrag in der aktuell vorliegenden Gleichungsmatrix). Die eigentliche Elimination der Variablen erfolgt hier in Schritt R2. Der Schritt wird jedoch zuvor in R1 insofern vorbereitet, dass die jeweils oberste betrachtete Gleichung auch die Variable enthält, die man aus den darunter liegenden Gleichungen entfernen will. Schritt R3 legt fest, wann das Verfahren stoppt.

Beispiel 1.12 (Fortsetzung von Beispiel 1.11)
Die erste Zeile wird von der zweiten subtrahiert und das dreifache (zweifache) der ersten Zeile wird zur dritten (vierten) Zeile addiert:

$$
\begin{bmatrix}
1 & 2 & 4 & 5 & 5 & | & 0 \\
1 & 2 & 5 & 2 & 9 & | & 1 \\
-3 & -6 & -10 & -21 & -6 & | & -4 \\
-2 & -4 & -5 & -19 & 3 & | & -3
\end{bmatrix}
\rightarrow
\begin{bmatrix}
1 & 2 & 4 & 5 & 5 & | & 0 \\
0 & 0 & 1 & -3 & 4 & | & 1 \\
0 & 0 & 2 & -6 & 9 & | & -4 \\
0 & 0 & 3 & -9 & 13 & | & -3
\end{bmatrix}
$$

R3. Nach R1,R2 hat die Gleichungsmatrix folgende Gestalt:

$$
\begin{bmatrix}
0 & \dots & 0 & 1 & * & \dots & * & | & * \\
0 & \dots & 0 & 0 & & \dots & & | & \\
\vdots & \ddots & \vdots & \vdots & \vdots & A' & \vdots & | & b' \\
0 & \dots & 0 & 0 & & \dots & & |
\end{bmatrix}
$$

Falls A' keine Spalten oder nur Nullkoeffizienten hat, ist die Staffelform erreicht. Anderenfalls sind R1 bis R3 auf $[A'|b']$ anzuwenden.

Die Nummerierung der Zeilenumformungen nimmt dabei aus Gründen der Übersichtlichkeit Bezug auf die komplette Gleichungsmatrix.

Beispiel 1.13 (Fortsetzung von 1.12)
In der vorliegenden Gleichungsmatrix ist die Teilmatrix $[A'|b]$ hervorgehoben.

$$
\begin{bmatrix}
1 & 2 & 4 & 5 & 5 & | & 0 \\
0 & 0 & \mathbf{1} & -3 & 4 & | & 1 \\
0 & 0 & 2 & -6 & 9 & | & -4 \\
0 & 0 & 3 & -9 & 13 & | & -3
\end{bmatrix}
$$

Die Matrix A' hat noch von Null verschiedene Spalten, daher werden die Schritte R1 und R2 mit $[A'|b']$ erneut angestoßen. Erst die zweite Spalte von A' ist eine Nullspalte, zudem steht oben in dieser Spalte A' der von Null verschiedene Eintrag 1. Damit ist in R1 keine Normierung und kein Vertauschungsschritt erforderlich, man kann sofort mit R2 fortfahren. Das zweifache (dreifache) der zweiten Zeile der Gesamtmatrix wird von der dritten (vierten) Zeile der Gesamtmatrix subtrahiert. Das ergibt die Gleichungsmatrix

$$\left[\begin{array}{ccccc|c} 1 & 2 & 4 & 5 & 5 & 0 \\ 0 & 0 & 1 & -3 & 4 & 1 \\ 0 & 0 & 0 & 0 & 1 & -6 \\ 0 & 0 & 0 & 0 & 1 & -6 \end{array}\right]$$

Es ist noch ein Durchlauf erforderlich, da noch auf der Koeffizientenseite der Gleichungsmatrix eine von Null verschiedene Spalte auftaucht. In R1 ist keine Aktion nötig, R2 bedeutet, dass hier die dritte von der vierten Zeile subtrahiert wird. Man erhält die Matrix

$$\left[\begin{array}{ccccc|c} 1 & 2 & 4 & 5 & 5 & 0 \\ 0 & 0 & 1 & -3 & 4 & 1 \\ 0 & 0 & 0 & 0 & 1 & -6 \\ 0 & 0 & 0 & 0 & 0 & 0 \end{array}\right]$$

welche in Staffelform vorliegt. Die Pivot-Variablen lauten x_1, x_3 und x_5. Das zur Staffelform gehörige LGS lautet (unter Weglassen der Null-Gleichung)

$$\begin{array}{rrrrrcr} x_1 & +2x_2 & +4x_3 & +5x_4 & +5x_5 & = & 0 \\ & & x_3 & -3x_4 & +4x_5 & = & 1 \\ & & & & x_5 & = & -6 \end{array}$$

Das LGS ist nicht eindeutig lösbar. Erst wenn beispielsweise (beliebige) konkrete Werte für die Nicht-Pivot-Variablen x_2 und x_4 eingesetzt werden, verbleibt ein LGS in drei Unbekannten, welches eindeutig gelöst werden kann.

Mit $x_2 = 0$, $x_4 = 0$ bekommt man beispielsweise $x_5 = -6$, $x_3 = 1 - 4x_5 = 25$ und $x_1 = -4x_3 - 5x_5 = -70$. Andere Festlegungen von x_2 und x_4 erzeugen entsprechend andere Lösungen. Man braucht natürlich eine systematische Darstellungsform der Lösungsmenge.

Offensichtlich gibt die Staffelform eines LGS Anlass zur Klassifikation der Variablen in frei wählbare und abhängige Variablen. Außerdem können anhand ihrer Gestalt Aussagen über die Lösbarkeit des LGS getroffen werden.

Satz 1.3
Bei Vorliegen der Staffelform eines LGS gemäß Abbildung 1.6 können folgende Rückschlüsse über die Lösbarkeit des LGS gezogen werden:

[1] Falls $b'_i \neq 0$ für ein $i \in \{k+1, \ldots, m\}$, so ist die zugehörige Gleichung unlösbar, d.h. $\mathbb{L} = \emptyset$.

[2] Falls $b'_{k+1} = b'_{k+2} = \ldots = b'_m = 0$ und nur Pivot–Spalten in der Staffelform auftreten, so hat das LGS genau eine Lösung.

[3] Falls $b'_{k+1} = b'_{k+2} = \ldots = b'_m = 0$ und wenigstens eine Nicht-Pivot-Spalte in der Staffelform auftritt, so hat das LGS unendlich viele Lösungen, denn die Nicht-Pivot-Variable kann frei „belegt" werden.

$$
\begin{array}{c}
 \quad\quad j_1 \quad\quad\quad\quad j_2 \quad\quad\quad\quad\quad\quad j_k \\
 \quad\quad \downarrow \quad\quad\quad\quad \downarrow \quad\quad\quad\quad\quad\quad \downarrow \\
\left[
\begin{array}{cccccccccccccc|c}
0 & \cdots & 0 & 1 & * & \cdots & * & 0 & * & \cdots & * & \cdots & 0 & * & \cdots & * \\
0 & \cdots & 0 & 0 & 0 & \cdots & 0 & 1 & * & \cdots & * & \cdots & 0 & * & \cdots & * \\
\end{array}
\right]
\end{array}
$$

Abbildung 1.7: Die Zeilenstufenform eines lösbaren LGS

1.3.3 Die Zeilenstufenform eines LGS

Wenn das LGS lösbar ist, kann die Lösungsmenge aus der Staffelform durch rückwärts Einsetzen ermittelt werden, wie an dem Regalbeispiel bereits verdeutlicht wurde. Diese Rücksubstitution entspricht einem weiteren Transformationsschritt auf Basis der Staffelform:

R4. die Einträge in den Pivotspalten oberhalb der Pivotstellen werden durch Additionsschritte in Null umgeformt.

Satz 1.4
Jedes lösbare LGS lässt sich mit elementaren Zeilenumformungen in die so genannte **Zeilenstufenform** (kurz: ZSF) gemäß Abbildung 1.7 bringen. Hierzu leitet man mit den Schritten R1 bis R3 ⇨ vgl. S. 28 die Staffelform her und eliminiert anschließend mittels R4 die Pivotvariablen sukzessive so lange, bis jede (nicht tautologische) Gleichung genau eine Pivotvariable enthält.

Das Verfahren zur Bestimmung der ZSF für lösbare LGS kann algorithmisch wie in Abbildung 1.5 ⇨ vgl. S. 27 dargestellt werden. Der Schritt R4 sei nachfolgend auf Basis der Staffelform aus Beispiel 1.13 illustriert:

Beispiel 1.14 (Fortsetzung von Beispiel 1.13 ⇨ vgl. S. 29)

$$
\begin{bmatrix}
1 & 2 & 4 & 5 & 5 & | & 0 \\
0 & 0 & 1 & -3 & 4 & | & 1 \\
0 & 0 & 0 & 0 & 1 & | & -6
\end{bmatrix}
\quad
\xrightarrow[II \to II - 4 \cdot III]{I \to I - 5 \cdot III}
\quad
\begin{bmatrix}
1 & 2 & 4 & 5 & 0 & | & 30 \\
0 & 0 & 1 & -3 & 0 & | & 25 \\
0 & 0 & 0 & 0 & 1 & | & -6
\end{bmatrix}
$$

$$
\xrightarrow{I \to I - 4 \cdot II}
\begin{bmatrix}
1 & 2 & 0 & 17 & 0 & | & -70 \\
0 & 0 & 1 & -3 & 0 & | & 25 \\
0 & 0 & 0 & 0 & 1 & | & -6
\end{bmatrix}
$$

Hierbei wurde zuerst die Basisvariable x_5 aus der ersten und zweiten Gleichung eliminiert. Wenn man zuerst die Basisvariable x_3 in der ersten Gleichung eliminiert, so kommt man letzten Endes zum gleichen Ergebnis, hat aber einen etwas höheren händischen Rechenaufwand, weil in der zweiten Zeile, fünften Spalte der ZSF nach dem ersten Additionsschritt noch ein von Null verschiedener Eintrag stünde. Dieser müsste bei der Elimination von x_3 in die erste Gleichung weiter „gereicht" werden.

Faustregel

Am effizientesten ist spaltenweise Rücksubstitution „von rechts nach links".

Mittels der Zeilenstufenform können nun sowohl spezielle Lösungen als auch die gesamte Lösungsmenge abgelesen werden.

Beispiel 1.15 (Fortsetzung von 1.14)

Aus der Staffelform des obigen Beispiels wurde bereits die spezielle Lösung $x_1 = -70, x_2 = 0, x_3 = 25, x_4 = 0, x_6 = -6$ durch rückwärts Einsetzen ad hoc bestimmt. Diese Lösung läßt sich nun explizit aus der ZSF ablesen: Die rechte Spalte der ZSF gibt die Werte der Pivot-Variablen in dieser speziellen Lösung an. Die anderen Variablen werden gleich Null gesetzt.

Auch die Lösungsmenge kann man aus der ZSF unmittelbar ablesen. Das aus der ZSF ablesbare LGS wird nach den Pivot-Variablen aufgelöst

$$\left.\begin{array}{r} x_1 + 2x_2 + 17x_4 = -70 \\ x_3 - 3x_4 = 25 \\ x_5 = -6 \end{array}\right\} \Leftrightarrow \left\{\begin{array}{l} x_1 = -70 - 2x_2 - 17x_4 \\ x_3 = 25 + 3x_4 \\ x_5 = -6 \end{array}\right.$$

Nun können die Nicht-Pivot-Variablen beliebig eingesetzt werden, wodurch die Pivot-Variablen fixiert werden. Insbesondere ergibt $x_2 = 0, x_4 = 0$ die „spezielle" Lösung.

Zusammengefasst besteht die Lösungsmenge des LGS nun aus allen Tupeln $(x_1, \ldots, x_5)$ mit $x_i \in \mathbb{R}$, welche die obigen drei Gleichungen erfüllen.

Ein System linearer Gleichungen, in dem jeweils alle Variablen auf einer Seite der Gleichungen stehen, nennt man **implizit** (alle Variablen sind durch die Gleichungen aneinander gebunden). Wenn hingegen jede Gleichung nach einer Variable freigestellt ist, so spricht man von einer **expliziten Form**. Bei der expliziten Form eines LGS, die sich aus der ZSF ablesen lässt, zerfallen die Variablen in die Gruppe der Basisvariablen, nach denen die Gleichungen freigestellt werden und die der Nichtbasisvariablen, die frei gewählt werden können. Zudem tritt jede Basisvariable in genau einer Gleichung auf.

Satz 1.5 (Die Lösungsmenge eines linearen Gleichungssystems)

Für die Lösungsmenge $\mathbb{L}$ eines gegebenen LGS in den Unbekannten $x_1, \ldots, x_n$ gibt es drei Möglichkeiten:

[1] $\mathbb{L}$ ist leer, d.h. es gibt keine Lösung.

[2] Es gibt eine eindeutig bestimmte Lösung. Dann hat die ZSF des LGS nur Pivot-Spalten und die Lösung kann rechts in der ZSF abgelesen werden.

[3] Es gibt mehrere Lösungen. Dann kann man die Variablen in zwei Gruppen einteilen:

   [a] zum einen die Nicht-Pivot-Variablen, welche frei gewählt werden dürfen,

   [b] zum anderen die Pivot-Variablen, welche sich aus den Nicht-Pivot-Variablen in expliziter linearer Form ergeben. Die entsprechenden Gleichungen gewinnt man durch Auflösen der ZSF-Gleichungen nach den Pivot-Variablen.

   Die Lösungsmenge besteht dann aus allen n-Tupeln $(x_1, \ldots, x_n)$, welche diese Gleichungen erfüllen.

Übungen zu Abschnitt 1.3

7. Bestimmen Sie mit dem Gaußschen Eliminationsverfahren die Lösungsmenge zu dem linearen Gleichungssystem mit der folgenden Gleichungsmatrix $[A|b]$:

$$\left[\begin{array}{ccccc|c} 1 & 2 & -1 & 1 & 1 & 1 \\ 2 & -1 & 1 & -2 & -1 & 3 \\ 1 & 1 & -1 & -1 & 1 & 3 \\ 4 & 2 & -1 & -2 & 1 & 7 \\ -1 & 3 & -2 & 3 & 2 & -2 \end{array}\right]$$

8. Lösen Sie die Funktionssteckbriefe der Aufgabe 1 ⇨ vgl. S. 19 mit dem Gauß'schen Eliminationsverfahren.

9. Für welche $t \in \mathbb{R}$ sind die durch die nachstehenden Gleichungsmatrizen angegebenen LGS lösbar? Geben Sie jeweils auch die Lösungsmenge an.

a) $\left[\begin{array}{cc|c} 2 & 1 & t \\ -4 & -2 & 3 \end{array}\right]$ b) $\left[\begin{array}{cc|c} 2 & 1 & t \\ -4 & t & 3 \end{array}\right]$

10. Beim Einsetzungsverfahren wird eine lineare Gleichung in einem LGS nach einer Variablen aufgelöst und der rechts stehende Ausdruck in die übrigen Gleichungen substituiert. Erläutern Sie diesen Vorgehensweise anhand des Einsetzens der Variable x im LGS

$$\begin{array}{rcl} 2x + 4y - 8z &=& 3 \\ 6x + 2y + 2z &=& 15 \end{array}$$

und stellen Sie den Einsetzungsschritt mit Hilfe von elementaren Zeilenumformungen dar. Erläutern Sie ebenso die Darstellung des Gleichsetzungsverfahrens mit elementaren Zeilenumformungen.

1.4 Lineare Gleichungssysteme in der linearen Optimierung

Die explizite Darstellung der Lösungsmenge eines linearen Gleichungssystems wird auch für den so genannten Simplex-Algorithmus zur Lösung linearer Optimierungsprobleme benötigt. Die allgemeine Vorgehensweise des Simplex-Algorithmus soll hier nicht dargestellt werden, statt dessen wollen wir die Grundidee anhand einiger Beispiele aufzeigen.

Beispiel 1.16 (Fortsetzung von Beispiel 1.1 ⇨ vgl. S. 16)
Es soll unter vollständiger Verpackung des Lagerbestandes der Deckungsbeitrag maximiert werden. Zu der Forderung, die Bauteile komplett zu verpacken, gehört ein LGS mit einer aus der Materialverflechtungstabelle ablesbaren Gleichungsmatrix. Diese wird in Zeilenstufenform überführt:

$$\left[\begin{array}{cccc|c} 2 & 3 & 4 & 5 & 300 \\ 1 & 1 & 2 & 4 & 130 \\ 5 & 10 & 15 & 20 & 1000 \end{array}\right] \longrightarrow \left[\begin{array}{cccc|c} 1 & 0 & 0 & 1 & 30 \\ 0 & 1 & 0 & -3 & 40 \\ 0 & 0 & 1 & 3 & 30 \end{array}\right]$$

Die Lösungsmenge des LGS besteht aus allen 4-Tupeln (x_1, x_2, x_3, x_4) mit $x_1 = 30 - x_4$, $x_2 = 40 + 3x_4$ und $x_3 = 30 - 3x_4$. Die Pivot-Variablen x_1, x_2, x_3 können daher in dem Ausdruck $65x_1 + 120x_2 + 170x_3 + 230x_4$ für den Gesamt-Deckungsbeitrag durch die Nicht-Pivot-Variable x_4 substituiert werden. Das ergibt die „reduzierte" Deckungsbeitragsfunktion

$$65(30 - x_4) + 120(40 + 3x_4) + 170(30 - 3x_4) + 230x_4 = 11850 + 15x_4$$

Man erkennt, dass der Deckungsbeitrag aufgrund des positiven Vorfaktors von x_4 dann maximal wird, wenn x_4 maximal wird, d.h. wenn möglichst viele Regale vom Typ Bill4 hergestellt werden. Auf den ersten Blick scheint das Problem daher unlösbar zu sein, da in dem LGS die Variablen x_i beliebige reelle Zahlen sein können. Jedoch muss aus ökonomischer Sicht die Auswahl auf $x_1 \geq 0, x_2 \geq 0, x_3 \geq 0, x_4 \geq 0$ begrenzt werden. Aufgrund der Lösungsmengendarstellung folgt hieraus

- $x_4 \geq 0$
- $x_1 = 30 - x_4 \geq 0 \Leftrightarrow x_4 \leq 30$
- $x_2 = 40 + 3x_4 \geq 0 \Leftrightarrow x_4 \geq -\frac{40}{3}$
- $x_3 = 30 - 3x_4 \geq 0 \Leftrightarrow x_4 \leq 10$,

d.h. es dürfen höchstens 10 Regale vom Typ Bill4 verpackt werden, anderenfalls würde wenigstens ein Bauteil nicht in ausreichender Menge vorhanden sein. Fazit: Zur Deckungsbeitragsmaximierung müssen 10 Bausätze Bill4, 20 Bausätze Bill1 und 70 Bausätze Bill2 gepackt werden. Bill3 wird nicht hergestellt.

Die Zahl von $10 = \min\{30, \frac{30}{3}\}$ Bausätzen Bill4, jenseits derer keine Lösung der Verpackungsaufgabe mehr besteht, wird auch **Engpass** der Variable x_4 genannt. In der linearen Optimierung gehört zur Zeilenstufenform des linearen Gleichungssystems die spezielle Lösung $x_1 = 30$, $x_2 = 40$, $x_3 = 30$, $x_4 = 0$, welche durch „Null Setzen" der Nicht-Pivot-Variable x_4 erhalten wird. Der Koeffizient 15 zu x_4 in der „reduzierten" Deckungsbeitragsfunktion deutet an, dass die Lösung noch nicht optimal ist, sondern die Variable x_4 möglichst groß sein sollte. Er wird **Delta-Wert** der Nicht-Pivot-Variable x_4 genannt.

Beispiel 1.17 (Fortsetzung von Beispiel 1.16)

Die gefundene Optimallösung $x_1 = 20$, $x_2 = 70$, $x_3 = 0$, $x_4 = 10$ mit Deckungsbeitrag 12000€ kann ebenfalls als spezielle Lösung aus einer Gleichungsmatrix abgelesen werden. Diese Gleichungsmatrix gewinnt man durch Zeilenumformungen aus der vorliegenden ZSF:

$$\begin{bmatrix} 1 & 0 & 0 & 1 & | & 30 \\ 0 & 1 & 0 & -3 & | & 40 \\ 0 & 0 & 1 & 3 & | & 30 \end{bmatrix} \rightarrow \begin{bmatrix} 1 & 0 & 0 & 1 & | & 30 \\ 0 & 1 & 0 & -3 & | & 40 \\ 0 & 0 & \frac{1}{3} & 1 & | & 10 \end{bmatrix} \rightarrow \begin{bmatrix} 1 & 0 & -\frac{1}{3} & 0 & | & 20 \\ 0 & 1 & 1 & 0 & | & 70 \\ 0 & 0 & \frac{1}{3} & 1 & | & 10 \end{bmatrix}$$

Wieder tauchen die Einheitsspalten in der resultierenden Gleichungsmatrix auf, nur hat sich die Spalte 3 der ZSF scheinbar in Spalte 4 verschoben. Wichtig: Das geschieht durch Zeilenumformungen, keinesfalls durch einen Spaltentausch, der nur einer Umnummerierung der Variablen entsprechen würde. Ordnet man nun den Variablen zu den Spalten 1, 2, 4 sukzessive die Werte auf der rechten Seite zu, und setzt die Variable $x_3 = 0$, so ergibt sich die oben bereits genannte Lösung $x_1 = 20$, $x_2 = 70$,

$x_3 = 0$, $x_4 = 10$. Die Variablen tauschen ihre Rollen gemäß dieser Matrix: jetzt sind x_1, x_2 und x_4 Pivot-Variablen oder Basis-Variablen, während x_3 zu einer Nicht-Pivot-Variable oder Nicht-Basis-Variable wird. Auch lässt sich das LGS jetzt so umschreiben, dass x_3 die frei zu belegende Variable ist und sich x_1, x_2 und x_4 als Funktionen von x_3 ergeben:

- $x_1 = 20 + \frac{1}{3}x_3$,
- $x_2 = 70 - x_3$
- $x_4 = 10 - \frac{1}{3}x_3$.

Substitutiert man nun diese Funktionsterme in der Zielfunktion, so erhält man die reduzierte Zielfunktion von x_3

$$65(20 + \frac{1}{3}x_3) + 120(70 - x_3) + 170x_3 + 230(10 - \frac{1}{3}x_3) = 12\,000 - 5x_3$$

Die Nicht-Pivot-Variable x_3 hat jetzt den δ-Wert $-5 < 0$. Weil $x_3 \geq 0$ gefordert ist, kann der Zielwert 12000€ nicht mehr erhöht werden. An dem negativen Delta-Wert sieht man also nochmals die Optimalität der vorliegenden Lösung.

Im vorliegenden Beispiel wäre die weitere Umformung der ZSF nicht nötig, um die Optimalität der neuen Lösung nachzuweisen. Anders liegt der Fall, wenn in der ZSF mehrere Nicht-Pivot-Spalten vorkommen.

Beispiel 1.18
Es wird nochmals das Regalbaubeispiel betrachtet. Jetzt aber müssen die Querstangen nicht komplett verpackt werden, da sie auch noch für andere Möbeltypen verwendet werden können. Daher sind die Gleichungen bzw. die Ungleichung

$$2x_1 + 3x_2 + 4x_3 + 5x_4 = 300$$
$$x_1 + x_2 + 2x_3 + 4x_4 \leq 130$$
$$5x_1 + 10x_2 + 15x_3 + 20x_4 = 1000$$

mit maximalem Deckungsbeitrag $65x_1 + 120x_2 + 170x_3 + 230x_4$ zu lösen. Es wird eine Schlupfvariable x_5 für die nicht genutzten Regalböden in der dritten Ungleichung eingeführt, die den Deckungsbeitrag nicht verändert und die Ungleichung in eine Gleichung $x_1 + x_2 + 2x_3 + 4x_4 + x_5 = 130$ überführt. Zu dem jetzt vorliegenden LGS gehört die Gleichungsmatrix

$$\begin{bmatrix} 2 & 3 & 4 & 5 & 0 & | & 300 \\ 1 & 1 & 2 & 4 & 1 & | & 130 \\ 5 & 10 & 15 & 20 & 0 & | & 1000 \end{bmatrix} \rightarrow \begin{bmatrix} 1 & 0 & 0 & 1 & 1 & | & 30 \\ 0 & 1 & 0 & -3 & -2 & | & 40 \\ 0 & 0 & 1 & 3 & 1 & | & 30 \end{bmatrix}$$

Aus der ZSF liest man die explizite Lösungsmenge ab: $x_4 \geq 0$ und $x_5 \geq 0$ sind prinzipiell frei wählbar, die Pivot-Variablen errechnen sich hieraus zu

- $x_1 = 30 - x_4 - x_5 \geq 0$,
- $x_2 = 40 + 3x_4 + 2x_5 \geq 0$,
- $x_3 = 30 - 3x_4 - x_5 \geq 0$

Setzt man diese in die Zielfunktion ein, so ergibt sich

$$65x_1 + 120x_2 + 170x_3 + 230x_4 + 0x_5 = 15x_4 + 5x_5 + 11\,850$$

Die spezielle Lösung aus der ZSF entspricht der schon früher gefundenen $x_1 = 30$, $x_2 = 40$, $x_3 = 30$, $x_4 = 0$, bei der alle Teile verpackt werden, d.h. $x_5 = 0$. Der reduzierte Deckungsbeitrag lässt sich jetzt auf zwei Arten erhöhen:

- Man erhöht x_4, d.h. verpackt auch Regale vom Typ Bill4 unter vollständigem Einsatz aller Bauelemente. Dann beträgt der x_4-Engpass $\min\{\frac{30}{1}, \frac{30}{3}\} = 10$.
- Man erhöht x_5, d.h. lässt möglichst viele Querstangen ungenutzt. Dann ist der x_5-Engpass $\min\{\frac{30}{1}, \frac{30}{1}\} = 30$

Beide Variablen gleichzeitig zu erhöhen, ist problematisch, weil man nicht ohne weiteres einen simultanen Engpass dafür berechnen kann. An dieser Stelle ist also die Entscheidung zwischen zwei möglichen Vorgehensweisen zu treffen, und es ist noch nicht klar, ob eine von ihnen zum Ziel führt. Wir wählen – willkürlich – die Nicht-Pivot-Variable x_4 aus und erhöhen sie bis zum Engpass $x_4 = 10$. Das ergibt wieder die Lösung $x_1 = 20$, $x_2 = 70$, $x_3 = 0$, $x_4 = 10$ und die Schlupfvariable $x_5 = 10$. Diese Lösung lässt sich auch aus einer geeigneten Gleichungsmatrix ablesen. Dazu wird wieder die ZSF mit einigen gezielten Zeilenumformungen transformiert.

$$
\begin{bmatrix}
1 & 0 & 0 & 1 & 1 & 30 \\
0 & 1 & 0 & -3 & -2 & 40 \\
0 & 0 & 1 & 3 & 1 & 30
\end{bmatrix}
\begin{matrix}
I - \frac{1}{3}III \\
II + III \\
III/3
\end{matrix}
\xrightarrow{}
\begin{bmatrix}
1 & 0 & -\frac{1}{3} & 0 & \frac{2}{3} & 20 \\
0 & 1 & 1 & 0 & -1 & 70 \\
0 & 0 & \frac{1}{3} & 1 & \frac{1}{3} & 10
\end{bmatrix}
$$

Die Lösungsmenge hat nach dieser Gleichungsmatrix die Darstellung mit freien Nicht-Pivot-Variablen $x_3 \geq 0$, $x_5 \geq 0$ und davon abhängigen Pivot-Variablen

- $x_1 = 20 + \frac{1}{3}x_3 - \frac{2}{3}x_5 \geq 0$,
- $x_2 = 70 - x_3 + x_5 \geq 0$,
- $x_4 = 10 - \frac{1}{3}x_3 - \frac{1}{3}x_5 \geq 0$

aus der sich die spezielle Lösung $x_1 = 20$, $x_2 = 70$, $x_3 = 0$, $x_4 = 10$, $x_5 = 0$ ablesen lässt. Substitution der Pivot-Variablen in der Zielfunktion ergibt

$$65x_1 + 120x_2 + 170x_3 + 230x_4 + 0x_5 = 12\,000 - 5x_3 + 0x_5$$

Man erkennt nun, dass weder eine Erhöhung von x_3 noch von x_5 zu einer Verbesserung des Deckungsbeitrages führt, d.h. die gefundene Lösung ist optimal. Es ließe sich lediglich die Anzahl der nicht verbrauchten Querstangen x_5 bis zum Engpass $x_5 = \min\{\frac{65}{\frac{2}{3}}, \frac{10}{\frac{1}{3}}\} = 30$ erhöhen, ohne den Deckungsbeitrag zu verändern.

Die obigen Beispiele verdeutlichen, wie durch eine Abfolge von Zeilenumformungen und Neuberechnungen der Zielfunktion eine Folge von speziellen Lösungen zu spezifischen Gleichungsmatrizen mit zugehörigen Delta-Werten gefunden wird, so dass am Ende eine Optimallösung des linearen Optimierungsproblems vorliegt. Die gewonnenen Gleichungsmatrizen ähneln der ZSF insofern, dass sie stets alle Einheitsspalten aufweisen; lediglich die Stufenform geht im Laufe der Rechnung verloren. Man nennt diese Gleichungsmatrizen **Basisformen** oder **erweiterte Zeilenstufenformen**. Darüber hinaus lassen sich die berechneten Delta-Werte und der Zielwert als Zeile und die Engpass-Werte als Spalte an diese Gleichungsmatrizen anfügen, wodurch ein so genanntes **Simplex-Tableau** entsteht. Die Gruppe von Pivot-Variablen zu einer Basisform wird als **Basis**, der Wechsel von einem Simplex-Tableau zum nächsten als **Pivotisierung** oder **Basiswechsel** bezeichnet. Das Simplex-Verfahren ist genau die algorithmische Umsetzung der in diesem Beispiel durchgeführten Überlegungen. Für eine detaillierte Darstellung sei auf [MÜLLER-FUNK/KATHÖFER, 2005] verwiesen.

Übungen zu Abschnitt 1.4

11. Gesucht ist eine Lösung des linearen Gleichungssystems $a_{i1}x_1 + \cdots + a_{in}x_n = b_i$, $i = 1, \ldots, m$ mit $x_i \geq 0$, welche den Ausdruck $c_1x_1 + \cdots + c_nx_n$ maximiert bzw. minimiert.

a) $3x_1 + 5x_2 \overset{!}{=} \max / \min$ unter $2x_1 + 4x_2 = 5$.

b) $2x_1 + tx_2 \overset{!}{=} \max / \min$ unter $4x_1 - tx_2 = 3$

c) $3x_1 - 2x_2 + 5x_3 \overset{!}{=} \max / \min$ unter $2x_1 + 5x_2 + 3x_3 = 6, 4x_1 + x_2 + x_3 = 4$

d) $3x_1 - 2x_2 + 5x_3 \overset{!}{=} \max / \min$ unter $2x_1 + 5x_2 - 3x_3 = 6, 4x_1 + x_2 - x_3 = 4$

e) $3x_1 - 2x_2 + 5x_3 \overset{!}{=} \max / \min$ unter $2x_1 - 5x_2 - 3x_3 = 6, 4x_1 - x_2 - x_3 = 4$

f) $5x_1 - x_2 + x_3 + 2x_4 \overset{!}{=} \max / \min$ unter $x_2 + 2x_3 = 2, 3x_3 + x_4 = 3, x_1 + 3x_3 = 5$

12. Lösen Sie das Verpackungsproblem aus Beispiel 1.18 ⇨ vgl. S. 35, indem Sie aus der Zeilenstufenform heraus die Nicht-Pivot-Variable x_5 bis zum Engpass erhöhen.

13. Stellen Sie das LGS zum Verschnittproblem aus Beispiel 1.2 ⇨ vgl. S. 18 mittels einer Gleichungsmatrix dar und beantworten Sie folgende Fragen:

a) Wie lautet die Zeilenstufenform des LGS?

b) Geben Sie die Lösungsmenge des LGS an.

c) Geben Sie eine spezielle Lösung auf Basis der ZSF an und untersuchen Sie, ob diese Lösung minimalen Verschnitt verursacht. Falls nicht, geben Sie eine bessere Lösung an.

Zusammenfassung

Für ein LGS in m Gleichungen und n Variablen trifft stets genau eine der folgenden Alternativen zu.

1. Es existiert genau eine Lösung. Diese Alternative kommt z.B. bei $n = m$ vor, wenn keine Einzelgleichung sich aus den anderen ableiten lässt.

2. Es existieren unendlich viele Lösungen. Dieser Fall ist etwa gegeben, wenn $m < n$ ist, d.h. die Zahl der Gleichungen geringer ist als die Zahl der Unbekannten und die Einzelgleichungen sich nicht widersprechen.

   Die Lösungsmenge lässt sich aus der dem LGS zugeordneten Zeilenstufenform ablesen, indem die Nicht-Pivot-Variablen in dieser Form frei variieren können und die Pivot-Variablen durch Freistellung hiervon explizit abhängen. Allgemeiner wird dies von der Basisform eines LGS geleistet.

Eine solche Darstellung hilft im Rahmen der linearen Optimierung, d.h. bei der Auffindung „optimaler" Lösungen hinsichtlich linearer Zielfunktionen. Substituiert man in der Zielfunktion die abhängigen Pivot-Variablen durch die freien Nicht-Pivot-Variablen, so entsteht eine reduzierte Zielfunktion, deren Koeffizienten Auskunft über die Optimalität der speziellen Lösung geben.

3. Es existiert überhaupt keine Lösung. Das ist der Fall, wenn die Einzelgleichungen zueinander inkompatible Forderungen darstellen.

Übungen zur Vertiefung von Kapitel 1

14. Lösen Sie das LGS $x_1 + x_2 - x_3 = a, 2x_1 - x_2 + 5x_3 = b, 2x_2 - 5x_3 = c$ für beliebige $a, b, c \in \mathbb{R}$.

15. Die Firma „Caramba" stellt Spielzeugrennbahnen her und bietet Starter-Sets, Ergänzungs- und Großpackungen an, in denen neben Stromversorgung, Modellautos, Controller und Rundenzähler auch Doppelspurschienen in verschiedenen Ausfertigungen und Stückzahlen verpackt sind.

Schienen-typ	Starter-Set (A)	Starter-Set (B)	Ergänzungs-Set (C)	Ergänzungs-Set (D)	XXL-Set (E)
Kurve	13	12	2	8	29
Gerade	6	3	10	5	16
Brücke	1	1	0	1	3
Looping	1	0	0	2	5
Kreuzung	1	0	2	2	5

Im Handel werden die Sets mit folgenden unverbindlichen Preisempfehlungen angeboten 44,99€ je Sets A, C und D, 24,99€ je Set B und 149,99€ je Set E.

Auf Lager sind noch 7300 Kurvenstücke, 3200 Geradenstücke, 600 Brücken, 200 Loopings und 400 Kreuzungen vorhanden. Diese sollen nun – zusammen mit den übrigen in ausreichenden Stückzahlen vorrätigen Teilen (Stromversorgung etc.) zu Sets verpackt werden.

a) Geben Sie die Möglichkeiten, die Sets zu packen, als Lösungsmenge eines LGS an.

b) Welche der Lösungen ergibt den höchsten Umsatz, wenn man davon ausgeht, dass auch alle Packungen verkauft werden?

2 Vektoren in der Ökonomie

Übersicht

Vektoren als mathematische Formalisierung der Bündelung von ökonomischen Größen werden in diesem Kapitel in den ökonomischen Kontext eingeordnet ⇨ vgl. Abschnitt 2.1. Wir besprechen wesentliche Fakten rund um Linearkombinationen ⇨ vgl. Abschnitt 2.2, S. 45 und erläutern das Konzept der Untervektorräume und ihrer Basen ⇨ vgl. Abschnitt 2.3, S. 57. Schließlich werden geometrische Grundkonzepte wie Winkel, Länge und Abstand auf Vektorräumen behandelt ⇨ vgl. Abschnitt 2.4, S. 65. Der Abstandsbegriff führt uns auf das Prinzip der Projektion, worauf die KQ-Methode der Statistik beruht ⇨ vgl. Abschnitt 2.5, S. 72.

2.1 Vektoren und Operationen mit Vektoren

Ökonomische Größen wie Preis, Absatz, Nachfrage, Faktoreinsatzmenge können adäquat durch Verwendung reeller Zahlen oder, falls sie zunächst noch unbestimmt sind, durch reelle Variablen beschrieben werden. Vielfach ist man aber gezwungen, simultan mit mehreren dieser Größen zu rechnen:

- Ein Unternehmen der Fertigungsindustrie stellt in der Regel ein ganzes Bündel von Produkten in verschiedenen Mengen her.

- Jedem Produkt ist in der Fertigung eine Teileliste, also ein Bündel von Mengenangaben der benötigen Rohstoffe zugeordnet.

- Der Umsatz einer Unternehmung stellt sich als ein Bündel von Einzelumsätzen dargestellt werden, oft in zeitlicher Entwicklung.

- Ein Aktien-Portfolio stellt ein Bündel von einzelnen Kapitalanlagen dar.

- Ein Wahlergebnis besteht in einem Bündel von Stimmanzahlen oder Stimmanteilen.

- Der Markt für ein bestimmtes Gut wird durch ein Bündel von absoluten oder relativen Marktanteilen der Anbieter erfasst.

- Zur Untersuchung von Preisindizes und Inflationskennzahlen wird der ökonomische Bedarf von Haushalten durch den so genannten Warenkorb, ein Bündel von Mengen verschiedener repräsentativer Güter beschrieben.

- Unternehmen verwalten Kundenprofile, welche neben persönlichen Daten den Geschäftsverlauf beinhalten.

Zur Beschreibung des jeweiligen ökonomischen Sachverhaltes durch ein geeignetes „Profil" sind in aller Regel gebündelte Größen, oft in Form von Bündeln reeller Zahlen, erforderlich; die Größen eines Bündels haben zudem meist verschiedene nicht untereinander kompatible Einheiten.

Definition 2.1

[1] Es bezeichnet $\mathbb{R}^n$ die Menge/Gesamtheit aller **Spaltenvektoren** mit n Komponenten $\begin{pmatrix} x_1 \\ \vdots \\ x_n \end{pmatrix}$ mit Einträgen $x_1, \ldots, x_n \in \mathbb{R}$.

[2] Die Menge aller reellen **Zeilenvektoren** $(x_1, \ldots, x_n)$ oder $(x_1|x_2|\ldots|x_n)$ wird mit $\mathbb{R}_n$ bezeichnet. Statt Zeilenvektoren sagt man auch **geordnete n–Tupel**.

[3] **Transposition von Vektoren**: Für einen Spaltenvektor $x \in \mathbb{R}^n$, $x = \begin{pmatrix} x_1 \\ \vdots \\ x_n \end{pmatrix}$ setzt man $x^T := (x_1, \ldots, x_n)$ (lies: „x transponiert") .

[4] Für einen Zeilenvektor $y = (y_1, \ldots, y_n) \in \mathbb{R}_n$ setzt man $y^T := \begin{pmatrix} y_1 \\ \vdots \\ y_n \end{pmatrix}$.

Beispiel 2.1 (Beispiele für Vektoren in der Ökonomie)

- Im Regalbau-Beispiel ist durch $\begin{pmatrix} 300 \\ 130 \\ 1000 \end{pmatrix} = (300, 130, 1000)^T$ der Spaltenvektor der zur Verfügung stehenden Rohstoffmengen „Träger, Querstangen, Regalböden" festgelegt. Der zugehörige Spaltenvektor der Endproduktmengen (Regaltypen) mit maximalem Deckungsbeitrag lautet $\begin{pmatrix} 20 \\ 70 \\ 0 \\ 10 \end{pmatrix} = (20, 70, 0, 10)^T$.

- Drei Produkte eines Unternehmens erzielten im Jahr 2004 den Umsatz-Zeilenvektor $(35000, 17300, 40000)$ (Angaben in 1000 €).

- Am 22.10.1997 konnte man am Schalter eines deutschen Bankhauses für 100 DM folgende Devisen erwerben (Angabe als Spaltenvektor): $\begin{pmatrix} 54,05 \text{ US-Dollar} \\ 33,39 \text{ brit. Pfund} \\ 323,62 \text{ frz. Franc} \end{pmatrix}$

- Bei einer Wahl stellen sich vier Parteien. Für zwei ausgezählte Stimmbezirke lauten die die absoluten Stimmenzahlen in Form von Vektoren $\begin{pmatrix} 1000 \\ 1500 \\ 300 \\ 1200 \end{pmatrix}$ und $\begin{pmatrix} 2000 \\ 3000 \\ 600 \\ 2400 \end{pmatrix}$.

- Bei einer Umfrage unter Absolventen in einem wirtschaftswissenschaftlichen Studiengang werden Studiendauer, durchschnittliche monatliche finanzielle Förderung und die Abschlußnote festgehalten. Dabei wurden auch folgende zwei Profile angegeben: $\begin{pmatrix} 13 \text{ Semester} \\ 400 \text{ €} \\ 3,3 \end{pmatrix}$ und $\begin{pmatrix} 10 \text{ Semester} \\ 450 \text{ €} \\ 1,7 \end{pmatrix}$

- Auf dem Mobilkommunikations-Markt des Inselstaates Wiwinesien treten vier Anbieter auf. Im vierten Quartal 2001 ergibt eine Marktuntersuchung die in Tabelle 2.1 angegebenen Daten. Jede der fünf numerischen Spalten in der Tabelle kann als Spaltenvektor des $\mathbb{R}^4$ aufgefasst werden, jede Zeile zu einem Mobilfunkanbieter als Zeilenvektor des $\mathbb{R}_5$.

Anbieter	Netzabdeckung in Prozent	Preis des Standardtarifs	Kundenzahl im Standardtarif		
			absolut	in Prozent	relativ
Tekom	99	12,50	3.000.000	60	$\frac{3}{5}$
E-Minus	95	10,50	500.000	10	$\frac{1}{10}$
D2$\frac{1}{2}$	97	12,00	900.000	18	$\frac{9}{50}$
Intracom	98	11,00	600.000	12	$\frac{3}{25}$
Gesamt			5.000.000	100	1

Tabelle 2.1: Markt-Daten eines (fiktiven) Mobilfunkmarktes

Die Darstellung der relativen Marktanteile in der letzten Spalte von Tabelle 2.1 nennt man einen stochastischen Vektor.

Definition 2.2

Ein Vektor $p = (p_1, \ldots, p_n)^T \in \mathbb{R}^n$ heißt **stochastischer Vektor**, wenn er folgende Eigenschaften hat:

[1] $p_i \geq 0$ für alle $i = 1, \ldots, n$,

[2] $p_1 + \cdots + p_n = 1$

Stochastische Vektoren als Bündel von Marktanteilen finden sich insbesondere auch in Wahlanalysen; sie werden benötigt, wenn Anteile bzw. relative Häufigkeiten gemessen werden. Im Rahmen der Modellierung beschreiben sie – im diskreten Kontext – subjektive bzw. objektive Wahrscheinlichkeiten. Auch Zeilenvektoren mit den genannten Eigenschaften werden als stochastische Vektoren bezeichnet.

Vektoren werden in der Schule um ihrer physikalischen Anwendungen willen zumeist analytisch-geometrisch eingeführt. Man stellt sie in der Anschauungsebene und dem Anschauungsraum mit Pfeilen dar, die einen Start- und einen Zielpunkt ausweisen. Pfeile gleicher Länge und Orientierung werden miteinander identifiziert. Bei den ökonomischen Anwendungen der Vektorrechnung liegt jedoch der Aspekt der Bündelung ökonomischer Größen eindeutig im Vordergrund, daher verzichten wir auch zunächst darauf Vektoren mit Pfeilen zu bezeichnen. Allerdings werden Richtung(svektor)en später in der Analysis auch noch eine Rolle spielen ⇨ vgl. Abschnitt 5.4.1, S. 188.

2.1.1 Elementare Operationen mit Vektoren

Vektoren werden erst dadurch zu einem brauchbaren Instrument der Ökonomie, dass man sie mittels geeigneter Operationen in andere ökonomische Größen bzw. Profile überführen kann. Addition und Multiplikation reeller Zahlen führen zu den wichtigsten Verknüpfungstypen für Vektoren:

Definition 2.3 (Vektoraddition)

Für $x = (x_1, \ldots, x_n)^T \in \mathbb{R}^n$, $y = (y_1, \ldots, y_n)^T \in \mathbb{R}^n$ setzt man

$$x + y := \begin{pmatrix} x_1 \\ \vdots \\ x_n \end{pmatrix} + \begin{pmatrix} y_1 \\ \vdots \\ y_n \end{pmatrix} = \begin{pmatrix} x_1 + y_1 \\ \vdots \\ x_n + y_n \end{pmatrix}$$

Ganz entsprechend verfährt man mit der Addition von Zeilenvektoren.

Beispiel 2.2

Bei der Addition der Bezirks-Stimmanteile aus dem Eingangsbeispiel ergibt sich

$$\begin{pmatrix} 1000 \\ 1500 \\ 300 \\ 1200 \end{pmatrix} + \begin{pmatrix} 2000 \\ 3000 \\ 600 \\ 2400 \end{pmatrix} = \begin{pmatrix} 1000 + 2000 \\ 1500 + 3000 \\ 300 + 600 \\ 1200 + 2400 \end{pmatrix} = \begin{pmatrix} 3000 \\ 4500 \\ 900 \\ 3600 \end{pmatrix}$$

Definition 2.4 (Skalarmultiplikation von Vektoren)

Für $(x_1, \ldots, x_n)^T \in \mathbb{R}^n$ und $\alpha \in \mathbb{R}$ setzt man

$$\alpha x := \alpha \begin{pmatrix} x_1 \\ \vdots \\ x_n \end{pmatrix} = \begin{pmatrix} \alpha x_1 \\ \vdots \\ \alpha x_n \end{pmatrix} \in \mathbb{R}^n$$

(entsprechend für Zeilenvektoren). $\alpha \in \mathbb{R}$ heißt in diesem Zusammenhang **Skalar**.

Beispiel 2.3

zur Skalarmultiplikation: Wollte man am 22.10.1997 bei besagtem Bankhaus Devisen für 800 DM, d.h. für den achtfachen angegebenen Wert erwerben, so hätte dies für die verschiedenen Währungen folgende Beträge gegeben:

$$8 \cdot \begin{pmatrix} 54,05 \\ 33,39 \\ 323,62 \end{pmatrix} = \begin{pmatrix} 8 \cdot 54,05 \\ 8 \cdot 33,39 \\ 8 \cdot 323,62 \end{pmatrix} = \begin{pmatrix} 432,4 \text{ (US-Dollar)} \\ 267,12 \text{ (brit. Pfund)} \\ 2588,96 \text{ (franz. Franc)} \end{pmatrix}$$

Durch Operationen auf Vektoren lassen sich also anschauliche Einzelrechnungen effizient zusammenfassen. Dies ist nicht nur händisch sinnvoll, sondern kann gerade bei umfangreicheren Problemen informationstechnisch ausgenutzt werden, weil Programmiersprachen oft in der Lage sind, mit Vektoren als Objekten zu operieren, und der übliche Additions- und Multiplikations-Kalkül von reellen Zahlen intuitiv auf Vektoren übertragen werden kann:

Satz 2.1 (Regeln für Vektoraddition und Skalarmultiplikation)

V1. Für alle $x, y, z \in \mathbb{R}^n$ gilt:

[a] $x + (y + z) = (x + y) + z$ (Assoziativgesetz)

[b]   quad $x + y = y + x$ (Kommutativgesetz)

V2. Der **Nullvektor** $\bar{0} := \begin{pmatrix} 0 \\ \vdots \\ 0 \end{pmatrix} \in \mathbb{R}^n$ hat folgende Eigenschaften

[a] $x + \bar{0} = x$ für alle $x \in \mathbb{R}^n$.

$\bar{0}$ wird auch als **neutrales Element**   der Vektoraddition bezeichnet.

[b]   Für alle $x \in \mathbb{R}^n$ ist $-x = (-1)x \in \mathbb{R}^n$ und $x + (-x) = \bar{0}$. (**inverses Element** der Vektoraddition).

V3. Für alle $\alpha, \beta \in \mathbb{R}$ und alle $x \in \mathbb{R}^n$ gilt: $\alpha(\beta x) = (\alpha\beta)x$ und $1x = x$

V4. Für alle $\alpha, \beta \in \mathbb{R}$ und $x, y \in \mathbb{R}^n$ gelten die Distributivgesetze:

[a] $\alpha(x + y) = \alpha x + \alpha y$

[b] $(\alpha + \beta)x = \alpha x + \beta x$

2.1.2 Vektorräume

Neben den besprochenen Mengen $\mathbb{R}^n$ und $\mathbb{R}_n$ gibt es in der Mathematik zahllose weitere Mengen $\mathbb{L}$, in denen Rechenoperationen vom Typ Vektoraddition und Multiplikation mit Skalaren erklärt sind und die Eigenschaften V1-V4 gelten.

Definition 2.5

Eine Menge $\mathbb{L}$ von Objekten heißt $\mathbb{R}$-**Vektorraum**, wenn auf ihr die Operationen Vektoraddition und Skalarmultiplikation (mit Skalaren aus $\mathbb{R}$) sowie ein spezifischer Vektor $\bar{0}$ als Nullvektor erklärt sind, welche den Regeln V1 bis V4 genügen.

Beispiele von Vektorräumen (neben $\mathbb{R}_n$ und $\mathbb{R}^n$) sind

- die Menge aller $\mathbb{R}$-wertigen Folgen, vorstellbar als Tupel $(x_1, x_2, x_3, \dots)$ mit unendlich vielen Komponenten.
    - Die Vektoraddition zweier Folgen $(x_1, x_2, x_3, \dots)$ und $(y_1, y_2, y_3, \dots)$ ergibt die Folge $(x_1 + y_1, x_2 + y_2, x_2 + y_3, \dots)$.
    - Die skalare Multiplikation von $(x_1, x_2, x_3, \dots)$ mit $\alpha \in \mathbb{R}$ ergibt die Folge $(\alpha x_1, \alpha x_2, \alpha x_3, \dots)$.
    - Der Nullvektor ist die Folge $(0, 0, 0, \dots)$ mit lauter Null-Einträgen.
- die Menge aller Funktionen auf einem gegebenen Intervall $[a, b]$
    - Die Vektoraddition zweier Funktionen $f, g : [a, b] \to \mathbb{R}$ ergibt die Funktion $h : [a, b] \to \mathbb{R}$, $h(x) = f(x) + g(x)$
    - Die skalare Multiplikation einer Funktion $f : [a, b] \to \mathbb{R}$ mit einem Skalar $\alpha \in \mathbb{R}$ ergibt die Funktion $h : [a, b] \to \mathbb{R}$, $h(x) = \alpha f(x)$.
    - Der Nullvektor ist die Funktion $f : [a, b] \to \mathbb{R}$, $f(x) = 0$

Auch wenn Folgen und Funktionen im ökonomischen Kontext eine große Rolle spielen, werden wir sie aber im folgenden doch nicht unter dem Vektorraum-Aspekt behandeln. Die Tupel-Vektorräume $\mathbb{R}^n$ und $\mathbb{R}_n$ tragen neben den später noch behandelten Matrizen-Mengen eine viel größere Bedeutung, ebenso wie Teilmengen $\mathbb{L} \subseteq \mathbb{R}^n$, die selber Vektorräume sind, d.h. die folgende drei Eigenschaften haben:

[1] Der Nullvektor $\bar{0}$ liegt in $\mathbb{L}$.

[2] Liegen zwei Vektoren x, y in $\mathbb{L}$, so auch deren Summe $x + y$.

[3] Liegt ein Vektor x in $\mathbb{L}$, so auch ein beliebiges skalar Vielfaches αx.

Beispiel 2.4

Wir betrachten die Menge $\mathbb{L} = \{(s, t, s - t)^T : s, t \in \mathbb{R}\} \subset \mathbb{R}^3$ derjenigen Vektoren im $\mathbb{R}^3$, bei denen die dritte Komponente Differenz der ersten beiden ist. Wir untersuchen, ob es sich bei $\mathbb{L}$ um einen $\mathbb{R}$-Vektorraum handelt, indem wir die Anforderungen an einen $\mathbb{R}$-Vektorraum prüfen:

[1] Es ist $(0, 0, 0)^T \in \mathbb{L}$, man wähle hierzu $s = t = 0$.

[2] Sind $x = (s_1, t_1, s_1 - t_1)^T \in \mathbb{L}$ und $y = (s_2, t_2, s_2 - t_2)^T \in \mathbb{L}$, so liegt auch $x + y \in \mathbb{L}$, denn

$$x + y = \begin{pmatrix} s_1 + s_2 \\ t_1 + t_2 \\ (s_1 + s_2) - (t_1 + t_2) \end{pmatrix} = \begin{pmatrix} s \\ t \\ s - t \end{pmatrix}$$

mit $s = s_1 + s_2$ und $t = t_1 + t_2$.

[3] Wenn $x = (s_1, t_1, s_1 - t_1)^T \in \mathbb{L}$ und $t \in \mathbb{R}$, dann liegt auch αx in $\mathbb{L}$, denn

$$\alpha x = \alpha \begin{pmatrix} s_1 \\ t_1, s_1 - t_1 \end{pmatrix} = \begin{pmatrix} \alpha s_1 \\ \alpha t_1 \\ \alpha s_1 - \alpha t_1 \end{pmatrix} = \begin{pmatrix} s \\ t \\ s - t \end{pmatrix}$$

mit $s = \alpha s_1, t = \alpha t_1$

Insgesamt ist $\mathbb{L}$ also ein $\mathbb{R}$-Vektorraum. Die Menge lässt auch schreiben als Menge der Vektoren

$$\begin{pmatrix} x_1 \\ x_2 \\ x_3 \end{pmatrix} = \begin{pmatrix} s \\ t \\ s - t \end{pmatrix} = s \begin{pmatrix} 1 \\ 0 \\ 1 \end{pmatrix} + t \begin{pmatrix} 0 \\ 1 \\ -1 \end{pmatrix}$$

mit beliebigen Skalaren $s, t \in \mathbb{R}$.

Beispiel 2.5

Wir betrachten die Menge $\mathbb{L} = \{(s, t, st)^T : s, t \in \mathbb{R}\} \subset \mathbb{R}^3$, d.h. die Menge derjenigen Vektoren im $\mathbb{R}^3$, bei denen die dritte Komponente das Produkt der ersten beiden ist. Wir prüfen der Reihe nach die Anforderungen an einen $\mathbb{R}$-Vektorraum.

[1] Der Nullvektor liegt in $\mathbb{L}$ (man setze $s = t = 0$).

[2] Die Summe zweier Vektoren aus $\mathbb{L}$ muss nicht in $\mathbb{L}$ liegen. Beispielsweise liegen $x = (1, 1, 0)^T$ und $y = (2, 1, 2)^T$ liegen in $\mathbb{L}$, nicht aber der Vektor $x + y = (3, 2, 2)^T$. Die dritte Komponente 2 ist nämlich nicht das Produkt der ersten beiden Komponenten 3 und 2.

[3] Auch die dritte Anforderung der skalaren Vervielfachbarkeit wird nicht von Vektoren aus $\mathbb{L}$ erfüllt, beispielsweise liegt der Vektor $(2, 1, 2)^T$ in $\mathbb{L}$, mit $\alpha \neq 0$ nicht aber der Vektor $\alpha(2, 1, 2)^T = (2\alpha, \alpha, 2\alpha)^T$, dann müsste nämlich die dritte Komponente 2α Produkt der ersten beiden sein, also müsste gelten $2\alpha = (2\alpha)\alpha = 2\alpha^2$. Das ist nur für $\alpha = 0$ oder $\alpha = 1$ richtig.

Insgesamt ist $\mathbb{L}$ kein $\mathbb{R}$-Vektorraum. Schon nach der Prüfung der zweiten Anforderung war dieser Sachverhalt geklärt.

Beispiel 2.6

Wir betrachten die Menge $\mathbb{L} = \{(x_1, x_2, x_3)^T \in \mathbb{R}^3 : 2x_1 + 5x_2 - x_3 = 0\}$. Diese Teilmenge des Anschauungsraumes ist ein $\mathbb{R}$-Vektorraum, denn:

[1] Der Nullvektor $(0, 0, 0)^T$ liegt in $\mathbb{L}$, weil er die vorgegebene lineare Gleichung durch Einsetzen erfüllt.

[2] Wenn $x = (x_1, x_2, x_3)^T$ und $y = (y_1, y_2, y_3)^T$ zwei Vektoren in $\mathbb{L}$ sind, d.h. $2x_1 + 5x_2 - x_3 = 0$ bzw. $2y_1 + 5y_2 - y_3 = 0$ erfüllen, so erfüllt auch $z = (z_1, z_2, z_3) = x + y = (x_1 + y_1, x_2 + y_2, x_3 + y_3)^T$ die Gleichung und liegt damit in $\mathbb{L}$, denn

$$\begin{aligned} 2z_1 + 5z_2 - z_3 &= 2(x_1 + y_1) + 5(x_2 + y_2) - (x_3 + y_3) \\ &= (2x_1 + 5x_2 - x_3) + (2y_1 + 5y_2 - y_3) = 0 \end{aligned}$$

[3] Ist $x = (x_1, x_2, x_3)^T$ ein Vektor in $\mathbb{L}$ und erfüllt somit die Gleichung $2x_1 + 5x_2 - x_3 = 0$, so auch ein beliebiges skalar Vielfaches $z = (z_1, z_2, z_3)^T = \alpha x = (\alpha x_1, \alpha x_2, \alpha x_3)^T$ von x, denn

$$2z_1 + 5z_2 - z_3 = 2(\alpha x_1) + 5(\alpha x_2) - (\alpha x_3) = \alpha(2x_1 + 5x_2 - x_3) = 0$$

Dieses Beispiel steht stellvertretend für einen allgemeinen Sachverhalt:

Satz 2.2

Die Lösungsmenge eines homogenen linearen Gleichungssystems, geschrieben als Menge von Zeilenvektoren (bzw. Spaltenvektoren) ist ein $\mathbb{R}$-Vektorraum. Ist A die Koeffizientenmatrix des homogenen LGS, so wird dieser $\mathbb{R}$-Vektorraum auch als **Kern** von A bezeichnet, in Formelschreibweise: $\mathbb{L} = Kern(A)$.

Dies lässt sich genau wie in dem vorliegenden Beispiel nachrechnen, ist aber in allgemeiner Schreibweise erheblich aufwendiger. Weil homogene lineare Gleichungssysteme häufig als technische Hilfsmittel in der Ökonomie auftreten, ist das Verständnis ihrer Lösungsmengen von hoher Bedeutung. Wir werden diese später noch genauer untersuchen ⇨ vgl. Abschnitt 2.3, S. 57.

Künftig werden wir statt von einem $\mathbb{R}$-Vektorraum meist von einem Vektorraum sprechen und den Vorsatz $\mathbb{R}$- weglassen, da eigentlich alle ökonomisch relevanten Vektorräume auf $\mathbb{R}$ als Menge der Skalare basieren – zuweilen werden noch komplexe Zahlen als mögliche Skalare verwendet, worauf wir aber nicht näher eingehen werden.

Übungen zu Abschnitt 2.1

1. Es seien $a = \begin{pmatrix} 1 \\ 2 \end{pmatrix}, b = \begin{pmatrix} 2 \\ 3 \end{pmatrix}, c = \begin{pmatrix} 1 \\ 2 \\ 3 \end{pmatrix}, d = \begin{pmatrix} 2 \\ 3 \\ 4 \end{pmatrix}, \alpha_1 = 3, \alpha_2 = 2$.

Berechnen Sie, falls jeweils möglich, folgende Ausdrücke:

a) $a + b$
b) $b - a$
c) $a + b^T$
d) $a^T + b^T$

e) $b^T - a^T$
f) $a - c$
g) $d^T - c$
h) $\alpha_2 b - \alpha_2 a$

i) $\alpha_1 a + \alpha_1 b$
j) $\alpha_1 c + \alpha_2 c$
k) $\alpha_1 a - \alpha_2 b^T$
l) $\alpha_1 c + 4\alpha_1 d$

2. Betrachten Sie die Tabelle 2.1 ⇨ vgl. S. 41 zum fiktiven Mobilfunkmarkt auf Wiwinesien. Berechnen Sie den durchschnittlichen Preis, welchen ein Kunde für den Standardtarif zu zahlen hat.

3. Prüfen Sie, welche der folgenden Mengen jeweils $\mathbb{R}$-Vektorräume sind.

a) $\{(x_1, x_2)^T \in \mathbb{R}^2 : x_1 + 2x_2 = t\}$ mit $t \in \mathbb{R}$,

b) $\{(x_1, x_2) \in \mathbb{R}^2 : x_1^2 - 2tx_1x_2 + x_2^2 = 0\}$ mit $t \in \mathbb{R}$,

c) $\{(x_1, x_2, x_3)^T \in \mathbb{R}^3 : x_1^2 = x_2x_3\}$,

d) $\{(x_1, x_2, x_3)^T \in \mathbb{R}^3 : x_1 \in \mathbb{Z}\}$,

e) $\{(x_1, x_2, x_3, x_4, x_5)^T \in \mathbb{R}^5 : a(x_3 - x_5) = 2x_1 + x_2 + x_4, x_1 + ax_3 = 2x_4 - x_5\}$.

4. Betrachten Sie die Menge aller differenzierbaren Funktionen $f : [a, b] \to \mathbb{R}$ auf einem vorgegebenen Intervall $[a, b]$. Erläutern Sie, weshalb diese Menge ein $\mathbb{R}$-Vektorraum ist. Welche Grundregeln der Differentialrechnung werden dabei benötigt?

2.2 Koordinatensysteme und Linearkombinationen

Vektoren stellt man im $\mathbb{R}^2$ und $\mathbb{R}^3$ gewöhnlich in einem Kreuz aus senkrecht aufeinander stehenden mit einer Messskala versehenen Achsen dar.

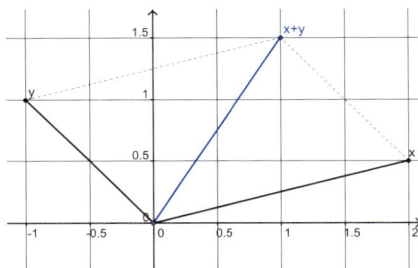 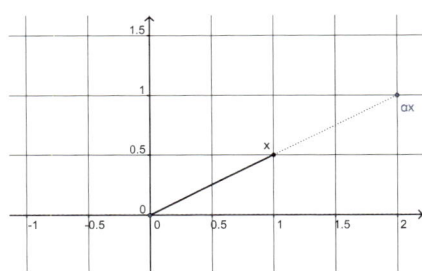

Abbildung 2.1: Illustration der Vektoraddition und der Skalarmultiplikation in $\mathbb{R}^2$, der Anschauungsebene

Die Vektoraddition in Anschauungsebene $\mathbb{R}^2$ und Anschauungsraum $\mathbb{R}^3$ lässt sich geometrisch mit Hilfe von Parallelogrammen, die Skalarmultiplikation mittels Punktstreckung durchführen. In Abbildung 2.1 sind diese beiden Grundoperationen für Vektoren des $\mathbb{R}^2$ veranschaulicht.

Die Komponenten eines Vektors nennt man mit Bezug auf die Darstellung in einem Koordinatensystem auch **Koordinaten**, zu jeder Komponente gehört eine Achse des Koordinatensystems, die man deshalb auch Koordinatenachse nennt.

Jeder Vektor, der einem Punkt auf einer Koordinatenachse entspricht, wird als **Koordinatenvektor** bezeichnet. Gemäß der Messskala ist hierbei der Koordinatenvektor zur Standard-Einheit besonders ausgezeichnet, man nennt ihn Koordinateneinheitsvektor oder einfach **Einheitsvektor**. Im $\mathbb{R}^2$ sind dies die Vektoren $(1,0)^T$ und $(0,1)^T$, im $\mathbb{R}^3$ sind es $(1,0,0)^T$, $(0,1,0)^T$ und $(0,0,1)^T$.

Die Koordinaten eines beliebigen Vektors $x = (x_1, x_2)^T$ in der Anschauungsebene lassen sich ablesen, indem man jeweils das Lot auf die Kordinatenachsen fällt. Diesem Ablesevorgang entspricht das „Zerlegen" des Vektors mit Hilfe der Koordinateneinheitsvektoren

$$\begin{pmatrix} x_1 \\ x_2 \end{pmatrix} = x_1 \begin{pmatrix} 1 \\ 0 \end{pmatrix} + x_2 \begin{pmatrix} 0 \\ 1 \end{pmatrix}$$

Man spricht dann auch von der Koordinatendarstellung des Vektors. Im Anschauungsraum lautet diese

$$\begin{pmatrix} x_1 \\ x_2 \\ x_3 \end{pmatrix} = x_1 \begin{pmatrix} 1 \\ 0 \\ 0 \end{pmatrix} + x_2 \begin{pmatrix} 0 \\ 1 \\ 0 \end{pmatrix} + x_3 \begin{pmatrix} 0 \\ 0 \\ 1 \end{pmatrix}$$

Für reale oder auch nur realitätsnahe ökonomische Anwendungen reicht die Beschränkung auf Vektoren mit höchstens drei Komponenten allerdings nicht aus, da die zugrundeliegenden Profile meist deutlich aufwendiger sind. Man ist daher gezwungen, auch solche Vektoren in Koordinatensystemen darzustellen, die vier oder mehr Komponenten aufweisen. Völlig entsprechend verwendet man die Bezeichnung Einheitsvektor dann wie folgt:

Definition 2.6

Unter den **Einheitsvektoren** des $\mathbb{R}^n$ versteht man die Vektoren

$$e^{(1)} := \begin{pmatrix} 1 \\ 0 \\ 0 \\ \vdots \\ 0 \\ 0 \end{pmatrix} \quad , \quad e^{(2)} := \begin{pmatrix} 0 \\ 1 \\ 0 \\ \vdots \\ 0 \\ 0 \end{pmatrix} \quad , \quad \ldots \quad , \quad e^{(n)} := \begin{pmatrix} 0 \\ 0 \\ 0 \\ \vdots \\ 0 \\ 1 \end{pmatrix}.$$

Entsprechend ist der Einheitsvektor (ohne eigenständiges Symbol) im Zeilenraum $\mathbb{R}_n$ erklärt.

Auch in den nicht mehr geometrisch vorstellbaren Vektorräumen, d.h. für $n \geq 4$, legen $e^{(1)}, \ldots, e^{(n)}$ ein Koordinatensystem im folgenden Sinne fest:

- Jeder Vektor $x = (x_1, \ldots, x_n)^T \in \mathbb{R}^n$ lässt sich durch Skalare und Einheitsvektoren des $\mathbb{R}^n$ darstellen: $x = x_1 e^{(1)} + x_2 e^{(2)} + \ldots + x_n e^{(n)}$.

- Die Koordinatendarstellung ist eindeutig: Falls $x = a_1 e^{(1)} + \ldots + a_n e^{(n)}$ und $x = b_1 e^{(1)} + \ldots + b_n e^{(n)}$, so gilt $a_1 = b_1, \ldots, a_n = b_n$.

Im Anschauungsebene und Anschauungsraum sind die geometrischen Messskalen auf den Koordinatenachsen und die Einheitsvektoren also verschiedene Darstellungen desselben Sachverhaltes. Mit den Einheitsvektoren ist sowohl die Lage der Achsen festgelegt als auch die Position der Eins auf der Messskala. Umgekehrt liegen die Einheitsvektoren als Punkte genau auf den Eins-Stellen der Messskalen. Für $n \geq 4$ können die n Einheitsvektoren daher ein rechnerischer Ersatz für die nicht mehr visualisierbaren geometrischen Messskalen sein; sie legen rechnerisch die „klassischen" senkrecht aufeinander stehenden Koordinatenachsen fest, auf denen sich die Koordinaten jedes Vektors ablesen lassen.

Bei der Umsetzung von Anwendungsfragen kann man aber oft nicht einfach auf Einheitsvektoren $e^{(1)}, \ldots, e^{(n)}$ zurückgreifen, sondern ist auch im ökonomischen Kontext gezwungen, anstelle der Einheitsvektoren mit

- nicht senkrecht aufeinander stehenden

- nicht gleich langen

Koordinatenvektoren $a^{(1)}, \ldots, a^{(m)}$ zu rechnen, wobei zudem die Anzahl m dieser Vektoren nicht zwangsläufig der Anzahl n der Komponenten entsprechen muss. Man hat also „schiefe" Koordinatenachsen und möchte wissen, ob und wie die Koordinatendarstellung anderer Vektoren möglich in diesem Koordinatensystem möglich ist. In Abbildung 2.2 ist dies für die Anschauungsebene illustriert. Dass dies auch in ökonomischem Kontext Anwendung finden kann, sei anhand von Beispielen aus der Produktion und der Statistik verdeutlicht. Zunächst Beispiele mit „mehr als n" Koordinatenachsen:

Beispiel 2.7 (Fortsetzung von Beispiel 1.1 ⇨ vgl. S. 16)
Hier gehören zu jedem Regaltyp Teilelisten für Stellwangen, Querstangen und Böden. Diese lassen sich regaltypabhängig als Vektoren

$$\begin{pmatrix} 2 \\ 1 \\ 5 \end{pmatrix}, \begin{pmatrix} 3 \\ 1 \\ 10 \end{pmatrix}, \begin{pmatrix} 4 \\ 2 \\ 15 \end{pmatrix}, \begin{pmatrix} 5 \\ 4 \\ 20 \end{pmatrix}$$

darstellen. Um die vorhandenen Rohstoffe in Form des Vektors $(300, 130, 1000)^T$ auf-

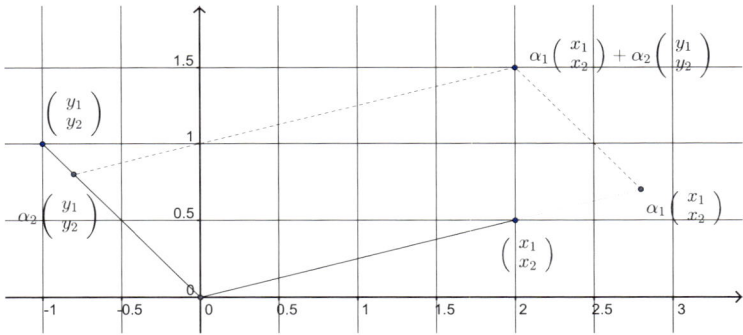

Abbildung 2.2: Illustration der Darstellung von Vektoren als Linearkombination in „schiefen" Koordinatensystemen. Im Beispiel stellt sich der Vektor $(2, \frac{3}{2})^T$ aus den Vektoren $(2, \frac{1}{2})^T$ und $(-1; 1)^T$ wie folgt dar: $(2, \frac{3}{2})^T = \frac{7}{5}(2, \frac{1}{2})^T + \frac{4}{5}(-1, 1)^T$.

zubrauchen, muss man das LGS

$$
\begin{array}{rcrcrcrcl}
2x_1 & + & 3x_2 & + & 4x_3 & + & 5x_4 & = & 300 \\
x_1 & + & x_2 & + & 2x_3 & + & 4x_4 & = & 130 \\
5x_1 & + & 10x_2 & + & 15x_3 & + & 20x_4 & = & 1000
\end{array}
$$

lösen. Dies ist gleichbedeutend damit, den Rohstoffvektor im Koordinatensystem der Teilelisten-Vektoren darzustellen:

$$
\begin{pmatrix} 300 \\ 130 \\ 1000 \end{pmatrix} = x_1 \begin{pmatrix} 2 \\ 1 \\ 5 \end{pmatrix} + x_2 \begin{pmatrix} 3 \\ 1 \\ 10 \end{pmatrix} + x_3 \begin{pmatrix} 4 \\ 2 \\ 15 \end{pmatrix} + x_4 \begin{pmatrix} 5 \\ 4 \\ 20 \end{pmatrix}
$$

Zusätzlich muss im ökonomischen Kontext $x_i \geq 0$ (und sogar $x_i \in \mathbb{N}_0$) gelten. Die Darstellung ist nicht eindeutig, weshalb zusätzlich eine ökonomisch vorteilhafte Darstellung gesucht wird, etwa diejenige mit maximalem Deckungsbeitrag.

Beispiel 2.8 (Fortsetzung von Beispiel 1.2 ⇨ vgl. S. 18)
Zu jedem Schnittmuster gehören Listen mit den aus den Mustern sich ergebenden Anzahlen der drei Rollen, d.h. die Produktlisten

$$
\begin{pmatrix} 1 \\ 1 \\ 0 \end{pmatrix}, \begin{pmatrix} 1 \\ 0 \\ 1 \end{pmatrix}, \begin{pmatrix} 0 \\ 3 \\ 0 \end{pmatrix}, \begin{pmatrix} 0 \\ 2 \\ 1 \end{pmatrix}, \begin{pmatrix} 0 \\ 1 \\ 3 \end{pmatrix}, \begin{pmatrix} 0 \\ 0 \\ 4 \end{pmatrix}
$$

Um die Schnittmuster für die geforderten Rollenanzahlen $(1440, 2160, 1080)^T$ zu berechnen, ist das LGS

$$
\begin{array}{rcrcrcrcrcrcl}
x_1 & + & x_2 & & & & & & & & & = & 1440 \\
x_1 & & & + & 3x_3 & + & 2x_4 & + & x_5 & & & = & 2160 \\
& & x_2 & & & + & x_4 & + & 3x_5 & + & 4x_6 & = & 1080
\end{array}
$$

zu lösen. Gleichwertig hierzu ist die Darstellung des erstrebten Produktvektors im Koordinatensystem der sechs Schnittmuster-Produktlisten , d.h.

$$
\begin{pmatrix} 1440 \\ 2160 \\ 1000 \end{pmatrix} = x_1 \begin{pmatrix} 1 \\ 1 \\ 0 \end{pmatrix} + x_2 \begin{pmatrix} 1 \\ 0 \\ 1 \end{pmatrix} + x_3 \begin{pmatrix} 0 \\ 3 \\ 0 \end{pmatrix} + x_4 \begin{pmatrix} 0 \\ 2 \\ 1 \end{pmatrix} + x_5 \begin{pmatrix} 0 \\ 1 \\ 3 \end{pmatrix} + x_6 \begin{pmatrix} 0 \\ 0 \\ 4 \end{pmatrix}
$$

| Tankstelle | Gewinn | Umsatz | |
		Kraftstoff	Sonstige
1	3	6	7
2	4	2,5	6
3	2	8,5	5
4	3	6,5	7
5	3,5	9,5	7,5

Tabelle 2.2: Gewinn- und Umsatzdaten zum Tankstellenbeispiel 2.9, Angaben in Tausend Euro.

Auch hier sucht man unter den mehreren (ganzzahligen) Lösungen eine optimale, z.B. mit geringstem Rollenverbrauch $x_1 + x_2 + x_3 + x_4 + x_5 + x_6$.

Im nächsten Beispiel wird die Koordinatendarstellung mit einer „zu kleinen" Anzahl von Koordinatenvektoren gesucht. Dies ist typisch für Fragestellungen der Regression:

Beispiel 2.9 (Statistik)
Der Inhaber einer Kette von fünf freien Tankstellen möchte wissen, wie sich der Gewinn der Tankstellen aus den Umsätzen der Sparten Kraftstoffe (K), und Sonstige (S) zusammensetzt. Hieraus erhofft er sich Informationen über die Rentabilität eventueller Investitionen (z.B. weitere Kraftstoffe, frische Brötchen im Food-Bereich usw.).

Über die fünf – von Lage und Ausstattung gleichwertigen – Tankstellen liegen Informationen über die Umsätze sowie den Gewinn eines speziellen Tages vor, die in Tabelle 2.2 wiedergegeben sind. Die Zahlen sind fiktiv und grob gerundet, um die Rechnungen einfach zu halten. Stellt man die Gewinne und Umsätze in den Vektoren

- $g = (g_1, \ldots, g_5)^T = (3 \,|\, 4 \,|\, 2 \,|\, 3 \,|\, 3,5)^T$,

- $u^{(1)} = (u_1^{(1)}, \ldots, u_5^{(1)})^T = (6 \,|\, 2,5 \,|\, 8,5 \,|\, 6,5 \,|\, 9,5)^T$,

- $u^{(2)} = (u_1^{(2)}, \ldots, u_5^{(2)})^T = (7 \,|\, 6 \,|\, 5 \,|\, 7 \,|\, 7,5)^T$

dar, so könnte man versuchen, den Gewinn der j-ten Tankstelle, d.h. g_j in der Form

$$g_j = \alpha_0 + \alpha_1 \cdot u_j^{(1)} + \alpha_2 \cdot u_j^{(2)}$$

mit einem „Sockelgewinn" α_0 und geeigneten für alle fünf Tankstellen gültigen Faktoren $\alpha_0, \alpha_1, \alpha_2 \in \mathbb{R}$ zu schreiben. Mit diesen Koeffizienten muss also folgendes LGS gelten:

$$3 = \alpha_0 + 6\alpha_1 + 7\alpha_2$$
$$4 = \alpha_0 + 2,5\alpha_1 + 6\alpha_2$$
$$2 = \alpha_0 + 8,5\alpha_1 + 5\alpha_2$$
$$3 = \alpha_0 + 6,5\alpha_1 + 7\alpha_2$$
$$3,5 = \alpha_0 + 9,5\alpha_1 + 7,5\alpha_2$$

Je Sparte i gibt der Faktor α_i den Anteil des jeweiligen Spartenumsatzes an, der als Gewinn anfallen wird, wenn das Modell gültig ist. Gerade in Planungsphasen ist man manchmal nur an einer Art „Überschlagsrechnung" zu Prognosezwecken und nicht an der formal endgültig korrekten Verbuchung von Umsätzen und Kosten interessiert.

Dann kann ein Modell wie das angegebene rechnerisch Vorteile gegenüber einem komplexeren Gewinn- und Verlustmodell für jede einzelne Tankstelle haben.

Wir können die obigen fünf Erklärungsgleichungen in Vektorschreibweise $g = \alpha_0 u^{(0)} + \alpha_1 u^{(1)} + \alpha_2 u^{(2)}$ mit $u^{(0)} = (1|1|1|1|1)^T$ bringen; ausgeschrieben lauten sie:

$$\begin{pmatrix} 3 \\ 4 \\ 2 \\ 3 \\ 3,5 \end{pmatrix} = \alpha_0 \begin{pmatrix} 1 \\ 1 \\ 1 \\ 1 \\ 1 \end{pmatrix} + \alpha_1 \begin{pmatrix} 6 \\ 2,5 \\ 8,5 \\ 6,5 \\ 9,5 \end{pmatrix} + \alpha_2 \begin{pmatrix} 7 \\ 6 \\ 5 \\ 7 \\ 7,5 \end{pmatrix}$$

Ziel ist hier also – aus mathematischer Sicht – eine Darstellung des Gewinnvektors g in drei Koordinaten, die sich – mit Ausnahme des Sockelgewinns – aus den Umsätzen der zwei Sparten ergeben.

Die drei Vektoren reichen aber zur Koordinatendarstellung nicht aus, denn das obige LGS ist nicht lösbar; es wird sich bei jeder Tankstelle j eine Abweichung e_j ergeben

$$e_j = g_j - (\alpha_0 + \alpha_1 u_j^{(1)} + \alpha_2 u_j^{(2)}) \quad \text{d.h.} \quad g_j = \alpha_0 + \alpha_1 u_j^{(1)} + \alpha_2 u_j^{(2)} + e_j$$

In Vektorschreibweise gilt dann

$$\begin{pmatrix} 3 \\ 4 \\ 2 \\ 3 \\ 3,5 \end{pmatrix} = \alpha_0 \begin{pmatrix} 1 \\ 1 \\ 1 \\ 1 \\ 1 \end{pmatrix} + \alpha_1 \begin{pmatrix} 6 \\ 2,5 \\ 8,5 \\ 6,5 \\ 9,5 \end{pmatrix} + \alpha_2 \begin{pmatrix} 7 \\ 6 \\ 5 \\ 7 \\ 7,5 \end{pmatrix} + \begin{pmatrix} e_1 \\ e_2 \\ e_3 \\ e_4 \\ e_5 \end{pmatrix}$$

Statt – wie ursprünglich gefordert – eine exakte Darstellung des Gewinns aus den Umsätzen zu berechnen, sucht man jetzt nach Koeffizienten $\alpha_0, \alpha_1, \alpha_2$ mit denen der Fehlervektor $(e_1, \ldots, e_5)^T$ möglichst nahe bei Null liegende Einträge hat. Präziser versucht man den Ausdruck $e_1^2 + \cdots + e_5^2$ so klein wie möglich zu machen. Es handelt sich bei der vorliegenden Fragestellung um ein Beispiel aus dem Bereich der Regressionsanalyse, welche thematisch in die Statistik gehört, vgl. etwa [SCHIRA, 2003]. Nachfolgend werden wir immer wieder auf dieses Beispiel zurückkommen und dabei die Einordnung von Regressionsaufgaben in die Vektor-, Matrizen- und Differentialrechnung vornehmen ⇨ vgl. S. 59, ⇨ vgl. S. 80.

In der Mathematik hat sich für die in den Beispielen genannten Koordinatendarstellungen der Begriff „Linearkombination" eingebürgert.

Definition 2.7 (Linearkombinationen von Vektoren)

Es seien $a^{(1)}, \ldots, a^{(m)}$ Vektoren des $\mathbb{R}^n$.

[1] Jeder Vektor $x \in \mathbb{R}^n$, der sich in der Form

$$x = \alpha_1 a^{(1)} + \ldots + \alpha_m a^{(m)}$$

mit reellen Zahlen („Skalaren") $\alpha_1, \ldots, \alpha_m$ schreiben lässt, heißt **Linearkombination** (kurz: LK) von $a^{(1)}, \ldots, a^{(m)}$.

[2] Die Menge aller Linearkombinationen von $a^{(1)}, \ldots, a^{(m)}$ heißt **lineare Hülle** von $a^{(1)}, \ldots, a^{(m)}$. Als Symbol für die lineare Hülle wird die Bezeichnung $\text{Span}(a^{(1)}, \ldots, a^{(m)})$ verwendet.

Beispiel 2.10

Es seien die Vektoren $a^{(1)} = (1, 2, 1)^T$, $a^{(2)} = (1, 1, -1)^T$ und $a^{(3)} = (2, 3, -1)^T$ gegeben. Lässt sich $x = (2, 1, 0)^T$ als Linearkombination von $a^{(1)}, a^{(2)}, a^{(3)}$ darstellen? Zu klären ist also, ob es $\alpha_1, \alpha_2, \alpha_3 \in \mathbb{R}$ gibt mit

$$\alpha_1 \begin{pmatrix} 1 \\ 2 \\ 1 \end{pmatrix} + \alpha_2 \begin{pmatrix} 1 \\ 1 \\ -1 \end{pmatrix} + \alpha_3 \begin{pmatrix} 2 \\ 3 \\ -1 \end{pmatrix} = \begin{pmatrix} 2 \\ 1 \\ 0 \end{pmatrix}$$

Fasst man die Vektoren der LK zu einem Vektor zusammen, so ergibt sich die zu lösende Vektorgleichung

$$\begin{pmatrix} \alpha_1 + \alpha_2 + 2\alpha_3 \\ 2\alpha_1 + \alpha_2 + 3\alpha_3 \\ \alpha_1 - \alpha_2 - \alpha_3 \end{pmatrix} = \begin{pmatrix} 2 \\ 1 \\ 0 \end{pmatrix}$$

Also müssen die beiden Vektoren in allen drei Komponenten übereinstimmen. Gleichwertig ist die Frage nach der Lösbarkeit des LGS

$$\alpha_1 + \alpha_2 + 2\alpha_3 = 2$$
$$2\alpha_1 + \alpha_2 + 3\alpha_3 = 1$$
$$\alpha_1 - \alpha_2 - \alpha_3 = 0$$

dessen Lösung mit dem Gauß'schen Eliminationsverfahren berechnet werden kann. Die Gleichungsmatrix des LGS wird in ZSF überführt:

$$\left[\begin{array}{rrr|r} 1 & 1 & 2 & 2 \\ 2 & 1 & 3 & 1 \\ 1 & -1 & -1 & 0 \end{array} \right] \rightarrow \left[\begin{array}{rrr|r} 1 & 0 & 0 & 3 \\ 0 & 1 & 0 & 7 \\ 0 & 0 & 1 & -4 \end{array} \right]$$

Hieraus gewinnt man die eindeutig bestimmte Lösung $\alpha_1 = 3, \alpha_2 = 7, \alpha_3 = -4$. Es gibt also nur eine Art der Linearkombination, nämlich

$$3 \begin{pmatrix} 1 \\ 2 \\ 1 \end{pmatrix} + 7 \begin{pmatrix} 1 \\ 1 \\ -1 \end{pmatrix} - 4 \begin{pmatrix} 2 \\ 3 \\ -1 \end{pmatrix} = \begin{pmatrix} 2 \\ 1 \\ 0 \end{pmatrix}$$

Am Beispiel erkennt man die allgemeine Vorgehensweise, mit der Linearkombinationen errechnet werden können:

Berechnung von Linearkombinationen

Um zu prüfen, ob und wie sich ein gegebener Vektor $x \in \mathbb{R}^n$ als Linearkombination $\alpha_1 a^{(1)} + \ldots + \alpha_m a^{(m)}$ von gegebenen Vektoren $a^{(1)}, \ldots, a^{(m)} \in \mathbb{R}^n$ darstellen lässt, geht man wie folgt vor:

[1] Man stelle die Gleichungsmatrix $\left[a^{(1)} \ldots a^{(m)} | x \right]$ auf, d.h. die Vektoren $a^{(1)}, \ldots, a^{(m)}$ und x werden zu Spalten der Gleichungsmatrix.

[2] Man löse das LGS. Jede Lösung $(\alpha_1, \ldots, \alpha_m)$ des LGS entspricht einer möglichen LK stellt die Koeffizienten der Linearkombination dar.

Mit diesem Ansatz kann man auch prüfen, welche Vektoren sich überhaupt als LK der gegebenen $a^{(1)}, \ldots, a^{(m)}$ darstellen lassen. Auf der rechten Seite des LGS stehen dann die – allgemein gehaltenen – Koeffizienten $x_1, \ldots, x_n$ des darzustellenden Vektors x. Aus der Staffelform des LGS liest man dann die Darstellbarkeit als LK, aus der Zeilenstufenform des LGS liest man Formeln für die Koeffizienten der LK ab.

Beispiel 2.11 (Fortsetzung von Beispiel 2.10)
Für die Vektoren des vorangegangenen Beispiels kann man zeigen: jeder beliebige Vektor $x = (x_1, x_2, x_3)^T \in \mathbb{R}^3$ lässt sich auf genau eine Art und Weise als Linearkombination der angegebenen Vektoren $a^{(1)}, a^{(2)}, a^{(3)}$ darstellen. Hierzu überführen wir die Gleichungsmatrix des zugehörigen LGS in ZSF. Zu beachten ist, dass die rechten Seiten des LGS dabei variable Größen x_1, x_2, x_3 sind:

$$
\begin{bmatrix}
1 & 1 & 2 & x_1 \\
2 & 1 & 3 & x_2 \\
1 & -1 & -1 & x_3
\end{bmatrix}
\xrightarrow{II-2I,\, III-I}
\begin{bmatrix}
1 & 1 & 2 & x_1 \\
0 & -1 & -1 & x_2 - 2x_1 \\
0 & -2 & -3 & x_3 - x_1
\end{bmatrix}
$$

$$
\xrightarrow{-II}
\begin{bmatrix}
1 & 1 & 2 & x_1 \\
0 & 1 & 1 & 2x_1 - x_2 \\
0 & -2 & -3 & x_3 - x_1
\end{bmatrix}
$$

$$
\xrightarrow{III+2II}
\begin{bmatrix}
1 & 1 & 2 & x_1 \\
0 & 1 & 1 & 2x_1 - x_2 \\
0 & 0 & -1 & 3x_1 - 2x_2 + x_3
\end{bmatrix}
$$

$$
\xrightarrow{-III}
\begin{bmatrix}
1 & 1 & 2 & x_1 \\
0 & 1 & 1 & 2x_1 - x_2 \\
0 & 0 & 1 & -3x_1 + 2x_2 - x_3
\end{bmatrix}
$$

Aus dieser Staffelform erkennt man, dass das LGS eindeutig lösbar ist, also ist x auf genau eine Art und Weise linear kombinierbar. Durch Überführung der Staffelform in die Zeilenstufenform bekommt man die Lösungskoeffizienten:

$$
\begin{bmatrix}
1 & 1 & 2 & x_1 \\
0 & 1 & 1 & 2x_1 - x_2 \\
0 & 0 & 1 & -3x_1 + 2x_2 - x_3
\end{bmatrix}
$$

$$
\xrightarrow{I-2III,\, II-III}
\begin{bmatrix}
1 & 1 & 0 & 7x_1 - 4x_2 + 2x_3 \\
0 & 1 & 0 & 5x_1 - 3x_2 + x_3 \\
0 & 0 & 1 & -3x_1 + 2x_2 - x_3
\end{bmatrix}
$$

$$
\xrightarrow{I-II}
\begin{bmatrix}
1 & 0 & 0 & 2x_1 - x_2 + x_3 \\
0 & 1 & 0 & 5x_1 - 3x_2 + x_3 \\
0 & 0 & 1 & -3x_1 + 2x_2 - x_3
\end{bmatrix}
$$

Die Linearkombination ist also

$$
x = (2x_1 - x_2 + x_3) \cdot a^{(1)} + (5x_1 - 3x_2 + x_3) \cdot a^{(2)} + (-3x_1 + 2x_2 - x_3) \cdot a^{(3)}
$$

Beispiel 2.12 (Fortsetzung von Beispiel 2.10)
Im vorangegangen Beispiel gilt zusätzlich: Keiner der drei Vektoren $a^{(1)}, a^{(2)}, a^{(3)}$ lässt sich als Linearkombination der beiden anderen darstellen. Um beispielsweise zu prüfen, dass $a^{(3)}$ sich nicht als Linearkombination von $a^{(1)}, a^{(2)}$ darstellen lässt, wird die

Gleichungsmatrix des zugehörigen LGS in Staffelform gebracht:

$$
\begin{bmatrix} 1 & 1 & | & 2 \\ 2 & 1 & | & 3 \\ 1 & -1 & | & -1 \end{bmatrix}
\xrightarrow[\;III + (-1)\,I\;]{\;II + (-2)\,I\;}
\begin{bmatrix} 1 & 1 & | & 2 \\ 0 & -1 & | & -1 \\ 0 & -2 & | & -3 \end{bmatrix}
$$

$$
\xrightarrow{\;II \to (-1)\,II\;}
\begin{bmatrix} 1 & 1 & | & 2 \\ 0 & 1 & | & 1 \\ 0 & -2 & | & -3 \end{bmatrix}
$$

$$
\xrightarrow{\;III + (2)\,II\;}
\begin{bmatrix} 1 & 1 & | & 2 \\ 0 & 1 & | & 1 \\ 0 & 0 & | & -1 \end{bmatrix}
$$

Aus der Staffelform erkennt man, dass das lineare Gleichungssystem nicht lösbar ist. Also ist $a^{(3)}$ nicht als LK von $a^{(1)}, a^{(2)}$ darstellbar.

Beispiel 2.13 (Fortsetzung von Beispiel 2.10)
Es soll im vorliegenden Beispiel die lineare Hülle $Span(a^{(1)}, a^{(2)})$ berechnet werden. Zu prüfen ist also welche Vektoren $x = (x_1, x_2, x_3)^T$ sich als Linearkombination von $a^{(1)}, a^{(2)}$, also in der Form $x = \alpha_1 a^{(1)} + \alpha_2 a^{(2)}$ darstellen lassen.

$$
\begin{bmatrix} 1 & 1 & | & x_1 \\ 2 & 1 & | & x_2 \\ 1 & -1 & | & x_3 \end{bmatrix}
\xrightarrow[\;III + (-1)\,I\;]{\;II + (-2)\,I\;}
\begin{bmatrix} 1 & 1 & | & x_1 \\ 0 & -1 & | & x_2 - 2x_1 \\ 0 & -2 & | & x_3 - x_1 \end{bmatrix}
$$

$$
\xrightarrow{\;II \to (-1)\,II\;}
\begin{bmatrix} 1 & 1 & | & x_1 \\ 0 & 1 & | & 2x_1 - x_2 \\ 0 & -2 & | & x_3 - x_1 \end{bmatrix}
$$

$$
\xrightarrow{\;III + (2)\,II\;}
\begin{bmatrix} 1 & 1 & | & x_1 \\ 0 & 1 & | & 2x_1 - x_2 \\ 0 & 0 & | & 3x_1 - 2x_2 + x_3 \end{bmatrix}
$$

Die Staffelform hier zeigt: der Vektor x lässt sich genau dann als LK von $a^{(1)}, a^{(2)}$ schreiben (d.h. das LGS ist genau dann lösbar), wenn seine Koeffizienten die lineare Gleichung

$$3x_1 - 2x_2 + x_3 = 0$$

erfüllen. Dann kann man die Lösungsmöglichkeiten aus der ZSF ablesen, für die ein weiterer Umformungsschritt nötig ist:

$$
\begin{bmatrix} 1 & 1 & | & x_1 \\ 0 & 1 & | & 2x_1 - x_2 \\ 0 & 0 & | & 3x_1 - 2x_2 + x_3 \end{bmatrix}
\xrightarrow{\;I + (-1)\,II\;}
\begin{bmatrix} 1 & 0 & | & x_2 - x_1 \\ 0 & 1 & | & 2x_1 - x_2 \\ 0 & 0 & | & 3x_1 - 2x_2 + x_3 \end{bmatrix}
$$

Die lineare Hülle (d.h. Menge aller Linearkombinationen) von $a^{(1)}, a^{(2)}$ besteht also aus allen Vektoren $x = (x_1, x_2, x_3)^T$ mit $3x_1 - 2x_2 + x_3 = 0 \Leftrightarrow x_3 = 2x_2 - 3x_1$. Für diese Vektoren ist die Darstellung als LK eindeutig und lautet

$$
\begin{pmatrix} x_1 \\ x_2 \\ x_3 \end{pmatrix} = (x_2 - x_1) \begin{pmatrix} 1 \\ 2 \\ 1 \end{pmatrix} + (2x_1 - x_2) \begin{pmatrix} 1 \\ 1 \\ -1 \end{pmatrix}
$$

Im nächsten Beispiel ist die Linearkombination nicht mehr eindeutig:

Beispiel 2.14

Gegeben seien die Vektoren $a^{(1)} = \begin{pmatrix} 1 \\ 2 \end{pmatrix}, a^{(2)} = \begin{pmatrix} 2 \\ 3 \end{pmatrix}$ und $a^{(3)} = \begin{pmatrix} 2 \\ 2 \end{pmatrix}$. Welche

Vektoren $\begin{pmatrix} x_1 \\ x_2 \end{pmatrix}$ lassen sich als Linearkombination von $a^{(1)}, a^{(2)}, a^{(3)}$ darstellen? Auch hier muss wieder ein LGS gelöst werden, dessen Gleichungsmatrix lautet:

$$\begin{bmatrix} 1 & 2 & 2 & | & x_1 \\ 2 & 3 & 2 & | & x_2 \end{bmatrix} \longrightarrow \begin{bmatrix} 1 & 2 & 2 & | & x_1 \\ 0 & -1 & -2 & | & -2x_1 + x_2 \end{bmatrix}$$

$$\longrightarrow \begin{bmatrix} 1 & 2 & 2 & | & x_1 \\ 0 & 1 & 2 & | & 2x_1 - x_2 \end{bmatrix}$$

$$\longrightarrow \begin{bmatrix} 1 & 0 & -2 & | & -3x_1 + 2x_2 \\ 0 & 1 & 2 & | & 2x_1 - x_2 \end{bmatrix}$$

Aus der **Zeilenstufenform** liest man ab, dass das Gleichungssystem lösbar ist mit allgemeiner Lösung

$$(-3x_1 + 2x_2 + 2\alpha, 2x_1 - x_2 - 2\alpha, \alpha)$$

wobei der Skalar $\alpha \in \mathbb{R}$ beliebig gewählt sein kann. Also lässt sich jeder Vektor $x = (x_1, x_2)^T$ linear aus $a^{(1)}, a^{(2)}$ kombinieren. Weiter kann man folgern:

- Eine spezielle Darstellung von $\begin{pmatrix} x_1 \\ x_2 \end{pmatrix}$ lautet (mit $\alpha = 0$)

$$\begin{pmatrix} x_1 \\ x_2 \end{pmatrix} = (-3x_1 + 2x_2) \begin{pmatrix} 1 \\ 2 \end{pmatrix} + (2x_1 - x_2) \begin{pmatrix} 2 \\ 3 \end{pmatrix}$$

- Die allgemeine Darstellung von $\begin{pmatrix} x_1 \\ x_2 \end{pmatrix}$ lautet (mit $\alpha \in \mathbb{R}$)

$$\begin{pmatrix} x_1 \\ x_2 \end{pmatrix} = (-3x_1 + 2x_2 + 2\alpha) \begin{pmatrix} 1 \\ 2 \end{pmatrix} + (2x_1 - x_2 - 2\alpha) \begin{pmatrix} 2 \\ 3 \end{pmatrix} + \alpha \begin{pmatrix} 2 \\ 2 \end{pmatrix}$$

- Der Vektor $a^{(3)} = \begin{pmatrix} 2 \\ 2 \end{pmatrix}$ lässt sich selbst als Linearkombination der anderen beiden Vektoren darstellen, und zwar genau auf die Art

$$\begin{pmatrix} 2 \\ 2 \end{pmatrix} = (-2) \begin{pmatrix} 1 \\ 2 \end{pmatrix} + 2 \begin{pmatrix} 2 \\ 3 \end{pmatrix}$$

Auch die anderen beiden Vektoren lassen sich jeweils als Linearkombinationen der übrigen zwei Vektoren darstellen (nachrechnen!).

- Der **Nullvektor** lässt sich als Linearkombination von $a^{(1)}, a^{(2)}$ und $a^{(3)}$ schreiben, und zwar speziell die sogenannte triviale Lösung

$$\begin{pmatrix} 0 \\ 0 \end{pmatrix} = 0 \begin{pmatrix} 1 \\ 2 \end{pmatrix} + 0 \begin{pmatrix} 2 \\ 3 \end{pmatrix} + 0 \begin{pmatrix} 2 \\ 2 \end{pmatrix}$$

sowie allgemein (mit $\alpha \in \mathbb{R}$)

$$\begin{pmatrix} 0 \\ 0 \end{pmatrix} = (2\alpha) \begin{pmatrix} 1 \\ 2 \end{pmatrix} + (-2\alpha) \begin{pmatrix} 2 \\ 3 \end{pmatrix} + \alpha \begin{pmatrix} 2 \\ 2 \end{pmatrix}$$

In Beispiel 2.14 gibt es neben der Darstellung $\bar{0} = 0 \cdot a^{(1)} + \cdots + 0 \cdot a^{(m)}$ andere Linearkombinationen des Nullvektors (Dies gilt ebenso für jeden anderen darstellbaren Vektor). Außerdem lässt sich einer der drei Vektoren aus den anderen beiden linear kombinieren. Jede dieser drei Eigenschaften ist gleichwertig zu den anderen und hat zu einer Begriffsbildung geführt.

Definition 2.8 (Lineare Abhängigkeit/Unabhängigkeit)

Vektoren $a^{(1)}, \ldots, a^{(m)}$ des $\mathbb{R}^n$ heißen **linear abhängig**, kurz: l.a., wenn eine der folgenden gleichwertigen Eigenschaften zutrifft:

A1. Einer der Vektoren $a^{(1)}, \ldots, a^{(m)}$ ist LK der übrigen Vektoren.

A2. $\bar{0}$ lässt sich auf verschiedene Arten als LK von $a^{(1)}, \ldots, a^{(m)}$ schreiben.

Andernfalls heißen $a^{(1)}, \ldots, a^{(m)}$ **linear unabhängig** (kurz: l.u.). Dies ist also der Fall, wenn eine der folgenden gleichwertigen Eigenschaften gilt:

U1. Keiner der Vektoren $a^{(1)}, \ldots, a^{(m)}$ ist LK der übrigen Vektoren.

U2. $\bar{0} = 0 \cdot a^{(1)} + \cdots + 0 \cdot a^{(m)}$ lässt sich nur so als LK von $a^{(1)}, \ldots, a^{(m)}$ schreiben.

Aus einem linear unabhängigen System lässt sich ein beliebiger Vektor auf genau eine Art linear kombinieren, falls dies überhaupt möglich ist. Linear unabhängige Vektoren sind der gängige Ersatz zur Festlegung von Koordinaten bzw. Koordinatenachsen, wenn auf die Einheitsvektoren aus sachlogischen Gründen nicht zurückgegriffen werden kann. Hierauf gehen wir im nächsten Abschnitt genauer ein.

Ob ein System von Vektoren linear abhängig oder linear unabhängig ist, muss oft im Einzelfall nachgerechnet werden. Da es gemäß A2. und U2. dabei um die Darstellbarkeit des Nullvektors geht, geht man wie folgt vor:

Nachweis der linearen Abhängigkeit/Unabhängigkeit

[1] Die auf Abhängigkeit/Unabhängig zu prüfenden Vektoren werden als Spalten in eine Koeffizientenmatrix geschrieben

[2] Die Koeffizientenmatrix wird in Staffelform überführt.

[3] Wenn die Staffelform nur Pivot-Spalten hat, ist das System linear unabhängig, anderenfalls ist es linear abhängig.
Jeder Vektor zu einer Nicht-Pivot-Spalte ist Linearkombination der anderen Vektoren.

Beispiel 2.15
Die Vektoren $a^{(1)} = (1, 2, 1)^T$, $a^{(2)} = (1, 1, -1)$ und $a^{(3)} = (0, 1, 2)$ sind linear abhängig. Die aus den Spaltenvektoren zusammengesetzte Matrix lässt sich nämlich in folgende Staffelform überführen:

$$\begin{bmatrix} 1 & 1 & 0 \\ 2 & 1 & 1 \\ 1 & -1 & 2 \end{bmatrix} \rightarrow \begin{bmatrix} 1 & 1 & 0 \\ 0 & 1 & -1 \\ 0 & 0 & 0 \end{bmatrix}$$

Die dritte Spalte der Staffelform ist eine Nicht-Pivot-Spalte. Also lässt sich $a^{(3)}$ als LK von $a^{(1)}$ und $a^{(2)}$ schreiben.

Beispiel 2.16

Die drei Vektoren $a^{(1)} = (1, 2, 1)^T$, $a^{(2)} = (1, 1, -1)$ und $a^{(3)} = (0, s, t)$ mit $s, t \in \mathbb{R}$ sollen auf lineare Abhängigkeit/Unabhängigkeit geprüft werden. Wir überführen die Koeffizientenmatrix in Staffelform

$$\begin{bmatrix} 1 & 1 & 0 \\ 2 & 1 & s \\ 1 & -1 & t \end{bmatrix} \rightarrow \begin{bmatrix} 1 & 1 & 0 \\ 0 & -1 & s \\ 0 & -2 & t \end{bmatrix} \rightarrow \begin{bmatrix} 1 & 1 & 0 \\ 0 & 1 & s \\ 0 & -2 & t \end{bmatrix} \rightarrow \begin{bmatrix} 1 & 1 & 0 \\ 0 & 1 & s \\ 0 & 0 & t - 2s \end{bmatrix}$$

Falls $t = 2s$, so liegt eine Nullzeile und eine Nichtpivot-Spalte vor; dann ist das vorliegende System linear abhängig. Anderenfalls ist das System linear unabhängig.

Im ersten durchgängig gerechneten Beispiel 2.10 ⇨ vgl. S. 51 sind die drei Vektoren $a^{(1)}, a^{(2)}, a^{(3)} \in \mathbb{R}^3$ linear unabhängig; im zweiten Beispiel 2.14 ⇨ vgl. S. 54 sind die drei Vektoren $a^{(1)}, a^{(2)}, a^{(3)} \in \mathbb{R}^2$ linear abhängig.

Die Teilelisten-Vektoren aus Beispiel 2.7 ⇨ vgl. S. 47 und die Produktlistenvektoren aus Beispiel 2.8 ⇨ vgl. S. 48 sind jeweils linear abhängig, die Umsatzvektoren aus Beispiel 2.9 ⇨ vgl. S. 49 sind linear unabhängig.

Manchmal kann man aus übergeordneten Gründen ohne besondere Rechnung sehen, dass ein System von Vektoren linear abhängig ist:

Satz 2.3

Ein System von mehr als n Vektoren des $\mathbb{R}^n$ ist linear abhängig. Also besteht ein System linear unabhängiger Vektoren des $\mathbb{R}^n$ aus höchstens n Vektoren.

Stellt man nämlich den Nullvektor aus mehr als n Vektoren linear dar, so ergibt sich ein homogenes und daher lösbares LGS. Dieses hat aber aber gleichzeitig mehr Variablen als Gleichungen, ist also mehrdeutig lösbar. Der Nullvektor lässt sich also auf mehrere Arten linear kombinieren.

Übungen zu Abschnitt 2.2

5. Lässt sich der Vektor x als Linearkombination der vorgegebenen Vektoren $a^{(1)}, \dots, a^{(m)}$ darstellen? Berechnen Sie gegebenenfalls alle Möglichkeiten der Linearkombination.

a) $a^{(1)} = \begin{pmatrix} 1 \\ 3 \end{pmatrix}, a^{(2)} = \begin{pmatrix} 2 \\ 5 \end{pmatrix}, x = \begin{pmatrix} 3 \\ 2 \end{pmatrix}$

b) $a^{(1)} = \begin{pmatrix} 1 \\ 3 \end{pmatrix}, a^{(2)} = \begin{pmatrix} 4 \\ t \end{pmatrix}, x = \begin{pmatrix} 3 \\ t \end{pmatrix}$

c) $a^{(1)} = \begin{pmatrix} -3 \\ 2 \\ 0 \end{pmatrix}, a^{(2)} = \begin{pmatrix} 2 \\ 0 \\ 2 \end{pmatrix}, a^{(3)} = \begin{pmatrix} 3 \\ 3 \\ 3 \end{pmatrix}, x = \begin{pmatrix} 5 \\ 4 \\ 2 \end{pmatrix}$

d) $a^{(1)} = \begin{pmatrix} -3 \\ 2 \\ 0 \end{pmatrix}, a^{(2)} = \begin{pmatrix} 2 \\ 0 \\ 2 \end{pmatrix}, a^{(3)} = \begin{pmatrix} 3 \\ 3 \\ 3 \end{pmatrix}, a^{(4)} = \begin{pmatrix} 0 \\ 1 \\ 12 \end{pmatrix}, x = \begin{pmatrix} 5 \\ 4 \\ 2 \end{pmatrix}$

6. Wie muss die fehlende Koordinate des Vektors x aussehen, damit er als Linearkombination von $a^{(1)}, \dots, a^{(m)}$ darstellbar ist?

a) $a^{(1)} = \begin{pmatrix} 1 \\ 3 \\ 1 \end{pmatrix}, a^{(2)} = \begin{pmatrix} -6 \\ -2 \\ 1 \end{pmatrix}, x = \begin{pmatrix} 5 \\ 4 \\ \square \end{pmatrix}$

b) $a^{(1)} = \begin{pmatrix} 0 \\ 4 \\ -2 \end{pmatrix}, a^{(2)} = \begin{pmatrix} -6 \\ t \\ 1 \end{pmatrix}, x = \begin{pmatrix} 5 \\ 4 \\ \square \end{pmatrix}$

7. Stellen Sie die lineare Hülle der gegebenen Vektoren als Lösungsmenge eines homogenen linearen Gleichungssystems dar, d.h. geben Sie jeweils ein geeignetes lineares Gleichungssystem an.

a) $a^{(1)} = \begin{pmatrix} -3 \\ 2 \\ -5 \end{pmatrix}, a^{(2)} = \begin{pmatrix} 0 \\ -4 \\ 1 \end{pmatrix}$

b) $a^{(1)} = \begin{pmatrix} 2 \\ 1 \\ -5 \\ 4 \end{pmatrix}, a^{(2)} = \begin{pmatrix} 3 \\ 2 \\ -1 \\ 1 \end{pmatrix}$

8. Prüfen Sie, ob die folgenden (Systeme von) Vektoren jeweils linear abhängig oder linear unabhängig sind.

a) $a^{(1)} = \begin{pmatrix} -3 \\ 2 \\ -5 \end{pmatrix}, a^{(2)} = \begin{pmatrix} 0 \\ -4 \\ 1 \end{pmatrix}, a^{(3)} = \begin{pmatrix} 1 \\ 1 \\ 0 \end{pmatrix}$

b) $a^{(1)} = \begin{pmatrix} -3 \\ 2 \\ -5 \end{pmatrix}, a^{(2)} = \begin{pmatrix} 0 \\ -4 \\ 1 \end{pmatrix}, a^{(3)} = \begin{pmatrix} 3 \\ -10 \\ 7 \end{pmatrix}$

c) $a^{(1)} = \begin{pmatrix} 1 \\ 2 \\ 3 \end{pmatrix}, a^{(2)} = \begin{pmatrix} 0 \\ t \\ 1 \end{pmatrix}, a^{(3)} = \begin{pmatrix} 2 \\ 2 \\ t \end{pmatrix}$

9. Zeigen Sie: Wenn $a^{(1)}$ und $a^{(2)}$ linear unabhängige Vektoren des $\mathbb{R}^n$ sind, so sind auch folgende Vektoren linear unabhängig

a) $sa^{(1)}$ und $ta^{(2)}$ mit $s \neq 0, t \neq 0$,

b) $a^{(1)}$ und $a^{(1)} + a^{(2)}$,

c) $a^{(1)}$ und $sa^{(1)} + ta^{(2)}$ mit $t \neq 0$.

2.3 Untervektorraum und Basis

Mit der linearen Hülle $Span(a^{(1)}, \ldots, a^{(m)})$ gegebener Koordinatenvektoren des $\mathbb{R}^n$ lässt sich rechnen wie mit dem $\mathbb{R}^n$ selbst.

Satz 2.4
Die lineare Hülle $\mathbb{L} = Span(a^{(1)}, \ldots, a^{(m)})$ eines Systems $a^{(1)}, \ldots, a^{(m)}$ von Vektoren des $\mathbb{R}^n$ ist wieder ein Vektorraum, d.h. es gilt

[1] Der Nullvektor $\bar{0}$ liegt in $\mathbb{L}$

[2] Liegen x, y in $\mathbb{L}$, so auch $x + y$.

[3] Liegt x in $\mathbb{L}$, so auch αx für beliebigen Skalar $\alpha \in \mathbb{R}$.

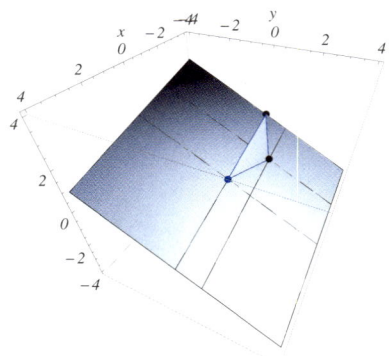

Abbildung 2.3: Die von $(-2,1,0)^T$ und $(-4,0,1)^T$ erzeugte Ebene
durch $(0,0,0)^T$ (Ausschnitt).

Mathematiker sagen, die lineare Hülle sei abgeschlossen gegenüber den beiden elementaren Vektorraumoperationen. Man kann sich das etwa so vorstellen, dass bei der Addition von Vektoren aus einer durch $\bar{0}$ verlaufenden Ebene diese Ebene nicht verlassen wird.

Beispiel 2.17

Im Anschauungsraum $\mathbb{R}^3$ seien die beiden Vektoren $a^{(1)} = (-2,1,0)^T$, $a^{(2)} = (-4,0,1)^T$ gegeben. Es sei $\mathbb{L} = Span(a^{(1)}, a^{(2)})$ die lineare Hülle von $a^{(1)}, a^{(2)}$. Wir illustrieren die Vektorraumeigenschaften an drei Rechenbeispielen:

[1] Es ist $\bar{0} = (0,0,0)^T = 0a^{(1)} + 0a^{(2)}$ in der linearen Hülle von $a^{(1)}$ und $a^{(2)}$

[2] Die Vektoren $x = (-6,1,1)^T = a^{(1)} + a^{(2)}$ und $y = (6,1,-2)^T = a^{(1)} - 2a^{(2)}$ liegen in $\mathbb{L}$. Ebenso liegt dann die Vektorsumme $x + y$ in $\mathbb{L}$, denn sie lässt sich schreiben als

$$x + y = (a^{(1)} + a^{(2)}) + (a^{(1)} - 2a^{(2)}) = 2a^{(1)} - a^{(2)}$$

[3] Der Vektor $x = (0,2,-1)^T = 2a^{(1)} - a^{(2)}$ liegt in $\mathbb{L}$. Jedes skalar Vielfache von x liegt ebenfalls in $\mathbb{L}$, denn $\alpha x = (2\alpha)a^{(1)} - \alpha a^{(2)}$

Anschaulich handelt es sich bei $Span(a^{(1)}, a^{(2)})$ um eine Ebene im $\mathbb{R}^3$, wie auch Abbildung 2.3 verdeutlicht.

Definition 2.9

Eine Teilmenge $\mathbb{L}$ eines Vektorraumes, die selber wieder ein Vektorraum ist, wird als **Untervektorraum** (UVR) bezeichnet.

Jede Menge von Vektoren $\mathbb{L}$, die sich als lineare Hülle schreiben lässt, ist nach dem bisher Gesagten ein Untervektorraum. Hierzu stimmt allerdings auch die Umkehrung.

Satz 2.5

Jeder Untervektorraum $\mathbb{L}$ des $\mathbb{R}^n$ lässt sich als lineare Hülle von endlich vielen Vektoren aus $\mathbb{L}$ darstellen.

Es handelt sich hierbei nicht um eine konstruktive Aussage, d.h. damit ist kein konkretes Verfahren zur Ermittlung der erzeugenden Vektoren verbunden.

Liegt also ein Vektorraum $\mathbb{L}$ als lineare Hülle $Span(a^{(1)}, \ldots, a^{(m)})$ vor, so sagt man auch, dass die Vektoren $\mathbb{L}$ „aufspannen", d.h. man interpretiert $a^{(1)}, \ldots, a^{(m)}$ als Achsen eines Koordinatensystems. Damit ist stillschweigend verbunden, dass die Koordinaten eines Vektors bezüglich dieser Achsen eindeutig abgelesen werden können, d.h. dass sich ein Vektor in $\mathbb{L}$ in eindeutiger Weise linear kombinieren lässt. Wenn aber $a^{(1)}, \ldots, a^{(m)}$ linear abhängig sind, so ist dies nicht möglich.

Beispiel 2.18

Im Anschauungsraum seien die drei Vektoren $a^{(1)} = (-2, 1, 0)^T$, $a^{(2)} = (-4, 0, 1)^T$ und $a^{(3)} = (2, 1, -1)^T$ gegeben. Es sei $\mathbb{L} = Span(a^{(1)}, a^{(2)}, a^{(3)})$. Die drei Vektoren sind linear abhängig, denn es ist $a^{(3)} = a^{(1)} - a^{(2)}$. Zur Darstellung eines Vektors in $\mathbb{L}$ sind deshalb bereits zwei der Vektoren ausreichend. Beispielsweise hat der Vektor $x = (-6, 1, 1)^T$ u.a. die beiden Darstellungen

$$\begin{pmatrix} -6 \\ 1 \\ 1 \end{pmatrix} = 1 \cdot \begin{pmatrix} -2 \\ 1 \\ 0 \end{pmatrix} + 1 \cdot \begin{pmatrix} -4 \\ 0 \\ 1 \end{pmatrix} + 0 \cdot \begin{pmatrix} 2 \\ 1 \\ -1 \end{pmatrix}$$

$$\begin{pmatrix} -6 \\ 1 \\ 1 \end{pmatrix} = 2 \cdot \begin{pmatrix} -2 \\ 1 \\ 0 \end{pmatrix} + 0 \cdot \begin{pmatrix} -4 \\ 0 \\ 1 \end{pmatrix} + (-1) \cdot \begin{pmatrix} 2 \\ 1 \\ -1 \end{pmatrix}$$

Vielleicht fragen Sie sich jetzt, ob es aus Anwendungssicht überhaupt problematisch ist, wenn die erzeugenden Vektoren einer Linearkombination linear abhängig sind. Betrachten wir hierzu noch einmal das Umsatzbeispiel 2.9.

Beispiel 2.19 (Fortsetzung von Beispiel 2.9)

Angenommen, die Kraftstoffumsätze würden lauten $u^{(1)} = (4, 2, 6, 2, 4)^T$, während die Umsätze aus dem sonstigen Angebotssortiment durch $u^{(2)} = (2, 1, 3, 1, 2)^T$ gegeben sind. Sie können sofort sehen, dass diese beiden Vektoren linear abhängig sind, denn $u^{(1)} = 2u^{(2)}$. Es sei weiter angenommen, dass Sie von rechnerischen Gewinnanteilen von jeweils $\alpha_0 = 1$ Euro Sockelgewinn, $\alpha_1 = \frac{1}{4}$ Euro beim Kraftstoff und $\alpha_2 = \frac{1}{2}$ Euro beim sonstigen Sortiment ausgehen können. Dann entspricht den beiden Umsatzvektoren ein rechnerischer Gewinnvektor

$$u^{(0)} + \frac{1}{4}u^{(1)} + \frac{1}{4}u^{(2)} = \begin{pmatrix} 1 \\ 1 \\ 1 \\ 1 \\ 1 \end{pmatrix} + \frac{1}{4}\begin{pmatrix} 4 \\ 2 \\ 6 \\ 2 \\ 4 \end{pmatrix} + \frac{1}{4}\begin{pmatrix} 2 \\ 1 \\ 3 \\ 1 \\ 2 \end{pmatrix} = \begin{pmatrix} 5/2 \\ 7/4 \\ 13/4 \\ 7/4 \\ 5/2 \end{pmatrix}$$

Derselbe rechnerische Gewinnvektor ergibt sich jedoch auch beispielsweise mit den Koeffizienten $\alpha_0 = 1, \alpha_1 = \frac{3}{8}, \alpha_2 = 0$ oder $\alpha_0 = 1, \alpha_1 = 0, \alpha_2 = \frac{3}{4}$; es gibt unendlich viele Möglichkeiten, diesen Gewinnvektor zu „generieren".

Ist nun umgekehrt ein (rechnerischer) Gewinnvektor gegeben, so ist es unmöglich die Gewinnanteile der beiden Umsatzsparten, welche zu diesem Gewinnvektor gehören, verlässlich zu ermitteln. Das diesem Beispiel zugrunde liegende Problem der Regressionsrechnung wird als Kollinearität bezeichnet. Sie muss aus verschiedensten Gründen vermieden werden, wenn man die errechneten Koeffizienten interpretieren will. In der Statistik ist selbst „näherungsweise" Kollinearität unerwünscht.

Wir halten fest, dass es in manchen Situationen problematisch ist, einen Untervektorraum durch ein linear abhängiges System aufzuspannen. Man versucht dann, mit weniger, dafür aber linear unabhängigen Vektoren auszukommen. Ein solches Erzeugendensystem wird als Basis bezeichnet:

Definition 2.10

Es sei $\mathbb{L}$ ein Untervektorraum des $\mathbb{R}^n$. Jedes System linear unabhängiger Vektoren $a^{(1)}, \ldots, a^{(m)}$, welches $\mathbb{L}$ erzeugt, d.h. für das $\mathbb{L} = Span(a^{(1)}, \ldots, a^{(m)})$ gilt, heißt **Basis** von $\mathbb{L}$.

Praktisch kann man eine Basis eines Untervektorraumes aus einem linear abhängigen Erzeugendensystem $a^{(1)}, \ldots, a^{(m)}$ gewinnen, indem man sukzessive Vektoren aus dem System streicht, die sich durch die übrigen Vektoren linear kombinieren lassen. Das ist jedoch wörtlich ausgeführt sehr mühsam und mit dem sprichwörtlichen „Stochern im Nebel" vergleichbar. Auch hier kann das Gauß'sche Eliminationsverfahren wieder helfen:

Bestimmung einer Basis aus einem Erzeugendensystem
Liegt ein Untervektorraum in der Darstellung $\mathbb{L} = Span(a^{(1)}, \ldots, a^{(m)})$ vor, so geht man wie folgt vor:

[1] Man bilde aus den Spalten(vektoren) $a^{(1)}, \ldots, a^{(m)}$ eine Matrix A.

[2] Man überführe die Matrix in Staffelform (oder in Zeilenstufenform).

[3] Diejenigen Vektoren $a^{(i)}$, welche zu Pivot-Spalten der Staffelform korrespondieren, bilden eine Basis von $\mathbb{L}$.

Beispiel 2.20
Es sei $\mathbb{L} = Span(a^{(1)}, a^{(2)}, a^{(3)}, a^{(4)}, a^{(5)}, a^{(6)})$ mit

$$a^{(1)} = \begin{pmatrix} 1 \\ 2 \\ 1 \\ -1 \end{pmatrix}, a^{(2)} = \begin{pmatrix} 2 \\ 2 \\ 2 \\ -2 \end{pmatrix}, a^{(3)} = \begin{pmatrix} -1 \\ 0 \\ -1 \\ 1 \end{pmatrix}, a^{(4)} = \begin{pmatrix} 2 \\ 0 \\ -1 \\ 0 \end{pmatrix}, a^{(5)} = \begin{pmatrix} -1 \\ 1 \\ 1 \\ 1 \end{pmatrix}, a^{(6)} = \begin{pmatrix} 0 \\ 1 \\ -1 \\ 2 \end{pmatrix}$$

Man bildet die Koeffizientenmatrix $A = \begin{bmatrix} 1 & 2 & -1 & 2 & -1 & 0 \\ 2 & 2 & 0 & 0 & 1 & 1 \\ 1 & 2 & -1 & -1 & 1 & -1 \\ -1 & -2 & 1 & 0 & 1 & 2 \end{bmatrix}$ und berechnet die

Zeilenstufenform zu A:

$$\begin{bmatrix} 1 & 0 & 1 & 0 & 0 & 1 \\ 0 & 1 & -1 & 0 & 0 & -1 \\ 0 & 0 & 0 & 1 & 0 & 1 \\ 0 & 0 & 0 & 0 & 1 & 1 \end{bmatrix}$$

Man liest die Pivotspalten $1, 2, 4, 5$ ab. Eine Basis von $\mathbb{L}$ ist also $a^{(1)}$, $a^{(2)}$, $a^{(4)}$, $a^{(5)}$.

Variieren lässt sich eine solche Basis, indem man Spalten „innerhalb einer Treppenstufe" der Zeilenstufenform austauscht. Im obigen Beispiel könnte man also auch $a^{(2)}$ durch $a^{(3)}$ und/oder $a^{(5)}$ durch $a^{(6)}$ ersetzen. Man kann der Auswahl auch die Pivot-Spalten irgendeiner Basisform zugrunde legen.

Sie werden an dem Beispiel bemerkt haben, dass die Anzahl der Basisvektoren durch die Anzahl der Pivotspalten festgelegt wurde. Man könnte nun fragen, ob es noch andere Verfahren zur Basisbestimmung gibt und ob diese Verfahren zu einer abweichenden Anzahl von Basisvektoren gelangen. Dies ist jedoch nicht der Fall.

Satz 2.6
Zwei verschiedene Basen eines Untervektorraumes $\mathbb{L} \subseteq \mathbb{R}^n$ haben stets dieselbe Anzahl von Vektoren. Diese Zahl wird auch **Dimension** von $\mathbb{L}$ genannt.

Als mögliche Dimensionen von Untervektorräumen des $\mathbb{R}^n$ kommen nur die Zahlen $0, 1, 2, \ldots, n$ in Frage:

- Der einzige Untervektorraum der Dimension 0 ist die Menge $\mathbb{L} = \{\bar{0}\}$, die also nur aus dem Nullvektor besteht. Zum Erzeugen dieses UVR ist kein Vektor erforderlich (der Vektor $\bar{0}$ für sich genommen ist linear abhängig).

- Ein UVR der Dimension 1 wird als Gerade bezeichnet. Er besteht aus der Menge $\mathbb{L} = Span(a) = \{\alpha a : a \in \mathbb{R}\}$ aller skalar Vielfachen eines geeigneten Vektors $a \in \mathbb{R}^n$.

- Ein UVR $\mathbb{L}$ der Dimension 2 wird als Ebene bezeichnet. Er besteht aus der Menge $\mathbb{L} = Span(a^{(1)}, a^{(2)})$ zweier geeigneter l.u. Vektoren $a^{(1)}, a^{(2)}$ des $\mathbb{R}^n$.

- Der einzige UVR der Dimension n ist der $\mathbb{R}^n$ selbst. Eine Basis dieses UVR ist beispielsweise das System der Einheitsvektoren $e^{(1)}, \ldots, e^{(n)}$.

Untervektorräume können auch in anderer Gestalt als der linearen Hülle auftreten. Beispielsweise ist die Lösungsmenge $Kern(A)$ eines homogenen LGS mit Koeffizientenmatrix A gemäß Satz 2.2 ⇨ vgl. S. 45 ein Untervektorraum. Auch für solche UVR kann man eine Basis angeben. Dies benötigen wir später bei der Berechnung von Eigenvektoren ⇨ vgl. Abschnitt 3.5, S. 111 und bei der Prüfung lokaler Extrema unter Nebenbedingungen ⇨ vgl. Abschnitt 6.1.2, S. 227.

Beispiel 2.21
Gegeben sei das homogene lineare Gleichungssystem.

$$\begin{array}{rrrrrcl}
x_1 & +3x_2 & +x_3 & +4x_4 & & = & 0 \\
x_1 & +3x_2 & +2x_3 & +4x_4 & +9x_5 & = & 0 \\
2x_1 & +6x_2 & +9x_3 & +12x_4 & +27x_5 & = & 0
\end{array}$$

Seine Lösungsmenge $\mathbb{L}$ soll als Untervektorraum, d.h. mit Hilfe einer Basis dargestellt werden. Hierzu überführen wir die Koeffizienten dieses LGS in Zeilenstufenform

$$\begin{bmatrix} 1 & 3 & 1 & 5 & 0 \\ 1 & 3 & 2 & 4 & 9 \\ 2 & 6 & 9 & 12 & 27 \end{bmatrix} \rightarrow \begin{bmatrix} 1 & 3 & 0 & 0 & 15 \\ 0 & 0 & 1 & 0 & 5 \\ 0 & 0 & 0 & 1 & -4 \end{bmatrix}$$

In Gleichungen geschrieben ergibt die ZSF

$$\begin{array}{rrrcl}
x_1 & +3x_2 & +20x_5 & = & 0 \\
& x_3 & +5x_5 & = & 0 \\
& x_4 & -4x_5 & = & 0
\end{array}$$

Wir isolieren wie üblich die Pivot-Variablen auf der linken Seite

$$x_1 = -3x_2 - 20x_5$$
$$x_3 = -5x_5$$
$$x_4 = 4x_5$$

Lösung ist also jeder Vektor $x = (x_1, x_2, x_3, x_4, x_5)^T \in \mathbb{R}^5$, der die genannten Gleichungen für die Pivot-Variablen erfüllt. Die Nichtpivot-Variablen dürfen beliebig gesetzt werden. Substituieren wir jetzt die Lösungsterme der Pivot-Variablen, so erhalten wir:

$$x = \begin{pmatrix} -3x_2 - 20x_5 \\ x_2 \\ -5x_5 \\ 4x_5 \\ x_5 \end{pmatrix} = \begin{pmatrix} -3x_2 \\ x_2 \\ 0 \\ 0 \\ 0 \end{pmatrix} + \begin{pmatrix} -20x_5 \\ 0 \\ -5x_5 \\ 4x_5 \\ x_5 \end{pmatrix} = x_2 \begin{pmatrix} -3 \\ 1 \\ 0 \\ 0 \\ 0 \end{pmatrix} + x_5 \begin{pmatrix} -20 \\ 0 \\ -5 \\ 4 \\ 1 \end{pmatrix}$$

Jede Lösung des homogenen linearen Gleichungssystems lässt sich also als Linearkombination der beiden Vektoren

$$a^{(1)} = \begin{pmatrix} -3 \\ 1 \\ 0 \\ 0 \\ 0 \end{pmatrix}, \quad a^{(2)} = \begin{pmatrix} -20 \\ 0 \\ -5 \\ 4 \\ 1 \end{pmatrix}$$

schreiben; umgekehrt ist jede Linearkombination auch eine Lösung des Gleichungssystems. Es ist also $\mathbb{L} = Span(a^{(1)}, a^{(2)})$. Der Nullvektor lässt sich nur in der Form

$$\begin{pmatrix} 0 \\ 0 \\ 0 \\ 0 \\ 0 \end{pmatrix} = 0 \begin{pmatrix} -3 \\ 1 \\ 0 \\ 0 \\ 0 \end{pmatrix} + 0 \begin{pmatrix} -20 \\ 0 \\ -5 \\ 4 \\ 1 \end{pmatrix}$$

darstellen, denn für die zweite bzw. fünfte Komponente ist jeweils $a^{(1)}$ bzw. $a^{(2)}$ „allein verantwortlich", da der jeweils andere Vektor dort einen Null-Eintrag hat. Die beiden Vektoren sind also l.u. Insgesamt bilden $a^{(1)}, a^{(2)}$ eine Basis des $\mathbb{R}^n$.

Betrachtet man die Vorgehensweise des Beispiels genauer, so kann man erkennen, dass sich die Basis auch ganz schematisch aus der Zeilenstufenform des linearen Gleichungssystems ablesen lässt:

Satz 2.7 (Bestimmung einer Basis von $Kern(A)$)
Gegeben sei eine Koeffizientenmatrix A mit n Spalten und Zeilenstufenform Z. Die Matrix habe k Pivot-Spalten und $n - k$ Nichtpivot-Spalten. Dann gilt

[1] Jede Basis von $Kern(A)$ besteht aus $n - k$ Basisvektoren, d.h. $dim(Kern(A)) = n - k$.

[2] Eine spezielle Basis bekommt man, indem man jeder Nichtpivotspalte von Z schematisch einen Basisvektor zuordnet:

   [a] Die Nummern der Pivot-Spalten von Z markieren diejenigen Stellen im Basisvektor, an denen nacheinander die Einträge der Nichtpivot-Spalte von Z **mit umgekehrtem Vorzeichen** eingetragen werden.

   [b] Die Nummer der Nichtpivotspalte markiert diejenige Stelle im Basisvektor, an der der Wert 1 eingetragen wird.

   [c] Alle übrigen Einträge im Basisvektor werden gleich Null gesetzt.

Beispiel 2.22 (Fortsetzung von Beispiel 2.21)
Die Zeilenstufenform in Beispiel 2.21 lautet

$$\begin{bmatrix} 1 & 3 & 0 & 0 & 15 \\ 0 & 0 & 1 & 0 & 5 \\ 0 & 0 & 0 & 1 & -4 \end{bmatrix}$$

Sie hat fünf Spalten, dabei drei Pivot-Spalten, nämlich die Spalten $1, 3, 4$ und zwei Nichtpivot-Spalten, nämlich die Spalten $2, 5$. Wir konstruieren beide Basisvektoren nach der obigen Blaupause:

- Basisvektor zur Nicht-Pivot-Spalte 2:

$$
\begin{pmatrix} \times \\ \times \\ \times \\ \times \\ \times \end{pmatrix} \xrightarrow{[a]} \begin{pmatrix} -3 \\ \times \\ 0 \\ 0 \\ \times \end{pmatrix} \xrightarrow{[b]} \begin{pmatrix} -3 \\ 1 \\ 0 \\ 0 \\ \times \end{pmatrix} \xrightarrow{[c]} \begin{pmatrix} -3 \\ 1 \\ 0 \\ 0 \\ 0 \end{pmatrix}
$$

- Basisvektor zur Nicht-Pivot-Spalte 5:

$$
\begin{pmatrix} \times \\ \times \\ \times \\ \times \\ \times \end{pmatrix} \xrightarrow{[a]} \begin{pmatrix} -15 \\ \times \\ -5 \\ 4 \\ \times \end{pmatrix} \xrightarrow{[b]} \begin{pmatrix} -15 \\ \times \\ -5 \\ 4 \\ 1 \end{pmatrix} \xrightarrow{[c]} \begin{pmatrix} -15 \\ 0 \\ -5 \\ 4 \\ 1 \end{pmatrix}
$$

Zu dieser schematischen Vorgehensweise wollen wir einige Anmerkungen machen:

- Der Sachverhalt $\dim(Kern(A)) = n - k$, wobei k die Anzahl der Pivot-Spalten von A ist, wird auch als **Dimensionsformel** bezeichnet.

- Beim Füllen der Basisvektoren kann man auch so vorgehen, dass man im Schritt [a] die Einträge ohne Umkehrung des Vorzeichens vornimmt und dafür in Schritt [b] den Eintrag -1 vornimmt. Der sich ergebende Vektor ist dann der skalar Negative des obigen.

- Für das händische Rechnen kann noch eine „Nachbearbeitung" der einzelnen Basisvektoren durch skalare Vervielfältigung erforderlich sein, z.B. dann, wenn die schematisch gefundenen Einheitsvektoren nicht ganzzahlige oder parametrische Komponenten beinhalten.

Sie haben am vorangegangenen Beispiel gesehen, dass sich die Lösungsmenge eines homogenen linearen Gleichungssystems stets als Untervektorraum mit Hilfe von erzeugenden (Basis-)Vektoren schreiben lässt. Umgekehrt kann man aber auch zeigen, dass es zu jedem Untervektorraum in der Form $\mathbb{L} = Span(a^{(1)}, \ldots, a^{(k)})$ ein homogenes lineares Gleichungssystem gibt, dessen Lösungsmenge gerade $\mathbb{L}$ ist.

Beispiel 2.23
Wir betrachten die beiden Vektoren $a^{(1)} = (-2, 1, 0)^T$, $a^{(2)} = (-4, 0, 1)^T$ und wollen den von ihnen aufgespannten Raum $\mathbb{L}$ als Lösungsmenge eines homogenen linearen Gleichungssystems schreiben. Welche Vektoren $x = (x_1, x_2, x_3)^T$ des $\mathbb{R}^3$ sich als Linearkombinationen von $a^{(1)}, a^{(2)}$ darstellen lassen, ist gleichwertig zu der Frage, für welche $x_1, x_2, x_3 \in \mathbb{R}$ das zu $\alpha_1 a^{(1)} + \alpha_2 a^{(2)} = (x_1, x_2, x_3)^T$ gehörige LGS in den Unbekannten α_1, α_2 lösbar ist. Mit zwei Zeilenvertauschungen und zwei Additionsschritten wird die zugehörige Gleichungsmatrix in eine Staffelform (hier schon in die Zeilenstufenform) überführt:

$$
\left[\begin{array}{cc|c} -2 & -4 & x_1 \\ 1 & 0 & x_2 \\ 0 & 1 & x_3 \end{array} \right] \longrightarrow \left[\begin{array}{cc|c} 1 & 0 & x_2 \\ 0 & 1 & x_3 \\ -2 & -4 & x_1 \end{array} \right] \longrightarrow \left[\begin{array}{cc|c} 1 & 0 & x_2 \\ 0 & 1 & x_3 \\ 0 & 0 & x_1 + 2x_2 + 4x_3 \end{array} \right]
$$

also ist x als LK von $a^{(1)}, a^{(2)}$ darstellbar genau dann, wenn $x_1 + 2x_2 + 4x_3 = 0$. Die Darstellbarkeit ist gleichbedeutend mit der Lösbarkeit eines geeigneten homogenen LGS. Die Lösungsmenge dieses LGS ist genau die lineare Hülle von $a^{(1)}, a^{(2)}$.

Im allgemeinen erhält man an dieser Stelle mehrere homogene lineare Gleichungen, also insgesamt ein homogenes LGS. Wir halten fest:

Untervektorräume des $\mathbb{R}^n$ und Lösungsmengen von homogenen linearen Gleichungssystemen in n Variablen entsprechen einander in eindeutiger Weise.

Übungen zu Abschnitt 2.3

10. Berechnen Sie jeweils eine Basis der folgenden Vektorräume, welche aus den angegebenen Vektoren gebildet ist.

a) $Span(\begin{pmatrix} 1 \\ 2 \end{pmatrix}, \begin{pmatrix} 2 \\ 1 \end{pmatrix}, \begin{pmatrix} -3 \\ 6 \end{pmatrix}, \begin{pmatrix} 1 \\ 5 \end{pmatrix})$

b) $Span(\begin{pmatrix} 3 \\ 0 \\ 1 \end{pmatrix}, \begin{pmatrix} 2 \\ 1 \\ -2 \end{pmatrix}, \begin{pmatrix} 1 \\ -1 \\ 1 \end{pmatrix}, \begin{pmatrix} 1 \\ 5 \\ 4 \end{pmatrix})$

c) $Span(\begin{pmatrix} 3 \\ 0 \\ -1 \end{pmatrix}, \begin{pmatrix} 2 \\ 1 \\ t \end{pmatrix}, \begin{pmatrix} 1 \\ -1 \\ 1 \end{pmatrix}, \begin{pmatrix} 1 \\ 5 \\ 4 \end{pmatrix})$

11. Berechnen Sie für die folgenden Koeffizientenmatrizen A jeweils eine Basis von $Kern(A)$.

a) $\begin{bmatrix} 1 & 2 & -3 \\ 2 & 1 & 0 \\ 3 & 1 & 1 \end{bmatrix}$

b) $\begin{bmatrix} 1 & 2 & -t \\ 2 & 1 & t \\ 3 & 1 & 2t \end{bmatrix}$

c) $\begin{bmatrix} 1 & 0 & 0 & 2 & 0 & 1 \\ -2 & 3 & 0 & -1 & 0 & 7 \\ -2 & 1 & 2 & 1 & 0 & 9 \\ -1 & -3 & 3 & 1 & 2 & 4 \end{bmatrix}$

12. Von einer Matrix A ist bekannt:

■ $A = \begin{bmatrix} 1 & 0 & \square & \square & \square \\ 0 & 1 & \square & \square & \square \\ 0 & 0 & \square & \square & \square \end{bmatrix}$ liegt in Zeilenstufenform vor

■ Eine Basis von $Kern(A)$ ist durch die Vektoren $a^{(1)} = (-1, -7, 3, 0, 0)^T$ und $a^{(2)} = (-2, 6, 0, -1, 0)^T$ gegeben.

Bestimmen Sie aus diesen Informationen die fehlenden Einträge in A.

13. Stellen Sie die folgenden Vektorräume mit Hilfe geeigneter Koeffizientenmatrizen A jeweils als Lösungsmenge eines homogenen linearen Gleichungssystems dar

a) $a^{(1)} = \begin{pmatrix} 2 \\ 4 \\ 1 \end{pmatrix}, a^{(2)} = \begin{pmatrix} 3 \\ -1 \\ -2 \end{pmatrix}$

b) $a^{(1)} = \begin{pmatrix} 4 \\ 2 \\ 2 \\ 1 \end{pmatrix}, a^{(2)} = \begin{pmatrix} -2 \\ 0 \\ -1 \\ 1 \end{pmatrix}$

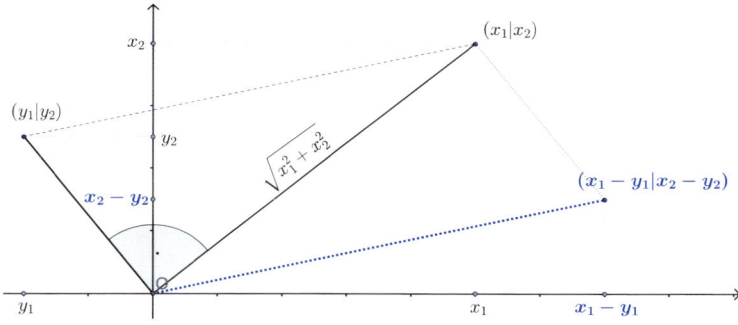

Abbildung 2.4: Länge, Abstand und rechter Winkel in der Anschauungsebene

2.4 Längen und Winkel: Geometrie mit Vektoren

Die geometrische Darstellung von Vektoren des $\mathbb{R}^2$ bzw. $\mathbb{R}^3$ im kartesischen Koordinatensystem führt dazu, dass man dort die Orientierung von Vektoren zueinander mit elementargeometrischen Begriffen bzw. Kennzahlen beschreibt bzw. misst. Wir rekapitulieren die wichtigsten Begriffe für die Anschauungsebene, vgl. Abbildung 2.4.

Beispiel 2.24 (Geometrische Grundbegriffe im $\mathbb{R}^2$, Teil 1)

▪ Unter der (euklidischen) **Länge** eines Vektors $x = (x_1, x_2)^T \in \mathbb{R}^2$ versteht man den Wert $\|x\| := \sqrt{x_1^2 + x_2^2}$.

▪ Unter dem (euklidischen) **Abstand** zwischen Vektoren x, $y \in \mathbb{R}^2$ versteht man $\|x - y\| = \sqrt{(x_1 - y_1)^2 + (x_2 - y_2)^2}$, d.h. die Länge des Vektors $x - y$.

▪ Zwei Vektoren $x = (x_1, x_2)^T$ und $y = (y_1, y_2)^T$ stehen senkrecht (im rechten Winkel) aufeinander genau dann wenn in dem von $\bar{0}$, x und y erzeugten Dreieck der Satz des Pythagoras gilt, d.h. $\|x\|^2 + \|y\|^2 = \|x - y\|^2$. Ausgeschrieben bedeutet dies $x_1^2 + x_2^2 + y_1^2 + y_2^2 = (x_1 - y_1)^2 + (x_2 - y_2)^2$. Wenn man die Klammern ausmultipliziert und auf beiden Seiten alle quadratischen Ausdrücke substrahiert, so führt dies zu $x_1 y_1 + x_2 y_2 = 0$.

Auch Winkel zwischen beliebigen Vektoren x, y des $\mathbb{R}^2$ lassen sich mit Hilfe der Koordinaten von x, y darstellen:

Beispiel 2.25 (Geometrische Grundbegriffe im $\mathbb{R}^2$, Teil 2)
Mit φ sei der Winkel zwischen den beiden Vektoren $x = (x_1, x_2)^T \in \mathbb{R}^2, y = (y_1, y_2)^T \in \mathbb{R}^2$ bezeichnet. Wir führen den Kosinus dieses Winkels rechnerisch auf x, y zurück. Der Einfachheit halber sollen beide Vektoren $x, y \in \mathbb{R}^2$ die Länge 1 haben, d.h. es gelte $x_1^2 + x_2^2 = 1 = y_1^2 + y_2^2$. Mit den Bezeichnungen in Abbildung 2.5 erkennt man dann:

▪ Für den dort eingezeichneten Winkel φ_1 gilt in dem rechtwinkligen Dreieck, dessen Hypotenuse der Vektor x bildet, nach dem Sinus- und Kosinussatz: $x_1 = \cos(\varphi_1)$ und $x_2 = \sin(\varphi_1)$.

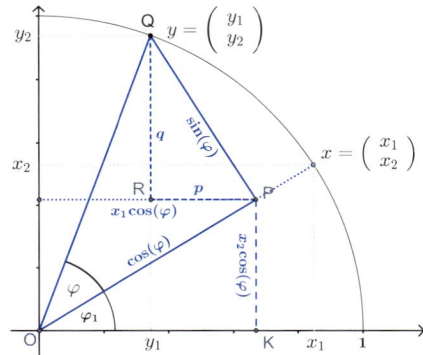

Abbildung 2.5: Winkel zwischen Vektoren im $\mathbb{R}^2$

- Der Winkel φ tritt in den beiden rechtwinkligen Dreiecken $\Delta(OPQ)$ und $\Delta(PQR)$ auf. Mit den Katheten p, q des letzteren Dreiecks folgt hieraus durch zweimalige Anwendung des Satzes von Pythagoras der Zusammenhang $\cos^2(\varphi) = 1 - p^2 - q^2$.

- Der Punkt $P(p_1 | p_2)$ hat nach dem Sinus- und Kosinussatz die Koordinaten $p_1 = \cos(\varphi_1)\cos(\varphi) = x_1\cos(\varphi)$ und $p_2 = \sin(\varphi_1)\cos(\varphi) = x_2\cos(\varphi)$. Die Katheten p, q lassen sich dann aus den Koordinaten von p_1, p_2 von P sowie aus x und y bestimmen:

$$p = p_1 - y_1 = x_1\cos(\varphi) - y_1, \qquad q = y_2 - p_2 = y_2 - x_2\cos(\varphi)$$

Mit den bisherigen Überlegungen kann man jetzt den Kosinus des Winkels φ auf x_1, x_2, y_1, y_2 zurückführen. Es ist

$$\cos^2(\varphi)$$
$$= 1 - (p^2 + q^2)$$
$$= 1 - (x_1\cos(\varphi) - y_1)^2 + (y_2 - x_2\cos(\varphi))^2$$
$$= 1 - x_1^2\cos(\varphi) + 2x_1y_1\cos(\varphi) - y_1^2 - y_2^2 + 2x_2y_2\cos(\varphi) - x_2^2\cos^2(\varphi)$$
$$= 2\cos(\varphi)(x_1y_1 + x_2y_2) + 1 - (y_1^2 + y_2^2) - (x_1^2 + x_2^2)\cos^2(\varphi)$$
$$= 2\cos(\varphi)(x_1y_1 + x_2y_2) - \cos^2(\varphi)$$

Zusammenfassend gilt also $\cos^2(\varphi) = 2\cos(\varphi)(x_1y_1 + x_2y_2) - \cos^2(\varphi)$. Für $\cos(\varphi) \neq 0$ lässt sich diese Gleichung nach $\cos(\varphi)$ freistellen:

$$\cos(\varphi) = x_1y_1 + x_2y_2$$

Wenn $x, y \in \mathbb{R}^2$ zwei beliebige Vektoren ungleich $\bar{0}$ sind, stimmt der Winkel zwischen x und y mit dem Winkel zwischen den Vektoren $\tilde{x}, \tilde{y}$ überein, wobei

$$\tilde{x} = (\tilde{x}_1, \tilde{x}_2)^T = \frac{1}{\|x\|}x = \left(\frac{x_1}{\|x\|}, \frac{x_2}{\|x\|}\right)^T = \left(\frac{x_1}{\sqrt{x_1^2 + x_2^2}}, \frac{x_2}{\sqrt{x_1^2 + x_2^2}}\right)^T$$
$$\tilde{y} = (\tilde{y}_1, \tilde{y}_2)^T = \frac{1}{\|y\|}y = \left(\frac{y_1}{\|y\|}, \frac{y_2}{\|y\|}\right)^T = \left(\frac{y_1}{\sqrt{y_1^2 + y_2^2}}, \frac{y_2}{\sqrt{y_1^2 + y_2^2}}\right)^T$$

denn $\tilde{x}, \tilde{y}$ haben jeweils dieselbe „Richtung" wie x, y. Sie haben andererseits jeweils die Länge 1, daher kann man ihren Winkel wie oben angegeben berechnen

$$\cos\varphi = \tilde{x}_1\tilde{y}_1 + \tilde{x}_2\tilde{y}_2 = \tfrac{x_1}{\|x\|}\tfrac{y_1}{\|y\|} + \tfrac{x_2}{\|x\|}\tfrac{y_2}{\|y\|} = \frac{x_1 y_1 + x_2 y_2}{\|x\| \cdot \|y\|}$$

Mit zusätzlichem Aufwand lässt sich auch im Anschauungsraum $\mathbb{R}^3$ zeigen, dass

- die (euklidische) Länge eines Vektors $x = (x_1, x_2, x_3)^T$ als $\|x\| = \sqrt{x_1^2 + x_2^2 + x_3^2}$ berechnet werden kann,

- der (euklidische) Abstand zwischen Vektoren $x = (x_1, x_2, x_3)^T$ und $y = (y_1, y_2, y_3)^T$ durch $\|x - y\| = \sqrt{(x_1 - y_1)^2 + (x_2 - y_2)^2 + (x_3 - y_3^2)}$ gegeben ist,

- zwei Vektoren $x = (x_1, x_2, x_3)^T$ und $y = (y_1, y_2, y_3)^T$ genaus dann 7senkrecht zueinander stehen, wenn der Ausdruck $x_1 y_1 + x_2 y_2 + x_3 y_3$ gleich Null ist,

- der Kosinus des Winkels zwischen Vektoren $x = (x_1, x_2, x_3)^T$ und $y = (y_1, y_2, y_3)^T$ als $(x_1 y_1 + x_2 y_2 + x_3 y_3)/(\|x\|\|y\|)$ bestimmt wird.

Alle geometrischen Grundbegriffe in Anschauungsebene und -raum lassen sich also unmittelbar auf Ausdrücke des Typs $x_1 \cdot y_1 + x_2 \cdot y_2 + \cdots$ bzw. $x_1^2 + y_1^2 + \cdots$ zurückführen. Man spricht hierbei auch von Produktsumme bzw. Quadratsumme, wobei die Quadratsumme als Spezialfall der Produktsumme mit zwei identischen Vektoren $x = y$ aufgefasst werden kann.

Die genannte Produktsumme wird als Skalarprodukt der beiden Vektoren x, y bezeichnet. Sie lässt sich auch auf Vektoren x, y im nicht mehr anschaulich vorstellbaren Vektorraum $\mathbb{R}^n$ für Vektoren x, y mit n Komponenten auf eine Produktsumme mit n Summanden erweitern. Anhand dieses Ausdrucks definiert man dann wiederum die geometrischen Grundbegriffe der (euklidischen) Länge und des (euklidischen) Abstandes im $\mathbb{R}^n$ ebenso wie die Winkelmessung.

Definition 2.11 (Skalarprodukt und euklidische Norm im $\mathbb{R}^n$)

[1] Für $x = (x_1, \ldots, x_n)^T \in \mathbb{R}^n$, $y = (y_1, \ldots, y_n)^T \in \mathbb{R}^n$ ist das **Skalarprodukt** (bzw. inneres Produkt) von x und y definiert als

$$\langle x, y \rangle := x_1 y_1 + \cdots + x_n y_n$$

[2] $\|x\| := \sqrt{\langle x, x \rangle} = \sqrt{x_1^2 + \cdots + x_n^2}$ heißt **Euklidische Norm** von $x \in \mathbb{R}^n$.

[3] $x, y \in \mathbb{R}^n$ heißen **orthogonal** (kurz: $x \perp y$), wenn $\langle x, y \rangle = 0$. Sie heißen **orthonormal**, wenn zusätzlich $\|x\| = \|y\| = 1$.

Beispiel 2.26

Das Skalarprodukt $\langle x, y \rangle$ lässt sich nur bilden, wenn Vektoren x, y gleich viele Komponenten haben. Also kann beispielsweise das Skalarprodukt der Vektoren $(1, 2)^T$ und $(0, 3, 1)^T$, d.h. der Ausdruck

$$\left\langle \begin{pmatrix} 1 \\ 2 \end{pmatrix}, \begin{pmatrix} 0 \\ 3 \\ 1 \end{pmatrix} \right\rangle$$

nicht gebildet bzw. berechnet werden.

1	2	3	4	5	6	7	8	9	10	11	12	13	14	15	16	17	18	19	20	21	22	23	24
1	1	1	1	1	1	2	2	2	2	2	2	3	3	3	3	3	3	4	4	4	4	4	4
2	2	3	3	4	4	1	1	3	3	4	4	1	1	2	2	4	4	1	1	2	2	3	3
3	4	2	4	2	3	3	4	1	4	1	3	2	4	1	4	1	2	2	3	1	3	1	2
4	3	4	2	3	2	4	3	4	1	3	1	4	2	4	1	2	1	3	2	3	1	2	1
30	29	29	27	27	26	29	28	27	24	25	23	27	25	26	23	22	21	24	23	23	21	21	20

Tabelle 2.3: Skalarprodukt als Maßzahl für Gleich- und Gegenläufigkeit. Jede Spalte enthält in den Zeilen 2 bis 5 die Einträge eines Vektors $y = (y_1, \ldots, y_4)^T$, der durch Permutation der Zahlen $1, \ldots, 4$ entsteht. In der sechsten Zeile steht jeweils das Skalarprodukt dieses Vektors mit dem Vektor $(1, 2, 3, 4)^T$.

Beispiel 2.27

Im $\mathbb{R}^3$ seien folgende Vektoren gegeben:

$$x = \begin{pmatrix} 1,4 \\ -0,8 \\ 2,3 \end{pmatrix}, \quad y = \begin{pmatrix} 4,1 \\ 1,2 \\ -0,4 \end{pmatrix}, \quad z = \begin{pmatrix} 1,2 \\ 2,1 \\ 0 \end{pmatrix}$$

Skalarprodukte verschiedener Vektoren sind hier:

- $\langle x, y \rangle = 1,4 \cdot 4,1 + (-0,8) \cdot 1,2 + 2,3 \cdot (-0,4) = 3,86 = \langle y, x \rangle$

- $\langle x, z \rangle = 1,4 \cdot 1,2 + (-0,8) \cdot 2,1 + 2,3 \cdot 0 = 0 = \langle z, x \rangle$, also sind x, z orthogonal, in Zeichen $x \perp z$.

- $\langle y, z \rangle = 4,1 \cdot 1,2 + 1,2 \cdot 2,1 + (-0,4) \cdot 0 = 7,44 = \langle z, y \rangle$

Die euklidischen Längen der Vektoren betragen:

- $\|x\| = \sqrt{1,4^2 + (-0,8)^2 + 2,3^2} \approx 2,81$

- $\|y\| = \sqrt{3,1^2 + 1,2^2 + (-0,4)^2} \approx 4,29$

- $\|z\| = \sqrt{1,2^2 + 2,1^2 + 0^2} \approx 2,42$

Beispiel 2.28 (Skalarprodukt als Maß für Gleichläufigkeit)

Unter einem Ranking von n Objekten versteht man einen Vektor $x \in \mathbb{R}^n$, der aus einer Umordnung (Permutation) der Zahlen $1, \ldots, n$ besteht. Solche Rankings treten oft bei der Bewertung verschiedener Produkte auf. Jedes Produkt bekommt aufgrund quantitativer Kennzahlen, durch Kundenbeurteilung oder andere Instanzen eine Rangzahl zugewiesen. Derartige Rankings werden natürlich regelmäßig aktualisiert und der zeitliche Zusammenhang analysiert. Hierzu kann das Skalarprodukt der Rankingvektoren verschiedener Zeitpunkte herangezogen werden.

Wir betrachten beispielhaft das Ranking von vier Objekten. In Tabelle 2.3 sind die 24 verschiedenen Rankings jeweils in den Zeilen 2 bis 5 dargestellt. In der sechsten Zeile finden Sie jeweils das Skalarprodukt des entsprechenden Vektors y mit dem Vektor $x = (1, 2, 3, 4)$. Beispielsweise ergibt sich der untere Eintrag in der

- ersten Spalte als $\left\langle \begin{pmatrix} 1 \\ 2 \\ 3 \\ 4 \end{pmatrix}, \begin{pmatrix} 1 \\ 2 \\ 3 \\ 4 \end{pmatrix} \right\rangle = 1^2 + 2^2 + 3^2 + 4^2 = 30$

• letzten Spalte als $\left\langle \begin{pmatrix} 1 \\ 2 \\ 3 \\ 4 \end{pmatrix}, \begin{pmatrix} 4 \\ 3 \\ 2 \\ 1 \end{pmatrix} \right\rangle = 1 \cdot 4 + 2 \cdot 3 + 3 \cdot 2 + 4 \cdot 1 = 20$

Die Tabelle ist nach absteigender Größe dieses Skalarproduktes sortiert. Man sieht, dass die Fälle völliger Gleichläufigkeit bzw. Gegenläufigkeit von x und y die Tabellenränder d.h. die maximalen und minimalen Skalarprodukte festlegen. Außerdem kann man feststellen, dass bei zwei Vektoren, die sich nur durch eine Vertauschung zweier Elemente unterscheiden, derjenige das geringere Skalarprodukt mit $x = (1, 2, 3, 4)^T$ hat, bei dem die vertauschten Elemente in absteigender Größe vorliegen. Es wird also durch das Skalarprodukt eine Kennzahl angegeben, die beschreibt, wie „aufsteigend" der Vektor in seinen Komponenten ist, d.h. das Skalarprodukt ist eine Kennzahl für den Grad der Gleichläufigkeit mit dem – vollständig „aufsteigenden" Vektor $(1, 2, 3, 4)^T$. Nimmt man für x einen anderen Rangvektor, so erhält man die selben 24 Werte für das Skalarprodukt, nur in einer anderen Reihenfolge. Das Skalarprodukt zweier Rangreihen kann also als Maßzahl für die Gleich- bzw. Gegenläufigkeit der Rangreihen dienen. Ein Wert nahe 30 bedeutet hier ungefähre Gleichläufigkeit, ein Wert nahe 20 hingegen ungefähre Gegenläufigkeit.

Der in der Statistik häufig verwendete Pearson'sche Korrelationskoeffizient, mit dem der lineare Zusammenhang zwischen Datenreihen gemessen wird, ist eine „standardisierte" Version des Skalarproduktes, er ergibt sich, nachdem die beiden Datenreihen jeweils durch Subtraktion der Mittelwerte zentriert und anschließend durch Division mit den Standardabweichungen skaliert worden sind, als Skalarprodukt der derart transformierten Datenreihen.

Beispiel 2.29
Wiederum im $\mathbb{R}^3$ betrachten wir

$$a^{(1)} = \begin{pmatrix} 3/5 \\ 4/5 \\ 0 \end{pmatrix}, \quad a^{(2)} = \begin{pmatrix} 4/5 \\ -3/5 \\ 0 \end{pmatrix}, \quad a^{(3)} = \begin{pmatrix} 0 \\ 0 \\ 1 \end{pmatrix}$$

Je zwei dieser Vektoren sind orthonormal: $\langle a^{(1)}, a^{(2)} \rangle = \langle a^{(1)}, a^{(3)} \rangle = \langle a^{(2)}, a^{(3)} \rangle = 0$ und $\|a^{(1)}\| = \|a^{(2)}\| = \|a^{(3)}\| = 1$.

Im vorangegangenen Beispiel sagt man auch, dass $a^{(1)}$, $a^{(2)}$, $a^{(3)}$ **paarweise orthonormal** sind. Ein weiteres Beispiel paarweise orthonormaler Vektoren sind im $\mathbb{R}^n$ die die Einheitsvektoren $e^{(1)}, \dots, e^{(n)}$.

Das Skalarprodukt ist ein Beispiel für eine binäre Operation auf Vektoren, die aufgrund folgender Rechenregeln als positive symmetrische Bilinearform bezeichnet wird:

Satz 2.8 (Eigenschaften des Skalarproduktes)
S1. Für alle $x \in \mathbb{R}^n$ gilt: $\langle x, x \rangle \geq 0$. Außerdem ist $x = \bar{0} \iff \langle x, x \rangle = 0$

S2. Für alle $x, y \in \mathbb{R}^n$ gilt: $\langle x, y \rangle = \langle y, x \rangle$.

S3. Für alle $x, y, z \in \mathbb{R}^n$, $\alpha \in \mathbb{R}$ gilt:

    a. $\langle x, y + z \rangle = \langle x, y \rangle + \langle x, z \rangle$ und $\langle x + y, z \rangle = \langle x, z \rangle + \langle y, z \rangle$

    b. $\langle x, \alpha y \rangle = \alpha \langle x, y \rangle = \langle \alpha x, y \rangle$

Eigenschaft S1 wird als Positivität, S2 als Symmetrie und S3 als Bilinearität des Skalarproduktes bezeichnet.

Bei der Motivation des Skalarproduktes im $\mathbb{R}^2$ war bereits deutlich geworden, dass der Wert $\frac{\langle x,y \rangle}{\|x\|\|y\|}$ selber als Kosinus des Winkels zwischen den Strahlen, die von x und y erzeugt werden, interpretiert werden kann. Damit dies auch im geometrisch nicht mehr darstellbaren $\mathbb{R}^n$ möglich ist, muss sichergestellt sein, dass dieser Bruch auch in der allgemeinen Form stets zwischen -1 und 1 liegt. Dies ist in der Tat der Fall.

Satz 2.9 (Cauchy-Schwarz-Ungleichung)
Für alle $x, y \in \mathbb{R}^n$ gilt $|\langle x,y \rangle| \leq \|x\| \cdot \|y\|$.
Dabei gilt $|\langle x,y \rangle| = \|x\| \cdot \|y\|$ genau dann, wenn x, y linear abhängig sind.

Zur Begründung: Die Ungleichung ist sicher richtig für $y = \bar{0}$. Außerdem folgt für alle $\alpha \in \mathbb{R}$ mittels Symmetrie S2 und Bilinearität S3 die (Un)gleichungskette $0 \leq \langle x - \alpha y, x - \alpha y \rangle = \langle x,x \rangle - 2\alpha\langle x,y \rangle + \alpha^2\langle y,y \rangle = \|x\|^2 - 2\alpha\langle x,y \rangle + \alpha^2\|y\|^2$. Der letztgenannte Termin ist also nichtnegativ. Für $y \neq 0$ darf man in diesen Term $\alpha = \frac{\langle x,y \rangle}{\|y\|^2}$ einsetzen und erhält die Ungleichung $\|x\|^2 - \frac{\langle x,y \rangle^2}{\|y\|^2} \geq 0$. Daraus folgt die Cauchy-Schwarz-Ungleichung. Wenn x, y linear abhängig sind, also beispielsweise gilt $y = \alpha x$ mit einem geeigneten Skalar $\alpha \in \mathbb{R}$, so ist $|\langle x,y \rangle| = |\langle x, \alpha x \rangle| = |\alpha\langle x,x \rangle| = |\alpha| \cdot \|x\|^2 = \|x\| \cdot \|\alpha x\| = \|x\| \cdot \|y\|$. Gilt umgekehrt die Gleichheit $|\langle x,y \rangle| = \|x\| \cdot \|y\|$, so bedeutet dies, dass in der oben stehenden Ungleichungskette mit $\alpha = \frac{\langle x,y \rangle}{\|y\|^2}$ schon überall Gleichheit gelten muss, also gilt $\langle x - \alpha y, x - \alpha y \rangle = 0$. Das ist aber nur möglich, wenn schon $x - \alpha y = 0$ gilt, also sind x, y linear abhängig. $\square$

Die Cauchy-Schwarz-Ungleichung lässt sich für $x \neq \bar{0}, y \neq \bar{0}$ in die Form $-1 \leq \frac{\langle x,y \rangle}{\|x\|\cdot\|y\|} \leq 1$ umstellen. Wie in Anschauungsebene und Anschauungsraum können Sie daher diesen Ausdruck als Kosinus des Winkels interpretieren, der von x und y mit der Winkel-Basis $\bar{0}$ erzeugt wird.

Mit der Cauchy-Schwarz-Ungleichung wird in der Analysis die Interpretation des so genannten Gradienten einer differenzierbaren Funktion als Richtung des steilsten Anstiegs möglich werden.

Schließlich hilft die Cauchy-Schwarz-Ungleichung auch bei dem rechnerischen Nachweis der Dreiecksungleichung der euklidischen Norm.

Satz 2.10 (Eigenschaften der Norm)
N1. Für alle $x \in \mathbb{R}^n$ gilt: $\|x\| \geq 0$. Ferner gilt: $x = \bar{0} \iff \|x\| = 0$.

N2. Für alle $x \in \mathbb{R}^n$, $\alpha \in \mathbb{R}$ gilt: $\|\alpha x\| = |\alpha| \cdot \|x\|$.

N3. **Dreiecksungleichung:** Für alle $x, y \in \mathbb{R}^n$ gilt: $\|x + y\| \leq \|x\| + \|y\|$.
Zur Begründung: N1 und N2 sind unmittelbare Konsequenzen von S1 und S3. Die Dreiecksungleichung folgt mit Hilfe der Cauchy-Schwarz-Ungleichung:
$$\|x+y\|^2 = \|x\|^2 + 2\langle x,y \rangle + \|y\|^2 \overset{CS}{\leq} \|x\|^2 + 2\|x\| \cdot \|y\| + \|y\|^2 = (\|x\| + \|y\|)^2 \qquad \square$$
Für $n = 1$ wird aus der Norm der Absolutbetrag einer reellen Zahl. Dann sind N1, N2 und N3 wohlbekannte Eigenschaften des Absolutbetrages.

Die Anschauungsebene und den Anschauungsraum kann man sich vermöge eines Systems von aufeinander senkrecht stehenden Koordinatenachsen vorstellen. Die Eigenschaft der Achsen, paarweise aufeinander senkrecht zu stehen, ermöglicht das effiziente Ablesen von Koordinaten, weil den Achsen die orthonormalen **Einheitsvektoren** zugrunde liegen.

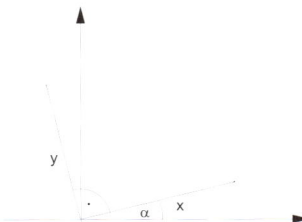

Abbildung 2.6: Orthogonale Vektoren im $\mathbb{R}^2$

Sind zwei Vektoren $x = (x_1, x_2)^T$, $y = (y_1, y_2)^T$ des $\mathbb{R}^2$ zueinander orthogonal und vom Nullvektor verschieden, so liegt die Situation aus Abbildung 2.6 vor. Die beiden Vektoren bilden eine um einen Winkel α aus dem Standard-Koordinatensystem „gedrehte" Basis des $\mathbb{R}^2$. Das Ablesen von Koordinaten in dieser Basis ist hier, aber auch bei Basen orthonomaler Vektoren im $\mathbb{R}^n$ fast genau so einfach, als würde es sich bei der Basis um die Einheitsvektoren handeln.

Satz 2.11 (Orthogonalität und Koordinatensysteme)

1. Sind $a^{(1)}, \ldots, a^{(m)}$ vom Nullvektor verschiedene Vektoren des $\mathbb{R}^n$ und paarweise orthogonal, so sind sie linear unabhängig. Insbesondere gilt $m \leq n$, d.h. das System besteht aus höchstens n Vektoren.

3. Sind $a^{(1)}, \ldots, a^{(n)} \in \mathbb{R}^n$ paarweise orthonormal, so gilt für jeden Vektor $x \in \mathbb{R}^n$ die Koordinatendarstellung $x = \langle a^{(1)}, x \rangle a^{(1)} + \cdots + \langle a^{(n)}, x \rangle a^{(1)}$.

Zur Begründung: Es sei $\alpha_1 a^{(1)} + \ldots + \alpha_m a^{(m)} = \bar{0}$ eine Linearkombination des Nullvektors aus $a^{(1)}, \ldots, a^{(m)}$; zu zeigen ist $\alpha_1 = \ldots = \alpha_m = 0$. Für alle $i \in \{1, \ldots, m\}$ gilt:

$$0 = \langle \bar{0}, a^{(i)} \rangle = \langle \alpha_1 a^{(1)} + \ldots + \alpha_m a^{(m)}, a^{(i)} \rangle$$
$$= \alpha_1 \langle a^{(1)}, a^{(i)} \rangle + \ldots + \alpha_m \langle a^{(m)}, a^{(i)} \rangle = \alpha_i \langle a^{(i)}, a^{(i)} \rangle = \alpha_i \|a^{(i)}\|^2$$

Wegen $a^{(i)} \neq \bar{0}$ folgt $\|a^{(i)}\|^2 \neq 0$, also $\alpha_i = 0$. Da $i \in \{1, \ldots, m\}$ beliebig war, folgt $\alpha_1 = \ldots = \alpha_m = 0$. Das ergibt den ersten Teil von Aussage 1. Weil es nicht mehr als n linear unabhängige Vektoren im $\mathbb{R}^n$ gibt, kann es auch nicht mehr als n paarweise orthonormale Vektoren geben. Zu Aussage 2. sei der Vektor $y := x - (\langle a^{(1)}, x \rangle a^{(1)} + \cdots + \langle a^{(n)}, x \rangle a^{(n)})$. Dann gilt für jedes $i = 1, \ldots, n$:

$$\langle y, a^{(i)} \rangle = \langle x - (\langle a^{(1)}, x \rangle a^{(1)} + \cdots + \langle a^{(n)}, x \rangle a^{(n)}), a^{(i)} \rangle$$
$$= \langle x, a^{(i)} \rangle - (\langle a^{(1)}, x \rangle \langle a^{(1)}, a^{(i)} \rangle + \cdots + \langle a^{(n)}, x \rangle \langle a^{(n)}, a^{(i)} \rangle)$$
$$= \langle x, a_i \rangle - \langle a_i, x \rangle \langle a_i, a_i \rangle = 0$$

denn $\langle a^{(i)}, a^{(i)} \rangle = 1$ aufgrund der Orthonormalität der $a^{(i)}$. Also ist $y \perp a^{(i)}$ für alle i. y muss daher wegen b der Nullvektor sein, womit 2. folgt. $\qquad \square$

Beispiel 2.30

Betrachtet werden noch einmal die drei paarweise orthonormalen Vektoren $a^{(1)} = (\frac{3}{5}, \frac{4}{5}, 0)^T$, $a^{(2)} = (\frac{4}{5}, -\frac{3}{5}, 0)^T$, $a^{(3)} = (0, 0, 1)^T$ aus Beispiel 2.29 ⇨ vgl. S. 69.

▪ Der Vektor $x = (5, 15, -5)^T$ ist Linearkombination von $a^{(1)}, a^{(2)}, a^{(3)}$, die Koeffizienten ergeben sich als Skalarprodukte von x mit den $a^{(i)}$:

$$\begin{pmatrix} 5 \\ 15 \\ -5 \end{pmatrix} = 15 \begin{pmatrix} 3/5 \\ 4/5 \\ 0 \end{pmatrix} + (-5) \begin{pmatrix} 4/5 \\ -3/5 \\ 0 \end{pmatrix} + (-5) \begin{pmatrix} 0 \\ 0 \\ 1 \end{pmatrix}$$

■ Für jeden Vektor $x = (x_1, x_2, x_3)^T \in \mathbb{R}^3$ gilt:

$$\langle x, a^{(1)} \rangle = \frac{3}{5} x_1 + \frac{4}{5} x_2, \quad \langle x, a^{(2)} \rangle = \frac{4}{5} x_1 - \frac{3}{5} x_2, \quad \langle x, a^{(3)} \rangle = x_3$$

Die Koordinaten von x im von $a^{(1)}, a^{(2)}, a^{(3)}$ erzeugten $\mathbb{R}^3$ lesen sich dann ab als

$$\begin{pmatrix} x_1 \\ x_2 \\ x_3 \end{pmatrix} = (\tfrac{3}{5} x_1 + \tfrac{4}{5} x_2) \begin{pmatrix} 3/5 \\ 4/5 \\ 0 \end{pmatrix} + (\tfrac{4}{5} x_1 - \tfrac{3}{5}) \begin{pmatrix} 4/5 \\ -3/5 \\ 0 \end{pmatrix} + x_3 \begin{pmatrix} 0 \\ 0 \\ 1 \end{pmatrix}$$

Im Falle einer orthonormalen Basis ist also die Darstellung in diesem Koordinatensystem unmittelbar möglich. Die Koordinatendarstellung in Orthonormalsystemen ist ein wesentlicher Grund für die Beliebtheit orthonormaler Basen.

Übungen zu Abschnitt 2.4

14. Es seien $m_1, m_2 \neq 0$. Zeigen Sie mit Hilfe des Skalarproduktes in der Anschauungsebene: Zwei Geraden $y = y_0 + m_1(x - x_0)$ und $y = y_0 + m_2(x - x_0)$ durch einen Punkt $P(x_0|y_0)$ stehen genau dann senkrecht aufeinander, wenn $m_1 m_2 = -1$.

15. Es seien $x, y \in \mathbb{R}^n$ Vektoren, deren Komponenten jeweils die Zahlen $1, \ldots, n$ in willkürlicher Reihenfolge sind. Welche Werte nimmt das Skalarprodukt $\langle x, y \rangle$ mindestens und höchstens an

a) im Fall $n = 5$, $n = 6$?

b) im Fall, dass $n \in \mathbb{N}$ beliebig ist?

16. Berechnen Sie den Winkel ϕ zwischen den Vektoren x und y

a) $x = (4, 3)^T$, $y = (7, 24)^T$

b) $x = (-1, 1, -1, 1)^T$, $y = (1, 3, 5, 7)^T$

17. Für welche(s) $t \in \mathbb{R}$ sind die Vektoren $x = (6, 3t, -t, 1)^T$ und $y = (t, t, -2t, 1)^T$ orthogonal?

18. Begründen Sie: Sind $a^{(1)}, \ldots, a^{(n)} \in \mathbb{R}^n$ vom Nullvektor verschiedene und paarweise orthogonal, so gilt $x = \frac{\langle x, a^{(1)} \rangle}{\langle a^{(1)}, a^{(1)} \rangle} a^{(1)} + \cdots + \frac{\langle x, a^{(n)} \rangle}{\langle a^{(n)}, a^{(n)} \rangle} a^{(n)}$ für jeden Vektor $x \in \mathbb{R}^n$.

2.5 Abstandsmessung, Projektionen und KQ-Methode

Wir wollen in diesem letzten Abschnitt das Konzept der Abstandsmessung zwischen Vektoren und seine Anwendungen in der Ökonomie genauer beleuchten. Auf der Zahlengerade $\mathbb{R}$ wird mit dem Absolutbetrag $|x - y|$ der Abstand zwischen rellen Zahlen x, y gemessen. In der Anschauungsebene kann man über die euklidische Norm $\|x - y\| = \sqrt{(x_1 - y_1)^2 + (x_2 - y_2)^2}$ die „Vogelflug-Distanz" zwischen Vektoren $x, y \in \mathbb{R}^2$ berechnen. Entsprechend lässt sich der Abstand im $\mathbb{R}^n$ über die euklidische Norm erklären.

Definition 2.12 (Euklidischer Abstand)

[1] $d(x, y) := \|x - y\|$ heißt **euklidischer Abstand zwischen** $x, y \in \mathbb{R}^n$.

[2] Für $x \in \mathbb{R}^n$, $r \geq 0$ heißt $B(x, r) := \{y \in \mathbb{R}^n : d(x, y) = \|x - y\| < r\}$ **offener Ball (offene Kugel) um** $x \in \mathbb{R}^n$ **mit Radius** $r \geq 0$. Speziell heißt $B(\bar{0}, 1)$ **Einheitsball (Einheitskugel)**.

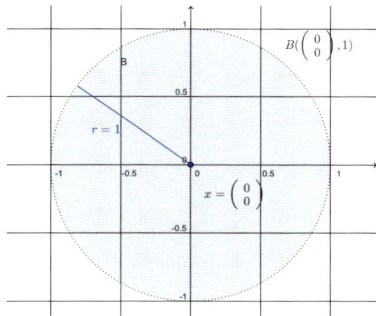

Abbildung 2.7: Offene Kugel mit Radius 1 um $(0,0)^T$ (Einheitskreis)

Kreditkunde	Jahre	Einkommen	Kreditkunde	Jahre	Einkommen
Tourenziel	W/O	N/S	Tourenziel	W/O	N/S
S. Arrus	19	16	H. Ilbert	37	7
E. Uklid	7	14	C. Auchy	12	9
N. Ewton	18	22	G. Auß	14	19
T. Hales	14	7	H. Esse	5	11
L. Eibniz	21	14	E. Uler	29	20

Tabelle 2.4: Daten zu den Beispielen 2.32 und 2.33

Die (offenen) Bälle $B(x,r)$ sind im $\mathbb{R}^2$ genau die Kreise und im $\mathbb{R}^3$ genau die Kugeln zu einem gegebenen Mittelpunkt mit gegebenen Radius. Man hat den Begriff der Kugel daher auch für n-Vektoren adaptiert. Bälle/Kugeln erklären gleichsam „Anziehungsbereiche" von Vektoren. Alle Punkte innerhalb einer gegebenen offenen Kugel mit Radius r haben vom Zentrum der Kugel einen Abstand kleiner als r.

Beispiel 2.31

▪ Im $\mathbb{R}^3$ haben $x = (3,1,5)^T$, $y = (0,5,5)^T$ den euklidischen Abstand

$$d(x,y) = \sqrt{(3-0)^2 + (1-5)^2 + (5-5)^2} = \sqrt{9+16} = \sqrt{25} = 5$$

▪ Die zu $x = (0,0)^T$, $r = 1$ gehörige offene Kugel $B(x,r)$ im $\mathbb{R}^2$ heißt auch Einheitskreis; sie ist in Abbildung 2.7 skizziert.

Achtung: die Kreislinie $\left\{ y \in \mathbb{R}^2 : d(x,y) = r \right\}$ gehört definitionsgemäß nicht zu $B(x,r)$, sie stellt vielmehr den Rand von $B(x,r)$ dar.

Im nächsten Beispiel sehen wir eine Anwendung der euklidischen Abstandsmessung im Rahmen der so genannten Diskriminanzanalyse:

Beispiel 2.32

Bei der SG-Direktbank liegt ein Antrag von E. Uler auf Gewährung eines Kredites vor. Dem Antrag entnimmt die Bank unter anderem, in wie vielen Jahren der Kunde ins Rentenalter eintritt, sowie sein frei verfügbares Nettoeinkommen (in Tausend €). Bei E. Uler ergibt dies sein Kundenprofil (29|20).

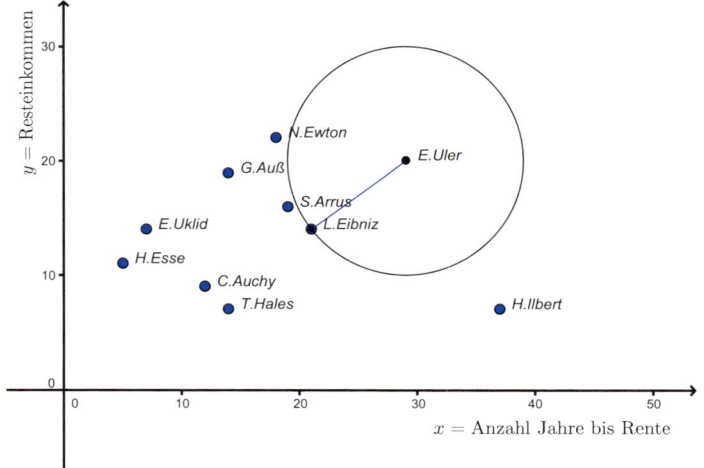

Abbildung 2.8: Darstellung der zehn Kundenprofile aus Beispiel 2.32

Kunde/Tourenziel	Daten	euklidische Distanz	City-Block-Distanz
S. Arrus	(19|16)	$\sqrt{116}$	14
E. Uklid	(7|14)	$\sqrt{520}$	28
N. Ewton	(18|22)	$\sqrt{137}$	13
T. Hales	(14|7)	$\sqrt{394}$	28
L. Eibniz	(21|14)	$\sqrt{100}$	14
H. Ilbert	(37|7)	$\sqrt{233}$	21
C. Auchy	(12|9)	$\sqrt{410}$	28
G. Auß	(14|19)	$\sqrt{226}$	16
H. Esse	(5|11)	$\sqrt{657}$	23

Tabelle 2.5: Distanzen zu E.Uler mit den Daten (29|20) im Kredit-Beispiel 2.32 und im Routen-Beispiel 2.33

Anhand der Darlehensunterlagen sollen die Bedingungen für das Darlehen festgelegt werden. Der Antrag wird mit den letzten neun abgeschlossenen Verträgen verglichen; aus demjenigen Vertrag, dessen Daten dem aktuellen Antrag am nächsten liegen, werden die Konditionen für den neuen Vertrag entnommen.

Die Daten der Altverträge und die von E.Uler liegen in Tabelle 2.4 vor, sie sind zugleich in Abbildung 2.8 visuell dargestellt. Die Affinität könnte man beispielsweise durch Berechnung des minimalen – euklidischen – Abstandes ermitteln. Die neun relevanten Abstandswerte sind in Tabelle 2.5 angegeben. Demnach sind die Konditionen des Vertrages mit L.Eibniz zu übernehmen, die kleinste Distanz beträgt $\sqrt{(29-21)^2 + (20-14)^2} = 10$ Einheiten. Alle anderen Kundenprofile liegen außerhalb des Kreises (der Kugel), dessen Mittelpunkt das Profil von E.Uler ist und auf dessen Rand das Profil von L.Eibniz liegt.

Das Beispiel beschreibt typische Aufgaben und Herangehensweisen der Diskriminanzanalyse:

- Personen/Objekte sollen anhand ihrer Profile in vorgegebene Klassen eingeordnet werden;

- In jedem Fall ist die Affinität zu den Klassen anhand eines geeigneten Abstandsmaßes zu bestimmen.

- Beim Idealtypen-Ansatz wird die Zuordnung zu den Klassen anhand der Affinität von Repräsentanten der Klassen (als Idealtypen bezeichnet) vorgenommen.

Im Kreditbeispiel sind die Idealtypen gerade durch die Altverträge und deren Konditionen gegeben. Die Affinität wird mittels der euklidischen Distanz – volkstümlich auch „Vogelflugdistanz" genannt – berechnet.

Reale Kundenprofile enthalten in aller Regel wesentlich mehr Informationen, d.h. stammen aus höherdimensionalen Vektorräumen. Hierfür könnte man dann beispielsweise die euklidische Distanz im $\mathbb{R}^n$ verwenden. Aber selbst bei einem einfachen Datensatz wie dem vorliegenden muss die Wahl des Abstandsmaßes oft aus sachlogischen Gründen doch noch genauer überlegt werden. Um dies zu verdeutlichen, verwenden wir den gleichen Datensatz in einem völlig anderen Kontext, nämlich der Routenplanung:

Beispiel 2.33
Der Fahrradkurier E. Uler hat in der Stadt Quadropolis neun verschiedene Aufträge zu erledigen. Ihm liegen GPS-Daten seines Startpunktes und der neun anzufahrenden Ziele in Form von Koordinaten gemäß Tabelle 2.4 vor. Mit den Koordinaten will E. Uler zunächst das am nächsten liegende Ziel bestimmen und ansteuern. Dabei muss er dem Verlauf der in Quadropolis rechtwinklig angeordneten Straßen folgen ⇨ vgl. Abbildung 2.9.

Die Distanzen zu den Kunden muss E.Uler deshalb mit der so genannten City-Block-**Metrik** anstelle der euklidischen Distanz ermitteln. Diese errechnet sich durch Addition der Teilwege in Ost-West- und Nord-Süd-Richtung. Danach ist der nächstliegende Kunde N.Ewton, seine Distanz zum Startpunkt beträgt $|29 - 18| + |20 - 22| = 13$ Wegeinheiten. Alle City-Block-Distanzen sind in der letzten Spalte von Tabelle 2.5 dargestellt.

Auf dem in Abbildung 2.9 zuätzlich ausschnittweise dargestellten Rand des Quadrates mit Mittelpunkt (29|20), dem Startpunkt von E.Uler, liegen alle Punkte, zu denen der Weg längs der Koordinatenachsen stets die Länge 13 hat. Alle anderen Punkte liegen außerhalb dieses Quadrates, haben also eine größere City-Block-Distanz zu E.Uler. Der nach der Vogelflugdistanz nächste Kunde L.Eibniz liegt also nach der City-Block-Distanz weiter entfernt von E.Uler.

Im Beispiel der Routenplanung erfolgt die Auswahl des nächsten Zieles also ganz anders als bei der Kreditvergabe, obwohl die gleichen Zahlenwerte zugrunde liegen. Ursächlich hierfür ist allein das aus sachlogischen Gründen zu verwendende Distanzmaß. Bei der Auswahl könnten aber auch noch andere Aspekte zu berücksichtigen sein:

- Im Kreditbeispiel will die Bank möglicherweise das frei verfügbare Nettoeinkommen höher bewerten als die Zeit bis zum Renteneintritt. Dann müssten die Differenzen in beiden Merkmalen unterschiedlich gewichtet werden.

- In Routenbeispiel könnten die Nord-Süd-Straßen aufgrund von Ampelschaltungen vorrangig befahrbar sein. Dann müsste die Distanz in West-Ost-Richtung stärker berücksichtigt werden.

Fazit dieser Überlegungen und in vielen anderen Situationen ebenfalls zu berücksichtigen:

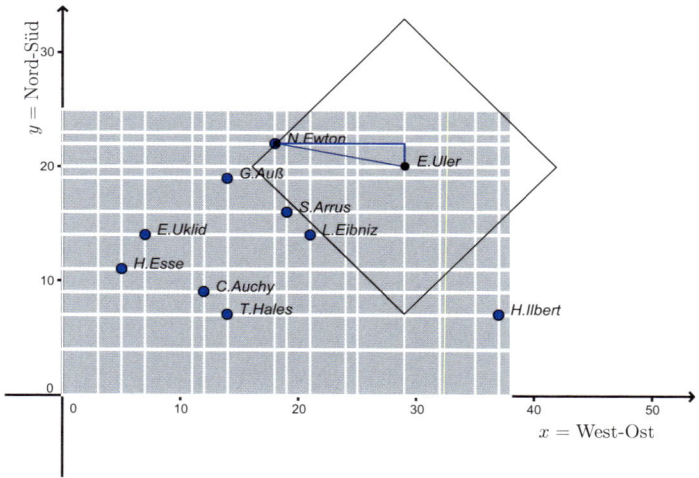

Abbildung 2.9: Stadtplan mit Zielorten und Startpunkt aus Beispiel 2.33

Für die Klassifikation ist entscheidend, dass man mit einem dem Sachzusammenhang angemessenen Distanzmaß arbeitet.

Als prominente, im Kontext der Diskriminanzanalyse oft verwendete Beispiele solcher Abstandsmaße auf dem $\mathbb{R}^n$ seien genannt:

- l_p-Abstände: für $x = (x_1, \ldots, x_n)^T \in \mathbb{R}^n$, $y = (y_1, \ldots, y_n)^T \in \mathbb{R}^n$, $p > 0$

$$d_p(x, y) := \sqrt[p]{|x_1 - y_1|^p + \cdots + |x_n - y_n|^p}$$

In Statistik-Programmen wie z.B. SPSS heißt dies Abstandsmaß Minkowski-Distanz. Es fußt auf der l_p–Norm $\|x\|_p := \sqrt[p]{|x_1|^p + \cdots + |x_n|^p}$.

Der Fall $p = 1$ (Summe der absoluten Differenzen) wurde exemplarisch bereits in Beispiel 2.33 ⇨ vgl. S. 75 eingeführt; die zugehörige Metrik heißt (City-)Block-Distanz oder Manhattan-Distanz. Der Fall $p = 2$ ist die bereits anfangs besprochende euklidische Distanz.

- l_∞–Abstand: für $x = (x_1, \ldots, x_n)^T \in \mathbb{R}^n$, $y = (y_1, \ldots, y_n)^T \in \mathbb{R}^n$

$$d_\infty(x, y) := \max\{|x_i - y_i| : 1 \le i \le n\}$$

(auch als **Tschebytscheff-Distanz** bezeichnet). Zu dieser Metrik gehört die l_∞–Norm $\|x\|_\infty := \max\{|x_1|, \ldots, |x_n|\}$.

Um eine Vorstellung von der Art zu bekommen, wie hiermit Abstände zwischen Vektoren gemessen werden, werden folgend die Einheitskugeln $B_p(\bar{0}, 1)$ für den Fall des $\mathbb{R}^2$ dargestellt, die sich ergeben, wenn man anstelle der gewöhnlichen euklidischen Distanz eine l_p-Metrik verwendet:

Für $p < \infty$ liegt ein Punkt $(x, y)^T \in \mathbb{R}^2$ in der **Einheitskugel** $B_p(\bar{0}, 1)$, wenn für ihn $\|(x, y)^T - (0, 0)^T\|_p < 1$ gilt. Dies ist gleichbedeutend mit $\sqrt[p]{|x|^p + |y|^p} < 1 \Leftrightarrow |x|^p + |y|^p < 1$. Löst man die Gleichungen $|x|^p + |y|^p = 1$ nach y auf, so erhält man unterschiedliche Formeln für die Begrenzungslinien der Einheitskugeln in den vier Quadranten des $\mathbb{R}^2$. Es ergeben sich beispielsweise für die Fälle $p = \frac{1}{2}, p = 1, p = 2, p = 3$ und $p = \infty$ die in Abbildung 2.10 rechts dargestellten geometrischen Formen

p	Name der Metrik	Formel für die Einheitskugeln
$\frac{1}{2}$		$\sqrt{|x|} + \sqrt{|y|} < 1$
1	City-Block	$|x| + |y| < 1$
2	Euklid	$x^2 + y^2 < 1$
3		$|x|^3 + |y|^3 < 1$
∞	Tschebytscheff	$\max\{|x|, |y|\} < 1$

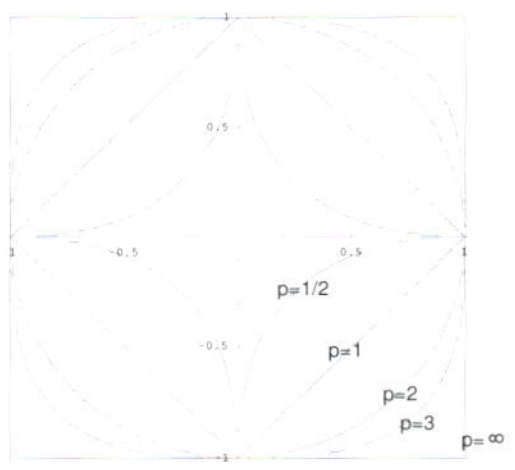

Abbildung 2.10: Einheitskugeln der l_p-Metrik im $\mathbb{R}^2$ für $p = \frac{1}{2}, 1, 2, 3, \infty$

Die l_p-Metriken haben einige wichtige Eigenschaften:

Satz 2.12

D1. Für alle $x, y \in \mathbb{R}^n$ gilt: $d_p(x, y) \geq 0$. Ferner ist $d_p(x, y) = 0 \iff x = y$

D2. Für alle $x, y \in \mathbb{R}^n$ gilt: $d_p(x, y) = d_p(y, x)$

D3. Für alle $x, y, z \in \mathbb{R}^n$ gilt: $d_p(x, z) \leq d_p(x, y) + d_p(y, z)$

D4. Für alle $x, y, z \in \mathbb{R}^n$ gilt: $d_p(x, z) \geq |d_p(x, y) - d_p(y, z)|$

Begründung für den Fall $p = 2$ der euklidischen Distanz: D1, D2 und D3 folgen aus den Eigenschaften N1, N2 und N3 ⇨ vgl. S. 70. Für D4 nutzt man D2 und D3 aus: Einerseits ist $d(x, y) \leq d(x, z) + d(z, y) \Rightarrow d(x, z) \geq d(x, y) - d(y, z)$. Andererseits ist $d(y, z) \leq d(y, x) + d(x, z) \Rightarrow -d(x, z) \leq d(x, y) - d(y, z)$. Insgesamt ergibt sich $-d(x, z) \leq d(x, y) - d(y, z) \leq d(x, z)$. Das ist aber gleichbedeutend mit D4. Für allgemeines p benötigt man insbesondere eine Dreiecksungleichung der l_p-Norm und hierfür eine Verallgemeinerung der Cauchy-Schwarz-Ungleichung, die so genannte Hölder-Ungleichung.   □

Neben der euklidischen Distanz gibt es also zahlreiche andere Abstandsmaße – auch auf anderen Vektorräumen –, welche die Eigenschaften D1 bis D3 besitzen. Sie werden **Metriken** genannt.

Abstandsmessung wird auch herangezogen, wenn ein Vektor x sich nicht als Linearkombination gegebener Vektoren darstellen lässt und man dann eine „möglichst gute" Linearkombination sucht.

Definition 2.13

Gegeben sei ein Untervektorraum $\mathbb{L} = Span(a^{(1)}, \dots, a^{(m)})$ des $\mathbb{R}^n$ sowie ein Vektor $x \in \mathbb{R}^n$. Ein Vektor $z^* = \alpha_1 a^{(1)} + \dots + \alpha_m a^{(m)} \in \mathbb{L}$, für den $\|x - z^*\|$ (bzw. $\|x - z^*\|^2$) minimal ist, heißt **Projektion** von x auf $\mathbb{L}$.

Ob man $\|x - z\| = \sqrt{(x_1 - z_1)^2 + \dots + (x_n - z_n)^2}$ oder $\|x - z\|^2 = (x_1 - z_1)^2 + \dots + (x_n - z_n)^2$ minimiert, spielt aus Sicht des Ergebnisvektors z^* keine Rolle, in beiden Fällen ergibt sich derselbe Vektor. In der quadrierten Fassung ist aber der Rechenaufwand geringer, denn man kann die Quadratwurzel, die sich in der euklidischen Distanz versteckt, außer Acht lassen.

Die Minimierung dieses (quadrierten) euklidischen Abstands wird auch als Methode der kleinsten Quadrate bezeichnet – ein etwas missverständlicher Ausdruck, denn eigentlich müsste es dann Methode der kleinsten Quadratsumme heißen.

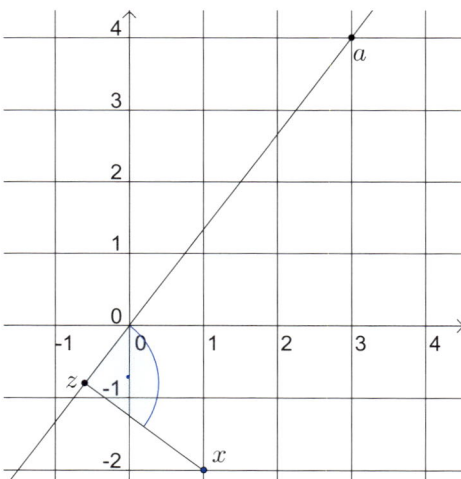

Abbildung 2.11: Grafische Darstellung der Projektion auf eine Gerade in Beispiel 2.34

Beispiel 2.34
Wir betrachten ein einfaches Beispiel in der Anschauungsebene. Gesucht ist die Projektion des Vektors $x = (1, -2)^T$ auf den von $a = (3, 4)^T$ erzeugten Untervektorraum, d.h. auf die Gerade durch den Ursprung und den Punkt (3|4). Diese Projektion ist also ein geeignetes skalar Vielfaches $z = \alpha a = (3\alpha, 4\alpha)$ von a mit der Eigenschaft dass folgender Ausdruck minimal wird:

$$\|x - z\|^2 = \left\| \begin{pmatrix} 1 \\ -2 \end{pmatrix} - \begin{pmatrix} 3\alpha \\ 4\alpha \end{pmatrix} \right\|^2 = \left\| \begin{pmatrix} 1 - 3\alpha \\ -2 - 4\alpha \end{pmatrix} \right\|^2 = (1 - 3\alpha)^2 + (-2 - 4\alpha)^2$$

Vereinfacht erhält man den Term $25\alpha^2 + 10\alpha + 5$, der in α zu minimieren ist (Scheitelpunktform einer Parabel oder elementare Differentialrechnung). Man erhält $\alpha = -\frac{1}{5}$ und $z^* = (-\frac{3}{5}, -\frac{4}{5})^T$ als Projektion. Die Lösung ist in Abbildung 2.11 dargestellt. Sie sehen, dass der Lösungsvektor z^* mit den gegebenen Vektoren x und a einen rechten Winkel bildet, d.h. dass $x - z^*$ und a orthogonal sind. Elementargeometrisch gewinnt man z^*, indem vom Punkt x aus das Lot auf die von a erzeugte Gerade gefällt wird.

Ist der Untervektorraum $\mathbb{L}$ mehr als eindimensional, so sind bei der Minimierung Linearkombinationen $z = \alpha_1 a^{(1)} + \alpha_2 a^{(2)} + \cdots$ mit mindestens zwei Summanden zu betrachten, es muss also in mindestens zwei Koeffizienten $\alpha_1, \alpha_2, \ldots$ minimiert werden. Aber auch hier gilt: gibt es einen erzeugenden Vektor $a^{(j)}$, zu dem der Vektor $z - x$ nicht orthogonal liegt, so kann man den Abstand zu $\mathbb{L}$ noch verringern, indem man das Lot auf die von $a^{(j)}$ erzeugte Gerade fällt. Daher muss für den Projektionsvektor z^* gelten

$$\langle z^* - x, a^{(1)} \rangle = 0, \quad \langle z^* - x, a^{(2)} \rangle = 0, \quad \ldots$$

d.h. der Differenzvektor $z^* - x$ muss jeweils orthogonal zu den einzelnen, den Untervektorraum $\mathbb{L}$ erzeugenden Vektoren $a^{(1)}, a^{(2)}, \ldots$, sein. Löst man die Skalarprodukte auf, so gilt also jeweils

$$\langle z^*, a^{(i)} \rangle = \langle x, a^{(i)} \rangle, \quad i = 1, 2, \ldots$$

Setzt in jede Gleichung die Linearkombination ein, so folgt

$$\langle \alpha_1 a^{(1)} + \alpha_2 a^{(2)} + \cdots, a^{(i)} \rangle = \langle x, a^{(i)} \rangle, \quad i = 1, 2, \ldots$$

Jetzt kann man das linke Skalarprodukt als Summe schreiben und erhält

$$\alpha_1 \langle a^{(1)}, a^{(i)} \rangle + \alpha_2 \langle a^{(2)}, a^{(i)} \rangle + \cdots = \langle x, a^{(i)} \rangle, \quad i = 1, 2, \ldots$$

Es handelt sich hierbei um ein lineares Gleichungssystem in $\alpha_1, \alpha_2, \ldots$, dessen Koeffizienten durch Skalarprodukte zwischen den beteiligten Vektoren gegeben sind:

Definition 2.14

Es seien $x, a^{(1)}, \ldots, a^{(m)}$ Vektoren des $\mathbb{R}^n$ und $\mathbb{L}$ die lineare Hülle von $a^{(1)}, \ldots, a^{(m)}$. Unter den **Normalgleichungen** versteht man das lineare Gleichungssystem mit der Gleichungsmatrix

$$\left[\begin{array}{ccc|c} \langle a^{(1)}, a^{(1)} \rangle & \cdots & \langle a^{(1)}, a^{(m)} \rangle & \langle a^{(1)}, x \rangle \\ \vdots & & \vdots & \vdots \\ \langle a^{(m)}, a^{(1)} \rangle & \cdots & \langle a^{(m)}, a^{(m)} \rangle & \langle a^{(m)}, x \rangle \end{array} \right]$$

Jede Lösung $(\alpha_1, \ldots, \alpha_m)$ dieses linearen Gleichungssystem liefert eine mögliche Darstellung des Projektionsvektors $z^* = \alpha_1 a^{(1)} + \cdots \alpha_m a^{(m)}$. Wenn $a^{(1)}, \ldots, a^{(m)}$ linear unabhängig sind, so haben die Normalgleichungen eine eindeutige Lösung.

Beispiel 2.35

Es sei $x = (1, 4, 3)^T$ und $a^{(1)} = (2, -1, 0)^T$, $a^{(2)} = (1, 0, 1)^T$. Wir suchen die Projektion von x auf den von $a^{(1)}, a^{(2)}$ erzeugten Untervektorraum $\mathbb{L}$, also denjenigen Vektor $z = \alpha_1 a^{(1)} + \alpha_2 a^{(2)}$, der von x den kleinsten euklidischen Abstand $\|x - z\|$ hat. Die Gleichungsmatrix der Normalgleichungen wird in Zeilenstufenform überführt:

$$\left[\begin{array}{cc|c} \langle a^{(1)}, a^{(1)} \rangle & \langle a^{(1)}, a^{(2)} \rangle & \langle a^{(1)}, x \rangle \\ \langle a^{(2)}, a^{(1)} \rangle & \langle a^{(2)}, a^{(2)} \rangle & \langle a^{(2)}, x \rangle \end{array} \right] = \left[\begin{array}{cc|c} 5 & 2 & -2 \\ 2 & 2 & 4 \end{array} \right] \rightarrow \left[\begin{array}{cc|c} 1 & 0 & -2 \\ 0 & 1 & 4 \end{array} \right]$$

Die gesuchte Projektion z^* ist also

$$z^* = (-2) \begin{pmatrix} 2 \\ -1 \\ 0 \end{pmatrix} + 4 \begin{pmatrix} 1 \\ 0 \\ 1 \end{pmatrix} = \begin{pmatrix} 0 \\ 2 \\ 4 \end{pmatrix}$$

Besonders einfach wird die Berechnung der Projektion, wenn die erzeugenden Vektoren $a^{(1)}, \ldots, a^{(m)}$ paarweise orthonormal sind. Dann sind nämlich alle auftretenden Skalarprodukte auf der linken Seite der Normalgleichungen gleich Null bzw. Eins und die Normalgleichungen liegen schon in Zeilenstufenform vor.

Satz 2.13

Sind $a^{(1)}, \ldots, a^{(m)}$ paarweise orthonormale Vektoren des $\mathbb{R}^n$ und $x \in \mathbb{R}^n$, so hat die Projektion von x auf $\mathbb{L} = Span(a^{(1)}, \ldots, a^{(m)})$ die Form

$$z^* = \langle a^{(1)}, x \rangle \cdot a^{(1)} + \cdots + \langle a^{(m)}, x \rangle \cdot a^{(m)}$$

Beispiel 2.36

Es seien folgende Vektoren gegeben:

$$x = \begin{pmatrix} 2 \\ -1 \\ 3 \end{pmatrix}, \quad a^{(1)} = \begin{pmatrix} 0,36 \\ 0,48 \\ 0,8 \end{pmatrix}, \quad a^{(2)} = \begin{pmatrix} -0,48 \\ -0,64 \\ 0,6 \end{pmatrix},$$

Die beiden Vektoren $a^{(1)}, a^{(2)}$ sind orthonormal, denn

$$0,36^2 + 0,48^2 + 0,8^2 = 1$$
$$(-0,48)^2 + (-0,64)^2 + 0,6^2 = 1$$
$$0,36 \cdot (-0,48) + 0,48 \cdot (-0,64) + 0,8 \cdot 0,6 = 0$$

Die Projektion von x auf den von $a^{(1)}, a^{(2)}$ erzeugten Untervektorraum wird also durch die Skalarprodukte von x mit $a^{(1)}$ und mit $a^{(2)}$ festgelegt:

$$\langle a^{(1)}, x \rangle = 2,64, \quad \langle a^{(2)}, x \rangle = 1,48$$

also lautet die Projektion

$$z^* = 2,64 \begin{pmatrix} 0,36 \\ 0,48 \\ 0,8 \end{pmatrix} + 1,48 \begin{pmatrix} -0,48 \\ -0,64 \\ 0,6 \end{pmatrix} = \begin{pmatrix} 0,24 \\ 0,32 \\ 3 \end{pmatrix}$$

Die Berechnung der abstandsminimalen Linearkombination gegebener Vektoren ist eine in der Statistik oft verwenete Grundtechnik, sie wird dort als Methode der kleinsten Quadrate (KQ-Methode) bezeichnet und findet als solche Eingang in zahlreiche ökonomische Anwendungen. Wir führen dies exemplarisch an zwei Beispielen vor:

Beispiel 2.37 (Fortsetzung von Beispiel 2.9 ⇨ vgl. S. 49)

Bei dem Versuch, den Gewinn an fünf Tankstellen auf die zwei Umsatzsparten „Kraftstoff" und „Sonstige" zurückzuführen, wurden wir auf die Aufgabe geleitet, eine Linearkombination

$$g = \begin{pmatrix} 3 \\ 4 \\ 2 \\ 3 \\ 3,5 \end{pmatrix} = \alpha_0 \begin{pmatrix} 1 \\ 1 \\ 1 \\ 1 \\ 1 \end{pmatrix} + \alpha_1 \begin{pmatrix} 6 \\ 2,5 \\ 8,5 \\ 6,5 \\ 9,5 \end{pmatrix} + \alpha_2 \begin{pmatrix} 7 \\ 6 \\ 5 \\ 7 \\ 7,5 \end{pmatrix}$$

des links stehenden Gewinnvektors g mit Hilfe der rechts stehenden zwei Umsatzvektoren $u^{(1)}, u^{(2)}$, sowie eines – von den Spartenumsätzen unabhängigen – Sockelgewinnvektors $u^{(0)}$ (der erste Summand der Linearkombination) zu finden.

In dieser Situation kann man nachrechnen, dass g sicher keine Linearkombination von $u^{(0)}, u^{(1)}, u^{(2)}$ ist (im $\mathbb{R}^5$ reichen dazu drei Vektoren in aller Regel nicht aus, die Koeffizienten $\alpha_0, \alpha_1, \alpha_2$ sind schon durch drei der fünf Komponenten festgelegt, die zwei übrigen Komponenten kombinieren sich nur ausnahmsweise mit denselben Koeffizienten).

Es wird daher ersatzweise nach einer Linearkombination gesucht, die zum Gewinnvektor g den kleinsten (quadratischen) euklidischen Abstand hat, d.h. es wird die Projektion von g auf den von $u^{(0)}, u^{(1)}, u^{(2)}$ erzeugten Untervektorraum gesucht. Über die Skalarprodukte der beteiligten Vektoren werden die Normalgleichungen aufgestellt:

$$\left[\begin{array}{ccc|c} 5 & 33 & 32,5 & 15,5 \\ 33 & 247 & 216,25 & 97,75 \\ 32,5 & 216,25 & 215,25 & 102,25 \end{array}\right]$$

Die Zeilenstufenform dieser Gleichungsmatrix ist

$$\left[\begin{array}{ccc|c} 1 & 0 & 0 & 1,35026 \\ 0 & 1 & 0 & -0,183097 \\ 0 & 0 & 1 & 0,455105 \end{array}\right]$$

(diese Lösung kann auch mit handelsüblichen Schultaschenrechnern gewonnen werden). Für die Erklärung des Gewinns durch die Spartenumsätze u_1, u_2 würde der Tankstellenbesitzer also den Näherungsterm

$$1,35 - 0,18u_1 + 0,46u_2$$

(mit gerundeten Koeffizienten) verwenden. Der Kraftstoffumsatz wirkt sich defizitär auf den Gewinn aus. Investitionen im Bereich des sonstigen Angebots könnten den Gewinn erhöhen. Bei der Interpretation ist allerdings Vorsicht angebracht. Abgesehen davon, dass es sich hier um fiktive Zahlen handelt, steht man vor dem häufig unterschätzten Problem, dass die zugrunde liegende Datenbasis extrem klein ist (nur fünf Datensätze). Die berechneten Koeffizienten haben daher nur eine geringe Aussagekraft (wird fortgesetzt, ⇨ vgl. S. 90).

Im folgenden Beispiel soll zwischen zwei rellen ökonomischen Variablen ein Input-Output-Zusammenhang $y = f(x)$ geklärt werden. Der Zusammenhang muss strukturell bekannt sein, d.h. die Entscheidung, ob die Funktion f linear ($f(x) = ax + b$), quadratisch ($f(x) = ax^2 + bx + c$) oder von einer anderen spezifischen Struktur ist, muss bereits weitgehend getroffen sein. Dann verbleibt die Aufgabe, die richtigen Koeffizienten für die Funktion zu finden. Hierzu liegen Datensätze $(x_1, y_1)^T, \ldots, (x_n, y_n)^T$ vor – in der Ökonomie meist aus Beobachtungen, in den Naturwissenschaften häufiger aus geplanten Experimenten.

Beispiel 2.38

Aus einer Erhebung von Gebrauchtwagendaten in einer Online-Verkaufsplattform stehen uns aus dem Jahr 2007 zehn Datenpaare „Alter in Jahren„ und "Preis in Tausend Euro" des Fahrzeugtyps Porsche 911 zur Verfügung. Diese sind in Tabelle 2.6 angegeben. Zur Einschätzung eines Verkaufspreises suchen wir eine lineare Funktion $y = ax + b$, mit der sich der Gebrauchtwagenpreis durch das Alter des Wagens prognostizieren lässt.

Ein linearer Zusammenhang $y = ax + b$ wie in diesem Beispiel ist oft zu spezifizieren. Es müssen dann die noch nicht festgelegten Koeffizienten, d.h. Geradensteigung

x	y	x	y
2	88	28	15
2	95	21	25
18	70	25	25
34	24	39	34
38	30	33	33

Tabelle 2.6: Alter in Jahren x und Preis in Tausend Euro y von 10 gebrauchten Porsche 911. Rechts grafische Darstellung der Daten und der optimalen Regressionsgerade.

a und Achsenabschnitt b so festgelegt werden, dass der tatsächliche Input-Output-Zusammenhang möglichst gut beschrieben wird. Die Methode der kleinsten Quadrate legt nun durch die Datenpunkte $(x_i, y_i)^T$ eine „Ausgleichsgerade" $y = ax + b$ derart, dass die quadrierten Abstände der Datenpunkte zu der Gerade möglichst gering werden. Hierdurch werden alle Datenpunkte gleichermaßen berücksichtigt, ohne dass dabei Abweichungen nach unten und oben sich gegenseitig annullieren. Zusammengefasst besteht die KQ-Methode darin, den Ausdruck

$$(y_1 - (ax_1 + b))^2 + \cdots + (y_n - (ax_n + b))^2$$

in den Parametern a, b zu minimieren.

Dieser Term lässt sich unter Verwendung des euklidischen Abstandes auch anders schreiben, nämlich als

$$\|\mathbf{y} - (a\mathbf{x} + b\mathbf{1})\|^2$$

wobei $\mathbf{x} = (x_1, \ldots, x_n)^T$, $\mathbf{y} = (y_1, \ldots, y_n)^T$ und $\mathbf{1} = (1, \ldots, 1)^T \in \mathbb{R}^n$.

Es liegt also wieder ein Projektionsproblem mit den erzeugenden Vektoren $\mathbf{x}$ und $\mathbf{1}$ vor. Die Normalgleichungen hierzu lauten in Matrixschreibweise

$$\left[\begin{array}{cc|c} \langle \mathbf{x}, \mathbf{x} \rangle & \langle \mathbf{x}, \mathbf{1} \rangle & \langle \mathbf{x}, \mathbf{y} \rangle \\ \langle \mathbf{1}, \mathbf{x} \rangle & \langle \mathbf{1}, \mathbf{1} \rangle & \langle \mathbf{1}, \mathbf{y} \rangle \end{array} \right]$$

bzw. ausgeschrieben

$$\left[\begin{array}{cc|c} x_1^2 + \cdots + x_n^2 & x_1 + \cdots + x_n & x_1 y_1 + \cdots + x_n y_n \\ x_1 + \cdots + x_n & n & y_1 + \cdots + y_n \end{array} \right]$$

Beispiel 2.39 (Fortsetzung von Beispiel 2.38)
Im Gebrauchtwagenbeispiel erhalten wir als Normalgleichungs-Matrix

$$\left[\begin{array}{cc|c} \langle \mathbf{x}, \mathbf{x} \rangle & \langle \mathbf{x}, \mathbf{1} \rangle & \langle \mathbf{x}, \mathbf{y} \rangle \\ \langle \mathbf{1}, \mathbf{x} \rangle & \langle \mathbf{1}, \mathbf{1} \rangle & \langle \mathbf{1}, \mathbf{y} \rangle \end{array} \right] = \left[\begin{array}{cc|c} 7392 & 240 & 7567 \\ 240 & 10 & 439 \end{array} \right] \rightarrow \left[\begin{array}{cc|c} 1 & 0 & -1,8192 \\ 0 & 1 & 87,5618 \end{array} \right]$$

Der gesuchte Prognosezusammenhang lautet also $y = 87,5618 - 1,8192x$. Pro Jahr verliert ein Porsche 911 also etwas mehr als 1819 Euro Wert. Auch hier ist bei der Interpretation Vorsicht geboten, da die Datenbasis wieder etwas „spärlich" ist. Zudem sollte man weitere Faktoren wie Laufleistung etc. mit berücksichtigen, wodurch man weitere Spaltenvektoren und Koeffizienten in das Erklärungsmodell mit aufnimmt. Außerdem wird gerade beim betrachteten Fahrzeugtyp ein „Oldtimer-Effekt"zu berücksichtigen sein, vgl. die vertiefende Übungsaufgabe 23 ⇨ vgl. S. 84.

Die gewählte Vorgehensweise der Geradenanpassung wird auch als **einfache lineare Regression** bezeichnet. Mittels der Differentialrechnung mehrerer Variablen ⇨ vgl. S. 226 oder durch Zeilenumformungen an der obigen Gleichungsmatrix kann man zeigen:

Satz 2.14 (Formeln der einfachen linearen Regression)
$(y_1 - (ax_1 + b)^2 + \cdots + (y_n - (ax_n + b))^2)$ wird minimal, wenn gilt:

$$a = \frac{\langle x, y \rangle - n\bar{x}\bar{y}}{\|x\|^2 - n\bar{x}^2}, \quad b = \bar{y} - a\bar{x}$$

(mit den Bezeichnungen $\bar{x} := \dfrac{x_1 + \cdots + x_n}{n}$ und $\bar{y} := \dfrac{y_1 + \cdots + y_n}{n}$)

Da in den Formeln nur Saldi von Daten, Datenquadraten und Datenprodukten vorkommen, ist die einfache lineare Regression im Funktionsumfang handelsüblicher nicht-programmierbarer wissenschaftlicher Taschenrechner enthalten.

Die Methode der kleinsten Quadrate ist eines der wichtigsten Hilfsmittel der Statistik, welche ihrerseits in allen empirischen Wissenschaften und so auch in den Wirtschaftswissenschaften benötigt wird. Sie werden daher in Ihrem Studium noch sehr häufig Fragestellungen vergleichbar den gerade geschilderten begegnen, wobei in realen Datensätzen oft auf „fertige" Software-Lösungen zurückgegriffen wird, um die zugehörigen Normalgleichungen aufzustellen und zu lösen. Im nächsten Kapitel werden wir diesen Zusammenhang zwischen Regressionsaufgaben und klassischen Projektionsaufgaben unter Verwendung des Matrix-Konzepts noch genauer beschreiben.

Übungen zu Abschnitt 2.5

19. Welcher Vektor $z^* \in \mathbb{L}$ hat von x den kleinsten (quadratischen) euklidischen Abstand? Stellen Sie jeweils die Normalgleichungen auf und lösen Sie diese.

a) $\mathbb{L} = Span((1, 5, 2)^T))$, $x = (3, -3, -3)^T$

b) $\mathbb{L} = Span((-2, 2, 2, 1)^T, (0, 3, 1, -3)^T)$, $x = (-6, 2, 0, 5)^T$

c) $\mathbb{L} = Span((-2, -1, 0)^T, (3, 1, -3)^T)$, $x = (-13 - 3t, 16 - t, -3 + 3t)^T$

20. Begründen Sie: Sind $a, x \in \mathbb{R}^n$ mit $a \neq 0$, so ist $z^* = \frac{\langle a, x \rangle}{\|a\|^2} \cdot a$ die Projektion von x auf die Gerade $Span(a)$.

21. Hubert hält sich in den Semesterferien in Ägypten auf. Auf dem Basar hat er bisher folgende fünf Einkäufe getätigt: 3 kg Bananen und 2 kg Orangen für 2,60 ägyptische Pfund, 2 kg Bananen und 1 kg Orangen für 1,8 ägyptische Pfund, 4 kg Bananen für 2,7 ägyptische Pfund, 1 kg Bananen und 1 kg Orangen für 1,7 ägyptische Pfund und 2 kg Bananen und 1 kg Orangen für 1,8 ägyptische Pfund. Hubert ist klar, dass den gezahlten Beträgen neben den kg-Preisen noch ein Sympathie-Bonus und eine Sprachproblem-Pauschale zugrunde liegen. Deshalb möchte er „durchschnittliche" kg-Preise für die beiden Obst-Sorten ermitteln, um bei zukünftigen Einkäufen erfolgreich feilschen zu können.

a) Stellen Sie den Sachverhalt als Projektionsaufgabe dar.

b) Berechnen Sie die mutmaßlichen kg-Preise für Bananen und Orangen mit der KQ-Methode.

c) Auf welchen Preis sollte sich Hubert bei seinen Verhandlungen einstellen, wenn er 1 kg Bananen und 1 kg Orangen kaufen will?

22. Leiten Sie die Formeln der einfachen linearen Regression aus den Normalgleichungen her.

Zusammenfassung

Mit dem Konzept des (Spalten- bzw. Zeilen-)Vektors können Sie ökonomische Variablen gebündelt bearbeiten. Schon die Grundrechenarten „Addition" und (skalare) Multiplikation eröffnen eine Fülle von mathematischen Konzepten zur Modellierung ökonomischer Sachverhalte – fast immer sind damit lineare Gleichungssysteme und deren Lösungen verbunden. Mit Skalarprodukt, Norm und Abstand lassen sich viele Fragestellungen der Elementargeometrie auch in nicht mehr anschaulich vorstellbaren Vektorräumen rechnerisch beschreiben und lösen. Anwendungen hiervon finden sich in Statistik und Ökonometrie, wo insbesondere die Idee und mathematische Berechnung von Projektionen auf Untervektorräume immer wieder Anwendung findet.

Übungen zur Vertiefung von Kapitel 2

23. Für die in Tabelle 2.6 ⇨ vgl. S. 82 angegebenen Gebrauchtwagendaten soll nach der Methode der kleinsten Quadrate ein Zusammenhang der Form $y = ax^2 + bx + c$ gefunden werden.

a) Formulieren Sie eine geeignete Projektionsaufgabe und stellen Sie die zugehörigen Normalgleichungen auf. Lösen Sie diese anschließend (z.B. mit Hilfe eines wissenschaftlichen Schultaschenrechners).

b) Stellen Sie die Daten zusammen mit dem gefundenen quadratischen Zusammenhang in einem Schaubild dar. Wie lässt sich der Verlauf der Parabel im Sachzusammenhang interpretieren?

24. Gesucht ist die Darstellung eines Vektors $x \in \mathbb{R}^n$ als Linearkombination von Vektoren $a^{(1)}, \ldots, a^{(m)} \in \mathbb{R}^n$. Kann man diese Aufgabe auch mittels Projektionen lösen?

3 Matrizen in der Ökonomie

Übersicht

Wie Vektoren sind auch Matrizen unverzichtbare mathematische Objekte zur Modellierung in ökonomischen Fragestellungen. Sie helfen dabei, Produktionsstufen, Verschnittpläne, Wanderungsbewegungen, Risiko-Sachverhalte und viele weitere Anwendungssituationen auf strukturierte mathematische Modelle abzubilden. Daneben lassen sich auch viele statistische Datensätze mit Gewinn als Daten-Matrizen auffassen. Neben der unmittelbaren Verflechtung zwischen ökonomischen Profilen in Form des Matrix-Vektor-Produktes ⇨vgl. Abschnitt 3.1 werden wir mehrstufige Verflechtungen als Hintereinanderausführung von Matrizen beschriebenen linearen Abbildungen kennen lernen ⇨ vgl. Abschnitt 3.2, S. 91. Ein größerer Teil dieses Kapitels behandelt den Kalkül für quadratische Matrizen wie Inversion ⇨ vgl. Abschnitt 3.3, S. 96, Determinanten ⇨ vgl. Abschnitt 3.4, S. 102 und Eigenwerte ⇨ vgl. Abschnitt 3.5, S. 111. Mit den Leontief- und den Markoff-Modellen ⇨ vgl. Abschnitt 3.6, S. 117 schließen zwei Anwendungsmodelle der mathematischen Ökonomie dieses Kapitel ab.

3.1 Matrix-Vektor-Verflechtungen

Vektoren, die ökonomische Profile beschreiben, werden oft im Laufe ökonomischer Prozesse transformiert, d.h. ihnen werden andere Vektoren zugeordnet. Diese Zuordnung lässt sich in vielen Fällen, wie etwa dem folgenden Beispiel der Materialverflechtung, mathematisch durch Matrizen beschreiben.

Beispiel 3.1 (Fortsetzung von Beispiel 1.1 ⇨ vgl. S. 16)
Bei der Herstellung der vier Regaltypen bezeichne $x = (x_1, x_2, x_3, x_4)^T$ bzw. $y = (y_1, y_2, y_3)^T$ die Vektoren der herzustellenden Regalquantitäten bzw. der dafür benötigten Bauelementquantitäten. Die rechnerische Zuordnung zwischen x und y wird mit einer Funktion $f : \mathbb{R}^4 \to \mathbb{R}^3$ beschrieben, welche aus drei linearen Termen besteht:

$$y = \begin{pmatrix} y_1 \\ y_2 \\ y_3 \end{pmatrix} = f\left(\begin{pmatrix} x_1 \\ \vdots \\ x_4 \end{pmatrix} \right) = \begin{pmatrix} 2x_1 + 3x_2 + 4x_3 + 5x_4 \\ x_1 + x_2 + 2x_3 + 4x_4 \\ 5x_1 + 10x_2 + 15x_3 + 20x_4 \end{pmatrix}$$

Zur Darstellung dieser drei Terme und damit zur Festlegung von f reicht die Angabe der **Materialverflechtungsmatrix**

$$\begin{bmatrix} 2 & 3 & 4 & 5 \\ 1 & 1 & 2 & 4 \\ 5 & 10 & 15 & 20 \end{bmatrix}$$

völlig aus. Der benötigte Rohstoffvektor ergibt sich durch eine rechnerische Verknüpfung der Materialverflechtungsmatrix mit dem Spaltenvektor der Endprodukte, welche man als **Matrix-Vektor-Produkt** bezeichnet.

Auch bei der Modellierung und Analyse von Marktanteilen können Matrizen mit Vorteil eingesetzt werden:

Beispiel 3.2 (Übergangsmatrizen in Marktforschungsmodellen)
Ein spezielles Produkt wird von zwei Anbietern A_1, A_2 auf dem Markt zur Verfügung gestellt. Durch eine detaillierte Marktbeobachtung über mehrere Monate ist man zu folgenden Schlüssen bezüglich der Markentreue der Kunden gekommen:

▪ Von A_2 zu A_1 wechselt innerhalb eines Monats jeder dritte Kunde.

▪ Von A_1 zu A_2 wechselt innerhalb eines Monats jeder fünfte Kunde.

Bezeichnet x_1, x_2 die Kundenanteile, die Anbieter A_1, A_2 an sich binden, so erwartet man nach einem Monat neue Kundenanteile y_1, y_2 wie folgt:

$$y_1 = \frac{4}{5} \cdot x_1 + \frac{1}{3} \cdot x_2, \quad y_2 = \frac{1}{5} \cdot x_1 + \frac{2}{3} \cdot x_2$$

Sind beispielsweise zu Beginn $x_1 = \frac{1}{3}$ der Kunden Käufer bei A_1 und $x_2 = \frac{2}{3}$ der Kunden Käufer bei A_2, so ergeben sich nach einem Monat die Marktanteile

$$y_1 = \frac{4}{5} \cdot \frac{1}{3} + \frac{1}{3} \cdot \frac{2}{3} = \frac{22}{45}, \quad y_2 = \frac{1}{5} \cdot \frac{1}{3} + \frac{2}{3} \cdot \frac{2}{3} = \frac{23}{45}$$

Nach einem weiteren Monat sind die Marktanteile

$$z_1 = \frac{4}{5} \cdot \frac{22}{45} + \frac{1}{3} \cdot \frac{23}{45} = \frac{379}{675}, \quad z_2 = \frac{1}{5} \cdot \frac{22}{45} + \frac{2}{3} \cdot \frac{23}{45} = \frac{296}{675}$$

Die größere Markentreue bei Anbieter 1 hat dazu geführt, dass das Kundenverhältnis 1 : 2 zu Beginn sich nach zwei Monaten in ein Kundenverhältnis 379 : 296, d.h. ca. 1, 3 : 1 geändert hat. Man könnte vermuten, dass dies schließlich zum Verschwinden des Anbieters 2 vom Markt führt. Tatsächlich führt aber die Proportionalität der Wechselströme zum aktuellen Marktanteilvektor bei längerer Fortschreibung zu einer Stabilisierung der Marktanteile im Verhältnis 5 : 3, und zwar unabhängig von der Anfangsverteilung. Ob der Anbieter 2 tatsächlich auf dem Markt bleiben wird, ist daher nicht eine Frage der mathematischen Fortschreibung der Kundenanteile, sondern der ökonomischen Rentabilität des stabilen Verhältnisses.

Mathematisch wird die Kundenwanderung mit Hilfe der Funktion

$$f : \mathbb{R}^2 \to \mathbb{R}^2, \qquad f\left(\begin{pmatrix} x_1 \\ x_2 \end{pmatrix}\right) := \begin{pmatrix} \frac{4}{5}x_1 + \frac{1}{3}x_2 \\ \frac{1}{5}x_1 + \frac{2}{3}x_2 \end{pmatrix}$$

modelliert; die Funktion f selbst wird vollständig beschrieben durch die **Übergangsmatrix**

$$A = \begin{bmatrix} \frac{4}{5} & \frac{1}{3} \\ \frac{1}{5} & \frac{2}{3} \end{bmatrix}$$

Die Marktanteile des Folgemonats ergeben sich durch eine Verflechtung der Übergangsmatrix mit den Marktanteilen des aktuellen Monats, die ebenfalls als Produkt einer Matrix mit einem Vektor beschrieben werden kann.

Definition 3.1 (Matrix-Vektor-Produkt)

[1] Ein Feld

$$A = \begin{bmatrix} a_{11} & \cdots & a_{1n} \\ \vdots & \ddots & \vdots \\ a_{m1} & \cdots & a_{mn} \end{bmatrix}$$

bestehend aus m Zeilen und n Spalten mit Einträgen $a_{ij} \in \mathbb{R}$ heißt $m \times n$–**Matrix**. Mit $\mathbb{R}^{m \times n}$ wird die Menge aller reellen $m \times n$–Matrizen bezeichnet.

[2] Sei A eine solche reelle $m \times n$–Matrix und $x = (x_1, \ldots, x_n)^T \in \mathbb{R}^n$ ein Vektor. Das Produkt von A und x ist ein Vektor im $\mathbb{R}^m$ und erklärt als

$$Ax := \begin{pmatrix} a_{11}x_1 + a_{12}x_2 - \ldots + a_{1n}x_n \\ \vdots \\ a_{m1}x_1 + a_{m2}x_2 + \ldots + a_{mn}x_n \end{pmatrix}$$

Beispiel 3.3

$$\begin{bmatrix} 0 & 3 & 3 & 9 \\ 2 & 2 & 6 & 0 \\ 6 & 1 & 8 & 5 \end{bmatrix} \cdot \begin{pmatrix} 7 \\ 3 \\ 8 \\ 5 \end{pmatrix} = \begin{pmatrix} 0 \cdot 7 + 3 \cdot 3 + 3 \cdot 8 + 9 \cdot 5 \\ 2 \cdot 7 + 2 \cdot 3 + 6 \cdot 8 + 0 \cdot 5 \\ 6 \cdot 7 + 1 \cdot 3 + 8 \cdot 8 + 5 \cdot 5 \end{pmatrix} = \begin{pmatrix} 78 \\ 68 \\ 134 \end{pmatrix}$$

(Übergangsmatrix aus Beispiel 3.2)

$$\begin{bmatrix} \frac{4}{5} & \frac{1}{3} \\ \frac{1}{5} & \frac{2}{3} \end{bmatrix} \cdot \begin{pmatrix} \frac{1}{3} \\ \frac{2}{3} \end{pmatrix} = \begin{pmatrix} \frac{4}{5} \cdot \frac{1}{3} + \frac{1}{3} \cdot \frac{2}{3} \\ \frac{1}{5} \cdot \frac{1}{3} + \frac{2}{3} \cdot \frac{2}{3} \end{pmatrix} = \begin{pmatrix} \frac{22}{45} \\ \frac{23}{45} \end{pmatrix}$$

$$\begin{bmatrix} \frac{4}{5} & \frac{1}{3} \\ \frac{1}{5} & \frac{2}{3} \end{bmatrix} \cdot \begin{pmatrix} \frac{5}{8} \\ \frac{3}{8} \end{pmatrix} = \begin{pmatrix} \frac{4}{5} \cdot \frac{5}{8} + \frac{1}{3} \cdot \frac{3}{8} \\ \frac{1}{5} \cdot \frac{5}{8} + \frac{2}{3} \cdot \frac{3}{8} \end{pmatrix} = \begin{pmatrix} \frac{5}{8} \\ \frac{3}{8} \end{pmatrix}$$

Dieses letzte Zahlenbeispiel zeigt auf, dass die Marktanteile $\frac{5}{8}, \frac{3}{8}$ der Anbieter A_1, A_2 beim Übergang zum nächsten Monat erhalten bleiben; dies entspricht einem Gleichgewichtsverhältnis von 5 : 3 der Marktanteile.

Die Multiplikation Ax einer Matrix mit einem Vektor darf nur durchgeführt werden, wenn A genau so viele Spalten besitzt, wie x Einträge hat.

Beispiel 3.4

Es ist also z.B. *nicht* gestattet (und auch nicht sinnvoll), das folgende Produkt zu bilden

$$\begin{bmatrix} 1 & 2 \\ 2 & 4 \\ 8 & 6 \end{bmatrix} \cdot \begin{pmatrix} 6 \\ 2 \\ 10 \end{pmatrix}$$

Außerdem muss man darauf achten, dass das Produkt einer Matrix A und eines Spaltenvektors x immer in der Form Ax und *nicht* in der Form xA geschrieben wird – die Schreibweise xA (mit einem **Zeilen**vektor x) hat eine eigenständige Bedeutung, auf die später eingegangen wird ⇒ vgl. S. 94).

Produkte von Matrizen und Vektoren treten in der Ökonomie in mannigfaltiger Form auf, z.B. in den Bereichen Material- und Sektorenverflechtung, Kostenrechnung, Marktforschung, Portfoliomanagement (Volatilität, Korrelation von Aktienkursen), Marginalanalyse (Krümmungsverhalten von Funktionen mehrerer Variablen) und Risikotheorie (Verlustfunktionen). Ihr eigentlicher Vorteil besteht in der kompakten Darstellung multipler Verflechtungen, wobei sich dann der von der Mathematik zur Verfügung gestellte Kalkül im Umgang mit solchen Produkten ausnutzen lässt.

Zwischen dem Matrix-Vektor-Produkt und Linearkombinationen besteht ein enger Zusammenhang:

Ist A eine $m \times n$-Matrix und bezeichnen $a^{(1)}, \ldots, a^{(n)}$ die Vektoren, welche die erste, zweite,...,n-te Spalte von A bilden, so gilt für jeden Vektor $x = (x_1, \ldots, x_n)^T$

$$Ax = x_1 a^{(1)} + \cdots + x_n a^{(n)}$$

Diese Gleichung lässt sich auch von rechts nach links lesen, d.h. eine Linearkombination $x_1 a^{(1)} + \cdots + x_n a^{(n)}$ von Spaltenvektoren kann man als Produkt einer Matrix A und eines Vektors x schreiben, wobei sich A spaltenweise aus den Vektoren $a^{(1)}, \ldots, a^{(n)}$ und x komponentenweise aus den Koeffizienten $x_1, \ldots, x_n$ zusammensetzt.

Beispiel 3.5

■ Das Matrix-Vektor-Produkt

$$\begin{bmatrix} 0 & 3 & 3 & 9 \\ 2 & 2 & 6 & 0 \\ 6 & 1 & 8 & 5 \end{bmatrix} \cdot \begin{pmatrix} 7 \\ 3 \\ 8 \\ 5 \end{pmatrix}$$

stimmt überein mit der Linearkombination

$$7 \begin{pmatrix} 0 \\ 2 \\ 6 \end{pmatrix} + 3 \begin{pmatrix} 3 \\ 2 \\ 1 \end{pmatrix} + 8 \begin{pmatrix} 3 \\ 6 \\ 8 \end{pmatrix} + 5 \begin{pmatrix} 9 \\ 0 \\ 5 \end{pmatrix}$$

■ Die Linearkombination

$$(-5) \begin{pmatrix} 2 \\ 1 \end{pmatrix} + 2 \begin{pmatrix} 0 \\ 4 \end{pmatrix} + 3 \begin{pmatrix} 3 \\ -3 \end{pmatrix} - \begin{pmatrix} 5 \\ 0 \end{pmatrix}$$

stimmt überein mit dem Matrix-Vektor-Produkt

$$\begin{bmatrix} 2 & 0 & 3 & 5 \\ 1 & 4 & -3 & 0 \end{bmatrix} \begin{pmatrix} -5 \\ 2 \\ 3 \\ -1 \end{pmatrix}$$

Die Rechenvorschrift des Matrix-Vektor-Produktes legt eine Abbildung $f : \mathbb{R}^n \to \mathbb{R}^m$ mit dem Funktionsterm $f(x) := Ax$ fest. Diese Abbildung ist mit den üblichen Vektorraumoperationen „verträglich", d.h. Vektorsummen und skalare Multiplikationen werden „durchgereicht".

Satz 3.1 (Matrizen als lineare Abbildungen)

Sei A eine $m \times n$–Matrix und $f : \mathbb{R}^n \to \mathbb{R}^m$, $f(x) := Ax$. Dann gilt:

L1. $f(x + y) = f(x) + f(y)$ für alle $x, y \in \mathbb{R}^n$, d.h. $A(x + y) = Ax + Ay$.

L2. $f(\alpha x) = \alpha f(x)$ für alle $x \in \mathbb{R}^n, \alpha \in \mathbb{R}$, d.h. $A(\alpha x) = \alpha(Ax)$.

Man sagt: Die Abbildung $f : \mathbb{R}^n \to \mathbb{R}^m$, $f(x) = Ax$ ist **linear**.

Die Eigenschaft einer Abbildung $f : V \to W$, linear zu sein, hat zunächst einmal nichts mit Matrizen zu tun. Handelt es sich aber bei den Vektorräumen V, W um die (in der Ökonomie meist verwendeten) Spaltenräume $V = \mathbb{R}^n$ und $W = R^m$, so gehört zu einer linearen Abbildung zwischen V und W automatisch eine Matrix $A \in \mathbb{R}^{n \times m}$, denn für $x = (x_1, \ldots, x_n)^T$ folgt aus der Linearität

$$f(x) = f(x_1 e^{(1)} + \cdots + x_n e^{(n)}) = x_1 f(e^{(1)}) + \cdots + x_n f(e^{(n)}))$$

wobei man x als Linearkombination der Einheitsvektoren schreibt.

Satz 3.2
Eine lineare Abbildung $f : \mathbb{R}^n \to \mathbb{R}^m$ hat stets die Form $f(x) = Ax$. Die Matrix A hat dabei als Spalten die Bilder $f\left(e^{(1)}\right), \ldots, f\left(e^{(n)}\right)$ der **Einheitsvektoren** des $\mathbb{R}^n$.

Beispiel 3.6
Wir betrachten die Funktion $f : \mathbb{R}^3 \to \mathbb{R}^2$ mit dem Funktionsterm

$$f\left(\begin{pmatrix} x_1 \\ x_2 \\ x_3 \end{pmatrix}\right) = \begin{pmatrix} x_1 - 2x_2 \\ x_3 \end{pmatrix}$$

Die Abbildung ist linear, denn es gilt für alle $x = (x_1, x_2, x_3)^T \in \mathbb{R}^3$, $y = (y_1, y_2, y_3)^T \in \mathbb{R}^3$ und $\alpha \in \mathbb{R}$

$$f\left(\begin{pmatrix} x_1 \\ x_2 \\ x_3 \end{pmatrix} + \begin{pmatrix} y_1 \\ y_2 \\ y_3 \end{pmatrix}\right) = \begin{pmatrix} (x_1 + y_1) - 2(x_2 + y_2) \\ x_3 + y_3 \end{pmatrix} = f\left(\begin{pmatrix} x_1 \\ x_2 \\ x_3 \end{pmatrix}\right) + f\left(\begin{pmatrix} y_1 \\ y_2 \\ y_3 \end{pmatrix}\right)$$

$$f\left(\alpha \begin{pmatrix} x_1 \\ x_2 \\ x_3 \end{pmatrix}\right) = \begin{pmatrix} \alpha x_1 - 2\alpha x_2 \\ \alpha x_3 \end{pmatrix} = \alpha \begin{pmatrix} x_1 - 2x_3 \\ x_3 \end{pmatrix} = \alpha f\left(\begin{pmatrix} x_1 \\ x_2 \\ x_3 \end{pmatrix}\right)$$

Die Spalten der Matrix A, welche die Abbildung beschreibt, sind die Bilder der Einheitsvektoren:

$$f\left(\begin{pmatrix} 1 \\ 0 \\ 0 \end{pmatrix}\right) = \begin{pmatrix} 1 \\ 0 \end{pmatrix}, f\left(\begin{pmatrix} 0 \\ 1 \\ 0 \end{pmatrix}\right) = \begin{pmatrix} -2 \\ 0 \end{pmatrix}, f\left(\begin{pmatrix} 0 \\ 0 \\ 1 \end{pmatrix}\right) = \begin{pmatrix} 0 \\ 1 \end{pmatrix}$$

Die Matrix A, welche f beschreibt, lautet also $A = \begin{bmatrix} 1 & -2 & 0 \\ 0 & 0 & 1 \end{bmatrix}$.

Fazit: Lineare Abbildungen $f : \mathbb{R}^n \to \mathbb{R}^m$ und Matrizen $A \in \mathbb{R}^{m \times n}$ entsprechen einander in eindeutiger Weise.

Das Matrix-Vektor-Produkt kann auch dafür verwendet werden, **lineare Gleichungssysteme** in einer anderen kompakten Form darzustellen. Neben der **Gleichungsmatrix** $[A|b]$ eines LGS mit n Unbekannten $x_1, \ldots, x_n$ und m Gleichungen kann man die Matrix-Vektor-Produkt-Darstellung $Ax = b$ wählen, wobei $x = (x_1, \ldots, x_n)^T$. Vorteil gegenüber der Gleichungsmatrix ist die Einbindung der Variablen in Form eines Vektors. Außerdem kann man den weiter unten behandelten Matrix-Kalkül einsetzen, um „quadratische" lineare Gleichungssysteme schematisch unter Verwendung inverser Matrizen zu lösen.

Schließlich lässt sich auch die allgemeine Aufgabe, eine Projektion zu finden, mit dem Matrix-Vektor-Produkt schreiben.

Satz 3.3

Gegeben sei ein Untervektorraum $\mathbb{L} = \operatorname{Span}(a^{(1)}, \ldots, a^{(m)})$ des $\mathbb{R}^n$ sowie ein Vektor $x \in \mathbb{R}^n$. Weiter sei D die $n \times m$-Matrix, die sich aus den m erzeugenden Spaltenvektoren zusammen setzt.

Dann ist die Projektion von x auf $\mathbb{L}$ derjenige Vektor $z^* = D\alpha^*$ mit $\alpha^* \in \mathbb{R}^m$, welcher den Ausdruck $\|x - D\alpha\|$ in $\alpha \in \mathbb{R}^m$ minimiert.

Die Lösung selbst lässt sich auch mit Hilfe von D und x schreiben, wie wir gleich noch sehen werden. Zunächst illustrieren wir diesen Sachverhalt an dem schon früher behandelten Gewinn-/Umsatzbeispiel:

Beispiel 3.7 (Fortsetzung von Beispiel 2.37 ⇨ vgl. S. 80 **)**
Bei dem Versuch, den Gewinn an fünf Tankstellen auf die zwei Umsatzsparten „Kraftstoff" und „Sonstige" zurückzuführen, wurden wir auf die Aufgabe geleitet, den Gewinnvektor $g = (3, 4, 2, 3, \frac{7}{2})^T$ auf den von den Umsatzvektoren erzeugten Unterraum zu projizieren, d.h. eine Linearkombination

$$z^* = \alpha_0 \begin{pmatrix} 1 \\ 1 \\ 1 \\ 1 \\ 1 \end{pmatrix} + \alpha_1 \begin{pmatrix} 6 \\ 2,5 \\ 8,5 \\ 6,5 \\ 9,5 \end{pmatrix} + \alpha_2 \begin{pmatrix} 7 \\ 6 \\ 5 \\ 7 \\ 7,5 \end{pmatrix}$$

zu finden, die von g kleinstmöglichen euklischen Abstand hat. Über den Zusammenhang zwischen Linearkombinationen und Matrix-Vektorprodukt stimmt diese Aufgabe damit überein, den Ausdruck $\|g - D\alpha\|$ durch geeignete Wahl von $\alpha = (\alpha_0, \alpha_1, \alpha_2)^T \in \mathbb{R}^3$ zu minimieren. Dabei setzt sich D aus den Umsatz- und Sockelgewinnvektoren zusammen:

$$D = \begin{bmatrix} 1 & 6 & 7 \\ 1 & 2,5 & 6 \\ 1 & 8,5 & 5 \\ 1 & 6,5 & 7 \\ 1 & 9,5 & 7,5 \end{bmatrix}$$

(wird fortgesetzt ⇨ vgl. S. 95)

? Übungen zu Abschnitt 3.1

1. Berechnen Sie die folgenden Matrix-Vektor-Produkte:

a) $\begin{bmatrix} 2 & 1 & 4 & 3 \\ -3 & 5 & 1 & 2 \end{bmatrix} \begin{pmatrix} 7 \\ -1 \\ 2 \\ 4 \end{pmatrix}$
    b) $\begin{bmatrix} -t & s & -t \\ s & -t & s \end{bmatrix} \begin{pmatrix} s \\ t \\ s \end{pmatrix}$
    c) $\begin{bmatrix} 1 & 1 & 1 & \ldots & 1 \\ 1 & 2 & 3 & \ldots & n \end{bmatrix} \begin{pmatrix} n \\ n-1 \\ \vdots \\ 1 \end{pmatrix}$

2. Bestimmen Sie jeweils eine Matrix $A \in \mathbb{R}^{3\times3}$, für die die nachstehende Gleichung für alle $x = (x_1, x_2, x_3)^T \in \mathbb{R}^3$ gilt?

a) $Ax = (x_3, x_2, x_1)^T$
    b) $Ax = (x_1, tx_2, x_3)^T$
    c) $Ax = (x_1, x_2, x_3 + tx_1)$

3. Für welche der nachstehenden Abbildungen $f : \mathbb{R}^n \to \mathbb{R}^m$ gibt es eine Matrix A, für die gilt $f(x) = Ax$ für alle $x \in \mathbb{R}^n$. Geben Sie die Matrix ggf. an.

a) $f((x_1, x_2)^T) = (x_1 - x_2, x_1 + x_2)^T$

b) $f((x_1, x_2)^T) = (x_1 + x_2, x_2 - 1)^T$

c) $f((x_1, x_2, x_3)^T) = (x_1, x_2^2/x_3)^T$

3.2 Matrix-Matrix-Verflechtungen

Matrizen können – wie oben beschrieben – in der Ökonomie Prozesse wie Produktionsabläufe und Kundenwanderungen modellieren. Oft muss jedoch die zugehörige Verflechtung mehrstufig abgebildet werden, wobei auf jeder Stufe eine Modellmatrix zum Einsatz kommt. Dies ist beispielsweise in der mehrstufigen Produktion oder bei der Untersuchung eines Marktes über mehrere Zeiteinheiten erforderlich. Die sachlogische Hintereinanderschaltung kann dann oft mittels des so genannten Matrix-Produktes beschrieben werden.

Beispiel 3.8 (Fortsetzung von Beispiel 1.1   ⇨ vgl. S. 16)
Die Ikebau-GmbH stellt interessierten Möbelhäusern zwei Muster-Zimmer, ausgestattet mit Bill-Regalen zur Verfügung:

- Zimmer Z_1 mit einem Regal Bill1 und drei Regalen Bill4

- Z_2 mit je zwei Regalen Bill2 und Bill3.

Zu der Materialverflechtungsmatrix

$$A = \begin{bmatrix} 2 & 3 & 4 & 5 \\ 1 & 1 & 2 & 4 \\ 5 & 10 & 15 & 20 \end{bmatrix}$$

zwischen den Rohstoffen Stellwange, Querstange, Regalboden und den Produkten Bill1, Bill2, Bill3, Bill4 gesellt sich eine zweite Verflechtungsmatrix

$$B = \begin{bmatrix} 1 & 0 \\ 0 & 2 \\ 0 & 2 \\ 3 & 0 \end{bmatrix}$$

die die „Teilliste" für den Zusammenhang zwischen den Endprodukten „Zimmer" und den Zwischenprodukten „Bill-Regale" beschreibt.

Der Möbelhersteller benötigt den rechnerischen Zusammenhang zwischen den Zimmertypen und den drei Ausgangsteilen Stellwange, Querstange und Regalboden. Dieser wird durch eine Matrix beschrieben, die sich spaltenweise gewinnen lässt: Für ein Zimmer Z_1 wird der Zwischenproduktvektor $x^{(1)} = (1,0,0,3)^T$ benötigt. Der zugehörige Aufwand an Rohstoffen ist

$$A \cdot x^{(1)} = \begin{bmatrix} 2 & 3 & 4 & 5 \\ 1 & 1 & 2 & 4 \\ 5 & 10 & 15 & 20 \end{bmatrix} \cdot \begin{pmatrix} 1 \\ 0 \\ 0 \\ 3 \end{pmatrix} = \begin{pmatrix} 17 \\ 13 \\ 65 \end{pmatrix}$$

Für ein Zimmer Z_2 wird der Zwischenproduktvektor $x^{(2)} = (0,2,2,0)^T$ benötigt. Der zugehörige Aufwand an Rohstoffen ist

$$A \cdot x^{(2)} = \begin{bmatrix} 2 & 3 & 4 & 5 \\ 1 & 1 & 2 & 4 \\ 5 & 10 & 15 & 20 \end{bmatrix} \cdot \begin{pmatrix} 0 \\ 2 \\ 2 \\ 0 \end{pmatrix} = \begin{pmatrix} 14 \\ 6 \\ 50 \end{pmatrix}$$

Die Materialverflechtungsmatrix zwischen den Endprodukten Z_1, Z_2 und den Rohstoffen R_1, R_2, R_3 ist also

$$C = \begin{bmatrix} 17 & 14 \\ 13 & 6 \\ 65 & 50 \end{bmatrix}$$

Die Spalten von C ergeben sich dadurch, dass man die Spalten von B als Spaltenvektoren auffasst, jeweils das Produkt von A mit diesen Spaltenvektoren bildet und die entstehenden Spalten wieder zu einer Matrix zusammensetzt. Genau diese rechnerische Verknüpfung der beiden Matrizen A, B wird **Matrix-Produkt** genannt. Auch in Marktforschungsmodellen können solche Matrixprodukte auftreten.

Beispiel 3.9 (Fortsetzung von Beispiel 3.2 ⇨ vgl. S. 86)

Die Kundenmigration eines Monats für ein spezielles Produkt mit zwei Anbietern A_1, A_2 ist gegeben durch die Übergangsmatrix

$$A = \begin{bmatrix} \frac{4}{5} & \frac{1}{3} \\ \frac{1}{5} & \frac{2}{3} \end{bmatrix}$$

Nun soll das Übergangsverhalten für zwei Monate modelliert werden. Aus einem Marktanteilvektor $x = (x_1, x_2)^T$ wird nach einem Monat der Anteilvektor $y = (y_1, y_2)^T$ mit

$$\begin{pmatrix} y_1 \\ y_2 \end{pmatrix} = Ax = \begin{bmatrix} \frac{4}{5} & \frac{1}{3} \\ \frac{1}{5} & \frac{2}{3} \end{bmatrix} \cdot \begin{pmatrix} x_1 \\ x_2 \end{pmatrix} = \begin{pmatrix} \frac{4}{5}x_1 + \frac{1}{3}x_2 \\ \frac{1}{5}x_1 + \frac{2}{3}x_2 \end{pmatrix} = x_1 \begin{pmatrix} \frac{4}{5} \\ \frac{1}{5} \end{pmatrix} + x_2 \begin{pmatrix} \frac{1}{3} \\ \frac{2}{3} \end{pmatrix}$$

Nach zwei Monaten ergibt sich der Marktanteilvektor $z = (z_1, z_2)^T$ mit

$$z = A \left(x_1 \begin{pmatrix} \frac{4}{5} \\ \frac{1}{5} \end{pmatrix} + x_2 \begin{pmatrix} \frac{1}{3} \\ \frac{2}{3} \end{pmatrix} \right)$$

$$= x_1 A \begin{pmatrix} \frac{4}{5} \\ \frac{1}{5} \end{pmatrix} + x_2 A \begin{pmatrix} \frac{1}{3} \\ \frac{2}{3} \end{pmatrix} = x_1 \begin{pmatrix} \frac{53}{75} \\ \frac{22}{75} \end{pmatrix} + x_2 \begin{pmatrix} \frac{22}{45} \\ \frac{23}{45} \end{pmatrix} = \begin{bmatrix} \frac{53}{75} & \frac{22}{45} \\ \frac{22}{75} & \frac{23}{45} \end{bmatrix} \begin{pmatrix} x_1 \\ x_2 \end{pmatrix}$$

Der Anteilvektor nach zwei Monaten ist also Bx mit Übergangsmatrix $B = \begin{bmatrix} \frac{53}{75} & \frac{22}{45} \\ \frac{22}{75} & \frac{23}{45} \end{bmatrix}$.

Die Matrix B erhält man hier, indem jeweils das Produkt von A mit den Spalten(-vektoren) aus A gebildet wird und man die Ergebnisse zu einer Matrix zusammensetzt. Der 2-Monats-Übergang wird also durch eine Übergangsmatrix B beschrieben, die als Produkt der Matrix A mit sich selbst aufgefasst werden kann.

Gemeinsam haben die beiden Beispiele die rechnerische Vorgehensweise zur Bestimmung der kumulativen Verflechtung.

Definition 3.2

Das **Matrix-Produkt** $A \cdot B$ zweier Matrizen $A \in \mathbb{R}^{m \times k}$, $B \in \mathbb{R}^{k \times n}$ ist diejenige Matrix $C \in \mathbb{R}^{m \times n}$, welche sich ergibt, wenn die Matrix-Vektorprodukte von A mit jeder Spalte von B gebildet und zu einer Matrix zusammengefasst werden. Die Matrix C hat dann die Einträge

$$c_{i,j} = a_{i,1}b_{1,j} + a_{i,2}b_{2,j} + \ldots + a_{i,k}b_{k,j}$$

Zur Einübung des Matrix-Produktes zweier konkreter Matrizen sollte anfangs auf das so genannte **Falk-Schema** in Abbildung 3.1 zurückgegriffen werden; hierbei steht die Matrix A links von der zu berechnenden Matrix C, die Matrix B oberhalb davon; dann fällt die Zuordnung der Formel für die Zell-Einträge von C zu den benötigten Zeilen bzw. Spalten von A bzw. B leichter.

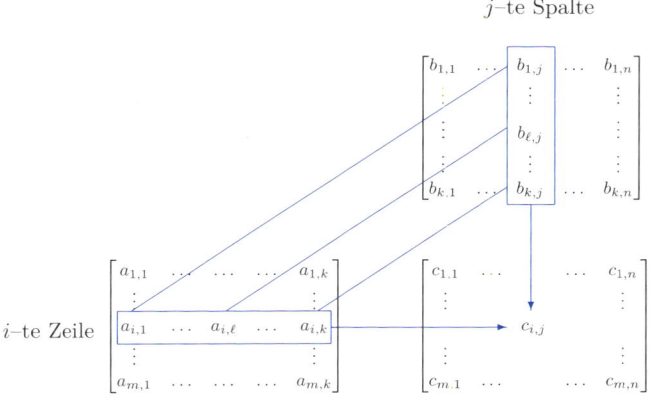

Abbildung 3.1: Falk-Schema zur Matrix-Multiplikation

Beispiel 3.10

Die folgenden Beispiele sollten jeweils anhand des Bildungsgesetzes für Matrixprodukte überprüft werden:

$$\begin{bmatrix} 3 & 2 & 0 & 1 \\ 1 & 0 & 2 & 0 \\ 4 & 4 & -1 & -3 \end{bmatrix} \cdot \begin{bmatrix} 3 & 2 \\ 3 & 5 \\ 1 & 0 \\ 2 & 0 \end{bmatrix} = \begin{bmatrix} 17 & 16 \\ 5 & 2 \\ 17 & 28 \end{bmatrix} \text{ und } \begin{bmatrix} 2 & 0 & 1 \\ 0 & 3 & 2 \end{bmatrix} \cdot \begin{bmatrix} 3 & 2 \\ 3 & 0 \\ 1 & 5 \end{bmatrix} = \begin{bmatrix} 7 & 9 \\ 11 & 10 \end{bmatrix}$$

$$\begin{bmatrix} 3 & 2 \\ 3 & 5 \end{bmatrix} \cdot \begin{bmatrix} 3 & 0 \\ 1 & 3 \\ 4 & 1 \end{bmatrix} \text{ und } \begin{bmatrix} 3 & 2 \\ 3 & 5 \\ 1 & 0 \\ 2 & 0 \end{bmatrix} \cdot \begin{bmatrix} 3 & 2 & 0 & 1 \\ 1 & 0 & 2 & 0 \\ 4 & 4 & -1 & -3 \end{bmatrix} \text{ dürfen nicht gebildet werden.}$$

Selbst wenn sowohl $A \cdot B$ als auch $B \cdot A$ gebildet werden können, muss nicht $A \cdot B = B \cdot A$ gelten:

$$\begin{bmatrix} 1 & 2 \\ 0 & 0 \end{bmatrix} \cdot \begin{bmatrix} 0 & 0 \\ 0 & 1 \end{bmatrix} = \begin{bmatrix} 0 & 2 \\ 0 & 0 \end{bmatrix}, \text{ aber } \begin{bmatrix} 0 & 0 \\ 0 & 1 \end{bmatrix} \cdot \begin{bmatrix} 1 & 2 \\ 0 & 0 \end{bmatrix} = \begin{bmatrix} 0 & 0 \\ 0 & 0 \end{bmatrix}$$

$A \cdot B$ und $B \cdot A$ haben, selbst wenn sie gebildet werden können, im allgemeinen nicht einmal gleich viele Zeilen bzw. Spalten:

$$\begin{bmatrix} 2 & 0 & 1 \\ 0 & 3 & 2 \end{bmatrix} \cdot \begin{bmatrix} 1 & 0 \\ 1 & -1 \\ 0 & 1 \end{bmatrix} = \begin{bmatrix} 2 & 1 \\ 3 & -1 \end{bmatrix}, \text{ aber } \begin{bmatrix} 1 & 0 \\ 1 & -1 \\ 0 & 1 \end{bmatrix} \cdot \begin{bmatrix} 2 & 0 & 1 \\ 0 & 3 & 2 \end{bmatrix} = \begin{bmatrix} 2 & 0 & 1 \\ 2 & -3 & -1 \\ 0 & 3 & 2 \end{bmatrix}$$

Das Matrixprodukt $A \cdot B$ kann nur dann gebildet werden, wenn A genau so viele Spalten wie B Zeilen hat. Das kann bei ökonomischen Anwendungen der Matrizenrechnung häufig schon im Sachzusammenhang erkannt werden.

Mathematisch entspricht das Matrix-Produkt AB der Bestimmung einer Matrix für die **Verkettung** bzw. **Hintereinanderausführung** zweier linearer Abbildungen, repräsentiert durch die Matrizen A und B.

Man sollte daher eher von der Matrix-Verkettung sprechen. Allerdings ähneln die rechnerischen Eigenschaften in mancher Hinsicht denjenigen der Produktbildung bei rellen Zahlen, weshalb der Begriff „Produkt" durchaus seine Berechtigung hat.

Treten im Matrix-Produkt Matrizen mit einer Zeile oder einer Spalte auf, so sind die Ergebnissse konsistent mit früheren Begriffsbildungen:

- Produkt $A \cdot b$ einer Matrix A mit einem Spaltenvektor b, den man als Matrix mit einer Spalte auffassen kann.

- Produkt $b \cdot A$ eines Zeilenvektors, den man als Matrix mit einer Zeile auffassen kann, mit einer Matrix A.

- Produkt eines Zeilenvektors a mit einem Spaltenvektor b, d.h.

$$(a_1, \ldots, a_n) \begin{pmatrix} b_1 \\ \vdots \\ b_n \end{pmatrix} = a_1 b_1 + \cdots + a_n b_n = \left\langle \begin{pmatrix} a_1 \\ \vdots \\ a_n \end{pmatrix}, \begin{pmatrix} b_1 \\ \vdots \\ b_n \end{pmatrix} \right\rangle$$

Es besteht also ein enger Zusammenhang mit dem Skalarprodukt zweier Spaltenvektoren.

In Verallgemeinerung der entsprechenden Operationen für Vektoren lassen sich auch für Matrizen die Operationen Addition, Skalarmultiplikation und Transposition einführen:

- Für Matrizen $A = [a_{i,j}], B = [b_{i,j}] \in \mathbb{R}^{m \times n}$ ist die Summe der Matrizen komponentenweise erklärt: $A + B := [a_{i,j} + b_{i,j}]_{\substack{1 \leq i \leq m \\ 1 \leq j \leq n}}$

- Für eine Zahl $\alpha \in \mathbb{R}$ und eine Matrix $A = [a_{i,j}] \in \mathbb{R}^{m \times n}$ ist die (skalare) Multiplikation von α und A komponentenweise erklärt:
$\alpha A := [\alpha a_{i,j}]_{\substack{1 \leq i \leq m \\ 1 \leq j \leq n}}$

- Für eine Matrix $A = [a_{i,j}] \in \mathbb{R}^{m \times n}$ ist die transponierte Matrix wie folgt erklärt:
$A^T := [a_{i,j}]_{\substack{1 \leq j \leq n \\ 1 \leq i \leq m}} \in \mathbb{R}^{n \times m}$

Beispiel 3.11

- $\begin{bmatrix} 2 & 3 & -1 \\ 6 & -5 & 1 \end{bmatrix} + \begin{bmatrix} -2 & 8 & 1 \\ 0 & 1 & -1 \end{bmatrix} = \begin{bmatrix} 0 & 11 & 0 \\ 6 & 4 & 0 \end{bmatrix}$ und $4 \cdot \begin{bmatrix} 2 & 3 & -1 \\ 6 & -5 & 1 \end{bmatrix} = \begin{bmatrix} 8 & 12 & -4 \\ 24 & -20 & 4 \end{bmatrix}$

- $\begin{bmatrix} 2 & 3 & -1 \\ 6 & -5 & 1 \end{bmatrix}^T = \begin{bmatrix} 2 & 6 \\ 3 & -5 \\ -1 & 1 \end{bmatrix}$

Beim Rechnen mit Matrizen zeigt sich, dass Matrixprodukt und Summe fast genau so verträglich zueinander sind wie die vergleichbaren Operationen auf reellen Zahlen (was die Bezeichnung „Produkt" rechtfertigt). In der Tat gelten folgende Rechenregeln, bei denen einzelne Matrizen auch einzeilig bzw. einspaltig sein können, so dass sich Rechenregeln für das Verflechten von Matrizen mit Vektoren ergeben.

Satz 3.4

[1] (Distributivgesetze) Für $A, B \in \mathbb{R}^{m \times k}$, $C, D \in \mathbb{R}^{k \times n}$ gilt

$$(A + B) \cdot C = (A \cdot C) + (B \cdot C), \quad A \cdot (C + D) = (A \cdot C) + (A \cdot D)$$

[2] Für alle $A \in \mathbb{R}^{m \times k}$, $B \in \mathbb{R}^{k \times n}$, $\alpha \in \mathbb{R}$ gilt: $\alpha(A \cdot B) = A(\alpha \cdot B) = (\alpha A) \cdot B$

[3] (Assoziativgesetz) Für alle $A \in \mathbb{R}^{m \times k}$, $B \in \mathbb{R}^{k \times n}$, $C \in \mathbb{R}^{n \times p}$ gilt

$$(A \cdot B) \cdot C = A \cdot (B \cdot C)$$

[4] Für alle $A, B \in \mathbb{R}^{m \times k}$ und $\alpha \in \mathbb{R}$ gilt: $(A + B)^T = A^T + B^T$ und $(\alpha A)^T = \alpha(A^T)$

[5] Für alle $A \in \mathbb{R}^{m \times k}$, $B \in \mathbb{R}^{k \times n}$ gilt (!) $(A \cdot B)^T = B^T \cdot A^T$

Vorsicht! Im Allgemeinen gilt $AB \neq BA$ und $(AB)^T \neq (A^T B^T)$!

Sollte $AB = BA$ doch ausnahmsweise für zwei Matrizen gelten, so sagt man, dass diese beiden Matrizen kommutieren.

Mit Hilfe von Matrixprodukt und Transposition lassen sich die Normalgleichungen in einer Projektionsaufgabe umschreiben, wie wir abschließend an einem Beispiel illustrieren wollen.

Beispiel 3.12 (Fortsetzung von Beispiel 3.7 ⇨ vgl. S. 90 **)**
Es soll der Gewinn an fünf Tankstellen auf die zwei Umsatzsparten „Kraftstoff" und „Sonstige" zurückgeführt werden. Dies haben wir bereits als Projektionsaufgabe in der Form dargestellt, dass der Ausdruck $\|g - D\alpha\|$ im Vektor $\alpha = (\alpha_0, \alpha_1, \alpha_2)^T \in \mathbb{R}^3$ minimiert werden soll. Dabei ist $g = (3, 4, 2, 3, \frac{7}{2})^T$ der Gewinnvektor und D setzt sich spaltenweise aus den Vektoren

$$u^{(0)} = \begin{pmatrix} 1 \\ 1 \\ 1 \\ 1 \\ 1 \end{pmatrix}, \quad u^{(1)} = \begin{pmatrix} 6 \\ 2,5 \\ 8,5 \\ 6,5 \\ 9,5 \end{pmatrix}, \quad u^{(2)} = \begin{pmatrix} 7 \\ 6 \\ 5 \\ 7 \\ 7,5 \end{pmatrix}$$

zusammen. Die Lösung haben wir bereits in Beispiel über die Normalgleichungen, also über das lineare Gleichungssystem mit der Gleichungsmatrix

$$\begin{bmatrix} \langle u^{(0)}, u^{(0)} \rangle & \langle u^{(0)}, u^{(1)} \rangle & \langle u^{(0)}, u^{(2)} \rangle & \langle u^{(0)}, g \rangle \\ \langle u^{(1)}, u^{(0)} \rangle & \langle u^{(1)}, u^{(1)} \rangle & \langle u^{(1)}, u^{(2)} \rangle & \langle u^{(1)}, g \rangle \\ \langle u^{(2)}, u^{(0)} \rangle & \langle u^{(2)}, u^{(1)} \rangle & \langle u^{(2)}, u^{(2)} \rangle & \langle u^{(2)}, g \rangle \end{bmatrix} = \begin{bmatrix} 5 & 33 & 32,5 & 15,5 \\ 33 & 247 & 216,25 & 97,75 \\ 32,5 & 216,25 & 215,25 & 102,25 \end{bmatrix}$$

bestimmt. Die Koeffizientenmatrix des LGS ergibt sich, indem man alle wechselseitigen Skalarprodukte der erzeugenden Vektoren $u^{(i)}$ miteinander bildet. Dies ist aber nichts anderes als das Matrix-Produkt von D^T mit D, d.h. der Ausdruck

$$D^T D = \begin{bmatrix} 1 & 1 & 1 & 1 & 1 \\ 6 & 2,5 & 8,5 & 6,5 & 9,5 \\ 7 & 6 & 5 & 7 & 7,5 \end{bmatrix} \begin{bmatrix} 1 & 6 & 7 \\ 1 & 2,5 & 6 \\ 1 & 8,5 & 5 \\ 1 & 6,5 & 7 \\ 1 & 9,5 & 7,5 \end{bmatrix} = \begin{bmatrix} 5 & 33 & 32,5 \\ 33 & 247 & 216,25 \\ 32,5 & 216,25 & 215,25 \end{bmatrix}$$

Die Skalarprodukte auf der rechten Seite der Normalgleichungen wiederum sind genau das Matrix-Vektor-Produkt von D^T mit dem Gewinnvektor g, d.h. der Ausdruck

$$D^T g = \begin{bmatrix} 1 & 1 & 1 & 1 & 1 \\ 6 & 2,5 & 8,5 & 6,5 & 9,5 \\ 7 & 6 & 5 & 7 & 7,5 \end{bmatrix} \begin{pmatrix} 3 \\ 4 \\ 2 \\ 3 \\ \frac{7}{2} \end{pmatrix} = \begin{pmatrix} 15,5 \\ 97,75 \\ 102,25 \end{pmatrix}$$

(wird fortgesetzt ⇨ vgl. S. 101)

Ganz allgemein gilt:

Satz 3.5
Gegeben seien ein Untervektorraum $\mathbb{L} = Span(a^{(1)}, \dots, a^{(m)}) \subseteq \mathbb{R}^n$ und ein Vektor $x \in \mathbb{R}^n$. Fasst man die erzeugenden Vektoren von $\mathbb{L}$ zu einer Matrix D zusammen, so lauten die Normalgleichungen der Projektion von x auf $\mathbb{L}$

$$(D^T D)\alpha = D^T x$$

Übungen zu Abschnitt 3.2

4. Es seien $a = (1,2)^T$, $b = (2,1,3)^T$, $x = (x,y,z)^T$ sowie

$$A = \begin{bmatrix} 1 & -4 \\ -2 & 5 \\ 3 & -6 \end{bmatrix}, B = \begin{bmatrix} 1 & 2 \\ 3 & 1 \\ 2 & 3 \end{bmatrix}^T, C = \begin{bmatrix} 1 & 0 & 0 \\ 0 & 2 & 0 \\ 0 & 0 & 3 \end{bmatrix},$$

Berechnen Sie - so weit das möglich ist - die folgenden Ausdrücke

a) $A^T A, A A^T, A^2, AB, BA, AC, A^T C, CA, BCA$

b) $Aa, b^T Aa, a^T Bb, a^T A^T Aa, x^T Cx$

5. Gegeben seien die Matrizen

$$A = \begin{bmatrix} 1 & 3 & 2 & 4 \\ 2 & 6 & 3 & 3 \\ 4 & 2 & 1 & 0 \end{bmatrix}, S = \begin{bmatrix} 2 & 0 & 0 \\ 0 & 1 & 0 \\ 0 & 0 & 1 \end{bmatrix}, Q = \begin{bmatrix} 1 & 0 & 0 \\ 0 & 1 & 2 \\ 0 & 0 & 1 \end{bmatrix}, P = \begin{bmatrix} 1 & 0 & 0 \\ 0 & 0 & 1 \\ 0 & 1 & 0 \end{bmatrix}$$

a) Bilden Sie: $S \cdot A$, $Q \cdot A$, $P \cdot A$.

b) Schließen Sie aus Ihrem Ergebnis, was sich für $S \cdot (Q \cdot (P \cdot A))$ ergibt?

c) Welche Umformungstypen werden durch derartige Matrixprodukte dargestellt?

6. Die Logidig GmbH stellt zwei Varianten von CVD-Abspielgeräten (P_1 und P_2) her. Dabei werden die eingekauften Bauteile T_1 und T_2 zunächst zu Baugruppen G_1, G_2 und G_3 (gemäß der linken Bedarfstabelle) zusammengesetzt. Aus diesen Baugruppen entstehen P_1 und P_2 (gemäß der rechten Tabelle). Weitere Kleinteile, die in beiden Schritten eingehen, werden hier aus Vereinfachungsgründen nicht betrachtet.

	G_1	G_2	G_3
T_1	4	2	1
T_2	1	3	0

	P_1	P_2
G_1	3	1
G_2	0	3
G_3	2	4

a) Errechnen Sie die Matrix, die den Bedarf an eingekauften Bauteilen für die Endprodukte ausdrückt.

b) Berechnen Sie für jeweils ein Produkt P_1 und P_2 die Kosten des Einkaufs, wenn ein Bauteil T_1 2 Euro, ein Bauteil T_2 3 Euro kostet.

c) Wie viele Bauteile T_1 und T_2 werden benötigt, um 10 Abspielgeräte P_1 und 5 Geräte P_2 zu produzieren?

3.3 Quadratische Matrizen und Inversion von Matrizen

In vielen Anwendungen der Matrizenrechnung haben die zugrundeliegenden Matrizen gleiche Zeilen- und Spaltenzahl, weil die Input- und Output–Vektoren der zugehörigen Verflechtungsmodelle gleich viele Komponenten haben. Das war z.B. der Fall in dem behandelten Kundenwanderungsmodell aus der Marktforschung. Daneben sind auch Produktionsmodelle zuweilen von einer derartigen Struktur. Später werden hierzu die so genannten Sektor-Verflechtungsmodelle (Leontief-Modelle, ⇨ vgl. Unterabschnitt 3.6.1,

S. 117) vorgestellt. Schließlich finden solche Matrizen mit identischer Zeilen- und Spaltenzahl Verwendung bei der Untersuchung ökonomischer Funktionen mehrerer Variablen im Rahmen der Analysis. Dort fasst man beispielsweise die Ableitungen zweiter Ordnung in den verschiedenen Variablen zu derartigen Matrizen zusammen.

Im Folgenden sollen speziell auf solche quadratischen Matrizen zugeschnittene mathematische Operationen behandelt werden. Formal bezeichnet man eine Matrix als **quadratisch**, wenn ihre Zeilenzahl m mit ihrer Spaltenzahl n übereinstimmt, d.h. $n = m$. Unter den quadratischen Matrizen gibt es einige wichtige Spezialfälle.

Definition 3.3

[1] Eine quadratische Matrix $A \in \mathbb{R}^{n \times n}$ heißt **symmetrisch**, falls gilt $A = A^T$.

[2] Eine quadratische Matrix $A \in \mathbb{R}^{n \times n}$ heißt **Diagonalmatrix**, falls $a_{ij} = 0$ für alle $i \neq j$, $i, j \in \{1, \ldots, n\}$ (d.h. höchstens die Einträge $a_{11}, \ldots, a_{nn}$ der sogenannten Hauptdiagonale sind von Null veschieden).

[3] Unter der **Einheitsmatrix** in $\mathbb{R}^{n \times n}$ versteht man die Matrix

$$I_n := \begin{bmatrix} 1 & 0 & \cdots & \cdots & 0 \\ 0 & 1 & & & 0 \\ \vdots & & \ddots & & \vdots \\ 0 & 0 & \cdots & 1 & 0 \\ 0 & 0 & \cdots & 0 & 1 \end{bmatrix} \in \mathbb{R}^{n \times n}$$

d.h. die Diagonalmatrix mit 1-Einträgen auf der Hauptdiagonale.

Die Einheitsmatrix ergibt sich auch, indem man die Einheitsvektoren $e^{(1)}, \ldots, e^{(n)}$ als Spalten zu einer Matrix zusammensetzt.

Beispiel 3.13

Die folgenden Matrizen sind quadratisch mit zwei Zeilen und zwei Spalten:

$$\begin{bmatrix} 1 & 2 \\ -1 & 1 \end{bmatrix}, \begin{bmatrix} 0 & 5 \\ 5 & 4 \end{bmatrix}, \begin{bmatrix} 3 & 0 \\ 0 & -2 \end{bmatrix}, \begin{bmatrix} 1 & 0 \\ 0 & 1 \end{bmatrix}$$

Die Die folgenden Matrizen sind quadratisch mit drei Zeilen und Spalten:

$$\begin{bmatrix} 1 & 2 & 0 \\ -1 & 1 & 1 \\ -1 & 2 & 1 \end{bmatrix}, \begin{bmatrix} 1 & 2 & 0 \\ 2 & 3 & -4 \\ 0 & -4 & 5 \end{bmatrix}, \begin{bmatrix} 3 & 0 & 0 \\ 0 & -2 & 0 \\ 0 & 0 & 5 \end{bmatrix}, \begin{bmatrix} 1 & 0 & 0 \\ 0 & 1 & 0 \\ 0 & 0 & 1 \end{bmatrix}$$

Es sind jeweils die zweite bis vierte Matrix symmetrisch, die dritte und vierte diagonal und die die vierte schließlich ist die Einheitsmatrix I_2 bzw. I_3.

Eine Besonderheit bei quadratischen Matrizen besteht darin, dass das Produkt $C = AB$ zweier quadratischer $n \times n$–Matrizen A, B wiederum eine quadratische $n \times n$–Matrix ist. Insofern bleibt man beim Addieren und Multiplizieren quadratischer $n \times n$-Matrizen in der gleichen Gruppe von Matrizen. In Beispiel 3.2 ⇨ vgl. S. 86 wurde bereits berechnet, dass durch das Produkt

$$A \cdot A = \begin{bmatrix} \frac{4}{5} & \frac{1}{3} \\ \frac{1}{5} & \frac{2}{3} \end{bmatrix} \cdot \begin{bmatrix} \frac{4}{5} & \frac{1}{3} \\ \frac{1}{5} & \frac{2}{3} \end{bmatrix} = \begin{bmatrix} \frac{53}{75} & \frac{22}{45} \\ \frac{22}{75} & \frac{23}{45} \end{bmatrix}$$

die Zwei-Schritt-Übergangsmatrix bestimmt wird. Gerade für diese so genannten Markoff-Modelle sind auch k-Schritt-Übergangsmatrizen von Interesse, bei denen man die Multiplikation $(k-1)$-mal wiederholt.

Definition 3.4 (Matrixpotenz)

Ist allgemein $A \in \mathbb{R}^{n \times n}$, so vereinbart man daher die folgenden **Potenzschreibweisen**: $A^0 := I_n$ sowie („A hoch k") $A^k := \underbrace{A \cdot A \cdots A}_{k \text{ Faktoren}}$.

Beim Umgang mit reellen Zahlen und den zugehörigen Grundrechenarten Addition und Multiplikation sind die Zahlen Null und Eins besonders ausgezeichnet als **neutrale Elemente**, die darüber hinaus die Zahlbereichserweiterung von den natürlichen zu den ganzen Zahlen und von den ganzen Zahlen zu den rationalen Zahlen motivieren, indem die Frage nach inversen Größen aufgeworfen wird.

Gleiches kann man für quadratische Matrizen versuchen. Während die Null-Matrix – d.h. eine Matrix mit lauter Null-Einträgen – für die Addition die Rolle des neutralen Elementes übernimmt, so leistet dies für die Matrix-Multiplikation die Einheitsmatrix; für jede (quadratische) Matrix $A \in \mathbb{R}^{n \times n}$ gilt $A \cdot I_n = A$, $I_n \cdot A = A$. Die „Kehrwertbildung" reeller von Null verschiedener Zahlen ist allerdings im Matrix-Kalkül nicht für jede von der Null-Matrix verschiedene Matrix durchführbar.

Definition 3.5

Wenn es zu einer Matrix $A \in \mathbb{R}^{n \times n}$ eine Matrix $B \in \mathbb{R}^{n \times n}$ gibt, so dass gilt

$$A \cdot B = I_n = B \cdot A,$$

dann heißt A **invertierbar** und B heißt **inverse Matrix** zu A. Man verwendet das Symbol A^{-1}, um die inverse Matrix zu A zu beschreiben („A hoch minus 1").

Wenn B inverse Matrix zu A ist, so ist auch A inverse Matrix zu B. Von den beiden geforderten Eigenschaften $AB = I_n$ und $BA = I_n$ muss zudem nur eine zutreffen, dann ist die jeweils andere automatisch erfüllt. Ist $B = A^{-1}$ gesucht, so entspricht dies der Lösung eines linearen Gleichungssystems in den n^2 Unbekannten $b_{11}, \ldots, b_{nn}$. Dessen n^2 Gleichungen lauten für $i, j \in \{1, \ldots, n\}$

$$a_{i1}b_{1j} + \cdots + a_{in}b_{nj} = \begin{cases} 1 & i = j \\ 0 & j = i \end{cases}$$

Beispiel 3.14

Die inverse Matrix zur Matrix

$$A = \begin{bmatrix} 1 & 0 \\ 0 & 2 \end{bmatrix}$$

ergibt sich aus dem linearen Gleichungssystem

$$\begin{array}{c|c} 1 \cdot b_{11} + 0 \cdot b_{21} = 1 & 1 \cdot b_{12} + 0 \cdot b_{22} = 0 \\ \hline 0 \cdot b_{11} + 2 \cdot b_{21} = 0 & 0 \cdot b_{12} + 2 \cdot b_{22} = 1 \end{array}$$

Es ergibt sich $A^{-1} = B = \begin{bmatrix} b_{11} & b_{12} \\ b_{21} & b_{22} \end{bmatrix} = \begin{bmatrix} 1 & 0 \\ 0 & \frac{1}{2} \end{bmatrix}$

■ Die inverse Matrix zur Matrix

$$A = \begin{bmatrix} 2 & 3 \\ 1 & 1 \end{bmatrix}$$

ergibt sich aus dem linearen Gleichungssystem

$$\begin{array}{c|c} 2 \cdot b_{11} + 3 \cdot b_{21} = 1 & 2 \cdot b_{12} + 3 \cdot b_{22} = 0 \\ \hline 1 \cdot b_{11} + 1 \cdot b_{21} = 0 & 1 \cdot b_{12} + 1 \cdot b_{22} = 1 \end{array}$$

Es ergibt sich $A^{-1} = B = \begin{bmatrix} b_{11} & b_{12} \\ b_{21} & b_{22} \end{bmatrix} = \begin{bmatrix} -1 & 3 \\ 1 & -2 \end{bmatrix}$

■ Die Matrix $A = \begin{bmatrix} 2 & 4 \\ 1 & 2 \end{bmatrix}$ hat keine inverse Matrix B Es müsste anderenfalls insbesondere $2b_{11} + 4b_{21} = 1$ und $b_{11} + 2b_{21} = 0$ gelten, was nicht möglich ist.

Sie haben an den ersten beiden Beispielen gesehen, dass die Lösung des zugehörigen linearen Gleichungssystems einfacher ist, als es auf den ersten Blick aussieht. Es liegen dort zwar jeweils vier Gleichungen in vier Unbekannten vor, aber die Gleichungssysteme „zerfallen" in zwei Gleichungssysteme zu je zwei Unbekannten. Zudem ist in beiden linearen Gleichungssystem die Koeffizientenmatrix jeweils dieselbe.

Im ersten Beispiel liegt eine Diagonalmatrix A vor. Hier wird die Inverse schematisch durch Kehrwertbildung auf der Hauptdiagonalen berechnet. Dies ist aber auch nur für Diagonalmatrizen so möglich. Am zweiten Beispiel erkennen Sie, dass die Inversenbildung nichts mit komponentenweiser Rechnung (z.B. komponentenweiser Kehrwertbildung) zu tun hat. Die inverse Matrix hat hier sogar wie die Ausgangsmatrix A ausschließlich ganzzahlige Einträge (das muss aber nicht immer so sein).

Am dritten Beispiel erkennen Sie, dass nicht jede quadratische Matrix invertierbar ist (selbst wenn alle ihre Einträge von Null verschieden sind), mithin kann man nicht immer die inverse Matrix bilden, insbesondere erfolgt die Inversion nicht durch komponentenweise Kehrwertbildung.

Im folgenden betrachten wir Beispiele zur Inversion von 3×3-Matrizen. Hier prüfen wir nur die Inversen-Eigenschaft, indem wir die Gleichung $AB = I_n$ prüfen. Die Berechnung mittels linearer Gleichungssysteme wie im vorangegangenen Beispiel der 2×2-Matrizen ersparen wir uns hier, denn man müsste ein lineares Gleichungssystem in 9 Gleichungen und 9 Unbekannten aufstellen. Wie man auf die inverse Matrix kommt, sehen wir später noch.

Beispiel 3.15

■ Es ist $\begin{bmatrix} 3 & 0 & 0 \\ 0 & 2 & 0 \\ 0 & 0 & 4 \end{bmatrix} \begin{bmatrix} \frac{1}{3} & 0 & 0 \\ 0 & \frac{1}{2} & 0 \\ 0 & 0 & \frac{1}{4} \end{bmatrix} = \begin{bmatrix} 1 & 0 & 0 \\ 0 & 1 & 0 \\ 0 & 0 & 1 \end{bmatrix}$, also $\begin{bmatrix} 3 & 0 & 0 \\ 0 & 2 & 0 \\ 0 & 0 & 4 \end{bmatrix}^{-1} = \begin{bmatrix} \frac{1}{3} & 0 & 0 \\ 0 & \frac{1}{2} & 0 \\ 0 & 0 & \frac{1}{4} \end{bmatrix}$.

■ Es ist $\begin{bmatrix} 1 & 1 & 2 \\ 2 & 1 & 3 \\ 1 & -1 & -1 \end{bmatrix} \begin{bmatrix} 2 & -1 & 1 \\ 5 & -3 & 1 \\ -3 & 2 & -1 \end{bmatrix} = \begin{bmatrix} 1 & 0 & 0 \\ 0 & 1 & 0 \\ 0 & 0 & 1 \end{bmatrix}$, also $\begin{bmatrix} 1 & 1 & 2 \\ 2 & 1 & 3 \\ 1 & -1 & -1 \end{bmatrix}^{-1} = \begin{bmatrix} 2 & -1 & 1 \\ 5 & -3 & 1 \\ -3 & 2 & -1 \end{bmatrix}$

■ Es ist $\begin{bmatrix} 1 & 1 & 0 \\ 1 & 0 & 3 \\ 0 & 1 & 0 \end{bmatrix} \begin{bmatrix} 1 & 0 & -1 \\ 0 & 0 & 1 \\ -\frac{1}{3} & \frac{1}{3} & \frac{1}{3} \end{bmatrix} = \begin{bmatrix} 1 & 0 & 0 \\ 0 & 1 & 0 \\ 0 & 0 & 1 \end{bmatrix}$, also $\begin{bmatrix} 1 & 1 & 0 \\ 1 & 0 & 3 \\ 0 & 1 & 0 \end{bmatrix}^{-1} = \begin{bmatrix} 1 & 0 & -1 \\ 0 & 0 & 1 \\ -\frac{1}{3} & \frac{1}{3} & \frac{1}{3} \end{bmatrix}$

Inverse Matrizen können zur Lösung von **linearen Gleichungssystemen** verwendet werden, die gleich viele Variablen und Gleichungen haben. Sie ermöglichen nämlich eine rein schematische Lösung der Gleichung $Ax = b$, ganz genau wie bei einer Gleichung $ax = b$ in einer Variablen. Dazu muss lediglich die Matrix A invertierbar sein. Beide Seiten der Gleichung $Ax = b$ können nämlich mit A^{-1} multipliziert werden, das Gleichungssystem $Ax = b$ ist äquivalent zu $A^{-1}(Ax) = A^{-1}b$. Weil aber (Assoziativgesetz!) gilt $A^{-1}(Ax) = (A^{-1}A)x = I_n x = x$, ist das lineare Gleichungssystem $Ax = b$ gleichwertig zu $x = A^{-1}b$. Es gilt also:

Satz 3.6
Es sei $A \in \mathbb{R}^{n \times n}$ eine quadratische, invertierbare Matrix und $b \in \mathbb{R}^n$. Dann hat das lineare Gleichungssystem $Ax = b$ genau eine Lösung, und zwar $x = A^{-1}b$.

Beispiel 3.16 (Fortsetzung von Beispiel 1.2 ⇨ vgl. S. 18)
In der Herstellung von 1440 Papierrollen des Typs A, 2160 Rollen des Typs B und 1080 Rollen des Typs C gemäß Beispiel 1.2 sollen nur die Schnittmuster 1, 2 und 3 eingesetzt werden; dazu gehört dann das LGS mit der Gleichungsmatrix

$$\begin{bmatrix} 1 & 1 & 0 \\ 1 & 0 & 3 \\ 0 & 1 & 0 \end{bmatrix} \begin{pmatrix} x_1 \\ x_2 \\ x_3 \end{pmatrix} = \begin{pmatrix} 1440 \\ 2160 \\ 1080 \end{pmatrix}$$

In Beispiel 3.15 haben wir die inverse Matrix zur vorliegenden Koeffizientenmatrix angegeben. Damit ergibt sich

$$\begin{pmatrix} x_1 \\ x_2 \\ x_3 \end{pmatrix} = \begin{bmatrix} 1 & 1 & 0 \\ 1 & 0 & 3 \\ 0 & 1 & 0 \end{bmatrix}^{-1} \begin{pmatrix} 1440 \\ 2160 \\ 1080 \end{pmatrix} = \begin{bmatrix} 1 & 0 & -1 \\ 0 & 0 & 1 \\ -\frac{1}{3} & \frac{1}{3} & \frac{1}{3} \end{bmatrix} \begin{pmatrix} 1440 \\ 2160 \\ 1080 \end{pmatrix} = \begin{pmatrix} 360 \\ 1080 \\ 600 \end{pmatrix}$$

Es muss also 360-mal das erste, 1080-mal das zweite und 600-mal das dritte Schnittmuster ausgeführt werden.

Ob eine $n \times n$-Matrix A invertierbar ist und wenn ja, wie die inverse Matrix B lautet, ergibt sich wie gesagt als Lösung eines linearen Gleichungssystems. Wir haben auch schon an Beispielen von 2×2-Matrizen gesehen, wie dieses lineare Gleichungssystem „zerfällt". Genau auf dieser Idee basiert das gängige Lösungsverfahren zur Bestimmung der inversen Matrix $B = A^{-1}$. Die Spalten $b^{(j)} \in \mathbb{R}^n$ der gesuchten Matrix B haben nämlich die Eigenschaft $A \cdot b^{(j)} = e^{(j)}$ (j-ter **Einheitsvektor**) für $j = 1, \ldots, n$. Jede dieser Gleichungen stellt ein LGS in den unbekannten Komponenten von $b^{(j)}$ dar. Diese Gleichungssysteme unterscheiden sich nur in der rechten Seite, sie lassen sich daher allesamt mit denselben Zeilenumformungen lösen. Man schreibt also einfach alle rechten Seiten dieser Gleichungssysteme nebeneinander rechts in die Gleichungsmatrix und leitet hierfür dann die Zeilenstufenform her:

Satz 3.7 (Verfahren zur Matrixinversion von $A \in \mathbb{R}^{n \times n}$)
Man bilde aus A und der Einheitsmatrix I_n die Matrix

$$[A|I_n] = \left[\begin{array}{ccc|ccc} a_{11} & \ldots & a_{1n} & 1 & & 0 \\ \vdots & \ddots & \vdots & & \ddots & \\ a_{n1} & \ldots & a_{nn} & 0 & & 1 \end{array} \right]$$

Diese Matrix wird durch elementare Zeilenumformungen auf Zeilenstufenform gebracht. Wenn die ZSF von der Form $[I_n|B]$ ist (d.h. links steht die Einheitsmatrix), so ist A invertierbar und $B = A^{-1}$. Andernfalls ist A nicht invertierbar.

Beispiel 3.17 (Fortsetzung von Beispiel 3.15)

Wir berechnen die Inverse der Matrix $A = \begin{bmatrix} 1 & 1 & 2 \\ 2 & 1 & 3 \\ 1 & -1 & -1 \end{bmatrix}$.

Dazu stellen wir die Matrix $[A|I_3]$ auf und überführen diese in Zeilenstufenform:

$$\begin{bmatrix} 1 & 1 & 2 & 1 & 0 & 0 \\ 2 & 1 & 3 & 0 & 1 & 0 \\ 1 & -1 & -1 & 0 & 0 & 1 \end{bmatrix} \rightarrow \begin{bmatrix} 1 & 1 & 2 & 1 & 0 & 0 \\ 0 & -1 & -1 & -2 & 1 & 0 \\ 0 & -2 & -3 & -1 & 0 & 1 \end{bmatrix} \rightarrow \begin{bmatrix} 1 & 1 & 2 & 1 & 0 & 0 \\ 0 & 1 & 1 & 2 & -1 & 0 \\ 0 & -2 & -3 & -1 & 0 & 1 \end{bmatrix}$$

$$\rightarrow \begin{bmatrix} 1 & 1 & 2 & 1 & 0 & 0 \\ 0 & 1 & 1 & 2 & -1 & 0 \\ 0 & 0 & -1 & 3 & -2 & 1 \end{bmatrix} \rightarrow \begin{bmatrix} 1 & 1 & 2 & 1 & 0 & 0 \\ 0 & 1 & 1 & 2 & -1 & 0 \\ 0 & 0 & 1 & -3 & 2 & -1 \end{bmatrix} \rightarrow \begin{bmatrix} 1 & 1 & 0 & 7 & -4 & 2 \\ 0 & 1 & 0 & 5 & -3 & 1 \\ 0 & 0 & 1 & -3 & 2 & -1 \end{bmatrix}$$

$$\rightarrow \begin{bmatrix} 1 & 0 & 0 & 2 & -1 & 1 \\ 0 & 1 & 0 & 5 & -3 & 1 \\ 0 & 0 & 1 & -3 & 2 & -1 \end{bmatrix}$$

Also ist $\begin{bmatrix} 1 & 1 & 2 \\ 2 & 1 & 3 \\ 1 & -1 & -1 \end{bmatrix}^{-1} = \begin{bmatrix} 2 & -1 & 1 \\ 5 & -3 & 1 \\ -3 & 2 & -1 \end{bmatrix}$.

Beispiel 3.18

Hingegen ist $A = \begin{bmatrix} 0 & 4 & 1 \\ 2 & 1 & 1 \\ 2 & 5 & 2 \end{bmatrix}$ nicht invertierbar, da $\text{Rang}(A) = 2 < 3$; die Einheitsmatrix kann durch Zeilenumformungen nicht hieraus erzeugt werden.

Wir beenden den Abschnitt mit der abschließenden Diskussion der Beispiels zur rechnerischen Gewinndarstellung aus Umsatzanteilen:

Beispiel 3.19 (Fortsetzung von Beispiel 3.7 ⇨ vgl. S. 95)
⇨ vgl. S. 95
Es soll der Gewinn an fünf Tankstellen auf die zwei Umsatzsparten „Kraftstoff" und „Sonstige" zurückgeführt werden. Wir hatten die damit verbundene Projektionsaufgabe bereits als lineares Gleichungssystem $(D^T D)\alpha = D^T g$ (Normalgleichungen) dargestellt. Dabei ist $g = (3, 4, 2, 3, \frac{7}{2})^T$ der Gewinnvektor und D setzt sich spaltenweise aus den Vektoren

$$u^{(0)} = \begin{pmatrix} 1 \\ 1 \\ 1 \\ 1 \\ 1 \end{pmatrix}, \quad u^{(1)} = \begin{pmatrix} 6 \\ 2,5 \\ 8,5 \\ 6,5 \\ 9,5 \end{pmatrix}, \quad u^{(2)} = \begin{pmatrix} 7 \\ 6 \\ 5 \\ 7 \\ 7,5 \end{pmatrix}$$

zusammen. Dabei gilt

$$D^T D = \begin{bmatrix} 5 & 33 & 32,5 \\ 33 & 247 & 216,25 \\ 32,5 & 216,25 & 215,25 \end{bmatrix}, \quad D^T g = \begin{pmatrix} 15,5 \\ 97,75 \\ 102,25 \end{pmatrix}$$

Die Matrix $D^T D$ ist invertierbar, ihre Inverse ergibt sich (z.B. mit handelsüblichem Schultaschenrechner) zu

$$(D^T D)^{-1} \approx \begin{bmatrix} 11,2587 & -0,132102 & -1,56721 \\ -0,132102 & 0,0351687 & -0,0153863 \\ -1,56721 & -0,0153863 & 0,256732 \end{bmatrix}$$

Die Lösung der Normalgleichungen ist dann $\alpha = (D^T D)^{-1}(D^T g) \approx \begin{pmatrix} 1,3503 \\ -0,1831 \\ 0,4551 \end{pmatrix}$.

Wir haben das Gewinnbeispiel über den Ansatz der Normalgleichungen einer Projektionsaufgabe jetzt unter Zuhilfenahme der Matrixinversion gelöst. Später werden wir ohne Verwendung des Projektionsbegriffs noch einen optimierungstheoretischen Zugang beschreiben und dann mit Methoden der Differentialrechnung lösen ⇨ vgl. S. 230

Übungen zu Abschnitt 3.3

7. Invertieren Sie - wenn möglich - folgende Matrizen und überprüfen Sie die Korrektheit Ihrer Berechnung: a) $\begin{bmatrix} 7 & 8 & 9 \\ 4 & 5 & 6 \\ -1 & 2 & 3 \end{bmatrix}$ b) $\begin{bmatrix} 1 & 2 & 3 \\ 2 & 3 & 4 \\ 3 & 5 & 7 \end{bmatrix}$ c) $\begin{bmatrix} -2 & 3 & 1 \\ 1 & 1 & 2 \\ 5 & 2 & -1 \end{bmatrix}$ d) $\begin{bmatrix} 1 & 1 & 1 & 0 \\ 1 & 1 & 0 & 1 \\ 1 & 0 & 1 & 1 \\ 0 & 1 & 1 & 1 \end{bmatrix}$

8. Das mittelständische Unternehmen H. Elau GmbH stellt neben anderen Karnevalsartikeln drei Typen von Luftschlangen her und setzt zur Färbung die Grundfarben Rot, Gelb und Blau in unterschiedlichen Quantitäten ein: Für je eine Industriepalette Luftschlangen werden bei Typ 1 je 1kg Rot und 2kg Gelb, bei Typ 2 je 2kg Rot, 6kg Gelb und 3kg Blau sowie bei Typ 3 je 3kg Gelb und 5kg Blau eingesetzt.

Es ist ferner angedacht, die Farbintensität der Luftschlangen zu verbessern, indem die eingesetzten Farbmengen bei den Luftschlangen vom Typ 1 verdoppelt, beim Typ 2 verdreifacht und beim Typ 3 verfünffacht werden.

a) Es seien $A = \begin{bmatrix} 1 & 2 & 0 \\ 2 & 6 & 3 \\ 0 & 3 & 5 \end{bmatrix}$, $B = \begin{bmatrix} 2 & 0 & 0 \\ 0 & 3 & 0 \\ 0 & 0 & 5 \end{bmatrix}$. Berechnen Sie die Matrizen $10A, A + B, A^2, AB, A^{-1}$. Welche lässt sich im obigen Sachzusammenhang interpretieren?

b) Es sei $C = B^{-1}A^{-1}$. Vereinfachen Sie den Ausdruck $(AB)C$ so weit wie möglich, ohne B^{-1} und A^{-1} explizit zu berechnen. In welcher Beziehung steht C zu AB?

9. Für welche Zahlen $a, b \in \mathbb{R}$ ist $\begin{bmatrix} 2 & -1 & -1 \\ a & 1/4 & b \\ 1/8 & 1/8 & -1/8 \end{bmatrix} = \begin{bmatrix} 1 & 2 & 4 \\ 0 & 1 & 6 \\ 1 & 3 & 2 \end{bmatrix}^{-1}$?

3.4 Determinanten

Die **Determinante** $\det(A)$ ist eine Kennzahl einer quadratischen Matrix A mit vielfältigen Verwendungsmöglichkeiten. Mit ihr begründen sich z.B. zahlreiche Volumen- und Inhaltsformeln der Geometrie:

Beispiel 3.20

In der Anschauungsebene betrachten wir das **Einheitsquadrat** mit den Eckpunkten $x^{(1)} = (0,0)^T$, $x^{(2)} = (1,0)^T$, $x^{(3)} = (0,1)^T$ und $x^{(4)} = (1,1)^T$ und dem Flächeninhalt 1. Nun transformiert man die Eckpunkte zu $y^{(i)} = Ax^{(i)}$, wobei $A = \begin{bmatrix} a & b \\ c & d \end{bmatrix}$; das ergibt die Punkte $(0,0)^T$, $(a,c)^T$, $(b,d)^T$ und $(a+b,c+d)^T$, die ein Parallelogramm wie in Abbildung 3.2 festlegen. Der Skizze liegt die Annahme zugrunde, dass $a > b > 0$ und $d > c > 0$ (andere Fälle lassen sich vergleichbar skizzieren). Der Flächeninhalt dieses Parallelogramms beträgt $(a + b)(c + d)$ abzüglich zwei Rechtecken der Fläche bc und je zwei Dreiecken der Flächen $\frac{1}{2}bd$ und $\frac{1}{2}ac$. Fasst man dies zusammen, so ergibt sich der Flächeninhalt $(a + b)(c + d) - ac - bd - 2bc = ad - bc$; der Ausdruck ist aufgrund

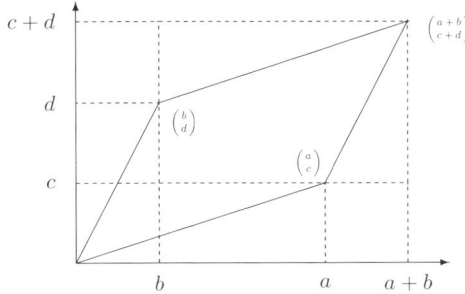

Abbildung 3.2: Illustration der Determinante als Flächenänderungsfaktor

der speziellen Wahl hier positiv. Für andere Werte a, b, c, d bleibt der Sachverhalt fast unverändert - der Flächeninhalt des Parallelogramms beträgt dann $|ad - bc|$.

Allgemein wird der Wert $ad - bc$ als die Determinante $\det(A)$ der Matrix A bezeichnet. Ein Rechteck mit den Seitenlängen ℓ_1 und ℓ_2 wird durch Transformation mittels der Matrix A in ein Parallelogramm mit dem Flächeninhalt $|\det(A)|\ell_1\ell_2$ überführt: die Determinante gibt also betragsmäßig den Inhalts-Änderungsfaktor bei linearer Transformation des Ausgangsrechtecks an.

Aus ökonomischer Sicht liegen die Hauptanwendungsgebiete der Determinante bei der Lösung linearer Gleichungssysteme, Invertierbarkeitsfragen für quadratische Matrizen sowie der Berechnung von Eigenwerten. Außerdem lassen sich mit der Determinante Kennziffern von Funktionen mehrerer Variablen angeben, mit denen man Aufschluss über die Funktionskrümmung sowie die Art der Extremwerte bekommt. Die Determinante als Flächenänderungsfaktor findet sich in der Integralrechnung bei der Substitutionsregel wieder (Satz 5.23 ⇨ vgl. S. 220).

Bei Matrizen mit weniger als vier Zeilen und Spalten gibt es einigermaßen übersichtliche Formeln für die Determinante

Definition 3.6 (Determinaten von $n \times n$-Matrizen für $n \leq 3$)

1. $n = 1$, d.h. $A = [a_{11}]$. Dann ist $\det(A) := a_{11}$

2. $n = 2$, d.h. $A = \begin{bmatrix} a_{11} & a_{12} \\ a_{21} & a_{22} \end{bmatrix}$. Dann ist $\det(A) := a_{11}a_{22} - a_{21}a_{12}$

3. $n = 3$, d.h. $A = \begin{bmatrix} a_{11} & a_{12} & a_{13} \\ a_{21} & a_{22} & a_{23} \\ a_{31} & a_{32} & a_{33} \end{bmatrix}$. Dann ist (**Sarrus-Regel**)

$$\det A = a_{11}a_{22}a_{33} + a_{12}a_{23}a_{31} + a_{13}a_{21}a_{32} - a_{31}a_{22}a_{13} - a_{32}a_{23}a_{11} - a_{33}a_{21}a_{12}$$

Beispiel 3.21

$\begin{bmatrix} 1 & 2 \\ 2 & 5 \end{bmatrix}$ hat die Determinante $1 \cdot 5 - 2 \cdot 2 = 1$ und $\begin{bmatrix} 3 & 1 & 0 \\ 2 & 1 & 2 \\ 1 & 5 & 3 \end{bmatrix}$ hat die Determinante $3 \cdot 1 \cdot 3 + 1 \cdot 2 \cdot 1 + 0 \cdot 2 \cdot 5 - 1 \cdot 1 \cdot 0 - 5 \cdot 2 \cdot 3 - 3 \cdot 2 \cdot 1 = 9 + 2 + 0 - 0 - 30 - 6 = -25$.

Die Sarrus-Regel orientiert sich an dem – nur im Falle $n = 3$ – anwendbaren „Jägerzaun"-Schema aus Abbildung 3.3. Die Werte jeweils längs der Diagonalen werden

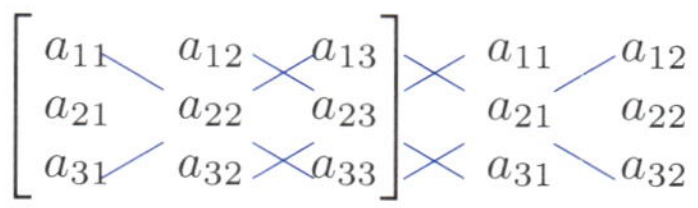

$$\begin{bmatrix} a_{11} & a_{12} & a_{13} \\ a_{21} & a_{22} & a_{23} \\ a_{31} & a_{32} & a_{33} \end{bmatrix} \begin{matrix} a_{11} & a_{12} \\ a_{21} & a_{22} \\ a_{31} & a_{32} \end{matrix}$$

Abbildung 3.3: Grafische Illustration der Sarrus-Regel

multipliziert. Die Ergebnisse werden addiert (Diagonalen von links oben nach rechts unten) bzw. subtrahiert (Diagonalen von links unten nach rechts oben).

Explizite und gleichzeitig allgemeine Formeln für Determinanten von quadratischen Matrizen mit mehr als 3 Zeilen und Spalten werden rasch sehr aufwändig. Hat die 3×3-Determinante gemäß Sarrus-Regel noch 6 Summanden aus Produkten mit 3 Faktoren, so sind es bei 4×4- bzw. 5×5-Determinanten schon 24 bzw. 120 Summanden mit 4 bzw. 5 Faktoren. Allgemein besteht die Determinante einer $n \times n$-Matrix nach der so genannten LEIBNIZ-Formel aus $n! = 1 \cdot 2 \cdots n$ Summanden, die jeweils Produkte von n Faktoren sind. Wir sehen von der Angabe der für unsere Bedürfnisse daher eher ungeeigneten Leibniz-Formel ab; sie findet sich in jedem mathematischen Standardwerk zur linearen Algebra. Statt dessen wollen wir im folgenden zwei verschiedene Wege erläutern, wie die Determinante praktisch berechnet werden kann: das eine Verfahren verwendet im wesentlichen Zeilenumformungen bis zur Staffelform bzw. Zeilenstufenform, das andere entwickelt Matrix nach einer Zeile und Spalte und führt die Determinante so auf Determinanten kleinerer Matrizen zurück.

3.4.1 Berechnung der Determinante mittels Zeilenumformungen

Wird eine Matrix durch Zeilenumformungen verändert, so wirkt sich dies höchstens „multiplikativ" auf die Determinante aus:

Satz 3.8 (Determinante und elementare Zeilenumformungen)
Die Determinante $\det(A)$ hat die folgenden (charakteristischen) Eigenschaften:

[1] Wenn $B \in \mathbb{R}^{n \times n}$ aus $A \in \mathbb{R}^{n \times n}$ durch eine Zeilenvertauschung entsteht, so gilt $\det(B) = -\det(A)$.

[2] Wenn $B \in \mathbb{R}^{n \times n}$ aus $A \in \mathbb{R}^{n \times n}$ durch Multiplikation einer Zeile mit einer Konstanten α entsteht, so gilt $\det(B) = \alpha \cdot \det(A)$.

[3] Wenn $B \in \mathbb{R}^{n \times n}$ aus $A \in \mathbb{R}^{n \times n}$ durch Addition eines Vielfachen einer Zeile zu einer anderen Zeile entsteht, so gilt $\det(B) = \det(A)$.

[4] $\det(I_n) = 1$.

Die Multiplikationsregel gilt hier auch, wenn eine Zeile mit Null multipliziert wird. Solche Umformungen führt man aber eher selten aus.

Berechnung von $\det(A)$ mit Zeilenumformungen

[1] Man überführt die Matrix A in Zeilenstufenform Z.

[2] Man berechne die Determinante von Z.

[3] Es gilt $\det(A) = \frac{(-1)^k \cdot \det(Z)}{c}$. Dabei ist bezogen auf die Zeilenumformungen in [1]

  [a] k die Anzahl der Vertauschungsschritte,

  [b] c das Produkt der Faktoren aus den Multiplikationsschritten.

Also ist bei einer geraden Anzahl von Zeilenvertauschungen $\det(A) = \det(Z)/c$ und bei einer ungeraden Anzahl von Zeilenvertauschungen $\det(A) = -\det(Z)/c$.

Wir illustrieren die Vorgehensweise an Matrizen mit zwei, drei, vier und fünf Zeilen/Spalten. Die Matrizen werden jeweils in Zeilenstufenform überführt und die Determinante der Ausgangsmatrix dann rückwärt rekonstruiert. Die zu berücksichtigenden Faktoren verbuchen wir bei den Umformungen. Dazu wird jede Umformung in zwei Richtungen hervorgehoben und im Falle von Multiplikations- bzw. Vertauschungsschritten auf dem „Hinweg" zur Zeilenstufenform mit dem Faktor bzw. mit (-1) markiert. Die Umformung in die entgegengesetzte Richtung wird mit dem Kehrwert des Faktors bzw. wieder mit (-1) markiert. Additionsschritte bzw. Folgen solcher Schritte bleiben unmarkiert, weil die Determinante sich nicht ändert.

Beispiel 3.22
Wir beginnen mit den beiden Determinanten aus Beispiel 3.21

$$A = \begin{bmatrix} 1 & 2 \\ 2 & 5 \end{bmatrix} \underset{\leftarrow}{\overset{\rightarrow}{}} \begin{bmatrix} 1 & 2 \\ 0 & 1 \end{bmatrix} \underset{\leftarrow}{\overset{\rightarrow}{}} \begin{bmatrix} 1 & 0 \\ 0 & 1 \end{bmatrix} = I_2 = Z$$

Es wurden nur Additionsschritte verwendet, welche die Determinante nicht verändern. Also gilt $\det(A) = \det(Z) = 1$.

$$A = \begin{bmatrix} 3 & 1 & 0 \\ 2 & 1 & 2 \\ 1 & 5 & 3 \end{bmatrix} \underset{\underset{-1}{\leftarrow}}{\overset{\overset{-1}{\rightarrow}}{}} \begin{bmatrix} 1 & 5 & 3 \\ 2 & 1 & 2 \\ 3 & 1 & 0 \end{bmatrix} \underset{\leftarrow}{\overset{\rightarrow}{}} \begin{bmatrix} 1 & 5 & 3 \\ 0 & -9 & -4 \\ 0 & -14 & -9 \end{bmatrix} \underset{\underset{-9}{\leftarrow}}{\overset{\overset{-1/9}{\rightarrow}}{}} \begin{bmatrix} 1 & 5 & 3 \\ 0 & 1 & 4/9 \\ 0 & -14 & -9 \end{bmatrix}$$

$$\underset{\leftarrow}{\overset{\rightarrow}{}} \begin{bmatrix} 1 & 5 & 3 \\ 0 & 1 & 4/9 \\ 0 & 0 & -25/9 \end{bmatrix} \underset{\underset{-25/9}{\leftarrow}}{\overset{\overset{-9/25}{\rightarrow}}{}} \begin{bmatrix} 1 & 5 & 3 \\ 0 & 1 & 4/9 \\ 0 & 0 & 1 \end{bmatrix} \underset{\leftarrow}{\overset{\rightarrow}{}} \begin{bmatrix} 1 & 0 & 0 \\ 0 & 1 & 0 \\ 0 & 0 & 1 \end{bmatrix} = I_3 = Z$$

Ausgehend von der Zeilenstufenform Z ergibt sich die Determinante von A als $\det(A) = (-\frac{25}{9}) \cdot (-9) \cdot (-1) = -25$

$$A = \begin{bmatrix} 1 & 2 & 2 & 2 \\ 1 & 1 & 2 & 1 \\ 1 & 1 & 1 & 0 \\ 1 & 3 & 0 & 0 \end{bmatrix} \underset{\leftarrow}{\overset{\rightarrow}{}} \begin{bmatrix} 1 & 2 & 2 & 2 \\ 0 & -1 & 0 & -1 \\ 0 & -1 & -1 & -2 \\ 0 & 1 & -2 & -2 \end{bmatrix} \underset{\underset{-1}{\leftarrow}}{\overset{\overset{-1}{\rightarrow}}{}} \begin{bmatrix} 1 & 2 & 2 & 2 \\ 0 & 1 & 0 & 1 \\ 0 & -1 & -1 & -2 \\ 0 & 1 & -2 & -2 \end{bmatrix} \underset{\leftarrow}{\overset{\rightarrow}{}} \begin{bmatrix} 1 & 2 & 2 & 2 \\ 0 & 1 & 0 & 1 \\ 0 & 0 & -1 & -1 \\ 0 & 0 & -2 & -3 \end{bmatrix}$$

$$\underset{\underset{-1}{\leftarrow}}{\overset{\overset{-1}{\rightarrow}}{}} \begin{bmatrix} 1 & 2 & 2 & 2 \\ 0 & 1 & 0 & 1 \\ 0 & 0 & 1 & 1 \\ 0 & 0 & -2 & -3 \end{bmatrix} \underset{\leftarrow}{\overset{\rightarrow}{}} \begin{bmatrix} 1 & 2 & 2 & 2 \\ 0 & 1 & 0 & 1 \\ 0 & 0 & 1 & 1 \\ 0 & 0 & 0 & -1 \end{bmatrix} \underset{\underset{-1}{\leftarrow}}{\overset{\overset{-1}{\rightarrow}}{}} \begin{bmatrix} 1 & 2 & 2 & 2 \\ 0 & 1 & 0 & 1 \\ 0 & 0 & 1 & 1 \\ 0 & 0 & 0 & 1 \end{bmatrix} \underset{\leftarrow}{\overset{\rightarrow}{}} \begin{bmatrix} 1 & 0 & 0 & 0 \\ 0 & 1 & 0 & 0 \\ 0 & 0 & 1 & 0 \\ 0 & 0 & 0 & 1 \end{bmatrix} = I_4 = Z$$

Es gilt also $\det(A) = (-1)^3 = -1$.

$$A = \begin{bmatrix} 1 & 2 & 1 & 2 & 1 \\ 2 & 3 & 4 & 3 & 3 \\ 1 & 2 & 2 & 2 & 1 \\ 1 & 2 & 3 & 3 & 1 \\ 1 & 2 & 0 & 2 & 0 \end{bmatrix} \underset{\leftarrow}{\overset{\rightarrow}{}} \begin{bmatrix} 1 & 2 & 1 & 2 & 1 \\ 0 & -1 & 2 & -1 & 1 \\ 0 & 0 & 1 & 0 & 0 \\ 0 & 0 & 2 & 1 & 0 \\ 0 & 0 & -1 & 0 & -1 \end{bmatrix} \underset{\leftarrow}{\overset{\rightarrow}{}} \begin{bmatrix} 1 & 2 & 1 & 2 & 1 \\ 0 & -1 & 2 & -1 & 1 \\ 0 & 0 & 1 & 0 & 0 \\ 0 & 0 & 0 & 1 & 0 \\ 0 & 0 & 0 & 0 & -1 \end{bmatrix}$$

Mit zwei weiteren Zeilenmultiplikationen mit (-1) und anschließenden Additionsschritten gelangt man zur Einheitsmatrix I_5. Die Determinante von A ist also $\det(A) = (-1)^2 = 1$.

In den Beispielen ergibt sich jeweils eine Determinante ungleich Null, denn am Ende ist die Zeilenstufenform stets die Einheitsmatrix. Das muss aber nicht immer so sein: Wenn die Zeilenstufenform nicht den vollen Rang hat, so besitzt sie mindestens eine

Null-Zeile. Dann ist der „Vorwärts-Schritt"zur Einheitsmatrix zwar nicht möglich, wohl aber der umgekehrte Weg durch Multiplikation einer oder mehrerer Zeilen mit Null. Die Zeilenstufenform hat infolgedessen die Determinante Null und die Ausgangsmatrix muss dann ebenfalls die Determinante Null haben. Im folgenden Beispiel markieren wir diesen Schritt dadurch, dass nur ein Pfeil in Links-Rechts-Richtung mit Faktor Null angegeben wird.

Beispiel 3.23

$$A = \begin{bmatrix} 0 & 4 & 1 \\ 2 & 1 & 1 \\ 2 & 5 & 2 \end{bmatrix} \overset{-1}{\underset{-1}{\overset{\rightarrow}{\leftarrow}}} \begin{bmatrix} 2 & 1 & 1 \\ 0 & 4 & 1 \\ 2 & 5 & 2 \end{bmatrix} \overset{\rightarrow}{\leftarrow} \begin{bmatrix} 2 & 1 & 1 \\ 0 & 4 & 1 \\ 0 & 0 & 0 \end{bmatrix} \overset{\frac{1}{8}}{\underset{8}{\overset{\rightarrow}{\leftarrow}}} \begin{bmatrix} 1 & \frac{1}{2} & \frac{1}{2} \\ 0 & 1 & \frac{1}{4} \\ 0 & 0 & 0 \end{bmatrix} \overset{\leftarrow}{\underset{0}{}} \begin{bmatrix} 1 & \frac{1}{2} & \frac{1}{2} \\ 0 & 1 & \frac{1}{4} \\ 0 & 0 & 1 \end{bmatrix} \overset{\rightarrow}{\leftarrow} I_3 = Z$$

Die Ausgangsmatrix A hat Determinante $\det(A) = 0 \cdot 8 \cdot (-1) \cdot \det(Z) = 0$.

Mit der nachfolgenden Regel lässt sich die Berechnung der Determinante über Zeilenumformungen oft drastisch kürzen:

Satz 3.9

Liegt eine Matrix A in der so genannten oberen bzw. unteren **Dreiecksform**

$$\begin{bmatrix} \alpha_1 & * & * & * \\ 0 & \alpha_2 & * & * \\ \vdots & 0 & \ddots & * \\ 0 & \dots & 0 & \alpha_n \end{bmatrix} \quad \text{bzw.} \quad \begin{bmatrix} \alpha_1 & 0 & \dots & 0 \\ * & \alpha_2 & \dots & 0 \\ \vdots & * & \ddots & 0 \\ * & * & * & \alpha_n \end{bmatrix}$$

vor, bei der die $*$-Einträge oberhalb bzw. unterhalb der Hauptdiagonale beliebige reelle Zahlen bezeichnen, so gilt: $\det(A) = \alpha_1 \cdot \alpha_2 \cdots \alpha_n$

Denn durch n Zeilen-Multiplikationen mit $\alpha_1, \dots, \alpha_n$ lässt sich die Matrix

$$S = \begin{bmatrix} 1 & * & * & * \\ 0 & 1 & * & * \\ \vdots & 0 & \ddots & * \\ 0 & \dots & 0 & 1 \end{bmatrix}$$

in A überführen. S wiederum hat die Determinante 1, weil sie sich ausschließlich durch Additionsschritte gemäß des Gauß-Verfahrens in die Einheitsmatrix umformen lässt.□

Der vorstehende Satz führt nun zu folgender Heuristik zur Berechnung von Determinanten mittels Zeilenumformungen

Die Determinante einer Matrix A lässt sich wie folgt berechnen:

[1] Durch Anwendung von Additionsschritten und - falls notwendig - Vertauschungsschritten und Multiplikationsschritten wird die Matrix in obere (oder untere) Dreiecksform D überführt.

[2] Die Determinante der Dreiecksform wird abgelesen.

[3] Die Determinante der Ausgangsmatrix A wird durch „Verbuchung" der Vertauschungsschritte und Multiplikationsschritte hieraus bestimmt.

Beispiel 3.24 (Fortsetzung von Beispiel 3.22)

Wir berechnen noch einmal die ersten vier Determinanten in Beispiel 3.22, wobei wir jeweils mit möglichst wenig Zeilenvertauschungen und -multiplikationen eine obere Dreiecksform herleiten. Deren Determinante lesen wir dann ab:

$$A = \begin{bmatrix} 1 & 2 \\ 2 & 5 \end{bmatrix} \overset{\rightarrow}{\underset{\leftarrow}{}} \begin{bmatrix} 1 & 2 \\ 0 & 1 \end{bmatrix} = D. \text{ Es ist } \det(A) = \det(D) = 1.$$

$$A = \begin{bmatrix} 3 & 1 & 0 \\ 2 & 1 & 2 \\ 1 & 5 & 3 \end{bmatrix} \overset{-\frac{1}{3}}{\underset{-1}{\rightarrow}} \begin{bmatrix} 1 & 5 & 3 \\ 2 & 1 & 2 \\ 3 & 1 & 0 \end{bmatrix} \overset{\rightarrow}{\underset{\leftarrow}{}} \begin{bmatrix} 1 & 5 & 3 \\ 0 & -9 & -4 \\ 0 & -14 & -9 \end{bmatrix} \overset{-\frac{1}{9}}{\underset{-9}{\rightarrow}} \begin{bmatrix} 1 & 5 & 3 \\ 0 & 1 & 4/9 \\ 0 & -14 & -9 \end{bmatrix}$$

$$\overset{\rightarrow}{\underset{\leftarrow}{}} \begin{bmatrix} 1 & 5 & 3 \\ 0 & 1 & 4/9 \\ 0 & 0 & -25/9 \end{bmatrix} = D.$$

Also ist. $\det(A) = (-1)(-9)\det(D) = (-1)(-9)(-\frac{25}{9}) = -25$.

$$A = \begin{bmatrix} 1 & 2 & 2 & 2 \\ 1 & 1 & 2 & 1 \\ 1 & 1 & 1 & 0 \\ 1 & 3 & 0 & 0 \end{bmatrix} \rightarrow \begin{bmatrix} 1 & 2 & 2 & 2 \\ 0 & -1 & 0 & -1 \\ 0 & -1 & -1 & -2 \\ 0 & 1 & -2 & -2 \end{bmatrix} \rightarrow \begin{bmatrix} 1 & 2 & 2 & 2 \\ 0 & -1 & 0 & -1 \\ 0 & 0 & -1 & -1 \\ 0 & 0 & -2 & -3 \end{bmatrix} \rightarrow \begin{bmatrix} 1 & 2 & 2 & 2 \\ 0 & -1 & 0 & -1 \\ 0 & 0 & -1 & -1 \\ 0 & 0 & 0 & -1 \end{bmatrix}$$

Es gilt also $\det(A) = (-1)^3 = -1$.

Es sei abschließend hervorgehoben, dass es stets mehr als einen Weg zur Berechnung der Determinante mittels Zeilenumformungen gibt, dass aber jeder dieser Rechenwege schlussendlich den selben Wert für die Determinante ergibt. Dies gilt auch für den im folgenden besprochenen Entwicklungs-Ansatz.

3.4.2 Berechnung der Determinante mittels Entwicklung nach Zeilen bzw. Spalten

Der Entwicklungsansatz für Determinanten ist **rekursiv**, d.h. es wird eine Formel für die Determinante einer $n \times n$-Matrix A verwendet, welche auf $(n-1) \times (n-1)$-Determinanten zurückführt. Bei der Anwendung bestimmt man zunächst eine beliebige Zeile i (oder Spalte j) – unabhängig von dieser Festlegung ergibt sich am Ende stets dasselbe Ergebnis.

Dann bestimmt man zunächst für diese i-te Zeile (bzw. j-te Spalte) sämtliche Streichungsmatrizen, die sich durch Streichen der i-ten Zeile und sukzessive der ersten, zweiten, ..., n-ten Spalte (bzw. der ersten, zweiten, ..., n-ten Zeile) ergeben. Schematisch bildet sich die Streichungsmatrix der i-ten Zeile und ℓ-ten Spalte wie folgt.

$$A = \begin{bmatrix} B & \vdots & C \\ \cdots & a_{i\ell} & \cdots \\ D & \vdots & E \end{bmatrix} \quad \Rightarrow \quad A_{i\ell} := \begin{bmatrix} B & C \\ D & E \end{bmatrix}$$

So hat $A = \begin{bmatrix} 1 & 4 & 3 & 2 \\ 6 & 2 & 3 & 0 \\ 2 & 5 & 5 & 1 \\ 9 & 7 & 4 & 3 \end{bmatrix}$ beispielsweise die Streichungsmatrix $A_{23} = \begin{bmatrix} 1 & 4 & 2 \\ 2 & 5 & 1 \\ 9 & 7 & 3 \end{bmatrix}$.

Satz 3.10 (Entwicklungsformel von Laplace)
Für alle $i, j \in \{1, \ldots, n\}$ ergibt sich die Determinante einer $n \times n$-Matrix A durch die Entwicklung nach der

[1] i-ten Zeile: $\qquad\qquad \det(A) = (-1)^{i+1} a_{i1} \det(A_{i1}) + \cdots + (-1)^{i+n} a_{i1} \det(A_{in})$

[2] j-ten Spalte: $\qquad\qquad \det(A) = (-1)^{1+j} a_{1j} \det(A_{1j}) + \cdots + (-1)^{n+j} a_{nj} \det(A_{nj})$

Entwickelt man nun auch die in der Formel vorkommenden $(n-1) \times (n-1)$-Determinanten nach diesem Schema und führt dies sukzessive fort, bis man zu 1×1-Determinanten gelangt ist, so erhält man (nach Auflösen aller auftretenden Klammern) $n!$ Summanden. Die **Entwicklungsformel von Laplace** liefert abschließend die $n!$ Summanden der LEIBNIZ'schen Entwicklungsformel.

Enwickelt man nach einer Zeile oder Spalte mit möglichst vielen Null-Einträgen, so kann sich hierdurch der Darstellungsaufwand stark reduzieren:

Beispiel 3.25

$$\det \begin{bmatrix} 1 & 2 & 2 & 2 \\ 1 & 1 & 2 & 1 \\ 1 & 1 & 1 & 0 \\ 1 & 3 & 0 & 0 \end{bmatrix} = \det \begin{bmatrix} 1 & 2 & 1 \\ 1 & 1 & 0 \\ 3 & 0 & 0 \end{bmatrix} - 2 \det \begin{bmatrix} 1 & 2 & 1 \\ 1 & 1 & 0 \\ 1 & 0 & 0 \end{bmatrix} + 2 \det \begin{bmatrix} 1 & 1 & 1 \\ 1 & 1 & 0 \\ 1 & 3 & 0 \end{bmatrix} - 2 \det \begin{bmatrix} 1 & 1 & 2 \\ 1 & 1 & 1 \\ 1 & 3 & 0 \end{bmatrix}$$

$$= 1 \cdot (-3) - 2 \cdot (-1) + 2 \cdot 2 - 2 \cdot 2 = -1$$

Wie man sieht, mussten vier Determinanten nach Sarrus berechnet werden. Je mehr Null–Einträge allerdings in einer Zeile bzw. Spalte stehen, um so eher ist sie für die Entwicklung geeignet. So liefert die Entwicklung nach der vierten Spalte im obigen Beispiel dasselbe Ergebnis, aber mit etwa dem halben Rechenaufwand:

$$\det \begin{bmatrix} 1 & 2 & 2 & 2 \\ 1 & 1 & 2 & 1 \\ 1 & 1 & 1 & 0 \\ 1 & 3 & 0 & 0 \end{bmatrix} = (-2) \det \begin{bmatrix} 1 & 1 & 2 \\ 1 & 1 & 1 \\ 1 & 3 & 0 \end{bmatrix} + \det \begin{bmatrix} 1 & 2 & 2 \\ 1 & 1 & 1 \\ 1 & 3 & 0 \end{bmatrix} = -1$$

3.4.3 Strategien zur Berechnung von Determinanten

Vielleicht haben Sie anhand des letzten Beispiels den Eindruck gewonnen, dass es für allgemeine $n \times n$-Matrizen viel einfacher ist, die Determinante durch Entwicklung zu berechnen. Das ist in dieser Form nicht ganz richtig, ab $n = 5$ steigt der Aufwand doch enorm bei gleichzeitigem Verlust an Übersichtlichkeit. Empfohlen sei die folgende Vorgehensweise, die Anleihen bei allen Grundtechniken macht:

Heuristik zur Determinantenberechnung:

[1] Für Matrizen mit $n \leq 3$ Zeilen/Spalten wende man die expliziten Formeln an.

[2] Für Matrizen mit $n > 3$ Zeilen/Spalten prüfe man, ob Zeilen/Spalten mit „vielen" Null-Einträgen vorliegen.

    [a]   Falls ja: Entwicklung nach einer dieser Zeilen/Spalten. Erneute Anwendung der Heuristik auf die gewonnenen $(n-1) \times (n-1)$-Determinanten.

    [b]   Falls nein: Erzeugen einer Spalte mit möglichst vielen Null-Einträgen durch Zeilenumformungen gemäß der Idee des Gauß-Algorithmus. Danach Entwicklungsformel oder Fortführung des Eliminationsverfahren.

Schließlich seien noch drei Rechenregeln für Determinanten erwähnt, von denen besonders die erste mit Gewinn innerhalb der obigen Heuristik verwendet werden kann:

Satz 3.11 (Determinanten von speziellen Matrizen)

[1] Wenn $A \in \mathbb{R}^{n \times n}$ eine Blockmatrix mit der Gestalt $A = \begin{bmatrix} B & * \\ 0 & C \end{bmatrix}$ mit quadratischen Matrizen B, C hat, so gilt $\det(A) = \det(B) \cdot \det(C)$.

[2] Sind A, B zwei quadratische $n \times n$-Matrizen, so gilt: $\det(AB) = \det(A) \det(B)$.

Beispiel 3.26

Die Ausnutzung der Blockmatrix-Gestalt sei anhand der bereits früher schon einmal untersuchten 5×5-Matrix erläutert. Durch die zuerst durchgeführten Additionsschritte erzeugt man eine Einheitsspalte

$$A = \begin{bmatrix} 1 & 2 & 1 & 2 & 1 \\ 2 & 3 & 4 & 3 & 3 \\ 1 & 2 & 2 & 2 & 1 \\ 1 & 2 & 3 & 3 & 1 \\ 1 & 2 & 0 & 2 & 0 \end{bmatrix} \rightarrow B = \left[\begin{array}{cc|ccc} 1 & 2 & 1 & 2 & 1 \\ 0 & -1 & 2 & -1 & 1 \\ 0 & 0 & 1 & 0 & 0 \\ 0 & 0 & 2 & 1 & 0 \\ 0 & 0 & -1 & 0 & -1 \end{array} \right]$$

Dabei entsteht eine Block-Gestalt, aus der sich die Determinante über die Grundformeln für $n = 2$ bzw. 3 (bzw. über die Formeln für Dreiecksmatrizen) bestimmen lässt:

$$\det(A) = \det(B) = \det \begin{bmatrix} 1 & 2 \\ 0 & -1 \end{bmatrix} \det \begin{bmatrix} 1 & 0 & 0 \\ 2 & 1 & 0 \\ -1 & 0 & -1 \end{bmatrix} = (1 \cdot (-1)) \cdot (1 \cdot 1 \cdot (-1)) = 1$$

Bei alleiniger Verwendung der Entwicklungsformeln (selbst bei Entwickeln nach der fünften Zeile) wäre der Rechenaufwand erheblich größer.

Abschließend wollen wir das Verhalten der Determinante bei Transposition ansprechen:

Satz 3.12

Ist A eine $n \times n$-Matrix, so gilt $\det(A) = \det(A^T)$

Diese Regel bedeutet, dass man analog zu Zeilenumformungen mit demselben Resultat auch Spaltenumformungen auf einer Matrix durchführen kann.

3.4.4 Anwendungen der Determinante

Die Determinante kann beim Lösen quadratischer linearer Gleichungssysteme mittels der **Cramer'schen Regel** und bei der Matrixinversion eingesetzt werden.

Die Cramer'sche Regel ermöglicht es, bei einem linearen Gleichungssystem $Ax = b$ mit quadratischer invertierbarer Koeffizientenmatrix A einzelne Komponenten des Lösungsvektors x zu berechnen, ohne die anderen mitbestimmen zu müssen. Dies ist von Bedeutung in größeren ökonomischen Modellen – etwa in der Sektorenverflechtung, bei denen viele technische Komponenten in dem zu bestimmenden Profil x auftreten, die für Ökonomen nachrangige Bedeutung haben.

Satz 3.13

Für alle $A = \begin{bmatrix} a_{11} & \dots & a_{1n} \\ \vdots & \ddots & \vdots \\ a_{n1} & \dots & a_{nn} \end{bmatrix} \in \mathbb{R}^{n \times n}$ und $b = \begin{pmatrix} b_1 \\ \vdots \\ b_n \end{pmatrix} \in \mathbb{R}^n$ gilt:

[1] A ist invertierbar $\iff$ $\det(A) \neq 0$

[2] Cramer'sche Regel: Falls $\det(A) \neq 0$, so hat das lineare Gleichungssystem $Ax = b$ genau eine Lösung $x = (x_1, \dots, x_n)^T = A^{-1}b$ und es gilt für $j = 1, \dots, n$:

$$x_j = \frac{\det \begin{bmatrix} a_{1,1} & \dots & a_{1,j-1} & b_1 & a_{1,j+1} & \dots & a_{1,n} \\ \vdots & \ddots & \vdots & \vdots & \dots & \ddots & \vdots \\ a_{n,1} & \dots & a_{n,j-1} & b_n & a_{n,j+1} & \dots & a_{n,n} \end{bmatrix}}{\det(A)}$$

d.h. im Zähler steht die Determinante derjenigen Matrix, die entsteht, indem man die j–te Spalte von A durch den Vektor b ersetzt.

Beispiel 3.27

Für die Matrix $A = \begin{bmatrix} 1 & 2 & -1 \\ 0 & 3 & 2 \\ 1 & 1 & 0 \end{bmatrix}$ gilt (etwa mit der Sarrus-Regel) $\det(A) = 5$, d.h.

A ist invertierbar.

Für $b = (3,2,4)^T$ hat das LGS $Ax = b$ mit $x = (x_1, x_2, x_3)^T$ die Lösungen

$$x_1 = \frac{\det \begin{bmatrix} 3 & 2 & -1 \\ 2 & 3 & 2 \\ 4 & 1 & 0 \end{bmatrix}}{\det A} = \frac{20}{5} = 4 \qquad x_2 = \frac{\det \begin{bmatrix} 1 & 3 & -1 \\ 0 & 2 & 2 \\ 1 & 4 & 0 \end{bmatrix}}{\det A} = \frac{0}{5} = 0$$

$$x_2 = \frac{\det \begin{bmatrix} 1 & 2 & 3 \\ 0 & 3 & 2 \\ 1 & 1 & 4 \end{bmatrix}}{\det A} = \frac{5}{5} = 1$$

Der Nutzen der Cramer-Regel sinkt mit der Anzahl der Komponenten von x, die auf diese Weise simultan berechnet werden müssen. Ist gar zur Berechnung der Determinante von A eine gleich große Anzahl von Zeilenumformungen erforderlich wie bei Durchführung des Gauß'schen Eliminationsverfahrens zur Bestimmung von A^{-1}, so sollte man auf die Cramer'sche Regel verzichten.

Weil die Inversion einer Matrix durch die Simultanlösung mehrerer linearer Gleichungssysteme behandelt wird, lässt sich aus der Cramer'schen Regel auch eine allgemeine Formel für die inverse Matrix auf Basis von Determinanten herleiten. Die entsprechenden Formeln sind aber eher aufwändig und sollen daher nur für 2×2-Matrizen geschildert werden, weil sie hier besonders häufig eingesetzt werden:

Beispiel 3.28

Sei die Matrix $A = \begin{bmatrix} a & b \\ c & d \end{bmatrix} \in \mathbb{R}^{2 \times 2}$ invertierbar. Dann gilt: $A^{-1} = \frac{1}{ad-bc} \cdot \begin{bmatrix} d & -b \\ -c & a \end{bmatrix}$

Die Determinante der Matrix A tritt dabei als normierender Faktor der Inversen auf, ähnlich wie bei der Cramer-Regel. Dies ist charakteristisch für die allgemeine Determinantenformel von A^{-1}, die man ebenfalls in Standard-Lehrbüchern der Linearen Algebra findet.

Übungen zu Abschnitt 3.4

10. Berechnen Sie die Determinanten der folgenden Matrizen.

a) $\begin{bmatrix} 2 & 3 \\ 7 & 1 \end{bmatrix}$ b) $\begin{bmatrix} 3 & 2 & 3 \\ 2 & 7 & 2 \\ 9 & 11 & 9 \end{bmatrix}$ c) $\begin{bmatrix} 1 & 2 & 2 \\ 4 & 3 & 7 \\ 1 & 4 & 1 \end{bmatrix}$ d) $\begin{bmatrix} t & -t & 1 \\ -t & t & 1 \\ 1 & -t & t \end{bmatrix}$ e) $\begin{bmatrix} 8 & 8 & 10 & 4 \\ 7 & 2 & 0 & 0 \\ 1 & 0 & 3 & 0 \\ 7 & 8 & 9 & 4 \end{bmatrix}$ f) $\begin{bmatrix} -a & -a & a & a \\ a & b & -b & a \\ a & -b & b & a \\ a & a & a & -a \end{bmatrix}$

11. Berechnen Sie $\begin{bmatrix} \frac{a_1(a_1-1)}{x_1^2} & \frac{a_1 a_2}{x_1 x_2} & \frac{a_1 a_3}{x_1 x_3} & \frac{a_1 a_4}{x_1 x_4} \\ \frac{a_2 a_1}{x_2 x_1} & \frac{a_2(a_2-1)}{x_2^2} & \frac{a_2 a_3}{x_2 x_3} & \frac{a_2 a_4}{x_2 x_4} \\ \frac{a_3 a_1}{x_3 x_1} & \frac{a_3 a_2}{x_3 x_2} & \frac{a_3(a_3-1)}{x_3^2} & \frac{a_3 a_4}{x_3 x_4} \\ \frac{a_4 a_1}{x_4 x_1} & \frac{a_4 a_2}{x_4 x_2} & \frac{a_4 a_3}{x_4 x_3} & \frac{a_4(a_4-1)}{x_4^2} \end{bmatrix}$ möglichst geschickt.

12. Neues aus Stenkelfeld: Friedhelm Pötter, Leiter der „Jürgen-Koppelin-Bildungs-stätte" veranstaltet ein siebentägiges Esoterik-Seminar, dessen sieben Teilnehmer in der Reihenfolge ihrer Anmeldung nach von 1 bis 7 durchnummeriert sind. Die tägliche Sitzordnung für das Seminar folgt der Planungsmatrix

$$A = \begin{bmatrix} a_{1,1} & a_{1,2} & a_{1,3} & a_{1,4} & a_{1,5} & a_{1,6} & a_{1,7} \\ a_{2,1} & a_{2,2} & a_{2,3} & a_{2,4} & a_{2,5} & a_{2,6} & a_{2,7} \\ a_{3,1} & a_{3,2} & a_{3,3} & a_{3,4} & a_{3,5} & a_{3,6} & a_{3,7} \\ a_{4,1} & a_{4,2} & a_{4,3} & a_{4,4} & a_{4,5} & a_{4,6} & a_{4,7} \\ a_{5,1} & a_{5,2} & a_{5,3} & a_{5,4} & a_{5,5} & a_{5,6} & a_{5,7} \\ a_{6,1} & a_{6,2} & a_{6,3} & a_{6,4} & a_{6,5} & a_{6,6} & a_{6,7} \\ a_{7,1} & a_{7,2} & a_{7,3} & a_{7,4} & a_{7,5} & a_{7,6} & a_{7,7} \end{bmatrix}$$

(jede Zeile steht für die Sitzordnung eines Tages, erfasst also jeweils die Zahlen von 1 bis 7 in einer geeigneten Reihenfolge). Um dem Seminar ein geeignetes esoterisches „Flair" zu verleihen, möchte Pötter einen Sitzplan erarbeiten, bei dem $\det(A) = 7$ ist. Helfen Sie Herrn Pötter, d.h. geben Sie eine derartige Planungsmatrix an oder begründen Sie, weshalb das Problem nicht lösbar ist.

13. Berechnen Sie $x = (x_1, \ldots, x_n)^T$ mit der Cramer'schen Regel, falls möglich:

a) $\begin{bmatrix} 1 & 3 \\ 2 & 4 \end{bmatrix} \begin{pmatrix} x_1 \\ x_2 \end{pmatrix} = \begin{pmatrix} 5 \\ 5 \end{pmatrix}$ b) $\begin{bmatrix} 1 & 3 & 3 \\ 2 & 4 & 6 \\ 7 & 9 & 1 \end{bmatrix} \begin{pmatrix} x_1 \\ x_2 \\ x_3 \end{pmatrix} = \begin{pmatrix} 5 \\ 5 \\ 5 \end{pmatrix}$ c) $\begin{bmatrix} t & -t & 1 \\ -t & t & 1 \\ 1 & -t & t \end{bmatrix} \begin{pmatrix} x_1 \\ x_2 \\ x_3 \end{pmatrix} = \begin{pmatrix} t \\ 0 \\ t \end{pmatrix}$

3.5 Eigenwerte und Eigenvektoren

Verflechtungen mit quadratischen Matrizen A überführen Vektoren x in andere Vektoren Ax mit gleicher Komponentenzahl. Dabei sind manchmal solche Vektoren x von Interesse, die sich bei der Verflechtung nicht verändern, d.h. für die $Ax = x$ gilt, z.B.

- der „steady-state" bei der Kundenwanderung,
- das geschlossene Sektor-Verflechtungsmodell nach Leontief.

Beide Themen werden wir im nächsten Abschnitt besprechen. Eine etwas allgemeinere Form von Stabilität liegt vor, wenn Input- und Output-Vektor kollinear (d.h. linear abhängig) sind. Die Suche nach derartigen Input-Vektoren für eine gegebene Matrix ist ein Hilfsmittel bei der Berechnung von Matrix-Produkten hoher Ordnung ebenso wie in der Marginalanalyse ökonomischer Funktionen mehrerer Variablen. Aber auch in Modellen mit Übergangsmatrizen kann Kollinearität eine Bedeutung haben.

Beispiel 3.29 (Fortsetzung von Beispiel 3.2   ⇨ vgl. S. 86)
Wir betrachten nochmals das Beispiel eines Produktes, welches von zwei Herstellern auf dem Markt angeboten wird, wobei der erste Anbieter monatlich einen von fünf Kunden an den zweiten verliert, der zweite hingegen jeden dritten Kunden an den ersten Anbieter abgibt. Es sei jetzt zusätzlich angenommen, dass der Markt für dieses Produkt expandiert: jeder fünfte Kunde jedes eines Anbieters gewinnt einen Neukunden, der das Produkt bisher noch nicht konsumiert hat, für den folgenden Monat.

Sind x_1 bzw. x_2 die Anteile der Anbieter am Markt, lauten die Kundenzahlen in der folgenden Periode also

$$\begin{pmatrix} y_1 \\ y_2 \end{pmatrix} = \begin{pmatrix} \frac{4}{5}x_1 + \frac{1}{3}x_2 + \frac{1}{5}x_1 \\ \frac{1}{5}x_1 + \frac{2}{3}x_2 + \frac{1}{5}x_2 \end{pmatrix} = \begin{pmatrix} x_1 + \frac{1}{3}x_2 \\ \frac{1}{5}x_1 + \frac{13}{15}x_2 \end{pmatrix} = \begin{bmatrix} 1 & \frac{1}{3} \\ \frac{1}{5} & \frac{13}{15} \end{bmatrix} \begin{pmatrix} x_1 \\ x_2 \end{pmatrix}$$

In dieser Situation können sich die absoluten Kundenanteile natürlich nicht stabilisieren. Ein einmal erreichtes Kundenverhältnis 5:3 verändert sich aber auch hier nicht mehr. Es gilt nämlich für $t \in \mathbb{R}$

$$\begin{bmatrix} 1 & \frac{1}{3} \\ \frac{1}{5} & \frac{13}{15} \end{bmatrix} \begin{pmatrix} 5t \\ 3t \end{pmatrix} = \begin{pmatrix} 6t \\ \frac{18}{5}t \end{pmatrix} = \frac{6}{5} \cdot \begin{pmatrix} 5t \\ 3t \end{pmatrix}$$

und beide Marktanteil-Vektoren haben Komponenten im Verhältnis 5:3. Gleichzeitig haben sich die Kundenanteile um 20% erhöht. Informell gesprochen liegt dann ein Wachstumsprozess vor, bei dem die Kundenverhältnisse zwischen den Anbietern konstant bleiben, und innerhalb einer Periode jeweils um den gleichen Prozentsatz steigen.

Definition 3.7

Man nennt $\lambda \in \mathbb{R}$ einen **Eigenwert** von $A \in \mathbb{R}^{n \times n}$, wenn es einen vom **Nullvektor** verschiedenen Vektor $x \in \mathbb{R}^n$ gibt, so dass gilt

$$Ax = \lambda x$$

Ein solcher Vektor heißt dann **Eigenvektor zum Eigenwert** λ.

Wie bei Matrix-Inversion und Determinantenrechnung macht es nur Sinn, von Eigenwerten bzw. Eigenvektoren einer Matrix zu sprechen, wenn diese Matrix quadratisch ist. Weiterhin sind Eigenvektoren per Definition keine Nullvektoren, denn es gilt stets $A\bar{0} = \bar{0} = \lambda\bar{0}$ (d.h. jede Zahl $\lambda \in \mathbb{R}$ wäre Eigenwert) und es wären bei sämtlichen Anwendungen der Eigenwerte mühselige wie nutzlose Fallunterscheidungen erforderlich.

Das Anwendungsspektrum für Eigenwerte ist breit gefächert, lässt sich aber eher nicht auf der sachlogischen Ebene formulieren. So stellen Eigenvektoren die Achsen eines Koordinatensystems dar, welche unter der linearen Abbildung A erhalten bleiben, sie erleichtern danach die numerische Berechnung von Matrixpotenzen der Form A^n, sie ermöglichen einen sinnvollen numerischen Umgang mit dem Krümmungsverhalten von Funktionen mehrerer Veränderlichen. Ihr Anwendungsbereich umfasst nahezu alle ökonomisch relevanten Teilgebiete der Mathematik und Statistik: (numerische) Optimierung, Faktorenanalyse, Hauptkomponentenzerlegung, Diskriminanzanalyse nach R.A. FISHER, Versuchsplanung und viele weitere Bereiche.

Eigenwerte und Eigenvektoren sind allerdings in aller Regel nicht händisch, sondern nur noch numerisch unter Einsatz von geeigneter Software zu berechnen. Dennoch lohnt es sich, mit diesem Bereich der linearen Algebra ein wenig vertraut zu werden.

Beispiel 3.30

Betrachtet werde nochmals das modifizierte Marktwanderungsbeispiel mit der Übergangsmatrix $A = \begin{bmatrix} 1 & \frac{1}{3} \\ \frac{1}{5} & \frac{13}{15} \end{bmatrix}$.

- Hier ist $\lambda = \frac{6}{5}$ ein Eigenwert von A. Ein Eigenvektor ist u.a. $(5,3)^T$.

- Ein weiterer Eigenwert von A ist $\mu = \frac{2}{3}$. Es gilt nämlich

$$\begin{bmatrix} 1 & \frac{1}{3} \\ \frac{1}{5} & \frac{13}{15} \end{bmatrix} \begin{pmatrix} -1 \\ 1 \end{pmatrix} = \begin{pmatrix} -\frac{2}{3} \\ \frac{10}{15} \end{pmatrix} = \begin{pmatrix} -\frac{2}{3} \\ \frac{2}{3} \end{pmatrix} = \frac{2}{3} \cdot \begin{pmatrix} -1 \\ 1 \end{pmatrix}$$

Ökonomisch ist dieser Eigenwert zunächst nutzlos, da jeder Eigenvektor hierzu ein Vielfaches des berechneten Eigenvektors ist und damit mindestens eine negative Komponente hat, also nicht als Marktanteil interpretiert werden kann.

3.5.1 Bestimmung von Eigenwerten und Eigenvektoren

Wie findet man einen bzw. alle Eigenwerte einer gegebenen quadratischen Matrix A? Dazu stellen wir folgende Überlegungen an:

- Eine Zahl $\lambda \in \mathbb{R}$ ist genau dann ein Eigenwert von A zum Eigenvektor $x \neq \bar{0}$, wenn gilt $x \neq \bar{0}$ und $Ax = \lambda x$.

- Man bringt λx auf die linke Seite der Gleichung $Ax = \lambda x$ und erhält $Ax - \lambda x = \bar{0}$. Weil mit der Einheitsmatrix I_n gilt $x = I_n x$, schreibt man $Ax - \lambda I_n x = \bar{0}$.

- Klammert man x in $Ax - \lambda I_n x = \bar{0}$ nach rechts aus, so schreibt sich die Gleichung $Ax = \lambda x$ schließlich als homogenes LGS $(A - \lambda I_n)x = \bar{0}$.

$x \neq \bar{0}$ ist also genau dann Eigenvektor zum Eigenwert λ, wenn x eine vom Nullvektor verschiedene Lösung des homogenen LGS $(A - \lambda I_n)x = \bar{0}$ ist, d.h. wenn dieses LGS mehrdeutig lösbar ist. Das ist dann und nur dann möglich, wenn $\det(A - \lambda I_n) = 0$.

Definition 3.8

Die Determinante der Matrix $A - \lambda I_n$ ist ein Polynom n-ten Grades in der Variablen λ. Es heißt **charakteristisches Polynom**.

Wir halten das Hauptresultat der obigen Überlegungen fest:

Satz 3.14

Die Nullstellen des charakteristischen Polynoms einer Matrix $A \in \mathbb{R}^{n \times n}$ sind genau die Eigenwerte von A.

Beispiel 3.31

Das charakteristische Polynom der Matrix $A = \begin{bmatrix} 1 & \frac{1}{3} \\ \frac{1}{5} & \frac{13}{15} \end{bmatrix}$ lautet

$$\det(A - \lambda I_2) = \det\left(\begin{bmatrix} 1 & \frac{1}{3} \\ \frac{1}{5} & \frac{13}{15} \end{bmatrix} - \lambda \begin{bmatrix} 1 & 0 \\ 0 & 1 \end{bmatrix} \right) = \det \begin{bmatrix} 1 - \lambda & \frac{1}{3} \\ \frac{1}{5} & \frac{13}{15} - \lambda \end{bmatrix}$$

$$= (1 - \lambda)\left(\frac{13}{15} - \lambda \right) - \frac{1}{3} \cdot \frac{1}{5} = \lambda^2 - \frac{28}{15}\lambda + \frac{4}{5} = \frac{1}{15}(3\lambda - 2)(5\lambda - 6)$$

Nullstellen und damit Eigenwerte von A sind die oben angegebenen Werte $\frac{6}{5}$ und $\frac{2}{3}$.

Um zugehörige Eigenvektoren zu bestimmen, muss man für jeden der Eigenwerte das zur Matrix $A - \lambda I_n$ gehörige homogene lineare Gleichungssystem $A - \lambda I_n$ bilden und lösen, etwa durch Angabe einer **Basis** des **Kerns** der Matrix $A - \lambda I_n$. Wir haben die Vorgehensweise zur Berechnung einer solchen Basis in Satz 2.7 ⇨vgl. S. 62f. besprochen und wenden dies jetzt hier an.

Beispiel 3.32

Im vorangegangenen Beispiel lautet für den Eigenwert $\frac{6}{5}$ die Koeffizientenmatrix etwa

$$A - \lambda I_2 = \begin{bmatrix} -\frac{1}{5} & \frac{1}{3} \\ \frac{1}{5} & -\frac{1}{3} \end{bmatrix} \to \begin{bmatrix} \frac{1}{5} & -\frac{1}{3} \\ 0 & 0 \end{bmatrix} \to \begin{bmatrix} 1 & -\frac{5}{3} \\ 0 & 0 \end{bmatrix}$$

Lösung ist also jeder skalar vielfache Vektor von $x^{(1)} = (\frac{5}{3}, 1)^T$, d.h. auch der vorher angegebene Vektor $(5, 3)^T$.

Im folgenden Beispiel hat die Matrix nur einen Eigenwert:

Beispiel 3.33

Das charakteristische Polynom der Matrix $A = \begin{bmatrix} -1 & 1 & 1 \\ -8 & 4 & 0 \\ 1 & 0 & 1 \end{bmatrix}$ ist

$$\det\left(A - \lambda I_3\right) = \det \begin{bmatrix} -1-\lambda & 1 & 1 \\ -8 & 4-\lambda & 0 \\ 1 & 0 & 1-\lambda \end{bmatrix} = -\lambda\left(6 - 4\lambda + \lambda^2\right)$$

Die einzige (reelle) Nullstelle dieses Polynoms ist $\lambda = 0$. Der abgespaltete quadratische Faktor $6 - 4\lambda + \lambda^2$ hat keine reelle Nullstelle. Null ist also der einzige (reelle) Eigenwert von A. Einen Eigenvektor von A ermittelt man wie folgt: Die Matrix $A - \lambda I_3 = A$ (hier mit $\lambda = 0$) wird zunächst in die Zeilenstufenform überführt:

$$\begin{bmatrix} -1-\lambda & 1 & 1 \\ -8 & 4-\lambda & 0 \\ 1 & 0 & 1-\lambda \end{bmatrix} = \begin{bmatrix} -1 & 1 & 1 \\ -8 & 4 & 0 \\ 1 & 0 & 1 \end{bmatrix} \to \begin{bmatrix} 1 & 0 & 1 \\ 0 & 1 & 2 \\ 0 & 0 & 0 \end{bmatrix}$$

Ein Eigenvektor von A ist gerade ein Basisvektor von $Kern(A - 0 I_n) = Kern(A)$, also beispielsweise $x^{(1)} = (1, 2, -1)^T$.

Zur Bestimmung von Eigenwerten ist also die Berechnung der Nullstellen („Wurzeln") von Polynomen erforderlich. Hierzu einige Anmerkungen:

- Nicht jedes Polynom hat Nullstellen in der Menge der rellen Zahlen, daher gibt es auch Matrizen, die keine Eigenwerte haben.

- Selbst wenn ein Polynom Nullstellen hat, müssen diese nicht elementar berechenbar sein. Die „Mitternachtsformeln" für die Nullstellen quadratischer Polynome haben für $n = 3, 4$ noch – sehr aufwändige – Entsprechungen in den so genannten **Cardano-Formeln**, aber ab Grad 5 gibt es kein Verfahren, um Nullstellen explizit zu berechnen. Gleiches gilt daher für die Eigenwerte von Matrizen mit mehr als 4 Zeilen/Spalten.

- In der Regel werden Eigenwerte daher numerisch und näherungsweise gewonnen; hierfür wird beispielsweise das **Newton-Verfahren** eingesetzt.

3.5.2 Eigenwerte bei symmetrischen Matrizen

In vielen ökonomischen Anwendungen arbeitet man mit symmetrischen Matrizen (z.B. Hesse-Matrizen, Kovarianz- und Korrelationsmatrizen,...). Hier ist die Existenz von Eigenwerten nicht problematisch:

Satz 3.15
Jede symmetrische Matrix $A \in \mathbb{R}^{n \times n}$ hat ausschließlich relle Eigenwerte.

Das charakteristische Polynom hat dann nämlich – prinzipiell – eine Faktorisierung

$$\det\left(A - \lambda I_n\right) = c\left(\lambda - \lambda_1\right) \cdots \left(\lambda - \lambda_n\right)$$

mit reellen Zahlen $\lambda_1, \ldots, \lambda_n$, welche dann die Eigenwerte von A sind. Diese n Zahlen sind aber nicht unbedingt voneinander verschieden – man spricht dann von Eigenwerten mit Vielfachheit größer als 1. Zudem gibt es auch für symmetrische $n \times n$-Matrizen ab $n > 2$ in aller Regel nur einen numerischen Zugang zu den Eigenwerten.

Außerdem gibt es bei symmetrischen Matrizen einen überraschenden geometrischen Zusammenhang zwischen Eigenwerten verschiedener Eigenvektoren:

Satz 3.16

Eigenvektoren zu verschiedenen Eigenwerten einer symmetrischen Matrix sind orthogonal.

Sind $\lambda \neq \mu$ nämlich zwei solche Eigenwerte einer symmetrischen Matrix A und x bzw. y Eigenvektoren zu den Eigenwerten λ bzw. μ, so bedeutet dies zunächst $Ax = \lambda x$ und $Ay = \mu y$. Multipliziert man Ax von links mit y^T und Ay von links mit x^T, so folgt aus der Symmetrie von A:

$$y^T(\lambda x) = y^T(Ax) = (y^T Ax)^T = x^T(A^T)^T(y^T)^T = x^T Ay = x^T(Ay) = x^T(\mu y)$$

also $\bar{0} = y^T(\lambda x) - x^T(\mu y) = \lambda y^T x - \mu x^T y = (\lambda - \mu)\langle x, y \rangle$. Da aber $\lambda - \mu \neq 0$, muss $\langle x, y \rangle = 0$ gelten, d.h. x, y sind orthogonal. $\qquad\square$

Hieraus folgt sofort:

Satz 3.17

Es sei A eine symmetrische $n \times n$-Matrix und $x^{(1)}, \ldots, x^{(n)}$ Eigenvektoren der Norm 1 zu n verschiedenen Eigenwerten $\lambda_1, \ldots, \lambda_n$ von A. Setzt man diese Vektoren zu einer Matrix M zusammen, und bezeichnet Δ die Diagonalmatrix, deren Diagonalelelemente die Eigenwerte $\lambda_1, \ldots, \lambda_n$ sind, so gilt:

[1] $M^T M = I_n$

[2] $M^T A M = \Delta$

[3] $A = M \Delta M^T$

Die erste Aussage besagt nichts anderes als $x^{(i)} \perp x^{(j)}$ für $i \neq j$ und $\|x^{(i)}\| = 1$. Zur zweiten Aussage: $M^T A M = \Delta$ ist lediglich eine Zusammenfassung der Eigenvektor-Eigenschaften. Denn AM ist eine Matrix, welche die Spalten $Ax^{(j)} = \lambda_j x^{(j)}$ enthält. Multipliziert man M^T mit AM so treten deshalb lauter Skalarprodukte $x^{(i)T}(\lambda_j x^{(j)})$ auf, die nur für $j = i$ nicht gleich Null sind und dann den Wert λ_i ergeben. $M^T A M = \Delta$ ist also die genannte Diagonalmatrix ist. Die dritte Aussage folgt aus der zweiten, wenn man von links mit M und von rechts mit M^T multipliziert und die erste Aussage verwendet. $\qquad\square$

Definition 3.9

Die Darstellung $A = M \Delta M^T$ heißt **Hauptachsentransformation** von A.

Sie ist ein wichtiges Hilfsmittel in vielen Anwendungen der Analysis und Statistik im Rahmen komplizierterer ökonomischer Probleme. Beispielsweise kann man mit Hilfe der Hauptachsentransformation Matrixpotenzen symmetrischer Matrizen ausrechnen. Mit einem „Teleskop-Trick" lässt sich nämlich das Matrixprodukt A^k einer symmetrischen Matrix A auf das Matrixprodukt Δ^k zurückführen. Δ^k ist wiederum eine Diagonalmatrix mit den k-Potenzen der Eigenwerte.

Beispiel 3.34

Für die symmetrische Matrix $A = \begin{bmatrix} 1 & 2 \\ 2 & 4 \end{bmatrix}$ wollen wir die Matrix-Potenz A^k mit $k \in \mathbb{N}$ berechnen. Dazu suchen wir zunächst die Eigenwerte und -vektoren von A und stellen damit die Hauptachsentransformation von A auf.

Das charakteristische Polynom von A ist $\lambda \mapsto \lambda^2 - 5\lambda$ mit den Wurzeln 0 und 5. Die den Eigenvektoren zugehörigen homogenen LGS haben Koeffizientenmatrizen

$$\begin{bmatrix} 1-0 & 2 \\ 2 & 4-0 \end{bmatrix} = \begin{bmatrix} 1 & 2 \\ 2 & 4 \end{bmatrix} \to \begin{bmatrix} 1 & 2 \\ 0 & 0 \end{bmatrix}, \quad \begin{bmatrix} 1-5 & 2 \\ 2 & 4-5 \end{bmatrix} = \begin{bmatrix} -4 & 2 \\ 2 & -1 \end{bmatrix} \to \begin{bmatrix} 1 & -\frac{1}{2} \\ 0 & 0 \end{bmatrix}$$

Durch Ablesen einer Basis ergeben sich die beiden orthogonalen Eigenvektoren

$$x^{(1)} = (2, -1)^T, \quad x^{(2)} = (-1/2, -1)^T$$

Normiert man nun diese beiden Vektoren mit ihren respektiven Längen, d.h. geht über zu den Vektoren

$$y^{(1)} := \frac{1}{\|x^{(1)}\|} x^{(1)} = \frac{1}{\sqrt{5}} \begin{pmatrix} 2 \\ -1 \end{pmatrix}, \quad y^{(2)} := \frac{1}{\|x^{(2)}\|} x^{(2)} = \frac{2}{\sqrt{5}} \begin{pmatrix} -\frac{1}{2} \\ -1 \end{pmatrix}$$

so erhält man ein System orthonormaler Eigenvektoren, die zu einer Matrix

$$M = \frac{1}{\sqrt{5}} \begin{bmatrix} 2 & -1 \\ -1 & -2 \end{bmatrix}$$

zusammengefasst werden. Dann gilt $MM^T = M^T M = \begin{bmatrix} 1 & 0 \\ 0 & 1 \end{bmatrix}$ und die Hauptachsen-transformation $\begin{bmatrix} 1 & 2 \\ 2 & 4 \end{bmatrix} = M \begin{bmatrix} 0 & 0 \\ 0 & 5 \end{bmatrix} M^T$. Beide Gleichungen sollten Sie nachrechnen.

Mit dieser Hauptachsentransformation berechnen wir jetzt die Matrixpotenz A^k. Für die vorliegende Matrix A gilt wegen $M^T M = I_2$

$$\begin{bmatrix} 1 & 2 \\ 2 & 4 \end{bmatrix}^k = \left(M \begin{bmatrix} 0 & 0 \\ 0 & 5 \end{bmatrix} M^T \right)^k$$

$$= (M \begin{bmatrix} 0 & 0 \\ 0 & 5 \end{bmatrix} M^T)(M \begin{bmatrix} 0 & 0 \\ 0 & 5 \end{bmatrix} M^T)(M \begin{bmatrix} 0 & 0 \\ 0 & 5 \end{bmatrix} M^T) \cdots (M \begin{bmatrix} 0 & 0 \\ 0 & 5 \end{bmatrix} M^T)$$

$$\underbrace{}_{k \text{ Klammern}}$$

$$= M \begin{bmatrix} 0 & 0 \\ 0 & 5 \end{bmatrix} (M^T M) \begin{bmatrix} 0 & 0 \\ 0 & 5 \end{bmatrix} (M^T M) \begin{bmatrix} 0 & 0 \\ 0 & 5 \end{bmatrix} \cdots (M^T M) \begin{bmatrix} 0 & 0 \\ 0 & 5 \end{bmatrix} M^T$$

$$= M \begin{bmatrix} 0 & 0 \\ 0 & 5 \end{bmatrix}^k M^T = M \begin{bmatrix} 0 & 0 \\ 0 & 5^k \end{bmatrix} M^T = 5^{k-1} \begin{bmatrix} 1 & 2 \\ 2 & 4 \end{bmatrix}$$

Die im Beispiel nach dem Einsetzen von A in der ersten Zeile entstehenden „Paar-Produkte" $M^T M$ können dabei jeweils durch I_2 ersetzt werden, und deshalb wegfallen, weil Multiplikation mit der Einheitsmatrix keine Veränderung im Produkt bewirkt. Eine derartige Darstellung wird bezeichnenderweise „Teleskop-Produkt" genannt, weil sich der lange Ausdruck wie ein Hand-Teleskop „zusammenschieben" lässt.

Übungen zu Abschnitt 3.5

14. Bestimmen Sie die Eigenwerte der nachstehenden Matrizen

a) $\begin{bmatrix} 1 & 2 \\ 2 & 3 \end{bmatrix}$ b) $\begin{bmatrix} 2 & 1 & 0 \\ 1 & 1 & 0 \\ 0 & 0 & 1 \end{bmatrix}$ c) $\begin{bmatrix} 0 & 1 & 1 & 1 \\ 1 & 0 & 1 & 1 \\ 1 & 1 & 0 & 1 \\ 1 & 1 & 1 & 0 \end{bmatrix}$

15. Vervollständigen Sie die folgenden Angaben (d.h. ergänzen Sie jeweils □ durch geeignete Werte). Dabei soll x ein Eigenvektor von A zum Eigenwert λ sein.

a) $A = \begin{bmatrix} 2 & 1 \\ 4 & 2 \end{bmatrix}$, $x = \begin{pmatrix} 1 \\ 2 \end{pmatrix}$, $\lambda = \square$ bzw. $A = \begin{bmatrix} 1 & 2 & 0 \\ 2 & 4 & 0 \\ 1 & 1 & 1 \end{bmatrix}$, $x = \begin{pmatrix} 4 \\ 8 \\ 3 \end{pmatrix}$, $\lambda = \square$.

b) $A = \begin{bmatrix} -2 & 0 \\ 2 & 4 \end{bmatrix}$, $x = \begin{pmatrix} 6 \\ \square \end{pmatrix}$, $\lambda = -2$ bzw. $A = \begin{bmatrix} 3 & 3 & 3 \\ 1 & 1 & -1 \\ 3 & -3 & -3 \end{bmatrix}$, $x = \begin{pmatrix} 9 \\ \square \\ \square \end{pmatrix}$, $\lambda = -2$

c) $A = \begin{bmatrix} 3 & 3 & 3 \\ 2 & 1 & -1 \\ -6 & -6 & -6 \end{bmatrix}$, $x = \begin{pmatrix} 1 \\ 2 \\ \square \end{pmatrix}$, $\lambda = \square$

d) $A = \begin{bmatrix} \square & \square & \square \\ \square & \square & \square \\ \square & \square & \square \end{bmatrix}$, $x = \begin{pmatrix} 1 \\ 2 \\ -2 \end{pmatrix}$, $\lambda = 1$

16. Wie viele Eigenwerte hat die Matrix $\begin{bmatrix} 1 & -t \\ t & t \end{bmatrix}$, $t \in \mathbb{R}$?

17. Zeigen Sie, dass eine symmetrische Matrix $\begin{bmatrix} a & b \\ b & c \end{bmatrix}$ mit $a, b, c \in \mathbb{R}$ wenigstens einen reellen Eigenwert besitzt.

18. Berechnen Sie $\begin{bmatrix} 1 & 2 \\ 2 & 1 \end{bmatrix}^{10}$

3.6 Anwendungen der Matrizenrechnung

Zu den bekanntesten ökonomischen Modellen, welche den Matrix-Kalkül ausnutzen, gehören die Ein-Schritt-Übergangsmodelle für theoretische und empirische Wahrscheinlichkeiten und die **Leontief-Modelle**. Dem Begründer der Input-Output-Analyse, WASSILY LEONTIEF, brachten seine Überlegungen 1973 sogar den Nobelpreis für Wirtschaftswissenschaften ein.

3.6.1 Input-Output-Analysen und Leontief-Modelle

LEONTIEF unterstellte in seinen Modellen jeweils einen Wirtschaftsbereich, der in verschiedene **Sektoren** zerfällt; jeder dieser Sektoren stellt ein individuelles Gut her und benötigt zu dessen Herstellung seinerseits wechselseitig Güter der anderen Sektoren. Im Sinne der Produkt-Rohstoff-Verflechtung lassen sich diese Güter dann als Rohstoff-Inputs interpretieren.

Eines der bekanntesten Resultate von LEONTIEFS Studien war das nach ihm benannte Paradoxon: Mittels der Input-Output-Analyse wies LEONTIEF nach, dass der Export der USA im Jahr 1947 hauptsächlich aus arbeitsintensiven Gütern bestand . Dies stand im Widerspruch zur damals vorherrschenden Ansicht, dass sich kapitalstarke Länder nur auf den Export kapitalintensiver Güter spezialisieren würden ([LEONTIEF, 1954]).

Den Ansatzpunkt eines Leontief-Modells stellt die Ist-Analyse der Verwendung der Produktion $x_1, \ldots, x_n$ der verschiedenen Sektoren dar, d.h. die Darstellung der sektoralen Bewegung der Wirtschaftsgüter in der so genannten **Input-Output-Tabelle** (Tabelle 3.1):   Die Restproduktion eines Sektors nach Abzug aller Anteile, die in anderen Sektoren benötigt werden, wird als **Endnachfrage** (Konsum) des Sektors bezeichnet. Dieses Modell wird anhand eines bewusst einfach gehaltenen Beispiels erläutert:

von Sektor	an Sektor				Endnachfrage (Output,Konsum)	Produktion (Input)
	1	2	$\cdots$	n		
1	x_{11}	x_{12}		x_{1n}	y_1	x_1
2	x_{21}	x_{22}		x_{2n}	y_2	x_2
$\vdots$	$\vdots$	$\vdots$	$\ddots$		$\vdots$	$\vdots$
n	x_{n1}	x_{n2}		x_{nn}	y_n	x_n

Tabelle 3.1: Darstellung der Sektorverflechtung als Input-Output-Tabelle

Beispiel 3.35

Auf der Wiwinesischen Insel Costania treten die drei Mobilfunkanbieter Tekom, E-Minus und D2$\frac{1}{2}$ auf, deren Netzverfügbarkeit dort nicht überall gleich hoch ist. Daher benötigen sie im Rahmen des „Roaming" Netzkapazitäten von ihren jeweiligen Mitkonkurrenten. Andererseits wird – um eine Überlastung des Mobilfunknetzes zu vermeiden – ein Teil der Netzkapazität jedes Anbieters als „interne Reserve" nicht oder nur für Zwecke der „maintenance" verwendet. Für einen konkreten Tag ergab sich folgende Gesamtbilanz (in Gesprächsstunden)

von Anbieter	an Anbieter			geführte Gespräche (Output,Konsum)	gesamt (Input)
	Tekom	E-Minus	D2$\frac{1}{2}$		
Tekom	200	0	160	640	1000
E-Minus	0	1000	0	1000	2000
D2$\frac{1}{2}$	400	0	320	80	800

Die Grundannahme im Leontief-Modell besteht darin, dass die tatsächlich aus dem Wirtschaftsbereich in den Konsum gelangenden Quantitäten $y_1, \ldots, y_n$ aus der um den internen Bedarf reduzierten Produktion resultieren, d.h.

$$y_i = x_i - (x_{i1} + x_{i2} + \cdots + x_{in})$$

Dabei kann der interne Bedarf jedes Sektors an der Produktion eines anderen Sektors anhand der Ist-Werte – innerhalb plausibler Bereiche der Produktion – als proportional zu seiner eigenen Produktion veranschlagt werden. Infolge der Leontief-Annahme gibt es also für alle i, j ein a_{ij} mit $x_{ij} = a_{ij}x_j$ (sofern $x_{i,j}$ und x_j innerhalb sinnvoll gewählter Bereiche variieren). Die Input-Output-Tabelle lautet also

von Sektor	an Sektor				Output	Input
	1	2	$\cdots$	n		
1	$a_{11}x_1$	$a_{12}x_2$		$a_{1n}x_n$	y_1	x_1
2	$a_{21}x_1$	$a_{22}x_2$		$a_{2n}x_n$	y_2	x_2
$\vdots$	$\vdots$	$\vdots$	$\ddots$		$\vdots$	$\vdots$
n	$a_{n1}x_1$	$a_{n2}x_2$		$a_{nn}x_n$	y_n	x_n

Definition 3.10

Die Matrix $A = [a_{i,j}]_{1 \leq i,j \leq n} \in \mathbb{R}^{n \times n}$ mit $a_{i,j} = \frac{x_{i,j}}{x_j}$ wird auch **technologische Matrix** oder **Input-Matrix** genannt.

Beispiel 3.36 (Fortsetzung von Beispiel 3.35)
Unterstellt man im Mobilfunk-Beispiel ein Leontief-Modell, lautet die Input-Matrix:

$$A = \begin{bmatrix} \frac{200}{1000} & 0 & \frac{160}{800} \\ 0 & \frac{1000}{2000} & 0 \\ \frac{400}{1000} & 0 & \frac{320}{800} \end{bmatrix} = \begin{bmatrix} \frac{1}{5} & 0 & \frac{1}{5} \\ 0 & \frac{1}{2} & 0 \\ \frac{2}{5} & 0 & \frac{2}{5} \end{bmatrix}$$

Für das Leontief-Modell ist eine Darstellung in Matrix-Form möglich, die eine bequeme Global-Betrachtung des Modells ermöglicht: Mit der Input-Matrix A lautet der Zusammenhang zwischen Input und Output im Leontief-Modell

$$y = \begin{pmatrix} y_1 \\ \vdots \\ y_n \end{pmatrix} = \begin{pmatrix} x_1 \\ \vdots \\ x_n \end{pmatrix} - \begin{pmatrix} a_{1,1}x_1 + a_{1,2}x_2 + \cdots + a_{1,n}x_n \\ \vdots \\ a_{n,1}x_1 + a_{n,2}x_2 + \cdots + a_{n,n}x_n \end{pmatrix} = x - Ax = (I_n - A)x$$

Satz 3.18
Zwischen Produktion x und Endnachfrage y besteht im Leontief-Modell der Zusammenhang $y = (I_n - A)x$, wobei A die technologische Matrix des Leontief-Modells beschreibt.

LEONTIEF war gerade an der Beantwortung der Frage interessiert, mit welcher Produktion x ein gegebener Endnachfragevektor y erreicht werden kann. Falls $(I_n - A)$ invertierbar ist, so lautet die Antwort

$$y = (I_n - A)x \iff x = (I_n - A)^{-1} y$$

Definition 3.11

Falls im Leontief-Modell die Matrix $(I_n - A)$ invertierbar ist, so wird $(I_n - A)^{-1}$ als **Leontief-Inverse** zur Input-Matrix A bezeichnet.

Die Leontief-Inverse lässt sich auf vielfältige Art nutzen:

- Bei gleichbleibendem Leontief-Ansatz können unterschiedliche Endnachfragevektoren darauf geprüft werden, ob sie im vorliegenden Sektormodell (mit positiven Produktionsquantitäten der Sektoren) realisierbar sind.

- Wenn man die Möglichkeit hat, die einzelnen Sektoren hinsichtlich ihrer Produktion zu steuern, ist es möglich, eine Optimierung des Konsums z.B. durch Methoden der linearen Programmierung durchzuführen; die Zielfunktion des LP-Ansatzes wird dann eine lineare Nutzenfunktion $c^T y$ des Konsumvektors sein, die Nebenbedingungen ergeben sich als System $(I - A)^{-1}y \leq x_{max}$ linearer Ungleichungen mit typischen Produktionskapazitäten $x_{max,i}$ in den einzelnen Sektoren i.

Beispiel 3.37 (Fortsetzung von Beispiel 3.35)
Mit der Input-Matrix des auf dem Mobilfunk-Markt von Costania unterstellten Leontief-Modell lautet die Leontief-Inverse:

$$\left(\begin{bmatrix} 1 & 0 & 0 \\ 0 & 1 & 0 \\ 0 & 0 & 1 \end{bmatrix} - \begin{bmatrix} \frac{1}{5} & 0 & \frac{1}{5} \\ 0 & \frac{1}{2} & 0 \\ \frac{2}{5} & 0 & \frac{2}{5} \end{bmatrix} \right)^{-1} = \begin{bmatrix} \frac{4}{5} & 0 & -\frac{1}{5} \\ 0 & \frac{1}{2} & 0 \\ -\frac{2}{5} & 0 & \frac{3}{5} \end{bmatrix}^{-1} = \begin{bmatrix} \frac{3}{2} & 0 & \frac{1}{2} \\ 0 & 2 & 0 \\ 1 & 0 & 2 \end{bmatrix}$$

Das Leontief-Modell $y = (I_n - A)x$ hat etliche Spezialfälle. Es heißt z.B.

- **geschlossen** für x, wenn gilt $(I_n - A)x = 0$,

- **produktiv** für x, wenn alle Sektoren nichtnegative Endnachfrage haben. Im Mobilfunkbeispiel etwa werden die genannten Gesprächsstunden auf Costania durch ein produktives Leontief-Modell beschrieben.

3.6.2 Übergangsmatrizen und Markoff-Ketten

Verflechtungsmodelle, die sich durch zeitliche Fortschreibung von Anteilsvektoren ergeben, sind in der Mathematik besonders genau untersucht worden. Das **Matrix-Produkt** in iterierter Form wird hier eingesetzt, um das langfristige Verhalten solcher Modelle zu untersuchen.

Beispiel 3.38 (Fortsetzung aus Abschnitt 2.1 ⇨ vgl. S. 40)

Im Mobilfunkbeispiel aus Abschnitt 2.1 wurden vier Anbieter eines Standard-Tarifes hinsichtlich ihrer Marktanteile verglichen. Die Kunden in Wiwinesien können die Verträge jeweils zum Quartalsende kündigen und zu einem anderen Anbieter wechseln. Aufgrund dessen haben Marktforscher das Wechselverhalten der Kunden über mehrere Quartale beobachtet und folgende durchschnittlichen Übergänge festgestellt:

Es wechseln nach	von	Tekom	E-Minus	D2$\frac{1}{2}$	Intracom
Tekom		$\frac{3}{4}$	$\frac{1}{8}$	$\frac{1}{2}$	0
E-Minus		0	$\frac{3}{4}$	0	0
D2$\frac{1}{2}$		$\frac{1}{8}$	0	$\frac{1}{2}$	$\frac{1}{4}$
Intracom		$\frac{1}{8}$	$\frac{1}{8}$	0	$\frac{3}{4}$

Definition 3.12

Eine Matrix $P = [p_{i,j}] \in \mathbb{R}^{n \times n}$ heißt **stochastische Matrix**, wenn ihre Spalten stochastische Vektoren sind, d.h.

[1] $p_{ij} \geq 0$ für alle $i, j = 1, \ldots, n$,

[2] $p_{1j} + \cdots + p_{nj} = 1$ für alle $j = 1, \ldots, n$

Anstelle des Begriffs „stochastische Matrix" verwendet man auch den bereits eingangs dieses Kapitels genannten Begriff **Übergangsmatrix**. In der Literatur werden auch Matrizen als stochastisch bezeichnet, bei denen die Zeilensumme jeweils 1 ist, d.h. die Zeilen stochastische Vektoren sind.

Stochastische Matrizen treten in vielen ökonomischen Gebieten auf, z.B. als Modell bei Marktanalysen, bei der Beschreibung von Systemen, deren Zustand sich regelmäßig verändert, z.B. Bedienungs-, Lagerhaltungssystemen, aber auch bei stochastischen Verfahren zur Optimierung, wie dem Simulated Annealing [AARTS/KORST, 1989] und den Genetischen Algorithmen [NISSEN, 1997]. Sie quantifizieren für ein endliches System, wie sich der Systemzustand von einem Referenz-Zeitpunkt zum nächsten verändern kann. Dabei erfolgt die Zustandsänderung zufällig und zwar abhängig vom aktuellen Zustand, nicht aber vom aktuellen Zeitpunkt.

Definition 3.13

[1] Ein System mit einer Menge $S = \{1, \ldots, n\}$ von Zuständen, dessen Zustands-Übergangs-Mechanismus durch eine stochastische Matrix P festgelegt ist, heißt (homogene) **Markoff-Kette**.

[2] Die Matrix P heißt (Ein-Schritt-)**Übergangsmatrix**.

[3] Lässt sich für das System ein stochastischer Vektor $x^{(0)} \in \mathbb{R}^n$ finden, der den Ausgangszustand des Systems beschreibt (d.h. $x_i^{(0)}$ beschreibt die initiale Wahrscheinlichkeit für das Vorliegen des Zustandes i bzw. den Anteil an Objekten des betrachteten Systems, die sich anfangs in Zustand i befinden), so heißt dieser Vektor **Startverteilung**.

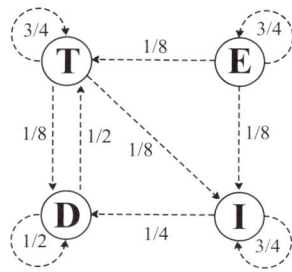

Abbildung 3.4: Zustandsgraph zum Beispiel 3.38

Wenn ein solches Markoff-System einen eindeutig gekennzeichneten Startzustand $i \in \{1, \ldots, n\}$ hat, so ist die Startverteilung durch den i-ten **Einheitsvektor** gegeben.

Die – oft willkürlich – kodierte Menge $S = \{1, \ldots, n\}$ der realen „Zustände" des Systems wird **Zustandsraum** genannt. Mit ihr lässt sich eine andere Repräsentation einer stochastischen Matrix in Form des sogenannten **Zustandsgraphen** realisieren: Dieser ist ein gerichteter Graph mit der Knotenmenge S und der Menge $K = \{(i, j) \in S^2 : p_{ij} > 0\}$ bewerteter Kanten. Umgekehrt legt ein Zustandsgraph mit Bewertungen $p_{ij} \geq 0$ derart, dass die Bewertungen, die von einer Kante wegführen, sich zu Eins summieren, stets eine stochastische Matrix fest.

Beispiel 3.39 (Fortsetzung von Beispiel 3.38 ⇨ vgl. S. 120)
Im Mobilbeispiel etwa könnte man die Anbieter wie folgt kodieren: Tekom $\hat{=} 1$, E-Minus $\hat{=} 2$, D2$\frac{1}{2}$ $\hat{=} 3$, Intracom $\hat{=} 4$. Mit der zugehörigen Übergangsmatrix

$$P = \begin{bmatrix} \frac{3}{4} & \frac{1}{8} & \frac{1}{2} & 0 \\ 0 & \frac{3}{4} & 0 & 0 \\ \frac{1}{8} & 0 & \frac{1}{2} & \frac{1}{4} \\ \frac{1}{8} & \frac{1}{8} & 0 & \frac{3}{4} \end{bmatrix}$$

ergibt sich der Zustandsgraph aus Abbildung 3.4.

Ein bekanntes Beispiel für die Anwendung von Markoff-Ketten stellen die so genannten Glücksspielgeräte (Walzenautomaten) dar. Um den Verbraucher vor zu hohen Verlusten zu schützen und auch den Umsatz an derartigen Geräten kontrollieren zu können, gibt es gesetzliche Vorschriften, gemäß denen vor Zulassung eines Gerätes beispielsweise die mittlere Auszahlung bei „Blindspiel", die mittlere Auszahlung bei „Optimalstrategie" oder die mittlere Gewinnhäufigkeit angegeben werden muss. Diese Geräte lassen sich als „materialisierte Markoff-Ketten" in geeigneter Weise darstellen:

Beispiel 3.40
Wir gehen von einem Glücksspielgerät aus, welches zwei rotierende Walzen mit je vier gleich großen Sektoren besitzt, auf denen die Symbole Joker, Apfel, Erdbeere, Banane angebracht sind. Die Walzen stoppen zufällig; in einem Sichtfenster erscheint je ein Sektor jeder Walze. Der Gewinnplan für die Walzenresultate befindet sich in Tabelle 3.2. Erzielte Sonderspiele werden für die jeweils nächste Runde in einem Sonderspielzähler festgehalten; wird ein Sonderspiel erzielt, so findet dieses in der nächsten Runde statt, andernfalls findet in der nächsten Runde kein Sonderspiel statt.

Walze 1	Walze 2	Wahrscheinlichkeit	Ausz.	Ausz. in SSP
Apfel	Apfel	$\frac{1}{16}$	10 Cent	30 Cent
Erdbeere	Erdbeere	$\frac{1}{16}$	20 Cent	30 Cent
Banane	Banane	$\frac{1}{16}$	30 Cent	30 Cent
„Obst"	Joker	$\frac{3}{16}$	10 Cent	30 Cent
Joker	„Obst"	$\frac{3}{16}$	10 Cent	30 Cent
Joker	Joker	$\frac{1}{16}$	20 Cent + 1 SSP	30 Cent+ 1 SSP

Tabelle 3.2: Gewinnplan zum Beispiel 3.40

Falls der Zufallsmechanismus der Walzen keine sich beeinflussenden Walzenstellungen liefert, so bildet die Folge der Sonderspiel-Zählerstände eine homogene Markoff-Kette zum Zustandsraum $S = \{0, 1\}$ mit der Übergangsmatrix

$$P = \begin{bmatrix} \frac{15}{16} & \frac{15}{16} \\ \frac{1}{16} & \frac{1}{16} \end{bmatrix}$$

und es gilt $P^n = P$ für alle $n \in \mathbb{N}$.

Stochastische Vektoren beschreiben oftmals, wie die Ausprägungen eines Merkmals (z.B. in Bezug auf ein Gut die Wahl der Marke) innerhalb einer Population verteilt sind. In regelmäßigen Zeitabständen verändert sich dieser Anteilsvektor. Die Gesetzmäßigkeiten hierfür sind oft durch Übergangsmatrizen beschrieben und mittels des **Matrix-Vektor-Produktes** zu berechnen. Zumeist interessiert man sich aber für die längerfristige Entwicklung der Merkmalsausprägungen und insbesondere dafür, ob es einen stabilen Systemzustand gibt, der sich nicht verändert.

Beispiel 3.41 (Fortsetzung von Beispiel 3.38 ⇨ vgl. S. 120)
Es ergibt sich aus dem Marktanteilvektor $x = (x_1, x_2, x_3, x_4) = \left(\frac{3}{5}, \frac{1}{10}, \frac{9}{50}, \frac{3}{25}\right)^T$ die Prognose für den Marktanteilvektor des nächsten Quartals, indem für jeden Anbieter die Kundenanteile saldiert werden, die bei ihm verbleiben und die von anderen Anbietern kommen. Dies ergibt den nachstehenden neuen Marktanteilvektor

$$\begin{pmatrix} y_1 \\ y_2 \\ y_3 \\ y_4 \end{pmatrix} = \begin{pmatrix} \frac{3}{4} \cdot \frac{3}{5} + \frac{1}{8} \cdot \frac{1}{10} + \frac{1}{2} \cdot \frac{9}{50} + 0 \cdot \frac{3}{25} \\ 0 \cdot \frac{3}{5} + \frac{3}{4} \cdot \frac{1}{10} + 0 \cdot \frac{9}{50} + 0 \cdot \frac{3}{25} \\ \frac{1}{8} \cdot \frac{3}{5} + 0 \cdot \frac{1}{10} + \frac{1}{2} \cdot \frac{9}{50} + \frac{1}{4} \cdot \frac{3}{25} \\ \frac{1}{8} \cdot \frac{3}{5} + \frac{1}{8} \cdot \frac{1}{10} + 0 \cdot \frac{9}{50} + \frac{3}{4} \cdot \frac{3}{25} \end{pmatrix} = \begin{bmatrix} \frac{3}{4} & \frac{1}{8} & \frac{1}{2} & 0 \\ 0 & \frac{3}{4} & 0 & 0 \\ \frac{1}{8} & 0 & \frac{1}{2} & \frac{1}{4} \\ \frac{1}{8} & \frac{1}{8} & 0 & \frac{3}{4} \end{bmatrix} \begin{pmatrix} \frac{3}{5} \\ \frac{1}{10} \\ \frac{9}{50} \\ \frac{3}{25} \end{pmatrix}$$

Der neue Marktanteilvektor ergibt sich also als $y = Px$.

Bleibt die Marktübergangsmatrix für die folgenden Quartale erhalten, so ergibt sich ausgehend vom aktuellen Marktanteilvektor $x = x^{(0)} \in \mathbb{R}_n$ die nachstehende Folge von Marktanteilvektoren: $x^{(1)} = Px^{(0)}$, $x^{(2)} = Px^{(1)} = P(Px^{(0)}) = P^2 x^{(0)}$ bzw. allgemein

$$x^{(k)} = Px^{(k-1)} = \cdots = P^k x^{(0)}$$

Die dabei auftretenden Matrix-Potenzen P^k haben eine einfache Bedeutung: Es bezeichne $p_{ij}^{(k)}$ den Eintrag in P^k an der i-ten Zeile und j-ten Spalte. Für eine Markt-Übergangsmatrix P gibt $p_{ij}^{(k)}$ denjenigen Anteil der Kunden von Anbieter j an, der nach k Quartalen bei Anbieter i ist.

Beispiel 3.42

Im Beispiel 3.38 ⇨ vgl. S. 120 des Mobilfunkmarktes sei etwa der Anteil der Kunden des Anbieters Tekom (Zustand 1) gesucht, der nach zwei Quartalen bei D2$\frac{1}{2}$ (Zustand 3) ist. Aus dem Zustandsgraph in Abbildung 3.4 ergeben sich folgende Möglichkeiten, nach zwei Quartalen von „T" zu „D" zu gelangen:

- T→T→D: $\frac{3}{4}$ der Kunden von „T" verbleiben erst bei „T"; von diesen wechseln dann $\frac{1}{8}$ der Kunden zu D. Insgesamt $\frac{3}{4} \cdot \frac{1}{8} = \frac{3}{32}$ der Kunden von „T" nehmen diesen Weg.

- T→D→D: $\frac{1}{8}$ der Kunden von „T" wechseln sofort zu „D"; von diesen verbleiben dann $\frac{1}{2}$ bei D. Insgesamt $\frac{1}{8} \cdot \frac{1}{2} = \frac{1}{16}$ der Kunden von „T" nehmen diesen Weg.

- T→I→D: $\frac{1}{8}$ der Kunden von „T" wechseln sofort zu „I", von diesen wechseln $\frac{1}{4}$ zu „D". Insgesamt $\frac{1}{8} \cdot \frac{1}{4} = \frac{1}{32}$ der Kunden von „T" nehmen diesen Weg.

Es wechseln insgesamt $\frac{3}{4} \cdot \frac{1}{8} + \frac{1}{8} \cdot \frac{1}{2} + \frac{1}{8} \cdot \frac{1}{4} = \frac{3}{16}$ der Kunden von Anbieter „T" innerhalb von zwei Quartalen zu Anbieter „D". Dieser Wert ergibt sich auch als Eintrag in der ersten Zeile und 3. Spalte des Matrix-Produktes P^2, wie man dem **Falk-Schema** zum Matrix-Produkt P^2 entnehmen kann.

In einem durch eine Übergangsmatrix beschriebenen System gibt es meist keinen Zustand, der unverändert bleibt. Vielmehr findet man oft ein sogenannte stabile Verteilung, d.h. eine Zustandsverteilung, die beim 1-Schritt-Übergang unverändert bleibt. Es handelt sich hierbei um einen stochastischen Vektor x mit $x = Px$. Dies ist gleichwertig zu dem linearen Gleichungssystem $(I_n - P)x = \bar{0}$.

Beispiel 3.43

Im Beispiel 3.38 des Mobilfunkmarktes mit der Übergangsmatrix

$$P = \begin{bmatrix} \frac{3}{4} & 0 & \frac{1}{8} & \frac{1}{8} \\ \frac{1}{8} & \frac{3}{4} & 0 & \frac{1}{8} \\ \frac{1}{2} & 0 & \frac{1}{2} & 0 \\ 0 & 0 & \frac{1}{4} & \frac{3}{4} \end{bmatrix}$$

hat das lineare Gleichungssystem zum Gleichgewicht die Koeffizientenmatrix

$$I_4 - P = \begin{bmatrix} \frac{1}{4} & -\frac{1}{8} & -\frac{1}{2} & 0 \\ 0 & \frac{1}{4} & 0 & 0 \\ -\frac{1}{8} & 0 & \frac{1}{2} & -\frac{1}{4} \\ -\frac{1}{8} & -\frac{1}{8} & 0 & \frac{1}{4} \end{bmatrix} \rightarrow \begin{bmatrix} 1 & 0 & 0 & -2 \\ 0 & 1 & 0 & 0 \\ 0 & 0 & 1 & -1 \\ 0 & 0 & 0 & 0 \end{bmatrix}$$

Ein stochastischer Vektor x, der die stabile Verteilung darstellt, ist also von der Form

$$z = t\big(2, 0, 1, 1\big)^T$$

(vgl. das Schema aus Satz 2.7 zur Berechnung einer Basis zum Kern einer Matrix ⇨ vgl. S. 62f.) mit $t \in \mathbb{R}$. Gleichzeitig muss die Komponentensumme gleich 1 sein, also

$$1 = 2t + 0t + t + t = 4t \Leftrightarrow t = 1/4$$

Ein stabiles Gleichgewicht auf dem Mobilfunktmarkt liegt also vor, wenn „Tekom" 50% und „D2$\frac{1}{2}$" sowie „Intracom" je 25% Marktanteil habe. Im Gleichgewicht ist der Anbieter „E-Minus" vom Markt verschwunden.

Das berechnete Gleichgewicht stellt tatsächlich die langfristige Perspektive für den genannten Markt dar. Um dies abschließend zu zeigen, sind aber weitere theoretische Grundlagen über Markoff-Ketten und ihre Zustandsgraphen erforderlich. Wir verweisen auf die einschlägige Literatur.

Übungen zu Abschnitt 3.6

19. Bäcker Becker kämpft mit den Konkurrenten Doppel und Back um die Gunst der Kunden. 45% der Gesamtkunden kaufen bei Bäcker Becker, 30% bei Doppel und 25% bei Back. Durch aggressive Werbestrategien wechseln jede Woche je 10% von Bäcker Becker zu beiden Konkurrenten. Aber auch Bäcker Doppel muss 20% seiner Kunden an Bäcker Becker abgeben und 15% an Becker Back. Letzterer verliert wöchentlich 15% der Kunden an Bäcker Becker und 5% an Bäcker Doppel.

a) Stellen Sie die Änderungen der Kundenzahlen in einer Matrix dar.

b) Wie sieht der Marktanteil nach einer Woche aus?

c) Wie würde sich die Marktsituation nach zwei Wochen darstellen?

d) Bei welcher Marktsituation würden sich die Marktanteile nicht ändern?

20. Im Inselstaat Wiwinesien erzeugen die drei Elektrizitätskonzerne E-Off, Jello und Viba Strom. Um die Abgabemengen $y_E \geq 0$, $y_J \geq 0$ und $y_V \geq 0$ erzeugen zu können, müssen sich die drei Anbieter aufgrund gelegentlicher Engpässe einzelner Anbieter bei der Abgabe an die Wiwinesischen Kunden gegenseitig unterstützen. Jeder der drei Anbieter muss auch einen Teil seiner Produktion als Rücklage speichern (durch Wasserkraft, Brennstoffzellen etc.), um seine Engpässe zumindest teilweise auszugleichen.

Die tatsächlichen Produktionsmengen $x_E \geq 0$, $x_J \geq 0$ und $x_V \geq 0$ der drei Anbieter bei Abgabe von $y_E \geq 0$, $y_J \geq 0$ und $y_V \geq 0$ in den Export sind aufgrund der o.g. wechselseitigen Versorgung von der Form

$$x_E = 2y_E + y_J + y_V, \qquad x_J = 2y_E + 4y_J + 3y_V, \qquad x_V = 2y_E + 3y_J + 4y_V$$

Die maximale Produktionskapazität beträgt bei E-Off 200 Megawatt, bei Jello 1000 Megawatt und Viba 1000 Megawatt.

a) Der Wiwinesischen Energieverflechtung liegt ein Leontiefmodell der Form $y = (I - A)x$ mit $y = (y_E, y_J, y_V)^T$ und $x = (x_E, x_J, x_V)^T$ zugrunde. Bestimmen Sie aus den vorliegenden Informationen die technologische Matrix A.

b) Finden Sie einen Produktionsvektor y, für den das Leontief-Modell produktiv ist.

Zusammenfassung

Matrizen beschreiben aus mathematischer Sicht lineare Abbildungen zwischen Vektorräumen. Sie haben Anwendung z.B. in der Materialverflechtung, bei Zustandsübergangsmechanismen oder auch der Verknüpfung von Wirtschaftsbereichen.

Speziell quadratische Matrizen finden mannigfaltige Anwendung in der Ökonomie. Ihre Inversen – sofern sie gebildet werden können – beschreiben die umgekehrten Input-Output-Sachverhalte. Determinanten von quadratischen Matrizen lassen sich für lineare Gleichungssysteme, Matrizeninversion und auch in der Analysis für Funktionen mehrerer Variablen – auf Basis von Matrizen, die aus den Ableitungen zweiter Ordnung gebildet werden – einsetzen. Invarianzeigenschaften von quadratischen Matrizen werden durch Eigenwerte und Eigenvektoren beschrieben, welche man z.B. in der Statistik im Zusammenhang mit Korrelationsrechnung und Datentransformationen einsetzt.

Besonders häufig werden quadratische Matrizen im Rahmen der Untersuchung von Sektorenverflechtungen (Leontief-Modelle) und Systemen mit stochastischen Zustandsübergängen (z.B. Marktaufteilungen) eingesetzt.

Analysis in der Ökonomie

4 Folgen und Reihen

Übersicht

Dieses Kapitel soll mit grundlegenden Begriffen im Zusammenhang mit dem mathematischen Folgenkonzept vertraut machen, welches im Rahmen der Schulmathematik oftmals nicht oder in zu geringem Umfange behandelt wird. Mit dem Grenzwertbegriff wird die Vorstellung von der „marginalen", d.h. der „unendlich kleinen" Größe präzisiert. Dies ermöglicht zum einen einen exakten Zugang zum Verständnis der Begriffe **Stetigkeit** und **Differenzierbarkeit** von Funktionen. Auch werden Idealrechnungen für ökonomische Größen, die einer diskreten zeitlichen Entwicklung unterliegen, erst mit der Formulierung von Grenzwerten wirklich handhabbar.

Nach der Präzisierung verschiedener Beschreibungsmöglichkeiten für Folgen ⇨ vgl. Abschnitt 4.1, S. 128 werden der Grenzwert einer Folge und seine Berechnungsmöglichkeiten erläutert ⇨ vgl. Abschnitt 4.2, S. 130. Weiter behandeln wir Summenfolgen und deren Grenzwerte als Beispiele ökonomischer Saldierungsvorgänge ⇨ vgl. Abschnitt 4.3, S. 141. Als ökonomische Anwendungen implizit erklärter Folgen werden abschließend Gleichgewichtspreise ⇨ vgl. Abschnitt 4.4, S. 150 und elementare finanzmathematische Folgen eingeführt ⇨ vgl. Abschnitt 4.5, S. 153.

Beispiel 4.1
Der Preis eines Produktes werde mit p bezeichnet, kann aber im Zeitverlauf variieren. Erfasst wird diese Variation durch die Verwendung eines **Index** n, der die jeweilige Zeitperiode angibt, für welche der Preis konstant bleibt. Es wird also $p(n)$ oder p_n statt p geschrieben, wobei $n \in \mathbb{N}_0$ die Anzahl der Zeitperioden seit Erfassung der Preisentwicklung bezeichnet. Grundsätzlich ist auch eine zeitkontinuierliche Erfassung des Preises möglich, allerdings gibt es zumeist einen kleinsten Zeitraum, innerhalb dessen sich die Größe nicht ändert; daher ist in nahezu jedem Fall eine zeitdiskrete Modellierung prinzipiell möglich.

Die Preisentwicklung lässt sich also durch die Angabe all dieser p_n für $n \in \mathbb{N}_0$ beschreiben; dabei nimmt man an, dass noch nicht feststeht, wie lange der Preis protokolliert werden soll. Es gibt also für den Zeitindex keine aktuelle Obergrenze.

Man spricht in diesem wie auch in anderen Zusammenhängen, von einer **Folge**. $(p_n)_{n \in \mathbb{N}_0}$; n heißt **Folgenindex** und p_n heißt n-tes **Folgenglied**.
Entsprechend lautet die Schreibweise $(p_n)_{n \geq k}$, wenn die Folge mit p_k beginnt, und $(p_n)_{n \in \mathbb{N}}$, wenn p_1 das Startglied der Folge ist.
Bei der Auswahl der Bezeichnung einer Folge wird das Folgenglied oft durch einen kontextbezogenen Buchstaben bezeichnet - etwa p für den Preis, d für die Nachfrage,... , während der Folgenindex meist einer der Buchstaben i, j, k, n oder m ist. In mathematischen Modellen und Aussagen werden Folgenglieder oft mit a, b, c,..., im Falle von Summenfolgen oft s, jeweils mit einem Folgenindex versehen dargestellt.

In vielen weiteren ökonomischen Bereichen werden zeitliche Abhängigkeiten durch Folgen beschrieben:

- Aktien, Aktien-Portfolios und -Indizes

- Umsatz- und Gewinnzahlen von Unternehmen

- ökonomische Zeitreihen (Geldmenge, BSP etc.)

- Schadensmeldungen bei einer Versicherung

- Zahlungsreihen (Finanzmathematik)

Für Preisentwicklungen ⇨ vgl. Abschnitt 4.4, S. 150 und finanzmathematische Zahlungsreihen ⇨ vgl. Abschnitt 4.5, S. 153 können derartige Gesetze detailliert angegeben werden, während sie in den übrigen genannten Situationen von geeignet zu modellierenden Zufallseffekten überlagert werden. Deren Modelle wiederum lassen sich oft mittels geeigneter Folgen, z.B. in Form von Markoff-Ketten und deren Zustands- und Übergangswahrscheinlichkeiten ⇨ vgl. Unterabschnitt 3.6.2, S. 120 darstellen.

4.1 Folgen, explizit versus implizit

Eine Folge $(a_n)_{n \in \mathbb{N}_0}$ lässt sich auf verschiedene Arten beschreiben

- in konkreter Form durch Angabe hinreichend vieler Folgenglieder: Sind die Folgenglieder Daten wie etwa Aktienkurse, Umsatzzahlen o.ä., so ist dies zunächst die einzige Darstellungsmöglichkeit. Andererseits kann man zuweilen schon aufgrund einer geringen Anzahl von Folgengliedern ein Bildungsschema erkennen – eine Standardaufgabe von Intelligenztests.

- durch Angabe eines Bildungsgesetzes in Form eines Funktionsterms, bei dem durch Einsetzen des Index unmittelbar das Folgenglied berechnet werden kann. Diese Darstellung wird als **explizite Form** einer Folge bezeichnet.

- durch Festlegung der Folge in einer **impliziten Form**. Die Folgenglieder werden hierbei durch Gleichungen festgelegt, in denen jeweils mehrere sukzessive Folgenglieder auftreten. Man spricht in diesem Zusammenhang auch von **rekursiv definierten** Folgen bzw. **Rekursionen**.

Beispiel 4.2 (Arithmetische Folge)
Wächst ein Gut periodisch um den Wert $d \in \mathbb{R}$ an, so wird die Wertentwicklung als **arithmetische Folge** bezeichnet. Man spricht auch vom „Sparen ohne Zinsen".

- implizite Form: $a_n = a_{n-1} + d$ bei gegebenem Startwert a_0

- explizite Form: $a_n := a_0 + d \cdot n$ mit $a_0, d \in \mathbb{R}$

Beispiel 4.3 (Geometrische Folge)
Wird ein Kapital sukzessiv auf- bzw. abdiskontiert, so ergibt sich eine **geometrische Folge**. Solche Folgen treten z.B. bei der wiederholten Verzinsung eines Kapitals auf.

- implizite Form: $a_n = p \cdot a_{n-1}$ mit $p \in \mathbb{R}$ und Startwert a_0 (bzw. a_1).

- explizite Form: Durch sukzessives Einsetzen bekommt man $a_n = a_1 \cdot p^{n-1} = a_0 \cdot p^n$

Beispiel 4.4 (Geometrische Summenfolge)
In der Finanzmathematik müssen meist sukzessive mit Zinseszins berechnete Werte saldiert werden. Dies erfordert fast immer auf die Berechnung einer Summe vom Typ $1 + p + p^2 + \cdots + p^n$, welche man als **geometrische Summe** bezeichnet. Durch die Summenform ist zwar schon eine explizite Gestalt gegeben; diese ist aber – für große n – nicht effizient berechenbar. Statt dessen wird meist die so genannte **geschlossene Form** der Summe gewählt.

Satz 4.1 (Geometrische Summenformel)

Für $p \neq 1$ ist $s_n := 1 + p + p^2 + \cdots + p^n = \dfrac{1 - p^{n+1}}{1 - p}$

Dies ergibt sich aus den zwei Formeln $s_{n-1} = s_n - p^n$ und $s_n = 1 + ps_{n-1}$, die für die implizite Darstellung der geometrische Summe möglich sind. Substituiert man s_{n-1} in der zweiten Gleichung, so ergibt sich $s_n = 1 + p(s_n - p^n)$. Löst man dies für $p \neq 1$ nach s_n auf, so ergibt sich die geometrische Summenformel. $\square$

In der Ökonomie gibt es etliche Folgen, deren implizite Form sich aus ihrem Änderungsverhalten, d.h. dem Verhalten der Differenzen $a_{n+1} - a_n$ aufeinanderfolgender Folgenglieder ergibt (man spricht dann auch von **Differenzengleichungen**). Solche Darstellungen ergeben sich oft aus der Problembeschreibung und sind dann im ökonomischen Kontext der Einstieg zur Untersuchung einer Folge. Leider ist die ad-hoc-Bestimmung einzelner Folgenglieder aus der impliziten Form zumeist aufwändig. Zur Rückführung auf die explizite Form im Rahmen der Untersuchung von Differenzengleichungen gibt es allerdings standardisierte Verfahren [GANDOLFO, 1997].

Beispiel 4.5 (Differenzengleichung erster Ordnung)
Eine Folge $(p_n)_{n \geq 0}$ sei implizit erklärt durch Startwert $p_0 > 0$ und Rekursion

$$p_{n+1} = a + bp_n$$

Dabei seien $a, b \in \mathbb{R}$ und $b \neq 1$ (der Fall $b = 1$ stellt eine arithmetische Folge dar ⇨ vgl. Beispiel 4.2, S. 128). Das explizite Bildungsgesetz lässt sich durch sukzessives Einsetzen unter Verwendung der geometrischen Summenformel „erraten":

$$p_n = a + b(a + bp_{n-2}) = a(1 + b) + b^2 p_{n-2}$$

Setzt man nun die Rekursion für p_{n-2}, d.h. die Gleichung $p_{n-2} = a + bp_{n-3}$ hier wieder ein und fasst wieder zusammen, so ergibt sich $p_n = a(1 + b + b^2) + b^3 p_{n-3}$. Wird dieses Argument insgesamt n-mal wiederholt, so ergibt sich schließlich

$$p_n = a(1 + b + \cdots + b^{n-1}) + b^n p_0 = a\frac{1 - b^n}{1 - b} + b^n p_0$$

also nach Ausklammern von b^n die Formel $p_n = \dfrac{a}{1 - b} + \left(p_0 - \dfrac{a}{1 - b}\right)b^n$

Nach der Umformung $p_{n+1} - p_n = a + (b - 1)p_n$ liegt in Beispiel 4.5 eine so genannte **lineare Differenzengleichung erster Ordnung** vor, wie sie in zahlreichen ökonomischen Grundmodellen auftritt:

▪ lineare Spinnwebmodelle nach EZEKIEL ⇨ vgl. Abschnitt 4.4, S. 150

▪ Wachstumsmodelle für Volkseinkommen nach BOULDING

▪ Multiplikator-Akzelerator-Modelle nach SAMUELSON

▪ Verzinsungsmodelle der Finanzmathematik ⇨ vgl. Abschnitt 4.5, S. 153

Übungen zu Abschnitt 4.1

1. Bestimmen Sie für die angegebenen Folgen das explizite Bildungsgesetz. Welche Folgen sind geometrische/arithmetische Folgen, welche sind monoton und/oder beschränkt (zu den Begriffen monoton/beschränkt vgl. Satz 4.3 $\Rightarrow$ vgl. S. 137)?

a) $\frac{5}{4}; 2\frac{1}{2}; 3\frac{3}{4}; 5; \frac{25}{4}; ...$

b) $\frac{9}{4}; \frac{3}{2}; 1; \frac{2}{3}; \frac{4}{9}; ...$

c) $\frac{4}{5}; -\frac{16}{25}; \frac{64}{125}; -\frac{256}{625}; ...$

2. Von einer geometrischen Folge kennt man zwei Glieder $a_2 = 160$ und $a_4 = 102,4$. Geben Sie a_1, a_5 und q an.

3. Von einer arithmetischen Folge sind nur $a_3 = 25$ und $a_{10} = 81$ bekannt. Bestimmen Sie das Bildungsgesetz und geben Sie dann a_5 und s_4 an.

4. In der zweiten Woche Ihres Praktikums bei dem Finanzberater „Schnell-Geld" hören Sie folgendes Gespräch zwischen zwei Mitarbeitern des Unternehmens:

> „Was hat der Vergleich der degressiven und der linearen Abschreibung für den Firmenwagen des Chefs der Firma Stroh&Partner ergeben?" „Bei degressiver Abschreibung wäre der Restwert nach zwei Jahren um 2100 € höher als bei linearer Abschreibung. Nach drei Jahren linearer Abschreibung würde der Restwert genau so hoch sein wie nach vier Jahren degressiver Abschreibung."

Berechnen Sie, wie hoch der Anfangswert des Wagens angesetzt wurde und welche jährliche lineare Abschreibung dem Vergleich zugrunde lag, wenn bei degressiver Abschreibung mit dem Faktor $\frac{4}{5}$ abgezinst wird.

5. In Wiwinesien sei

- y_n das Volkseinkommen,
- s_n die Sparsumme und
- i_n die Investitionen

der Periode $n \in \mathbb{N}_0$. Dabei sei $y_0 = 1$. Weiter gelte : $s_n = \frac{1}{10}y_n$, $i_n = \frac{1}{5}(y_{n+1} - y_n)$ und $i_n = s_n$. Leiten Sie für das Volkseinkommen $(y_n)_{n \in \mathbb{N}_0}$ die explizite Form her.

6. In Wiwinesien ergebe sich für den Preis p_n von Baumwolle in Periode n die Differenzengleichung $p_{n+1} - p_n = 1 - \frac{1}{2}p_n$ Dabei sei $p_0 = 1$. Bestimmen Sie die explizite Form der Folge $(p_n)_{n \geq 0}$ (z.B. indem Sie die Folge rekursiv bis auf p_0 zurückführen).

4.2 Konvergenz von Folgen

Grenzwerte sind die Grundlage der modernen Analysis. Schon der Übergang von den rationalen zu den reellen Zahlen durch Hinzufügung der irrationalen Zahlen ist ein Grenzwertvorgang, da irrationale Zahlen sich – wenn sie nicht implizit erklärt werden – nur als unendliche, nichtperiodische Dezimalzahlen auffassen lassen und daher Ergebnis einer unendlichen Summation sind. Ein Grenzwert beschreibt in mathematisch exakter Weise, welchen Wert die Folge „am Ende" annimmt. Mit dem Grenzwertbegriff für Folgen erweitert sich der mathematische Horizont auf unendlich große (jede Schranke überschreitende) und gleichzeitig auf unendlich kleine (beliebig nahe bei Null liegende) Größen. Beides ist für Ökonomen von Bedeutung:

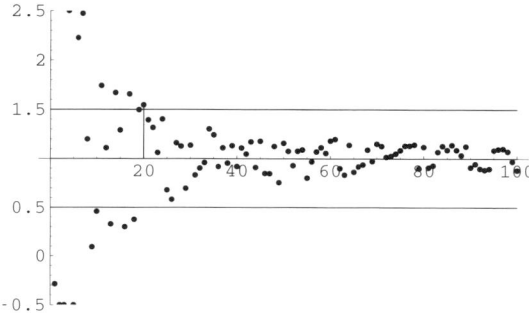

Abbildung 4.1: Veranschaulichung des Konvergenzbegriffes für Folgen

⬚ Sachverhalte, in denen man den Begriff „unendlich groß" verwendet, sind z.B. solche, bei denen im Laufe der Zeit zunehmende Saldi langfristig analysiert werden sollen, etwa durch Verwendung unendlicher Reihen. Prominenteste Form einer solchen Saldierung ist die geometrische Reihe.

⬚ Betrachtet man das Verhalten einer ökonomischen Größe y in Abhängigkeit von einer anderen y, so werden „unendlich kleine" (im Sprachgebrauch der Wirtschaftswissenschaften: **marginale**) Änderungen von x untersucht, d.h. man untersucht das Verhalten von y, wenn x beliebig nahe bei Null liegt. Der Idealfall wird dann durch einen Grenzwertübergang dargestellt, wie etwa beim Ableiten von Funktionen. Der hier verwendete Grenzwertbegriff für Funktionen lässt sich dem Grenzwertbegriff für Folgen durch Darstellung der Änderungen als **Nullfolgen** unterordnen.

Beide Konzepte hängen eng miteinander zusammen. Lässt man beispielsweise bei der Folge $a_n = n$ den Folgenindex n wachsen, so bedeutet dies, dass die Folge über alle Schranken wächst (also unendlich groß wird), während die Kehrwertfolge $1/a_n = 1/n$ sich Null beliebig annähert (also unendlich klein wird).

Zur systematischen Erklärung der Begriffe „Konvergenz" und „Grenzwert" stellt man sich die Glieder einer Folge so vor, dass sie wie in Abbildung 4.1 in einem Koordinatensystem dargestellt sind, bei welchem auf der Abszisse die Folgenindizes und auf der Ordinate die Folgenwerte abgetragen werden.

Bei einer konvergenten Folge findet eine Stabilisierung um einen festen Wert a (in Abbildung 4.1 ist dies der Wert $a = 1$) in dem folgenden Sinne statt: Zeichnet man einen beliebigen horizontalen, symmetrisch zu a liegenden Streifen einer vorgegeben Breite $2\varepsilon > 0$ (in Abbildung 4.1 ist $\varepsilon = \frac{1}{2}$), so liegen zwar nicht alle, aber nach endlich vielen $a_1, \ldots, a_{n_0-1}$ alle weiteren Folgenglieder in diesem Streifen (in Abbildung 4.1 ist $n_0 = 21$). Rechnerisch bedeutet das für alle Folgenglieder a_n mit $n \geq n_0$:

$$a - \varepsilon < a_n < a + \varepsilon \quad \text{d.h.} \quad |a_n - a| < \varepsilon$$

Um den Zusammenhang zwischen der Streifenbreite ε und dem minimal erforderlichen n_0 rechnerisch genau zu ermitteln, ist diese Ungleichung mittels Äquivalenzumformungen so lange umzugestalten, bis eine Ungleichung der Form $n > \ldots$ entsteht, wobei n in dem Wert auf der rechten Seite der Ungleichung nicht mehr auftritt. Zu diesem Wert, der in der Regel von ε abhängig ist, muss dann noch die nächste natürliche Zahl

n_0 oberhalb gefunden werden. Je schmaler der Streifen ist, d.h. je kleiner $\varepsilon > 0$ ist, desto größer ist im Allgemeinen der erforderliche Wert n_0.

Definition 4.1 (Konvergenz einer Folge)

Man sagt, eine (reelle) Zahlenfolge $(a_n)_{n \geq k}$ **konvergiert** gegen $a \in \mathbb{R}$, wenn es zu jedem $\varepsilon > 0$ ein $n_0 = n_0(\varepsilon)$ (abhängig von ε) gibt, so dass für alle $n \geq n_0(\varepsilon)$, $n \geq k$ gilt

$$a - \varepsilon < a_n < a + \varepsilon \quad \text{d.h.} \quad |a_n - a| < \varepsilon$$

a heißt dann **Grenzwert der Folge** $(a_n)_{n \geq k}$. Schreibweisen hierfür sind: $\lim\limits_{n \to \infty} a_n = a$ bzw. $a_n \to a$ für $n \to \infty$ bzw. $a_n \xrightarrow[n \to \infty]{} a$

Konvergiert eine Folge gegen Null, so heißt sie **Nullfolge**. Eine nicht konvergente Folge nennt man **divergent**. Darüber hinaus wird noch hinsichtlich des Grades der Divergenz unterschieden zwischen

- bestimmt divergenten Folgen, deren Folgenglieder systematisch jede Schranke überschreiten (bzw. unterschreiten) . Formal gilt dann: für jedes $K \in \mathbb{R}$ gibt es ein n_0, so dass $a_n \geq K$ (bzw. $a_n \leq K$) für alle $n \geq n_0$. Man schreibt dann $a_n \to \infty$ (bzw. $a_n \to -\infty$), muss sich aber davor hüten, die später angesprochenen Grenzwertsätze auch für divergente Folgen zu verwenden.

- unbestimmt divergenten Folgen, die sich als Zusammensetzung von mehreren konvergenten oder bestimmt divergenten Teilfolgen mit unterschiedlichen Grenzwerten erweisen. Um die Stabilisierung einerseits zu verdeutlichen, andererseits vom Grenzwertbegriff zu unterscheiden, spricht man dann von verschiedenen **Häufungspunkten** einer Folge.

Beispiel 4.6

Die Folge $a_n = n^2$ ist bestimmt divergent, denn für alle $K > 0$ gilt die Ungleichung $a_n \geq K$ für alle $n \geq \sqrt{K}$. Die Folge $a_n = 1 + (-1)^n$ hingegen hat die beiden verschiedenen Häufungspunkte 0 und 2, sie ist also unbestimmt divergent.

Das letzte Beispiel illustriert, dass eine konvergente Folge nicht zwei verschiedene Grenzwerte besitzen kann. Gilt nämlich $\lim\limits_{n \to \infty} a_n = a$ und $\lim\limits_{n \to \infty} a_n = b$, so folgt:

$$|a - b| = |a - a_n + a_n - b| \leq |a - a_n| + |a_n - b|$$

und da die rechte Seite beliebig klein wird, muss $a = b$ gelten.

Beachten Sie, dass wir nicht direkt folgern können $a = \lim a_n = b$, weil die Schreibweise $\lim a_n = a$ zunächst nur eine Umschreibung des „Streifenverhaltens" von a_n und noch nicht als Gleichung im herkömmlichen Sinne zu bewerten ist – dies kann man erst unter Zuhilfenahme der Grenzwertsätze bewerkstelligen.

Ob eine Folge konvergent ist, hängt nicht von ihrem Anfangsverhalten ab:

Beispiel 4.7

Die drei Folgen $a_n = \sqrt{n + 1000} - \sqrt{n}$, $b_n = \sqrt{n + \sqrt{n}} - \sqrt{n}$, $c_n = \sqrt{n + \frac{n}{1000}} - \sqrt{n}$ haben für $n < 10^6$ das Verhalten $a_n > b_n > c_n > 0$, aber es ist $\lim_{n \to \infty} a_n = 0$, $\lim_{n \to \infty} b_n = \frac{1}{2}$ und $(c_n)_{n \geq 1}$ ist (bestimmt) divergent; die Ungleichungen und das Grenzwertverhalten für die erste und dritte Folge ist Thema von Übungsaufgabe 8 ⇨ vgl. S. 140, für die zweite Folge wird dies gleich gezeigt.

Vorsicht bei „Taschenrechnermathematik"

Die Bestimmung des Grenzwertes allein durch „Augenschein", wozu auch das Einsetzen von Taschenrechnerwerten gehört, ist in aller Regel kein zuverlässiges Mittel zur Berechnung, nicht einmal zur Vermutung von Grenzwerten. Die Konvergenzgeschwindigkeit der Folge könnte zu langsam sein.

Der Grenzwertbegriff für Folgen hat auch Bedeutung bei der Betrachtung von Funktionsgrenzwerten. Will man beispielsweise das Verhalten einer Funktion $f : \mathbb{D} \subseteq \mathbb{R} \to \mathbb{R}$ in der Nähe eines Punktes $x_0 \in \mathbb{D}$ untersuchen, so betrachtet man Werte $x \in \mathbb{D}$, die immer näher bei x_0 liegen. Das kann mit Hilfe einer – zumeist gar nicht genauer definierten – Folge $(x_n)_{n \in \mathbb{N}}$ geschehen, die x_0 als Grenzwert hat. Man bildet dann die Funktionswertfolge $(f(x_n))_{n \in \mathbb{N}}$ und untersucht deren Grenzwertverhalten.

Definition 4.2 (Grenzwert und Stetigkeit/Differenzierbarkeit einer Funktion)

Es sei $f : \mathbb{D} \subseteq \mathbb{R} \to \mathbb{R}$ eine Funktion und $x_0 \in \mathbb{D}$.

[1] Wenn unabhängig von der gewählten Folge $x_n \to x_0$ sich stets derselbe Grenzwert $g = \lim_{n \to \infty} f(x_n)$ ergibt, nennt man g den **Grenzwert der Funktion** für $x \to x_0$ und schreibt $\lim_{x \to x_0} f(x) = g$.

[2] f heißt **stetig** in x_0, wenn $\lim_{x \to x_0} f(x) = f(x_0)$.

[3] f heißt **differenzierbar** in x_0, wenn $f'(x_0) := \lim_{x \to x_0} (f(x) - f(x_0))/(x - x_0)$ existiert.

Für eine genauere Darstellung der genannten Grenzwertkonzepte für Funktionen einer Variablen und und deren Einordnung in der Ökonomie sei auf [TERVEER/TERVEER, 2011], Kapitel 6-8 verwiesen. Wir beschäftigen uns im Folgenden nur mit Grenzwerten von Folgen.

4.2.1 Grenzwertbestimmung bei expliziten Folgen

Die mit der Definition des Grenzwertes unmittelbar verbundene Vorgehensweise zur Bestimmung von Grenzwerten besteht darin, den korrekten Grenzwert zu erraten und dann anhand der allgemeinen Definition des Grenzwertes nachzuweisen.

Beispiel 4.8

$\lim_{n \to \infty} \frac{1}{\sqrt{n}} = 0$, denn für $\varepsilon > 0$ gilt $\left| \frac{1}{\sqrt{n}} - 0 \right| < \varepsilon \Leftrightarrow \frac{1}{\sqrt{n}} < \varepsilon \Leftrightarrow n > \frac{1}{\varepsilon^2}$. Den Schwellenindex $n_0(\varepsilon)$ wählt man als kleinste natürliche Zahl $n_0 > \frac{1}{\varepsilon^2}$.

Für eine Folge $(a_n)_{n \geq 1}$ mit $a_n \geq 0$ und $\lim_{n \to \infty} a_n = a > 0 \in \mathbb{R}$ gilt $\lim_{n \to \infty} \sqrt{a_n} = \sqrt{a}$. Es sei hierzu $\varepsilon > 0$ und $n_0 \in \mathbb{N}$ derart, dass für alle $n \geq n_0$ gilt: $|a_n - a| < \varepsilon \sqrt{a}$. Dann gilt für alle $n \geq n_0$ auch

$$ |\sqrt{a_n} - \sqrt{a}| = \frac{|(\sqrt{a_n} - \sqrt{a})(\sqrt{a_n} + \sqrt{a})|}{\sqrt{a_n} + \sqrt{a}} = \frac{|a_n - a|}{\sqrt{a_n} + \sqrt{a}} < \frac{|a_n - a|}{\sqrt{a}} < \frac{\varepsilon \sqrt{a}}{\sqrt{a}} = \varepsilon $$

Mit ein wenig Aufwand lässt sich die Rechnung auf den Fall $a = 0$ übertragen. Insgesamt ergibt sich, dass die Wurzelfunktion $f : [0; \infty[\to \mathbb{R}$, $f(x) = \sqrt{x}$ eine stetige Funktion ist, d.h. es gilt $\lim_{x \to a} \sqrt{x} = \sqrt{a}$ für alle $a \geq 0$.

Mathematiker sprechen in diesem Zusammenhang von der – manchmal in Perfektion zelebrierten – „Epsilontik", von der Sie vielleicht einen vagen Eindruck im zweiten

Beispiel bekommen haben. Weil man aber nur in den seltensten Fällen einen Grenzwert unproblematisch erraten kann, ist aus Anwendersicht diese Vorgehensweise nur für „Propheten" oder in einfachen Beispielen geeignet.

Eine weitere Möglichkeit der Berechnung stellen Einschachtelungsverfahren dar. Hier versucht man zur gegebenen Folge zwei weitere Folgen zu finden, die den gleichen Grenzwert haben und oberhalb und unterhalb der gegebenen Folge liegen. Die Ausgangsfolge muss dann in den durch die Einschachtelungsfolgen gegebenen „Trichter" laufen, d.h. hat den gleichen Grenzwert.

Einschachtelungsprinzip

Gilt $a_n \leq b_n \leq c_n$ und $\lim_{n\to\infty} a_n = \lim_{n\to\infty} c_n = x$, so gilt auch $\lim_{n\to\infty} b_n = x$.

Auch hier muss man oft eine Vorstellung von der Form des gesuchten Grenzwertes x haben und ganz ohne „Tricks" kommt man meist nicht weiter.

Beispiel 4.9 (geometrische Folge)

Für $-1 < p < 1$ ist $(p^n)_{n\geq 1}$ eine **Nullfolge**. Für $0 < p < 1$ ist $q = \frac{1}{p} > 1$ und dann folgt mittels der Binomischen Formel ⇨ vgl. Beispiel 4.25, S. 142

$$q^n = (1 + (q-1))^n = 1 + n(q-1) + \cdots + (q-1)^n > n(q-1) > 0$$

für alle $n \geq 2$. Durch Kehrwertbildung bekommt man also die Einschachtelung $0 < p^n < \frac{1}{n(q-1)}$ der geometrischen Folge durch zwei Nullfolgen. Die geometrische Folge muss also ebenfalls eine Nullfolge sein. Dies ist auch im allgemeinen Fall $-1 < p < 1$ richtig, denn dann gilt $|q|^n > n(|q|-1)$ und daher $-\frac{1}{n(|q|-1)} < p^n < \frac{1}{n(|q|-1)}$.

Beispiel 4.10

Für eine reelle Zahl $x > 0$ sei $a_n := \sqrt[n]{x} = x^{\frac{1}{n}}$. Für $x = 1$ ergibt sich natürlich der Grenzwert 1, weil $a_n = 1$ für alle n. Der Grenzwert 1 ergibt sich aber auch für jede andere reelle Zahl $x > 0$. Hier wird zunächst der Fall $x > 1$ behandelt (den Fall $x < 1$ sehen Sie in Beispiel 4.12 ⇨ vgl. S. 135). Zur Bestimmung des Grenzwertes benutzt man wie in Beispiel 4.9 eine Abschätzung auf Basis der Binomischen Formel

$$x = \left(1 + \left(x^{\frac{1}{n}} - 1\right)\right)^n \geq 1 + n\left(x^{\frac{1}{n}} - 1\right) > 0$$

Daher ist $0 \leq x^{\frac{1}{n}} - 1 \leq \frac{x-1}{n}$; nach dem Einschachtelungsprinzip ist $\lim_{n\to\infty} x^{\frac{1}{n}} = 1$.

Eine dritte Möglichkeit zur Grenzwertermittlung besteht darin, den Folgenterm durch einige zielgerichtete Umformungen oder Abschätzungen in eine Form zu bringen, in der er den Grenzwertsätzen zugänglich ist.

Satz 4.2 (Grenzwertsätze konvergenter Folgen)

Seien $(a_n)_{n\geq k}$ und $(b_n)_{n\geq k}$ konvergente Folgen mit $\lim_{n\to\infty} a_n = a$, $\lim_{n\to\infty} b_n = b$. Dann gilt:

[1] Die Folge $(c_n)_{n\geq k}$, $c_n := a_n + b_n$, ist konvergent mit Grenzwert $a + b$, d.h. es ist
$$\lim_{n\to\infty} (a_n + b_n) = \lim_{n\to\infty} a_n + \lim_{n\to\infty} b_n$$

[2] Die Folge $(c_n)_{n\geq k}$, $c_n := a_n \cdot b_n$, ist konvergent mit Grenzwert $a \cdot b$, d.h. es ist $\lim_{n\to\infty} (a_n \cdot b_n) = \lim_{n\to\infty} a_n \cdot \lim_{n\to\infty} b_n = a \cdot b$

[3] Falls $b \neq 0$, so gibt es ein $m \geq k$ mit $b_n \neq 0$ für alle $n \geq m$ und die Folge $(c_n)_{n\geq m}$, $c_n := \frac{a_n}{b_n}$, ist konvergent mit Grenzwert $\frac{a}{b}$, d.h es ist $\lim_{n\to\infty} \left(\frac{a_n}{b_n}\right) = \frac{\lim_{n\to\infty} a_n}{\lim_{n\to\infty} b_n}$

Die Bildung von Grenzwerten, wenn man konvergente Folgen durch die Grundrechenarten Addition, Multiplikation und Division aus konvergenten Folgen zusammensetzt, ist also verträglich mit diesen Grundrechenarten. Satz 4.2 ist auch für Grenzwerte von Funktionen gültig. Man muss sich aber davor hüten, ihn auch auf die Zusammensetzung bestimmt divergenter Folgen anzuwenden.

Unmittelbar mit den Grenzwertsätzen verbunden ist das Grenzwertverhalten gebrochen-rationaler Folgen, die sich ergeben, wenn man bei gebrochen-rationalen Funktionen $p(x)/q(x)$ das Argument x durch den Folgenindex n ersetzt:

Beispiel 4.11 (Gebrochen-rationale Folgen)
Eine gebrochen-rationale Folge hat den Folgenterm $a_n = p(n)/q(n)$, dabei sind $p(x) = \alpha_0 + \alpha_1 x + \cdots + \alpha_r x^r$ und $q(x) = \beta_0 + \beta_1 x + \cdots + \beta_s x^s$ Polynome vom Grad $grad(p) = r$ und $grad(q) = s$. Gebrochen-rationale Folgen haben folgendes Grenzwertverhalten:

- Falls $grad(p) > grad(q)$, so ist $(a_n)_{n\in\mathbb{N}}$ (bestimmt) divergent.

- Falls $grad(p) = grad(q) = r$, so ist $(a_n)_{n\in\mathbb{N}}$ konvergent mit Grenzwert α_r/β_r

- Falls $grad(p) < grad(q)$, so ist $(a_n)_{n\in\mathbb{N}}$ eine Nullfolge.

Zur Begründung: Wir betrachten hier nur den Fall $r = s$. Dann lässt sich aus dem Term $p(n)/q(n)$ in Zähler und Nenner der Ausdruck n^r faktorisieren und anschließend kürzen, der resultierende Term konvergiert nach den Grenzwertsätzen gegen den Quotienten α_r/β_r der Leitkoeffizienten von p, q:

$$\frac{p(n)}{q(n)} = \frac{\alpha_0 + \alpha_1 n + \cdots + \alpha_r n^r}{\beta_0 + \beta_1 n + \cdots + \beta_r x^r} = \frac{n^r}{n^r} \frac{\alpha_0/n^r + \alpha_1/n^{r-1} + \cdots + \alpha_r}{\beta_0/n^r + \beta_1/n^{r-1} + \cdots + \beta_r} \xrightarrow{n\to\infty} \frac{\alpha_r}{\beta_r}$$

In den anderen beiden Fällen wird jeweils n^r bzw. n^s faktorisiert, je nachdem, welches Polynom den höheren Grad hat. Danach liest man die Divergenz bzw. Konvergenz ab.

Beispiel 4.12 (Fortsetzung von Beispiel 4.10 ⇨ vgl. S. 134)
Wir betrachten jetzt die Wurzelfolge $a_n := \sqrt[n]{x} = x^{\frac{1}{n}}$ für den Fall $0 < x < 1$. Auch dann hat a_n den Grenzwert 1, denn aufgrund der Quotientenregel aus Satz 4.2 und dem in Beispiel 4.10 gerechneten Fall gilt wegen $1/x > 1$

$$\lim_{n\to\infty} \sqrt[n]{x} = \lim_{n\to\infty} \frac{1}{\sqrt[n]{1/x}} = \frac{1}{\lim\limits_{n\to\infty} \sqrt[n]{1/x}} = \frac{1}{1} = 1$$

Beispiel 4.13
Für die bereits oben genannte Folge $b_n = \sqrt{n + \sqrt{n}} - \sqrt{n}$ besteht der Kniff darin, den Folgenterm in einen geeigneten Bruch zu erweitern:

$$\sqrt{n + \sqrt{n}} - \sqrt{n} = \frac{\left(\sqrt{n + \sqrt{n}} - \sqrt{n}\right)\left(\sqrt{n + \sqrt{n}} + \sqrt{n}\right)}{\sqrt{n + \sqrt{n}} + \sqrt{n}} = \frac{n + \sqrt{n} - n}{\sqrt{n + \sqrt{n}} + \sqrt{n}}$$

$$= \frac{1}{\sqrt{\frac{n+\sqrt{n}}{n}} + \sqrt{\frac{n}{n}}} = \frac{1}{\sqrt{1 + \frac{1}{\sqrt{n}}} + 1} \xrightarrow{n\to\infty} \frac{1}{\sqrt{1 + 0} + 1} = \frac{1}{2}$$

Beispiel 4.14 (Fortsetzung von Beispiel 4.5 ⇨ vgl. S. 129)

Es sei $(p_n)_{n \geq 0}$ die aus der impliziten Gleichung $p_n = a + bp_{n-1}$ mit Startwert p_0 gewonnene Folge. Wir haben gesehen, dass die explizite Form folgende Form hat

$$p_n = \frac{a}{1-b} + \left(p_0 - \frac{a}{1-b}\right)b^n$$

Für $|b| < 1$ folgt aus der Konvergenz der geometrischen Folge und den Grenzwertsätzen

$$\lim_{n \to \infty} p_n = \frac{a}{1-b} + (p_0 - \frac{a}{1-b}) \lim_{n \to \infty} b^n = \frac{a}{1-b} + (p_0 - \frac{a}{1-b}) \cdot 0 = \frac{a}{1-b}$$

4.2.2 Grenzwertbestimmung bei impliziten Folgen

Zur Bestimmung von Grenzwerten sind zunächst nur explizite Folgen geeignet. Falls möglich, wird man daher eine implizit definierte Folge in eine explizite Form überführen und dann den Grenzwert bestimmen. Bei manchen impliziten Folgen kann man aber direkt anhand der Rekursion den Grenzwert bestimmen, sofern man weiß, dass die Folge konvergent ist. Dann lässt sich in der Rekursionsgleichung jedes Auftreten eines Folgengliedes durch den – zunächst unbekannten – Grenzwert ersetzen. Es ergibt sich eine Gleichung mit dem Grenzwert als Variable, nach der man die Gleichung auflöst.

Beispiel 4.15 (Fortsetzung von Beispiel 4.5 ⇨ vgl. S. 129)

Im rekursiven Modell $p_{n+1} = a + bp_n$ sei $-1 < b < 1$ angenommen. Der Grenzwert p ergibt sich auch durch direktes Einsetzen in die Rekursion:

$$p = \lim_{n \to \infty} p_n = \lim_{n \to \infty} (a + bp_{n-1}) = a + bp \qquad \text{d.h.} \quad p = a + bp \Leftrightarrow p = \frac{a}{1-b}$$

Bei dem Einsetzen in die implizite Form ist allerdings Vorsicht geboten. Die Rechnung im vorigen Beispiel ließe sich auch durchführen, wenn z.B. $b > 1$ ist. Dann aber ist die genannte Folge nicht konvergent und der berechnete Wert $a/(1-b)$ hat keine Bedeutung als Grenzwert. Zwei ander Beispiele sollen die Problematik weiter illustrieren:

Beispiel 4.16

- Die Konvergenz der Folge muss gesichert sein. Setzt man z.B. in die Rekursion der Folge $a_n = 2a_{n-1} + 1$ den mutmaßlichen Grenzwert a ein, so würde sich die Gleichung $a = 2a + 1$ ergeben, d.h. $a = -1$. Das wäre aber nur im Falle $a_0 = -1$ der Grenzwert der Folge, weil dann $a_1 = a_2 = \cdots = -1$.

- Es sei die Folge $a_0 = 0, a_1 = 1$ und $a_n = \frac{a_{n-1}+a_{n-2}}{2}$. Setzt man den mutmaßlichen Grenzwert x für die Folgenglieder ein, so ergibt sich die Tautologie $x = \frac{x+x}{2}$, der Grenzwert ist also auf diese Weise nicht zu gewinnen; man muss auf die explizite Form zurückgreifen   ⇨ vgl. Übungsaufgabe 11, S. 141.

4.2.3 Nachweismöglichkeiten für Konvergenz

Bei expliziten Folgen ergibt sich häufig durch Umformungen der Folgenterme und Anwendung der Grenzwertsätze sowohl die Konvergenz als auch der Grenzwert selbst. Die

Grenzwertsätze sind aber nicht unmittelbar auf implizite Folgen anwendbar, weshalb sie zum Konvergenznachweis dann in aller Regel ausscheiden. Aber auch für explizite Folgen sind dieser Vorgehensweise technische Grenzen gesetzt. Manchmal muss die Konvergenz daher auf völlig eigenständigem Wege nachgewiesen werden. Es kann vorkommen, dass der eigentliche Grenzwert dann nur numerisch, z.B. durch Einsetzen hinreichend großer Werte für n in den Folgenterm a_n approximativ bestimmbar ist.

Also muss man sich zuweilen sowohl bei expliziten als auch impliziten Folgen zunächst Gedanken darüber machen, ob die Folgen überhaupt konvergent sind – das Beispiel auf Seite 132 zeigt, dass das Einsetzen großer Werte ohne vorherige Konvergenzüberprüfung in die Irre führen kann. Ein häufig möglicher Weg besteht darin, die Monotonie und Beschränktheit der Folge nachzuweisen, denn die Monotonie einer Folge beinhaltet ein Trendverhalten, die Beschränktheit sorgt dafür, dass dieser Trend nicht alle Grenzen über- oder unterschreitet. Das bedeutet Konvergenz der Folge.

Satz 4.3

[1] Jede konvergente Folge $(a_n)_{n \geq k}$ ist **beschränkt**, d.h. es gibt ein $M > 0$ mit $|a_n| \leq M$ für alle $n \geq k$.

[2] (Konvergenzkriterium für monotone Folgen) Sei $(a_n)_{n \geq m}$ eine **monotone** Folge (d.h. entweder gilt $a_m \leq a_{m+1} \leq a_{m+2} \leq \ldots$ (monoton wachsend) oder $a_m \geq a_{m+1} \geq a_{m+2} \geq \ldots$ (monoton fallend). Dann gilt:

$$(a_n)_{n \geq m} \text{ ist konvergent} \quad \Longleftrightarrow \quad (a_n)_{n \geq m} \text{ ist beschränkt}$$

Zur Begründung: Die Beschränktheit einer konvergenten Folge ergibt sich z.B. daraus, dass fast alle Folgenglieder den Maximalabstand 1 zu dem Grenzwert a haben, mithin im Intervall $]a - 1; a + 1[$ liegen. Nimmt man das Minimum m und das Maximum M der endlich vielen Folgenglieder $a_1, \ldots, a_{n_0 - 1}$, die nicht in diesem Intervall liegen, hinzu, so liegen alle Folgenglieder im Intervall $[\min\{a - 1, m\}, \max\{a + 1, M\}]$, d.h. die Folge ist beschränkt. Ist umgekehrt eine beschränkte Folge zusätzlich monoton wachsend, so besitzt sie eine kleinste obere Schranke a, d.h. alle Folgenglieder liegen unterhalb von a und es gibt keine kleinere Zahl mit dieser Eigenschaft. Genauer gibt es für jedes $\varepsilon > 0$ ein n_0 mit $a - \varepsilon < a_{n_0} < a$. Wegen der Monotonie gilt das dann nicht nur für das n_0-te Folgenglied, sondern auch alle weiteren. Das entspricht genau der Definition von Konvergenz.   □

Beispiel 4.17 (Quadratwurzel-Iteration nach Heron)
Für $a > 0$ wähle man $x_0 > 0$; für $n > 0$ sei dann $x_{n+1} := \frac{x_n + a/x_n}{2}$.

Diese schon den Babyloniern bekannte Iteration ist (z.T. noch) Grundlage der numerischen Berechnung von Quadratwurzeln – etwa in Taschenrechnern –, kann aber nicht explizit gemacht werden. Startet man etwa für $a = 2$ mit $x_0 = 2$, so ergeben sich die Werte in Tabelle 4.1. Sie legen nahe, dass $(x_n)_{n \geq 0}$ konvergent ist mit $\lim_{n \to \infty} x_n = \sqrt{a}$.

Wir prüfen die Konvergenz, indem wir nachrechnen, dass die Folge monoton und beschränkt ist. Sicher ist zunächst $x_n \geq 0$ für alle $n \geq 1$. Weiter gilt dann:

- $x_n^2 \geq a$ für $n \geq 1$, denn $x_n^2 - a = \left(\frac{x_{n-1} + a/x_{n-1}}{2} \right)^2 - a = \frac{(x_{n-1} - a/x_{n-1})^2}{4} \geq 0$.
  Also ist x_n nach unten durch $\sqrt{a}$ beschränkt.

- $x_{n+1} \leq x_n$ für $n \geq 1$, denn $x_n - x_{n+1} = x_n - \frac{x_n + a/x_n}{2} = \frac{x_n^2 - a}{2x_n} \geq 0$.
  Also ist x_n monoton fallend.

Der Grenzwert x muss jetzt sicher größer oder gleich $\sqrt{a}$, also insbesondere größer als

n	x_n	numerisch	n	x_n	numerisch
0	2	2	3	$\frac{577}{408}$	$1,41421569$
1	$\frac{3}{2}$	$1,5$	4	$\frac{665\,857}{470\,832}$	$1,41421356$
2	$\frac{17}{12}$	$1,41666667$	5	$\frac{886731088897}{627013566048}$	$1,41421356$

Tabelle 4.1: Mit dem Heron-Verfahren gewonnene Näherungswerte für $\sqrt{2}$

Null sein. Aus den Grenzwertsätzen folgt dann:

$$x = \lim_{n\to\infty} x_n = \lim_{n\to\infty} \left(\frac{x_{n-1} + a/x_{n-1}}{2}\right) = \frac{x + a/x}{2}$$

d.h. wegen $x > 0$ gilt $2x = x + a/x \Leftrightarrow x^2 = a \Leftrightarrow x = \sqrt{a}$. Es wird also tatsächlich die Quadratwurzel approximiert. An dem Beispiel aus Tabelle 4.1 kann man erkennen, dass die Konvergenz sehr schnell erfolgt, was die Verwendung in Taschenrechnern erklärt.

Beispiel 4.18
Sei $a_n := 1 + \left(\frac{1}{2}\right)^2 + \cdots + \left(\frac{1}{n}\right)^2$. $(a_n)_{n\geq 1}$ ist monoton wachsend (entsteht durch sukzessive Addition nichtnegativer Zahlen $\frac{1}{1}$, $\frac{1}{4}$, $\frac{1}{9}$, ...) und auch beschränkt. Für $n \geq 2$ gilt nämlich:

$$a_n = 1 + \left(\frac{1}{2}\right)^2 + \left(\frac{1}{3}\right)^2 + \cdots + \left(\frac{1}{n}\right)^2 \leq 1 + \frac{1}{1\cdot 2} + \frac{1}{2\cdot 3} + \cdots + \frac{1}{(n-1)\cdot n}$$

$$= 1 + \left(\frac{1}{1} - \frac{1}{2}\right) + \left(\frac{1}{2} - \frac{1}{3}\right) + \cdots + \left(\frac{1}{n-1} - \frac{1}{n}\right) = 2 - \frac{1}{n} \leq 2$$

Also: $|a_n| \leq 2$ für alle $n \geq 2$ und damit natürlich auch für alle $n \geq 1$. $(a_n)_{n\geq 1}$ ist monoton wachsend und beschränkt, also konvergent. Man kann z.B. mittels Fourier-Reihen [FORSTER, 2011] zeigen, dass $\lim_{n\to\infty} a_n = \frac{\pi^2}{6}$

Beschränktheit alleine reicht für die Konvergenz einer Folge nicht aus, wie das Beispiel $a_n = (-1)^n$ zeigt. Diese Folge ist beschränkt und nicht monoton; sie ist außerdem nicht konvergent; sie hat vielmehr die beiden **Häufungspunkte** -1 und 1.

Die bisher untersuchten Beispielfolgen waren alle konvergent. Zuweilen kommen aber auch divergente Folgen vor. Alle unbeschränkten Folgen gehören dazu und lassen sich anhand dieses Defizits oft identifizieren:

Beispiel 4.19 (Fortsetzung von Beispiel 4.9 ⇨ vgl. S. 134)
Für die geometrische Folge $(p^n)_{n\geq 1}$ mit $|p| > 1$ gilt wieder aufgrund der Binomischen Formel die Abschätzung $|p|^n = (1 + (|p| - 1))^n > n(|p| - 1)$. Die geometrische Folge ist für $|p| > 1$ also unbeschränkt, mithin divergent.

Beispiel 4.20 (Harmonische Reihe)
Die durch sukzessive Summation der Kehrwerte der ersten n natürlichen Zahlen erklärte Folge a_n, d.h. $a_n := 1 + \frac{1}{2} + \cdots + \frac{1}{n}$ ist divergent, weil sie unbeschränkt ist. Für alle $n \in \mathbb{N}$ gilt nämlich

$$|a_{2n} - a_n| = \left|1 + \cdots + \frac{1}{2n} - \left(1 + \cdots + \frac{1}{n}\right)\right| = \frac{1}{n+1} + \cdots + \frac{1}{2n} \geq n \cdot \frac{1}{2n} = \frac{1}{2}$$

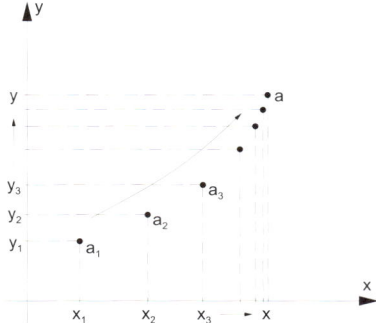

Abbildung 4.2: Illustration des Konvergenzbegriffes für Punktfolgen

Der Wert der Summe erhöht sich also mindestens um $\frac{1}{2}$, wenn die Anzahl der Summanden verdoppelt wird. Falls $K \in \mathbb{N}$, so ist also $a_n \geq 1 + \frac{K}{2}$ für $n \geq 2^K$. Die Folge ist also unbeschränkt.

Das letzte Beispiel zeigt, dass man mit der Summation von Werten, die immer kleiner werden (d.h. immer näher bei Null liegen), unter Umständen dennoch eine unbeschränkte Summe erzielen kann.

4.2.4 Konvergenz im $\mathbb{R}^n$

Mit Hilfe des Konvergenzbegriffes für reellwertige Zahlenfolgen kann die gesamte Analysis für Funktionen einer Variablen erklärt werden. Entsprechendes gilt auch für Funktionen mehrerer Variablen; hierbei müssen aber Folgen $(a_m)_{m \geq k}$ behandelt werden, bei denen die einzelnen Folgenglieder nicht mehr reelle Zahlen, sondern n–Tupel, d.h. Vektoren $a^{(m)}$ des $\mathbb{R}^n$ sind. In der Anschauungsebene $\mathbb{R}^2$ – und grundsätzlich auch noch im Anschauungsraum $\mathbb{R}^3$ – kann man sich solche Folgen noch wie in Abbildung 4.2 veranschaulichen.

Eine solche Punktfolge $(a^{(m)})_{m \geq k}$ wird durch die beiden Koordinatenfolgen $(x_m)_{m \geq k}$ und $(y_m)_{m \geq k}$ festgelegt. Besitzt die Folge $(a^{(m)})_{m \geq k}$ den Grenzwert $a = (x, y)^T$, so bedeutet dies, dass die Koordinatenfolgen $(x_m)_{m \geq k}$ bzw. $(y_m)_{m \geq k}$ gegen die Koordinaten x bzw. y von a konvergieren. Diese anschauliche Vorstellung, mit der man Konvergenz von Punktfolgen im $\mathbb{R}^n$ auf Konvergenz im $\mathbb{R}$ zurückführen kann, wird zum Ausgangspunkt der nun folgenden Überlegungen.

Definition 4.3

Sei $(a^{(m)})_{m \geq k}$ eine (Punkt–)Folge im $\mathbb{R}^n$ (d.h. $a^{(m)} = (a_1^{(m)}, \ldots, a_n^{(m)})^T \in \mathbb{R}^n$ für alle $m \geq k$). Weiter seien $(a_1^{(m)})_{m \geq k}, \ldots, (a_n^{(m)})_{m \geq k}$ die **Koordinatenfolgen**.
Man sagt, $(a^{(m)})_{m \geq k}$ **konvergiert** gegen $a = (a_1, \ldots, a_n)^T \in \mathbb{R}^n$ (in Zeichen: $\lim\limits_{m \to \infty} a^{(m)} = a$), wenn gilt: $\lim\limits_{m \to \infty} a_1^{(m)} = a_1, \ldots, \lim\limits_{m \to \infty} a_n^{(m)} = a_n$. a heißt dann **Grenzwert** der Folge $(a^{(m)})_{m \geq k}$.

Ebenso lässt sich die Konvergenz von Folgen von Matrizen über die punktweise Konvergenz korrespondierender Einträge der Matrizen erklären.

Beispiel 4.21

- $a^{(m)} = \left(\frac{1}{2m+1}, \frac{m}{m+3}\right)^T$. Dann $\lim\limits_{m\to\infty} a_m = \left(\lim\limits_{m\to\infty} \frac{1}{2m+1}, \lim\limits_{m\to\infty} \frac{m}{m+3}\right)^T = (0,1)^T$.

- $a_m = (m, 1/m)^T$. Da die erste Koordinatenfolge divergent ist, konvergiert $(a_m)_{m\geq 1}$ nicht. Man sagt auch in diesem Fall: $(a_m)_{m\geq 1}$ ist **divergent**.

Die Eigenschaften konvergenter Punktfolgen gleichen in vielerlei Hinsicht denjenigen von Zahlenfolgen. Zum einen besitzt eine konvergente Punktfolge $(a_m)_{m\geq k}$ immer genau einen Grenzwert und ihr Konvergenzverhalten hängt nicht von ihrem Anfangsverhalten ab. Zum anderen lassen sich die Grenzwertsätze – durch komponentenweise Argumentation – auf Punktfolgen übertragen.

Satz 4.4
Für Punktfolgen $(a^{(m)})_{m\geq k}$ und $(b^{(m)})_{m\geq k}$ mit $\lim_{m\to\infty} a^{(m)} = a$, $\lim_{m\to\infty} b^{(m)} = b$ gilt:

[1] $\lim_{m\to\infty}(a^{(m)} + b^{(m)}) = a + b$ und $\lim_{m\to\infty}\langle a^{(m)}, b^{(m)}\rangle = \langle a, b\rangle$.

[2] Für $\alpha \in \mathbb{R}$ ist zusätzlich $\lim_{m\to\infty}(\alpha a^{(m)}) = \alpha \cdot a$

Konvergente Punktfolgen sind stets beschränkt, d.h. für jede konvergente Punktfolge $(a^{(m)})_{m\geq k}$ gibt es einen Quader $[a_1; b_1] \times \cdots \times [a_n; b_n]$, innerhalb dessen sie liegt. Dies ergibt sich unmittelbar daraus, dass auch die Koordinatenfolgen $(a_{m,1})_{m\geq k}, \ldots,$ $(a_{m,n})_{m\geq k}$ konvergent sind. Diese sind also beschränkt, d.h. es gibt $a_1, b_1, \ldots, a_n,$ $b_n \in \mathbb{R}$ mit $a_1 \leq a_{m,1} \leq b_1, \ldots, a_n \leq a_{m,n} \leq b_n$ für alle $m \geq k$. Also ist $\{a^{(m)} : m \geq k\}$ eine beschränkte Menge.

Umgekehrt aus Beschränktheit auf Konvergenz zu schließen, ist aber auch bei Punktfolgen nicht möglich.

Übungen zu Abschnitt 4.2

7. Prüfen Sie die nachstehenden Folgen auf Konvergenz (dabei sei $t > 0$):

a) $a_n = \frac{tn^3 - 2(t-1)n^2 + (t+1)n + 4}{(t-1)n^3 - (t-1)n^2 + tn - 2}$ b) $a_n = \frac{(t^2 + t - 1)^n}{(t^2 + 1)^{n+1}}$

8. Zeigen Sie für die auf Seite 132 behandelten Folgen $a_n = \sqrt{n + 1000} - \sqrt{n}$, $b_n = \sqrt{n + \sqrt{n}} - \sqrt{n}$ und $c_n = \sqrt{n + \frac{n}{1000}} - \sqrt{n}$ die Eigenschaften:

a) für $n < 10^6$ gilt $a_n > b_n > c_n$

b) $\lim_{n\to\infty} a_n = 0$

c) $(c_n)_{n\geq 1}$ ist (bestimmt) divergent

9. Von der Folge mit den Gliedern $a_1 = 1$, $a_{n+1} = 1 + \frac{1}{a_n}$ für $n > 1$ sei bekannt, dass sie konvergent ist. Welchen Grenzwert hat die Folge?

10. In Wiwinesien betrug die Pro-Kopf-Verschuldung 20000 WEuro im Jahr $t_0 = 2000$, im Jahr $t_1 = 2010$ war sie um 5000 WEuro gestiegen. Der Chef-Volkswirt der Wiwinesischen Zentralbank, schätzt, dass die Zeitpunkte t_n, zu denen die Staatsverschuldung um jeweils $5000 \cdot n$ WEuro über der Verschuldung von 2000 liegt, der Gleichung $(t_{n+1} - t_n) = \frac{4}{5}(t_n - t_{n-1})$ folgen.

a) In welchem Jahr wird die Pro-Kopf-Verschuldung 50000 WEuro übersteigen?

b) Bis zu welchem Jahr spätestens muss die Steigerung der Pro-Kopf-Verschuldung gebremst worden sein?

11. Betrachten Sie die implizit definierte Folge $a_0 = 0, a_1 = 1$ und $a_n = \frac{a_{n-1}+a_{n-2}}{2}$. Leiten Sie ein explizites Bildungsgesetz für diese Folge her und bestimmen Sie, falls vorhanden, den Grenzwert. Überlegen Sie, wie sich das explizite Folgengesetz für andere Startglieder $a_0 = a$, $a_1 = b$ übertragen lässt.

4.3 Summenfolgen, unendliche Reihen und Potenzreihen

4.3.1 Summenfolgen

In der Ökonomie werden oftmals Vorgänge behandelt, bei denen Größen fortlaufend saldiert werden müssen, wie z.B. Kapital-, Umsatz- oder Absatzentwicklungen, Produktionszahlen oder Schadensmeldungen. Wenn sich die einzelnen zu saldierenden Größen als eine Folge $(a_n)_{n \geq k}$ darstellen lassen, so ist damit die **Partialsummenfolge** $(s_n)_{n \geq k}$ verbunden, die wie folgt dargestellt wird

$$s_n := \sum_{i=k}^{n} a_i := a_k + a_{k+1} + a_{k+2} + \ldots + a_{n-1} + a_n$$

i heißt hier Laufindex; er „durchläuft" alle natürlichen Zahlen von k bis n, wobei die entsprechenden a_i aufsummiert werden. Vor allem im Fließtext werden der Laufindex mit der unteren Grenze sowie die obere Grenze nicht unter und über das Summensymbol, sondern in der Form $\sum_{i=k}^{n} a_i$ geschrieben.

Das Summationssymbol wird in mannigfaltigen Situationen benötigt; der Umgang damit sei anhand einiger Beispiele verdeutlicht:

Beispiel 4.22
Sei $a_i = i$. Dann ist beispielsweise

- $\sum_{i=1}^{10} a_i = 1 + 2 + \cdots + 9 + 10 = 55$

- $\sum_{i=1}^{10} a_n = \underbrace{a_n + a_n + \cdots + a_n + a_n}_{10 \text{ mal}} = 10 a_n = 10 n$

- $\sum_{k=1}^{10} a_{n+k} = (n+1) + (n+2) + \cdots + (n+10) = 10n + 55$

Beispiel 4.23 (Indexverschiebung)
Es ist $\sum_{k=3}^{7} k^2 = 3^2 + 4^2 + 5^2 + 6^2 + 7^2 = 9 + 16 + 25 + 36 + 49 = 135$. Genauso erhält man $\sum_{k=4}^{8} (k-1)^2 = \sum_{k=3}^{7} k^2 = 135$. Die beiden Summen stimmen also überein. Dieses „Phänomen" wird auch als Indexverschiebung bezeichnet. Allgemein gilt für eine Folge $(a_n)_{n \geq k}$

$$\sum_{i=k}^{n} a_i = \sum_{i=k+m}^{n+m} a_{i-m} \quad \text{falls } m \in \mathbb{N}_0, n \geq k$$

$$
\begin{array}{rccccccccccc}
n=0 & & & & & & 1 & & & & & \\
n=1 & & & & & 1 & & 1 & & & & \\
n=2 & & & & 1 & & 2 & & 1 & & & \\
n=3 & & & 1 & & 3 & & 3 & & 1 & & \\
n=4 & & 1 & & 4 & & 6 & & 4 & & 1 & \\
n=5 & 1 & & 5 & & 10 & & 10 & & 5 & & 1
\end{array}
$$

$$\vdots$$

Abbildung 4.3: Binomialkoeffizienten $\binom{n}{k}$ im Pascal'schen Dreieck

Beispiel 4.24 (Geometrische Summe)
Bereits im vorletzten Abschnitt war die geometrische Summe behandelt worden

$$
\sum_{k=0}^{n} x^k = \frac{1 - x^{n+1}}{1 - x} \quad \text{falls } x \neq 1 \text{ und } n \in \mathbb{N}_0
$$

Diese Formel ist in vielen Bereichen der Ökonomie (vor allem in der später noch behandelten Finanzmathematik) von fundamentaler Bedeutung. Sie gehört zur Klasse der so genannten **Mitternachtsformeln**, eine etwas scherzhafte Bezeichnung, die suggerieren soll, dass man derartige Formeln zu jeder Tages- und Nachtzeit memorieren sollte.

Beispiel 4.25 (Binomische Formel)
Für $x, y \in \mathbb{R}$ und $n \in \mathbb{N}$ ist

$$
(x + y)^n = \sum_{i=0}^{n} \binom{n}{i} x^i y^{n-i}
$$

Dabei ist $\binom{n}{i} := \frac{n!}{i!(n-i)!}$ der **Binomialkoeffizient** und $n! = 1 \cdot 2 \cdots n$ wird als **Fakultät** von n bezeichnet. Die Binomialkoeffizienten lassen sich in Form des Pascal'schen Dreiecks gemäß Abbildung 4.3 darstellen. Das Dreieck baut sich rekursiv auf. Je zwei nebeneinander liegende Zahlen ergeben summiert die darunter liegende Zahl, was sich in der Formel

$$
\binom{n}{k} + \binom{n}{k+1} = \binom{n+1}{k+1}
$$

niederschlägt. Eine zur binomischen Formel verwandte Formel ist

$$
x^n - y^n = (x - y) \sum_{i=0}^{n-1} x^i y^{n-1-i}
$$

Häufig vorkommende Summenfolgen sind die Potenzsummen $\sum_{j=1}^{n} n^k$. Ein Steckbriefansatz zu deren Berechnung ist in [TERVEER/TERVEER, 2011], Kapitel 8.2, beschrieben. Zumindest die ersten drei Potenzsummen sollte man aber kennen:

Satz 4.5
Für alle $n \in \mathbb{N}$ gilt: $\sum_{j=1}^{n} j = \frac{n(n+1)}{2}$, $\quad \sum_{j=1}^{n} j^2 = \frac{n(n+1)(2n+1)}{6}$, $\quad \sum_{j=1}^{n} j^3 = \frac{n^2(n+1)^2}{4}$.

Sie erkennen, dass Potenzsummen sich zu Polynomfolgen vereinfachen, d.h. der Folgenterm ist ein Polynom in n.

Von der Summenfolge kommt man auf die einzelnen Summanden zurück durch Differenzenbildung; es gilt $a_n = \Delta s_n := s_n - s_{n-1}$. Auch dieser Prozess ist bei der Analyse von ökonomischen Daten von Bedeutung. Beispielsweise werden Umsatzentwicklungen durch fortgesetzte Differenzenbildung so lange umgeformt, bis die entstehende Folge – näherungsweise – konstante Glieder hat. Ist hierzu eine k-malige Differenzenbildung erforderlich, so hat die Ausgangsfolge polynomiales Wachstum in der Größenordnung eines Polynoms k-ten Grades. Da sich durch Polynome geeignet hohen Grades viele zeitliche ökonomische Phänomene zumindest näherungsweise erklären lassen, spielt dies in der so genannten Zeitreihenanalyse ökonomischer Daten eine wichtige Rolle.

4.3.2 Unendliche Reihen

Als rechnerischer Idealfall wird oft die Anzahl der Summanden einer endlichen Summe beliebig erhöht, so etwa bei Rückzahlungen aus einmaligen Investitionen. Solche Summen mit unendlich vielen Summanden erfasst man mathematisch durch Grenzwerte von Partialsummenfolgen.

Definition 4.4 (Unendliche Reihen)

Sei $(a_n)_{n \geq m}$ eine Zahlenfolge, $s_n := \sum_{k=m}^{n} a_k$ für $n \geq m$. Falls $(s_n)_{n \geq m}$ konvergiert und

den Grenzwert $s = \lim_{n \to \infty} s_n$ hat, so sagt man: Die **Reihe** $\sum_{k=m}^{\infty} a_k$ (bzw. $\sum_{k \geq m} a_k$) konvergiert

und hat den Grenzwert s. In Zeichen: $\sum_{k=m}^{\infty} a_k = s$

Andernfalls sagt man: Die Reihe $\sum_{k=m}^{\infty} a_k$ divergiert.

Neben der Verwendung des Summensymbols für endliche Summen lässt sich dieses also auch verwenden, wenn die Anzahl der Summanden gegen unendlich strebt. Der Wert $s = \sum_{n=m}^{\infty} a_n$ steht bei einer Folge $(a_n)_{n \geq m}$ also einerseits für die Partialsummenfolge, andererseits für deren Grenzwert. Gleichzeitig wird mit dem Begriff präzisiert, was man unter der Summe „aller" Folgenglieder versteht. Wenn man geeignete Vorsichtsmaßnahmen ergreift und Umformungen vermeidet, die konvergente in divergente Reihen überführen, kann man mit unendlichen Reihen ähnlich rechnen wie mit endlichen Summen.

Die Grenzwerte mancher Reihen lassen sich explizit berechnen. Bei anderen Reihen ist dies nicht möglich, vielmehr werden sie angenähert durch Summation einer geeignet hohen Anzahl ihrer Glieder. In jedem Fall ist wie bei Folgen der Konvergenznachweis unerlässlich.

Beispiel 4.26 (Geometrische Reihe)

$\sum_{k=0}^{\infty} p^k$ ist divergent für $|p| > 1$ und hat den Grenzwert $\frac{1}{1-p}$ für $|p| < 1$. Für $p \neq 1$ ergibt nämlich die geometrische Summenformel $\Rightarrow$ vgl. Satz 4.1, S. 129 $\sum_{k=0}^{n} p^k = \frac{1-p^{n+1}}{1-p}$. Aufgrund der Konvergenzeigenschaften der geometrischen Folge konvergiert die geometrische Reihe also für $|p| < 1$ und divergiert für $|p| > 1$. Im Falle $p = 1$ ergibt sich die divergente Folge $\sum_{k=0}^{n} p^k = n + 1$, für $p = -1$ hingegen die alternierende divergente Folge $\sum_{k=0}^{n} p^k = \frac{(-1)^n + 1}{2}$.

Beispiel 4.27

Die **allgemeinen harmonischen Reihen** sind von der Form $\sum_{k=1}^{\infty} \frac{1}{k^a}$ mit $a > 0$. Zwei Spezialfälle wurden bereits behandelt: So ist $\sum_{k=1}^{\infty} \frac{1}{k}$ divergent, denn die Partialsummen bilden eine unbeschränkte Folge ⇨ vgl. Beispiel 4.20, S. 138. Hingegen ist $\sum_{k=1}^{\infty} \frac{1}{k^2} = \frac{\pi^2}{6}$ ⇨ vgl. Beispiel 4.18, S. 138. Es lässt sich zeigen, dass die harmonischen Reihen für $a \leq 1$ divergent, für $a > 1$ hingegen konvergent sind [FORSTER, 2011], [HEUSER, 2009].

Da Reihen nichts anderes als spezielle Summenfolgen sind, kann ihr Konvergenzverhalten grundsätzlich auf dem gleichen Wege wie bei allgemeinen Folgen untersucht werden. Insbesondere die Grenzwertsätze sind z.T. leicht auf den Reihen-Fall übertragbar.

Satz 4.6

Seien $(a_n)_{n \geq m}$, $(b_n)_{n \geq m}$ Folgen mit $\sum_{k=m}^{\infty} a_k = s$, $\sum_{k=m}^{\infty} b_k = t$ (d.h. diese Reihen seien konvergent). Dann gilt:

[1] $\sum_{k=m}^{\infty} (a_k + b_k) = \sum_{k=m}^{\infty} a_k + \sum_{k=m}^{\infty} b_k = s + t$

[2] Ist $c \in \mathbb{R}$, so gilt: $\sum_{k=m}^{\infty} (ca_k) = c \cdot \sum_{k=m}^{\infty} a_k = cs$

Im Gegensatz zu der Addition ist die Multiplikation konvergenter Reihen nicht so einfach handhabbar.

Beispiel 4.28

Die Reihen $\sum_{k=0}^{\infty} (1/2)^k$ und $\sum_{k=0}^{\infty} b_k$, wobei $b_k = \begin{cases} 1 & \text{falls} & k = 0 \\ 0 & & k > 0 \end{cases}$, haben die Werte $\sum_{k=0}^{\infty} a_k = 2$ und $\sum_{k=0}^{\infty} b_k = b_0 = 1$, d.h. $\sum_{k=0}^{\infty} a_k \sum_{k=0}^{\infty} b_k = 2$. Allerdings ist für diese speziellen Folgen $\sum_{k=0}^{\infty} (a_k b_k) = 1$.

Also ist allgemein $\sum_{k=0}^{\infty} (a_k b_k) \neq \sum_{k=0}^{\infty} a_k \cdot \sum_{k=0}^{\infty} b_k$. Das Produkt auf der rechten Seite ist vielmehr durch das Produkt zweier endlicher Doppelsummen anzunähern. Nach Auflösen der Klammern erkennt man, dass die Summe auf der linken Seite bei weitem nicht alle auftretenden Summanden auf der rechten Seite erfasst. Korrekt werden konvergente Reihen unter Verwendung des so genannten **Cauchy-Produktes**

$$\left(\sum_{k=0}^{\infty} a_k \right) \left(\sum_{k=0}^{\infty} b_k \right) = \sum_{k=0}^{\infty} \left(\sum_{n=0}^{k} a_n b_{k-n} \right)$$

multipliziert [FORSTER, 2011].

Wie für allgemeine Folgen $(a_n)_{n \geq m}$, gibt es auch für Reihen Konvergenzkriterien.

Satz 4.7 (Majorantenkriterium)

Es sei $\sum_{k=m}^{\infty} b_k$ eine konvergente Reihe mit $b_n \geq 0$ für alle $n \geq m$. Dann gilt: Falls $|a_k| \leq b_k$ für alle $k \geq m$, so konvergiert auch $\sum_{k=m}^{\infty} a_k$.

Beispiel 4.29

$\sum_{n=1}^{\infty} \frac{1}{n} \cdot \left(\frac{1}{2}\right)^n$ ist konvergent. Die Begründung erfolgt mit dem Majorantenkriterium, denn $\left|\frac{1}{n}\left(\frac{1}{2}\right)^n\right| \leq \left(\frac{1}{2}\right)^n$ für alle $n \geq 1$ und $\sum_{n=1}^{\infty} \left(\frac{1}{2}\right)^n$ ist konvergent (geometrische Reihe). Also ist nach dem Majorantenkriterium auch die betrachtete Reihe konvergent.

Beispiel 4.30

$\sum_{n=1}^{\infty} \frac{1}{n^\alpha}$ ist konvergent für jedes $\alpha \geq 2$. Die Konvergenz für $\alpha = 2$ wurde bereits gezeigt. Falls $\alpha > 2$, so gilt $n^\alpha \geq n^2$, d.h. $\frac{1}{n^\alpha} \leq \frac{1}{n^2}$ für alle $n \geq 1$. Also folgt aus der Konvergenz von $\sum_{n=1}^{\infty} \frac{1}{n^2}$ mit dem Majorantenkriterium die Konvergenz von $\sum_{n=1}^{\infty} \frac{1}{n^\alpha}$.

Satz 4.8 (Quotientenkriterium)

Es gelte $a_k \neq 0$ für alle $k \geq m$. Weiter gebe es eine Zahl $m_0 \geq m$, ein $q \in \,]0;1[$ mit $\left|\frac{a_{k+1}}{a_k}\right| \leq q$ für alle $k \geq m_0$. Dann ist $\sum_{k=m}^{\infty} a_k$ konvergent.

Das folgt aus dem Majorantenkriterium mit $\sum_{k=0}^{\infty} q^k$ als Vergleichsreihe.

Beispiel 4.31

$\sum_{n=1}^{\infty} n \cdot \left(\frac{1}{2}\right)^n$ ist konvergent. Es gilt nämlich $a_n = n \cdot \left(\frac{1}{2}\right)^n > 0$ für alle $n \in \mathbb{N}$. Daher ist $\left|\frac{a_{n+1}}{a_n}\right| = \frac{n+1}{n} \cdot \frac{1}{2} \leq \frac{3}{4} < 1$ für alle $n \geq 2$ und das Quotientenkriterium ist mit $q = \frac{3}{4}$ erfüllt.

4.3.3 Potenzreihen

Potenzreihen sind Reihen der Form $\sum_{k=0}^{\infty} a_k x^k$ mit vorgegebener Folge $(a_k)_{k\geq 0}$, in denen noch eine Unbekannte x auftritt. Deshalb kann man sie als Funktion dieser Variablen x auffassen. Die Verwendung von Potenzreihen ermöglicht für viele bekannte und ökonomisch relevante Funktionen erst die numerische Auswertung dieser Funktionen (etwa mittels Taschenrechner oder Bibliotheksfunktion einer Programmiersprache). Zur numerischen Ausnutzung einer Potenzreihe ist allerdings die Gesamtheit $\mathbb{D} \subseteq \mathbb{R}$ aller $x \in \mathbb{R}$, für welche diese Reihe konvergiert, zu ermitteln.

Beispiel 4.32

- **Polynomfunktionen**:

  Wenn in der Zahlenfolge $(a_k)_{k\geq 0}$ die Glieder $a_{n+1}, a_{n+2}, \ldots$ alle $= 0$ sind, so wird die Reihe zum Polynom $a_0 + a_1 x + a_2 x^2 + \cdots + a_n x^n$ in x. Spezialfälle sind affin lineare ($n = 1$) und quadratische ($n = 2$) Funktionen.

- **Geometrische Reihe**: $\displaystyle\sum_{k=0}^{\infty} x^k = \frac{1}{1-x}$ für alle $|x| < 1$

  Die geometrische Reihe ist divergent für $|x| \geq 1$.

- **Exponentialfunktion**: $\sum_{k=0}^{\infty} \frac{x^k}{k!} = \exp(x) = e^x$ für alle $x \in \mathbb{R}$.

  Die Reihe findet Anwendung z.B. in der Volkswirtschaftslehre bei linearen Differentialgleichungen erster Ordnung und in der Statistik. Sie konvergiert für alle $x \in \mathbb{R}$ nach dem Quotientenkriterium; es gilt nämlich für alle $k \geq 2x - 1$ die Abschätzung $\frac{|x|^{k+1}}{(k+1)!} \Big/ \frac{|x|^k}{k!} = \frac{|x|}{k+1} \leq \frac{1}{2} < 1$.

Funktion	Reihe	allgemeines Glied	Index	konvergent für
$\exp(x)$	$1 + x + \frac{x^2}{2} + \frac{x^3}{6} + \cdots$	$x^n/n!$	$n \geq 0$	$x \in \mathbb{R}$
$\log(1+x)$	$x - \frac{x^2}{2} + \frac{x^3}{3} \mp \cdots$	$(-1)^{n+1} \cdot x^n/n$	$n \geq 1$	$-1 < x \leq 1$
$\sin(x)$	$x - \frac{x^3}{6} + \frac{x^5}{120} \mp \cdots$	$(-1)^n \cdot x^{2n+1}/(2n+1)!$	$n \geq 1$	$x \in \mathbb{R}$
$\cos(x)$	$1 - \frac{x^2}{2} + \frac{x^4}{24} \mp \cdots$	$(-1)^n \cdot x^{2n}/(2n)!$	$n \geq 0$	$x \in \mathbb{R}$
$\arctan(x)$	$x - \frac{x^3}{3} + \frac{x^5}{5} \mp \cdots$	$(-1)^n \cdot x^{2n+1}/(2n+1)$	$n \geq 0$	$-1 \leq x \leq 1$
$\arcsin(x)$	$x + \frac{1}{2}\frac{x^3}{3} + \frac{1\cdot3}{2\cdot4}\frac{x^5}{5} + \cdots$	$\frac{1\cdot3\cdots(2n-1)}{2\cdot4\cdots(2n)} \cdot x^{2n+1}/(2n+1)$	$n \geq 0$	$-1 \leq x \leq 1$
$\sinh(x)$	$x + \frac{x^3}{6} + \frac{x^5}{120} + \cdots$	$x^{2n+1}/(2n+1)!$	$n \geq 1$	$x \in \mathbb{R}$
$\cosh(x)$	$1 + \frac{x^2}{2} + \frac{x^4}{24} + \cdots$	$x^{2n}/(2n)!$	$n \geq 0$	$x \in \mathbb{R}$

Tabelle 4.2: Wichtige Potenzreihen

Die **Funktionalgleichung** $e^{x+y} = e^x e^y$ kann man dann mit dem Cauchy-Produkt sehen:

$$\sum_{k=0}^{\infty} \frac{x^k}{k!} \sum_{k=0}^{\infty} \frac{y^k}{k!} = \sum_{k=0}^{\infty} \sum_{n=0}^{k} \frac{x^n}{n!} \frac{y^{k-n}}{(k-n)!} = \sum_{k=0}^{\infty} \frac{1}{k!} \sum_{n=0}^{k} \binom{k}{n} x^n y^{k-n} = \sum_{k=0}^{\infty} \frac{1}{k!} (x+y)^k$$

Im letzten Schritt wurde dabei die binomische Formel ausgenutzt

- **Trigonometrische Funktionen**: Dies sind im Wesentlichen die Sinus- und Kosinusfunktion mit den Potenzreihendarstellungen $\cos(x) = \sum_{k=0}^{\infty}(-1)^k \frac{x^{2k}}{(2k)!}$ und $\sin(x) = \sum_{k=0}^{\infty}(-1)^k \frac{x^{2k+1}}{(2k+1)!}$. Sie finden Anwendung bei Differenzen- und Differentialgleichungen zweiter Ordnung.

Für viele praktisch relevante Funktionen lassen sich Darstellungen als Potenzreihen angeben, eine Auswahl wichtiger Beispiele gibt Tabelle 4.2.

Eine Potenzreihe $\sum_{k=0}^{\infty} a_k x^k$ ist für alle x konvergent, für die – bei nur marginaler Vergrößerung – die Summanden eine beschränkte Folge bilden.

Satz 4.9 (Konvergenzkriterium für Potenzreihen)
Sei $\sum_{k=0}^{\infty} a_k x^k$ eine Potenzreihe und $x_0 \neq 0$ eine Zahl, für die $\left(|a_k x_0^k|\right)_{k \geq 0}$ beschränkt ist. Dann konvergiert $\sum_{k=0}^{\infty} a_k x^k$ schon für alle $x \in]-|x_0|; |x_0|[$.

Dies liegt daran, weil die Summanden in der Form $a_k x^k = (a_k x_0^k) \cdot (x/x_0)^k$ als Produkt der beschränkten Folge $a_k x_0^k$ und der konvergenten geometrischen Folge $(x/x_0)^k$ geschrieben werden können.

Beispiel 4.33 (Exponentialreihe $\sum_{k=0}^{\infty} \frac{x^k}{k!}$)
Für jedes $x_0 > 0$ gibt es ein $n \in \mathbb{N}$ mit $n > x_0$. Dann ist für $k > n$

$$\frac{x_0^k}{k!} = \frac{x_0^n}{n!} \times \frac{x_0}{n+1} \times \frac{x_0}{n+2} \times \cdots \times \frac{x_0}{k} \leq \frac{x_0^n}{n!}$$

Die letzte Ungleichung folgt, weil die hinteren $k-n$ Faktoren alle kleiner oder gleich Eins sind. Also ist die Summandenfolge für jedes $x_0 > 0$ beschränkt und die Exponentialreihe konvergiert für alle $x \in]-x_0; x_0[$. Da $x_0 > 0$ beliebig, konvergiert die Reihe also für alle $x \in \mathbb{R}$.

Wie speziell Polynome, so stellen auch beliebige konvergente Potenzreihen $f(x) = \sum_{k=0}^{\infty} a_k x^k$ in der Variable x differenzierbare Funktionen dar. Ihre Ableitung bekommt man wie bei Polynomen durch gliedweises Ableiten:

Satz 4.10

Ist $f(x) = \sum_{k=0}^{\infty} a_k x^k$ für $x_0 > 0$ eine in $]-x_0; x_0[$ konvergente Potenzreihe, so ist f auf $]-x_0; x_0[$ differenzierbar und für alle $x \in]-x_0; x_0[$ gilt $f'(x) = \sum_{k=0}^{\infty} k a_k x^{k-1}$

Mit dieser Regel folgen z.B. aus bekannten Potenzreihen weitere Summenformeln:

Beispiel 4.34

Die geometrische Reihe $f(x) = \sum_{k=0} x^k$ ist konvergent für $x \in]-1; 1[$. Dort gilt dann $f'(x) = \sum_{k=1}^{\infty} k x^{k-1}$. Andererseits hat f nach dem bekannten Ableitungskalkül für Funktionen einer Variablen die Ableitung $f'(x) = \frac{1}{(1-x)^2}$. Beide Ableitungen müssen also übereinstimmen und das ergibt die Formel

$$\sum_{k=1}^{\infty} k x^{k-1} = \frac{1}{(1-x)^2} \quad \text{für } |x| < 1$$

Auch einige bekannte Ableitungsregeln für Funktionen einer Variablen lassen sich mit Potenzreihen schnell herleiten.

Beispiel 4.35

- Für die Exponentialfunktion $f(x) = e^x = \sum_{k=0}^{\infty} x^k / k!$ berechnet sich die Ableitung durch gliedweises Differenzieren zu

$$f'(x) = \sum_{k=1}^{\infty} k x^{k-1} / k! = \sum_{k=1}^{\infty} x^{k-1} / (k-1)!$$

denn $k! = k(k-1)!$ für $k \geq 1$. Die erhaltene Potenzreihe ist aber wieder die Exponentialreihe – es liegt lediglich eine Indexverschiebung vor. Die Exponentialfunktion hat also die Eigenschaft $f'(x) = f(x) = e^x$.

- Für die Sinusfunktion $f(x) = \sin(x) = \sum_{k=1}^{\infty} x^{2k+1} / (2k+1)!$ berechnete sich die Ableitung durch gliedweises Differenzieren zu

$$f'(x) = \sum_{k=0}^{\infty} (-1)^k (2k+1) x^{2k} / (2k+1)! = \sum_{k=0}^{i} nfty (-1)^k x^{2k} / (2k)! = \cos(x)$$

Endsprechend gilt dann auch, dass $-\sin(x)$ Ableitung von $\cos(x)$ ist.

4.3.4 Erzeugende Funktionen

Mit den Potenzreihen schließt sich der in diesem Kapitel angefangene Kreis, denn mit ihnen lassen sich implizit dargestellte Folgen oft in eine explizite Form überführen.

Definition 4.5

Die **erzeugende Funktion** der Folge $(p_n)_{n \geq 0}$ ist erklärt durch die Potenzreihe $f(x) = \sum_{n=0}^{\infty} p_n x^n$

Ist p_n nur durch eine implizite Form gegeben, so kann man dieses oft unter Verwendung der erzeugenden Funktion f wie folgt in eine explizite Form überführen:

Expliziter Folgenterm mittels erzeugender Funktion

[1] Stelle die erzeugende Funktion zur Folge p_n schematisch auf.

[2] Setze das implizite Bildungsgesetz in der erzeugenden Funktion für p_n ein.

[3] Forme den erhaltenen Term so lange um, bis eine (implizite) Bestimmungsgleichung für $f(x)$ wird.

[4] Löse die implizite Gleichung nach $f(x)$ auf.

[5] Schreibe den gewonnenen Ausdruck unter Zuhilfenahme bekannter Potenzreihen wieder als Potenzreihe $\sum a_n x^n$.

[6] Die Koeffizienten a_n stellen explizite Folgenterme der implizite Folge p_n dar.

Hintergrund des letzten Schrittes ist der folgende Sachverhalt über den Vergleich von Potenzreihen:

Satz 4.11 (Identitätssatz, Koeffizientenvergleich bei Potenzreihen)
Zwei für $0 < x_0$ konvergente Potenzreihen $\sum a_k x^k$ und $\sum b_k x^k$ stellen genau dann dieselbe Funktion $f(x)$ dar, wenn $a_k = b_k$ für alle $k \in \mathbb{N}_0$.

Bis zum letzten Schritt geschehen alle Umformungen unter dem Vorbehalt, dass die Potenzreihe tatsächlich konvergent ist. Letzeres wird dann erst bei dem abschließenden Entwicklungsschritt klar.

Beispiel 4.36 (Fortsetzung von Beispiel 4.5 $\Rightarrow$ vgl. S. 129)
Die Rekursion $p_n = a + b p_{n-1}$ wurde bereits durch sukzessives Einsetzen gelöst. Alternativ soll hier die Methode der erzeugenden Funktion durchgeführt werden. Es ergibt sich $f(x) = p_0 + a\frac{x}{1-x} + bx f(x)$, denn

$$
\begin{aligned}
f(x) &= \sum_{n=0}^{\infty} p_n x^n \\
&= p_0 + \sum_{n=1}^{\infty} p_n x^n \\
&= p_0 + \sum_{n=1}^{\infty} (a + b p_{n-1}) x^n \\
&= p_0 + ax \sum_{n=1}^{\infty} x^{n-1} + bx \sum_{n=1}^{\infty} p_{n-1} x^{n-1} \\
&= p_0 + ax \sum_{n=0}^{\infty} x^{n} + bx \sum_{n=0}^{\infty} p_{n} x^{n} \\
&= p_0 + a\frac{x}{1-x} + bx f(x)
\end{aligned}
$$

Löst man die Gleichung nach $f(x)$ auf, so folgt

$$
\begin{aligned}
f(x) &= \frac{p_0}{1 - bx} + \frac{ax}{(1 - x)(1 - bx)} \\
&= \frac{p_0}{1 - bx} + \frac{a}{1 - b} \cdot \frac{1}{1 - x} - \frac{a}{1 - b} \cdot \frac{1}{1 - bx} \quad \text{(Partialbruchzerlegung)} \\
&= \sum_{n=0}^{\infty} p_0 b^n x^n + \sum_{n=0}^{\infty} \frac{a}{1 - b} x^n - \sum_{n=0}^{\infty} \frac{a}{1 - b} b^n x^n \\
&= \sum_{n=0}^{\infty} \left(p_0 b^n + \frac{a}{1 - b} - \frac{ab^n}{1 - b} \right) x^n
\end{aligned}
$$

Die Koeffizienten $p_0 b^n + \frac{a}{1-b} - \frac{ab^n}{1-b}$ der Potenzreihe stimmen – nach Umstellung – mit dem Ergebnis aus Beispiel 4.5 überein.

Übungen zu Abschnitt 4.3

12. Berechnen Sie die folgenden Reihen und geben Sie auch an, für welche Werte von x die Reihen konvergieren (Hinweis: Rückführung auf die geometrische Reihe):

a) $\frac{1}{x} + \frac{1}{x^2} + \frac{1}{x^3} + \ldots$

b) $x + \sqrt{x} + 1 + \frac{1}{\sqrt{x}} + \ldots$

c) $\sum_{n=1}^{\infty} x^{2n}$

d) $1 + \frac{1}{1+x} + \frac{1}{(1+x)^2} + \ldots$

13. In der Weihnachts-Manufaktur am Nordpol werden neuerdings auch Weihnachtsbäume, Modell Pythagoras, gezogen, aus denen u.a. Holzspielzeug hergestellt wird (⇨ vgl. S. 277). Im folgenden Schaubild sehen Sie links (vergrößert) einen „Sämling", in der Mitte einen gerade „pikierten" Baum und rechts einen fast ausgewachsenen Pythagorasbaum. Seine Höhe wird anhand der Summe der Seitenlängen derjenigen Quadrate gemessen, die den Stamm des Baumes bilden (die Dreiecke werden dabei „ignoriert").

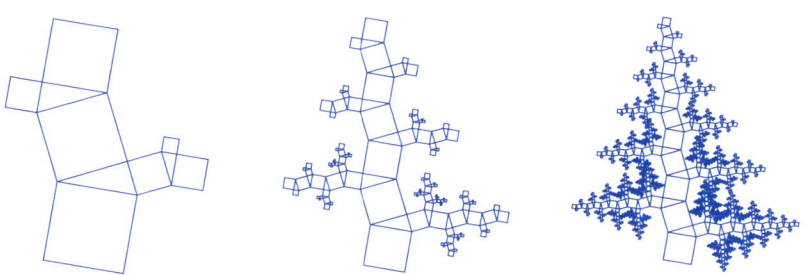

Beim rechts stehenden Pythagoras-Weihnachtsbaum beträgt die Seitenlänge des ersten „Stamm-Quadrates" 20 cm, die des zweiten 18 cm.

a) Wie „hoch" ist der rechte Pythagorasbaum?

b) Wie „hoch" könnte der rechte Pythagorasbaum noch werden, wenn man ihn beliebig lange wachsen ließe?

14. Berechnen Sie die Ableitungen der folgenden Funktionen anhand ihrer Potenzreihendarstellung in Tabelle 4.2 ⇨ vgl. S. 146:

a) $f(x) = \cos(x)$

b) $f(x) = \ln(1 + x)$

c) $f(x) = \arctan(x)$

15. Bestimmen Sie zu der Folge in Aufgabe 11 ⇨ vgl. S. 141, d.h. $a_0 = 0, a_1 = 1$ und $a_n = \frac{a_{n-1} + a_{n-2}}{2}$ das explizite Bildungsgesetz mittels erzeugender Funktionen.

4.4 Gleichgewichte bei Marktpreisen

Märkte jeglicher Art definieren sich durch die Bereitschaft von Verkäufern bzw. Produzenten, Produkte zum Verkauf bereit zu stellen und die Bereitschaft von Käufern bzw. Konsumenten, diese Produkte zu erwerben. Jeder der Marktteilnehmer zeigt dabei eine spezifische Preisbereitschaft:

▫ Ein Produzent wird sein Produkt in aller Regel mindestens zu dem Preis anbieten wollen, durch den er seine variablen Herstellungskosten ausgleichen kann.

▫ Für den Konsumenten spielen abhängig vom Produkt verschiedene Faktoren wie Kaufkraft oder Nutzen des Produktes eine Rolle. Seine Zahlungsbereitschaft kann dabei durch verschiedene statistische Methoden erfasst werden.

Wie sich unter diesen Gegebenheiten der Preis eines Produktes entwickeln kann, ist ein Gegenstand der Untersuchung von Gleichgewichtspreisen. Man nimmt an, dass zu Beginn des Untersuchungszeitraums jeder Anbieter für sich einen von ihm minimal geforderten Preis für das Produkt festlegt, während jeder Konsument sich seinen maximal zu zahlenden Preis überlegt.

Der Untersuchungszeitraum ist nun in sukzessive Handelsperioden aufgeteilt: Der Einfachheit halber kann während einer Periode jeder Anbieter eine Einheit des Produktes anbieten, während jeder Konsument eine Einheit erwerben kann. Ob Verkauf bzw. Kauf innerhalb einer Periode zustande kommt, hängt vom Marktpreis des Produktes ab, der zu Beginn einer Periode feststeht:

▫ Anhand dieses Preises bieten nur diejenigen Produzenten das Produkt an, deren Preisbereitschaft unterhalb des Marktpreises liegt. Dies setzt voraus, dass die Produzenten auf den Marktpreis kurzfristig, d.h. von einer Periode zur nächsten reagieren können.

▫ Unter Berücksichtigung dieser Angebotsmenge kommen genau die Konsumenten mit der höchsten Zahlungsbereitschaft zum Zuge.

Es wird also angenommen, dass sich Vertragsabschlüsse durch einen Vorgang vergleichbar einer Auktion ergeben. Der geringste tatsächlich gezahlte Preis wird zum Marktpreis der nächsten Periode.

Beispiel 4.37
Für ein Produkt bestehen innerhalb einer Handelsperiode die in Abbildung 4.4 links darstellten Preisbereitschaften. Der Zusammenhang zwischen Stückpreis und insgesamt nachgefragter bzw. angebotener Menge ist in Abbildung 4.4 rechts grafisch dargestellt.

Preisbereitschaft			
Konsumenten		Produzenten	
11	12	19	20
14	38	20	23
48	62	24	29
67	67	32	41
72	73	43	50
75	76	53	70
81	82	77	80
93	93	93	93
94	96	94	95
97	97	99	100

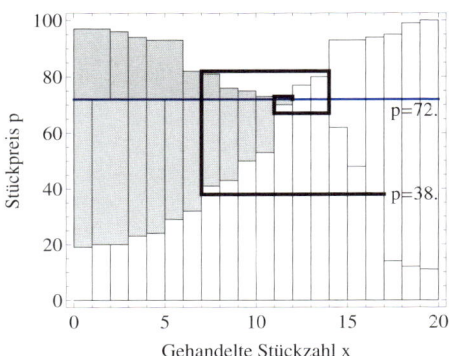

Abbildung 4.4: Angebot und Nachfrage in Beispiel 4.37

Die Preisbereitschaft der Anbieter liest man darin als wachsende, die der Kunden als fallende Folge von Säulen.

Nehmen Sie an, dass zu Beginn der ersten Handelsperiode ein Marktpreis von $p_0 = 38$ Geldeinheiten feststeht; dann ist eine prinzipielle Nachfrage von $d_0 = 17$ Stück vorhanden, denn gemäß der Tabelle würden 17 Kunden diesen oder einen höheren Preis zahlen. Gleichzeitig wären aber nur 7 Produzenten bereit, das Produkt zu diesem Preis zu verkaufen, d.h. es werden $a_1 = 7$ Stücke des Produktes angeboten. Das Angebot ist also knapp, deshalb wird angenommen, dass nur die 7 Kunden mit der höchsten Zahlungsbereitschaft oberhalb von 38 Geldeinheiten das Produkt erwerben werden. Das sind die Kunden mit einer Zahlungsbereitschaft von mindestens $p_1 = 82$ Geldeinheiten.

$p_1 = 82$ ist gleichzeitig der Marktpreis der zweiten Periode, in welcher nun $a_2 = 14$ Stück angeboten werden. Damit kommen die Kunden mit den 14 höchsten Preisbereitschaften zum Zuge, so dass der mindestens am Markt gezahlte Preis nun $p_2 = 67$ Geldeinheiten beträgt.

In der dritten Periode werden daher $a_3 = 11$ Stücke des Produktes angeboten, der mindestens gezahlte Preis für den Absatz dieser Menge beträgt $p_3 = 73$. Zu diesem Preis bieten die Produzenten in der vierten Periode $a_4 = 12$ Stücke an, welche genau von den Kunden ab einer Zahlungsbereitschaft von $p_4 = 72$ Geldeinheiten erworben werden.

In der fünften Periode beträgt das Angebot erneut $a_4 = 12$ Stück, zum aktellen Marktpreis beträgt auch die Nachfrage 12 Stück, so dass sich dieser nicht weiter verändert. Es hat sich ein Marktgleichgewicht von $p^* = 72$ Geldeinheiten eingestellt.

Die in Abbildung 4.4 oberhalb des Marktgleichgewichts grau schraffierte Fläche stellt die gesamte Ersparnis der zum Zuge gekommenen Konsumenten dar, die ja bereit gewesen sind, einen höheren als den Marktpreis zu zahlen. Die unterhalb der Gleichgewichtslinie dargestellt graue Fläche stellt den über den variablen Kosten der zum Zuge gekommenen Produzenten befindlichen Ertrag, d.h. den gesamten Deckungsbeitrag der Produzenten dar.

Die Punkte $(d_0, p_0) = (17, 38)$. $(a_1, p_0) = (7, 38)$, $(d_1, p_1) = (7, 82)$ und $(a_2, p_1) = (14, 82) = (d_2, p_2) = \cdots$, welche die Entwicklung von Marktumfang und Preis im konkreten Fall beschreiben, liegen in Abbildung 4.4 auf einem spiralförmigen Linienzug entsprechend dem Webmuster eines Spinnennetzes. Daher werden derartige Preis-Modelle auch Spinnweb-Modelle genannt.

Die Preisentwicklung kann wie im Beispiel berechnet durch eine Folge $(p_n)_{n \geq 0}$ beschrieben werden. Sie steht mit den Folgen $(a_n)_{n \geq 1}$ der angebotenen und $(d_n)_{n \geq 1}$ der nachgefragten Mengen über das Gleichgewicht von Angebot und Nachfrage $a_n = d_n$ in folgendem Zusammenhang: Der Nachfragepreis $D(x)$ zu einer auf dem Markt gehandelten Menge x ist derjenige Preis, den ein Konsument mindestens zahlen muss, um im „Wettbewerb" mit den anderen Konsumenten nicht leer auszugehen. Entsprechend ist der Angebotspreis $A(x)$ derjenige Preis, zu dem genau die Menge x des Produktes angeboten wird. In Beispiel 4.37 sind $A(x)$ und $D(x)$ als stückweise konstante monoton wachsende bzw. fallende Funktionen aus den Preisbereitschaften von Anbieter und Konsumenten bestimmt und in Abbildung 4.4 dargestellt. Am Markt bestimmen sich p_n, d_n und a_n aus der Gleichgewichtsbedingung $a_n = d_n$ sowie den Rekursionen $p_n = A(a_{n+1})$ und $p_n = D(d_n)$.

Um die Frage der Preisentwicklung auch losgelöst von konkreten empirischen Untersuchungen behandeln zu können, nimmt man für die Angebots- und Nachfragekurven meist kontinuierliche, im einfachsten Fall sogar lineare $D(x) = \alpha + \beta x$ und $A(x) = \gamma + \delta x$ mit $\alpha, \gamma, \delta > 0$, $\beta < 0$ an. Dann ist

$p_n = \alpha + \beta d_n \Leftrightarrow d_n = \frac{p_n}{\beta} - \frac{\alpha}{\beta}$,

$p_{n-1} = \gamma + \delta a_n \Leftrightarrow a_n = \frac{p_{n-1}}{\delta} - \frac{\gamma}{\delta}$.

Aus dem Gleichgewicht „Angebot=Nachfrage", d.h. $a_n = d_n$ ergibt sich durch Gleichsetzen der obigen Terme für a_n und d_n sowie Auflösen nach p_n die Rekursion

$$p_n = \frac{\alpha\delta - \beta\gamma}{\delta} + \frac{\beta}{\delta} p_{n-1}$$

Aufgrund von Beispiel 4.5 ⇨ vgl. S. 129 ist

$$p_n = \frac{\frac{\alpha\delta - \beta\gamma}{\delta}}{1 - \frac{\beta}{\delta}} + \left(p_0 - \left(\frac{\frac{\alpha\delta - \beta\gamma}{\delta}}{1 - \frac{\beta}{\delta}}\right)\right)\left(\frac{\beta}{\delta}\right)^n = \frac{\alpha\delta - \beta\gamma}{\delta - \beta} + \left(p_0 - \frac{\alpha\delta - \beta\gamma}{\delta - \beta}\right)\left(\frac{\beta}{\delta}\right)^n$$

Im Fall $|\frac{\beta}{\delta}| < 1$ konvergiert dieser Ausdruck gegen den Gleichgewichtspreis $\frac{\alpha\delta - \beta\gamma}{\beta}$. Sollte dieser Preis nicht schon mit p_0 übereinstimmen, so ist im Falle $|\frac{\beta}{\delta}| > 1$ die Folge der Preise divergent und für $|\frac{\beta}{\delta}| = 1$ oszillierend.

Beispiel 4.38
Zur Absatz-Preis-Gerade $D(x) = 10 - 2x$ werden die drei Angebotsgeraden

$$A_1(x) = 2 + 3x, \qquad A_2(x) = 2 + 2x \qquad A_3(x) = 2 + \frac{3}{2}x$$

betrachtet. In allen drei Fällen wird zum Eröffnungspreis $p_0 = 4$ die Preisentwicklung angegeben. Die Ergebnisse sind in Abbildung 4.5 von links nach rechts skizziert.

Man erkennt im linken Bild die Situation eines sich stabilisierenden Preises, im mittleren einen oszillierenden und im rechten einen explodierenden Preisverlauf. Ein stabiles Gleichgewicht stellt sich nur im Falle der Angebotskurve A_1 ein, deren Steigung betragsmäßig größer als die der Nachfragekurve ist, d.h. wobei die Konsumenten sensibler auf Preisänderungen reagieren als die Produzenten.

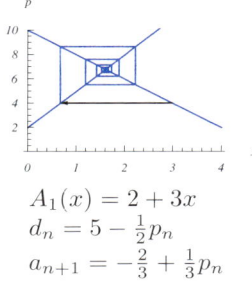

$A_1(x) = 2 + 3x$
$d_n = 5 - \frac{1}{2}p_n$
$a_{n+1} = -\frac{2}{3} + \frac{1}{3}p_n$

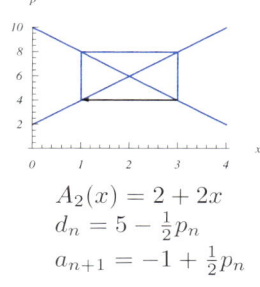

$A_2(x) = 2 + 2x$
$d_n = 5 - \frac{1}{2}p_n$
$a_{n+1} = -1 + \frac{1}{2}p_n$

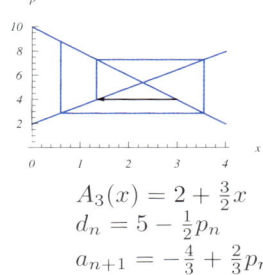

$A_3(x) = 2 + \frac{3}{2}x$
$d_n = 5 - \frac{1}{2}p_n$
$a_{n+1} = -\frac{4}{3} + \frac{2}{3}p_n$

Abbildung 4.5: Stabilisierung und Destabilisierung im linearen
Spinnweb-Modell mit $D(x) = 10 - 2x$, $p_0 = 4$

Im Falle der Angebotsgeraden A_1 sieht man zudem, dass der Gleichgewichtspreis sich gerade als Schnittpunkt von Angebots- und Nachfragegerade ergibt, weshalb man auch von einem **Break-Even-Preis** spricht. Dieser Schnittpunkt hat hingegen bei den Angebotskurven A_2 und A_3 keine Bedeutung als Marktgleichgewicht, es sei denn, er liegt von vornherein als Eröffnungspreis vor.

Übungen zu Abschnitt 4.4

16. Die Preisentwicklung auf einem Markt mit den in der nachfolgenden Abbildung angegebenen Angebots- und Nachfragefunktionen folge einem Spinnwebmodell.

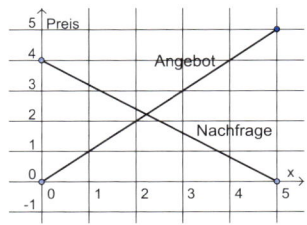

a) Bestimmen Sie für den Startpreis $p_0 = 5$ die Werte $p_1, \ldots, p_4$.

b) Leiten Sie eine explizite Form für die Preisentwicklung $(p_n)_{n \in \mathbb{N}_0}$ her.

c) Untersuchen Sie das Grenzwertverhalten von $(p_n)_{n \in \mathbb{N}_0}$.

4.5 Finanzmathematische Folgen und Reihen

Wo immer in der Ökonomie Kapital betrachtet wird, liegt den Überlegungen meist zugrunde, dass vorhandenes Kapital die Möglichkeit eines Zinsertrages bietet. Auch geliehenes Kapital ist unter Zinsaspekten zu betrachten, da der Darlehensgeber die Vergabe des Darlehens an eine periodische Zins-Gebühr koppelt. Die Entwicklung solcher Kapitalbeträge wird anhand exemplarischer Fragestellungen der Zinseszinsrechnung, Rentenrechnung und Tilgungsrechnung besprochen. Für eine genauere Behandlung der Finanzmathematik sei auf die Literatur verwiesen [KRUSCHWITZ, 2010].

Allgemein soll im Folgenden von einer Entwicklung eines Startkapitals $K_0 > 0$ durch Zins- und Einzahlungs- bzw. Auszahlungseffekte über n gleichartige Perioden gesprochen werden. Das Kapital am Ende von Periode n werde mit K_n bezeichnet, die in

Periode n berechneten Zinsen mit z_n, die Ein- bzw. Auszahlungen mit r_n. Dann gilt ganz allgemein die Beziehung

$$K_n = K_{n-1} + z_n + r_n$$

Bei der hier betrachteten nachschüssigen Rechnung berechnen sich die Zinsen z_n anhand des in Prozent angegebenen Zinsfußes p_n je Periode n zu $z_n = K_{n-1}\frac{p_n}{100}$. Weiter sei angenommen, dass der Zinsfuß über den gesamten Berechnungszeitraum stets derselbe Wert $p \neq 0$ ist und auch die Ein- bzw. Auszahlungen in jeder Periode stets den gleichen Wert $r \in \mathbb{R}$ betragen. Damit lautet die Formel für die Kapitalentwicklung

$$K_n = K_{n-1} \cdot (1 + \frac{p}{100}) + r = qK_{n-1} + r$$

mit dem Auf- bzw. Abzinsungsfaktor $q = 1 + \frac{p}{100} \neq 1$. Diese Rekursion ist leicht zu lösen ⇨ vgl. Beispiel 4.5, S. 129.

Kapitalentwicklung unter Verzinsung

Das Kapital K_n nach n nachschüssig verzinsten Perioden bei einem Startkapital K_0 mit konstanter Ein- bzw. Auszahlungsrate r und konstantem Auf- bzw. Abzinsfaktor q beträgt

$$K_n = K_0 q^n + r \cdot \frac{q^n - 1}{q - 1}$$

Diese Grundformel taucht in verschiedenen Gebieten der Finanzmathematik auf, von denen hier drei exemplarisch angesprochen werden sollen.

4.5.1 Zinseszinsrechnung

Im Fall $r = 0$ (keine Ein- bzw. Auszahlung) wird in jeder Periode das Kapital verzinst und die Zinsen dem Kapital zugeschlagen, so dass sie in der nächsten Periode mitverzinst werden. Die Grundformel für das Kapital nach n Jahren lautet

$$K_n = K_0(1 + \frac{p}{100})^n$$

Diese Grundformel wird in der Regel für den Fall eines Jahres-Zinsfußes p angewendet, jedoch finden sich in diversen Anwendungen der Finanzmathematik auch unterjährige Verzinsungen, bei denen das Jahr in m gleichartige Zeitintervalle eingeteilt wird, auf denen jeweils der Zinsfuß $p_m = \frac{p}{m}$ zur Berechnungsgrundlage der Zinsen wird. Das ergibt nach einem Jahr gemäß der Grundformel mit m Zinsperioden und dem Zinsfuß $\frac{p}{m}$ das Kapital

$$K_m = K_0(1 + \frac{1}{m}\frac{p}{100})^m$$

Der Kapitalertrag steigt mit zunehmender Anzahl der unterjährigen Perioden, denn in der Grundform verzinst sich das gesamte Kapital K pro Jahr nur einmal, während sich bei der unterjährigen Verzinsung jeweils ein m-ter Anteil des Kapital einmal, ein weiterer zweimal usw. verzinst, was einen höheren Zinsertrag am Ende des Jahres mit sich bringt. Mit schließlich beliebig kleinen Zinsperioden wird deren Anzahl m beliebig groß, d.h. es liegt ein Grenzübergang vor. Im Idealfall, der so genannten stetigen Verzinsung beträgt das Kapital nach einem Jahr

$$K = \lim_{m \to \infty} K_m = K_0 \lim_{m \to \infty} (1 + \frac{1}{m} \frac{p}{100})^m = K_0 \cdot e^{\frac{p}{100}}$$

wobei $e = 2,7182818\ldots = \exp(1) = 1+1+\frac{1}{2}+\frac{1}{6}+\frac{1}{24}+\cdots$ die bereits oben vorgestellte Euler'sche Zahl ist. Es ist also – im Fall von Habenzinsen – rechentechnisch günstig, möglichst kleinteilig unterjährig zu verzinsen. Die Euler'sche Zahl liefert jedoch eine Obergrenze für den erzielbaren Kapitalbetrag. So würde bei einem Zinsfuß von 100% das Kapital maximal auf das etwa $2,718$-fache des Betrages zu Anfang des Jahres anwachsen.

Beispiel 4.39
Ein Kapital von 2.000.000€ wird bei einem Jahreszinssatz von 3% angelegt.

- Es wird eine vierteljährliche Verzinsung angenommen. Damit beträgt das Kapital nach einem Jahr $K_0 \cdot (1 + 0,03/4)^4 = 2.000.000 \cdot 1,0075^4 \approx 2.060678,38€$.

- Als Obergrenze der unterjährigen Verzinsung ergibt sich $K_0 \cdot e^{0,03} = 2.000.000 \cdot 1.030034 e^{0,03} = 2.060.909,68€$

- Würde man mit einmaliger Verzinsung dasselbe Ergebnis wie mit der angegebenen stetigen Verzinsung erzielen wollen, so müsste man das Kapital zum Zinssatz $e^{0,03} - 1 \approx 3,045\%$ verzinsen.

4.5.2 Rentenrechnung

In der Rentenrechnung wird ein gegebenes Kapital K_0 durch periodisch anfallende Auszahlungen $r < 0$ verringert. Gleichzeitig wird das Restkapital wieder zum Zinsfuß p verzinst. Wieder ergibt sich das Kapital nach n Perioden zu

$$K_n = K_0 q^n + r \frac{q^n - 1}{q - 1}$$

Meist soll das Kapital K_0 in der n-ten Auszahlungsperiode aufgebraucht sein, wobei n eine vorgegebene natürliche Zahl ist. Es stellt sich die Frage nach der Höhe der hierzu geeigneten Auszahlungen $r < 0$. Dazu nimmt man an, dass $K_n = 0$, und löst mittels der Grundformel nach r auf. Das ergibt

$$K_0 q^n + r \frac{q^n - 1}{q - 1} = 0 \Leftrightarrow r = -K_0(q-1)\frac{q^n}{q^n - 1}$$

Wann ist bei gegebener Rente r das Kapital spätestens aufgebraucht? Dazu wird die Gleichung $K_n = 0$ nach n aufgelöst:

$$K_0 q^n + r \frac{q^n - 1}{q - 1} = 0 \Leftrightarrow \left(K_0 + \frac{r}{q-1}\right) q^n = \frac{r}{q-1} \Leftrightarrow q^n = \frac{1}{1 + K_0 \frac{q-1}{r}}$$

Damit diese Gleichung nach n auflösbar ist, muss wegen $r < 0$ der Nenner des Bruches kleiner als Null sein, d.h. es muss gelten $K_0 < \frac{-r}{q-1}$. Der Kapitalzins gleicht dann die

Entnahme von Rentenbeträgen nicht aus. In diesem Fall ergibt sich durch Logarithmieren mit dem Logarithmus ln zur Basis e für n die Formel

$$n = \frac{-\ln\left(1 + K_0 \frac{q-1}{r}\right)}{\ln(q)}$$

Falls $K_0 \geq \frac{-r}{q-1}$, so kann kein solcher Zeitpunkt gefunden werden, das Kapital bleibt also unendlich lange erhalten bzw. vermehrt sich trotz Verrentung. Der Wert $r = (q-1)K_0 = \frac{p}{100}K_0$ stellt die **ewige Rente** dar. Diese entspricht genau dem Zins der Anfangsperiode, d.h. das Startkapital verändert sich nicht.

Beispiel 4.40
Ein Kapital von $K_0 = 2.000.000€$ wird zur Auszahlung einer jährlichen Rente von $70.000€$ verwendet. Angenommen ist ein Zinssatz von 3% (d.h. $q = 1,03$).

- Das Kapital inklusive seiner Erträge reicht ewig, wenn $\frac{r}{q-1} <= K_0$. In diesem Fall gilt $\frac{r}{q-1} = \frac{70.000}{0,03} \approx 2.333.333 > 2.000.000$, also reicht das Kapital nicht ewig.

- Das Kapital ist nach spätestens n Jahren aufgebraucht, wobei n die kleinste ganze Zahl $n \geq -\frac{\ln(1 + K_0 \frac{q-1}{r})}{\ln(q)} = -\frac{\ln(1 - \frac{2.000.000}{2.333.333})}{\ln(1,03)} \approx 65,83$ ist. Also ist das Kapital spätestens nach 66 Jahren aufgebraucht.

- Es sei vereinbart, dass die Rente nur 20 Jahre ausgezahlt werden muss. Sie wird so hoch gewählt, dass das Kapital nach 20 Jahren auf $0€$ fällt. Die Rente beträgt dann $r = -K_0 \frac{q^{20}(q-1)}{q^{20}-1} = -2.000.000 \frac{1,03^{20} \cdot 0,03}{1,03^{20}-1} \approx 134431,41$

4.5.3 Annuitätenrechnung

Die Annuitätenrechnung stellt einen Spezialfall der Rentenrechnung dar, wobei allerdings

- anstelle der Verringerung eines Kapitals durch eine Rente die Reduzierung einer Restschuld durch eine Annuität untersucht wird,

- die Einzahlung (Annuität) sich aus anfallenden Zinsen und einer Tilgung zusammensetzt, wodurch die anfängliche Schuld in jedem Fall abgetragen wird – der zur ewigen Rente analoge Fall tritt also nicht ein,

- die Annuität auf – im Regelfall – monatliche Teilbeträge aufgeteilt wird, welche zu einer sofortigen Reduzierung der Restschuld führen (unterjährige Rechnung).

Konkret liegt bei der Tilgung eines Darlehens mittels Annuitäten folgende Situation vor: Der Darlehensnehmer zahlt einen festen Betrag, eben die Annuität (von lat. annus, das Jahr), auf Basis eines Geschäftsjahres, diese wird jedoch in gleich große monatliche Beträge aufgespalten, so dass in der Regel eine monatliche Rechnung mit gleichzeitiger unterjähriger monatlicher Verzinsung des Darlehens zum Tragen kommt. Der Tilgung, d.h. der Verringerung der Restschuld kommt jedoch nicht der gesamte Betrag zugute, sondern es werden zunächst die Zinsen für diese Periode berücksichtigt. Durch Reduzierung des Darlehens verringert sich der in Abzug zu bringende Zinsanteil, so dass gegen Ende der Laufzeit eines Annuitätendarlehens nahezu die komplette Einzahlung

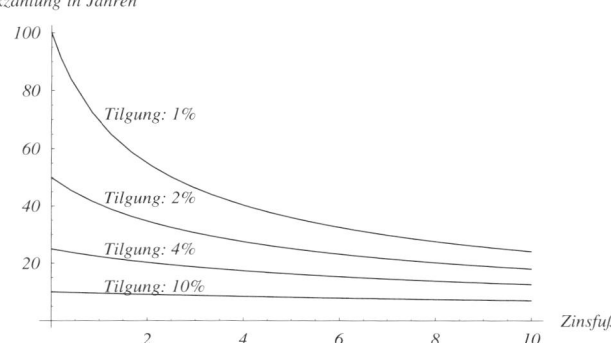

Abbildung 4.6: Laufzeit eines Annuitätendarlehns in Abhängigkeit von Zins und Tilgung

zur Tilgung verwendet wird. Bezeichnet $K_0 > 0$ den Umfang des Darlehens, p den Zinsfuß und $r < 0$ die konstante Raten je Periode, so gilt wieder die Grundformel

$$K_n = qK_{n-1} + r = K_0 q^n + r\frac{q^n - 1}{q - 1}$$

Wie in der Rentenrechnung lässt sich der Zeitpunkt der Abbezahlung des Darlehens durch Auflösen der Gleichung $K_n = 0$ nach n zu $n = \frac{-\log\left(1 + K_0\frac{q-1}{r}\right)}{\log(q)}$ ermitteln. Man erkennt zum einen, dass die periodische Zahlung r den Anfangszinsbetrag $K_0\frac{p}{100}$ übersteigen sollte, um das Darlehen überhaupt tilgen zu können. Außerdem ist ersichtlich, dass nicht allein die Höhe der Rate r, sondern auch der Zinsfuß p die Laufzeit des Darlehens beeinflusst. Wenn beispielsweise ein Jahres-Zinsfuß p % und ein Jahres-Tilgungssatz t % des Ausgangsdarlehens K_0 vereinbart ist (was einer monatlichen Zahlung $\frac{p+t}{12 \cdot 100}K_0$ entspricht), so beträgt die Laufzeit (in Monaten)

$$n = \frac{-\log\left(1 + K_0\frac{\frac{p}{100}\frac{1}{12}}{-\frac{1}{100}\frac{p+t}{12}K_0}\right)}{\log(1 + \frac{p}{100}\frac{1}{12})} = \frac{-\log(1 - \frac{p}{p+t})}{\log(1 + \frac{p}{1200})}$$

und dieser Ausdruck ist monoton fallend in p. Der Grenzfall $p = 0$ liefert nach der Regel von **l'Hospital** die längste Laufzeit

$$\lim_{p \to 0} \frac{-\log(1 - \frac{p}{p+t})}{\log(1 + \frac{p}{1200})} = \lim_{p \to 0} \frac{\frac{1}{1 - \frac{p}{p+t}}\frac{t}{(p+t)^2}}{\frac{1}{1200}\frac{1}{1 + \frac{p}{1200}}} = \frac{1200}{t}$$

was plausibel ist, weil ohne Zinsen die Restschuld linear mit der Tilgung abnimmt.

In Abbildung 4.6 ist die Laufzeit eines Annuitätendarlehns abhängig von Zins und Tilgung dargestellt.

4.5.4 Barwert und Endwert

Bei Bar- und Endwert handelt es sich um finanzmathematische Kennzahlen, die unter Zinsbildung zu verschiedenen Zeitpunkten getätigte Zahlungen vergleichbar machen.

Der Endwert einer Gegenwartszahlung r ist der künftige Wert der (nachschüssigen) Gegenwartszahlung r in k Jahren unter der Annahme eines konstanten Jahreszinssatzes p. Weil – aufgrund der Nachschüssigkeit der Zahlung – das erste Jahr bei der Verzinsung nicht mitzählt, beträgt der Endwert dann $r \cdot q^{k-1}$, wobei $q = 1 + p/100$.

Nimmt man nun an, dass eine Rente j jährlich am Ende eines Jahres ausgezahlt wird, so wird zur Berechnung des **Rentenendwertes** jede dieser Auszahlungen gemäß der obigen Überlegung verzinst. Das ergibt nach n Jahren

$$RE = r \frac{(1+\frac{p}{100})^n - 1}{\frac{p}{100}} = \sum_{k=1}^{n} r \cdot q^{k-1} = r \frac{q^n - 1}{q - 1} = r \frac{(1 + p/100)^n - 1}{p/100}$$

Im Gegensatz hierzu bezeichnet der **Barwert** den Gegenwartswert PV einer künftigen Zahlung $r > 0$, d.h. unter der Annahme, dass diese künftige Zahlung schon zum gegenwärtigen Zeitpunkt ausgezahlt wird und durch Verzinsung an dem künftigen Zeitpunkt genau dem dann zu tätigenden Zahlungsbetrag r entspricht. Liegt die künftige Zahlung r am Ende des n-ten Jahres, so wird sie aus dem Barwert PV durch $r = PV \cdot q^n$. Stellt man diese Gleichung nach PV um so ergibt sich die Grundformel für den Barwert einer künftigen Zahlung

$$PV = r/q^n$$

Werden jetzt über n Jahre bei konstantem Zinssatz p jährlich Zahlungen $r > 0$ geleistet, so wird jede von ihnen durch die obige Grundformel mit individueller Anzahl von Jahren auf einen Barwert zurückgerechnet; diese Werte werden dann saldiert. Es ergibt sich der **Rentenbarwert**

- der ewigen Rente: $PV_e = \frac{r}{q} + (\frac{r}{q^2}) + \cdots = \frac{r}{q}(1 + \frac{r}{q} + (\frac{r}{q^2}) + \cdots = \frac{r}{q}\frac{1}{1-\frac{1}{q}} = \frac{r}{q-1}$

- der n-maligen Rente: $PV = \frac{r}{q} + \cdots + \frac{r}{q^n} = \frac{r}{q}\frac{1-\frac{1}{q^n}}{1-\frac{1}{q}} = \frac{r}{q-1}(1 - \frac{1}{q^n}) = PV_e(1 - \frac{1}{q^n})$

Beispiel 4.41

Anstelle einer jährlichen (nachschüssigen) Rente von 60.000€ möchte ein Lotteriegewinner eine sofortige Einmalzahlung erhalten. Diese entspricht dem Rentenbarwert. Wenn beispielsweise bei einem Zinssatz von 3,5% die Rente eine Laufzeit von 20 Jahren haben soll, so errechnet man

- den Barwert der ewigen Rente $PV_e = \dfrac{60.000}{0,035} \approx 1.714.285,7$€,

- den Barwert der n-maligen Rente: $PV = \dfrac{60.000}{0,035}(1 - \dfrac{1}{1,035^{20}}) \approx 852.744,19$

4.5.5 Kapitalwert

Der Kapitalwert NPV (("net present value")) ist eine als Barwert angegebene Kennziffer einer Investition $I > 0$.

In ihr werden die Investition selbst, aus ihr resultierende zeitlich nachfolgende Zahlungen/Rückflüsse $r_1, \ldots, r_n$ und der so genannte Liquidationserlös $\ell \geq 0$ zusammengeführt. Es wird angenommen, dass im Zeitraum zwischen zwei (nachschüssigen) Rückflüssen jeweils derselbe Zinssatz p vorliegt. Der Kapitalwert setzt sich dann zusammen aus

* der Gegenwarts-Investition als Soll $-I$.

* den Rückzahlungen r_k in Periode $k = 1, \ldots, n$, die als Barwerte jeweils r_k/q^k betragen

* dem Liquidationserlös ℓ am Ende von Periode n, der sich aus der Veräußerung der Anlageform ergibt und wie ein Rückfluss in den Barwert ℓ/q^n überführt wird.

Die Formel für den Kapitalwert lautet dann

$$NPV := -I + \sum_{k=1}^{n} \frac{r_k}{(1 + \frac{p}{100})^k} + \frac{\ell}{(1 + \frac{p}{100})^n}$$

Sind alle Zahlungen konstant, so kann man wieder mit der geometrischen Sume eine geschlossene Form des Kapitalwertes angeben:

$$NPV = -I + \frac{r \cdot (q^n - 1)}{q^n \frac{p}{100}} + \frac{\ell}{(1 + \frac{p}{100})^n}$$

Ist der Kapitalwert einer Investition größer als Null, so lohnt sich die Anlage im Vergleich zu einer Anlage von I mit Zinsatz p, welche ohne weitere Ein/Auszahlungen auskommt.

Umgekehrt stellt derjenige Wert von p für den $NPV = 0$ ist, denjenigen Zinsfuß dar, so eine hierbei getätigte Kapitalanlage I zur gewählten Invession gleichwertig ist – bei Rückrechnung auf den Barwert. Dieser Zinsfuß wird als **interner Zinsfuß** bezeichnet.

Beispiel 4.42
Aus einer Investition von 400.000€ erhält man über 10 Jahre Erträge von jährlich 30.000€. Das Objekt wird nach Ablauf der 10 Jahre zu einem Preis von 500.000€ veräußert.

Diese Investition hat bei einem Zinssatz von $5,5\%$ den Kapitalwert

$$NPV = -400.000 + \frac{30.000(1,055^{10} - 1)}{1,055^{10} \cdot 0,055} + \frac{500.000}{1,055^{10}}$$
$$= -400.000 + 226.129 + 292.715$$
$$= 118.844$$

Ihr interner Zinsfuß ergibt sich durch Nullsetzen des Kapitalwertes als Formel in p

$$-400.000 + \frac{30.000(q^{10} - 1)}{q^{10}(q - 1)} + \frac{500.000}{q^{10}} = 0 \quad \Rightarrow \quad q^{10} - \frac{3}{40}\frac{q^{10} - 1}{q - 1} - \frac{5}{4} = 0$$

Dies ist eine Gleichung 10. Grades, die man z.B. mit dem **Newton-Verfahren** lösen kann. Es ergibt sich $q \approx 1,09135$, also hat die Investition den internen Zinsfuß $p \approx 9,14$.

Übungen zu Abschnitt 4.5

17. Berechnen Sie eine Formel für die Kapitalentwicklung bei konstantem (Jahres-)Zins und konstanter (Jahres-)Einzahlung, wenn letztere jeweils vorschüssig, d.h. zu Beginn des Jahres erfolgt.

18. Zur Finanzierung einer Immobilie wird ein Bausparvertrag mit Zinssatz 2.4% abgeschlossen, der bei Fälligkeit in 12 Jahren ein Guthaben von 40000€ aufweisen soll. Wie hoch müssen die regelmäßigen nachschüssigen Einzahlungen sein, wenn sie

a) einmal am Ende jedes Jahres erfolgen?

b) viermal jährlich jeweils am Ende jedes Quartals erfolgen?

c) zwölfmal jährlich jeweils am Ende jedes Monats erfolgen?

19. Ein Kapital von 10000€ wächst bei stetiger Verzinsung binnen eines Jahres um 360€ an.

a) Welcher Jahreszinssatz liegt der Rechnung zugrunde?

b) Wie hoch ist der Barwert eines Kapitals, welches bei vierteljährlicher Verzinsung mit dem berechneten Jahreszinssatz nach einem Jahr den gleichen Endwert hat wie das oben stetig verzinste Kapital?

20. Eine Rente von 1250€ soll über 20 Jahre monatlich ausgezahlt werden.

a) Welches Kapital muss hierfür zu Beginn bereit stehen, wenn von einem Jahreszinssatz von $3,5\%$ ausgegangen werden kann?

b) Welches Kapital braucht man bei diesem Zinssatz für die ewige Rente?

21. Bei einer Investition ergeben sich über 20 Jahre Rückflüsse von jährlich 20.000€ und am Ende des 20. Jahres ein Liquidationserlös von 150.000€. Wie hoch ist die Investition bei einem internen Zinsfuß von 7%?

Zusammenfassung

Folgen zur Beschreibung real in der Zeit ablaufender Vorgänge lassen sich explizit – d.h. durch Angabe eines Bildungsgesetzes für jedes Folgenglied – oder implizit – d.h. zumeist durch Rekursionsformeln – repräsentieren. Beide Darstellungsmöglichkeiten eröffnen eigene Wege zur Berechnung von Grenzwerten, sofern diese existieren. Grenzwerte von Folgen beschreiben zum einen das langfristige Verhalten der beschriebenen realen Prozesse wie der Entwicklung von Gleichgewichtspreisen in Marktsituationen, zum anderen dienen sie als Grundlage der Differentialrechnung in Form von Grenzwerten von Funktionen.

Unter den Folgen sind vor allem die Summenfolgen, d.h. die durch Saldierung gegebener Folgen entstandenen Reihen, von besonderer Bedeutung, denn einerseits ist Saldierung ökonomisches Alltagsgeschäft, andererseits lassen sich durch Grenzwertübergänge die wichtigsten Funktionen – zumal die in der Ökonomie verwendeten – als unendliche (Potenz-)Reihen darstellen. In Form von erzeugenden Funktionen ermöglichen sie zuweilen die Explizierung implizit definierter Folgen.

Die geometrische Reihe ist die in der Ökonomie, speziell in der Finanzmathematik am häufigsten verwendete unendliche Reihe. Mit ihrer Hilfe lassen sich zahlreiche Grundformeln der Zinseszins-, Renten- und Annuitätenrechnung in expliziter Form angeben.

5 Differentialrechnung

Übersicht

Die Dynamik betriebs- und volkswirtschaftlicher Vorgänge erschließt sich zumeist durch die Gegenüberstellung von Änderungen zweier oder mehrerer mutmaßlich in Beziehung stehender ökonomischer Variablen. Werden etwa von einem Produkt für den Preis p_0 insgesamt y_0 Einheiten und für den Preis p_1 insgesamt y_1 Einheiten abgesetzt, so ist das Verhältnis $\frac{\Delta y}{\Delta p} = \frac{y_1 - y_0}{p_1 - p_0}$ ein Näherungswert für die Nachfrageänderung je Änderung des Preises um eine Einheit. Bei geringen Preisänderungen wird direkte Proportionalität von Nachfrage- und Preisänderung mit dem Proportionalitätsfaktor $\lim_{p_1 \to p_0} \frac{\Delta y}{\Delta p}$ angenommen. Er entspricht der Steigung der gestrichelt gezeichneten Tangente an den angenommenen Verlauf der Nachfragekurve im Punkt p_0. Ökonomen bezeichnen

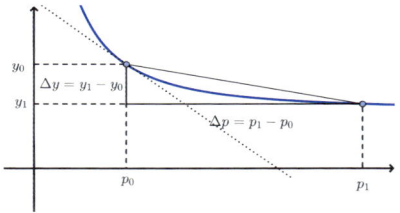

den Wert als „marginale" Nachfrage und sehen Änderungen der Nachfrage als proportional zur Änderung des Preises - mit der marginalen Nachfrage als Proportionalitätsfaktor. Diese Sichtweise entspricht einer Linearisierung des Zusammenhanges zwischen Preisänderung und Nachfrageänderung und bildet den Kern der Differentialrechnung einer Variablen (vgl. [Terveer/Terveer, 2011]).

Die den obigen Überlegungen zugrunde liegende Funktion $p \mapsto y = y(p)$ ergibt sich oft durch Auflösung einer Gleichung $f(p, y, \dots) = 0$, wobei f eine geeignete Funktion von mehreren Variablen ist. Diese und andere Funktionen mehrerer Variablen sowie ihr Änderungsverhalten spielen gleichzeitig eine wichtige Rolle beispielsweise in der Optimierung. In diesem Kapitel erläutern wir entsprechende Ableitungskonzepte für Funktionen mehrerer Variablen, die in allen wirtschaftswissenschaftlichen Anwendungen benötigt werden. Zunächst wird der Funktionsbegriff für mehrere Variablen ⇨ vgl. Abschnitt 5.1, S. 162 und seine Anwendung in der Ökonomie besprochen ⇨ vgl. Abschnitt 5.2, S. 168. Im Zentrum des dann folgenden Abschnitts über Ableitungskonzepte bei mehreren Variablen ⇨ vgl. Abschnitt 5.3, S. 176 stehen der Gradient und das Differential. Wie man mit Differential und Gradient ökonomische Fragestellungen über das Änderungsverhalten von ökonomischen Variablen beschreiben kann, erläutern wir anschließend ⇨vgl. Abschnitt 5.4, S. 188. Das Krümmungsverhalten von Funktionen mehrerer Variablen lässt sich mit Ableitungen zweiter Ordnung erfassen ⇨ vgl. Abschnitt 5.5, S. 203. Das Kapitel schließt mit einer Einführung in die Integralrechnung mehrerer Veränderlichen ⇨ vgl. Abschnitt 5.6, S. 215, wobei vor allem der Fall von Funktionen zweier Variablen illustriert wird.

5.1 Funktionen mehrerer Variablen

Aus den vielfältigsten Gründen sind Funktionen einer Variablen als Modelle für ökonomische Anforderungen oft nicht mehr ausreichend:

- Zur Produktion eines Gutes sind i.d.R. mehrere Rohstoffe erforderlich. Meist wird auch die Herstellung mehrerer Produkte simultan geplant.

- Bei den Gesamtkosten in der Produktion müssen u.a. die variablen Kosten aus der Herstellung jedes der Unternehmensprodukte berücksichtigt werden.

- Der Absatz eines Produktes hängt neben dem eigenen Preis auch von dem Preis anderer Konkurrenz-Produkte ab.

- Selbst Zusammenhänge zwischen zwei ökonomischen Variablen lassen sich oft nur implizit unter Berücksichtigung einer Funktion mehrerer Variablen beschreiben.

Daher muss man zur Modellierung auch Funktionen verwenden, deren Funktionsterme mehrere variable Argumente $x_1, \ldots, x_n$ beinhalten, Zudem werden sich oft hieraus gleich mehrere Werte $y_1, \ldots, y_m$ ergeben müssen.

Definition 5.1

Eine m-wertige **Funktion** $f : \mathbb{D}(\subseteq \mathbb{R}^n) \to \mathbb{W}(\subseteq \mathbb{R}^m)$ von n Variablen ist gegeben durch

[1] einen **Definitionsbereich** $\mathbb{D} \subseteq \mathbb{R}^n$ und einen **Wertebereich** $\mathbb{W} \subseteq \mathbb{R}^m$,

[2] insgesamt m Funktionsterme $(x_1, \ldots, x_n) \mapsto y_i = f_i(x_1, \ldots, x_n)$, $i = 1, \ldots, m$, mit $(f_1(x), \ldots, f_m(x))^T \in \mathbb{W}$ für alle $x \in \mathbb{D}$.

$f = (f_1, \ldots, f_m)^T$ heißt auch Vektor der Funktionsterme oder (kurz) **Funktionsvektor**.

Als Wertebereich einer m-wertigen Funktion mehrerer Variablen schreibt man meist einfach $\mathbb{W} = \mathbb{R}^m$. Nicht alle Werte $y \in \mathbb{W}$ müssen auch tatsächlich als Funktionswerte angenommen werden, insofern ist der Begriff „Wertebereich" etwas missverständlich. Wenn man tatsächlich nur die Menge der möglichen Funktionswerte $\{f(x) : x \in \mathbb{D}\}$ (als Teilmenge von $\mathbb{W}$) adressieren möchte, so spricht man vom **Bild** von f.

Die Funktionsterme $f_1, \ldots, f_m$ einer m-wertigen Funktion werden oft wie einwertige Funktionen $f_i : \mathbb{D} \to \mathbb{R}^1$ behandelt und separat diskutiert. Falls nicht anders beschrieben, meinen wir im Folgenden immer einwertige Funktionen, wenn wir von Funktionen mehrerer Variablen sprechen. Eine besondere Ausnahme stellt die Modellierung von Nachfragesituationen auf Märkten dar, bei denen alle einwertigen Nachfragefunktionen der Produkte in ihrem simultanen Verhalten zu berücksichtigen sind.

5.1.1 Definitionsbereiche für Funktionen mehrerer Variablen

Für den Definitionsbereich einer Funktion mehrerer Variablen gibt es eine viele ökonomisch relevante Festlegungen. Die wichtigste ist das kartesische Produkt.

Definition 5.2

Eine Menge $\mathbb{D}$ von Vektoren $(x_1, \ldots, x_n)^T$ des $\mathbb{R}^n$, bei denen jede Variable x_j frei aus einem vorgegebenen Bereich $\mathbb{D}_j \subseteq \mathbb{R}$ „gewählt" werden kann, heißt **kartesisches Produkt** (Schreibweise: $\mathbb{D} = \mathbb{D}_1 \times \mathbb{D}_2 \times \cdots \times \mathbb{D}_n$).
Falls die Definitionsbereiche I_j der Variablen jeweils (abgeschlossene bzw. offene bzw. beschränkte) Intervalle sind, dann heißt $\mathbb{D} = I_1 \times \cdots \times I_n$ auch (abgeschlossener bzw. offener bzw. beschränkter) **Quader**.

Sind alle $\mathbb{D}_j = \mathbb{A} \subseteq \mathbb{R}$ identisch, so schreibt man für das kartesische Produkt der n Mengen auch einfach $\mathbb{A}^n$. Wir haben diese Notation bereits für den Vektorraum $\mathbb{R}^n$ aller Spaltenvektoren verwendet.

Beispiel 5.1

In dieser Schreibweise ist $\mathbb{D} = [0; \infty[^n$ die Menge aller Vektoren mit nichtnegativen Komponenten. Diese Menge ist häufig Definitionsbereich ökonomischer Funktionen, denn ökonomische Variablen nehmen in aller Regel keine negativen Werte an.

Definitionsbereiche, bei denen die Variablen nicht frei voneinander variieren, treten ebenfalls häufig auf. Die Bindungen werden hier meist durch Gleichungen und/oder Ungleichungen beschrieben:

- Inder Abstandsmessung haben wir für $z = (z_1, \ldots, z_n)^T$ und $r > 0$ die (offene) Kugel $B(z, r) \subseteq \mathbb{R}^n$, besprochen d.h. die Menge aller $x = (x_1, \ldots, x_n)^T \in \mathbb{R}^n$, für die der (euklidische) Abstand $\|x - z\| < r$ ist, d.h. für welche die Ungleichung $(x_1 - z_1)^2 + \cdots + (x_n - z_n)^2 < r^2$ erfüllt ist. Ersetzt man das $<$-Zeichen durch ein $\leq$-Zeichen, d.h. betrachtet alle x mit $\|x - z\| \leq r$, so spricht man von der abgeschlossenen Kugel. Die Menge $\mathbb{D}$, welche durch die Gleichung $(x_1 - z_1)^2 + \cdots + \cdots (x_n - z_n)^2 = r$ festgelegt wird, heißt auch **Oberfläche** oder **Rand** der Kugel.

- In Verallgemeinerung des Konzeptes der Kugel spielen zuweilen auch **Ellipsoide** eine Rolle, d.h. z.B. Teilmengen des $\mathbb{R}^n$, die durch eine Ungleichung $\frac{(x_1 - z_1)^2}{r_1^2} + \cdots + \frac{(x_n - z_n)^2}{r_n^2} \leq 1$ beschrieben werden. Allgemeiner versteht man unter einem Ellipsoid die Lösungsmenge der Ungleichung $\langle (x - z), H(x - z) \rangle \leq r$ zu vorgegebenem $z \in \mathbb{R}^n$, $H \in \mathbb{R}^{n \times n}$, $r > 0$ (bzw. mit strikter Ungleichung oder strikter Gleichung).

- Lösungsmengen linearer Gleichungssysteme $Ax = b$ mit $m \times n$-Koeffizientenmatrizen stellen ebenfalls Definitionsbereiche mit „gebundenen" Variablen dar. Man nennt sie auch **Hyperebenen**. Liegt anstelle von linearen Gleichungen ein System linearer Ungleichungen $a_{i1}x_1 + \cdots + a_{in}x_n \geq b_i$ vor, $i = 1, \ldots, m$ vor, so heißt der zugehörige Definitionsbereiche auch **Polytop** oder **Simplex**. Ein Anwendungsbeispiel für ein Polytop werden Sie im nächsten Abschnitt sehen ⇨ vgl. S. 172.

Definitionsbereiche, bei denen Variablen durch Gleichungs- oder Ungleichungsrelationen aneinander gebunden werden, sind in ihrer Anwendung nicht immer sehr handlich. Es hat sich – z.B. in der Optimierung – erwiesen, dass es oft von Vorteil ist, diese Relationen als Nebenbedingungen des eigentlichen Sachzusammenhangs aufzufassen und die Definitionsbereiche zunächst weiter als ungebundene kartesische Produkte zu modellieren. Wir werden dies im nächsten Kapitel im Rahmen der Lagrange-Methode der Optimierung noch ausführlich besprechen.

Bei den meisten der oben beschriebenen Definitionsbereiche $\mathbb{D}$ liegen Verbindungsstrecken zwischen zwei Punkten in $\mathbb{D}$ wieder vollständig in der Menge:

Definition 5.3

Eine Teilmenge $\mathbb{D} \subseteq \mathbb{R}^n$ heißt **konvex**, wenn für alle $x, y \in \mathbb{D}$ und alle $\lambda \in [0; 1]$ auch $\lambda x + (1 - \lambda)y$ in $\mathbb{D}$ liegt.

Abbildung 5.1 zeigt Beispiele einer konvexen und nicht konvexen Menge. Vektoren der Form $\lambda x + (1 - \lambda)y$ mit $\lambda \in [0; 1]$ stellen Punkte auf der Geraden durch x und y dar, die zwischen x und y liegen (z.B. ergibt $\lambda = 0$ den Vektor y und $\lambda = 1$ den Vektor x).

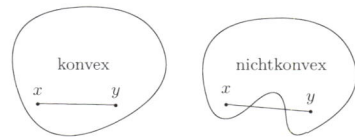

Abbildung 5.1: Konvexe und nichtkonvexe Mengen im $\mathbb{R}^2$

Der Ausdruck $\lambda x + (1 - \lambda)y$ mit $\lambda \in [0; 1]$ wird auch als **konvexe Linearkombination** von x, y bezeichnet. Solche Linearkombinationen lassen sich auch mit mehr als zwei Vektoren $a^{(1)}, \ldots, a^{(m)}$ in der Form $\alpha_1 a^{(1)} + \cdots + \alpha_m a^{(m)}$ bilden, dabei sind die $\alpha_i \geq 0$ und summieren sich zu Eins. Bei einer konvexen Menge $\mathbb{D}$ liegt jede konvexe Linearkombination von endlich vielen Vektoren aus $\mathbb{D}$ wieder in $\mathbb{D}$.

5.1.2 Lineare und quadratische Funktionen mehrerer Variablen

Im Folgenden seien einige wichtige mathematische Beispiele (einwertiger) Funktionen $f : \mathbb{D} \to \mathbb{R}$ von n Variablen (als Variablenvektor $x = (x_1, \ldots, x_n)^T$) angegeben. Viele auch in der Ökonomie verwendete Funktionsterme haben eine (ggf. etwas verallgemeinerte) Gestalt, wie sie nachstehend beschrieben ist:

- Unter der j-ten **Koordinatenfunktion** versteht man die Funktion $f : \mathbb{R}^n \to \mathbb{R}$ mit dem Funktionsterm $f(x) = f(x_1, \ldots, x_n) = x_j$. Sie lässt sich auch mit dem j-ten Einheitsvektor $e^{(j)}$ und dem Skalarprodukt als $f(x) = \langle e^{(j)}, x \rangle$ schreiben.

- Eine **lineare Funktion** $f : \mathbb{R}^n \to \mathbb{R}$ hat den Funktionsterm $f(x) = f(x_1, \ldots, x_n) = c_1 x_1 + \cdots + c_n x_n = \langle c, x \rangle$, wobei $c = (c_1, \ldots, c_n)^T \in \mathbb{R}^n$ ein fest vorgegebener Vektor ist. Mit c als Einheitsvektor ergibt sich die Koordinatenfunktion.

- Eine **Monomfunktion** hat den Funktionsterm $f(x_1, \ldots, x_n) = c \cdot x_1^{a_1} \cdots x_n^{a_n}$, ein Monom mit $c \in \mathbb{R}$ und $a_1, \ldots, a_n \in \mathbb{N}_0$. Die Zahl $r = a_1 + \cdots + a_n$ heißt **Grad** des Monoms. Lässt man für $a_1, \ldots, a_n$ auch beliebige (positive) reelle Zahlen zu, so nennt man die Funktionen auch **Cobb-Douglas-Funktionen** ⇨ vgl. S. 171.

- Ein **Polynom** vom Grad r ist eine Funktion, deren Funktionsterm eine Summe von Monomen ist, deren Grad jeweils kleiner oder gleich r ist. Speziell sind affin-lineare bzw. **lineare Funktionen** gerade die Polynome vom Grad Eins und **quadratische Funktionen** gerade die Polynome vom Grad Zwei.

  Hat eine quadratische Funktion nur Monome des Grades Zwei als Summanden, so spricht man auch von einer **quadratischen Form**. Jede quadratische Form hat den Funktionsterm $f(x) = \langle x, Hx \rangle$, mit einer geeigneten symmetrischen Matrix H.

Beispiel 5.2
$f(x, y, z) = x$ ist die erste Koordinatenfunktion bezogen auf den Variablenvektor $(x, y, z)^T$. Sie ist gleichzeitig lineare Funktion und Polynom vom Grad 1.

Beispiel 5.3
Die Funktion $f(x_1, x_2) = x_1 x_2 - x_2^2$ ist eine quadratische Funktion und gleichzeitig auch eine quadratische Form, denn $f(x_1, x_2) = \langle \begin{pmatrix} x_1 \\ x_2 \end{pmatrix}, \begin{bmatrix} 0 & 1/2 \\ 1/2 & -1 \end{bmatrix} \begin{pmatrix} x_1 \\ x_2 \end{pmatrix} \rangle$.

5.1.3 Grenzwerte von Funktionen mehrerer Variablen

Wie bei Funktionen einer Variablen, lassen sich auch in mehreren Variablen Funktionsgrenzwerte erklären. Man benötigt sie beim manchmal erforderlichen Randwertvergleich in der Optimierung mehrerer Variablen.

Definition 5.4

Es sei $\mathbb{D} \subseteq \mathbb{R}^n$ und $f : \mathbb{D} \to \mathbb{R}^m$. Für ein $x^{(0)} \in \mathbb{D}$ ist der **Funktionsgrenzwert**

$$g = \lim_{x \to x^{(0)}} f(x) \in \mathbb{R}^m$$

erklärt, wenn für jede Punktfolge $(x^{(n)})_{n \in \mathbb{N}}$ mit $\lim_{n \to \infty} x^{(n)} = x^{(0)}$ die Punktfolge der Funktionswerte $(f(x^{(n)}))_{n \in \mathbb{N}}$ gegen g konvergiert.

Funktionsgrenzwerte kann man über Grenzwertsätze von Zahlenfolgen berechnen:

Beispiel 5.4

Wir wollen $\lim_{(x,y) \to (2,3)} (x^3 - y^2)$ bestimmen. Dazu betrachten wir Folgen $x_n \to 2$ und $y_n \to 3$ und erhalten $\lim_{n \to \infty} (x_n^3 - y_n^2) = (\lim_{n \to \infty} x_n)^3 - (\lim_{n \to \infty} y_n)^2 = 2^3 - 3^2 = -1$. Es gilt also $\lim_{(x,y) \to (2,3)} (x^3 - y^2) = -1$

Bei mehrwertigen Funktionen rechnet man die Grenzwerte komponentenweise aus.

Auch uneigentliche Grenzwerte, bei denen alle oder ein Teil der Koordinatenfolgen $(x_j^n)_{n \in \mathbb{N}}$ divergiert, sowie das Grenzwertverhalten in Definitionslücken $x^{(0)}$ kann man analog zu den entsprechenden Konzepten bei Funktionen einer Variablen beschreiben.

Schließlich überträgt sich auch das Konzept der Stetigkeit:

Definition 5.5

Eine Funktion $f : \mathbb{D} \to \mathbb{R}^m$ mit $\mathbb{D} \subseteq \mathbb{R}^n$ heißt **stetig** in $x^{(0)} \in \mathbb{D}$, wenn der Grenzwert $\lim_{x \to x^{(0)}} f(x)$ existiert und mit $f(x^{(0)})$ übereinstimmt. f heißt stetig in $\mathbb{D}$, wenn f in jedem Punkt $x^{(0)} \in \mathbb{D}$ stetig ist.

Die Stetigkeit von Funktionen ist ein wichtiges Hilfsmittel, wenn man sicherstellen will, dass eine Funktion Extremwerte besitzt. Dies werden wir später genauer ausführen. Allerdings ist der Umgang mit Funktionsgrenzwerten resp. der Nachweis der Stetigkeit einer Funktion ein etwas mühsames Geschäft. Ohne genauere Rechnung wollen wir folgende Regeln festhalten, die man in den meisten Fällen ad hoc verwendet, um die Stetigkeit nachzuweisen.

Die folgenden Funktionen mehrerer Variablen sind stetig:

[1] Alle Polynome sind stetig.

[2] Alle Funktionen, die sich durch die Grundoperationen Addition, Subtraktion, Multiplikation, Division aus anderen stetigen Funktionen mehrerer Variablen zusammensetzen, sind innerhalb ihres Definitionsbereiches stetig.

[3] Ist $f : \mathbb{D} \to \mathbb{R}^m$ eine stetige Funktion und $h : \mathbb{W} \to \mathbb{R}^k$ eine stetige Funktion mit $f(\mathbb{D}) \subseteq \mathbb{W}$, so ist die Verkettung $h \circ f : \mathbb{D} \to \mathbb{R}^k$, erklärt durch $h \circ f(x) = h(f(x))$, eine auf $\mathbb{D}$ stetige Funktion.

Die letzte Regel gebraucht man oft für einwertige Funktionen f, auf die eine Funktion h einer Variablen angewendet wird, z.B. Wurzel, Normalparabel oder Absolutbetrag.

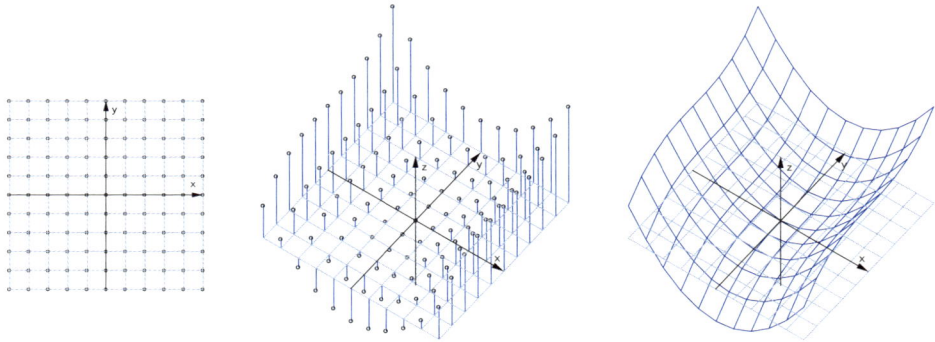

Abbildung 5.2: Genese des Graphen der Funktion $f(x,y) = x^2 + \frac{1}{2}y^3$

Beispiel 5.5

Die euklidische Norm $\| \cdot \|$ legt eine stetige Funktion fest. Zum einen ist die Funktion $f : \mathbb{R}^n \to \mathbb{R}$, $f(x_1, \ldots, x_n) = x_1^2 + \cdots + x_n^2$ als Polynom zweiten Grades stetig. Die euklidische Norm ist nun nichts weiter als die Verkettung mit der Quadratwurzelfunktion $h(t) = \sqrt{t}$, d.h. $\|x\| = \sqrt{x_1^2 + \cdots + x_n^2} = h(f(x_1, \ldots, x_n))$. Die Funktion $g : \mathbb{R}^n \to \mathbb{R}$, $g(x) = \|x\|$ ist also stetig.

Die im nächsten Abschnitt besprochenen (total) differenzierbaren Funktionen mehrerer Variablen sind ebenfalls stetig.

5.1.4 Grafische Darstellung von Funktionen mehrerer Variablen

Funktionen einer Variablen lassen sich in einem zweidimensionalen Koordinatensystem zeichnen. Dies ermöglicht vielfach eine anschauliche Beschreibung wichtiger Funktionseigenschaften. Für Funktionen mehrerer Variablen muss man sich verdeutlichen:

- Jede Variable benötigt eine eigene Koordinatenachse, senkrecht zu den anderen, um den Einfluss der einzelnen Variablen grafisch gut zu erkennen.

- Auf einer weiteren Koordinatenachse werden die Funktionswerte abgetragen.

Unter Verwendung des Anschauungsraum $\mathbb{R}^3$ sind die einzigen darstellbaren Funktionen von mehr als einer Variablen genau die Funktionen zweier Variablen. Die drei erforderlichen Dimensionen müssen für die Darstellung auf Papier und Bildschirm auch noch in die Anschauungsebene projiziert werden.

Wir illustrieren dies anhand der Funktion $f : [-\frac{3}{2}; \frac{3}{2}]^2 \to \mathbb{R}$, $f(x,y) = x^2 + \frac{1}{2}y^3$. Der Funktionsgraph wird über einem Gitternetz von Punkten (x,y) der Anschauungsebene erzeugt, vgl. Abbildung 5.2 links. Dazu werden die Punkte $(x, y, f(x,y))^T$ im Anschauungsraum $\mathbb{R}^3$ skizziert (Abbildung 5.2 Mitte). Je vier Punkte $(x, y, f(x,y))^T$, die zu einem Rechteck benachbarter Gitter-Punkte im Definitionsbereich gehören, werden durch Linien zu einem räumlichen Viereck verbunden (Abbildung 5.2 rechts).

Diese Vierecke werden oft nicht-transparent oder halb-transparent gezeichnet, und man verstärkt durch Einsatz virtueller Lichtquellen den räumlichen Effekt (wobei das Gitternetz weggelassen werden kann). Dann allerdings müssen Teile des Graphen, die

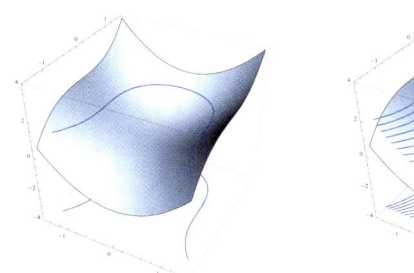 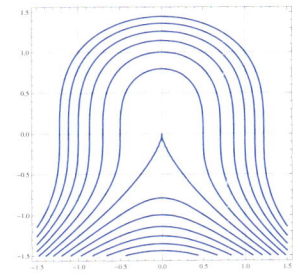

Abbildung 5.3: Erzeugung des Konturdiagramms der Funktion $f(x,y) = x^2 + \frac{1}{2}y^3$

„hinter" anderen verdeckt liegen, ausgeblendet werden, was den Berechnungsaufwand solcher Schaubilder stark erhöht – mit der Lösung dieses **Sichtbarkeitsproblems** beschäftigen sich zahlreiche Computer-Algorithmen. In Abbildung 5.3, links, ist eine solche Darstellung für die Funktion $f(x,y) = x^2 + \frac{1}{2}y^3$ mit Hilfe des professionellen Computeralgebra-Programms Mathematica angegeben. In den Schaubildern wird eine weitere Möglichkeit illustriert, wie man eine Funktion zweier Variablen in einem zweidimensionalen Schaubild darstellen kann: das **Kontur-Diagramm**. Es ist gleichsam eine topographische Karte der Funktion, in die Linien bzw. Kurven, auf denen der Funktionsgraph einen konstanten Verlauf hat, in moderater, d.h. die Lesbarkeit des Schaubildes unterstützender Form eingezeichnet werden. Diese Linien nennt man Niveau–Linien bzw. Iso-Quanten bzw. Iso–Höhenlinien.

Definition 5.6

Für eine Funktion $f : \mathbb{D} \subseteq \mathbb{R}^n \to \mathbb{R}$ und $c \in \mathbb{R}$ heißt $N_f(c) := \{x \in \mathbb{D} : f(x) = c\}$ die c-**Niveaulinie** bzw. **Iso-Quante** von f zum Niveau bzw. zur Höhe c.

In zwei Variablen wirkt eine einzelne Höhenlinie wie der Graph einer Funktion einer Variablen. An Stellen, wo die Kurve vertikal verläuft, ist aber meist keine Darstellung als Funktion einer Variablen möglich.

In ökonomischen Anwendungen überlagert man oft Kontur-Diagramme verschiedener Funktionen. Beispielsweise werden so in der Optimierung die zu minimierende Funktion mit den Nebenbedingungen in Bezug gesetzt. Wir werden dies bei der Besprechung der Lagrange-Methode ausnutzen.

Übungen zu Abschnitt 5.1

1. Gegeben seien die folgenden Teilmengen des $\mathbb{R}^2$, dabei sei $t \in \mathbb{R}$.

$$\mathbb{D}_1 = \{ \begin{pmatrix} x \\ y \end{pmatrix} \in \mathbb{R}^2 : x^2 + ty^2 \leq 1\}, \quad \mathbb{D}_2 = \{ \begin{pmatrix} x \\ y \end{pmatrix} \in \mathbb{R}^2 : tx \leq y + 1\}$$

a) Skizzieren Sie jeweils die Mengen für $t = 1, 2, 0, -1$.

b) Welche dieser Mengen sind Kreise, Ellipsen oder Polytope?

c) Welche dieser Mengen sind konvex?

2. Welche der nachfolgenden Funktionen mehrerer Variablen sind Polynome? Welche sind lineare bzw. quadratische Funktionen bzw. quadratische Formen auf $\mathbb{D} = [0; \infty[^2$?

a) $f(x,y) = ax^2 - bxy + cy$

b) $f(x,y) = (x^2y - y)/(x+1)$

c) $f(x,y) = x^{(y^t)}$ bzw. $f(x,y) = (x^y)^t$

3. Berechnen Sie jeweils den Grenzwert $\lim_{(x,y)\to(x_0,y_0)} f(x,y)$. Ist f in (x_0, y_0) jeweils stetig?

a) $f(x,y) = x^2 + y - 1$, $x_0 = 3, y_0 = 2$,

b) $f(x,y) = \sqrt{1 + 2x - y}$, $x_0 = 1, y_0 = 3$,

c) $f(x,y) = x/y$, $x_0 = t, y_0 = 2t$.

4. Gegeben seien folgende Funktionen $f(x,y) = xy$, $g(x,y) = 2xy$, $h(x,y) = x(y+1)$, $u(x,y) = (x-1)(y+1)$. Welcher Zusammenhang besteht zwischen den Höhenlinien

a) von f und g,   b) von f und h,   c) von f und u?

5.2 Funktionen mehrerer Variablen in der Ökonomie

Die bisherigen Beispiele für Funktionen mehrerer Variablen zeichnen sich zum einen durch verhältnismäßig einfache Gestalt aus, zum anderen werden sie aber auch samt und sonders ausgiebig in den Wirtschaftswissenschaften verwendet. Darüber hinaus behandelt man weitere Funktionstypen, die spezifischen ökonomischen Ansprüchen weiter Genüge tragen. Im Folgenden sollen beispielhaft einige Ansätze zur Mathematisierung ökonomischer Sachverhalte mittels Funktionen mehrerer Variablen beschrieben werden.

5.2.1 Lineare Funktionen mehrerer Variablen in der Ökonomie

Wir besprechen nachfolgend einige typische ökonomische Beispiele, in denen lineare Funktionen mehrerer Variablen zur Modellierung verwendet werden.

Beispiel 5.6 (Lineare Funktionen in der Ökonomie)
Im Bereich der linearen Algebra wurden bereits Verflechtungsansätze behandelt, bei denen mehreren Argumenten (Input-Variablen) ein oder auch mehrere Ergebnisse zugewiesen wurden. Wir kommen noch einmal auf das Beispiel 1.1 der Materialverflechtung ⇨ vgl. S. 16 zurück. Die Verflechtung zwischen den vier möglichen Regaltypen und den dafür benötigten vier Bauteil-Arten wird durch die Matrix

$$A = \begin{bmatrix} 2 & 3 & 4 & 5 \\ 1 & 1 & 2 & 4 \\ 5 & 10 & 15 & 20 \\ 20 & 40 & 60 & 80 \end{bmatrix} \in \mathbb{R}^{4\times 4}$$

gegeben. Jeder Kombination von Produktquantitäten $x_1, \dots, x_4$ der vier Regaltypen werden die erforderlichen Quantitäten der Produktionsfaktoren Regalträger, Regalboden, Querstange, Montagestift zugewiesen. Zugrunde liegt die (lineare) 4-wertige Funktion $f : \mathbb{R}^4 \to \mathbb{R}^4$, $f(x) = A \cdot x$, wobei $x = (x_1, \dots, x_4)^T$, mit den vier einwertigen linearen Funktionen

$f_1(x) = 2x_1 + 3x_2 + 4x_3 + 5x_4,$

$f_2(x) = x_1 + x_2 + 2x_3 + 4x_4,$

$f_3(x) = 5x_1 + 10x_2 + 15x_3 + 20x_4$

$f_4(x) = 20x_1 + 40x_2 + 60x_3 + 80x_4.$

Oft lassen sich auch Kostensituationen mittels linearer Funktionen darstellen; es mögen z.B. bei der Herstellung von n Produkten $P_1, \ldots, P_n$ je Einheit des Produktes P_i variable Kosten $c_1, \ldots, c_n > 0$ je Einheit entstehen. Die gesamten variablen Kosten stellen sich dann mit der linearen Funktion $f : \mathbb{R}^n \to \mathbb{R}^1$, $f(x) = f(x_1, \ldots, x_n) = \langle c, x \rangle = c_1 x_1 + \ldots + c_n x_n$ mit $c = (c_1, \ldots, c_n)^T$ dar. Dabei bezeichnen die x_i die Quantitäten der Produkte P_i.

Beispiel 5.7 (Fortsetzung von 1.1 ⇨ vgl. S. 16)
Es werde angenommen, dass in der Situation des Regal-Herstellers ein Regalträger mit 5 €, eine Querstange mit 1 €, ein Regalboden mit 3 € und die Montagestifte mit 0,20 € je Stift in der Beschaffung veranschlagt werden. Die variablen Kosten der Herstellung lassen sich dann durch den Kostenvektor

$$c = \begin{pmatrix} c_1 \\ c_2 \\ c_3 \\ c_4 \end{pmatrix} = \begin{bmatrix} 2 & 1 & 5 & 20 \\ 3 & 1 & 10 & 40 \\ 4 & 2 & 15 & 60 \\ 5 & 4 & 20 & 80 \end{bmatrix} \begin{pmatrix} 5 \\ 1 \\ 3 \\ 0,20 \end{pmatrix} = \begin{pmatrix} 30 \\ 54 \\ 79 \\ 105 \end{pmatrix}$$

beschreiben; jede Komponente beschreibt die Beschaffungskosten für ein Regal des betreffenden Typs. Unter Vernachlässigung von Verpackungsmaterial und Personalkosten erhält man als variable Kostenfunktion die lineare Funktion

$$f(x) = f(x_1, x_2, x_3, x_4) = \langle c, x \rangle = 30x_1 + 54x_2 + 79x_3 + 105x_4$$

Im Kosten-Sachzusammenhang sind alle Produktvariablen $x_i \geq 0$; es ist also mit dem eingeschränkten Definitionsbereich $\mathbb{D} = [0; \infty[^n$ zu arbeiten.

5.2.2 Nachfragefunktionen in mehreren Variablen

Eine weitere Anwendungssituation für Funktionen mehrerer Variablen stellt die Modellierung von Produktbündel-Nachfragen dar. Hierbei müssen in aller Regel wenigstens die Preise sämtlicher beteiligten Produkte berücksichtigt werden. Man unterscheidet dabei zwei Typen von Abhängigkeiten:

- Produkte, die in direkter Konkurrenz zueinander stehen, nennt man **Substitutionsgüter**. Meist steigt mit dem Preis eines Gutes die Nachfrage nach dem anderen.

- Falls die Produkte gegenseitig benötigt werden, nennt man sie **Komplementärgüter**. Beispiele hierfür stellen etwa Kraftfahrzeuge und Kraftstoffe oder Medienträger und die dafür benötigten Abspielgeräte dar. Steigt der (Durchschnitts-)Preis eines der beiden Güter, so bewirkt dies für beide Güter einen Absatzrückgang.

Für beide Arten von Gütern benötigt man geeignete Typen von Nachfragefunktionen f_i, deren Funktionsterme $f_i(p_1, \ldots, p_n)$ abhängig von den Preisen aller relevanten Produkte modelliert werden. Die Nachfragefunktion $f_i(p_1, \ldots, p_j, \ldots, p_n)$ des i-ten Produktes ist dabei i.a. in der Variablen p_j

- monoton fallend, falls Produkt i und Produkt j Komplementärgüter sind

- monoton wachsend, falls Produkt i und Produkt j Substitutionsgüter sind.

Wir betrachten im Folgenden ein Beispiel, in dem Substitutionsgüter auftreten:

Beispiel 5.8

Der Möbelbauer Ikebau hat eine Erhöhung des Preises für sein Regal Bill1 von $p = 90$ auf $p = 95$ € durchgeführt, dabei aber festgestellt, dass dies nicht zur gewünschten Erhöhung des Gewinns geführt hat. Als Ursache hat eine Befragung bei Kunden ergeben, dass das Regal im Vergleich zu dem Regal Bill2 als zu teuer empfunden wird, weshalb die Kunden aufgrund des besseren Preis-Leistungsverhältnisses für Bill2 dieses bevorzugen. Gleichzeitig hat die erhöhte Nachfrage nach Bill2 zu Lieferengpässen bei diesem Regaltyp und zu erhöhten Lagermengen bei Bill1 geführt. Für Ikebau stellen sich die beiden Regaltypen daher als Substitutionsgüter dar, deren Preise so passend zueinander gewählt werden müssen, dass die genannten Probleme nicht mehr auftreten. Deshalb sollen der Deckungsbeitrag aus dem Absatz beider Regale maximiert und die ermittelten Absatzmengen zur Grundlage der Kapazitätsplanung gemacht werden.

Zunächst ergeben sich für Bill2 die variablen Stückkosten 54 €, während sie für Bill1 30 € betragen, vgl. Beispiel 5.7. Danach muss bei Ikebau eine Nachfragefunktion $f_1(p, q)$ für die Nachfrage nach Bill1 bzw. $f_2(p, q)$ für die Nachfrage nach Bill2 ermittelt werden. Beide Funktionen müssen aufgrund der obigen Beobachtungen über die gegenseitige Einflussnahme der Absatzmengen sowohl vom Preis p des Typs Bill1 als auch vom Preis q des Regaltyps Bill2 abhängig sein. Mit diesen Nachfragefunktionen ermittelt sich dann der Deckungsbeitrag für den gemeinsamen Absatz der beiden Regale zu

$$G(p, q) = (p - 30)f_1(p, q) + (q - 54)f_2(p, q)$$

Die Bestimmung eines adäquaten Nachfragezusammenhangs kann eine schwierige Aufgabe sein. Grundsätzlich ist dabei für f_1 und f_2 separat zunächst ein Funktionstyp zu spezifizieren. Beide Funktionstypen müssen sowohl von p als auch von q abhängig sein. Danach kann wieder über Referenzwerte der Nachfrage (d.h. in Form einer Steckbriefaufgabe) oder durch Auswertung von Vergangenheitsdaten mittels der KQ-Methode die konkrete Gestalt der Nachfragefunktionen errechnet werden. Die erste dieser Vorgehensweisen sei exemplarisch vorgeführt.

Es sei angenommen, dass Produktionskapazitäten für 2030 Regale bei Bill1 und 1095 Regale bei Bill2 vorliegen, die im Falle $p = q = 0$ auch vollständig abgesetzt werden. Die Nachfragefunktionen seien linear, d.h. von der Form

$$f_1(p, q) = 2030 - b_{1,p}p + b_{1,q}q$$
$$f_2(p, q) = 1095 + b_{2,p}p - b_{2,q}q$$

mit Nachfragekoeffizienten $b_{1,p}, b_{1,q}, b_{2,p}, b_{2,q} > 0$. Ferner seien – bei Absatz des jeweiligen anderen Regaltyps zum Preis 0 – die Preisgrenzen $p_{\min} = 145$, $q_{\min} = 365$ für die Nachfrage nach Bill1 und Bill2 bekannt, d.h. es gilt $f_1(145, 0) = 0$ und $f_2(0, 365) = 0$.

Als absolute Preisobergrenze, oberhalb von der kein Absatz mehr erzielt wird, werde $p_{max} = 207$, $q_{max} = 434$ angenommen. Hieraus ergeben sich die Gleichungen

$$2030 - 145b_{1,p} + 0 \cdot b_{1,q} = 0 \Leftrightarrow b_{1,p} = 14$$
$$2030 - 14 \cdot 207 + 434b_{1,q} = 0 \Leftrightarrow b_{1,q} = 2$$
$$1095 + 0 \cdot b_{2,p} + -365b_{2,q} = 0 \Leftrightarrow b_{2,q} = 3$$
$$1095 + 207 \cdot b_{2,p} - 3 \cdot 434 = 0 \Leftrightarrow b_{2,p} = 1$$

Somit lauten die Nachfragefunktionen

$$f_1(p,q) = 2030 - 14p + 2q, \qquad f_2(p,q) = 1095 + p - 3q$$

Ökonomisch sind nur diejenigen Preiskonstellationen p, q von Bedeutung, in denen beide Nachfragen nichtnegativ sind, d.h. $f_1(p,q) \geq 0$ und $f_2(p,q) \geq 0$. Durch diese beiden linearen Ungleichungen wird der in Abbildung 5.4, links, schraffiert dargestellte Bereich als ökonomisch sinnvoller Preisbereich $\mathbb{D}$ ausgezeichnet. Mathematisch handelt es sich bei $\mathbb{D}$ um ein Polytop, $\mathbb{D}$ ist konvex.

Setzt man die berechneten Nachfragefunktionen in die allgemeine Formel für den Deckungsbeitrag ein, so ergibt sich

$$G(p,q) = (p - 30)(2030 - 14p + 2q) + (q - 54)(1095 + p - 3q)$$
$$= -14p^2 - 3q^2 + 3pq + 2396p + 1197q - 120030$$

Als Deckungsbeitrag ergibt sich eine Zielfunktion mit linearen und quadratischen Termen in p und q – in der oben eingeführten Sprechweise also eine quadratische Funktion zweier Variablen. Ziel des Möbelherstellers ist die Maximierung dieses Deckungsbeitrages durch geeignete Festlegung von p, q. Dies kann mit Ableitungskonzepten für Funktionen mehrerer Veränderlichen erreicht werden, welche wir später behandeln werden. Der Deckungsbeitrag wird maximal für $p = 113, q = 256$, vgl. Beispiel 6.2 ⇨ vgl. S. 225.

Wir beschließen das Beispiel mit grafischen Darstellungen der Gewinnfunktion ⇨ vgl. Abbildung 5.4. Dabei werden der ökonomisch relevante Definitionsbereich für die Preise p, q und die Niveaulinien der Nachfragefunktion für Bill2 skizziert, rechts in einer räumlichen Ansicht, links im Konturdiagramm. Das Gewinnmaximum im Bereich der innersten skizzierten Niveaukurve gut erkennbar.

Im vorliegenden Beispiel wurde mit (affin) linearen Nachfragefunktionen gearbeitet, jedoch sind auch komplexere Funktionsmodelle (quadratische Funktionen etc.) denkbar, von denen jeweils die grundlegenden Anforderungen bei Substitutionsgütern bzw. Komplementärgütern eingehalten werden müssen. Sicherlich erahnen Sie, dass dann auch die Modellierung beispielsweise durch Steckbriefmethoden erheblich aufwendiger ist - exemplarisch ist dies in [TERVEER/TERVEER, 2011] für quadratische Nachfragefunktionen einer Variablen dargestellt.

5.2.3 Produktionsfunktionen in mehreren Variablen

Lineare Materialverflechtungen zwischen Produkten und Rohstoffen gehen von festen Teilelisten für jedes Produkt aus. Oft lässt sich der Produktionsertrag eines Gutes

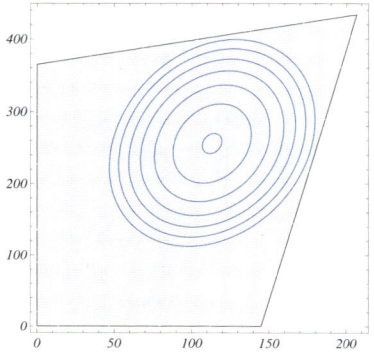 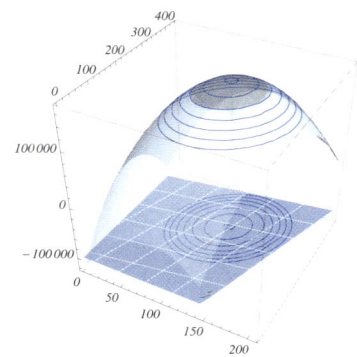

Abbildung 5.4: Deckungsbeitrags-Funktion $G(p,q) = -14p^2 - 3q^2 + 3pq + 2396p + 1197q - 120030$; links Definitionsbereich, überlagert mit Konturdiagramm der Deckungsbeitragsfunktion; rechts räumliche Darstellung

aus mehreren Rohstoffen aber auch über diverse „Rezepturen" aus mehreren Rohstoffen erzielen, wobei die Rohstoffe innerhalb gewisser Grenzen unabhängig voneinander variieren dürfen. Rohstoffe sind auch Inputs wie Energie, Arbeit, Kapital.

Die einzelnen Rohstoffe mögen durchnummeriert von 1 bis n in den Mengen $x_1, \ldots, x_n$ vorliegen. Der Produktionsertrag y stellt sich dann in der Form $y = f(x_1, \ldots, x_n) \geq 0$ dar, wobei $f : \mathbb{D} \to \mathbb{R}$, $\mathbb{D} \subseteq \mathbb{R}^n$, eine geeignete Funktion ist. Eine solche Funktion wird dann dann **Produktionsfunktion** genannt. Meist ist dabei der Definitionsbereich $\mathbb{D} = [0; \infty[^n$ oder $\mathbb{D} =]0; \infty[^n$, wobei $x_j = 0$ dafür steht, dass Rohstoff j in der aktuellen Konstellation $(x_1, \ldots, x_n)^T$ nicht eingesetzt wird. Obergrenzen für den Rohstoffeinsatz werden oft nicht im Definitionsbereich, sondern durch explizite Restriktionen erfasst.

Manchmal ergibt sich die Zuordnung des Produktionsertrags zu den Rohstoffen durch technische Spezifikationen; dann ist die Produktionsfunktion also nicht Gegenstand der ökonomischen Modellierung, sondern wird als „externe" Bestimmungsgröße in die Modellierung eingebaut. Oft werden aber auch Ökonomen unmittelbar mit der Aufgabe betraut sein, ein Rohstoff-Produkt-Gefüge in eine geeignete Funktion mehrerer Variablen übersetzen zu müssen. In der klassischen Produktionstheorie betrifft dies vor allem Zusammenhänge, in denen die Produktionsfaktoren Arbeit und Kapital auftreten. Die tatsächlich verwendete Produktionsfunktion wird dann aus einer größeren Funktionsklasse durch geeignete Wahl von Parametern festgelegt. Dazu verwendet man bevorzugt die KQ-Methode anhand vorliegender empirischer Daten.

Die wichtigsten Funktionstypen zur ökonomischen Modellierung des Produktionsertrages sind Cobb-Douglas- (CD-) und CES-Produktionsfunktionen:

Definition 5.7 (Cobb-Douglas-Funktion)

Eine **CD-Funktion** hat den Funktionsterm

$$f(x_1, \ldots, x_n) = c \cdot x_1^{a_1} \cdot \ldots \cdot x_n^{a_n}$$

für $x_1 > 0, \ldots, x_n > 0$, wobei $c > 0$, $a_1 > 0$, $\ldots$, $a_n > 0$ geeignete Konstanten sind.

Dieser Funktionstyp ist nach den beiden Wirtschaftswissenschaftlern Cobb und Douglas benannt:

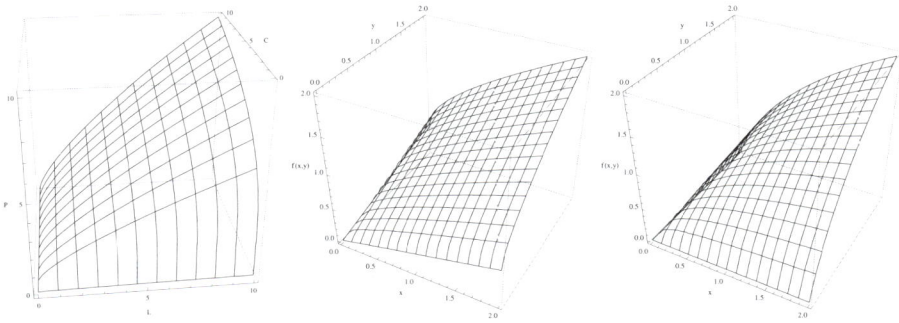

Abbildung 5.5: Produktionsfunktionen $(L, C) \mapsto 1,01 \cdot L^{\frac{3}{4}} C^{\frac{3}{4}}$ (links), $(x, y) \mapsto (\frac{1}{2} x^{\frac{1}{2}} + \frac{1}{2} y^{\frac{1}{2}})^2$ (Mitte), $(x, y) \mapsto (\frac{1}{2} x^{-\frac{1}{2}} + \frac{1}{2} y^{-\frac{1}{2}})^{-2}$ (rechts), grafische Darstellung

Beispiel 5.9

In [COBB/DOUGLAS, 1928] kamen die beiden Autoren durch Diskussion empirischer Daten zur amerikanischen Volkswirtschaft zu dem Schluss, dass mit der Funktion $(L, C) \mapsto P = 1,01 \cdot L^{\frac{3}{4}} C^{\frac{1}{4}}$ der beiden ökonomischen Größen Arbeit L und Kapital C die Produktivität P in den Vereinigten Staaten von Amerika in der Zeit von 1899 bis 1922 in zufrieden stellender Weise modelliert werden konnte. Die Funktion ist in Abbildung 5.5, links, skizziert.

Die von Cobb und Douglas verwendete Funktion hat die naheliegende Proportionalitätseigenschaft, dass eine gleichzeitige Vervielfachung aller Inputs um den gleichen Faktor zu einer eben solchen Vervielfachung des Outputs führt, d.h. es gilt $1,01 \cdot (\lambda L)^{\frac{3}{4}} (\lambda C)^{\frac{1}{4}} = \lambda \cdot 1,01 \cdot L^{\frac{3}{4}} C^{\frac{1}{4}}$. Dies liegt daran, dass die Summe der Exponenten Eins ist. Allgemein wird diese Proportionalitätseigenschaft einer CD-Produktionsfunktion durch Parameterkonstellationen mit $a_1 + \cdots + a_n = 1$ berücksichtigt. Produktionsschwund hingegen kann durch Parameterwahlen mit $a_1 + \cdots + a_n \leq 1$ erfasst werden. Dass die Exponentensumme größer als Eins ist, kommt eher selten vor.

Cobb-Douglas-Funktionen sind genau wie Monome definiert, der einzige Unterschied besteht darin, dass die Exponenten jetzt beliebige positive reelle Zahlen sein dürfen, während sie bei Monomen natürliche Zahlen sein müssen. Mathematisch sind auch negative Exponenten in CD-Funktionen zulässig, dann lassen sich die Terme nicht im Produktionskontext (ggf. aber als Nachfragefunktionen) verwenden.

Definition 5.8 (CES-Funktion)

Eine **CES-Funktion** hat den Funktionsterm

$$f(x_1, \ldots, x_n) = c \cdot (a_0 + a_1 x_1^p + \ldots + a_n x_n^p)^{\frac{1}{p}}$$

für $x_1 > 0, \ldots, x_n > 0$, wobei $c > 0$, $a_0 \geq 0$, $a_1 > 0, \ldots, a_n > 0$, und $p \in \mathbb{R}$, $p \neq 0$, $p \neq 1$, geeignete Parameter sind.

CES-Funktionen wurden erstmals in [ARROW ET AL., 1961] vorgestellt. Die Abkürzung steht für „constant elasticity of substitution" – für diesen Funktionstyp ist die später besprochene Substitutionselastizität konstant ⇨ vgl. S. 201f.

Wir betrachten zwei Beispiele von CES-Funktionen:

Beispiel 5.10

- $f(x_1, x_2, x_3) = (\frac{1}{1 + \frac{1}{\sqrt{x_1}} + \frac{1}{\sqrt{x_2}} + \frac{1}{\sqrt{x_3}}})^2 = (1 + x_1^{-1/2} + x_2^{-1/2} + x_3^{-1/2})^{-2}$ ist eine CES-Funktion mit $n = 3$, $c = 1$, $a_0 = 1$, $a_1 = a_2 = a_3 = 1$, $p = -\frac{1}{2}$

- $f(x_1, x_2) = 5 \cdot \sqrt[3]{2 + x_1^3 + x_2^3}$ ist eine CES-Funktion mit $n = 2$, $c = 5$, $a_0 = 2$, $a_1 = a_2 = 1$, $p = 3$.

Zwei weitere Beispiele von CES-Produktionsfunktionen sind in Abbildung 5.5, Mitte und rechts dargestellt. Sicher haben Sie den Eindruck, dass die Graphen und damit ihre Funktionen sehr ähnlich sind, auch wenn die Funktionsterme unterschiedlich aussehen. Cobb-Douglas-Funktionen können als Grenzfall $p = 0$ der CES-Funktionen aufgefasst werden. Im Falle von $a_0 = 0$ und $a_1 + \cdots + a_n = 1$ gilt

$$\lim_{p \to 0} \sqrt[p]{a_1 x_1^p + \cdots + a_n x_n^p} = x_1^{a_1} \cdots x_n^{a_n}$$

Für den Spezialfall $n = 2$ vgl. hierzu Übungsaufgabe 5 ⇨ vgl. S. 176.

5.2.4 Homogene Funktionen in der Ökonomie

Bei den Cobb-Douglas-Funktionen mit Exponentensumme Eins haben wir bereits die Proportionalität angesprochen. Oft lässt sich in ökonomischen Input-Output-Zusammenhängen folgendes allgemeinere charakteristische Verhalten erkennen: Vervielfacht man einen Produktionsfaktor um den Faktor λ und behält man das Einsatzverhältnis der Faktoren bei (d.h. vervielfacht die übrigen Produktionsfaktoren mit demselben Faktor), dann wird auch der Output um einen Faktor vergrößert, der nur von λ, nicht aber von den Input–Variablen abhängt. Ist dieser Faktor von der Form λ^r für ein $r \geq 0$, so spricht man von r-**homogenen** Funktionen. Dies lässt sich grundsätzlich auch auf den Fall $r < 0$ übertragen, was z.B. für Nachfragefunktionen interessant werden kann. Der einfachste Fall ist der Zusammenhang mit linearen Verflechtungsmodellen; alsdann ist $r = 1$ und man spricht - wie schon angedeutet - auch von proportionalen Beziehungen. Jedoch sind auch die Fälle $r > 1$ (überproportionaler Zusammenhang) und vor allem $r < 1$ (unterproportionaler Zusammenhang) von Bedeutung. Letzterer tritt regelmäßig im Produktionskontext auf, wenn mit erhöhter Produktionsintensität ein technisch bedingter Schwund verbunden ist. Es sollte nicht verwundern, dass homogene Zusammenhänge ein verhältnismäßig einfaches Änderungsverhalten des Output bei simultaner und proportionaler Änderung aller Inputvariablen bedingen; weil sich dieses Änderungsverhalten auf die Zahl r, den Homogenitätsgrad zurückführen lässt, sind homogene Modellansätze sehr beliebt unter Ökonomen. Die zur Beschreibung derartiger Sachverhalte erforderlichen Funktionen nennt man dann ebenfalls homogen.

Definition 5.9

[1] Eine Funktion $f : \mathbb{D} \subseteq \mathbb{R}^n \to \mathbb{R}$ heißt **homogen vom Grad** r, falls für alle $x = (x_1, \ldots, x_n)^T \in \mathbb{D}$ und $\lambda \in \mathbb{R}$ mit $\lambda x \in \mathbb{D}$ gilt

$$f(\lambda x) = f(\lambda x_1, \ldots, \lambda x_n) \overset{!}{=} \lambda^r \cdot f(x_1, \ldots, x_n) = \lambda^r \cdot f(x)$$

[2] f heißt **linear–homogen**, wenn f homogen vom Grad 1 ist, d.h. wenn für alle $x \in \mathbb{D}$ und $\lambda \in \mathbb{R}$ mit $\lambda x \in \mathbb{D}$ gilt $f(\lambda x) = \lambda \cdot f(x)$

[3] f heißt **positiv–homogen vom Grad** r, wenn für alle $x \in \mathbb{D}$ und $\lambda > 0$ mit $\lambda x \in \mathbb{D}$ gilt: $f(\lambda x) = \lambda^r \cdot f(x)$

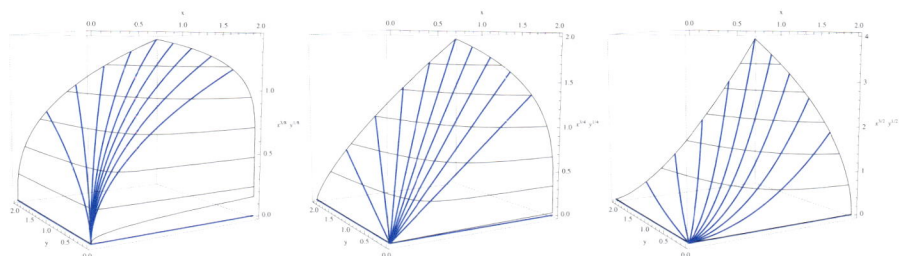

Abbildung 5.6: Strahlverhalten der Funktionen $(x,y) \mapsto x^{\frac{3}{8}} y^{\frac{1}{8}}$, $(x,y) \mapsto x^{\frac{3}{4}} y^{\frac{1}{4}}$, $(x,y) \mapsto x^{\frac{3}{2}} y^{\frac{1}{2}}$ (von links nach rechts).

Homogene Funktionen treten vor allem bei der Modellierung von Produktionszusammenhängen (dann zumeist linear-homogen), aber auch im Nachfragekontext u.a.m. auf. Streng formal sind homogene Funktionen in ökonomischen Kontexten meist positiv homogen, da negative Werte von λ zu Vektoren λx führen, die nicht mehr im meist gegebenen ökonomischen Definitionsbereich $\mathbb{D} \subseteq [0; \infty[^n$ liegen. Von den bisher behandelten Funktionstypen sind etliche homogen:

- Lineare Funktionen sind linear homogen: Linearität bedeutet u.a. $f(\lambda x) = \lambda^1 f(x)$.

- Quadratische Formen, d.h. quadratische Funktionen mehrerer Variablen der Form $f : \mathbb{R}^n \to \mathbb{R}$, $f(x) := \langle x, Ax \rangle$ mit einer quadratischen Matrix $A \in \mathbb{R}^{n \times n}$ sind homogen vom Grad 2, denn für alle $\lambda \in \mathbb{R}$ und $x \in \mathbb{R}^n$ gilt:

$$f(\lambda x) = \langle \lambda x, A(\lambda x) \rangle = \langle \lambda x, \lambda(Ax) \rangle = \lambda^2 \langle x, Ax \rangle = \lambda^2 f(x)$$

  Hier wurden die Eigenschaften des Skalarproduktes gemäß Satz 2.8 ⇨ vgl. S. 69 und die Linearität des Matrix-Vektorproduktes gemäß Satz 3.1 ⇨ vgl. S. 88 ausgenutzt.

- Cobb-Douglas-Funktionen $f : \mathbb{D} = [0; \infty[^n \to \mathbb{R}$, $f(x) = c \cdot x_1^{a_1} \cdot \ldots \cdot x_n^{a_n}$ sind stets (positiv) homogen. Der Homogenitätsgrad ist $r = a_1 + \ldots + a_n$, denn für alle $x \in \mathbb{D}$, $\lambda > 0$ gilt:

$$f(\lambda x_1, \ldots, \lambda x_n) = c \cdot (\lambda x_1)^{a_1} \cdot \ldots \cdot (\lambda x_n)^{a_n} = c \cdot \lambda^{a_1} x_1^{a_1} \cdot \ldots \cdot \lambda^{a_n} x_n^{a_n} = \lambda^r \cdot f(x)$$

- CES-Funktionen der Form $f : \mathbb{D} =]0; \infty[^n \to \mathbb{R}$, $f(x) = c \cdot (a_0 + a_1 x_1^p + \ldots + a_n x_n^p)^{\frac{1}{p}}$ sind positiv linear homogen, wenn $a_0 = 0$. Für alle $x \in \mathbb{D}$, $\lambda > 0$ gilt dann nämlich nach Ausklammern von λ^p in der p-ten Wurzel:

$$f(\lambda x) = c \cdot (a_1 (\lambda x_1)^p + \ldots + a_n (\lambda x_n)^p)^{\frac{1}{p}} = c \cdot (\lambda^p (a_1 x_1^p + \ldots + a_n x_n^p))^{\frac{1}{p}} = \lambda \cdot f(x)$$

Eine r-homogene Funktion verhält sich längs Geraden $\{\lambda x : \lambda \in \mathbb{R}\}$ oder Halbgeraden $\{\lambda x : \lambda \geq 0\}$ durch den Ursprung und x wie die Potenzfunktion $\lambda \mapsto c\lambda^r$ mit $c = f(x)$. Für $r < 1$ ist sie längs der Halbgeraden rechtsgekrümmt (konkav), für $r > 1$ linksgekrümmt, für $r = 1$ linear. In Abbildung 5.6 ist dies für verschiedene Cobb-Douglas-Funktionen skizziert. Aus dem Strahlverhalten homogener Funktionen folgen später noch einige Ableitungsregeln.

Übungen zu Abschnitt 5.2

5. Über den Zusammenhang zwischen CD- und CES-Produktionsfunktionen: Es seien $x, y > 0$, $\alpha \in]0; 1[$ und $p \neq 0$. Zeigen Sie $\lim_{p \to 0} (\alpha x^p + (1 - \alpha) y^p)^{1/p} = x^\alpha y^{1-\alpha}$.

6. Eine Produktionsfunktion in zwei Variablen heißt **Leontief-Produktionsfunktion**, wenn sie den Funktionsterm $f(x, y) = c \cdot \min \left(\frac{x}{a}, \frac{y}{b} \right)^r$ hat. Dabei sind $c, a, b, r > 0$.

a) Betrachten Sie zunächst den Spezialfall $a = b = c = r = 1$ und skizzieren Sie die c-Isoquanten von f für $c = 1/10$, $c = 1/4$, $c = 1/2$ und $c = 3/4$.

b) Welcher reale Sachverhalt aus der Produktion wird durch die Minimum-Bildung in der Leontief-Produktionsfunktion erfasst?

c) Überprüfen Sie die Leontief-Produktionsfunktion auf Homogenität.

7. Überprüfen Sie die folgenden Funktionen auf (positive) Homogenität.

a) $f(x, y) = x^2 + xy$ c) $f(x, y) = xy/(x^2 + y^2)$ e) $f(x, y) = \max(x^2, xy)$

b) $f(x, y, z) = x^2 + xy + z$ d) $f(x, y, z) = \sqrt{xy + x}$ f) $f(x, y) = 1/(x^2 + y^2)$

5.3 Ableitungskonzepte für Funktionen mehrerer Variablen

Für eine Funktion $f : \mathbb{D} \subseteq \mathbb{R} \to \mathbb{R}$ einer Variablen und $x_0 \in \mathbb{D}$, $y_0 = f(x_0)$ lässt sich die Ableitung $m = f'(x_0)$ auf zwei Arten erklären, die zum selben Ergebnis führen:

- als Grenzwert $\lim_{h \to 0} \frac{f(x_0 + h) - f(x_0)}{h}$ von Differenzenquotienten. Über diesen Ansatz lassen sich die grundlegenden Ableitungsregeln (Faktor-, Summen-, Produkt- und Quotientenregel sowie Kettenregel) herleiten.

- als **Linearisierung** von f in x_0. Die Gerade $g(x) = y_0 + m(x - x_0)$ ist dann eine lineare Funktion mit $f(x) \approx y_0 + m(x - x_0)$, wenn $x \approx x_0$. m ist dadurch charakterisiert, dass $\lim_{x \to x_0} \frac{f(x) - y_0 - m(x - x_0))}{x - x_0} = 0$. Anschaulich gesprochen hat die Gerade denselben Funktionswert und dieselbe Steigung in x_0 wie f.

Der Nutzen der Ableitung liegt dann im Linearisierungsansatz: man erkennt hieraus beispielsweise die notwendige Bedingung $f'(x) = 0$ für lokale Extrema oder das **Newton-Verfahren** zur Bestimmung einer Nullstelle x_0 von f. Hierbei wird folgende rekursive Folge $(x_n)_{n \in \mathbb{N}}$ gebildet: x_1 ist ein nahe bei x_0 liegender Startwert und x_{n+1} ist jeweils eine Nullstelle von $x \mapsto f(x_n) + f'(x_n)(x - x_n)$.

Auch bei Funktionen mehrerer Variablen lässt sich die Ableitung als Grenzwert und als Linearisierung definieren, die Ansätze weisen aber kleine Unterschiede auf:

- Der Grenzwertansatz führt zu partiellen Ableitungen ⇨ vgl. Definition 5.10, S. 178, bei denen sich nur eine der Inputvariablen ändert. Der Grenzwertübergang wird immer nur für eine Variable durchgeführt, während die anderen als Konstanten aufgefasst werden. Die bekannten Ableitungsregeln in einer Variablen lassen sich dann unmittelbar auf partielle Ableitungen übertragen. Die partiellen Ableitungen nach allen Variablen bündelt man in Form eines Spaltenvektors, des **Gradienten**.

- Der Ansatz der Linearisierung führt zu einer (affin) linearen Funktion in mehreren Variablen, welche die gegebene Funktion im vorgegebenen Punkt approximiert und deren Linearfaktoren zum so genannten **Differential** zusammengefasst werden. Funktionen, die sich linearisieren lassen, werden als (total) differenzierbare Funktionen bezeichnet ⇨ vgl. Definition 5.11, S. 183.

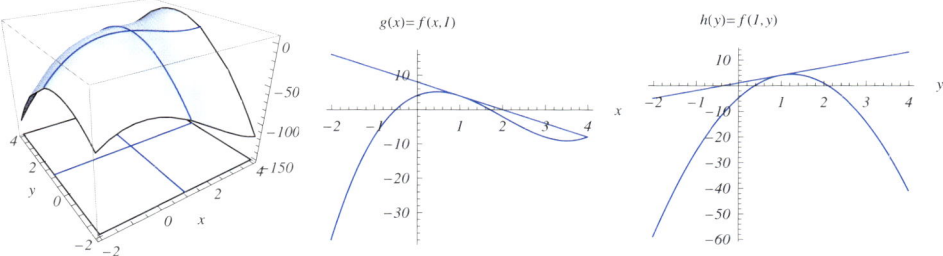

Abbildung 5.7: Typische Bewegungsrichtungen und Schnittfunktionen bei einer Funktion zweier Variablen

Funktionen, deren partielle Ableitungen selber wieder stetige Funktionen aller Variablen sind, sind schon linearisierbar, daher ist der Unterschied zwischen diesen beiden Ansätzen in der Praxis relativ gering und wird von Anwendern in den Wirtschaftswissenschaften weitgehend vernachlässigt. Man nutzt das Konzept partieller Ableitungen für den Kalkül zur praktischen Berechnung von Ableitungen und interpretiert den berechneten Gradient als Differential und linearisiert so die Funktion. In diesem Abschnitt werden wir partielle und totale Differenzierbarkeit besprechen.

5.3.1 Die partielle Ableitung

Am einfachsten ist das Änderungsverhalten einer Funktion mehrerer Variablen zu beschreiben, wenn nur eine der Variablen sich verändert, während die anderen ihren Wert behalten („ceteris paribus"). Betrachtet man etwa den Kontext eines Marktes, auf dem jeder Anbieter für sein Produkt eine Nachfragefunktion hat, die von den Preisen aller Anbieter abhängt, so entspricht dies der Annahme, dass nur ein Anbieter den Preis für sein Produkt ändern will, die anderen jedoch ihre Preise beibehalten. Damit werden alle Nachfragefunktionen zu Funktionen dieses einen Preises, der sich verändert.

Diese Funktion einer Variablen kann auch sichtbar gemacht werden, wie in Abbildung 5.7 anhand der Funktion $f(x,y) = x^3 - 6x^2 - 6y^2 + 5xy + 10y$ im Punkt $(1,1)^T$ dargestellt.

- Hält man die Variable y bei 1 fest und verändert nur die Variable x, entseht entsteht die so genannte **Schnittfunktion** $g(x) = f(x,1) = x^3 - 6x^2 + 5x + 4$. Der Verlauf dieser Funktion ist in Abbildung 5.7 Mitte dargestellt. Zum Vergleich sind links die entsprechenden Funktionswerte $f(x,1)$ als (parametrische) Kurve auf dem Funktionsgraphen eingezeichnet. Leitet man g nach x ab, so ergibt sich $g'(x) = 3x^2 - 12x + 5$ und $g'(1) = -4$. Die Tangente an g in $x = 1$ lautet $x \mapsto -4x + 8$.

- Hält man nun die Variable x bei 1 fest, so ergibt sich in der Veränderlichen y die Schnittfunktion $h(y) = f(1,y) = -6y^2 + 15y - 5$, deren Graph in Abbildung 5.7, rechts, dargestellt ist. Nach y abgeleitet ergibt sich $h'(y) = -12y + 15$ und $h'(1) = 3$

Hat man sich erst einmal daran gewöhnt, Variablen als temporär konstant aufzufassen, so wird man auf den Schritt, in die konstant zu haltende Variable zunächst ihren konkreten Wert einzusetzen, verzichten (zumal dieser a priori meist gar nicht vorgegeben ist) und sich diese Variable selbst wie eine Konstante vorstellen. Wenn beispielsweise nach x abgeleitet werden soll, so wird dies durch das Voranstellen des Symbols $\frac{\partial}{\partial x}$ vor den Funktionsterm angedeutet. Die Rechnung im vorliegenden Beispiel lautet dann

$$\frac{\partial}{\partial x}(x^3 - 6x^2 - 6y^2 + 5xy + 10y) = 3x^2 - 12x + 5y$$

Dabei ist zu beachten, dass

▪ im Summand $5xy$ der Faktor $5y$ wie eine Konstante zu behandeln ist, weshalb $5xy$ bei Differenzieren nach der Variable x mit der Faktorregel zu eben dieser Konstanten $5y$ abgeleitet wird und

▪ die Ausdrücke $-6y^2$ und $10y$ in der Variable x als Konstante gelten, mithin bei Differenzieren nach x zu Null abgeleitet werden.

Mit der $\frac{\partial}{\partial \cdot}$-Schreibweise lautet entsprechend die Ableitung nach y

$$\frac{\partial}{\partial y}(x^3 - 6x^2 - 6y^2 + 5xy + 10y) = -12y + 5x + 10$$

Es gibt hier also zwei verschiedene Möglichkeiten, eine Variable als Veränderliche und die andere als Konstante aufzufassen. Keine von diesen ist vor den anderen besonders ausgezeichnet, sondern es werden – auch mit Hinblick auf die späteren Ableitungskonzepte – alle partiellen Ableitungen benötigt und daher in einem Vektor gebündelt. Das ist auch bei mehr als zwei Variablen der Fall:

Definition 5.10 (Partielle Ableitungen und Gradient)

Es sei $\mathbb{D} \subseteq \mathbb{R}^n$ und $f : \mathbb{D} \to \mathbb{R}$ eine Funktion.

[1] Für festes $x = (x_1, \ldots, x_n)^T \in \mathbb{D}$ und $i \in \{1, \ldots, n\}$ heißt f **partiell differenzierbar** in x nach der i-ten Komponente, wenn die so genannte i-**te partielle Ableitung**

$$\lim_{h \to 0} \frac{f(x_1, \ldots, x_{i-1}, \mathbf{x_i} + \mathbf{h}, x_{i+1}, \ldots, x_n) - f(x_1, \ldots x_{i-1}, \mathbf{x_i}, x_{i+1}, \ldots, x_n)}{h}$$

existiert. Sie wird dann mit $\frac{\partial}{\partial x_i} f(x_1, \ldots, x_n)$ bzw. $D_i f(x_1, \ldots, x_n)$ bezeichnet.

[2] Falls in $x \in \mathbb{D}$ alle partiellen Ableitungen von f existieren, so heißt f **partiell differenzierbar in** x, und $\nabla f(x) := (D_1 f(x), \ldots, D_n f(x))^T$ (sprich „Nabla f") heißt **Gradientenvektor** von f (kurz: Gradient von f) in x.

[3] f heißt partiell differenzierbar in $\mathbb{D}$, wenn f in jedem $x \in \mathbb{D}$ partiell differenzierbar ist.

Beispiel 5.11

Die partielle Ableitung von $f(x, y) = x^3 + 2xy + e^{7y}$ nach der Variable x lautet

$$\frac{\partial}{\partial x} f(x, y) = 3x^2 + 2y$$

Denn nach der Summenregel ist sie Summe der partiellen Ableitungen von $\frac{\partial}{\partial x} x^3$ bzw. $\frac{\partial}{\partial x} 2xy$ bzw. $\frac{\partial}{\partial x} e^{7y}$ nach x. Die erste dieser Ableitungen ist $3x^2$, die zweite ergibt sich nach der Faktorregel als $2y$, denn in dem Produkt $2xy$ wird der Term $2y$ als Konstante interpretiert, wenn nach x abgeleitet wird. Die dritte Ableitung schließlich ist 0, da die Variable x gar nicht darin auftritt.

Die partielle Ableitung von f nach y ist entsprechend

$$\frac{\partial}{\partial y} f(x,y) = 2x + 7e^{7y}$$

Der erste Summand wird zu 0 abgeleitet, weil er gar nicht von y abhängt, der zweite Summand nach der Faktorregel zu $2x$, weil er linear in y mit Faktor $2x$ ist. Der dritte Summand muss nach der Kettenregel differenziert werden, wodurch sich der Faktor 7 vor dem Exponential ergibt. Insgesamt hat f also den Gradienten

$$\nabla f(x,y) = \begin{pmatrix} 3x^2 + 2y \\ 2x - 7e^{7y} \end{pmatrix}$$

Beispiel 5.12
Bei der Funktion $f : \mathbb{R}^3 \to \mathbb{R}$, $f(x,y,z) = \frac{xz}{1+x^2+y^2}$ werden die partiellen Ableitungen z.B. mittels Quotientenregel für die partielle Ableitung nach x, Kettenregel beim Ableiten nach y und Faktorregel für die Ableitung nach z bestimmt:

$$\frac{\partial}{\partial y} \frac{xz}{1+x^2+y^2} = \frac{z(1+x^2+y^2) - xz2x}{(1+x^2+y^2)^2} = \frac{z(1+y^2-x^2)}{(1+x^2+y^2)^2}$$

$$\frac{\partial}{\partial y} \frac{xz}{1+x^2+y^2} = -\frac{2xyz}{(1+x^2+y^2)^2}$$

$$\frac{\partial}{\partial z} \frac{xz}{1+x^2+y^2} = \frac{x}{(1+x^2+y^2)}$$

Zusammengefasst lautet der Gradient

$$\nabla f(x,y,z) = \left(\frac{z(1+y^2-x^2)}{(1+x^2+y^2)^2}, \; -\frac{2xyz}{(1+x^2+y^2)^2}, \; \frac{x}{1+x^2+y^2} \right)^T$$

Regel für partielles Ableiten
Man leitet eine Funktion partiell nach einer Variablen x ab, indem man im Funktionsterm alle anderen Variablen wie Konstanten auffasst und mit den „üblichen" Ableitungsregeln einer Variablen nach x differenziert. Entsprechend verfährt man mit jeder der auftretenden Variablen.

Besonders häufig treten in Anwendungen die Ableitungen linearer und quadratischer Funktionen auf.

Eine lineare Funktion einer Variablen $f(x) = cx$ hat die Ableitung $f'(x) = c$, ist also konstant. Entsprechendes lässt sich für lineare Funktionen mehrerer Variablen sagen:

Beispiel 5.13
Die Funktion $f : \mathbb{R}^2 \to \mathbb{R}$, $f(x,y) = 5x - 3y$ hat die partiellen Ableitungen $\frac{\partial}{\partial x} f(x,y) = 5$ und $\frac{\partial}{\partial y} f(x,y) = -3$. Der Gradient ist also $\nabla f(x,y) = (5, -3)^T$. Beachten Sie, dass sich f in der Form

$$f(x,y) = \left\langle \begin{pmatrix} 5 \\ -3 \end{pmatrix}, \begin{pmatrix} x \\ y \end{pmatrix} \right\rangle$$

darstellen lässt und $\nabla f(x,y)$ gerade der links im Skalarprodukt stehende Vektor ist.

Diese Rechnung lässt sich auf beliebige lineare Funktionen von n Variablen übertragen:

Satz 5.1
Es sei $c = (c_1, \ldots, c_n)^T \in \mathbb{R}^n$. Die lineare Funktion $f : \mathbb{R}^n \to \mathbb{R}$, $f(x) = \langle c, x \rangle = c^T x = c_1 x_1 + \cdots + c_n x_n$ hat den Gradient $\nabla f(x) = c$ für $x = (x_1, \ldots, x_n)^T \in \mathbb{R}^n$.

Kurz gefasst lässt sich festhalten: Der Gradient einer linearen Funktion ist konstant. Entsprechend kann man sagen, dass der Gradient einer quadratischen Funktion linear ist. Von quadratischen Funktionen $f(x) = cx^2$ einer Variablen ist dies hinlänglich bekannt, es gilt hier $f'(x) = 2cx$.

Beispiel 5.14
Die Funktion $f : \mathbb{R}^2 \to \mathbb{R}$, $f(x, y) = 2x^2 - 6xy + 5y^2$ hat die partiellen Ableitungen

- $\frac{\partial}{\partial x}(2x^2 - 6xy + 5y^2) = 4x - 6y = 2(2x - 3y)$
- $\frac{\partial}{\partial y}(2x^2 - 6xy + 5y^2) = -6x + 10y = 2(-3x + 5y)$

Der Gradient von f lautet also

$$\nabla f(x, y) = \begin{pmatrix} 4x - 6y \\ -6x + 10y \end{pmatrix} = 2 \begin{pmatrix} 2x - 3y \\ -3x + 5y \end{pmatrix} = 2 \begin{bmatrix} 2 & -3 \\ -3 & 5 \end{bmatrix} \begin{pmatrix} x \\ y \end{pmatrix}$$

Die in dieser Darstellung gefundene Matrix $A = \begin{bmatrix} 2 & -3 \\ -3 & 5 \end{bmatrix}$ lässt sich auch zur Darstellung der Funktion f verwenden, es gilt

$$f(x, y) = \left\langle \begin{pmatrix} x \\ y \end{pmatrix}, \begin{bmatrix} 2 & -3 \\ -3 & 5 \end{bmatrix} \begin{pmatrix} x \\ y \end{pmatrix} \right\rangle$$

Diese Rechnungen gelten entsprechend für quadratische Formen in n Variablen:

Satz 5.2
Es sei $A \in \mathbb{R}^{n \times n}$ eine symmetrische Matrix. Die quadratische Form $f : \mathbb{R}^n \to \mathbb{R}$, $f(x) = \langle x, Ax \rangle$ mit $x = (x_1, \ldots, x_n)^T \in \mathbb{R}^n$ hat den Gradienten $\nabla f(x) = 2Ax$.

Bei der letzten Rechenregel ist es wichtig, dass die Matrix A symmetrisch ist. Anderenfalls ist die Ableitung in der Form $\nabla f(x) = (A + A^T)x$ zu formulieren.

Weil wir uns zu Beginn der Vektorrechnung darauf verständigt haben, Vektoren in Form von Spaltenvektoren zu schreiben – wodurch sich dann auch die Matrizenoperationen festlegten – haben wir auch den Gradienten als Spaltenvektor erklärt. Aus Platzgründen stellen wir ihn dann zuweilen als transponierten Zeilenvektor dar. Manchmal wird der Gradient aber auch selbst als Zeilenvektor erklärt. Hintergrund ist, dass die partiellen Ableitungen einer mehrwertigen Funktionen $f = (f_1, \ldots, f_m)^T$ partiell differenzierbarer Funktionen $f_i : \mathbb{R}^n \to \mathbb{R}$ zusammengefasst dargestellt werden in der so genannten **Jacobi-Matrix**

$$J_f(x_1, \ldots, x_n) = \frac{\partial(f_1, \ldots, f_m)}{\partial(x_1, \ldots, x_n)} = \begin{bmatrix} \frac{\partial}{\partial x_1} f_1 & \frac{\partial}{\partial x_2} f_1 & \cdots & \frac{\partial}{\partial x_n} f_1 \\ \frac{\partial}{\partial x_1} f_2 & \frac{\partial}{\partial x_2} f_2 & \cdots & \frac{\partial}{\partial x_n} f_2 \\ \vdots & \vdots & \ddots & \vdots \\ \frac{\partial}{\partial x_1} f_m & \frac{\partial}{\partial x_2} f_m & \cdots & \frac{\partial}{\partial x_n} f_m \end{bmatrix}$$

Die Jacobi-Matrix einer Funktion $f : \mathbb{R}^n \to \mathbb{R}^m$ stimmt im Spezialfall $m = 1$ als einzeilige Matrix mit dem transponierten Gradienten von f überein.

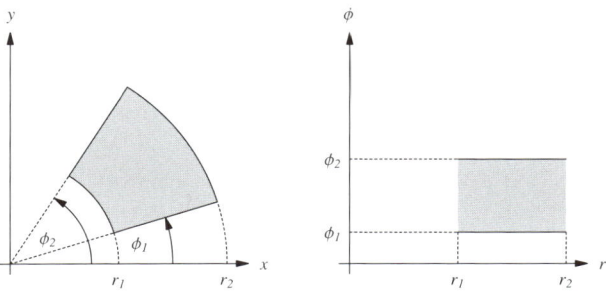

Abbildung 5.8: Transformation eines Rechteckes in einen Kreisringsektor mittels Polarkoordinaten

Beispiel 5.15
Die Funktion $(r, \phi) \in [0; 2\pi[\times [0; \infty[\mapsto (x, y) = g(r, \phi) = (r\cos(\phi), r\sin(\phi))$ heißt **Polarkoordinatentransformation**; sie bildet Rechtecke $[r_1; r_2] \times [\phi_1; \phi_2]$ auf Kreisringsektoren gemäß Abbildung 5.8 ab. Man nennt r und ϕ auch die **Polarkoordinaten** des Punktes $(x, y)^T$ ⇨ vgl. Abbildung 5.8. Sie hat die Jacobi-Matrix

$$J_f(r, \phi) = \begin{bmatrix} \frac{\partial}{\partial r} r\cos(\phi) & \frac{\partial}{\partial \phi} r\cos(\phi) \\ \frac{\partial}{\partial r} r\sin(\phi) & \frac{\partial}{\partial \phi} r\sin(\phi) \end{bmatrix} = \begin{bmatrix} \cos(\phi) & -r\sin(\phi) \\ \sin(\phi) & r\cos(\phi) \end{bmatrix}$$

Wir werden Polarkoordinaten in der Integralrechnung verwenden, um das Gauß'sche Fehlerintegral zu bestimmen, vgl. Abschnitt 5.6.2.

Fasst man das Ergebnis des partiellen Ableitens wieder als Funktion der vorliegenden Variablen auf, so lässt sich die partielle Ableitung aus mathematischer Sicht als Operator interpretieren, d.h. als eine Zuordnung, die einer (partiell differenzierbaren) Funktion wieder eine Funktion zuordnet. Man spricht daher auch vom Partialableitungs-„Operator" $\frac{\partial}{\partial \cdot}$. Zunächst wird mittels dieses Operators eine neue Funktion, die Ableitungsfunktion berechnet. Der konkrete Wert der Ableitung wird danach durch Einsetzen der Werte in die Argumente der Funktion bestimmt. Das führt in manchen Situationen (z.B. bei der Formulierung und Anwendung der Kettenregel) zu Bezeichnungskonflikten, wenn die nachträglich einzusetzenden Werte wieder andere Variablen sind.

Einheitliche Notation:

Mit $\left.\frac{\partial f}{\partial x}\right|_{x=t}$ ist folgende Vorgehensweise gemeint:

[1] Mit dem Term $\frac{\partial f}{\partial x}$ wird ausgedrückt, dass die Funktion f in den Variablen, in welchen sie anfangs erklärt wurde, nach der Variable x abgeleitet wird.

[2] Jedes Auftreten von x in $\frac{\partial f}{\partial x}$ wird durch den Term t ersetzt.

Sinngemäß kann diese Schreibweise auch für Jacobi-Matrizen anstelle einzelner partieller Ableitungen verwendet werden.

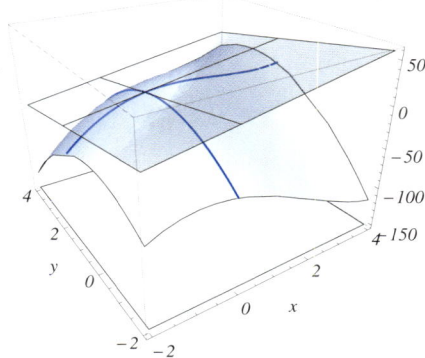

Abbildung 5.9: Linearisierung einer Funktion zweier Variablen

Beispiel 5.16

- Für $f(x, y) = x^2 + xy$ ist $\frac{\partial f}{\partial x} = 2x + y$, $\frac{\partial f}{\partial y} = x$, $\frac{\partial f}{\partial z} = 0$, $\frac{\partial f}{\partial x}\big|_{\substack{x=3 \\ y=2}} = 8$, $\frac{\partial f}{\partial x}\big|_{x=y} = 3y$.

- Bei direkter Angabe eines Terms etwa: $\frac{\partial(z^2 + zy)}{\partial z} = 2z + y$ und $\frac{\partial(z^2 + zy)}{\partial z}\big|_{z=x} = 2x + y$.

Bei solider Beherrschung der Ableitungsregeln für Funktionen einer Variablen gibt sich die anfängliche Unsicherheit beim Bestimmen partieller Ableitungen ziemlich rasch. Nach dem Bearbeiten der Beispiele in den Übungsaufgaben sollten Sie fit für die komplizierteren Ableitungskonzepte sein.

5.3.2 Das Differential

Differenzierbare Funktionen $f : \mathbb{D} \to \mathbb{R}$, $\mathbb{D} \subseteq \mathbb{R}$ einer Variablen lassen sich durch lineare Funktionen approximieren und dieser Sachverhalt wird ausgiebig genutzt, beispielsweise in der Optimierung. Bei Funktionen mehrerer Variablen ist die Approximation durch lineare Funktionen etwas umständlicher, weil auch die linearen Funktionen von mehr als einer Variablen abhängen werden. Zudem reicht die partielle Differenzierbarkeit nicht ganz aus, eine Funktion $f : \mathbb{D} \subseteq \mathbb{R}^n \to \mathbb{R}$ von n Variablen zu linearisieren.

Wir vollen die Linearisierung anhand von Funktionen mit zwei Variablen verdeutlichen. Dann bedeutet „Annäherung durch lineare Funktionen" den Ansatz, eine Ebene an den Graphen von f zu legen, die diesen Graphen in einem gegebenen Punkt $(x, y)^T$ gerade berührt. Man nennt diese Ebene daher Tangentialebene ⇨vgl. **Abbildung** 5.9. Angelegt in $(x, y)^T$ an den Graphen von f hat sie die Gleichung

$$g(x + d_1, y + d_2) = f(x, y) + a_1 \cdot d_1 + a_2 \cdot d_2$$

Dabei beschreibt a_1 die Steigung der Tangentialebene in x–Richtung und a_2 die Steigung der Tangentialebene in y–Richtung. Diese Steigungen müssen – um von einer Linearisierung sprechen zu können – mit den entsprechenden Steigungen von f in x- bzw. y-Richtung übereinstimmen, sind also – wenn es überhaupt eine derartige Linearisierung gibt – die partiellen Ableitungen von f in x und y. Zudem muss die

Linearisierung in $(x, y)^T$ auch noch eine ausreichende Approximation von f darstellen, d.h. der Unterschied zwischen $f(x + d_1, y + d_2)$ und $g(x + d_1, y + d_2)$ muss mit $(d_1, d_2) \to (0, 0)$ „hinreichend klein" werden. Konkret muss gelten:

$$\lim_{(d_1, d_2) \to (0,0)} \frac{f(x + d_1, y + d_2) - f(x, y) - a_1 d_1 - a_2 d_2}{\sqrt{d_1^2 + d_2^2}} = 0$$

Zudem wird man regelmäßig Schwierigkeiten mit dieser Art der Linearisierung haben, wenn es um Randpunkte des Definitionsbereiches geht.

Definition 5.11

[1] Es sei $\mathbb{D} \subseteq \mathbb{R}^n$. Ein Punkt $x \in \mathbb{D}$ mit $B_r(x) \subseteq \mathbb{D}$ für ein $r > 0$ heißt **innerer Punkt**. Eine Menge $\mathbb{D} \subseteq \mathbb{R}^n$ heißt **offen**, wenn sie nur innere Punkte hat.

[2] Es sei $\mathbb{D} \subseteq \mathbb{R}^n$ offen. Eine in $x \in \mathbb{D}$ partiell differenzierbare Funktion $f : \mathbb{D} \subseteq \mathbb{R}^n \to \mathbb{R}$ heißt **(total) differenzierbar in x mit Ableitung bzw. Differential $Df(x) = \nabla f(x) \in \mathbb{R}^n$**, wenn gilt

$$\lim_{d \to \bar{0}} \frac{f(x + d) - f(x) + \langle Df(x), d \rangle}{\|d\|} = 0$$

[3] f heißt in $\mathbb{D}$ differenzierbar, wenn f in jedem $x \in \mathbb{D}$ differenzierbar ist.

[4] f heißt **in $\mathbb{D}$ stetig differenzierbar**, wenn f in $\mathbb{D}$ differenzierbar ist und die Abbildung $Df : \mathbb{D} \to \mathbb{R}^n$ stetig ist in $\mathbb{D}$ (d.h. $\forall x \in \mathbb{D} \lim_{y \to x} Df(y) = Df(x)$).

Wir wollen nachfolgend die wesentlichen Aspekte Offenheit, Linearisierbarkeit und die Abgrenzung des Differentials vom Gradienten besprechen:

Zur Offenheit: Die Offenheit des Definitionsbereiches $\mathbb{D}$ ist für die (totale) Differenzierbarkeit von f erforderlich, da in nicht inneren Punkten (sog. Randpunkten) von $\mathbb{D}$ Linearisierungen u.U. nicht möglich sind. Dieses Phänomen kennen Sie schon bei Funktionen einer Variablen, beispielsweise ist $f : [0; \infty[\to \mathbb{R}, f(x) = \sqrt{x}$, im Randpunkt $x = 0$ nicht differenzierbar, obwohl die Funktion dort stetig ist. Die Funktion nimmt in $x = 0$ ihr Minimum an, dieses kann aber nicht über die notwendige Bedingung $f'(x) = 0$ bestimmt werden. Entsprechende Probleme können bei Funktionen mehrerer Variablen und deren Definitionsbereichen auftreten.

Beispiel 5.17
Die Funktion $f : [0; \infty[\to \mathbb{R}, f(x, y) = x^{\frac{3}{8}} y^{\frac{1}{8}}$ ist

- für x, y mit $x = 0$ oder $y = 0$, aber $x + y > 0$ nicht partiell differenzierbar und damit auch nicht total differenzierbar.
  Denn die Funktion verhält sich auf Geraden parallel zur x-Achse wie die in 0 nicht differenzierbare Funktion $x \mapsto c x^{\frac{3}{8}}$ und auf Geraden parallel zur y-Achse wie die in 0 nicht differenzierbare Funktion $y \mapsto c y^{\frac{1}{8}}$.

- für $x = y = 0$ nicht total differenzierbar, aber partiell differenzierbar.
  Die partielle Differenzierbarkeit ergibt sich, weil $x \mapsto f(x, 0) = 0$ und $y \mapsto f(0, y) = 0$ jeweils konstant und damit differenzierbar ist. Auf dem Strahl $\{(x, x) : x \geq 0\}$ verhält sich $f(x, y) = f(x, x) = x^{1/2}$ wie die in 0 nicht differenzierbare Quadratwurzelfunktion, daher ist f in $(0, 0)^T$ nicht total differenzierbar.

Allerdings ist f im gesamten Definitionsbereich stetig.

Die „neuralgischen" Punkte im vorangegangenen Beispiele sind **Randpunkte** von $\mathbb{D}$, also gerade diejenigen Punkte, die weder innere Punkte von $\mathbb{D}$ noch von der Restmenge $\mathbb{R}^n \setminus \mathbb{D}$ (Komplement von $\mathbb{D}$) sind. Bei allen Untersuchungen unter Verwendung des Differenzierbarkeitsbegriffs sollte man möglichst mit offenen Definitionsbereichen arbeiten, gegebenenfalls durch getrennte Behandlung von Randpunkten. Beispielsweise bestimmt man beim Optimieren erst alle lokalen Extrema im Inneren von $\mathbb{D}$ und führt anschließend den Randwertvergleich, d.h. den Vergleich mit den Randpunkten durch.

Offene Mengen sind beispielsweise alle Teilmengen des $\mathbb{R}^n$, welche durch eine oder mehreren Ungleichungen der Form $g(x) < 0$ mit stetigen Funktionen beschrieben werden, so beispielsweise offene Kugeln, Ellipsoide oder Quader $]a_1; b_1[\times \cdots \times]a_n; b_n[$.

Man erkennt offene Mengen meist daran, dass sie mit Hilfe einer oder mehrerer <- bzw. >-Ungleichungen beschrieben sind, wobei die auf beiden Seiten der Ungleichung stehenden Terme zu stetigen Funktionen gehören.

Zur Linearisierbarkeit: Total differenzierbare Funktionen $f : \mathbb{D} \to \mathbb{R}$ werden auch als linearisierbare Funktionen bezeichnet. Ist f in $x \in \mathbb{D}$ differenzierbar, so ist die Funktion

$$g : \mathbb{R}^n \to \mathbb{R}, \quad g(y) = f(x) + \langle Df(x), y - x \rangle$$

eine affin lineare Funktion, die in x denselben Funktionswert und in jeder Richtung von x aus dieselbe Steigung hat wie f. Wie bei Funktionen einer Variablen gilt:

Satz 5.3
Eine in $x^{(0)} \in \mathbb{D}$ total differenzierbare Funktion $f : \mathbb{D} \to \mathbb{R}$ ist in $x^{(0)}$ stetig.

Denn es ist $\lim_{x \to x^{(0)}} f(x) = \lim x \to x^{(0)} (f(x^{(0)}) + \langle Df(x^{(0)}), x - x^{(0)} \rangle + r(x - x^{(0)})) = f(x^{(0)})$, weil mit $x \to x^{(0)}$ sowohl das Skalarprodukt als auch das Restglied $r(x - x^{(0)})$ gegen Null konvergiert. $\square$

Zur Abgrenzung von totaler und partieller Differenzierbarkeit: Bei der Definition der totalen Differenzierbarkeit gehen wir schon davon aus, dass die Funktionen partiell differenzierbar sind und verwenden die Begriffe Differential und Gradient synonym. Formal korrekter wäre es, totale Differenzierbarkeit losgelöst von der partiellen Differenzierbarkeit zu definieren; dies führt aber im Endeffekt zum gleichen Ergebnis.

Nur für $n = 1$ sind totale und partielle Differenzierbarkeit identische Konzepte, für Funktionen mehrerer Variablen ($n > 1$) fallen sie auseinander. Das hatten wir schon im vorangegangenen Beispiel gesehen, wo aber Randpunkte Probleme bereiteten. Im folgenden Beispiel ist die Funktion in einem bestimmten inneren Punkt nicht total differenzierbar (aber partiell differenzierbar), weil sie dort nicht stetig ist.

Beispiel 5.18
Die Funktion $f : \mathbb{R}^2 \to \mathbb{R}$ mit $f(x,y) = \frac{xy}{x^2+y^2}$ falls $(x,y)^T \neq \bar{0}$ und $f(0,0) = 0$ ist in $(0,0)^T$ partiell differenzierbar mit $\frac{\partial f}{\partial x}(0,0) = 0 = \frac{\partial f}{\partial y}(0,0)$. Die Funktion ist aber in $(0,0)^T$ weder stetig noch total differenzierbar, wie man an dem Kontur-Diagramm von f in Abbildung 5.10 sieht. Offenbar müsste sonst jede Niveaulinie der Funktion durch den Ursprung verlaufen, was aber der Stetigkeit widerspricht.

In der Ökonomie kann man aber fast immer davon ausgehen, dass die verwendeten Funktionen total differenzierbar sind, da sie partiell differenzierbar mit stetigen partiellen Ableitungen sind:

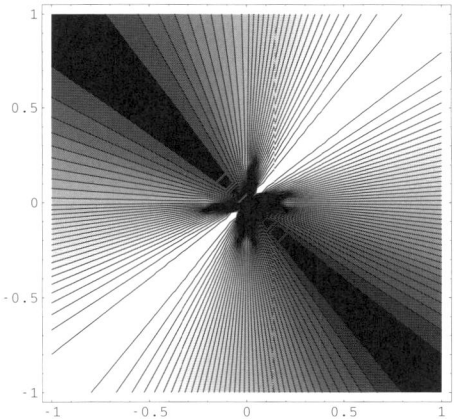

Abbildung 5.10: Kontour-Diagramm der partiell, aber nicht total differenzierbaren Funktionen aus Beispiel 5.18

Satz 5.4

Sei $\mathbb{D} \subseteq \mathbb{R}^n$ offen und $f : \mathbb{D} \to \mathbb{R}$ **stetig partiell differenzierbar**, d.h.

[1] f ist partiell differenzierbar in $\mathbb{D}$.

[2] Alle partiellen Ableitungen $D_1 f : \mathbb{D} \to \mathbb{R}, \dots, D_n f : \mathbb{D} \to \mathbb{R}$ sind stetig.

Dann ist f (total) differenzierbar (und sogar **stetig differenzierbar**).

Wie gesagt: Randpunkte des Definitionsbereiches sind in jedem Fall einer gesonderten
Untersuchung zu unterziehen. Sieht man aber davon einmal ab, so lässt sich festhalten:

Fazit
Die Begriffe Gradient und Differential sind in der Ökonomie nahezu synonym zu
verwenden.

5.3.3 Ableitungsregeln für Funktionen mehrerer Variablen

Weil Differential und Gradient dieselbe Berechungsgrundlage haben, nämlich partielle
Ableitungen, die sich wie gewöhnliche Ableitungen von Funktionen einer Variablen
ergeben, lassen sich sämtliche Rechenregeln, die man hierfür kennt, auf den Umgang
mit Differentialen und Gradienten übertragen. Dabei ist lediglich die Bündelung der
partiellen Ableitungen im Gradientenvektor bzw. Differential zu berücksichtigen.

Satz 5.5
Seien $f, g : \mathbb{D} \subseteq \mathbb{R}^n \to \mathbb{R}$ differenzierbar in $x \in \mathbb{D}$. Dann sind für $a, b \in \mathbb{R}$ die Funktionen
$af + bg$, $f \cdot g$ und, falls $g(x) \neq 0$, auch $\frac{f}{g}$ differenzierbar in x, und es gilt:

[1] $D(af + bg)(x) = aDf(x) + bDg(x)$,   (Summenregel)

[2] $D(fg)(x) = g(x) \cdot Df(x) + f(x) \cdot Dg(x)$,   (Produktregel)

[3] $D\left(\frac{f}{g}\right)(x) = \frac{1}{(g(x))^2}(g(x) \cdot Df(x) - f(x) \cdot Dg(x))$ (Quotientenregel)

Diese Regeln sind als Methoden zur Zusammenfassung partieller Ableitungen zu verstehen und eher selten im Gebrauch. Anders verhält es sich mit der Kettenregel: sie lässt unter Verwendung des Differentials – bzw. generell mit Hilfe der Jacobi-Matrix – verallgemeinern. Eine spezielle Version wird dabei häufig benötigt, um die so genannte Substitutionsgrenzrate ⇨ vgl. S. 198 zu berechnen.

Satz 5.6 (Spezialfälle der Kettenregel)
Sei $f : \mathbb{D} \subseteq \mathbb{R}^n \to \mathbb{R}$ differenzierbar.

[1] **Kettenregel für** $(h \circ f)(x) = h(f(x_1, \ldots, x_n))$:
es sei $h :]a; b[\to \mathbb{R}$ eine differenzierbare Funktion mit $f(x) \in]a; b[$ für alle $x \in \mathbb{D}$. Dann ist $g = h \circ f$ differenzierbar in $\mathbb{D}$ mit

$$g'(x) = h'(f(x)) \cdot Df(x)$$

[2] **Kettenregel für** $(f \circ h)(t) = f(h_1(t), \ldots, h_n(t))$:
es seien $h_1, \ldots, h_n :]a; b[\to \mathbb{R}$ differenzierbare Funktionen einer Variablen mit $h(t) = (h_1(t), \ldots, h_n(t)) \in \mathbb{D}$ für alle $t \in]a; b[$. Dann ist $g = f \circ h :]a; b[\to \mathbb{R}$ differenzierbar mit

$$g'(t) = \sum_{i=1}^{n} D_i f(h_1(t), \ldots, h_n(t)) \cdot h_i'(t) = \sum_{i=1}^{n} \frac{\partial f}{\partial x_i}(h_1(t), \ldots, h_n(t)) \cdot \frac{\partial h_i}{\partial t}$$

Wir illustrieren zunächst die erste dieser Kettenregeln anhand von drei Beispielen:

Beispiel 5.19
Die Funktion $g : \mathbb{R}^2 \to \mathbb{R}$, $g(x, y) = \sqrt{x^2 + y^2} = \|(x, y)\|$ ist Verkettung der Funktionen $f(x, y) = x^2 + y^2$ mit Differential $Df(x, y) = (2x, 2y)^T$ und $h(t) = \sqrt{t}$ mit $h'(t) = 1/2\sqrt{t}$ für $t > 0$. Die Funktion g hat nach Kettenregel [1] für $(x, y)^T \neq \bar{0}$ das Differential (den Gradienten)

$$Dg(x, y) = h'(f(x, y)) \cdot Df(x, y) = \frac{1}{2\|(x,y)\|} \begin{pmatrix} 2x \\ 2y \end{pmatrix} = \begin{pmatrix} x/\sqrt{x^2 + y^2} \\ y/\sqrt{x^2 + y^2} \end{pmatrix}$$

Beispiel 5.20
Mit derselben Rechnung wie im vorangegangenen Beispiel zeigt man, dass die Norm-Funktion $f : \mathbb{R}^n \to \mathbb{R}$, $f(x) = \|x\|$ für $x \neq 0$ das Differential $Df(x) = \frac{1}{\|x\|} \cdot x$ hat.

Beispiel 5.21
Die CES-Produktionsfunktion $f(x_1, \ldots, x_n) = (a_0 + a_1 x_1^p + \cdots a_n x_n^p)^{1/p}$ hat das Differential

$$Df(x) = \frac{1}{p} f(x)^{\frac{1}{p} - 1} \cdot p \cdot \begin{pmatrix} a_1 x_1^{p-1} \\ \vdots \\ a_n x_n^{p-1} \end{pmatrix} = f(x)^{\frac{1}{p} - 1} \cdot \begin{pmatrix} a_1 x_1^{p-1} \\ \vdots \\ a_n x_n^{p-1} \end{pmatrix}$$

Auch für die zweite Kettenregel sollen Beispiele gegeben werden:

Beispiel 5.22
Gesucht ist die Ableitung der Funktion $g(t) = f(h(t), t)$ mit $f(x, y) = \frac{x+y}{x-y}$ und $h(t) = t^2$. Dabei sei $t \neq 0$ und $t \neq 1$ vorausgesetzt.

$$Df(x,y) = \frac{1}{(x-y)^2}\begin{pmatrix}(x-y)-(x+y)\\(x-y)+(x+y)\end{pmatrix} = \frac{2}{(x-y)^2}\begin{pmatrix}-y\\x\end{pmatrix}$$

Hier erfolgt die Verkettung mit den Funktionen $h_1(t) = h(t) = t^2$, $h_1'(t) = 2t$ und $h_2(t) = t$, $h_2'(t) = 1$. Nach der Kettenregel gilt:

$$\begin{aligned}g'(t) &= -2h_2(t)/(h_1(t)-h_2(t))^2 \cdot h_1'(t) + 2h_1(t)/(h_1(t)-h_2(t))^2 h_2'(t)\\ &= -2t/(t^2-t)^2 \cdot 2t + 2t^2/(t^2-t)^2 \cdot 1\\ &= -2t^2/(t^2-t)^2\\ &= -2/(t-1)^2\end{aligned}$$

Beispiel 5.23

Wir betrachten die CD-Funktion $f(x,y) = x^{\frac{3}{4}}y^{\frac{1}{4}}$ und nehmen an, dass sich in Abhängigkeit der Zeit t die Produktionsfaktoren x, y verändern, d.h. zu Funktionen $x = h_1(t)$ und $y = h_2(t)$ werden, wobei beide Funktionen differenzierbar sind. Dann ist auch der Produktionsoutput $g(t) = f(h_1(t), h_2(t))$ eine Funktion der Zeit t. Wir bestimmen die Ableitung dieser Funktion mit der Kettenregel [2] (zur Übung und zum Ergebnisvergleich sollten Sie dies auch mit der Produktregel und der Kettenregel in einer Variablen anhand der Darstellung $g(t) = h_1(t)^{\frac{3}{4}}h_2(t)^{\frac{1}{4}}$ durchführen):

$$Df(x,y) = (\tfrac{3}{4}x^{-\frac{1}{4}}y^{\frac{1}{4}}, \tfrac{1}{4}x^{\frac{3}{4}}y^{-\frac{3}{4}})^T = x^{\frac{3}{4}}y^{\frac{1}{4}} \cdot (\tfrac{3}{4x}, \tfrac{1}{4y})^T = f(x,y) \cdot (\tfrac{3}{4x}, \tfrac{1}{4y})^T$$

$$\begin{aligned}g'(t) &= D_1 f(h_1(t), h_2(t))h_1'(t) + D_2 f(h_1(t), h_2(t))h_2'(t)\\ &= \frac{3}{4} \cdot \frac{f(h_1(t),h_2(t))}{h_1(t)}h_1'(t) + \frac{1}{4} \cdot \frac{f(h_1(t),h_2(t))}{h_2(t)}h_2'(t)\\ &= f(h_1(t), h_2(t))\left(\frac{3}{4} \cdot \frac{h_1'(t)}{h_1(t)} + \frac{1}{4} \cdot \frac{h_2'(t)}{h_2(t)}\right)\\ &= g(t) \cdot \left(\frac{3}{4} \cdot \frac{h_1'(t)}{h_1(t)} + \frac{1}{4} \cdot \frac{h_2'(t)}{h_2(t)}\right)\end{aligned}$$

Die Ableitung schreibt sich also als Produkt des Output $g(t)$ und einer gewichteten Summe der so genannten **logarithmischen Ableitungen** von h_1, h_2. Sind beispielsweise $h_1(t) = a_1t$ und $h_2(t) = a_2t$ lineare Funktionen (Erhöhung der Inputs proportional zur Zeit), so gilt $g(t) = a_1^{3/4}a_2^{1/4}t$ und $g'(t) = g(t)/t = a_1^{3/4}a_2^{1/4} = f(a_1, a_2)$.

Die Hauptanwendung der zweiten Kettenregel besteht aber in der Bestimmung impliziter Ableitungen, die in der Ökonomie Substitutionsgrenzraten genannt werden. Wir kommen hierauf im nächsten Abschnitt zurück.

Übungen zu Abschnitt 5.3

8. Berechnen Sie die folgenden partiellen Ableitungen

a) $\frac{\partial(yx)}{\partial x}$ und $\left.\frac{\partial(yx)}{\partial x}\right|_{y=x}$

b) $\frac{\partial(y/x)}{\partial x}$ und $\left.\frac{\partial(y/x)}{\partial x}\right|_{y=x^2}$

c) $\left.\frac{\partial(z-z_0)}{\partial z}\right|_{z=z_0}$

d) $\frac{\partial x^y}{\partial x}$ und $\frac{\partial x^y}{\partial y}$

9. Berechnen Sie für folgende Funktionen den Gradienten ∇f:

a) $f(x,y) = \sqrt{1 + 2x^2 - 3y^2}$

b) $f(x,y) = e^{x-y^2} + \sin(x+y) - x\sqrt{1+y^2}$

c) $f(x,y,z) = x \ln(\frac{y}{z})$

d) $f(x,y,z) = \ln(x \cdot y \cdot z) \cdot (xy + xz + yz)$

e) $f(x,y,z) = x^{\frac{y}{z}}$

10. Berechnen Sie den Gradienten der Gewinnfunktion aus Beispiel 5.8 ⇨ vgl. S. 170f.

11. Eine differenzierbare Funktion einer Variablen x, deren Ableitung konstant ist, ist bekanntlich eine lineare Funktion.

a) Begründen Sie anhand eines Beispiels, dass folgende Verallgemeinerung für differenzierbare Funktionen mehrerer Variablen falsch ist: „Wenn für jede im Funktionsterm auftretende Variable x die partielle Ableitung $\frac{\partial f}{\partial x}$ unabhängig von x ist, dann ist f eine lineare Funktion."

b) Wie muss die Aussage richtig lauten?

12. Bestimmen Sie die Linearisierung der Funktion $f : \mathbb{R}^2 \to \mathbb{R}$, $f(x,y) = x^2 + \frac{1}{2}y^3$ im Punkt $(4,-2)^T$.

13. Gegeben sei die Funktion $g : \mathbb{R}^2 \to \mathbb{R}$, $g(x,y) = (x^2 + y^2)^p$. Dabei sei $p > 0$.

a) Berechnen Sie für $(x,y)^T \in \mathbb{R}^2$ mit $x^2 + y^2 > 0$ das Differential $Dg(x,y)$ mit Hilfe der Kettenregel.

b) Ist g in $(0,0)^T$ total differenzierbar? Wenn ja, wie lautet dann das Differential $Dg(0,0)$?

c) Übertragen Sie Ihre Resultate auf die Funktion $g(x_1,\dots,x_n) = (x_1^2 + \dots + x_n^2)^p$.

14. Es sei $f : \mathbb{R}^2 \to \mathbb{R}$ eine differenzierbare Funktion mit $f(0,0) = 1$ und $D_1 f(x,y) = D_2 f(x,y) \neq 0$ für alle $x,y \in \mathbb{R}$. Bestimmen Sie eine Funktion $h : \mathbb{R} \to \mathbb{R}$ mit $f(h(t),t) = 1$ für alle $t \in \mathbb{R}$ (Hinweis: Verwenden Sie die Kettenregel [2], um $f(h(t),t)$ nach t abzuleiten).

5.4 Ableitungskonzepte auf Grundlage des Differentials

Das Differential einer Funktion f wird auf mannigfaltige Art verwendet: es beschreibt das Änderungsverhalten von f in verschiedene Richtungen, wobei man durch geeignete Maßnahmen (z.B. Elastizitäten) den Einfluss von Messeinheiten vermeiden kann. Schließlich sind viele ökonomische Funktionen implizit definiert, ihre Ableitungen lassen sich unter Verwendung der Kettenregel über das Differential berechnen.

5.4.1 Richtungsableitung

In den Gradienten einer Funktion f gehen alle i–ten partiellen Ableitungen ein. Man leitet also jeweils nach einer der Variablen ab, wobei die anderen als Konstanten aufgefasst werden. Gemäß Abbildung 5.7 ⇨ vgl. S. 177 entspricht der partiellen Ableitung

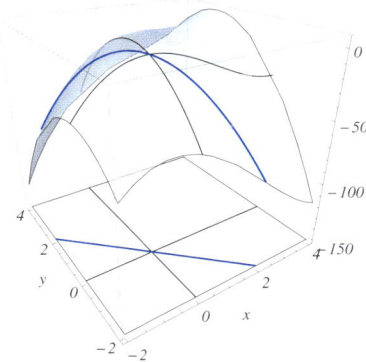

Abbildung 5.11: Verhalten der Funktion $f(x,y) = x^3 - 6x^2 - 6y^2 + 5xy + 10y$
im Punkt $(0,0)^T$ in Richtung $(\frac{1}{2}, -\frac{1}{2})^T$

das Änderungsverhalten der Funktion längs einer parallelen Geraden zu einer der Koordinatenachsen. Es spricht allerdings nichts dagegen, eine Funktion auch längs anderer Linien zu untersuchen, etwa wie in Abbildung 5.11 wieder anhand der Funktion $f(x,y) = x^3 - 6x^2 - 6y^2 + 5xy + 10y$ dargestellt. Die Punkte auf einer Gerade durch den Punkt (x,y) sind von der Form $(x + d_1 t, y + d_2 t)$, wobei $t \in \mathbb{R}$ und $\frac{d_1}{d_2}$ die Steigung der Geraden im Koordinatensystem von x und y ist. $(d_1, d_2)^T$ ist ein Richtungsvektor, der im Ortsvektor $(x,y)^T$ angesetzt wird und dessen Richtung zusammen mit dem Punkte (x,y) die Gerade festlegt. Es gibt natürlich nicht nur eine Darstellungsmöglichkeit einer solchen Geraden, vielmehr führen alle Wertekombinationen d_1, d_2 mit dem gleichen Quotienten $\frac{d_1}{d_2}$ zur selben Geraden.

Setzt man nun die geänderten Werte in die Funktion f ein, so ergibt sich

$$g(t) = f(x + d_1 t, y + d_2 t)$$

Für die vorliegende Funktion sei im Punkt $x = y = 0$ die durch $d_1 = \frac{1}{2}$ und $d_2 = -\frac{1}{2}$ repräsentierte Richtung gewählt. Dann lauten die zugehörigen Funktionswerte

$$g(t) = f(0 + \tfrac{1}{2}t, 0 - \tfrac{1}{2}t) = \frac{1}{8}t^3 - \frac{3}{2}t^2 - \frac{3}{2}t^2 - \frac{5}{4}t^2 - 5t = \frac{1}{8}t^3 - \frac{17}{4}t^2 - 5t$$

Die zugehörigen Punkte auf dem Funktionsgraphen sind in der dreidimensionalen Darstellung von f als (blaue) Kurve dargestellt. Die Änderungsrate von f in Richtung von $(d_1, d_2)^T$ entspricht gerade der Änderungsrate von g in $t = 0$, d.h. dem Wert $\frac{\partial g}{\partial t}\big|_{t=0} = \lim_{h \to 0} \frac{g(h) - g(0)}{h} = \lim_{h \to 0} \frac{f(\frac{1}{2}h, -\frac{1}{2}h) - f(1,1)}{h}$. Konkret ergibt sich der Wert

$$\frac{\partial}{\partial t}\left(\frac{1}{8}t^3 - \frac{17}{4}t^2 - 5t\right)\bigg|_{t=0} = \left(\frac{3}{8}t^2 - \frac{17}{8}t - 5\right)\bigg|_{t=0} = -5$$

Der gerade bestimmte Wert wird als Richtungsableitung bezeichnet.

Definition 5.12

Es sei $f : \mathbb{D} \subseteq \mathbb{R}^n \to \mathbb{R}$ und $x = (x_1, \ldots, x_n)^T \in \mathbb{D}$. Für einen Vektor $d = (d_1, \ldots, d_n)^T \in \mathbb{R}^n$, $d \neq \bar{0}$, heißt (falls der Grenzwert existiert)

$$D_f(x, d) = \lim_{h \to 0} \frac{f(x_1 + hd_1, \ldots, x_n + hd_n) - f(x_1, \ldots, x_n)}{h}$$

Richtungsableitung von f im Punkt x in Richtung d. f heißt dann im Punkt x in Richtung d differenzierbar.

Oben wurde am Beispiel der Funktion $(x, y) \mapsto x^3 - 6x^2 - 6y^2 + 5xy + 10y$ die Richtungsableitung $Df((0,0)^T, (\frac{1}{2}, -\frac{1}{2})^T) = -5$ mit dem Ableitungskalkül in einer Variable bestimmt. Das ist zwar nicht so mühsam, als würde man die Ableitung als Grenzwert berechnen; die gewählte Vorgehensweise kann aber noch deutlich vereinfacht werden, wie wir gleich sehen werden.

Zwischen Gradient und Richtungsableitung gibt es einen engen Zusammenhang: Nimmt man als Richtungsvektor einen der Koordinateneinheitsvektoren $(1, 0)^T$ oder $(0, 1)^T$, so lautet die Änderungsfunktion $t \mapsto f(x + t, y)$ bzw. $t \mapsto f(x, y + t)$ und es ergibt sich beim Ableiten in $t = 0$ jeweils die partielle Ableitung nach x bzw. y.

Satz 5.7

Die partielle Ableitung $D_i f(x)$ einer partiell differenzierbaren Funktion $f : \mathbb{D} \to \mathbb{R}$ ist gerade die Richtungsableitung in Richtung des i-ten Koordinateneinheitsvektors $e^{(i)}$, d.h. es ist $D_i f(x) = Df(x, e^{(i)})$.

Neben den partiellen Ableitungen haben wir nun auf einen Schlag eine Unmenge weiterer Ableitungen verfügbar, für jede Richtung $d \in \mathbb{R}^n$ eine. Diese Richtungsableitungen hängen zudem nicht nur von der Orientierung, sondern auch von der Länge des Richtungsvektors ab. Welche dieser vielen Richtungsableitungen ist nun die für unsere Bedürfnisse maßgebliche? Im allgemeinen gibt es neben den Einheitsvektoren noch zwei weitere Richtungen, die in der Ökonomie zur Anwendung kommen. Wir wollen diese Richtungen anhand eines Vergleichs erläutern:

Anschaulich stellt der Graph einer Funktion von zwei Variablen eine „Gebirge" dar, in dem ein „Wanderer" sich in einem Punkt $(x|y|f(x, y))$ befindet ⇨ vgl. Abbildung 5.13, S. 193. Ein Bergsteiger wird vielleicht den schnellsten möglichen Weg zum Gipfel in Form des steilsten Aufstiegs suchen. Ein „Höhenwanderer" dagegen wird möglichst lange versuchen auf einer Höhe zu laufen. In der Ökonomie können beide Extreme auftreten:

- Dem Bergsteiger entspricht z.B. ein Unternehmen, das seinen aktuellen Gewinn $f(x, y)$ durch gleichzeitige Veränderung der ökonomischen Kontrollvariablen x und y möglichst stark zu erhöhen versucht.

- Dem Höhenwanderer entspricht z.B. ein Unternehmen, das eine Richtung für die von ihm kontrollierbaren Entscheidungsvariablen x,y sucht, in der sich seine derzeitige Nachfrage $f(x, y)$ nicht verändert.

Während wir bisher nur besprochen haben, wie man die Ableitung in einer vorgegebenen Richtung bestimmt, dürfte klar sein, dass dieses Verfahren nicht gut geeignet ist, in den oben genannten Sachzusammenhängen die gewünschte Richtung zu bestimmen. Glücklicherweise gibt es unter Zuhilfenahme des Differentials eine vereinfachte Berechnungsmöglichkeit für Richtungsableitungen. Damit können dann beide „Kunden", der Bergsteiger wie der Höhenwanderer gleichermaßen zufrieden gestellt werden.

Satz 5.8 (Richtungsableitung für differenzierbare Funktionen)

Falls $f : \mathbb{D} \to \mathbb{R}$ in $x \in \mathbb{D}$ (total) differenzierbar ist, so ist f in x in jede Richtung $d \in \mathbb{R}^n, d \neq \bar{0}$ differenzierbar und es gilt $Df(x,d) = \langle Df(x), d \rangle = \langle \nabla f(x), d \rangle$.

Zur Begründung: Liegt t hinreichend nahe bei 0, so folgt aus der Linearisierung

$$\frac{f(x+td) - f(x)}{t} = \frac{\langle \nabla f(x), td \rangle + r(td)}{t} = \langle \nabla f(x), d \rangle + \frac{r(td)}{t} \xrightarrow{t \to 0} \langle \nabla f(x), d \rangle$$

Beispiel 5.24

Für $f(x,y) = x^3 - 6x^2 - 6y^2 + 5xy + 10y$ ist der Gradient $\nabla f(0,0) = (0,10)^T$ ⇨ vgl. S. 177f. Nach Satz 5.8 gilt z.B.

$$Df(\begin{pmatrix} 0 \\ 0 \end{pmatrix}, \begin{pmatrix} 1/2 \\ 1/2 \end{pmatrix}) = \langle \nabla f(0,0), \begin{pmatrix} 1/2 \\ 1/2 \end{pmatrix} \rangle = \langle \begin{pmatrix} 0 \\ 10 \end{pmatrix}, \begin{pmatrix} 1/2 \\ 1/2 \end{pmatrix} \rangle = -5.$$

Sie sehen, dass die Rechnung jetzt wesentlich übersichtlicher ist als die eingangs dieses Abschnitts durchgeführte.

Mit der Richtungsdifferenzierbarkeit haben Sie nun ein weiteres Ableitungskonzept kennengelernt, welches sich anhand der bis jetzt gewonnenen Aussagen etwas plakativ wie folgt einordnen lässt:

Zusammenhänge zwischen den Differenzierbarkeitsbegriffen:

[1] Eine total differenzierbare Funktion ist in jede Richtung differenzierbar.

[2] Eine in jede Richtung differenzierbare Funktion ist partiell differenzierbar.

[3] Eine stetig partiell differenzierbare Funktion ist total differenzierbar.

Die Ableitungskonzepte sind zwar verschieden, aber die Unterschiede sind vergleichsweise gering. Konkret wurde in in Beispiel 5.18 ⇨vgl. S. 184 eine partiell differenzierbare Funktion besprochen, die nicht total differenzierbar und auch nicht in jede Richtung differenzierbar ist. Man könnte annehmen, dass der Unterschied zwischen partieller und totaler Differenzierbarkeit tatsächlich durch den Unterschied zwischen partieller und Richtungsdifferenzierbarkeit begründet ist und Richtungsdifferenzierbarkeit in Wirklichkeit dasselbe wie totale Differenzierbarkeit ist. Es gibt allerdings Funktionen, die in jede Richtung differenzierbar, aber nicht total differenzierbar sind:

Beispiel 5.25

Die Funktion $f : \mathbb{R}^2 \to \mathbb{R}, f(x,y) := \begin{cases} \frac{xy^2}{x^2+y^4} & \text{falls } x \neq 0 \\ 0 & \text{falls } x = 0 \end{cases}$ besitzt in $(0,0)^T$ Richtungsableitungen in jeder Richtung (d_1, d_2), denn

■ für $d_1 \neq 0, t \neq 0, t \to 0$ ist $\frac{f(td_1, td_2)}{t} = \frac{(td_1)(td_2)^2}{t((td_1)^2 + (td_2)^4)} = \frac{d_1 d_2^2}{d_1^2 + t^2 d_2^4} \to \frac{d_2^2}{d_1}$.

■ für $d_1 = 0$ ergibt sich bei obiger Rechnung sofort die Richtungsableitung Null.

Die Funktion ist aber in $(0,0)^T$ nicht stetig (also auch nicht total differenzierbar), denn für $x \neq 0$ ist $f(x^2, x) = \frac{1}{2}$. Dies ist im Kontur-Diagramm von f in Abbildung 5.12 dargestellt. Die gestrichelt gezeichnete $\frac{1}{2}$-Niveaulinie durchläuft scheinbar den Ursprung; dort liegt aber der Funktionswert 0 vor.

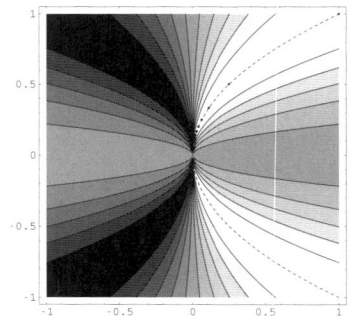

Abbildung 5.12: Kontour-Diagramm der partiell, aber nicht total differenzierbaren Funktionen aus Beispiel 5.25

Insgesamt steht hiermit fest, dass jeder speziellere Ableitungsbegriff zum Ausschluss
von bestimmten Funktionen führt. Weiterhin stellen aber die partiell differenzierbaren
Funktionen mit stetigen Ableitungen die für wirtschaftswissenschaftliche Anwendungs-
zwecke brauchbarste Funktionsklasse dar und umfassen alle drei genannten Differen-
zierbarkeitsansätze.

Lassen Sie uns nun die Gradientenformel für Richtungsableitungen genauer betrachten. Mit ihrer Hilfe können wir Richtungen wie die des steilsten Anstiegs von f oder
die Richtung einer Niveaulinie von f sofort bestimmen. Wir illustrieren dies anhand
einer Funktion von zwei Variablen ⇨ vgl. Abbildung 5.13. Die Richtung der Niveaulinie
in $(x_0, y_0)^T$ muss eine Richtung sein, in der sich die Funktion nicht verändert, also
konstant ist, d.h. in der die Richtungsableitung gleich Null sein muss (Erinnern Sie
sich, dass eine konstante Funktion die Ableitung Null hat!). Wegen Satz 5.8 muss
diese Richtung senkrecht zum Gradienten $\nabla f(x_0, y_0)$ liegen. Gemäß Konturdiagramm
entspricht der Gradient hingegen einer „besonders schnellen" Aufwärtsbewegung.

Satz 5.9 (Gradient als Richtung des steilsten Anstiegs)
Ist $f : \mathbb{D} \to \mathbb{R}^1$ eine differenzierbare Funktion, so gilt für jeden Punkt $x \in \mathbb{D}$:

[1] $\nabla f(x)$ zeigt in Richtung des steilsten Anstiegs von f in x.

[2] Der steilste Anstieg von f in x ist $\|\nabla f(x)\|$.

[3] Ist $c = f(x_0)$ und d ein Richtungsvektor in x in Richtung $N_f(c) = \{y \in \mathbb{D} : f(y) = c\}$,
     so gilt $\langle \nabla f(x), d \rangle = 0$, d.h. der Gradient steht senkrecht zur Niveaulinie im Punkt x.

Alle Aussagen dieses Satzes sollen hier kurz begründet werden. Die Suche nach dem steilsten
Anstieg ist nur für $\nabla f(x) \neq \bar{0}$ sinnvoll, sonst wäre jede Richtungsableitung in diesem Punkt
gleich Null. Weiter ist nur die Orientierung, nicht aber die Länge der verwendeten Richtungsvektoren wichtig: Rein formal kann man durch Übergang von d zu αd die Richtungsableitung
vervielfachen, denn es ist

$$Df(x, \alpha d) = \langle \nabla f(x), \alpha d \rangle = \alpha \langle \nabla f(x), d \rangle = \alpha Df(x, d)$$

Diese Erhöhung der Steigung entspricht aber lediglich einer Zunahme der Bewegungsge-
schwindigkeit im Koordinatensystem. Also beschränkt man sich auf Richtungsvektoren einer
festen Länge, typischerweise $\|d\| = 1$. Unter Zuhilfenahme der Cauchy-Schwarz-Ungleichung

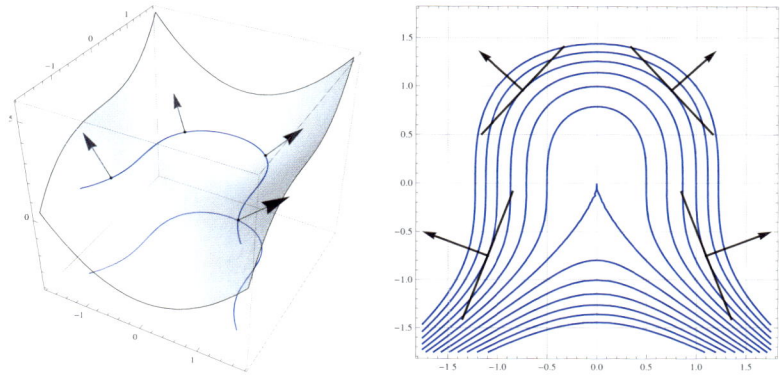

Abbildung 5.13: Der steilste Anstieg und die Richtung einer Niveaulinie bei
einer Funktion von zwei Variablen

⇨ vgl. Satz 2.9, S. 70 gilt für die betragsmäßige Richtungsableitung

$$|Df(x,d)| = |\langle \nabla f(x), d \rangle| \leq \|\nabla f(x)\| \cdot |d\| = \|\nabla f(x)\| = Df(x,d)$$

mit $d = \frac{1}{\|\nabla f(x)\|} \nabla f(x)$. Damit zeigt $\nabla f(x)$ in die Richtung des steilsten Anstiegs. Wählt
man den Richtungsvektor $d = \frac{1}{\|\nabla f(x)\|} \nabla f(x)$ mit der Länge 1, so ergibt sich als steilster
Anstieg genau $\|\nabla f(x)\|$. Da die „Null-Anstieg"-Richtung einer Niveaulinie genau senkrecht
hierzu liegen muss, ist also jede Niveaulinie senkrecht zur Richtung des Gradienten.   □

Zum Abschluss der Diskussion von Richtungsableitungen wollen wir spezielle Richtungsableitungen für homogene Funktionen besprechen. Betrachtet man beispielsweise
eine CD-Produktionsfunktion $f(x_1, \ldots, x_n) := c \cdot x_1^{a_1} \cdot \ldots \cdot x_n^{a_n}$, so stellt man ein vor-
teilhaftes Ableitungsverhalten fest. Es ist nämlich:

$$\frac{\partial}{\partial x_i} f(x_1, \ldots, x_n) = c \cdot x_1^{a_1} \cdot \ldots \cdot a_i x_i^{a_i - 1} \cdot \ldots x_n^{a_n} = \frac{a_i}{x_i} \cdot f(x_1, \ldots, x_n)$$

Die erste Umformung zeigt, dass jede partielle Ableitung einer Funktion vom CD-Typ
wieder eine CD-Typ-Funktion ist. Der Homogenitätsgrad hat sich bei Übergang zur
partiellen Ableitung um Eins verringert. Fasst man die partiellen Ableitungen wieder
zum Gradienten zusammen, so gilt aufgrund der zweiten obigen Form der partiellen
Ableitung

$$Df(x_1, \ldots, x_n) = \nabla f(x_1, \ldots, x_n) = f(x_1, \ldots, x_n) \cdot \left(\frac{a_1}{x_1}, \ldots, \frac{a_n}{x_n} \right)^T$$

Als **homogene Funktion** hat f ein besonders leicht zu berechnendes Änderungsver-
halten, falls die Inputs $x = (x_1, \ldots, x_n)^T$ sich zu $(1 + \Delta)x = ((1 + \Delta)x_1, \ldots, (1 + \Delta)x_n)^T = x + \Delta x$ mit $\Delta \in] - 1; \infty[, \Delta \neq 0$ verändern. Diese Vervielfachung mit dem
Faktor $1 + \Delta$ entspricht einer Bewegung aus x heraus in Richtung des Vektors x, im
Sachzusammenhang bedeutet es, dass die Produktionsfaktoren im gleichen Verhältnis
zueinander bleiben („das Rezept bleibt gleich, die Menge erhöht sich"). Somit ist zu erwarten, dass auch die Richtungsableitung von f in x in Richtung x eine spezielle Form
hat. In der Tat gilt: $\langle \nabla f(x), x \rangle = f(x_1, \ldots, x_n) \cdot (a_1 + \ldots + a_n)$. Die Richtungsableitung
ist also proportional zum Homogenitätsgrad und zum Funktionswert von f.

Satz 5.10 (Ableitungseigenschaften homogener Funktionen)

Sei $\mathbb{D} \subseteq \mathbb{R}^n$ offen und $f : \mathbb{D} \to \mathbb{R}$ differenzierbar und r-homogen. Dann gilt:

[1] $D_1 f, \ldots, D_n f$ sind homogen vom Grad $r - 1$. Für jedes $d \in \mathbb{R}^n \setminus \{0\}$ sind die Richtungsableitungen $Df(\cdot, d) : \mathbb{D} \to \mathbb{R}^1$ homogen vom Grad $r - 1$.

[2] Es gilt die **Euler–Formel** $\langle \nabla f(x), x \rangle = r \cdot f(x)$ für alle $x \in \mathbb{D}$

Zur Begründung: Die Richtungsableitung ergibt sich für $x \in \mathbb{D}$, $d \in \mathbb{R}^n$, $\lambda \in \mathbb{R}$ sowie $h \neq 0$ zu $\frac{f(\lambda x + hd) - f(\lambda x)}{h} = \lambda^{r-1} \frac{f(x + \frac{h}{\lambda} d) - f(x)}{\frac{h}{\lambda}} \to \lambda^{r-1} Df(x, d)$.

Die Euler-Formel erschließt sich aufgrund der folgenden Heuristik: Für $x \in \mathbb{D}$ und $\lambda > 1$ gilt $\lambda^r f(x) = f(\lambda x) \approx f(x) + \langle \nabla f(x), \lambda x - x \rangle$. Das bedeutet näherungsweise $\frac{\lambda^r - 1}{\lambda - 1} f(x) \approx \langle \nabla f(x), x \rangle$. Wegen $\lim\limits_{\lambda \to 1} \frac{\lambda^r - 1}{\lambda - 1} = r$ (**Regel von l'Hospital**) folgt dann die Euler-Formel, da die Näherungsaussage für $\lambda \to 1$ exakt wird. □

5.4.2 Elastizitäten

Bei Funktionen f von einer Variablen wird anstelle der Ableitung bekanntlich oft die Elastizität $\varepsilon_f(x) = \frac{f'(x) \cdot x}{f(x)}$ als einheitenunabhängiges Änderungsmaß für f anstelle der Ableitung $f'(x)$ verwendet. Sie gibt an, um wieviel Prozent näherungsweise sich der Funktionswert $f(x)$ verändert, wenn die Variable x sich um ein Prozent erhöht. Die prozentuale Betrachtung ist im ökonomischen Kontext mit wechselnden (Währungs-) Einheiten oft von Vorteil. Auch für Funktionen mehrerer Variablen kann man solche Elastizitäten betrachten. Es muss allerdings darauf geachtet werden, dass sich jede der Inputvariablen von f ändern kann und man daher das prozentuale Änderungsverhalten abhängig vom prozentualen Änderungsverhalten jeder der Variablen bilden muss. Statt einer Elastizität hat man daher einen Vektor von partiellen Elastizitäten.

Definition 5.13 (Partielle Elastizitäten)

Falls $f : \mathbb{D} \subseteq \mathbb{R}^n \to \mathbb{R}$ in $x = (x_1, \ldots, x_n)^T \in \mathbb{D}$ differenzierbar ist mit $f(x) \neq 0$, so heißt

$$\varepsilon_f(x_1, \ldots, x_n) := \left(x_1 \cdot \frac{D_1 f(x)}{f(x)}, \ldots, x_n \cdot \frac{D_n f(x)}{f(x)} \right)^T$$

Vektor der **partiellen Elastizitäten** bzw. Elastizitätsgradient.

Beispiel 5.26

Für $f(x, y) = x^2 y + y^2 x$ ist $\frac{\partial}{\partial x} f(x, y) = 2xy + y^2$, $\frac{\partial}{\partial y} f(x, y) = x^2 + 2xy$. Der Elastizitätsgradient lautet dann, falls $(x, y) \neq (0, 0)$

$$\varepsilon_f(x, y) = \left(\frac{x(2xy + y^2)}{x^2 y + xy^2}, \frac{y(x^2 + 2xy)}{x^2 y + xy^2} \right)^T = \left(\frac{2x + y}{x + y}, \frac{2y + x}{x + y} \right)^T$$

Für den Elastizitätsgradienten einer differenzierbaren Funktion gilt wegen der Linearisierbarkeit von f folgende Näherungsgleichung

$$\frac{f(y) - f(x)}{f(x)} \approx \frac{\langle \nabla f(x), y - x \rangle}{f(x)} = \sum_{i=1}^n \frac{D_i f(x)}{f(x)} (y_i - x_i) = \sum_{i=1}^n \varepsilon_{f,i}(x) \frac{y_i - x_i}{x_i}$$

Die relative Änderung von f lässt sich also durch Wichtung der relativen Änderungen der Input-Variablen mit den partiellen Elastizitäten berechnen:

Richtungselastizität

Falls sich jede der Inputvariablen x_i marginal um h_i Prozent verändert, so verändert sich dadurch der Output marginal um $\langle \varepsilon_f(x), h \rangle$ Prozent (wobei $h = (h_1, \ldots, h_n)^T$). Man spricht dann auch von der **Elastizität von f in x in Richtung h**, kurz: Richtungselastizität.

Für homogene Funktionen besteht ein enger Zusammenhang zwischen Richtungselastizität und Homogenitätsgrad:

Satz 5.11 (Interpretation des Homogenitätsgrades)
Für eine differenzierbare r-homogene Funktion beträgt die Richtungselastizität $r\%$, wenn sich alle Inputs um jeweils 1 Prozent ändern.

Denn die Richtungselastizität bei gleichartiger Änderung aller Inputvariablen um den Prozentsatz p beträgt für homogene Funktionen

$$\langle \varepsilon_f(x), (p, \ldots, p)^T \rangle = p \sum_{i=1}^{n} \varepsilon_{f,i}(x) = \frac{p \sum_{i=1}^{n} D_i f(x) x_i}{f(x)} = \frac{p \langle \nabla f(x), x \rangle}{f(x)} = pr$$

wobei die letzte Umformung eine Folgerung der Euler-Formel ist. Für $p = 1$ ergibt sich die Richtungselastizität r, d.h. der Homogenitätsgrad. □

5.4.3 Implizite Ableitungen und ihre Anwendungen

Wir betrachten folgende ökonomische Problemstellung: Ein Gut z wird mit zwei Produktionsfaktoren x, y unter der Produktionsfunktion $(x, y) \mapsto f(x, y)$ hergestellt. Der Produktionsertrag beträgt derzeit $c = f(x_0, y_0)$ und könnte auch durch andere Produktionskonstellationen (x, y) realisiert werden. In Abbildung 5.14 ist dieser Sachverhalt im Konturdiagramm von f dargestellt. Aufgrund von Preissteigerungen bei Produktionsfaktor x möchte man dessen Einsatz x_0 zu $x_0 - \Delta_x$ verringern und gleichzeitig den Produktionsertrag c beibehalten. Dies ist in der Regel möglich mit einer Erhöhung des Einsatzes y_0 des zweiten Produktionsfaktors auf $y_0 + \Delta_y$. Mit der Bestimmung impliziter Ableitungen auf Grundlage von f möchte man nun beschreiben, wie groß etwa Δ_y, also die Änderung des zweiten Produktionsfaktors in Abhängigkeit von Δ_x ist. Denn die c-Niveaulinie (in Abbildung 5.14 blau hervorgehoben) lässt sich als Funktion der Variablen x interpretieren, deren Ableitung in x_0 als Tangentensteigung interpretiert werden kann. Als Näherung von $y_0 + \Delta_y$ verwendet man dann oft die Ordinate y_1 des Punktes $(x_0 - \Delta, y_1)$ auf dieser Tangente. Die Substituierbarkeit eines Produktionsfaktors durch einen anderen wird also in erster Näherung mit Hilfe der Tangentensteigung an die c-Niveaulinie beschrieben.

Eine vergleichbare Problemstellung gibt es auch bei der Behandlung von Nachfragesituationen. Sind etwa p, q die Preise zweier Substitutionsgüter (Konkurrenzgüter) und $c = f(p, q)$ die Nachfrage in Mengeneinheiten nach dem ersten der beiden Güter (mit dem Preis p), so stellt sich die Frage, auf welchen Wert $p - \Delta_p$ der Anbieter des ersten Gutes seinen Preis senken muss, wenn er die Nachfrage c nach dem Gut halten will, aber gleichzeitig der Anbieter des zweiten Gutes seinen Preis auf $q - \Delta_q$ verringert.

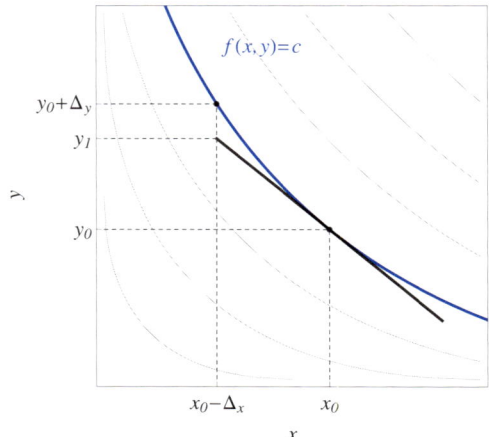

Abbildung 5.14: Substitution eines Produktionsfaktors x durch den Produktionsfaktor y

Beispiel 5.27

Ein Gut wird von zwei konkurrierenden Firmen zu den derzeitigen Preisen $p = 10$, $q = 11$ angeboten. Die Nachfragefunktion des Anbieters 1 lautet $f(p, q) = 1000 \frac{q^2}{p^3 + p^2}$. Es liegt also eine laufende Nachfrage von $f(10, 11) = 110$ Einheiten bei Anbieter 1 vor. Anbieter 2 ändert nun seinen Preis q. Wenn nun Anbieter 1 seinen Preis nicht auch anpasst, so würde sich dadurch seine Nachfrage. Dies will Anbieter 1 vermeiden und muss daher seinen Preis ebenfalls ändern.

Die erforderliche Änderung muss zu einem Wert p führen, der die Nachfrage $f(p, q) = 110$ beibehält. Es muss also das Tupel $(p, q)^T$ auf der 110-Niveaulinie von f bleiben $\Rightarrow$ vgl. Abbildung 5.15. p muss also bei gegebenem q die folgende Gleichung erfüllen:

$$1000 \frac{q^2}{p^3 + p^2} = 110 \Leftrightarrow p^3 + p^2 = \tfrac{100}{11} q^2$$

Naheliegend wäre es, als Antwort auf die Frage nach dem Änderungsverhalten von p in Abhängigkeit von q zu versuchen, die zuletzt gewonnene Gleichung nach p aufzulösen. Das ist allerdings gar nicht so leicht möglich, es handelt sich um eine Gleichung dritten Grades, deren Lösung mittels der so genannten Cardano-Formeln nicht geläufig und auch nicht praktikabel ist – das Beispiel ließe sich leicht abwandeln, dass ohne numerische Ansätze gar keine Lösung der Gleichung gefunden werden kann.

Wie Sie aber in Abbildung 5.15 erkennen, sieht die 110-Niveaulinie im Bildausschnitt aus wie eine Funktion der Variablen q; dass sie im Punkt $(10, 11)^T$ übrigens erkennbar nicht vertikal verläuft, liegt daran, dass die partielle Ableitung $\partial f / \partial q$ an dieser Stelle von Null verschieden ist. Die Funktion, welche diese Niveaulinie – lokal — beschreibt, bezeichnet man mit $q \mapsto p(q)$. Die Ableitung $p'(11)$ dieser Funktion als Steigung im Punkt $q = 11$ lässt sich bestimmen, indem die Gleichung $p(q)^3 + p(q)^2 = \frac{100}{11} q^2$ auf beiden Seiten nach q abgeleitet wird (auf der linken Seite mit der Kettenregel in einer Variablen). Das ergibt die Gleichung

$$3p(q)^2 p'(q) + 2p(q)p'(q) = \tfrac{200}{11} q$$

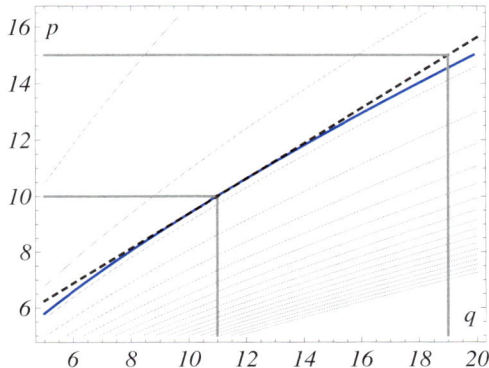

Abbildung 5.15: Die Substitutionsgrenzrate als Steigung der Tangente (gestrichelt) an der Niveaulinie (blau)

welche man nach $p'(q)$ auflösen kann. Es folgt

$$p'(q) = \frac{200}{11} \cdot \frac{q}{3p(q)^2 + 2p(q)}$$

und in der vorliegenden Preiskonstellation $p = 10$, $q = 11$ folgt mit $p(11) = 10$, dass
die Ableitung $p'(11)$ den Wert $\frac{200}{11} \cdot \frac{11}{3 \cdot 10^2 + 2 \cdot 10} = \frac{5}{8}$ hat.

Das bedeutet: Erhöht/verringert Anbieter 2 seinen Preis $q = 11$ um Δ_q Geldeinheiten
(wobei Δ_q ein nahe bei Null liegender Wert ist), so muss Anbieter 1 seinen Preis $p = 10$
um etwa $\Delta_p = \frac{5}{8}\Delta_q$ Geldeinheiten erhöhen/verringern, um die momentane Nachfrage
von 110 Einheiten zu halten.

Diese und andere Problemstellungen liegen oft auch in Situationen vor, bei denen mehr
als zwei ökonomische Inputs $x_1, \ldots, x_n$ einen ökonomischen Output $f(x_1, \ldots, x_n)$ bestimmen, der konstant gehalten werden soll, wobei sich eine oder mehrere der Variablen
verändern und die Auswirkung auf eine oder mehrere der übrigen Variablen berechnet
werden soll. Wir haben im obigen Beispiel gesehen, wie man ad hoc rechnen kann,
allerdings lässt sich die Problemstellung mittels impliziter Ableitungen allgemeiner lösen. Dies wollen wir jetzt für $n = 2$ Variablen vorstellen; die Übertragung auf mehr
Variablen ist recht einfach.

Es sei $f : \mathbb{D} \to \mathbb{R}$ eine differenzierbare Funktion der zwei Variablen x, y. Für vorgegebene x_0, y_0 sei $c = f(x_0, y_0)$. Wir wollen nun wissen, wie sich y verändern muss,
wenn sich x ausgehend von x_0 verändert und die Gleichung $f(x, y) = c$ gültig bleiben
soll. Wir nehmen an, dass sich durch die Gleichung $f(x, y) = c$ die Variable y als eine
Funktion $h :]x_0 - r; x_0 + r[\to \mathbb{R}$ der Variablen x schreiben lässt mit $h(x_0) = y_0$. Durch
den – ausreichend kleinen – Wert $r > 0$ wird berücksichtigt, dass diese Funktion nur
bei einer „ausschnittweisen" Sicht auf das Konturdiagramm von f existieren muss.

Man verwendet nun meist kein neues Funktionssymbol für diese implizit definierte
Funktion, sondern schreibt statt dessen $x \mapsto y(x)$. Die dabei verwendete Sprechweise
„y von x" stellt ebenfalls sicher, dass jetzt y als abhängig von x angesehen wird. Die

Ableitung dieser Funktion wird sinnvoller Weise mit

$$y'(x) \text{ bzw. } \frac{\partial y}{\partial x}$$

bezeichnet. Dass dabei die Funktionsbezeichnung f der alles bestimmenden Funktion „unter den Tisch fällt", wird wegen der einfachen Schreibweise in Kauf genommen. Sollten x und y aber in mehreren Funktionsvorschriften auftreten, so muss jeweils klar gestellt werden, von welcher der Funktionen die Niveaulinie betrachtet wird. Rechnungen mit $\frac{\partial y}{\partial x}$ bekommen dann den Nachsatz „(für) $f(x,y) = c$" oder „auf $N_f(c)$".

Weil $y(x)$ gerade derjenige x zugeordnete Wert y ist, für den (x,y) auf der c-Niveaulinie von f liegt, gilt $f(x, y(x)) = c$, d.h. die Funktion $x \mapsto g(x) = f(x, y(x))$ ist in der Nähe von x_0 konstant. Dann gilt dort natürlich auch $g'(x) = 0$. Andererseits lässt sich $g(x)$ auch mit der Kettenregel [2] aus Satz 5.6 ⇨ vgl. S. 186 ableiten, es gilt

$$g'(x) = D_1 f(x, y(x)) \cdot 1 + D_2 f(x, y(x)) \cdot y'(x) = 0$$

Dann lässt sich $y'(x)$ durch Freistellen ermitteln, wenn $D_2 f(x, y(x)) \neq 0$, es folgt

$$y'(x) = -\frac{D_1 f(x, y(x))}{D_2 f(x, y(x))}$$

Da insbesondere $f(x_0, y_0) = c$, d.h. $y_0 = y(x_0)$, lässt sich in diesem Punkt die Änderungsrate von y gegeben x berechnen, indem man in die obige Gleichung $x = x_0, y = y_0$ einsetzt und einfach nach $y'(x_0)$ auflöst. Das ergibt $y'(x_0) = -\frac{D_1 f(x_0, y_0)}{D_2 f(x_0, y_0)}$. Das Ergebnis kann auch mit Partialoperatoren geschrieben werden, es gilt im Punkt $(x_0, y_0)^T$

$$\frac{\partial y}{\partial x} = -\frac{\partial f}{\partial x} \bigg/ \frac{\partial f}{\partial y}$$

In dieser Schreibweise lässt sich die Formel für die implizite Ableitung recht gut merken, denn abgesehen vom Minuszeichen wirkt die Formel für die implizite Ableitung, als würde $\frac{\partial y}{\partial x}$ ein Bruch sein, der mit ∂f erweitert wird – wobei die entstehenden Brüche in Wirklichkeit wieder partielle Ableitungen sind. Ganz falsch ist diese Analogie nicht, wenn man Ableitungen als Grenzwerte von Differenzenquotienten, also Brüchen auffasst, deren Zähler und Nenner Differenzen in den auftretenden Variablen sind.

Beachten Sie: Die Funktion $y(x)$ muss in diesem Kontext nicht berechnet werden – dies würde darauf hinauslaufen, die Gleichung $f(x,y) = 0$ nach y umzustellen, und ist oft nicht einmal möglich, wie Sie schon im vorangegangenen Beispiel gesehen haben. Die implizit bestimmte Ableitung $y'(x)$ kann aber in jedem Punkt $(x_0, y_0)^T$ der c-Niveaulinie von f bestimmt werden. Zudem: Fragt man, wie sich y mit x verändert, wenn $f(x,y) = c$ gelten soll, so ist aus ökonomischer Sicht meist eine marginale Änderung und damit nicht $y(x)$, sondern $y'(x)$ gesucht.

Diese Überlegungen gelten entsprechend für Funktionen f mit mehr als zwei Variablen:

Definition 5.14

Es sei $f : \mathbb{D} \subseteq \mathbb{R}^n \to \mathbb{R}$ eine differenzierbare Funktion der n Variablen $x_1, \ldots, x_n$. Für ein $x^{(0)} = (x_1^{(0)}, \ldots, x_n^{(0)})^T \in \mathbb{D}$ und ein $k \in \{1, \ldots, n\}$ mit $\frac{\partial f}{\partial x_k}(x^{(0)}) \neq 0$ heißt der Ausdruck

$$GRS(x_k | x_j) := \frac{\partial x_k}{\partial x_j}(x^{(0)}) = -\frac{\frac{\partial f}{\partial x_j}(x^{(0)})}{\frac{\partial f}{\partial x_k}(x^{(0)})}$$

Grenzrate der Substitution zwischen x_k und x_j.

Beispiel 5.28 (Fortsetzung von Beispiel 5.27)
Im vorangegangenen Beispiel mit $f(p,q) = 1000q^2/(p^3 + q^2)$ gilt

$$\nabla f(p,q) = 1000 \left(-\frac{q^2(3p^2 + 2p)}{(p^3 + p^2)^2} , \frac{2q}{p^3 + p^2} \right)^T$$

Es folgt $\nabla f(10,11) = (-32, 20)^T$ und somit $GRS(p|q) = \frac{\partial p}{\partial q} = -\frac{\partial f}{\partial q}/\frac{\partial f}{\partial q} = -\frac{20}{-32} = \frac{5}{8}$.

Manchmal ändern sich gleich mehrere Inputvariablen $x_{i_1}, \dots, x_{i_k}$ einer Funktion mehrerer Variablen auf einmal und es ist das Änderungsverhalten einer der übrigen Variablen x_ℓ zu untersuchen. Die Substitutionsgrenzraten lassen sich dann als partielle Ableitungen $\partial x_\ell/\partial x_{i_j}$ der – lokal definierten – Funktion $(x_{i_1}, \dots, x_{i_k})^T \mapsto x_\ell(x_{i_1}, \dots, x_{i_k})$ auffassen. Diese Funktion ist dann aber total differenzierbar, d.h. die Substitutionsgrenzraten lassen sich z.B. auch als Grundlage für Simultanänderungen verwenden.

Beispiel 5.29
Die Herstellung eines Gutes aus drei Rohstoffen R1,R2,R3 möge mit der Produktionsfunktion $f : [0; \infty[^3 \to [0, \infty[, \; f(x,y,z) = x^{\frac{1}{2}} y^{\frac{1}{3}} z^{\frac{1}{6}}$ erfolgen. Die Fertigung erfolgt derzeit bei einem Input $x = 25$, $y = 27$, $z = 64$ und ergibt den Produktionsoutput $f(25, 27, 64) = 30$ Einheiten. Aufgrund geänderter Marktpreise für R1 und R2 wird erwogen, deren Quantitäten in der Produktion zu ändern und es soll die Substitutionsgrenzrate zwischen R3 und R1 bzw. R3 und R2 ermittelt werden. Hierzu ist zunächst die Produktionsfunktion zu differenzieren:

$$\nabla f(x,y,z) = (\frac{1}{2}x^{-\frac{1}{2}} y^{\frac{1}{3}} z^{\frac{1}{6}} , \frac{1}{3}x^{\frac{1}{2}} y^{-\frac{2}{3}} z^{\frac{1}{6}} , \frac{1}{6}x^{\frac{1}{2}} y^{\frac{1}{3}} z^{-\frac{5}{6}})^T = f(x,y,z) \left(\frac{1}{2x}, \frac{2}{3y}, \frac{5}{6z} \right)^T$$

Speziell ergibt sich $\nabla f(25, 27, 64) = 30 \left(\frac{1}{50}, \frac{2}{81}, \frac{5}{384} \right)^T = \left(\frac{3}{5}, \frac{20}{27}, \frac{15}{64} \right)^T$

- Substitutionsgrenzrate zwischen R3 und R1 ist

$$GRS(z|x) = -\frac{\partial f}{\partial x} / \frac{\partial f}{\partial z} = -\frac{64}{25}$$

Erhöht man beispielsweise den Rohstoffinput R1 von derzeit 25 um Δx Einheiten (wobei $\Delta x > 0$ eine geringfügige Änderung bezeichnet), so muss man den Input von R3 (derzeit 64 Einheiten) um näherungsweise $\frac{64}{25}\Delta x$ verringern, um den Produktionsoutput von 30 Einheiten zu halten.

- Substitutionsgrenzrate zwischen R3 und R2 ist

$$GRS(z|y) = -\frac{\partial f}{\partial y} / \frac{\partial f}{\partial z} = -\frac{256}{81}$$

Erhöht man den Rohstoffinput R2 von derzeit 27 um Δy Einheiten (wobei $\Delta y > 0$ eine geringfügige Änderung bezeichnet), so muss man den Input von R3 (derzeit 64 Einheiten) um näherungsweise $\frac{256}{81}\Delta y$ verringern, um den Produktionsoutput von 30 Einheiten zu halten.

- Die gleichzeitige Änderung von R1 um Δx und R2 um Δy Einheiten erfordert eine Änderung von R3 um ungefähr $-\frac{64}{25}\Delta x - \frac{256}{81}\Delta y$ Einheiten, um den Produktionsoutput zu halten.

Die Bestimmung von Substitutionsgrenzraten-Gradienten und deren Nutzung in Analogie zu Richtungsableitungen setzt wieder lediglich voraus, dass die partielle Ableitung von f nach der Variable, deren Änderungsverhalten bestimmt werden soll, ungleich Null ist. Die Verwendung von Richtungs-Substitutionsgrenzraten wird mathematisch durch das Theorem über implizite Funktionen gerechtfertigt ⇨ vgl. S. 276.

Wir wollen noch einmal auf die Formel für die Substitutionsgrenzrate $\frac{\partial y}{\partial x} = -\frac{\partial f}{\partial x} / \frac{\partial f}{\partial y}$ eingehen. Mit Ausnahme des Vorzeichens macht diese Formel den Eindruck, dass hier einfach ein Bruch mit dem Ausdruck ∂f erweitert wurde. Dass man mit partiellen Ableitungen wie mit Brüchen arbeitet, ist in den Wirtschafts- und Naturwissenschaften gängige Praxis. Wir wollen hier zwei weitere Ableitungsformeln erwähnen, die ebenfalls dem „Bruch"-Kalkül entsprechen:

▪ die „gewöhnliche " **Kettenregel**

$$\frac{\partial y}{\partial x} = \frac{\partial y}{\partial z} \cdot \frac{\partial z}{\partial x}$$

für Variablen x, y, z, bei denen $z = f(x)$ direkt funktional von x und $y = g(z) = g(f(x))$ direkt funktional von z und indirekt (über $z = g(x)$) von x abhängt. Hierbei ist die rechte Seite der Kettenregel $\partial y / \partial x = (g \circ f)'(x)$ während auf der linken Seite die Ausdrücke $\partial y / \partial z = g'(f(x))$ und $\partial z / \partial x = f'(x)$ stehen.

▪ die **„inverse" Kettenregel**

$$\frac{\partial y}{\partial z} = \frac{\partial y}{\partial x} / \frac{\partial z}{\partial x}$$

für Variablen x, y, z, bei denen $y = f(x)$ und $z = g(x)$ jeweils direkt funktional von x abhängen und $g'(x) \neq 0$. In diesem Fall lässt sich – zumindest „lokal" – die Funktion g umkehren, d.h. $x = g^{-1}(z)$ und man kann schreiben $y = f(x) = f(g^{-1}(x))$. Mit der gewöhnlichen Kettenregel gilt $\frac{\partial y}{\partial z} = f'(x) = f'(g^{-1}(x)) \cdot (g^{-1})'(g(x)) = f'(z)/g'(z) = \frac{\partial y}{\partial x} / \frac{\partial z}{\partial x}$.

Diese Regeln lassen sich sogar dann formulieren, wenn die auftretenden Variablen gar nicht expressis verbis, sondern als Funktionsterme auftreten, wie folgendes Beispiel verdeutlicht:

Beispiel 5.30 (Elastizität als logarithmische Ableitung)
Es sei $f :]0; \infty[\to \mathbb{R}$ eine differenzierbare Funktion einer Variablen mit $y = f(x) \neq 0$. Wir betrachten die Funktion $x \mapsto z = \ln(f(x))$ und die Variable $v = \ln(x) \Leftrightarrow x = e^v$. Dann lässt sich $z = \ln(f(e^v))$ als Funktion von v schreiben und es gilt

$$\partial z / \partial v = \frac{f'(e^v)}{f(e^v)} \cdot e^v = \frac{f'(x)}{x} \cdot x = \epsilon_f(x)$$

Anders ausgedrückt und (im ersten Schritt) mit der inversen Kettenregel umgeformt:

$$\frac{\partial \ln(y)}{\partial \ln(x)} = \frac{\partial \ln(y)/\partial x}{\partial \ln(x)/\partial x} = \frac{\partial \ln(f(x))/\partial x}{\partial \ln(x)/\partial x} = \frac{f'(x)/f(x)}{1/x} = \epsilon_f(x)$$

Die Elastizität einer Variablen y als Funktion einer anderen Variablen x ist also nichts anderes als die gewöhnliche Ableitung der Variablen $z = \ln(y)$ als Funktion der Variablen $v = \ln(x)$.

Abschließend sei aufbauend auf dem Konzept des impliziten Ableitens noch eine weitere, in den Wirtschaftswissenschaften oft verwendete Ableitung besprochen: die Substitutionselastizität. Zur Veranschaulichung dieses Konzeptes betrachten wir wieder eine Produktionsfunktion $(x, y) \mapsto f(x, y)$ zweier Produktionsfaktoren gemäß Abbildung 5.14. Im Mittelpunkt des Interesses steht hierbei wieder der Zusammenhang bzw. die Substituierbarkeit der beiden Produktionsfaktoren x, y auf einer Niveaulinie $N_f(c)$ von f. Da man es häufig mit homogenen Produktionsfunktionen zu tun hat, ist das Verhalten von f auf $N_f(c)$ gleichbedeutend mit dem Verhalten des Faktoreinsatzverhältnisses y/x auf $N_f(c)$. Dieses lässt sich auf der Niveaulinie – oft sogar explizit – als Funktion der Substitutionsgrenzrate $z = GRS(y|x)$ schreiben. Praktisch berechnet man die Substitutionsgrenzrate z und versucht diese als Term in y/x zu schreiben, anschließend stellt man nach y/x um.

Beispiel 5.31
Die CD-Funktion $f(x, y) = x^a y^b$ hat den Gradient $\nabla f(x, y) = x^a y^b (a/x, b/y)^T$ und somit die Substitutionsgrenzrate $z = \frac{\partial y}{\partial x} = -\frac{a/x}{b/y} = -a/b \cdot y/x$. Es gilt also $y/x = -\frac{b}{a} z$.

Beispiel 5.32
Die CES-Funktion $f(x, y) = (x^p + y^p)^{1/p}$ mit $p \neq 1$ hat den Gradienten

$$\nabla f(x, y) = (x^p + y^p)^{\frac{1}{p} - 1} \cdot (x^{p-1}, y^{p-1})^T$$

und somit die Substitutionsgrenzrate $z = \frac{\partial y}{\partial x} = -\frac{x^{p-1}}{y^{p-1}} = -(y/x)^{1-p}$. Es gilt also $y/x = -z^{1/(1-p)}$.

Definition 5.15

Zu einer gegebenen total differenzierbaren Funktion $f : \mathbb{D} \subseteq \mathbb{R}^n \to \mathbb{R}$ von n Variablen (zu denen die Variablen x, y gehören) und einer c-Isoquante $N_f(c)$ versteht man unter der **Substitutionselastizität** zwischen y und x die Elastizität des Faktoreinsatzverhältnisses y/x als Funktion der Substitutionsgrenzrate zwischen y und x, in Formeln:

$$SEL(y|x) := \epsilon_{y/x}(GRS(y|x)) \quad \text{auf } N_f(c)$$

Die Substitutionselastizität gibt näherungsweise an, um wieviel Prozent sich das Faktoreinsatzverhältnis y/x bei einer Bewegung auf der Iso-Quante $N_f(c)$ ändert, wenn sich die Substitutionsgrenzrate zwischen y und x um 1% ändert. Durch die Betrachtung von Elastizitäten ist diese Größe hinsichtlich der Substitutionsgrenzrate und damit der Inputs einheitenunabhängig. Zudem berücksichtigt sie das Krümmungsverhalten von f längst der Niveaulinie $N_f(c)$, was die Substitutionsgrenzrate selber nicht leisten kann, weil sie „nur" die Tangente an die Niveaulinie beschreibt.

Beispiel 5.33
Es werden die Substitutionselastizitäten der beiden oben beschriebenen Produktionsfunktionen berechnet:

  - Bei der CD-Funktion $f(x, y) = x^a y^b$ ergibt sich als Substitutionselastizität die Elastizität der Funktion $z \mapsto -\frac{b}{a} z$, also 1.

  - Bei der CES-Funktion $f(x, y) = (x^p + y^p)^{1/p}$ ergibt sich als Substitutionselastizität die Elastizität der Funktion $z \mapsto -z^{1/(1-p)}$, also der konstante Wert $\frac{1}{1-p}$

Die Betrachtung von CES-Funktionen entspringt der Beobachtung, dass CD-Funktionen zu unflexibel an reale Sachverhalte anzupassen sind, weil sie stets die Substitutionselastizität 1 haben. Die CES-Produktionsfunktionen ergaben sich aus dem Bedarf an linear-homogenen Produktionsfunktionen, deren Substitutionselastizität von 1 verschieden, aber immer noch konstant ist.

In den Beispielen haben wir das Faktoreinsatzverhältnis explizit als Funktion der Substitutionsgrenzrate berechnet und daraus die Substitutionselastizität bestimmt. Wenn dieser Weg nicht möglich ist, so hilft folgende Überlegung: die Substitutionselastiztität schreibt sich als

$$SEL(y|x) = \frac{y'(x)}{y/x} \cdot \frac{\partial(y(x)/x)}{\partial y'(x)} = \frac{x}{y} \cdot y'(x) \cdot \frac{\partial(y(x)/x)}{\partial y'(x)}$$

Weil auf der c-Niveaulinie von f sowohl das Faktoreinsatzverhältnis $y/x = y(x)/x$ als auch die Substitutionsgrenzrate $y'(x) = \partial y/\partial x = -\frac{\partial f}{\partial x}/\frac{\partial f}{\partial y}$ als Funktion der Variablen x aufgefasst werden können, kann man mit der inversen Kettenregel die partielle Ableitung des Faktoreinsatzverhältnisses nach der Substitutionsgrenzrate in partielle Ableitungen bezüglich x umformen, sofern $\frac{\partial y'(x)}{\partial x} \neq 0$:

$$\frac{\partial(y(x)/x)}{\partial y'(x)} = \frac{\partial(y(x)/x)}{\partial x} / \frac{\partial y'(x)}{\partial x} = \frac{y'(x)x - y(x)}{x^2} / y''(x)$$

Die Substitutionsgrenzrate stellt sich daher wie folgt dar:

$$SEL(y|x) = \frac{x}{y} \cdot y'(x) \cdot \frac{y'(x)x - y(x)}{x^2} / y''(x) = \frac{y'(x)(y'(x)x - y)}{x \cdot y \cdot y''(x)}$$

Beispiel 5.34
Wir betrachten die Funktion $f(x, y) = (x^2 + 1)/y$ und wollen die Substitutionselastizität im Punkt $(2, 1)^T$ mit Funktionswert $f(2, 1) = 5$ berechnen.

In diesem Beispiel ist die Substitutionsgrenzrate $GRS(y|x) = 2xy/(x^2 + 1)$ und lässt sich nicht ohne weiteres als Funktion von y/x darstellen. Statt dessen bestimmt man die implizit definierte Funktion $y(x)$ aus

$$(x^2 + 1)/y = 5 \Leftrightarrow y = y(x) = \frac{1}{5}(x^2 + 1)$$

mit den Ableitungen $y'(x) = \frac{2}{5}x$ und $y''(x) = \frac{2}{5}$. Die Substitutionsgrenzrate zwischen y und x ist $y'(2) = \frac{4}{5}$, weiter ist $y(2) = 1$ und $y''(2) = \frac{2}{5}$. Daraus berechnet sich die Substitutionselastizität in $(2, 1)^T$ zu

$$SEL(y|x) = \frac{y'(2)(y'(2) \cdot 2 - 1)}{2 \cdot 1 \cdot y''(2)} = \frac{4/5 \cdot (2 \cdot 4/5) - 1}{2 \cdot 2/5} = \frac{3}{5}$$

Im nächsten Abschnitt werden wir die Formel für die Substitutionselastizität noch etwas weiter entwickeln, indem $y'(x), y''(x)$ mit partiellen Ableitungen von f erster und zweiter Ordnung ausgedrückt werden.

Übungen zu Abschnitt 5.4

15. Ein Gut wird mit der Produktionsfunktion $f :]0; \infty[^2 \to \mathbb{R}$, $f(x,y) = \frac{x^2+3xy+y^2}{x+2y}$ bei Rohstoffkosten von $20x + 40y$ Geldeinheiten hergestellt. Eingesetzt werden derzeit je 60 Einheiten beider Rohstoffe. Für eine Erweiterung der Produktion stehen nun 50 Geldeinheiten zusätzlich zur Verfügung. Wie sind diese auf die Produktionsfaktoren aufzuteilen, wenn der Zuwachs im Produktionsertrag möglichst groß sein soll? Argumentieren Sie mit dem Gradienten von f.

16. Die Nachfrage nach einem speziellen Produkt in Abhängigkeit vom verlangten Preis x_1 für dieses Produkt und Preis x_2 eines Konkurrenzproduktes betrage $f(x_1, x_2) = x_1^{-\alpha} \cdot e^{\beta x_2}$ mit $\alpha \geq 0, \beta \geq 0$. Berechnen Sie

a) die direkte Preiselastizität $\varepsilon_{f,1}(x_1, x_2) := \frac{D_1 f(x_1, x_2)}{f(x_1, x_2)} \cdot x_1$

b) die Kreuzpreiselastizität $\varepsilon_{f,2}(x_1, x_2) := \frac{D_2 f(x_1, x_2)}{f(x_1, x_2)} \cdot x_2$

17. Gegeben ist die Produktionsfunktion $f(x,y) = 4x\sqrt{x}\sqrt{x + y^2}$

a) Berechnen Sie die partiellen Elastizitäten für $x = 100$ und $y = 10$.

b) Die Einsatzmenge x werde von 100 auf 101 erhöht, während y bei 10 konstant gehalten wird. Um wieviel Prozent ändert sich ungefähr z?

c) Um wieviel Prozent ändert sich ungefähr z, falls y von 10 auf 10,3 erhöht wird bei unverändertem $x = 100$?

d) Um wieviel Prozent ändert sich ungefähr z, falls die Einsatzmengen von x und y von der Stelle (100,10) um jeweils ein Prozent erhöht werden?

18. Ein Produzent nutzt zwei Produktionsfaktoren mit der Produktionsfunktion $f(x,y) = 150x + \frac{1}{10}xy + 300y$.

a) Wie muß der Produzent bei bisherigen jährlichen Einsatzmengen $(x,y) = (500, 1000)$ verfahren, wenn er bei konstanter Produktion eine Tonne vom zweiten Produktionsfaktor einsparen möchte? Argumentieren Sie mit der Substitutionsgrenzrate.

b) Können Sie wie in a) auch schließen, wenn der Einsatz des zweiten Produktionsfaktors massiv, d.h. zum Beispiel um 50%, verringert wird?

19. Bestimmen Sie zur Funktion $f(x,y) = x^2 + xy$ die Substitutionselastizität zwischen y und x im Punkt $x = 2, y = 3$ auf zwei Wegen: mittels der Darstellung des Faktoreinsatzverhältnisses y/x als Funktion der Substitutionsgrenzrate $GRS(y|x)$ und mittels der Krümmung $y''(x)$ der implizit definierten Funktion.

5.5 Ableitungen zweiter Ordnung für Funktionen mehrerer Variablen

Bei Funktionen einer Variablen ist es oft erforderlich, zweite (bzw. höhere) Ableitungen zu bestimmen. Dabei wird einfach die Ableitungsfunktion $x \mapsto f'(x)$ noch einmal nach x abgeleitet. Das Ergebnis heißt zweite Ableitung und wird mit $f''(x)$ bezeichnet.

Mit der zweiten Ableitung lässt sich das Krümmungsverhalten der Funktion charakterisieren, denn eine Funktion f mit durchgängig positiver zweiter Ableitung $f''(x)$

auf einem Intervall $[a; b]$ ist konvex (linksgekrümmt) auf $[a; b]$. Hat eine Funktion f in einem Punkt x_0 die erste Ableitung $f'(x_0) = 0$ und die zweite Ableitung $f''(x_0) > 0$, so hat sie in x_0 ein lokales Minimum. Die zweite Ableitung kann auch verwendet werden, um Extremwerte numerisch zu bestimmen; der wichtigste Algorithmus heißt **Newton-Verfahren** und bestimmt zu einem geeigneten Startwert x_1 eine implizite Folge $(x_n)_{n \geq 1}$, bei der x_{n+1} Scheitelstelle der quadratischen Funktion

$$x \mapsto f(x_n) + f'(x_n)(x - x_n) + \frac{1}{2}f''(x_n)(x - x_n)^2$$

ist. Liegt x_1 nahe genug an einer Minimalstelle x_0 von f, so gilt $\lim_{n \to \infty} x_n = x_0$.

Das Krümmungsverhalten und numerische Aspekte der Optimierung müssen auch bei Funktionen mehrerer Variablen untersucht werden, wozu man sich überlegen muss, wie man Ableitungen höherer Ordnung bei Funktionen mehrerer Variablen. Dies ist Thema des vorliegenden Abschnitts. Im Vordergrund steht die Matrix, welche die partiellen Ableitungen zweiter Ordnung aufnimmt.

5.5.1 Die Hesse-Matrix

Die partiellen Ableitungen $D_1 f, \ldots, D_n f$ einer Funktion von n Variablen kann man wieder als Funktionen auffassen und versuchen, nach den n Variablen abzuleiten.

Beispiel 5.35
Die Funktion $f(x, y) = x^3 + 2xy + e^{7y}$ hat die partiellen Ableitungen

- $D_1 f(x, y) = \frac{\partial}{\partial x} f(x, y) = 3x^2 + 2y$

- $D_2 f(x, y) = \frac{\partial}{\partial y} f(x, y) = 2x + 7 \cdot e^{7y}$.

Jede der zwei partiellen Ableitungen kann noch einmal nach x bzw. y abgeleitet werden, was vier verschiedene Ableitungsmöglichkeiten ergibt

- $D_1(D_1 f)(x, y) = \frac{\partial}{\partial x}(3x^2 + 2y) = 6x$

- $D_2(D_1 f)(x, y) = \frac{\partial}{\partial y}(3x^2 + 2y) = 2$

- $D_1(D_2 f)(x, y) = \frac{\partial}{\partial x}(2x + 7e^{7y}) = 2$

- $D_2(D_2 f)(x, y) = \frac{\partial}{\partial y}(2x + 7e^{7y}) = 49e^{7y}$

Die hierbei entstehenden Ableitungen könnte man wiederum nach x bzw. y ableiten, was zu weiteren höheren Ableitungen führt. Der hiermit verbundene Aufwand ist aber aus Sicht ökonomischer Anwendungen weniger sinnvoll.

Definition 5.16

$f : \mathbb{D} \subseteq \mathbb{R}^n \to \mathbb{R}$ sei partiell differenzierbar in $\mathbb{D}$. Alle partiellen Ableitungen $D_i f : \mathbb{D} \to \mathbb{R}^1$ seien ebenfalls partiell differenzierbar in $\mathbb{D}$. Dann heißt f **zweimal partiell differenzierbar in** $\mathbb{D}$ mit den **partiellen Ableitungen zweiter Ordnung**

$$D_{ij} f(x) = D_j(D_i f)(x) \quad (1 \leq i, j \leq n, x \in \mathbb{D})$$

Falls alle $D_{ij} f : \mathbb{D} \to \mathbb{R}^1$ zusätzlich stetig sind, so heißt f **zweimal stetig partiell differenzierbar.**

Beispiel 5.36

Mit der Matrix $A = \begin{bmatrix} 1 & 2 \\ 2 & 5 \end{bmatrix} \in \mathbb{R}^2$ sei die folgende Funktion zweier Variablen erklärt:

$$f(x_1, x_2) = \langle \begin{pmatrix} x_1 \\ x_2 \end{pmatrix}, A \begin{pmatrix} x_1 \\ x_2 \end{pmatrix} \rangle = x_1^2 + 4x_1 x_2 + 5x_2^2$$

Hier ergibt sich $D_1 f(x_1, x_2) = 2x_1 + 4x_2$ und $D_2 f(x_1, x_2) = 4x_1 + 10x_2$.

Beide partiellen Ableitungen sind wieder partiell differenzierbar. Die partiellen Ableitungen zweiter Ordnung lauten dann

$D_{1,1} f(x_1, x_2) = 2$, $D_{1,2} f(x_1, x_2) = 4$, $D_{2,1} f(x_1, x_2) = 4$ und $D_{2,2} f(x_1, x_2) = 10$.

Wie bei den partiellen Ableitungen erster Ordnung hat sich für die partiellen Ableitungen zweiter Ordnung eine Schreibweise mit dem Partialoperator eingebürgert:

Mit $\frac{\partial^2 f}{\partial x^2}$ ist die zweite Ableitung von f gemeint, wenn man zweimal hintereinander nach x ableitet. Mit $\frac{\partial^2 f}{\partial xy}$ bzw. $\frac{\partial^2 f}{\partial x \partial y}$ (gemischte partielle Ableitung zweiter Ordnung) ist die zweite Ableitung von f gemeint, wenn man zweimal hintereinander ableitet, und zwar erst nach x und dann nach y. Sinngemäß lassen sich partielle Ableitungen höherer Ordnung erklären, also z.B. $\frac{\partial^3 f}{\partial x^3}$ oder $\frac{\partial^3 f}{\partial x \partial y^2}$ etc.

Sie haben bei den obigen Beispielen sicher schon gemerkt, dass die gemischten partiellen Ableitungen gar nicht von der Ableitungsreihenfolge abhängen, sondern dass sich derselbe Term ergibt. Diese Beobachtung macht man für alle Funktionen mehrerer Variablen, deren partielle Ableitungen zweiter Ordnung wieder stetige Funktionen sind (was man bei nahezu allen ökonomischen Anwendungen annehmen darf):

Satz 5.12 (Hesse-Matrix)

Sei $\mathbb{D} \subseteq \mathbb{R}^n$ offen und $f : \mathbb{D} \to \mathbb{R}$ zweimal stetig partiell differenzierbar. Dann ist

$$H_f(x) := \begin{bmatrix} D_{11}f(x) & D_{12}f(x) & \dots & D_{1n}f(x) \\ D_{21}f(x) & D_{22}f(x) & \dots & D_{2n}f(x) \\ \vdots & \vdots & \ddots & \vdots \\ D_{n1}f(x) & D_{n2}f(x) & \dots & D_{nn}f(x) \end{bmatrix}$$

eine **symmetrische Matrix**. Sie heißt **Hesse–Matrix** von f in $x \in \mathbb{D}$.

In den beiden vorangegangenen Beispiel ergibt sich also:

Beispiel 5.37

Für $f(x, y) = x^3 + 2xy + e^{7y}$ lautet die Hesse-Matrix $H_f(x, y) = \begin{bmatrix} 6x & 2 \\ 2 & 49e^{7y} \end{bmatrix}$

Beispiel 5.38

Für $A = \begin{bmatrix} 1 & 2 \\ 2 & 5 \end{bmatrix}$ und $f(x) = \langle x, Ax \rangle$ ist $H_f(x_1, x_2) = \begin{bmatrix} 2 & 4 \\ 4 & 10 \end{bmatrix} = 2A$

Dieses letzte Beispiel lässt sich auf beliebige quadratische Formen übertragen:

Satz 5.13

Die quadratische Form $f : \mathbb{R}^n \to \mathbb{R}$, $f(x) = \langle x, Ax \rangle$, $x \in \mathbb{R}^n$ mit einer symmetrischen Matrix $A \in \mathbb{R}^{n \times n}$ hat die Hesse-Matrix $H_f(x) = 2A$.

Die Hesse-Matrix kann zur Beschreibung/Berechnung des Krümmungsverhaltens einer Funktion mehrerer Variablen verwendet werden. Betrachten wir zunächst die Situation, dass f nur eine Variable x hat. Hier kann man die Approximationsgüte für differenzierbare Funktionen f in der Umgebung eines Punktes $x \in \mathbb{D}$, wenn man statt der Linearisierung $g(y) = f(x) + f'(x)(y - x)$ die quadratische Annäherung

$$h(y) = f(x) + f'(x)(y - x) + \frac{1}{2}f''(x)(y - x)^2$$

verwendet. Während g „nur" im Funktionswert $g(x)$ und der ersten Ableitung $g'(x)$ mit f übereinstimmt, trifft dies bei h zusätzlich für die zweite Ableitung $h''(x)$ zu, d.h. die Krümmung von f in x wird auch durch h erfasst.

Solch eine Verbesserung ist auch für eine zweimal stetig partiell differenzierbare Funktion f mehrerer Variablen $x = (x_1, \ldots, x_n)^T$ möglich und von der Form (mit $y = x + d$)

$$h(y) = h(x + d) = f(x) + \langle \nabla f(x), d \rangle + \frac{1}{2}\langle d, H_f(x) \cdot d \rangle$$

Diese Funktion hat in x denselben Funktionswert, Gradienten und dieselbe Hesse-Matrix wie f. Betrachtet man das Änderungsverhalten in einer speziellen Richtung d, so gilt für $t \in \mathbb{R}$

$$h(x + td) = f(x) + t\langle \nabla f(x), d \rangle + \frac{t^2}{2}\langle d, H_f(x) \cdot d \rangle$$

Richtungskrümmung:
Der Ausdruck

$$\left.\frac{\partial^2 h(x + \alpha d)}{\partial \alpha^2}\right|_{\alpha=0} = \langle d, H_f(x)d \rangle$$

heißt Richtungskrümmung von f im Punkt x in Richtung d.

Die Hesse-Matrix einer Funktion in einem Punkt gestattet es somit, das Krümmungsverhalten von f in diesem Punkt in beliebiger Richtung zu ermitteln. Dies wird im folgenden Abschnitt auf das Konzept definiter symmetrischer Matrizen führen.

Beispiel 5.39
Dass mit der Approximation durch quadratische Funktionen mehrerer Variablen tatsächlich eine bessere Anpassung als durch lineare Funktionen erreicht werden kann, sei abschließend noch an einem Beispiel illustriert. Für die Funktion $f : \mathbb{R}^2 \to \mathbb{R}$, $f(x, y) = x^3 - 6x^2 - 6y^2 + 5xy + 10y$, die ja schon bei der Einführung der verschiedenen Ableitungskonzepte behandelt wurde, gilt

$$\nabla f(x, y) = \begin{pmatrix} 3x^2 - 12x + 5y \\ -12y + 5x + 10 \end{pmatrix}, \qquad H_f(x, y) = \begin{bmatrix} 6x - 12 & 5 \\ 5 & -12 \end{bmatrix}$$

Speziell im Punkt $x = 0$, $y = \frac{3}{2}$ ergibt sich

$$f(0, \frac{3}{2}) = \frac{3}{2}, \nabla f(0, \frac{3}{2}) = \begin{pmatrix} 15/2 \\ -8 \end{pmatrix}, H_f(0, \frac{3}{2}) = \begin{bmatrix} -12 & 5 \\ 5 & -12 \end{bmatrix}$$

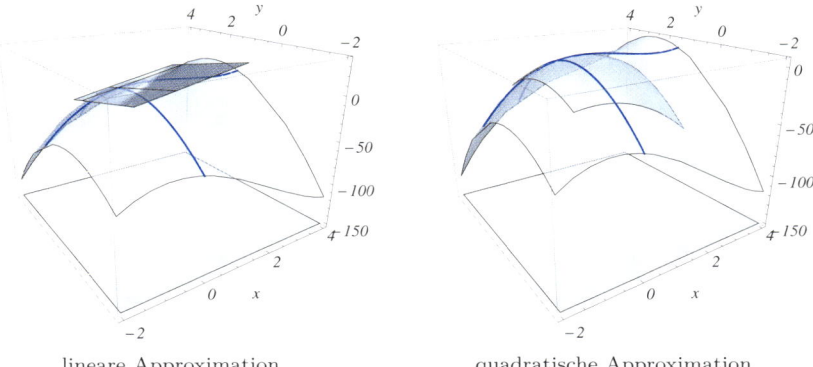

lineare Approximation   quadratische Approximation

Abbildung 5.16: Approximationen mit linearen/quadratischen Funktionen

Damit lauten die Approximationen erster und zweiter Ordnung im Punkt $(0, \frac{3}{2})^T$

$$g(x, y) = \frac{27}{2} + \frac{15x}{2} - 8y$$
$$h(x, y) = -6x^2 + 10y + 5xy - 6y^2$$

In Abbildung 5.16 sind beide Approximationen in den Graph von f eingezeichnet. Erkennbar ist die deutlich geringere Approximationsgüte der linearen Approximation links, während rechts die quadratische Approximation in der Nähe des Entwicklungspunktes $(0, \frac{3}{2})^T$ auch die Krümmung von f recht gut erfasst.

5.5.2 Krümmung impliziter Funktionen

Will man eine ökonomische Variable y durch eine Gleichung $f(x, y) = c$ als Funktion der anderen Variablen x schreiben, so wird die Änderung von y in Abhängigkeit von x wird in erster Ordnung recht gut durch die Substitutionsgrenzrate, d.h. die Steigung $y'(x_0)$ der Implizit definierten Funktion beschrieben. Die Güte dieser Approximation hängt jedoch auch davon ab, wie stark die Niveaulinie im betrachteten Punkt $(x_0, y_0)^T$ gekrümmt ist, wie man in Abbildung 5.17 erkennen kann. Je stärker diese Krümmung ist, desto weniger ändert sich y faktisch in Abhängigkeit von x, selbst wenn die Substitutionsgrenzrate einen anderen Eindruck vermittelt. Diese Krümmung wird durch die zweite Ableitung $y''(x_0) = \frac{\partial^2 y(x)}{\partial x^2}(x_0)$ beschrieben, für die es eine Darstellung mit Hilfe der partiellen Ableitungen erster und zweiter Ordnung von f gibt:

Satz 5.14

Es sei $f : \mathbb{D} \subset \mathbb{R}^2 \to \mathbb{R}$ eine total differenzierbare Funktion. Die Krümmung der durch $f(x, y(x)) = c$ implizit beschriebenen Funktion $x \mapsto y(x)$ ist gegeben durch

$$y''(x) = \frac{\partial^2 y(x)}{\partial x^2} = -\left(\frac{\partial^2 f}{\partial x^2} \cdot \left(\frac{\partial f}{\partial y}\right)^2 - 2 \cdot \frac{\partial^2 f}{\partial x \partial y} + \frac{\partial^2 f}{\partial y^2} \cdot \left(\frac{\partial f}{\partial x}\right)^2\right) \Big/ \left(\frac{\partial f}{\partial y}\right)^3$$

Leitet man nämlich die Substitutionsgrenzrate $y'(x) = -\frac{\partial f}{\partial x} \big/ \frac{\partial f}{\partial y}$ ein weiteres Mal nach x ab,

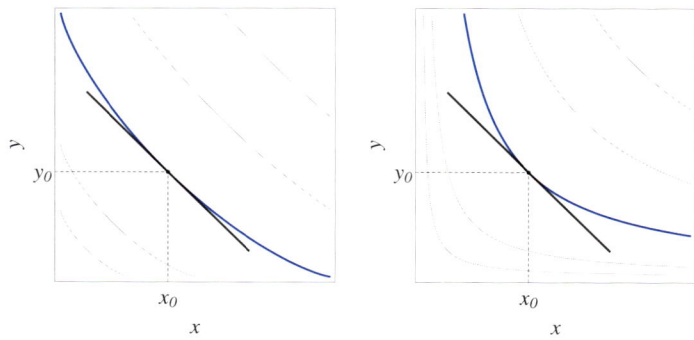

Abbildung 5.17: Je stärker eine implizite Funktion gekrümmt ist, desto ungenauer ist die lineare Annäherung der Niveaulinie durch die Substitutionsgrenzrate.

so muss man einerseits die Quotientenregel anwenden:

$$y''(x) = \partial\left(-\frac{\partial f}{\partial x}\Big/\frac{\partial f}{\partial y}\right)\Big/\partial x = -\left(\frac{\partial(\frac{\partial f}{\partial x})}{\partial x} \cdot \frac{\partial f}{\partial y} - \frac{\partial(\frac{\partial f}{\partial y})}{\partial x} \cdot \frac{\partial f}{\partial x}\right)\Big/\left(\frac{\partial f}{\partial y}\right)^2$$

Achtung! Alle auftretenden partiellen Ableitungen erster Ordnung sind nach Definition der Substitutionsgrenzrate Funktionen in x und $y(x)$. Bei nochmaligem Ableiten nach x muss daher die Kettenregel verwendet werden. Der Zähler-Ausdruck lautet dann

$$\left(\frac{\partial^2 f}{\partial x^2} + \frac{\partial^2 f}{\partial xy} \cdot \frac{\partial y}{\partial x}\right) \cdot \frac{\partial f}{\partial y} - \left(\frac{\partial^2 f}{\partial xy} + \frac{\partial^2 f}{\partial x^2} \cdot \frac{\partial y}{\partial x}\right) \cdot \frac{\partial f}{\partial x}$$

Jetzt setzen wir die Formel $\partial y/\partial x = -\frac{\partial f}{\partial x}\Big/\frac{\partial f}{\partial y}$ ein und erhalten

$$\left(\frac{\partial^2 f}{\partial x^2} - \frac{\partial^2 f}{\partial xy} \cdot \frac{\partial f}{\partial x}\Big/\frac{\partial f}{\partial y}\right) \cdot \frac{\partial f}{\partial y} - \left(\frac{\partial^2 f}{\partial xy} - \frac{\partial^2 f}{\partial x^2} \cdot \frac{\partial f}{\partial x}\Big/\frac{\partial f}{\partial y}\right) \cdot \frac{\partial f}{\partial x}$$

Die Formel für die implizite Krümmung ergibt sich dann durch Einsetzen dieses Zählerterms und etwas „Sortierarbeit". $\qquad\square$

Die zweite Ableitung $y''(x)$ trat auch bei der Bestimmung der Substitutionselastizität auf. Setzt man in das auf Seite 202 gefundene Ergebnis die Formeln der Substitutionsgrenzrate und der impliziten Krümmung ein, so gewinnt man folgende Formel:

Satz 5.15 (Formel für die Substitutionselastizität)
Sei $f : \mathbb{D} \subseteq \mathbb{R}^n \to \mathbb{R}$ eine zweimal stetig partiell differenzierbare Funktion von n Variablen (zu denen die Variablen x, y gehören). Dann ist die Substitutionselastizität zwischen y und x (auf $N_f(c)$) gegeben durch

$$SEL(y|x) = -\frac{\frac{\partial f}{\partial x} \cdot \frac{\partial f}{\partial y}}{x \cdot y} \cdot \frac{x \cdot \frac{\partial f}{\partial x} + y \cdot \frac{\partial f}{\partial y}}{\frac{\partial^2 f}{\partial x^2} \cdot \left(\frac{\partial f}{\partial y}\right)^2 - 2 \cdot \frac{\partial^2 f}{\partial xy} \cdot \frac{\partial f}{\partial x} \cdot \frac{\partial f}{\partial y} + \frac{\partial^2 f}{\partial y^2} \cdot \left(\frac{\partial f}{\partial x}\right)^2}$$

Die Formel wird sicher eher selten direkt angewendet werden, allerdings erkennen Sie an ihr die Symmetrie der Substitutionselastizität, d.h. $SEL(y|x) = SEL(x|y)$.

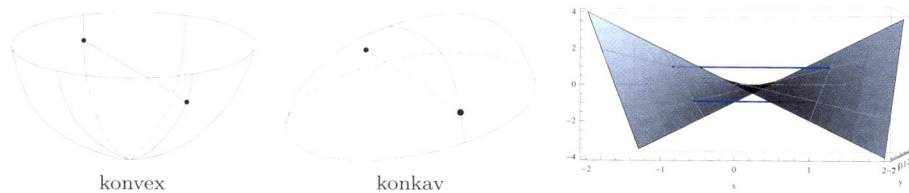

Abbildung 5.18: Konvexe/konkave Funktionen in zwei Variablen; rechts:
die weder konvexe noch konkave Funktion $f_2(x,y) = xy$

5.5.3 Konvexe Funktionen

Eine konvexe Funktion mehrerer Variablen ist anschaulich dadurch gekennzeichnet,
dass sie längs beliebiger Linien im Definitionsbereich eine Linkskrümmung aufweist.
Damit man dies überhaupt sinnvoll aussagen kann, muss der Definitionsbereich $\mathbb{D}$
solche Linien auch beinhalten, d.h. zu je zwei Punkten $x, y \in \mathbb{D}$ muss auch stets die
gesamte Verbindungslinie $\{\lambda x + (1 - \lambda)y : \lambda \in [0;1]\}$ in $\mathbb{D}$ liegen, oder wie wir es
bereits früher ⇨ vgl. S. 163 ausgedrückt haben: die Menge $\mathbb{D}$ muss konvex sein. Wir
haben dort aber auch schon festgestellt, dass in Anwendungssituationen überwiegend
von Quadern als Definitionsbereichen ausgegangen wird, so dass die Konvexität des
Definitionsbereiches – von einigen „pathologischen" Fällen einmal abgesehen – in der
Ökonomie nahezu stillschweigend vorausgesetzt wird (und meist auch werden darf).

Die durchgängige Linkskrümmung konvexer Funktionen mehrerer Variablen wird nun
auf Linien durch den Definitionsbereich erklärt, also genau wie die Konvexität für
Funktionen einer Variablen.

Definition 5.17

[1] Sei $\mathbb{D} \subseteq \mathbb{R}^n$ konvex. Eine Funktion $f : \mathbb{D} \to \mathbb{R}$ heißt **konvex**, wenn für alle $x, y \in \mathbb{D}$,
$\lambda \in \,]0;1[$ gilt

$$f(\lambda x + (1 - \lambda)y) \leq \lambda f(x) + (1 - \lambda)f(y)$$

[2] f heißt **streng konvex**, wenn für alle $x, y \in \mathbb{D}$, $\lambda \in \,]0;1[$ gilt

$$f(\lambda x + (1 - \lambda)y) < \lambda f(x) + (1 - \lambda)f(y)$$

[3] f heißt **konkav/streng konkav**, wenn $-f$ konvex/streng konvex ist.

Der typische Verlauf konvexer bzw. konkaver Funktionen ist in Abbildung 5.18 skizziert. Der Verlauf von Verbindungslinien zwischen Punkten des Funktionsgraphen
oberhalb bzw. unterhalb des Funktionsgraphen ist deutlich erkennbar.

Beispiele für konvexe Funktionen sind alle (affin) linearen Funktionen $f(x) = a_0 + \langle a, x \rangle$,
wobei $a \in \mathbb{R}^n$. Der direkte Konvexitätsbeweis ist hierfür zwar nicht besonders schwer,
aber von der Notation etwas aufwändig. Für andere – selbst einfach strukturierte –
Funktionen ist der Nachweis oft – wie schon bei Funktionen einer Variablen – mit
technischen Tricks verbunden. Man führt ihn zuweilen auf einfachere konvexe Funktionen zurück, muss sich dabei aber vor Fallen bei der Konvexitätsargumentation hüten.
Beispielsweise sind Summen konvexer (bzw. konkaver) Funktionen konvex (bzw. konkav), während dies für Produkte von Funktionen nicht notwendigerweise gilt.

Beispiel 5.40

So sind die Funktionen $g(x,y) = x$ und $h(x,y) = y$ als lineare Funktionen konvex und auch $f_1(x,y) = g(x,y) + h(x,y) = x + y$ ist konvex. Das ist aber nicht mehr für $f_2(x,y) = g(x,y)h(x,y) = xy$ der Fall, wie der Graph von f_2 in Abbildung 5.18 rechts verdeutlicht. Die dort blau eingezeichneten Verbindungsstrecken zwischen $(-1,-1,f(-1,-1))^T$ und $(1,1,f(1,1))^T$ bzw. zwischen $(-1,1,f(-1,1))^T$ und $(1,-1,f(1,-1))^T$ liegen oberhalb bzw. unterhalb des Graphen von f.

Wir wollen aber im Folgenden Konvexität/Konkavität von Funktionen mehrerer Variablen nicht direkt nachrechnen, sondern auf Ableitungen zweiter Ordnung zurückführen. Um hierfür ein geeignetes Kriterium zu bekommen, sollen zunächst quadratische Funktionen/bzw. Formen und hier anfangs der Fall nur einer Variablen betrachtet werden.

Beispiel 5.41

Die quadratische Funktion $f(x) = ax^2 + bx + c$ hat eine durchgehende Linkskrümmung (Parabel nach oben geöffnet) für $a > 0$ und eine durchgehende Rechtskrümmung (Parabel nach unten geöffnet) für $a > 0$. Die zweite Ableitung lautet hier $f''(x) = 2a$. Das Vorzeichen von a bestimmt offensichtlich das Krümmungsverhalten von f.

Wie sieht es jetzt mit dem Krümmungsverhalten bei quadratischen Funktionen mehrerer Variablen aus? Wenn man diese als Verallgemeinerung von quadratischen Funktionen einer Variablen auffasst, so müssten hierfür ebenfalls wieder die Ableitungen, d.h. die Hesse-Matrix zuständig sein.

Satz 5.16

Eine quadratische Form $f(x) = \langle x, Ax \rangle$ zur symmetrischen Matrix $A \in \mathbb{R}^{n \times n}$ ist genau dann konvex, wenn sie nichtnegativ ist, d.h. wenn für alle $d \in \mathbb{R}^n$ gilt $\langle d, Ad \rangle \geq 0$.

Zur Begründung: f ist genau dann konvex, wenn für alle $x, y \in \mathbb{D}$ und $\lambda \in [0;1]$ gilt

$$\langle \lambda x + (1-\lambda)y, A(\langle \lambda x + (1-\lambda)y \rangle) \leq \lambda \langle x, Ax \rangle + (1-\lambda)\langle y, Ay \rangle$$

Löst man die linke Seite mit Hilfe der Linearität auf, so ergibt sich äquivalent

$$\lambda^2 \langle x, Ax \rangle + 2\lambda(1-\lambda)\langle x, Ay \rangle + (1-\lambda)^2 \langle y, Ay \rangle \leq \lambda \langle x, Ax \rangle + (1-\lambda)\langle y, Ay \rangle$$

Nun bringt man alle Ausdrücke auf die rechte Seite und faktorisiert den Ausdruck $\lambda(1-\lambda)$:

$$0 \leq \lambda(1-\lambda)(\langle x, Ax \rangle - 2\langle x, Ax \rangle + \langle y, Ay \rangle)$$

Die Skalarprodukte lassen sich mittels Linearität schließlich wieder zusammenfassen:

$$\lambda(1-\lambda)\langle x-y, A(x-y) \rangle \geq 0$$

Da aber $\lambda \in [0;1]$ beliebig gewählt werden kann, muss folglich für alle $x,y \in \mathbb{D}$ gelten:

$$\langle x-y, A(x-y) \rangle \geq 0$$

Man erkennt, dass eine quadratische Form genau dann konvex ist, wenn das Skalarprodukt $\langle d, Ad \rangle \geq 0$ ist für jede Wahl des Vektors $d \in \mathbb{R}^n$. $\qquad \square$

Beachten Sie, dass bei quadratischen Formen die Matrix A bis auf den Faktor 2 die Hesse-Matrix der betrachteten Funktion f ist. Der zuletzt gewonnene Ausdruck $\langle d, Ad \rangle$ hat also das gleiche Vorzeichen wie die Richtungskrümmung. Allgemein kann man aus der quadratischen Annäherung an eine beliebige zweimal stetig-differenzierbare

Funktion schließen, dass im Falle der Konvexität die Richtungskrümmung einen stets nichtnegativen Wert $\langle d, H_f(x)d \rangle$ in jedem Punkt x des Definitionsbereiches in jede Richtung d annehmen muss. Um also eine Funktion auf Konvexität zu prüfen, wird man konkret bei festem $x \in \mathbb{D}$ diese Richtungskrümmung in Abhängigkeit von d auf ihr Vorzeichenverhalten untersuchen. Das ist eine Standardaufgabe, die dem Nachweis der so genannten Definitheit der Hesse-Matrix $H_f(x)$ bei festem x entspricht.

Definition 5.18 (Definitheit symmetrischer Matrizen)

Eine symmetrische Matrix $H = \begin{bmatrix} h_{11} & \dots & h_{1n} \\ \vdots & \ddots & \vdots \\ h_{n1} & \dots & h_{nn} \end{bmatrix} \in \mathbb{R}^{n \times n}$ heißt

[1] **positiv definit**, wenn für alle $d \in \mathbb{R}^n$, $d \neq \bar{0}$, gilt: $\langle d, Hd \rangle > 0$

[2] **positiv semidefinit**, wenn für alle $d \in \mathbb{R}^n$ gilt: $\langle d, Hd \rangle \geq 0$

[3] **negativ definit**, wenn für alle $d \in \mathbb{R}^n$, $d \neq \bar{0}$, gilt: $\langle d, Hd \rangle < 0$

[4] **negativ semidefinit**, wenn für alle $d \in \mathbb{R}^n$ gilt: $\langle d, Hd \rangle \leq 0$

[5] **indefinit**, wenn keiner der ersten vier Fälle vorliegt.

Beispiel 5.42

Betrachtet werde die Matrix $H = \begin{bmatrix} 1 & 2 \\ 2 & a \end{bmatrix}$, wobei $a \in \mathbb{R}$ zunächst nicht weiter spezifiziert ist. Für $(d_1, d_2)^T \in \mathbb{R}^2$ gilt

$$\left\langle \begin{pmatrix} d_1 \\ d_2 \end{pmatrix}, \begin{bmatrix} 1 & 2 \\ 2 & a \end{bmatrix} \begin{pmatrix} d_1 \\ d_2 \end{pmatrix} \right\rangle = d_1^2 + 4d_1 d_2 + a d_2^2 = (d_1 + 2d_2)^2 + (a-4)d_2^2$$

Deshalb ist H

- für $a > 4$ positiv definit, denn für alle $d \neq \bar{0}$ ist das Skalarprodukt strikt positiv.
- für $a = 4$ positiv semidefinit, aber nicht positiv definit. Denn für alle $d \in \mathbb{R}^2$ ist das Skalarprodukt größer oder gleich Null, aber beispielsweise ist $(-2, 1)^T$ ein Richtungsvektor $\neq \bar{0}$, für den das Skalarprodukt gleich Null ist.
- für $a < 4$ indefinit, denn für $d = (1, 0)$ ergibt sich das Skalarprodukt zu $1 > 0$, während es für $d = (-2, 1)^T$ zu $a - 4 < 0$ wird.

An diesem Beispiel kann man schon erkennen, dass die Überprüfung der Definitheit aufgrund von Definition 5.18 nicht sehr gangbar ist. Dafür gibt es einfache Definitheitskriterien auf Basis der so genannten **Haupt-Unterdeterminanten**.

Satz 5.17 (Definitheitstest mittels Hauptunterdeterminanten)

Sei $H = [h_{ij}]_{1 \leq i,j \leq n}$ eine symmetrische $n \times n$–Matrix mit den **Haupt–Untermatrizen** $H_k := \begin{bmatrix} h_{11} & \dots & h_{1k} \\ \vdots & \ddots & \vdots \\ h_{k1} & \dots & h_{kk} \end{bmatrix}$, $1 \leq k \leq n$. Dann gilt

[1] H ist positiv definit $\Leftrightarrow \det(H_k) > 0$ für alle $1 \leq k \leq n$.

[2] H ist negativ definit $\Leftrightarrow (-1)^j \det(H_k) > 0$ für alle $1 \leq k \leq n$.

[3] H ist positiv semidefinit $\Rightarrow \det(H_k) \geq 0$ für alle $1 \leq k \leq n$

[4] H ist negativ semidefinit $\Rightarrow (-1)^k \det(H_k) \geq 0$ für alle $1 \leq k \leq n$.

Insbesondere gilt: Eine symmetrische Matrix H mit $\det(H_2) < 0$ ist indefinit.

Determinanten einer quadratischen Teilmatrix werden auch **Minoren** genannt. Die hier durch sukzessives Auffüllen der Matrix nach rechts und unten betrachteten Minoren heißen auch **Hauptminoren**.

Bei Verwendung des oben genannten **Determinantenkriteriums** können Situationen auftreten, in denen man aus dem Vorzeichenverhalten der Hauptunterdeterminanten nicht auf die Definitheit schließen kann. Dennoch ist es das gängigste Verfahren und soll anhand des oben bereits behandelten Beispiels noch einmal illustriert werden.

Beispiel 5.43

Sei wieder $H = \begin{bmatrix} 1 & 2 \\ 2 & a \end{bmatrix}$ mit $a \in \mathbb{R}$. Die Hauptuntermatrizen von H und ihre Determinanten lauten:

- $H_1 = [1]$ und $\det(H_1) = 1 > 0$.
- $H_2 = H$ und $\det(H_2) = a - 4$.

Hieraus liest man ab:

- H ist positiv definit für $a > 4$
- H ist nicht negativ definit und nicht negativ semidefinit (für beliebiges a)
- H ist indefinit für $a < 4$
- Wenn H positiv semidefinit ist, muß $a \geq 4$ gelten.

Man beachte, dass der Fall $a = 4$ mittels des allgemeinen Determinantenkriteriums nicht entschieden werden kann.

Für 2×2-Matrizen H kann man jedoch auch im Fall $\det(H) = 0$ noch Nutzen aus der Determinante gewinnen:

Satz 5.18 (Spezielles Determinantenkriterium für 2×2-Matrizen)

Eine symmetrische Matrix $H = \begin{bmatrix} a & b \\ b & c \end{bmatrix}$ mit $a > 0$ und $ac - b^2 = 0$ ist positiv semidefinit.

Dies folgt, weil dann zwangsläufig $c \geq 0$ ist und der Ausdruck

$$\left\langle \begin{pmatrix} d_1 \\ d_1 \end{pmatrix}, \begin{bmatrix} a & b \\ b & c \end{bmatrix} \begin{pmatrix} d_1 \\ d_2 \end{pmatrix} \right\rangle = ad_1^2 + 2bd_1d_2 + cd_2^2 = (\sqrt{a}d_1 + \sqrt{c}d_2)^2$$

für beliebige d_1, d_2 nichtnegativ ist.   □

Für symmetrische Matrizen mit mehr als zwei Zeilen und Spalten kann man allerdings die Definitheit nicht mehr erschließen, wenn einer der Hauptminoren gleich Null ist:

Beispiel 5.44

$H = \begin{bmatrix} 1 & 2 & 0 \\ 2 & 4 & 0 \\ 0 & 0 & -1 \end{bmatrix}$ ist indefinit, denn $\left\langle \begin{pmatrix} 1 \\ 0 \\ 0 \end{pmatrix}, H \begin{pmatrix} 1 \\ 0 \\ 0 \end{pmatrix} \right\rangle = 1, \left\langle \begin{pmatrix} 0 \\ 0 \\ 1 \end{pmatrix}, H \begin{pmatrix} 0 \\ 0 \\ 1 \end{pmatrix} \right\rangle = -1.$

Das Determinantenkriterium würde aber die Hauptminoren

$$\det([1]) = 1, \det \begin{bmatrix} 1 & 2 \\ 2 & 4 \end{bmatrix} = 0, \det H = 0$$

ergeben, was also nicht auf positive Semidefinitheit von H schließen lässt. Das Determinantenkriterium ist hier also nicht anwendbar.

Man könnte das Determinantenkriterium noch verallgemeinern, um auch derartige Situationen zu untersuchen – sind nämlich sämtliche Hauptminoren aller durch simultane Umordnung von Zeilen und Spalten erhältlichen Matrizen größer oder gleich Null, so ist die Matrix positiv semidefinit. Dieses Kriterium ist aber nicht sehr praktikabel, denn schon bei drei Zeilen und drei Spalten sind die Hauptminoren von insgesamt $3! = 6$ Matrizen zu prüfen, insgesamt also 18 Determinanten. Bei Matrizen mit 4 Zeilen und Spalten wären das schon $4 \cdot 4! = 96$ Determinanten.

Das nächste Definitheitskriterium kommt ohne Determinanten aus und vermeidet diesen Aufwand. Es untersucht die Eigenwerte der zu prüfenden Matrix und ist deshalb aber für Matrizen höherer Dimensionen in aller Regel nur numerisch verwendbar.

Satz 5.19

Sei $H = [h_{ij}]_{1 \leq i,j \leq n}$ eine symmetrische Matrix mit Eigenwerten $\lambda_1, \ldots, \lambda_n$. Dann gilt:

[1] H ist positiv definit $\Leftrightarrow \lambda_1 > 0, \ldots, \lambda_n > 0$

[2] H ist negativ definit $\Leftrightarrow \lambda_1 < 0, \ldots, \lambda_n < 0$.

[3] H ist positiv semidefinit $\Leftrightarrow \lambda_1 \geq 0, \ldots, \lambda_n \geq 0$

[4] H ist negativ semidefinit $\Leftrightarrow \lambda_1 \leq 0, \ldots, \lambda_n \leq 0$.

H ist indefinit genau dann, wenn H einen strikt positiven und einen strikt negativen Eigenwert hat.

Beispiel 5.45

Sei wieder $H = \begin{bmatrix} 1 & 2 \\ 2 & a \end{bmatrix}$ mit $a \in \mathbb{R}$. Das **charakteristische Polynom** von H lautet

$$\det\left(\begin{bmatrix} 1 - \lambda & 2 \\ 2 & a - \lambda \end{bmatrix} \right) = (1 - \lambda)(a - \lambda) - 4 = \lambda^2 - (a+1)\lambda + (a - 4)$$

Eigenwerte von H sind die Nullstellen des charakteristischen Polynoms, d.h.

$$\lambda_{1,2} = \frac{a+1}{2} \pm \sqrt{\left(\frac{a+1}{2}\right)^2 - (a - 4)} = \frac{a + 1 \pm \sqrt{(a-1)^2 + 16}}{2}$$

Ist nun $a > 4$, so ist $\sqrt{(a-1)^2 + 16} < a + 1$ und beide Eigenwerte sind positiv. H ist also positiv definit. Falls $a = 4$, so hat H die Eigenwerte 0 und 5 und ist positiv semidefinit. Falls aber $a < 4$, so ist $\sqrt{(a-1)^2 + 16} > a+1$. H hat dann einen positiven und einen negativen Eigenwert, ist also indefinit.

Mit den Definitheitseigenschaften der Hesse-Matrix kann man jetzt das Krümmungsverhalten eine Funktion mehrerer Variablen charakterisieren:

Satz 5.20 (Festlegung des Krümmungsverhaltens durch Definitheit)

Sei $\mathbb{D} \subseteq \mathbb{R}^n$ offen und konvex und $f : \mathbb{D} \to \mathbb{R}$ zweimal stetig partiell differenzierbar. $H_f(x)$ sei die Hesse–Matrix von f in x. Dann gilt:

[1] f ist konvex $\Leftrightarrow H_f(x)$ ist positiv semidefinit für alle $x \in \mathbb{D}$.

[2] Wenn $H_f(x)$ für alle $x \in \mathbb{D}$ positiv definit ist, so ist f streng konvex.

[3] f ist konkav $\Leftrightarrow H_f(x)$ ist negativ semidefinit für alle $x \in \mathbb{D}$.

[4] Wenn $H_f(x)$ für alle $x \in \mathbb{D}$ negativ definit ist, so ist f streng konkav.

Beispiel 5.46

Es werden Funktionen von zwei Variablen betrachtet.

- Die Hesse-Matrix der Funktion $f(x,y) = x^2 + 2y^2$ lautet $H_f(x,y) = \begin{bmatrix} 2 & 0 \\ 0 & 4 \end{bmatrix}$ und hat die Hauptunterdeterminanten 2 und 8. Sie ist also für alle $(x,y)^T \in \mathbb{R}^2$ positiv definit. Die Funktion f ist daher auf ganz $\mathbb{R}^2$ (streng) konvex.

- Die Funktion $f(x,y) = xy$ ist weder konvex noch konkav. Ihre Hesse-Matrix lautet nämlich $H_f(x,y) = \begin{bmatrix} 0 & 1 \\ 1 & 0 \end{bmatrix}$ und hat die Determinante -1. Sie ist also indefinit.

- Die Deckungsbeitrags-Funktion aus Beispiel 5.8 ⇨ vgl. S. 170 lautet

$$G(p,q) = -14p^2 - 3q^2 + 3pq + 2396p + 1197q - 120030$$

  Sie hat die Hesse-Matrix $H_G(p,q) = \begin{bmatrix} -28 & 3 \\ 3 & -6 \end{bmatrix}$ mit Hauptminoren $-28 < 0$ und $159 > 0$. Die Matrix ist dann pauschal negativ definit und G daher streng konkav.

Beispiel 5.47

Für die CD-Funktion $f(x,y,z) = x^\alpha y^\beta z^\gamma$ auf dem Definitionsbereich $\mathbb{D} =]0; \infty[^3$ soll das Krümmungsverhalten in Abhängigkeit von den Produktionsparametern $\alpha > 0$, $\beta > 0$, $\gamma > 0$ genauer untersucht werden. Es gilt

$$\nabla f(x,y,z) = \begin{pmatrix} \alpha x^{\alpha-1} y^\beta z^\gamma \\ \beta x^\alpha y^{\beta-1} z^\gamma \\ \gamma x^\alpha y^\beta z^{\gamma-1} \end{pmatrix} = x^\alpha y^\beta z^\gamma \begin{pmatrix} \alpha/x \\ \beta/y \\ \gamma/z \end{pmatrix}$$

und $H_f(x,y,z)$ ist

$$\begin{bmatrix} \alpha(\alpha-1)x^{\alpha-2}y^\beta z^\gamma & \alpha\beta x^{\alpha-1}y^{\beta-1}z^\gamma & \alpha\gamma x^{\alpha-1}y^\beta z^{\gamma-1} \\ \alpha\beta x^{\alpha-1}y^{\beta-1}z^\gamma & \beta(\beta-1)x^\alpha y^{\beta-2}z^\gamma & \beta\gamma x^\alpha y^{\beta-1}z^{\gamma-1} \\ \alpha\gamma x^{\alpha-1}y^\beta z^{\gamma-1} & \beta\gamma x^\alpha y^{\beta-1}z^{\gamma-1} & \gamma(\gamma-1)x^\alpha y^\beta z^{\gamma-2} \end{bmatrix} = x^\alpha y^\beta z^\gamma \underbrace{\begin{bmatrix} \frac{\alpha(\alpha-1)}{x^2} & \frac{\alpha\beta}{xy} & \frac{\alpha\gamma}{xz} \\ \frac{\alpha\beta}{xy} & \frac{\beta(\beta-1)}{y^2} & \frac{\beta\gamma}{yz} \\ \frac{\alpha\gamma}{xz} & \frac{\beta\gamma}{yz} & \frac{\gamma(\gamma-1)}{z^2} \end{bmatrix}}_{=M}$$

Definitheit der Hesse-Matrix hängt nicht von dem für $x,y,z > 0$ positiven Faktor $x^\alpha y^\beta z^\gamma$, sondern von M ab. Die Haupt-Unterdeterminanten von M lauten

$$\det M_1 = \frac{\alpha(\alpha-1)}{x^2}, \quad \det M_2 = \frac{\alpha\beta}{x^2 y^2}(1-\alpha-\beta), \quad \det M_3 = \frac{\alpha\beta\gamma(\alpha+\beta+\gamma-1)}{x^2 y^2 z^2}$$

Letzterer Wert ergibt sich nach der **Sarrus-Regel**, einfacher aber mit Hilfe der Rechenregeln für Determinanten:

$$\det M_3 = \frac{\alpha\beta\gamma}{x^2 y^2 z^2} \det \begin{bmatrix} \alpha-1 & \beta & \gamma \\ \alpha & \beta-1 & \gamma \\ \alpha & \beta & \gamma-1 \end{bmatrix} = \frac{\alpha\beta\gamma}{x^2 y^2 z^2} \det \begin{bmatrix} \alpha+\beta+\gamma-1 & \beta & \gamma \\ \alpha+\beta+\gamma-1 & \beta-1 & \gamma \\ \alpha+\beta+\gamma-1 & \beta & \gamma-1 \end{bmatrix}$$

$$= \frac{\alpha\beta\gamma}{x^2 y^2 z^2} \det \begin{bmatrix} \alpha+\beta+\gamma-1 & \beta & \gamma \\ 0 & -1 & 0 \\ 0 & 0 & -1 \end{bmatrix} = \frac{\alpha\beta\gamma}{x^2 y^2 z^2}(\alpha+\beta+\gamma-1)$$

Dabei wurden im zweiten Schritt zunächst die zweite und dritte Spalte zur ersten Spalte addiert, wodurch in der ersten Spalte die Einträge $\alpha + \beta + \gamma - 1$ entstehen. Subtrahiert man dann noch die erste Zeile von der zweiten und dritten, so lässt sich nun die Determinante durch Entwicklung nach der ersten Spalte leicht bestimmen. Mit diesen Determinanten kann man nun die Definitheit von M bzw. H_f prüfen:

- Falls $\alpha+\beta+\gamma < 1$, so haben die Hauptunterdeterminanten die Vorzeichen $-1, 1, -1$. M und H_f sind also negativ definit für alle $x, y, z > 0$. f ist also (streng) konkav.

- Falls $\alpha + \beta + \gamma > 1$, so ist M indefinit. In Frage kommt nämlich nur positiv semidefinit. Hierfür muß aber gelten $\det M_2 \geq 0$, d.h. $\alpha + \beta \leq 1$. Dann folgt aber wegen $\alpha, \beta > 0$ schon $\alpha < 1$ und somit $\det M_1 < 0$. Dies kann für positiv semidefinite Matrizen nicht sein. f ist weder konkav noch konvex.

- Im Fall $\alpha + \beta + \gamma = 1$ hilft das Determinantenkriterium nicht. Allerdings lässt sich f als Grenzwert $\lim\limits_{k\to\infty} f_k$ einer Schar (streng) konkaver CD-Funktionen f_k mit Exponenten $\alpha, \beta, \gamma - \frac{1}{k}$ darstellen. Deren Konkavität überträgt sich auf f als – punktweisen – Grenzwert. f ist daher konkav.

Die voranstehenden Rechnungen lassen sich auf den Fall einer CD-Funktion in beliebig vielen Variablen übertragen.

Satz 5.21
Ist der Homogenitätsgrad $\alpha_1 + \cdots + \alpha_n$ einer Cobb-Douglas-Funktion $f(x_1, \ldots, x_n) = x_1^{\alpha_1} \cdots x_n^{\alpha_n}$ mit Exponenten $\alpha_1 > 0, \ldots, \alpha_n > 0$ echt kleiner als (bzw. kleiner oder gleich) Eins, so ist die Funktion strikt konkav (bzw. konkav). Bei einem Homogenitätsgrad größer als Eins ist die Funktion weder konkav noch konvex.

Übungen zu Abschnitt 5.5

20. a) Welche der folgenden Matrizen sind positiv bzw. negativ definit bzw. indefinit?

$$A = \begin{bmatrix} 42 & 0 \\ 0 & 17 \end{bmatrix}, B = \begin{bmatrix} -1 & 2 \\ 2 & -3 \end{bmatrix}, C = \begin{bmatrix} -2 & 3 \\ 3 & -5 \end{bmatrix}, D = \begin{bmatrix} -4 & 4 & -1 \\ 4 & -6 & 2 \\ -1 & 2 & -1 \end{bmatrix}, E = \begin{bmatrix} 3 & 2 & -2 \\ 2 & 3 & -4 \\ -2 & -4 & 5 \end{bmatrix}$$

21. Für welche $a \in \mathbb{R}$ ist die Matrix $A = \begin{bmatrix} a & 2a \\ 2a & 4 \end{bmatrix}$ positiv definit?

22. Berechnen Sie die partiellen Ableitungen zweiter Ordnung :

a) $f(x,y) = \ln(xy)$ b) $f(x,y,z) = 5x^2 - 3y^3 + 3z^4$ c) $f(x,y,z) = \frac{x^4}{yz}$ d) $f(x,y,z) = e^{xyz}$

Prüfen Sie auch jeweils das Krümmungsverhalten auf $\mathbb{D} =]0; \infty[^2$ bzw. $\mathbb{D} =]0; \infty[^3$.

5.6 Integrale für Funktionen mehrerer Variablen

Volumina von unregelmäßig umschlossenen Körpern lassen sich auf Integrale für Funktionen mehrerer Variablen zurückführen. Sie werden z.B. benötigt, wenn der Wahrscheinlichkeitsbegriff für mehrere kontinuierliche Merkmale – beispielsweise die Preise oder Umsatzzahlen verschiedener Produkte – erklärt werden soll.

5.6.1 Volumenintegrale

Diese Volumina werden im Folgenden exemplarisch anhang von Zweifachintegralen der Form $\int_{\mathbb{D}} f(x_1, x_2) dx_1 dx_2$ für stetige Funktionen $f : \mathbb{D} \to \mathbb{R}$ erklärt, wobei $\mathbb{D} =$

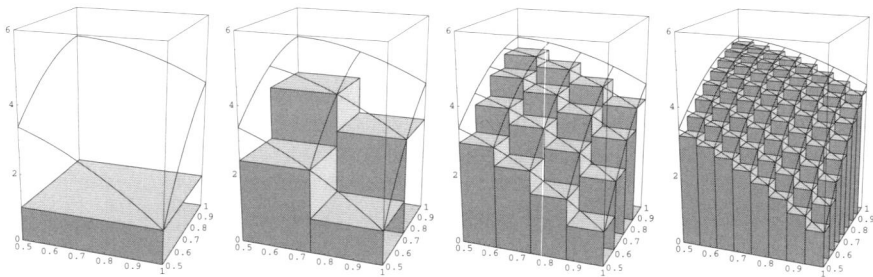

Abbildung 5.19: Ausschöpfung des Volumens unter dem Graph einer Funktion zweier Variablen mit sukzessiver Halbierung in x- und y-Richtung. Die Näherungsvolumina von links nach rechts lauten: $0,25$, $0,642578$, $0,805176$, $0,878052$. Der exakte Wert beträgt $\frac{121}{128} \approx 0,945$, vgl. Beispiel 5.48 ⇒vgl. S. 217.

$[a_1; a_2] \times [b_1; b_2] \subseteq \mathbb{R}^2$. Das Zweifachintegral lässt sich als Rauminhalt des Körpers über der Grundfläche $\mathbb{D}$ auffassen, der von dem Funktionsgebirge vertikal begrenzt wird. Auch hier kann man wie bei Funktionen einer Variablen das Integral über ein Ausschöpfungs– bzw. Einschließungsverfahren annähern. Als ausschöpfende Körper verwendet man dann Quader. In Abbildung 5.19 ist dies anhand der Funktion $f(x,y) = x^3 - 6x^2 - 6y^2 + 5xy + 10y$ über dem Bereich $\mathbb{D} = [0,5;1] \times [0,5;1]$ skizziert. Bei der Approximation der Körper werden formal Zerlegungsfolgen

$$a_1 = a_{m,1} < \cdots < a_{m,m} = a_2, \quad b_1 = b_{m,1} < \cdots < b_{m,m} = b_2$$

mit $\max_i (a_{m,i} - a_{m,i-1}) \overset{m \to \infty}{\longrightarrow} 0$ und $\max_i (b_{m,i} - b_{m,i-1}) \overset{m \to \infty}{\longrightarrow} 0$ gewählt und $\mathbb{D}$ in Rechtecke $[a_{m,i-1}; a_{m,i}] \times [b_{m,j-1}; b_{m,j}]$ eingeteilt, in denen (geeignete) Stützstellen

$$(x_{i,j}^{(m)}, y_{i,j}^{(m)})^T \in [a_{m,i-1}; a_{m,i}] \times [b_{m,j-1}; b_{m,j}]$$

festgelegt werden. Dann ist das **Zweifachintegral** Grenzwert von „Quadersummen":

$$\int_{\mathbb{D}} f(x,y)dxdy := \lim_{m \to \infty} \sum_{i,j} f(x_{i,j}^{(m)}, y_{i,j}^{(m)}) \cdot (a_{m,i} - a_{m,i-1}) \cdot (b_{m,i} - b_{m,i-1})$$

falls der Grenzwert unabhängig von der Art der Zerlegung existiert. Das skizzierte Ausschöpfungsverfahren ist allerdings bei Funktionen von n Variablen mit größerem n schnell ineffizient: Bei k Stützstellen auf jeder Koordinatenachse müssen nämlich $(k+1)^n$ Summanden berechnet werden. Ein Ausweg ist hier die numerische Integration z.b. mittels Computer–Simulationen, (**Monte–Carlo–Methoden**).

Wenn das Zweifachintegral auf obige Weise als Grenzwert erklärt wird, lassen sich wieder Rechenregeln wie Konstanten- und Summenregel, d.h.

$$\int_{\mathbb{D}} (af(x,y) + bg(x,y))dxdy = a \int_{\mathbb{D}} f(x,y)dxdy + b \int_{\mathbb{D}} g(x,y)dxdy$$

und Regeln vom Typ der partiellen Integration und Substitution aufstellen.

Volumenintegrale müssen nicht immer auf Approximationen zurückgeführt werden. Vielmehr sind im Falle stetiger Integranden $f : \mathbb{D} = [a; b] \times [c; d] \to \mathbb{R}$ die **Zweifachintegrale** auf **Doppelintegrale** zurückführbar. Bei diesen werden zwei einfache Integrationen hintereinander ausgeführt, die man jeweils unter Verwendung des **Hauptsatzes der Differential- und Integralrechnung** mittels **Stammfunktionen** bestimmt. Man gewinnt das bestimmte Integral

$$\int_{\mathbb{D}} f(x, y)\, dx\, dy$$

indem man erst nach y integriert (wobei x Konstante ist) und das Ergebnis nach x integriert, d.h. über die iterierte Vorgehensweise

$$\int_{\mathbb{D}} f(x, y)\, dx\, dy := \int_a^b \left[\int_c^d f(x, y)\, dy \right] dx$$

Den gleichen Wert erhält man, wenn erst nach x und dann nach y integriert wird:

Satz 5.22
Für eine stetige Funktion $f : [a; b] \times [c; d] \to \mathbb{R}$ ist

$$\int_a^b \left[\int_c^d f(x, y)\, dy \right] dx = \int_c^d \left[\int_a^b f(x, y)\, dx \right] dy$$

Beispiel 5.48
Für $\mathbb{D} = [\frac{1}{2}; 1] \times [\frac{1}{2}; 1]$ und $f(x, y) = x^3 - 6x^2 - 6y^2 + 5xy + 10y$ ist

$$\int_{\mathbb{D}} f(x, y)\, dx\, dy = \int_{\frac{1}{2}}^1 \left[\frac{1}{4}x^4 - 2x^3 + \frac{5}{3}x^2 y - 6xy^2 + 10xy \right]_{x=\frac{1}{2}}^{x=1} dy$$

$$= \int_{\frac{1}{2}}^1 \left(-3y^2 + \frac{55}{8}y - \frac{97}{64} \right) dy = \frac{121}{128} = 0{,}9453125$$

Bei der anderen Integrationsreihenfolge ergibt sich der gleiche Wert

$$\int_{\mathbb{D}} f(x, y)\, dx\, dy = \int_{\frac{1}{2}}^1 \left(\frac{1}{2}x^3 - 3x^2 + \frac{15}{8}x + 2 \right) dy = \frac{121}{128}$$

Entsprechend verläuft die Integration von stetigen Funktionen mit mehr als zwei Variablen. Es wird nacheinander nach jeder Variablen integriert, wobei die anderen Variablen jeweils als Konstanten aufgefasst werden. Dass sich unabhängig von der Integrationsreihenfolge stets derselbe Wert ergibt, erinnert an die Gleichgültigkeit der Ableitungsreihenfolge bei der Bildung gemischter partieller Ableitungen zweiter Ordnung.

5.6.2 Integrationsregeln

Anders als bei Funktionen einer Variablen haben die Begriffe „unbestimmtes Integral" und „Stammfunktion" für Funktionen von zwei und mehr Variablen unterschiedliche Bedeutung.

Definition 5.19

[1] Es sei $f : \mathbb{D} \subseteq \mathbb{R}^2 \to \mathbb{R}$ eine stetige Funktion. Eine zweimal stetig partiell differenzierbare Funktion $F : \mathbb{D} \to \mathbb{R}$ heißt **unbestimmtes Integral** von f, wenn $D_{12}F(x,y) = D_{21}F(x,y) = f(x,y)$ für alle $(x,y)^T \in \mathbb{D}$. Man schreibt dann $\int f(x,y)dxdy = F(x,y)$.

[2] Es seien $f_1, f_2 : \mathbb{D} \subseteq \mathbb{R}^2 \to \mathbb{R}$ stetig. Eine stetig partiell differenzierbare Funktion $F : \mathbb{D} \to \mathbb{R}$ heißt **Stammfunktion** von f_1, f_2, wenn $\nabla F(x,y) = (f_1(x,y), f_2(x,y))^T$ für alle $(x,y)^T \in \mathbb{D}$.

Für die Berechnung von Mehrfachintegralen ist das unbestimmte Integral zuständig. So gilt in der Situation der obigen Definition, wenn $\mathbb{D} = [a_1; a_2] \times [b_1; b_2]$:

$$\int_{a_1}^{a_2} \int_{b_1}^{b_2} f(x,y)dxdy = \int_{a_1}^{a_2} \left(\int_{b_1}^{b_2} f(x,y)dy \right)dx = \int_{a_1}^{a_2} \left(D_1F(x,b_2) - D_1F(x,b_1) \right) dx$$

$$= F(a_2,b_2) - F(a_1,b_2) - F(a_2,b_1) + F(a_1,b_1)$$

Beide Integrationsschritte zur Berechnung des Doppelintegrals führt man also mittels des unbestimmten Integrals F aus.

Beispiel 5.49
Beispielsweise ergibt sich

$$\int_{a_1}^{a_2} \int_{b_1}^{b_2} \cos(x+y)dxdy = \int_{a_1}^{a_2} \left(\sin(x+b_2) - \sin(x+b_1) \right) dx$$

$$= -\cos(a_2+b_2) + \cos(a_1+b_2) + \cos(a_2+b_1) - \cos(a_1+b_1)$$

Auch für allgemeinere Definitionsbereiche können Mehrfachintegrale gebildet werden:

- Im Falle von Integralen $\int_{a_1}^{\infty} \int_{b_1}^{b_2} \cdots, \int_{a_1}^{\infty} \int_{b_1}^{\infty} \cdots, \int_{-\infty}^{\infty} \int_{b_1}^{b_2}$ usw. mit uneigentlichen Integrationsgrenzen werden diese wieder durch Limesbildung erfasst.

- Falls $\mathbb{D}$ kein Rechteck (sondern Kreis, Dreieck,...) ist, bildet man **Schnitte** $\mathbb{D}_y = \left\{ x \in \mathbb{R} : (x,y)^T \in \mathbb{D} \right\}$ und integriert wieder zweimal einfach, wobei innen als Integrationsbereich $\mathbb{D}_y$ verwendet wird. Konkret gilt oft   ⇨ vgl. Abbildung 5.20, S. 219

  - $\mathbb{D}_y = \left\{ x \in \mathbb{R} : (x,y)^T \in \mathbb{D} \right\} = [a_1(y); a_2(y)]$, d.h. die Schnitte sind Rechtecke

  - $\left\{ y \in \mathbb{R} : \exists x \text{ mit } (x,y)^T \in \mathbb{D} \right\} = [b_1; b_2]$.

Dann gilt $\int_{\mathbb{D}} f(x,y)dxdy = \int_{b_1}^{b_2} \left(\int_{a_1(y)}^{a_2(y)} f(x,y)dx \right) dy$. Dabei können nach Bedarf die Rollen von x, y vertauscht werden; dann aber ist auch eine vertauschte Berechnung der Schnitte erforderlich.

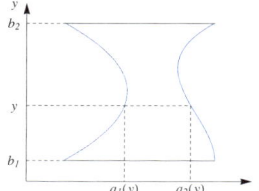 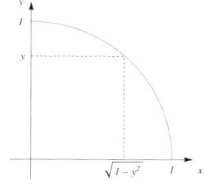 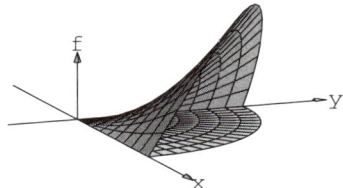

Abbildung 5.20: Volumenintegral mit gebundenen Grenzen; links Definitionsbereich und Schnitt, Mitte und rechts Beispiel 5.50

Beispiel 5.50

Für $f(x, y) = 2xy$ und $\mathbb{D} = \left\{ (x, y)^T \in \mathbb{R}^2 : x, y \geq 0, x^2 + y^2 \leq 1 \right\}$ ist der Graph von f und der Definitionsbereich in Abbildung 5.20 dargestellt. Gesucht ist das Volumen des vom Funktionsgraph und $\mathbb{D}$ umschlossenen Bereiches.

Die Schnitte lauten $\mathbb{D}_y = \left\{ x \in \mathbb{R} : (x, y)^T \in \mathbb{D} \right\} = \left[0; \sqrt{1 - y^2} \right]$ für $0 \leq y \leq 1$ und $\left\{ y \in \mathbb{R} : \exists x \text{ mit } (x, y)^T \in \mathbb{D} \right\} = [0; 1]$. Dann ergibt sich

$$\int_{\mathbb{D}} f(x, y) dx dy = \int_0^1 \left(\int_0^{\sqrt{1-y^2}} 2xy dx \right) dy = \int_0^1 y(1 - y^2) dy = \frac{1}{4}$$

Neben der Zurückführung von Zweifach-Integralen auf Doppelintegrale mittels Schnitten wird oft auch versucht, den Definitionsbereich so zu transformieren, dass er in einen Quader überführt werden kann. Das Ausgangs-Integral kann dann durch Substitution der Transformationsfunktion so umgeschrieben werden, dass abschließend die Berechnung als Doppelintegral möglich ist. Beispiele solcher Mengen sind alle Formen von Kreisringsektoren $\mathbb{K}$ der Form, wie sie schon in Abbildung 5.8 ⇨ vgl. S. 181 dargestellt wurden. Bezeichnen r_1 den inneren und r_2 den äußeren Radius eines solchen Kreisringes und $\phi_1 < \phi_2$ die begrenzenden Winkel, so lässt sich jeder Punkt $(x, y)^T$ eines solchen Kreisring-Sektors in der Form $(r \cos \phi, r \sin \phi)^T$ mit den Polarkoordinaten $r \in [r_1; r_2]$ und $\phi \in [\phi_1; \phi_2]$ darstellen. Die Transformationsfunktion ist dann

$$g = (g_1, g_2) : [r_1; r_2] \times [\phi_1; \phi_2] \to \mathbb{K}, \ g(r, \phi) = (r \cos \phi, r \sin \phi)$$

Wie schon bei der Einführung der Determinante ⇨ vgl. S. 102 angedeutet, verändert sich der Flächeninhalt einer solchermaßen aus einem Rechteck gewonnenen gekrümmten Fläche mit der Determinante der Änderungsfunktion, in diesem Falle der Determinante der Jacobi-Matrix der Transformationsfunktion g, welche man auch **Funktionaldeterminante** nennt. Im Falle der Kreisringsektor-Transformation ergibt sich die Jacobi-Matrix von g zu $J_g(r, \phi) = \begin{bmatrix} \cos \phi & -r \sin \phi \\ \sin \phi & r \cos \phi \end{bmatrix}$ ⇨ vgl. S. 181, die Funktionaldeterminante ist $\det(J_g(r, \phi)) = r \cos^2 \phi + r \sin^2 \phi = r$.

Integrale über Bereichen, die sich auf Rechtecke transformieren lassen, können nun mittels der Substitutionsregel auf Doppelintegrale zurückgeführt werden. Diese Regel ist in wesentlich allgemeinerem Kontext, d.h. auch bei Funktionen mit mehr als zwei

Variablen, gültig und sie erlaubt das Hin- und Herrechnen zwischen verschiedenen Transformationsgestalten des Integrationsbereiches $\mathbb{S}$ einer Funktion. Die einzige Anforderung an diesen Bereich ist dabei, dass sich für einen Zylinder mit der Grundfläche $\mathbb{S}$ das Volumen als Riemann-Integral berechnen lässt, d.h. dass die Indikatorfunktion

$$\mathbf{1}_{\mathbb{S}}(x) = \left\{ \begin{array}{ll} 1 & \text{falls } x \in \mathbb{S} \\ 0 & \text{falls } x \notin \mathbb{S} \end{array} \right.$$

Riemann-integrierbar ist. Beispiele solcher Jordan-Mengen sind Intervalle, Rechtecke, Kreise oder Ellipsen auch höherer Dimensionen.

Satz 5.23 (Substitutionsregel)

Seien $\mathbb{D}, \mathbb{E} \subseteq \mathbb{R}^n$ offen und $f : \mathbb{D} \to \mathbb{R}$ eine stetige Funktion. Weiter sei $g : \mathbb{E} \to \mathbb{D}$ eine injektive (d.h. auf ihrem Wertebereich $g(\mathbb{E}) \subseteq \mathbb{D}$ umkehrbare) und differenzierbare Funktion mit Jacobi-Matrix $J_g(x)$, deren Determinante $\det(J_g(x))$ auf $\mathbb{E}$ stets positiv oder stets negativ ist. Für jede kompakte Jordan-Menge $\mathbb{T} \subseteq \mathbb{E}$ ist dann $\mathbb{S} = g(\mathbb{T})$ wieder eine Jordan-Menge und es gilt

$$\int_{g(\mathbb{T})} f(x)dx = \int_{\mathbb{T}} f(g(t))|\det J_g(t)|dt$$

Die Formel stellt eine Erweiterung der **Substitutionsregel einer Variablen** für eindimensionale Integrale dar, bei welcher die Ableitung der Transformationsfunktion als zusätzlicher Faktor hinzukam. Für höherdimensionale Integrationen muss an dieser Stelle eben die Determinante der Jacobi-Matrix eingesetzt werden. Man erkennt, dass die Volumenbestimmung also das Änderungsverhalten berücksichtigen muss, welches sich aus der Transformationsfunktion g ergibt. Während bei einer linearen Transformation $x \mapsto Ax$ die Determinante von A in die Flächenänderungsformel eingeht, so benötigt man hierzu bei der nichtlinearen Transformation $x \mapsto g(x)$ die Funktionaldeterminante – bei einer linearen Abbildung $x \mapsto Ax$ stimmt die Funktionaldeterminante mit $\det(A)$ überein.

Zur Illustration sei diese Substitutionsregel für den oben eingeführten Kreisringbereich $\mathbb{K}$ ausgeführt. Mit Kreisring-Transformation $g(r, \phi) = (r \cos \phi, r \sin \phi)$ und deren Funktionaldeterminante r lautet sie dann

$$\int_{\mathbb{K}} f(x, y)dxdy = \int_{\phi_1}^{\phi_2} \int_{r_1}^{r_2} f(r \cos \phi, r \sin \phi) \cdot r \, dr d\phi$$

Beispiel 5.51

Die bekannteste Anwendung dieser Formel ist das so genannte Gauß'sche Fehlerintegral der Statistik

$$\int_{-\infty}^{\infty} e^{-x^2} dx = \sqrt{\pi}$$

welches Grundlage der in der Ökonomie als Näherung oft verwendeten Normalverteilung ist. Zunächst ist wegen der Symmetrie des Integranden die Formel gleichwertig zu $\int_0^{\infty} e^{-x^2} dx = \frac{1}{2}\sqrt{\pi}$. Dieses wiederum lässt sich aus

$$\int_0^{\infty} \int_0^{\infty} e^{-(x^2+y^2)} dxdy = \int_0^{\infty} e^{-x^2} dx \int_0^{\infty} e^{-y^2} dx$$

herleiten, wenn man nachgerechnet hat, dass das links stehende Doppelintegral den Wert $\frac{\pi}{4}$ hat. Dieses Integral entspricht aber dem Zweifach-Integral über dem Quadranten $[0; \infty] \times [0; \infty]$, welcher durch immer größer werdende Viertelkreise K_R, d.h. spezifische Kreisringe mit Innenradius Null und Außenradius R mit den Winkelbegrenzungen 0 und $\frac{\pi}{2} = 90°$ ausgeschöpft werden kann. Deshalb gilt

$$\int_0^\infty \int_0^\infty e^{-(x^2+y^2)} dx dy = \lim_{R \to \infty} \int_{K_R} e^{-(x^2+y^2)} dx dy$$

Solch ein Viertelkreis ergibt sich als Polarkoordinaten-Transformation des Rechtecks $[0; R] \times [0; \frac{\pi}{2}]$. Damit besagt die Substitutionsregel, angewendet auf die Polarkoordinaten-Transformation

$$\int_{K_R} e^{-(x^2+y^2)} dx dy = \int_0^{\frac{\pi}{2}} \int_0^R e^{-(r^2 \cos^2 \phi + r^2 \sin^2 \phi)} r dr d\phi$$

$$= \int_0^{\frac{\pi}{2}} \int_0^R e^{-r^2} r dr d\phi = \int_0^{\frac{\pi}{2}} \frac{1}{2}(1 - e^{-R^2}) d\phi = \frac{\pi}{4}(1 - e^{-R^2})$$

Dieser Term beschreibt also das Volumen unter der Funktion $e^{-(x^2+y^2)}$ auf dem Viertelkreis K_R. Mit $R \to \infty$ ergibt sich der gesuchte Wert $\lim_{R \to \infty} \frac{\pi}{4}(1 - e^{-R^2}) = \frac{\pi}{4}$.

Übungen zu Abschnitt 5.6

23. Berechnen Sie folgende Doppelintegrale:

a) $\int_1^r \int_0^{2\pi} 1 dx\, dy, r > 0,$ c) $\int_1^2 \int_0^1 (x+y)^2 dx\, dy$ e) $\int_0^\pi \int_0^\pi \cos(x+y)^2 dx\, dy$

b) $\int_1^2 \int_1^2 (x^2+y^2) dx\, dy,$ d) $\int_0^\pi \int_0^\pi (1 - \cos(x+y)) dx\, dy$

24. Berechnen Sie $\int_{\{0 \leq y \leq x \leq 1\}} \sqrt{x-y} dx dy$

Zusammenfassung

Funktionen mehrerer Variablen werden in der Ökonomie vor allem zur Beschreibung von Produktionszusammenhängen und Nachfragesituationen verwendet. Darauf aufbauend treten sie auch bei der Darstellung von Gewinn, Erlös und Kosten auf. Zu den wichtigsten Funktionstypen in der Ökonomie gehören die Cobb-Douglas-Funktionen. Mit homogenen Funktionen erfasst man Sachverhalte, in denen Produktionsfaktoren sich in festen Einsatzverhältnissen verändern.

Das Änderungsverhalten ökonomischer Funktionen wird mit dem Differential beschrieben. Zur Berechnung zieht man gewöhnliche partielle Ableitungen heran, d.h. man differenziert nach jeder Variablen, wobei man jeweils die übrigen Variablen wie Konstante behandelt. Mit dem solchermaßen erhaltenen Gradientenvektor kann man in den meisten Fällen weitere Ableitungen wie Richtungsableitungen und -elastizitäten bestimmen; mit letzeren erfasst man die Notwendigkeit das Änderungsverhalten ökonomischer Variablen einheitenunabhängig, also prozentual zu erfassen.

Sobald ökonomische Variablen aneinander gebunden sind, lassen sie sich als implizite Funktionen voneinander auffassen und oft auch in Abhängigkeit voneinander differenzieren, um das Änderungsverhalten zu beschreiben. Gerade in Produktions- und Nachfragezusammenhängen betrachtet man die Isoquanten und deren Steigung in Form der Substitutionsgrenzrate sowie Krümmung in Form der (von Einheiten unabhängigen) Substitutionselastizität.

Das Krümmungsverhalten von Funktionen mehrerer Variablen lässt sich mit dem Definitheitsverhalten der Hesse-Matrix, d.h. der Matrix der partiellen Ableitungen zweiter Ordnung beschreiben.

Integrale in mehreren Variablen dienen zum einen der Flächen- und Volumenberechnung – vor allem im Bereich der Wahrscheinlichkeitsrechnung und Statistik – andererseits helfen sie in Form der Stammfunktion auch bei der steckbriefartigen Beschreibung nicht vollständig präzisierter funktionaler Zusammenhänge der Ökonomie.

Übungen zur Vertiefung von Kapitel 5

25. In der Rennbesen herstellenden Industrie herrscht ein harter Wettkampf um Marktanteile. Eine Studie der Firma „Nimbus" zeigt, dass abhängig vom Preis $x > 0$ des Besens „Nimbus 2005" vom Preis $y > 0$ des (Konkurrenz-)Besens „Reinemach" und vom Preis $z > 0$ des Besenpflege-Set „Besen-Rein" sich für den „Nimbus 2005" eine Nachfrage gemäß der Funktion $f(x, y, z) = \frac{y^2}{z(x+y)}$ ergibt.

a) Bestimmen Sie die partiellen Ableitungen erster Ordnung von f. Vereinfachen Sie die dabei auftretenden Ausdrücke so weit wie möglich.

b) Für festen Besenpflege-Set-Preis $z > 0$ sei $g(x, y) = f(x, y, z)$. Weisen Sie nach, dass die Hesse-Matrix von g die folgende Gestalt hat: $H_g(x, y) = \frac{2}{z(x+y)^3} \begin{bmatrix} y^2 & -xy \\ -xy & x^2 \end{bmatrix}$

c) Untersuchen Sie die Funktion f auf Homogenität. Bestimmen Sie den Elastizitätsgradienten von f und die die Summe der partiellen Elastizitäten.

d) Untersuchen Sie das Krümmungsverhalten der Funktion g anhand ihrer Hesse-Matrix $H_g(x, y)$, d.h. geben Sie insbesondere an, für welche $x, y > 0$ diese Hesse-Matrix positiv (bzw. negativ) definit (bzw. semidefinit) ist. Hinweis: Definitheit gemäß Definition prüfen.

6 Optimierungsaufgaben

Übersicht

Zielformulierungen der Ökonomie lassen sich vielfach auf die Optimierung einer differenzierbaren Funktion $f : \mathbb{D} \subseteq \mathbb{R}^n \to \mathbb{R}$ von n Variablen zurückführen; diese Variablen sind meist noch Restriktionen unterworfen, die sich mit geeigneten differenzierbaren Funktionen $g_1, \ldots, g_m : \mathbb{D} \to \mathbb{R}$ als Gleichungen oder Ungleichungen, d.h. in der Form von Nebenbedingungen $g_i(x_1, \ldots, x_n) = b_i$ bzw. $g_i(x_1, \ldots, x_n) \leq b_i$ bzw. $g_i(x_1, \ldots, x_n) \geq b_i$ schreiben lassen.

Wir betrachten zunächst Lösungsansätze für Optimierungsprobleme ohne Nebenbedingungen ⇨ vgl. Abschnitt 6.1 und gehen auf notwendige und hinreichende Bedingungen für lokale Extrema, konvexe Optimierung sowie numerische Ansätze ein. Anschließend wird die Lagrange-Methode zur Bestimmung von kritischen Punkten für Optimierungsprobleme unter Nebenbedingungen in Gleichungs- und Ungleichungsform behandelt ⇨ vgl. Abschnitt 6.2, S. 236. Lokale oder globale Optimalität von kritischen Punkten kann dann auf verschiedene Arten nachgewiesen werden ⇨ vgl. Abschnitt 6.3, S. 252. Neben dem Spezialfall der konvexen Optimierung und der Besprechung von hinreichenden Bedingungen für lokale Extrema wird noch der Randwertvergleich als vergleichsweise elementare Möglichkeit des Optimalitätsnachweises beschrieben. Der Einfluss exogener Parameter auf das Ergebnis der Optimierung ist Thema der komparativen Statik ⇨ vgl. Abschnitt 6.4, S. 267.

6.1 Optimierungsaufgaben ohne Nebenbedingungen

Auch wenn Optimierungsprobleme ohne Nebenbedingungen in Anwendungen seltener vorkommen – denn wann dürfen Ressourcen, als welche die Inputs einer Zielfunktion oftmals interpretiert werden, schon einmal bedingungslos eingesetzt werden? – wollen wir mit diesen beginnen, denn die mathematische Technik ist einfacher und bereitet den Boden für die Lösung restringierter Probleme. Dennoch lohnt es sich auch für diese Situation den Optimierungs-Kalkül zu behandeln, denn zum einen lässt sich auch die Optimierung unter Nebenbedingungen zum Teil hier einbetten, zum anderen bietet das Thema Gelegenheit, auf das Konzept der Hesse-Matrix noch einmal einzugehen.

Bei der Optimierung muss man zwischen lokalen und globalen Extrema unterscheiden. In Anwendungen ist eigentlich immer die beste Lösung, also ein globales Extremum gesucht. Praktisch berechnet werden jedoch – durch Nullsetzen von Ableitungen – zunächst lokale Extrema oder Kandidaten hierfür.

Definition 6.1 (Lokales/Globales Extremum einer Funktion)

Sei $f : \mathbb{D} \to \mathbb{R}^1$, $\mathbb{D} \subseteq \mathbb{R}^n$ eine Funktion.

[1] Man sagt, f **hat an der Stelle** $x = (x_1, \ldots, x_n)^T \in \mathbb{D}$ **ein lokales Maximum (bzw. lokales Minimum)**, wenn es ein $\varepsilon > 0$ gibt, so dass gilt:

$$f(y) \leq f(x) \text{ (bzw. } f(y) \geq f(x)) \quad \text{für alle } y = (y_1, \ldots, y_n)^T \in \mathbb{D} \text{ mit } \|y - x\| < \varepsilon$$

[2] Man sagt, f **hat an der Stelle** $x = (x_1, \ldots, x_n)^T \in \mathbb{D}$ **ein globales Maximum (bzw. globales Minimum)**, wenn gilt

$$f(y) \leq f(x) \text{ (bzw. } f(y) \geq f(x)) \quad \text{für alle } y = (y_1, \ldots, y_n)^T \in \mathbb{D}$$

Zuweilen findet sich die Anforderung an ein lokales Extremum, dass es auch innerer Punkt des Definitionsbereiches sein soll. Wir verzichten hierauf, da später stets von differenzierbaren Funktionen auf offenen Mengen ausgegangen wird.

Jedes globale Extremum ist ein lokales Extremum. Will man daher ein globales Extremum bestimmen, so kann man das prinzipiell daher wie folgt versuchen:

[1] Erst werden alle Kandidaten für lokale Extrema bestimmt (FOC). Diese nennt man auch kritische Punkte..

[2] Unter den kritischen Punkten wird derjenige mit dem größten bzw. kleinsten Funktionswert ermittelt.

[3] Schließlich ist noch ein Randwerte-Vergleich mit allen „Randpunkten" des Definitionsbereichs $\mathbb{D}$ erforderlich.

Diese Vorgehensweise ist dann brauchbar, wenn man schon weiß, dass das Problem ein globales Extremum als Lösung hat (aber das Extremum noch nicht kennt). Hinreichende Bedingungen für lokale Extrema müssen dann nicht nachgerechnet werden.

6.1.1 Bestimmung kritischer Punkte

Mit dieser Vorgehensweise rückt die Bestimmung von Kandidaten für lokale Extrema in den Vordergrund des Interesses. Betrachtet man etwa die Maximierungsaufgaben, und ist $(x_1, \ldots, x_n)^T \in \mathbb{D}$ Stelle eines lokalen Maximums einer Funktion $f : \mathbb{D} \subseteq \mathbb{R}^n \to \mathbb{R}$, so bedeutet das für jede der n Input-Variablen, dass eine geringfügige Veränderung nur dieser einen Variablen zu einer Verringerung von f führt, d.h. für alle $i \in \{1, \ldots, n\}$ gibt es ein Intervall $J_i =]x_i - \delta_i; x_i + \delta_i[$, so dass für alle $t \in J_i$

$$f(x_1, \ldots, x_{i-1}, t, x_{i+1}, \ldots, x_n) \leq f(x_1, \ldots, x_{i-1}, x_i, x_{i+1}, \ldots, x_n)$$

Hält man also alle, bis auf die i-te Variable fest, so ergibt sich eine **Schnittfunktion**, die in x_i ein lokales Maximum hat; damit muss deren Ableitung gleich Null sein. Dabei handelt es sich aber genau um die **partielle Ableitung** von f nach x_i, d.h. um $\frac{\partial f}{\partial x_i}$.

Es müssen deshalb in einem lokalen Maximum von f alle partiellen Ableitungen verschwinden, also gleich Null sein. ⇨ vgl. Abbildung 6.1 .Derartige Bedingungen auf Basis der partiellen Ableitungen erster Ordnung der Zielfunktion nennt man auch Bedingungen erster Ordnung (kurz: FOC, engl. First Order Conditions).

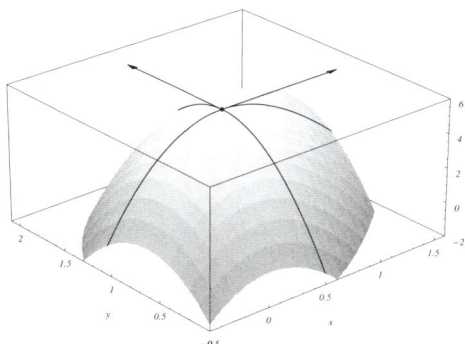

Abbildung 6.1: Lokales Maximum (x_0, y_0) einer Funktion zweier Variablen. Die Tangenten an den Graph von f im Punkt
$(x_0|y_0|f(x_0, y_0))$ in y-Richtung ist horizontal ausgerichtet,
die partiellen Ableitungen nach x, y sind dort gleich Null.

Satz 6.1 (Notwendige Bedingungen für lokale Extrema; FOC)
Sei $f : \mathbb{D} \subseteq \mathbb{R}^n \to \mathbb{R}$ partiell differenzierbar in $\mathbb{D}$. Sei $x = (x_1, \ldots, x_n)^T \in \mathbb{D}$ ein innerer
Punkt von $\mathbb{D}$, so dass f in x ein lokales Extremum hat. Dann gilt: $\nabla f(x_1, \ldots, x_n) = \bar{0}$, d.h.
alle partiellen Ableitungen von f in x verschwinden. Jeder innere Punkt $(x_1, \ldots, x_n)^T \in \mathbb{D}$
mit $\nabla f(x_1, \ldots, x_n) = \bar{0}$ heißt **kritischer Punkt**.

Beispiel 6.1
Zu minimieren sei die Funktion $k : \mathbb{R}^2 \to \mathbb{R}$, $k(x, y) = x^2 + 2xy + 3(y-1)^2$. Diese
hat den Gradienten $\nabla k(x, y) = (2x + 2y, 2x + 6(y-1))^T$. Setzt man die partiellen
Ableitungen gleich Null, so ergibt sich das (lineare) Gleichungssystem

$$2x + 2y = 0, \qquad 2x + 6y = 6$$

Subtraktion der beiden Gleichungen voneinander führt zur Elimination von x und zur
Gleichung $4y = 6 \Leftrightarrow y = \frac{3}{2}$. Rücksubstitution liefert dann $x = -\frac{3}{2}$.

An dieser Stelle kann noch nicht geschlossen werden, dass tatsächlich ein globales
Minimum vorliegt. Man könnte z.B. nach einem Bereich $B_r(-\frac{3}{2}, \frac{3}{2})$ mit geeignet großem
Radius $r > 0$ suchen, außerhalb dessen nur noch Funktionswerte größer oder gleich
$f(-\frac{3}{2}, \frac{3}{2})$ vorliegen. Das soll an dieser Stelle unterbleiben, weil später eine einfachere
Argumentation behandelt wird.

Beispiel 6.2 (Fortsetzung von Beispiel 5.8 ⇨ vgl. S. 170)
Für das Regalbeispiel ergab sich der Deckungsbeitrag aus der Produktion der Regale
Bill1 und Bill2 in Abhängigkeit von deren Preisen als

$$G(p, q) = -14p^2 - 3q^2 + 3pq + 2396p + 1197q - 120030$$

Die FOC lauten in diesem Fall

$$-28p + 3q + 2396 = 0$$
$$-6q + 3p + 1197 = 0$$

Addiert man zweimal die erste zur zweiten Gleichung, so erhält man $-53p + 5989 =
0 \Leftrightarrow p = 113$. Eingesetzt in die erste Gleichung folgt $-28 \cdot 113 + 3q + 2396 = 0 \Leftrightarrow 3q =
768 \Leftrightarrow q = 256$.

Auch hier soll die Argumentation, weshalb an dieser Stelle tatsächlich der maximale Deckungsbeitrag erzielt wird, zunächst zurückgestellt werden.

Beispiel 6.3 (Formeln der KQ-Methode ⇨ vgl. S. 83)
Es soll eine Gerade der Form $y = ax + b$ durch Festlegung geeigneter $a, b \in \mathbb{R}$ so an Datensätze $(x_1, y_1), \ldots, (x_n, y_n)$ angepasst werden, dass die Summe der quadrierten Abweichungen zwischen den geschätzten und beobachteten Werten minimal wird. Das bedeutet, dass die Funktion $f : \mathbb{R}^2 \to \mathbb{R}$, $f(a, b) = (y_1 - (ax_1 + b))^2 + \cdots + (y_n - (ax_n + b))^2$ in a, b minimiert werden muss. f ist differenzierbar mit

$$\nabla f(a, b) = -2 \begin{pmatrix} (y_1 - ax_1 - b)x_1 + \cdots + (y_n - ax_n - b)x_n \\ (y_1 - (ax_1 + b)) + \cdots + (y_n - (ax_n + b)) \end{pmatrix} = -2 \begin{pmatrix} S_{xy} - aS_{x^2} - bS_x \\ n(\bar{y} - a\bar{x} - b) \end{pmatrix}$$

wobei

- $S_x = \sum_{i=1}^n x_i$, $\bar{x} = \frac{1}{n} \sum_{i=1}^n x_i$ und $\bar{y} = \frac{1}{n} \sum_{i=1}^n y_i$.
- $S_{x^2} = \sum_{i=1}^n x_i^2$ und $S_{xy} = \sum_{i=1}^n x_i y_i$,

Setzt man die partiellen Ableitungen gleich Null, so folgt aus der zweiten der beiden Gleichungen $b = \bar{y} - a\bar{x}$. Eingesetzt in die erste Gleichung der FOC ergibt sich

$$S_{xy} - aS_{x^2} - bS_x = 0 \Rightarrow S_{xy} - aS_{x^2} - (\bar{y} - a\bar{x})n\bar{x} = 0 \Rightarrow a = \frac{S_{xy} - n\bar{x}\bar{y}}{S_{x^2} - n\bar{x}^2}$$

Es folgen also aus den FOC genau die auf Seite 83 angegebenen KQ-Formeln. Dass die Anpassung optimal ist, d.h. die Fehlerquadratsumme minimal wird, kann an dieser Stelle – wie schon in den anderen Beispielen – noch nicht gezeigt werden.

Die vorangegangenen Beispiele hatten jeweils quadratische Zielfunktionen in zwei Variablen. Bei quadratischer Zielfunktion lässt sich allgemeiner festhalten:

Satz 6.2
Es sei $f : \mathbb{D} \to \mathbb{R}^n$, $f(x) = c + \langle a, x \rangle + \langle x, Hx \rangle$ eine quadratische Funktion. Ein kritischer Punkt von f ist durch die Lösung des linearen Gleichungssystems $2Hx = -a$ gegeben.

Denn $\nabla f(x) = -a + 2Hx$, aufgrund von Satz 5.1 und 5.2 ⇨ vgl. S. 180   □

Beispiel 6.4
Ein Produkt wird aus n Faktoren mit den Quantitäten $x_1 > 0, \ldots, x_n > 0$ hergestellt. Der Output betrage $f(x_1, \ldots, x_n)$. Es sei angenommen, dass die Produktionsfunktion f differenzierbar ist. Das Produkt wird zu einem Preis $q > 0$ je Einheit verkauft. Die Faktoren stehen mit den Preisen $p_1, \ldots, p_n$ zur Verfügung. Mit diesen Informationen berechnet sich der Deckungsbeitrag zu

$$G(x_1, \ldots, x_n) := q \cdot f(x_1, \ldots, x_n) - p_1 x_1 - \cdots - p_n x_n$$

Bei einer Faktorkombination mit maximalem Deckungsbeitrag ist nun für jeden Faktor i die partielle Ableitung $\frac{\partial}{\partial x_i} G(x_1, \ldots, x_n) = q \cdot \frac{\partial}{\partial x_i} f(x_1, \ldots, x_n) - p_i$ gleich Null, d.h. es gilt $q \cdot \frac{\partial}{\partial x_i} f(x_1, \ldots, x_n) = p_i$. Bei (lokal-)maximalem Deckungsbeitrag stimmen also Grenzerlös und Grenzkosten (Stückpreis) jedes Faktors überein.

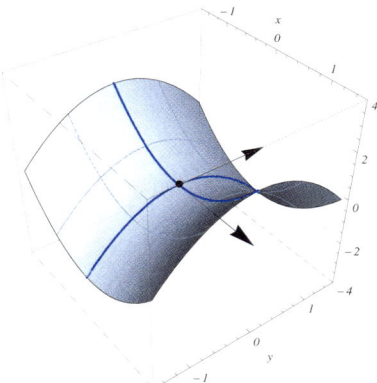

Abbildung 6.2: Graph der Funktion aus Beispiel 6.5

6.1.2 Hinreichende Bedingungen für lokale Extrema

Nicht in jedem Fall stellt ein berechneter kritischer Punkt auch schon ein lokales – oder gar globales – Extremum der zu optimierenden Funktion f dar. Stattdessen können auch so genannte **Sattelpunkte** auftreten.

Beispiel 6.5
Betrachtet werde die Funktion $f : \mathbb{R}^2 \to \mathbb{R}$, $f(x, y) = x^2 - y^2$. Der Graph von f ist in Abbildung 6.2 skizziert. Hier gilt $\nabla f(x, y) = (2x, -2y)^T$, d.h. der einzige kritische Punkt ist $(0, 0)^T$.

In diesem Punkt stimmt die Funktion in in x-Richtung mit der oben geöffneten Parabel $g(x) = f(x, 0) = x^2$, in y-Richtung jedoch mit der nach unten geöffneten Parabel $h(y) = f(0, y) = -y^2$ überein. Diese unterschiedlichen Öffnungen liegen in jedem Punkt (x, y) des Definitionsbereiches vor, deshalb kann die Funktion kein Extremum haben, vielmehr einen Sattelpunkt in $(0, 0)^T$.

Wenn im kritischen Punkt kein Extremum ist, so liegt dies am nicht einheitliche Krümmungsverhalten der Funktion. Ein lokales Extremum von f ist nur dann in einem kritischen Punkt gegeben, wenn jede Richtungskrümmung von f in diesem Punkt dasselbe Vorzeichen hat, d.h. f in alle Richtungen gleich gekrümmt ist. Die **Richtungskrümmung** einer Funktion f in x in Richtung d stimmt aber mit $\langle d, H_f(x)d \rangle$ überein, wobei $H_f(x)$ die **Hesse-Matrix** von f bezeichnet ⇨ vgl. S. 206. Deshalb bauen hinreichende Bedingungen für lokale Extrema auf die **Definitheit** dieser Matrix:

Satz 6.3 (Hinreichende Bedingungen für lokale Extrema)
Sei $f : \mathbb{D} \subseteq \mathbb{R}^n \to \mathbb{R}$ zweimal stetig partiell differenzierbar und $x^* = (x_1^*, \ldots, x_n^*)^T \in \mathbb{D}$ ein innerer Punkt von $\mathbb{D}$ mit $\nabla f(x_1^*, \ldots, x_n^*) = \bar{0}$. Dann gilt:

[1] Wenn $H_f(x_1^*, \ldots, x_n^*)$ positiv definit ist, so hat f in x^* ein lokales Minimum.

[2] Wenn $H_f(x_1^*, \ldots, x_n^*)$ negativ definit ist, so hat f in x^* ein lokales Maximum.

[3] Wenn f in x^* ein lokales Minimum (bzw. Maximum) hat, so ist $H_f(x_1^*, \ldots, x_n^*)$ positiv (bzw. negativ) semidefinit.

Insbesondere hat f bei indefiniter Matrix $H_f(x^*)$ in x^* kein lokales Extremum.

Beispiel 6.6 (Fortsetzung von Beispiel 6.1 ⇨ vgl. S. 225)
Für $k : \mathbb{R}^2 \to \mathbb{R}$, $k(x, y) = x^2 + 2xy + 3(y - 1)^2$ ergibt sich

$$\nabla k(x, y) = \begin{pmatrix} 2x + 2y \\ 2x + 6(y - 1) \end{pmatrix} \qquad H_k(x, y) = \begin{bmatrix} 2 & 2 \\ 2 & 6 \end{bmatrix}$$

Berechnet wurde anhand der FOC der kritische Punkt $x = -\frac{3}{2}$, $y = \frac{3}{2}$. Die Hesse-Matrix hat – nicht nur im kritischen Punkt – die **Hauptminoren** 2 und 8, ist nach dem Determinantenkriterium also positiv definit. Daher hat k im berechneten kritischen Punkt ein lokales Minimum.

Dass dieses tatsächlich ein globales Minimum ist, kann an dieser Stelle noch nicht geschlossen werden. Gleich werden wir die Argumentationslücke schließen können, weil die betrachtete Funktion konvex ist.

Beispiel 6.7 (Fortsetzung von Beispiel 6.2 ⇨ vgl. S. 225)
Der Deckungsbeitrag aus der Produktion der Regale Bill1 und Bill2 beträgt in Abhängigkeit von den Preisen p, q dieser Regale

$$G(p, q) = -14p^2 - 3q^2 + 3pq + 2396p + 1197q - 120030$$

mit den FOC

$$-28p + 3q + 2396 = 0, \quad -6q + 3p + 1197 = 0$$

sowie dem kritischen Punkt $p = 113$ und $q = 256$.

Die Hesse-Matrix lautet $H_G(p, q) = \begin{bmatrix} -28 & 3 \\ 3 & -6 \end{bmatrix}$ und hat die Hauptunterdeterminanten -28 und 159, ist daher negativ definit. Deshalb stellt der kritische Punkt bereits eine lokale Maximalstelle dar.

Beispiel 6.8 (Fortsetzung von Beispiel 6.3 ⇨ vgl. S. 226)
Bei der Bestimmung der Geradenparameter nach der KQ-Methode ergibt sich in $a, b \in \mathbb{R}$ die Zielfunktion $f(a, b) = (y_1 - (ax_1 + b))^2 + \cdots + (y_n - (ax_n + b))^2$ mit

$$\nabla f(a, b) = -2 \begin{pmatrix} S_{xy} - aS_{x^2} - bS_x \\ S_y - aS_x - bn \end{pmatrix}, \quad H_f(a, b) = 2 \begin{bmatrix} S_{x^2} & S_x \\ S_x & n \end{bmatrix}$$

Hauptminoren der Hesse-Matrix sind $2S_{x^2}$ und $4(S_{x^2} - n\bar{x}^2) = 4\sum_{i=1}^{n}(x_i - \bar{x})^2$. Wenn mindestens zwei verschiedene Inputwerte $x_i \neq x_j$ beobachtet wurden, so sind beide Hauptunterdeterminanten größer als Null. Dann liegt am berechneten kritischen Punkt ein lokales Minimum der Abweichungs-Zielfunktion f vor.

Beispiel 6.9 (Fortsetzung von Beispiel 6.4 ⇨ vgl. S. 226)
Die Deckungsbeitragsfunktion $f(x_1, \ldots, x_n) = qf(x_1, \ldots, x_n) - p_1x_1 - \cdots + p_nx_n$ hat Gradient $q\nabla f(x_1, \ldots, x_n) - p$ und Hesse-Matrix $H_G(x_1, \ldots, x_n) = H_f(x_1, \ldots, x_n)$.

Ob im kritischen Punkt gemäß Beispiel 6.4 ein lokales Maximum vorliegt, hängt also vom Krümmungsverhalten der Produktionsfunktion bzw. von deren Hesse-Matrix ab.

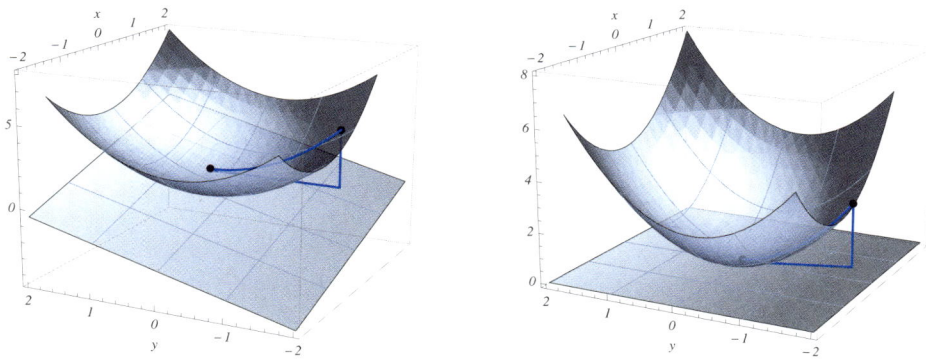

Abbildung 6.3: Stützebeneneigenschaft konvexer Funktionen

6.1.3 Optimierung konvexer Funktionen

Für **konvexe Funktionen** ist die Minimierung besonders bequem, weil kritische Punkte schon Stellen eines globalen Minimums sind. Ursache ist das Stützebenenverhalten konvexer Funktionen.

Satz 6.4
Sei $\mathbb{D} \subseteq \mathbb{R}^n$ konvex und $f : \mathbb{D} \to \mathbb{R}^1$ konvex. Dann gilt:

[1] f ist stetig im Inneren von $\mathbb{D}$.

[2] Stützebenen an konvexe Funktionen: Falls f differenzierbar in $\mathbb{D}$ ist, so gilt $f(x) \geq f(x^{(0)}) + \langle \nabla f(x^{(0)}), x - x^{(0)} \rangle$ für alle $x^{(0)}, x \in \mathbb{D}$.

In Abbildung 6.3 ist das Stützebenenverhalten illustriert. Der Nachweis ist kompliziert und wird hier nicht vorgeführt. Hat man einen **kritischen Punkt** gefunden, so liegt die Stützebene folglich horizontal unterhalb des Funktionsgraphen, ⇨vgl. Abbildung 6.3, rechts. In dem kritischen Punkt liegt daher ein globales Minimum vor.

Satz 6.5
Sei $\mathbb{D} \subseteq \mathbb{R}^n$ konvex, $f : \mathbb{D} \to \mathbb{R}$ differenzierbar und konvex. Für jeden inneren Punkt $x^{(0)}$ von $\mathbb{D}$ gilt:

$$\nabla f(x^{(0)}) = \bar{0} \quad \Longleftrightarrow \quad f \text{ hat in } x^{(0)} \text{ ein globales Minimum}$$

Bei konkaver Funktion f liegt im kritischen Punkt ein globales Maximum vor.

Beispiel 6.10 (Fortsetzung von Beispiel 6.6 ⇨vgl. S. 228)
Zu minimieren ist die Funktion $k(x,y) = x^2 + 2xy + 3(y-1)^2$. Wir haben bereits nachgerechnet, dass $H_k(x,y)$ – unabhängig von x, y – immer die gleiche positiv definite Matrix ist. Also ist k konvex. Im einzigen kritischen Punkt $x = -3/2, y = 3/2$ liegt liegt wegen der Konvexität von k ein globales Minimum vor.

Beispiel 6.11 (Fortsetzung von Beispiel 6.3 ⇨vgl. S. 226)
Bei der Anpassung einer Geraden $y = ax + b$ an Datenpaare $(x_1, y_1), \ldots, (x_n, y_n)$ ergibt sich ein kritischer Punkt der Zielfunktion $f(a,b) = \sum_{i=1}^{n} (y_i - (ax_i + b))^2$. In Beispiel 6.8 ⇨vgl. S. 228 wurde die Hesse-Matrix $H_f(a,b)$ berechnet und als positiv definit nachgewiesen. $H_f(a,b)$ ist gleichzeitig unabhängig von a, b. Damit ist f konvex und der kritische Punkt liefert ein globales Minimum von f.

Beispiel 6.12 (Fortsetzung von Beispiel 5.8 ⇨ vgl. S. 170)
Der Deckungsbeitrag für die Produktion von Bill1 und Bill2 könnte gemäß Beispiel
6.2 ⇨ vgl. S. 225 maximal für den kritischen Punkt $p = 113$ und $q = 256$ sein. Weil
die Hesse-Matrix $H_G(p,q) = \begin{bmatrix} -28 & 3 \\ 3 & -6 \end{bmatrix}$ unabhängig von p, q negativ definit ist, ist G
konkav. Also liegt im kritischen Punkt tatsächlich ein globales Deckungsbeitragsmaximum vor.

Den Beispielen liegt jeweils eine quadratische Funktion zugrunde. Allgemeiner gilt:

Satz 6.6
Die quadratische Funktion $f(x) = c + \langle a, x \rangle + \langle x, Hx \rangle$ mit symmetrischer positiv definiter
Matrix H hat ein globales Minimum für $x = -\frac{1}{2}H^{-1}a$.

zur Begründung: f hat nach Satz 5.13 ⇨ vgl. S. 205 die pauschal positiv definite Hesse-
Matrix $H_f(x) = 2H$. f ist also konvex, daher liegt im kritischen Punkt ein globales Minimum
vor. In Satz 6.2 ⇨ vgl. S. 226 wurde schon der kritische Punkt als Lösung der FOC $2Hx + a = \bar{0}$
angegeben. Umgeformt nach x ergibt sich $x = \frac{1}{2}H^{-1}a$.   □

Auch die früher behandelte Projektionsaufgabe aus der Linearen Algebra lässt sich in
dieses Schema einordnen:

Beispiel 6.13 (Fortsetzung von Beispiel 3.19 ⇨ vgl. S. 101)
Es soll der Gewinn an fünf Tankstellen auf die zwei Umsatzsparten „Kraftstoff" und
„Sonstige" zurückgeführt werden. Wir haben in in Abschnitt 3.7 ⇨ vgl. S. 90 dieses
Problem als Projektionsaufgabe in Matrizendarstellung geschrieben: die Gewinnbei-
träge α_1 und α_2 der beiden Umsatzsparten sowie der „Sockelgewinn" α_0 ergeben sich
durch Minimierung des Ausdrucks $\alpha \mapsto \|g - D\alpha\|$. Dabei ist $g = (3, 4, 2, 3, \frac{7}{2})^T$ der
Gewinnvektor, $\alpha = (\alpha_0, \alpha_1, \alpha_2)^T$ und D setzt sich spaltenweise aus den Vektoren

$$u^{(0)} = \begin{pmatrix} 1 \\ 1 \\ 1 \\ 1 \\ 1 \end{pmatrix}, \quad u^{(1)} = \begin{pmatrix} 6 \\ 2,5 \\ 8,5 \\ 6,5 \\ 9,5 \end{pmatrix}, \quad u^{(2)} = \begin{pmatrix} 7 \\ 6 \\ 5 \\ 7 \\ 7,5 \end{pmatrix}$$

zusammen. Wir wollen nun das zugrunde liegende Optimierungsproblem lösen. Um
beim Ableiten keine Quadratwurzeln berücksichtigen zu müssen, minimieren wir an-
stelle von $\|g - D\alpha\|$ – bei gleicher Lösung – den quadrierten Ausdruck

$$\begin{aligned} f(\alpha) &= \|g - D\alpha\|^2 \\ &= \langle g - D\alpha, g - D\alpha \rangle \\ &= \langle g, g \rangle - \langle g, D\alpha \rangle - \langle D\alpha, g \rangle + \langle D\alpha, D\alpha \rangle \end{aligned}$$

Verwendet wurde, dass die euklidische Norm die Darstellung $\|x\| = \sqrt{\langle x, x \rangle}$ hat. Es
handelt sich bei f um eine quadratische Funktion in α, wie man unter Verwendung
des Matrizen-Kalküls aus dem zuletzt gewonnenen Ausdruck erkennen kann:

- Der erste Summand hängt nicht α ab. Als Funktion von α hat dieser Summand hat
  also den Gradienten $\bar{0}$.

- Die beiden mittleren Summanden stimmen überein, d.h. $\langle D\alpha, g \rangle = \langle g, D\alpha \rangle =$
  $g^T D\alpha = (D^T g)^T \alpha = \langle D^T g, \alpha \rangle$. Die Summanden ergeben den Wert $-2\langle D^T g, \alpha \rangle$,
  also eine lineare Funktion in dem Variablenvektor α. Gemäß Satz 5.1 ⇨ vgl. S. 180
  hat dieser Teil der Funktion den Gradienten $-D^T g$.

Der letzte Summand ist eine quadratische Form in α, denn

$$\langle D\alpha, D\alpha \rangle = (D\alpha)^T (D\alpha) = \alpha^T (D^T D)\alpha = \alpha^T (D^T D\alpha) = \langle \alpha, (D^T D)\alpha \rangle$$

Gemäß Satz 5.2 $\Rightarrow$ vgl. S. 180 hat dieser Funktionsteil den Gradienten $2(D^T D)\alpha$.
Die Zielfunktion hat also die Form $f(\alpha) = \langle g, g \rangle + 2\langle D^T g, \alpha \rangle + \langle \alpha, (D^T D)\alpha \rangle$ und den Gradienten

$$\nabla f(\alpha) = -2D^T g + 2(D^T D)\alpha$$

Zudem hat sie nach Satz 5.13 $\Rightarrow$ vgl. S. 205 die Hesse-Matrix

$$H_f(\alpha) = 2(D^T D)$$

Diese Matrix ist positiv semidefinit, denn für beliebiges $d \in \mathbb{R}^3$ gilt

$$\langle d, (D^T D)d \rangle = d^T (D^T D)d = (Dd)^T (Dd) = \langle Dd, Dd \rangle = \|Dd\|^2 \geq 0$$

Es ist also f eine konvexe Funktion und jeder kritische Punkt, d.h. mit $\nabla f(\alpha) = \bar{0}$ ist Minimalstelle. Diese Gleichung bedeutet aber

$$-2D^T g + 2(D^T D)\alpha = \bar{0} \Leftrightarrow (D^T D)\alpha = D^T g$$

Sie sehen, dass sich als notwendige Bedingung für ein lokales Minimum gerade die Normalgleichungen ergeben. Die geometrische Lösung des Projektionsproblems, die schon in Beispiel 2.37 $\Rightarrow$ vgl. S. 80 gefunden wurde, lässt sich also im Optimierungskontext herleiten und ist global optimal.

Sie werden sich jetzt vielleicht fragen, ob man die Optimierung nicht auch viel einfacher hätte durchführen können, wenn die Funktion $f(\alpha_0, \alpha, \alpha_2)$ expliziter geschrieben worden wäre. Zum einen würde die Rechnung nicht unbedingt übersichtlicher, denn der Weg bis expliziten Zielfunktion stellt sich recht umfangreich dar, und die schließlich gewonnene Zielfunktion

$$\begin{aligned} f(\alpha_0, \alpha_1, \alpha_2) = &\frac{201}{4} - 31\alpha_0 - \frac{391}{2}\alpha_1 - \frac{409}{2}\alpha_2 \\ &+ 5\alpha_0^2 + 247\alpha_1^2 + \frac{861}{4}\alpha_2^2 + 66\alpha_0\alpha_1 + 65\alpha_0\alpha_2 + \frac{865}{2}\alpha_1\alpha_2 \end{aligned}$$

lädt auch nicht unbedingt zur Beschäftigung mit ihr ein. Zum anderen kann Ihnen die vorliegende Rechnung aber auch als „Blaupause" für lineare Regressionsaufgaben der Statistik dienen, der Rechenweg ist stets derselbe, wenn man die genannte Symbolik verwendet:

- Die Daten zu dem Merkmal, welches erklärt werden soll, sind im Vektor g zusammengefasst.

- Die Daten der Merkmale, welche g erklären sollen, werden spaltenweise in D erfasst. Üblicherweise ist die erste Spalte von D eine Spalte mit ausschließlich Eins-Einträgen, womit ein mittlerer Wert für g beschrieben wird.

Das Optimierungsproblem lautet $\|g - D\alpha\| \stackrel{!}{=} \min$ und wird durch $\alpha = (D^T D)^{-1} D^T g$ gelöst (vorausgesetzt, $D^T D$ ist invertierbar, d.h. die Spalten von D sind linear unabhängig). So weit lässt sich der Optimierungsansatz der Regressionsanalyse aus deskriptiver, d.h. rein von Daten getriebener Sicht lösen. In der Statistik lernen Sie dann die Interpretation der für α gewonnenen Werte im Rahmen eines geeigneten Wahrscheinlichkeitsmodells kennen.

6.1.4 Numerische Optimierung mit dem Gradientenabstiegsverfahren

Die notwendige Bedingung für ein lokales Extremum einer Funktion, $\nabla f(x) = \bar{0}$ ist oft nicht explizit lösbar. Dann müssen numerische Verfahren zur Annäherung des Optimums verwendet werden. Für Minimierungsaufgaben verwendet man oft das **Gradientenabstiegsverfahren** bzw. kurz: **Gradientenverfahren**, welches folgt arbeitet:

Grundvorgehensweise des Gradientenabstiegsverfahrens
Mit einem Startwert $x^{(0)} \in \mathbb{D}$:

[1] Bestimme die Richtung $d = -\nabla f(x^{(0)})$ des steilsten Abstiegs.

[2] Berechne die Minimalstelle t_0 der Funktion $t \mapsto f(x^{(0)} + t \cdot d)$.

[3] Ersetze $x^{(0)}$ durch $x^{(1)} = x^{(0)} + t_0 \cdot d$ und fahre mit dem ersten Schritt fort.

Die Optimierung in Schritt [2] ist die so genannte „line search", eine Suche entlang einer Geraden. Hierfür werden spezielle Optimierungsverfahren für eine Variable verwendet, z.B. das **Newton-Verfahren**.

Das Gradientenabstiegsverfahren bricht von selbst erst dann ab, wenn $\nabla f(x^{(0)}) = \bar{0}$ (denn dann findet keine Veränderung von $x^{(0)}$ mehr statt), was aber in der Regel nicht der Fall ist. Der Abbruch muss also „von außen" gesteuert werden: Es wird daher geprüft, ob beispielsweise

- $\|\nabla f(x^{(0)})\|$ ausreichend nahe bei Null liegt, oder

- die Verbesserung des Funktionswertes von $f(x^{(0)})$ nach $f(x^{(1)})$ groß genug ist.

Für beide Kriterien oder auch nur eines der beiden werden Schwellenwerte vorgegeben, bei deren Unterschreitung das Verfahren abgebrochen wird. Oft gibt man auch eine maximale Anzahl von Iterationen vor, nach der das Verfahren spätestens stoppt. Der zuletzt gefundene Punkt $x^{(0)}$ wird schließlich als Näherung eines lokalen Minimums verwendet. Wie jedes numerische Verfahren, so wird auch das Gradientenabstiegsverfahren eigentlich nicht (mehr) durch Hand-Rechnungen realisiert, sondern ist Bestandteil einer Implementierung als Computerprogramm. Zur Illustration wollen wir aber doch an einem einfachen Beispiel die Vorgehensweise „zu Fuß" vorführen:

Beispiel 6.14
Wir betrachten die Funktion $f(x, y) = x^2 + \frac{1}{2}y^2$ und wollen ein Minimum der Funktion ermitteln. Dass dieses für $x = y = 0$ gegeben ist, sollte sofort klar sein. Zur Illustration des Gradientenabstiegsverfahrens wollen wir aber einige Schritte, beginnend mit dem Startwert $x_0 = \frac{1}{2}$, $y_0 = 1$ ausführen. Dabei verwenden wir den Gradienten $(d_1, d_2)^T = \nabla f(x, y) = (2x, y)$

Schritt	x_0	y_0	$\nabla f(x_0, y_0)$	$f(x_0 - td_1, y_0 - td_2)$	t_0	$x_0 - t_0 d_1$	$y_1 - t_0 d_2$
1	$\frac{1}{2}$	1	1 $\quad$ 1	$\frac{3}{4} - 2t + \frac{3t^2}{2}$	$\frac{2}{3}$	$-\frac{1}{6}$	$\frac{1}{3}$
2	$-\frac{1}{6}$	$\frac{1}{3}$	$-\frac{1}{3}$ $\quad$ $\frac{1}{3}$	$\frac{1}{12} - \frac{2t}{9} + \frac{t^2}{6}$	$\frac{2}{3}$	$\frac{1}{18}$	$\frac{1}{9}$
3	$\frac{1}{18}$	$\frac{1}{9}$	$\frac{1}{9}$ $\quad$ $\frac{1}{9}$	$\frac{1}{108} - \frac{2t}{81} + \frac{t^2}{54}$	$\frac{2}{3}$	$-\frac{1}{54}$	$\frac{1}{27}$
4	$-\frac{1}{54}$	$\frac{1}{27}$	$-\frac{1}{27}$ $\quad$ $\frac{1}{27}$	$\frac{1}{972} - \frac{2t}{729} + \frac{t^2}{486}$	$\frac{2}{3}$	$\frac{1}{162}$	$\frac{1}{81}$

Die ersten beiden Schritte sind noch recht leicht per Hand zu erledigen, in den folgenden Schritten ist vor allem die Bestimmung der bei der Line-Search auftretenden Funktion $g(t)$ zunehmend mühsamer. In diesem Beispiel ist die Funktion aber stets quadratisch in t, und $t_0 = 2/3$ ist immer die Scheitelstelle der betreffenden Parabel. Letzeres liegt aber an der speziellen Wahl des Startpunktes.

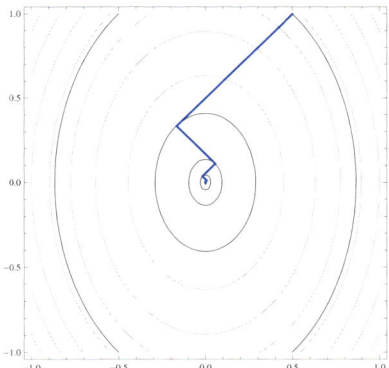

Abbildung 6.4: Gradientenabstiegsverfahren in Beispiel 6.14

Der Fortschritt des Verfahrens ist auch im Konturdiagramm von f dargestellt ⇨vgl. Abbildung 6.4. Sie sehen, dass die nach vier Schritten gefundene Näherung der Minimalstelle $(0,0)^T$ schon recht gut ist.

6.1.5 Numerische Optimierung mit dem Newton-Verfahren

Mit Hilfe der Interpretation des Gradienten $\nabla f(x)$ als Richtung des steilsten Anstiegs einer Funktion f haben wir gerade das Gradientenabstiegsverfahren zur numerischen Minimierung besprochen ⇨vgl. S. 232. Kann man zusätzlich noch auf die Hesse-Matrix $H_f(x)$ einer Funktion zurückgreifen, so ist mit dem Newton-Verfahren ein weiteres numerisches Minimierungsverfahren gegeben, welches bei geeignetem Startwert $x^{(0)}$ schneller zur Lösung führt als das Gradientenabstiegsverfahren. Die Idee des Newton-Verfahrens besteht darin, die quadratische Approximation einer zweimal stetig partiell-differenzierbaren Funktion als Ersatz zur Optimierung zu verwenden. Diese hat die Gestalt

$$g(x) = f(x^{(0)}) + \langle \nabla f(x^{(0)}), x - x^{(0)} \rangle + \frac{1}{2} \cdot \langle x - x^{(0)}, H_f(x^{(0)})(x - x^{(0)}) \rangle$$

Für diese quadratische Funktion wird nun ein Minimum $x^{(1)}$ bestimmt:

- Der Gradient von g lautet $\nabla g(x) = \nabla f(x^{(0)}) + H_f(x^{(0)})(x - x^{(0)})$

- In einem lokalen Minimum von g gilt $\nabla g(x) = \bar{0} \Leftrightarrow H_f(x^{(0)})(x - x^{(0)}) = -\nabla f(x^{(0)})$.

- Liegt $x^{(0)}$ nahe genug an einem lokalen Minimum von f, so ist $H_f(x^{(0)})$ positiv definit und deshalb auch invertierbar! Die FOC kann dann nach x aufgelöst werden.

Grundvorgehensweise des Newton-Verfahrens
Mit einem geeigneten Startwert $x^{(0)} \in \mathbb{D}$:

[1] Bestimme $x^{(1)} = x^{(0)} - H_f(x^{(0)})^{-1} \cdot \nabla f(x^{(0)})$

[2] Ersetze $x^{(0)}$ durch $x^{(1)}$ und beginne von vorn.

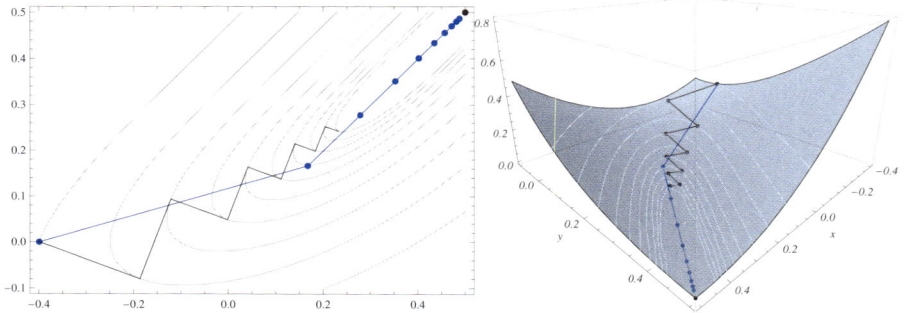

Abbildung 6.5: Vergleich von Newton-Verfahren (blau) und Gradientenabstiegsverfahren (schwarz)

Die solchermaßen erklärte Punktfolge $x^{(0)}$, $x^{(1)}$, $x^{(2)}$, ... konvergiert unter bestimmten
Voraussetzungen gegen ein lokales Minimum von f. Zu diesem Voraussetzungen gehört,
dass der Startwert schon in ausreichender Nähe zu dem Minimum liegt.

Das Newton-Verfahren wählt wie das Gradientenverfahren eine Abstiegsrichtung, nämlich $d = -H_f(x_0)^{-1}\nabla f(x_0)$, denn die Richtungsableitung $D_f(x^{(0)}, d)$ hat den Wert

$$\langle d, \nabla f(x^{(0)})\rangle = -\langle d, H_f(x^{(0)})(H_f(x^{(0)}))^{-1}\nabla f(x^{(0)}))\rangle = -\langle d, H_f(x^{(0)})d\rangle \leq 0$$

Weil d hierbei aber nicht unbedingt die Richtung des steilsten Abstiegs ist, vermeidet
es anders als das Gradientenverfahren den Zickzackkurs jenes Verfahrens.

Wir wollen abschließend den Verlauf des Newton-Verfahrens im Vergleich zum Gradientenverfahren illustrieren. Um die höhere Effektivität des Newton-Verfahrens zu
erkennen, greifen wir auf eine Zielfunktion zurück, deren Minimum leicht abgelesen
werden kann, so dass der Rückstand des Gradientenverfahrens ablesbar wird.

Beispiel 6.15
Die Funktion $f(x, y) = (x - y)^2 + (y - 1/2)^4$ hat das globale Minimum $(1/2, 1/2)^T$. Mit
dem Startpunkt $(-4/5, 0)^T$ wird das Gradientenabstiegsverfahren und das Newton-
Verfahren durchgeführt. Die ersten neun Schritte ergeben die Punkte in der folgenden
Tabelle (Gradientenverfahren links, Newton-Verfahren rechts):

	x	y		x	y		x	y		x	y
1	$-0,4$	0	6	$0,111257$	$0,137286$	1	$-0,4$	0	6	$0,434156$	$0,434156$
2	$-0,186514$	$-0,0800574$	7	$0,140261$	$0,214628$	2	$0,166667$	$0,166667$	7	$0,456104$	$0,456104$
3	$-0,121427$	$0,0935079$	8	$0,183466$	$0,198426$	3	$0,277778$	$0,277778$	8	$0,470736$	$0,470736$
4	$-0,00160404$	$0,0485744$	9	$0,203669$	$0,252301$	4	$0,351852$	$0,351852$	9	$0,480491$	$0,480491$
5	$0,0414759$	$0,163454$				5	$0,401235$	$0,401235$			

Die Punkte sind zusätzlich im Konturdiagramm in Abbildung 6.5 angegeben. Durch
die starke Funktionskrümmung im Bereich des Startpunktes verfällt das Gradientenabstiegsverfahren sofort in einen Zickzack-Kurs und erreicht das Optimum nur sehr
langsam, während das Newton-Verfahren nach neun Schritten schon fast am Optimal-
punkt angekommen ist.

Im letzten Punkt des Gradientenabstiegsverfahrens gilt $f(0,2036\,,\,0,2523) \approx 0,0046$,
beim Newton-Verfahren ist es $f(0,4805\,,\,0,4805) \approx 0,0000000286$. Der zu erreichende
Minimalwert ist $f(1/2, 1/2) = 0$. Der Vorsprung des Newton-Verfahrens wird auch
beim Vergleich der Zielwerte offensichtlich.

Bei Funktionen mit stärker gekrümmten Niveaulinien ist das Gradientenverfahren oft recht langsam, die Annäherung an das Minimum erfolgt in einem Zickzack-Kurs der Gradienten, bei dem zwei aufeinander folgende Abstiegsrichtungen fast senkrecht aufeinander stehen. Das Newton-Verfahren vermeidet dies, hat aber andererseits den Nachteil, dass man einen Startwert in ausreichender Nähe zum gesuchten Minimum benötigt. Andere Verfahren verbinden daher Gradientabstiegs- und Newton-Verfahren adaptiv miteinander. So arbeitet das Levenberg-Marquardt-Verfahren, wenn man es etwas lax ausdrückt, bei größerer Distanz zum Optimum eher wie das genannte Gradientenabstiegsverfahren und wird, je näher man dem Optimum kommt, dem Newton-Verfahren immer ähnlicher. In jedem Fall geht mit einem modifizierten Verfahren meist eine deutliche Beschleunigung der Annäherung an das Minimum einher.

In Anwendungen muss man immer auch wissen, wie zuverlässig die Näherung durch das Gradientenabstiegsverfahren bzw. Newton-Verfahren ist (wobei man die Optimallösung eben nicht kennt). Eine genauere Untersuchung, unter welchen Voraussetzungen und wie schnell dann das Verfahren gegen eine Minimalstelle konvergiert, kann an dieser Stelle nicht erfolgen. Wer sich tiefer in die Thematik einarbeiten möchte, sei auf [LUENBERGER, 2003] und [BAZARAA/SHERALI/SHETTY, 2006] hingewiesen.

Übungen zu Abschnitt 6.1

1. Untersuchen Sie die folgenden Funktionen auf lokale und globale Extremstellen:

a) $f(x,y) = -2x^2 + 2xy - \frac{3}{2}y^2$

b) $g(x,y) = 2x^2 + 3xy - y^2$,

c) $h(x,y,z) = -4x^2 - 2y^2 - \frac{1}{2}x^2 + 4xy + yz + 100z$

Welche Aussagen können zum Krümmungsverhalten der Funktionen getroffen werden?

2. Bestimmen Sie die Extrema der Funktion $f(x,y) = 2(x-1)^2 - y^3 - y^2$.

3. Ist die Hesse-Matrix einer Funktion f semidefinit in einem Punkt, in dem der Gradient null ist, so lassen sich keine Aussagen über die Art von gegebenenfalls vorliegenden Extrema machen. Zeigen Sie dies anhand folgender Funktionen:

a) $f(x,y) = x^4 + y^2$

b) $f(x,y) = -2y^2$

c) $f(x,y) = x^2 + y^3$

4. Aus zwei Rohstoffen $x,y > 0$ wird ein Produkt mit der Funktion $f(x,y) = x^\alpha y^\beta$ hergestellt ($\alpha, \beta > 0, \alpha + \beta < 1$) und für c Geldeinheiten je hergestellter Einheit verkauft. Die Rohstoffe werden zu den Kosten $a, b > 0$ je Einheit beschafft.

a) Bestimmen Sie die Deckungsbeitragsfunktion $f(x,y)$

b) Berechnen Sie einen kritischen Punkt $(x_0, y_0)^T$ des Deckungsbeitrags.

c) Begründen Sie, dass in $(x_0, y_0)^T$ der (global) höchste Deckungsbeitrag erzielt wird.

5. Mit dem Newton-Verfahren soll ein Minimum von

a) $f(x,y) = 2(x+1)^4 + y^2$

b) $f(x,y) = x^4 + 2xy + y^2$

bestimmt werden. Wie lautet zu einem Startpunkt $(x_0, y_0)^T$ der nächste vom Newton-Verfahren berechnete Punkt $(x_1, y_1)^T$?

6.2 Optimierung unter Nebenbedingungen

Eine der wichtigsten ökonomischen Anwendungen der Mathematik ist die Optimierung unter Restriktionen. Aus dem Sachzusammenhang wird eine Funktion $f(x_1, \ldots, x_n)$ von n Entscheidungsvariablen, die so genannte **Zielfunktion** modelliert, die zu maximieren bzw. zu minimieren ist. Die Variablen stellen zumeist ökonomische Inputs dar, d.h. es wird beispielsweise von $x_i \geq 0$ oder $x_i > 0$ ausgegangen. In aller Regel sind aber die Inputs auch noch aneinander gebunden; diese Bindungen bzw. Restriktionen werden mathematisch als Gleichungen bzw. Ungleichungen der Form $g(x_1, \ldots, x_n) = 0$ bzw. $h(x_1, \ldots, x_n) \leq 0$ oder $h(x_1, \ldots, x_n) \geq 0$ erfasst. Es sei angenommen, dass alle auftretenden Funktionen **differenzierbar** auf dem Definitionsbereich $\mathbb{D} \subseteq \mathbb{R}^n$ sind.

Beispiel 6.16
Aus der Schule kennen Sie sicher noch diese oder eine ähnliche Fragestellung: Eine zylindrische Konservendose soll bei 500 Kubikzentimeter Mindestvolumen mit minimalem Materialbedarf (d.h. minimaler Oberfläche) hergestellt werden. Gesucht sind in diesem **Verpackungsproblem** derjenige Radius $r > 0$ der Grundfläche und diejenige Höhe h der Mantelfläche der Dose, so dass die gesamte Oberfläche $O(r, h) = 2\pi r^2 + 2\pi r h$ minimal wird. Dabei ist die Restriktion $V(r, h) = \pi r^2 h \geq 500$ einzuhalten.

Beispiel 6.17 (Fortsetzung von Beispiel 6.4 ⇨ vgl. S. 226**)**
Von einem Produkt mit der Produktionsfunktion $f(x_1, \ldots, x_n)$ sollen mindestens $y > 0$ Einheiten hergestellt werden, wobei die Herstellungskosten minimal sein sollen. Nimmt man wie in Beispiel 6.4 eine lineare Kostenfunktion $k(x_1, \ldots, x_n) = p_1 x_1 + \cdots + p_n x_n$ an, so ist diese Funktion unter der Nebenbedingung $f(x_1, \ldots, x_n) \geq y$ zu minimieren. Das hierzu „duale" Optimierungsproblem ist ebenfalls von Interesse: die Ausbringung $f(x_1, \ldots, x_n)$ soll maximiert werden unter der Vorgabe einer Obergrenze für die Produktionskosten, d.h. $k(x_1, \ldots, x_n) \leq c$ (mit einem vorgegebenen Wert $c > 0$).

In den vorangegangenen Beispielen lagen die Restriktionen in Ungleichungsform vor. Das muss nicht immer so sein; oft können die Restriktionen auch Gleichungsform haben, oder sie werden durch Zusatzüberlegungen in Gleichungsform überführt:

- Durch Hinzufügen von Schlupfvariablen, was aber die Anzahl der Variablen erhöht und in der Optimierung daher im Regelfall nicht ohne Not durchgeführt wird,

- Durch Ausschluss der Ungleichungsform. Vor allem bei genau einer Restriktion liegt ein Optimum oft bei Ausschöpfen der Nebenbedingung (d.h. Überführen in Gleichungsform) vor. So wird bei der Konservendose aus Beispiel 6.16 unnötiges Material verbraucht, wenn die Dose mehr als 500 Kubikzentimeter Volumen hat.

Wenn Ungleichungen nicht zu Gleichungen „diskutiert" werden können, so lassen sie sich zumindest in die ≤ 0-Form bringen.

Beispiel 6.18 (Fortsetzung von Beispiel 6.16)
Die Volumen-Restriktion $\pi r^2 h \geq 500$ bei der Optimierung der Konservendose kann in die Form $500 - \pi r^2 h \leq 0$ gebracht werden.

Schließlich können sowohl Maximierungs- als auch Minimierungsprobleme auftreten. Auch hier kann man eine gewisse Standardisierung erreichen:

Maximierungsprobleme lassen sich als Minimierungsprobleme mit der Zielfunktion $-f$ auffassen.

Insgesamt kann man ein Optimierungsproblem unter Nebenbedingungen stets in die standardisierte Form, d.h. in

$$f(x_1, \ldots, x_n) \stackrel{!}{=} \min_{x \in \mathbb{D}} \quad \text{unter} \left\{ \begin{array}{l} g_1(x_1, \ldots, x_n) = 0, \ldots, g_m(x_1, \ldots, x_n) = 0 \\ h_1(x_1, \ldots, x_n) \leq 0, \ldots, h_k(x_1, \ldots, x_n) \leq 0 \end{array} \right.$$

überführen. Diese Standardform ermöglicht es uns später, die notwendigen Bedingungen relativ einheitlich zu formulieren und uns nicht in endlosen Fallunterscheidungen zu verlieren – insbesondere bei der Erläuterung von Lagrange-Multiplikatoren.

Bei der Behandlung dieser Probleme sind einige Sprechweisen hilfreich. Zunächst nennt man Punkte des Definitionsbereiches, welche alle gegebenen Nebenbedingungen erfüllen, **zulässig**. Weiter sucht man auch unter Restriktionen nach global optimalen Lösungen, indem zunächst lokal optimale Lösungen ermittelt werden.

Definition 6.2

[1] Man sagt, dass f in $x \in \mathbb{D}$ ein **globales Minimum unter den Nebenbedingungen** $g_1(x) = 0, \ldots, g_m(x) = 0$, $h_1(x) \leq 0, \ldots, h_k(x) \leq 0$ hat, wenn x zulässig ist und für alle zulässigen $y \in \mathbb{D}$ gilt: $f(y) \geq f(x)$.

[2] Man sagt, dass f in $x \in \mathbb{D}$ ein **lokales Minimum unter den Nebenbedingungen** $g_1(x) = 0, \ldots, g_m(x) = 0$, $h_1(x) \leq 0, \ldots, h_k(x) \leq 0$ hat, wenn x zulässig ist und es ein $\varepsilon > 0$ gibt, so dass für alle zulässigen $y \in \mathbb{D}$ mit $\|y - x\| < \varepsilon$ gilt: $f(y) \geq f(x)$.

Entsprechend lassen sich globale Maxima unter Nebenbedingungen erklären. Nach obiger Begriffsbildung sind globale Extrema unter Nebenbedingungen zugleich lokale Extrema unter Nebenbedingungen. Die Suche nach globalen restringierten Extrema lässt sich daher analog zu unrestringierten Problemen in folgende Teilaufgaben zerlegen:

[1] Zunächst werden **kritische Punkte** ermittelt (Kandidaten für lokale Extrema).

[2] Die berechneten Punkte werden auf lokale Optimalität untersucht. Unter den lokalen Extrema wird das mit dem größten bzw. kleinsten Funktionswert gesucht.

[3] Schließlich werden die berechneten Punkte noch mit „zulässigen" **Randpunkten** des Definitionsbereiches verglichen, ggf. unter Einsatz von Grenzwertberechnungen.

Die Technik zur Lösung der ersten Teilaufgabe heißt Lagrange-Methode und wird schrittweise behandelt. Funktionen werden erst unter einer einzelnen Gleichungsrestriktion ⇨ vgl. S. 237 minimiert, anschließend unter mehreren Gleichungsrestriktionen ⇨ vgl. S. 243, ehe Ungleichungens-Restriktionen berücksichtigt werden ⇨ vgl. S. 245, S. 248.

6.2.1 Optimierung bei einer Nebenbedingung in Gleichungsform

Behandelt wird zunächst das Minimierungsproblem in zwei Variablen unter einer Nebenbedingung in Gleichungsform. Aus der Schule bekannt ist:

Substitutionsmethode
Die Nebenbedingung wird nach einer Variablen aufgelöst und diese damit in der Zielfunktion ersetzt. Letztere wird in der verbleibenden Variable optimiert.

Auch für mehr als zwei Variablen und/oder Nebenbedingungen ist die Substitutionsmethode anwendbar, wenngleich meist nicht empfehlenswert:

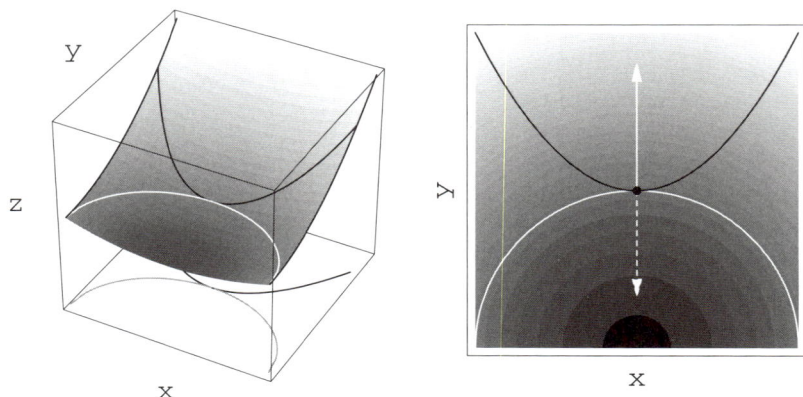

Abbildung 6.6: Optimierungsproblem $f(x,y) \stackrel{!}{=} \min\limits_{(x,y)^T \in \mathbb{D}}$ unter $g(x,y) = 0$

- nicht immer sind Nebenbedingungen auflösbar.

- die Rechnung ist bei mehreren Nebenbedingungen oft unübersichtlich.

Selbst bei Optimierungsprobleme in zwei Variablen ist die im folgenden beschriebene **Lagrange-Methode** zu bevorzugen, denn sie liefert eine weitere ökonomische Kennzahl, den Lagrange-Multiplikator.

Satz 6.7 (Lagrange-Methode bei zwei Variablen)

Für zwei differenzierbare Funktionen $f, g : \mathbb{D} \subseteq \mathbb{R}^2 \to \mathbb{R}$ sei $(x_0, y_0) \in \mathbb{D}$ lokales Minimum von f unter der Nebenbedingung $g(x,y) = 0$. Weiter sei $\nabla g(x_0, y_0) \neq \bar{0}$. Dann gibt es einen Skalar $\lambda \in \mathbb{R}$ mit $\nabla f(x_0, y_0) + \lambda \cdot \nabla g(x_0, y_0) = \bar{0}$, d.h.

$$\frac{\partial}{\partial x} f(x_0, y_0) + \lambda \cdot \frac{\partial}{\partial x} g(x_0, y_0) = 0$$
$$\frac{\partial}{\partial y} f(x_0, y_0) + \lambda \cdot \frac{\partial}{\partial y} g(x_0, y_0) = 0$$

Dieser Skalar wird **Lagrange-Multiplikator** genannt.

Zur Begründung: In Abbildung 6.6 sind Zielfunktion und Nebenbedingung drei- und zweidimensional dargestellt. Eingezeichnet sind **Niveaulinien** von f und die Niveaulinie $g(x,y) = 0$ sowie die Funktionswerte der Zielfunktion f über dieser Niveaulinie.

Wo immer die Niveaulinie $g(x,y) = 0$ eine Niveaulinie von f „kreuzt", kann der Zielwert noch unter Einhaltung der Zulässigkeitsbedingung verringert werden. Liegt umgekehrt in einem zulässigen, d.h. insbesondere auf der Niveaulinie $g(x,y) = 0$ gelegenen Punkt $(x_0, y_0)^T$ ein lokales Minimum vor, so müssen die beiden Niveaulinien durch diesen Punkt, d.h. die zu $g(x,y) = 0$ und die Niveaulinie von f zum Niveau $f(x_0, y_0)$ dort tangential verlaufen. Tangenten in (x_0, y_0) an diese Kurven liegen also kollinear.

Berücksichtigt man, dass die beiden **Gradienten** $\nabla f(x_0, y_0)$ und $\nabla g(x_0, y_0)$ senkrecht auf den jeweiligen Niveaulinien verlaufen ⇨ vgl. Satz 5.9, S. 192, so müssen auch diese kollinear zueinander, d.h. linear abhängig sein. Es gibt also $\alpha, \beta \in \mathbb{R}$, nicht beide gleichzeitig Null, so dass

$$\alpha \nabla f(x_0, y_0) + \beta \nabla g(x_0, y_0) = \bar{0}$$

Diese Vektorgleichung wird auch **Fritz-John-Bedingung** genannt. Falls aber noch zusätzlich $\nabla g(x_0, y_0) \neq \bar{0}$, so muss $\alpha \neq 0$ sein. Die Vektorgleichung darf dann durch α dividiert werden. Mit $\lambda := \frac{\beta}{\alpha}$ folgt $\nabla f(x_0, y_0) + \lambda \cdot \nabla g(x_0, y_0) = \bar{0}$. Dieses Gleichungssystem nennt man auch **Kuhn-Tucker-Bedingungen**. $\qquad \square$

Wegen der zentralen Bedeutung dieses Satzes in der Optimierung soll neben der geometrischen noch eine weitere Begründung skizziert werden, die sich auf den Fall der Optimierung bei mehr als zwei Variablen und mehr als einer Nebenbedingung übertragen lässt. Dabei wird die anfangs erwähnte Substitutionsmethode und die bereits früher besprochene Substitutionsgrenzrate instrumentalisiert. Sei etwa angenommen, dass $D_2 g(x_0, y_0) \neq 0$. Für den zulässigen Punkt $(x_0, y_0) \in \mathbb{D}$ gibt es dann nach den Erläuterungen im Unterabschnitt 5.4.3 $\Rightarrow$ vgl. S. 195f. eine implizit erkärte Funktion $h : I =]x_0 - \delta, x_0 + \delta[\to \mathbb{R}$ ($\delta > 0$ ausreichend klein) mit $(x, h(x)) \in \mathbb{D}$ sowie $g(x, h(x)) = 0 \; \forall x \in I$ und $h'(x_0) = -\frac{D_1 g(x_0, y_0)}{D_2 g(x_0, y_0)}$.

Wegen der Minimaleigenschaft von (x_0, y_0) ist x_0 ein lokales Minimum der Funktion $F : I \to \mathbb{R}$, $F(x) = f(x, h(x))$. Demnach muss nach der Kettenregel 5.6 $\Rightarrow$ vgl. S. 186 die Gleichung $0 = F'(x_0) = D_1 f(x_0, y_0) + D_2 f(x_0, y_0) h'(x_0)$ gelten. Setzt man den o.a. Wert von $h'(x_0)$ hier ein, so folgt $0 = F'(x_0) = D_1 f(x_0, y_0) - D_2 f(x_0, y_0) \frac{D_1 g(x_0, y_0)}{D_2 f(x_0, y_0)}$. Mit $\lambda = -\frac{D_2 f(x_0, y_0)}{D_2 g(x_0, y_0)}$ gilt daher $D_1 f(x_0, y_0) + \lambda D_1 g(x_0, y_0) = 0$. Die andere zu zeigende Gleichung $D_2 f(x_0, y_0) + \lambda D_2 g(x_0, y_0) = 0$ folgt schon aufgrund der speziellen Gestalt von λ.

Kernpunkt der Lagrange-Methode bei zwei Variablen

Im Falle einer Nebenbedingung in Gleichungsform ist das Gleichungssystem

$$\frac{\partial}{\partial x} f(x, y) + \lambda \cdot \frac{\partial}{\partial x} g(x, y) = 0$$
$$\frac{\partial}{\partial y} f(x, y) + \lambda \cdot \frac{\partial}{\partial y} g(x, y) = 0$$
$$g(x, y) = 0$$

in den Unbekannten x, y und λ zu lösen.

Beispiel 6.19

Gesucht sind alle Maxima und Minima von $f(x, y) = x \cdot y$ für $(x, y)^T \in \mathbb{R}^2$ unter der Nebenbedingung $x^2 + y^2 = 1$, d.h. $g(x, y) = x^2 + y^2 - 1 = 0$. Die Situation ist in Abbildung 6.7 dargestellt. f und g sind auf $\mathbb{R}^2$ stetig partiell differenzierbar mit

$$\nabla f(x, y) = (y, x)^T, \qquad \nabla g(x, y) = (2x, 2y)^T$$

Nach der Lagrange-Methode ist folgendes Gleichungssystem zu lösen:

$$\left\{ \begin{array}{r} \nabla f(x, y) + \lambda \nabla g(x, y) = 0 \\ g(x, y) = 0 \end{array} \right\} \Leftrightarrow \left\{ \begin{array}{r} y + 2\lambda x = 0 \\ x + 2\lambda y = 0 \\ x^2 + y^2 = 1 \end{array} \right\} \Leftrightarrow \left\{ \begin{array}{r} y^2 + 2\lambda xy = 0 \\ x^2 + 2\lambda xy = 0 \\ x^2 + y^2 = 1 \end{array} \right\}$$

Die letzte Umformung (Multiplikation der ersten beiden Gleichungen mit y bzw. x) ist unter der dem Gleichungssystem impliziten Annahme $x \neq 0$, $y \neq 0$ tatsächlich eine Äquivalenzumformung. Wenn man nun die ersten beiden Gleichungen voneinander subtrahiert, führt das unter Berücksichtigung der dritten Gleichung zu

$$x^2 = y^2 \Rightarrow x^2 = 1/2 = y^2 \Leftrightarrow x = \pm\sqrt{1/2} = y$$

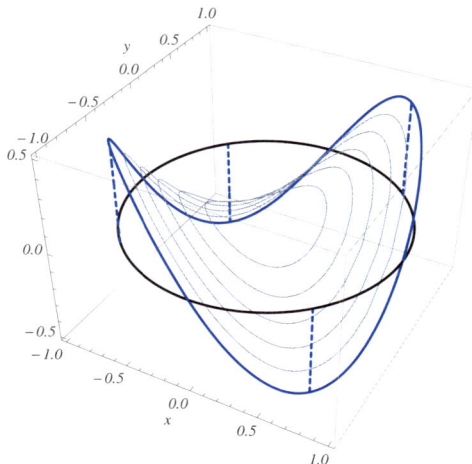

Abbildung 6.7: Funktion und durch Nebenbedingung eingeschränkte Funktion (blau) aus Beispiel 6.19

Also erhält man die vier Punkte $(\pm\sqrt{1/2}, \pm\sqrt{1/2})^T$, als kritische Punkte, d.h. Kandidaten für lokale Extrema.

Das Beispiel trägt bereits alle typischen Züge einer Rechnung auf Basis der Lagrange-Methode. Zunächst hat man sich durch den Lagrange-Ansatz eine zusätzliche Variable „aufgehalst", den Lagrange-Multiplikator. Oft wird das Lagrange-Gleichungssystem zunächst so umgeformt, dass dieser sofort wieder eliminiert wird. Die sich ergebende Gleichung führt zu einer geänderten Sichtweise für die Nebenbedingung, welche im letzten Beispiel ohne die Kenntnis von $x^2 = y^2$ anders hätte umgeformt werden müssen. Selbst in Situationen, wo die Nebenbedingung nicht explizierbar ist, kann man so noch auf eine konkrete Lösung hoffen.

Beispiel 6.20 (Kostenminimierung unter Produktionsrestriktion)
Es sollen die Produktionskosten $k(x,y) = ax + by$ (mit $a, b > 0$) beim Einsatz zweier Faktoren für ein Produkt mit der Ausbringung $x^\alpha y^{1-\alpha}$ minimiert werden ($0 < \alpha < 1$). Dabei sollen genau w Einheiten produziert werden ($w > 0$).

Eine derartige parametrische Darstellung mit allgemein gehaltenen a, b, α, w ist vielleicht ungewohnt, aber aufgrund der Skalierbarkeit der Lösung vielseitiger verwendbar und zudem regelmäßig Gegenstand von Sensitivitätsanalysen im Rahmen der komparativen Statik ⇨ vgl. Unterabschnitt 6.4, S. 267.

Die auf $\mathbb{D} =]0; \infty[^2$ zu minimierende Zielfunktion ist also $k(x,y)$. Dazu ist die Nebenbedingung $g(x,y) = x^\alpha y^{1-\alpha} - w = 0$ einzuhalten. Aus den partiellen Ableitungen ergibt sich das Lagrange-Gleichungssystem

$$a + \lambda\alpha x^{\alpha-1}y^{1-\alpha} = 0 \Leftrightarrow \frac{ax}{\alpha} + \lambda x^\alpha y^{1-\alpha} = 0$$

$$b + \lambda 1 - \alpha x^\alpha y^{1-\alpha-1} = 0 \Leftrightarrow \frac{by}{1-\alpha} + \lambda x^\alpha y^{1-\alpha} = 0$$

$$x^\alpha y^{1-\alpha} = w$$

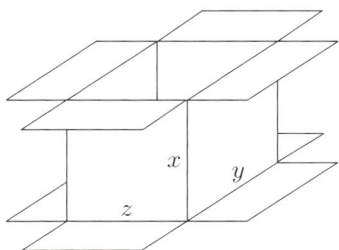

Abbildung 6.8: Bezeichnungen im Verpackungsproblem 6.21

Auch hier wird zunächst wieder aus den ersten beiden Gleichungen der Lagrange-Multiplikator eliminiert, diesmal durch Gleichsetzen über $\lambda x^\alpha y^{1-\alpha}$. Dann erhält man

$$\frac{ax}{\alpha} = \frac{by}{1-\alpha} \Longleftrightarrow x = \frac{\alpha}{a}\frac{b}{1-\alpha}y$$

Eingesetzt in die Nebenbedingung ergibt sich

$$\left(\frac{\alpha}{a}\frac{b}{1-\alpha}y\right)^\alpha y^{1-\alpha} = w \Longleftrightarrow y = w\left(\frac{a(1-\alpha)}{b\alpha}\right)^\alpha$$

Völlig entsprechend erhält man $x = w\left(\frac{b\alpha}{a(1-\alpha)}\right)^{1-\alpha}$.

Der Lagrange-Multiplikator ergibt sich aus $\frac{ax}{\alpha} + \lambda x^\alpha y^{1-\alpha} = 0$ und $x^\alpha y^{1-\alpha} = w$ zu

$$\lambda = -\frac{ax}{\alpha w} = -\left(\frac{a}{\alpha}\right)^\alpha \left(\frac{b}{1-\alpha}\right)^{1-\alpha}$$

Seine Bedeutung werden wir später allgemein besprechen ⇨ vgl. Abschnitt 6.4, S. 267.

Die Lagrange-Methode ist völlig entsprechend auch auf Probleme mit mehr als zwei Variablen übertragbar. Mit einem Lagrange-Multiplikator λ wird für jede Variable x_i des Optimierungsproblems folgende Gleichung angesetzt:

$$\frac{\partial}{\partial x_i}(f(x_1,\ldots,x_i,\ldots,x_n) + \lambda \cdot g(x_1,\ldots,x_i,\ldots,x_n)) = 0$$

Beispiel 6.21 (Verpackungsproblem)
Es soll ein Karton gemäß Abbildung 6.8 mit gegebenem Volumen $xyz = v$ und $v > 0$ so hergestellt werden, dass der Materialbedarf minimal wird. Zu beachten ist hierbei, dass Boden und Deckel des Kartons doppelten Materialbedarf haben.

▪ Die Zielfunktion ist hier (gemessen durch die Oberfläche $f(x,y,z) = 2xy+2xz+4yz$.

▪ Die Volumenrestriktion wird zur Nebenbedingung $g(x,y,z) = xyz - v = 0$.

f, g werden als Funktionen mit Definitionsbereich $\mathbb{D} = [0; \infty[^3$ behandelt, aber aufgrund der Nebenbedingung sind insbesondere nur $x, y, z > 0$ zulässig.

Es wird der kritische Punkt mittels Lagrange-Methode ermittelt. Die benötigten Gradienten lauten

$$\nabla f(x,y,z) = (2y + 2z, 2x + 4z, 2x + 4y)^T, \quad \nabla g(x,y,z) = (yz, xz, xy)^T$$

Das Lagrange-Gleichungssystem lautet daher

$$2y + 2z + \lambda yz = 0$$
$$2x + 4z + \lambda xz = 0$$
$$2x + 4y + \lambda xy = 0$$
$$xyz = v$$

Multipliziert man die ersten drei Gleichungen jeweils mit x, y bzw. z, so folgt

$$2xy + 2xz + \lambda xyz = 0$$
$$2xy + 4yz + \lambda xyz = 0$$
$$2xz + 4yz + \lambda xyz = 0$$
$$xyz = v$$

Die ersten drei Gleichungen können über den gemeinsamen Term λxyz gleichgesetzt werden, wobei zwei Gleichungen ohne Lagrange-Multiplikator entstehen:

$$2xy + 2xz = 2xy + 4yz \qquad\qquad \Longleftrightarrow x = 2y$$
$$2xy + 4yz = 2xz + 4yz \qquad\qquad \Longleftrightarrow y = z$$

Setzt man dies in die vierte Gleichung ein, so erhält man

$$xyz = v \Longleftrightarrow 2y^3 = v \Longleftrightarrow y = \sqrt[3]{v/2}$$

Der kritische Punkt lautet also

$$x = 2\sqrt[3]{v/2}, \qquad y = z = \sqrt[3]{v/2}, \qquad \lambda = -2/z - 2/y = -4/y = -4/\sqrt[3]{v/2}$$

Der Materialverbrauch hierzu ist $f(x,y,z) = 4 \cdot \sqrt[3]{v^2/4}$.

Die Lagrange-Methode erweist sich in zahlreichen Anwendungssituationen als erste Wahl bei der Optimierung unter Nebenbedingungen, allerdings nicht bei linearer Zielfunktion und gleichzeitig linearen Restriktionen.

Beispiel 6.22

Es ist $f(x,y) = 2x + 3y$ zu minimieren auf $\mathbb{D} = [0; \infty[\times [0; \infty[$ unter der Nebenbedingung $x + y = 1$. Substituiert man die Nebenbedingung als $y = 1 - x$ in die Zielfunktion, so ergibt sich $f(x, 1-x) = 2x + 3(1-x) = 3 - x$ und dieser Ausdruck wird minimal für maximales x, wobei $x \leq 1$ gelten muss wegen $y = 1 - x \geq 0$. Die Optimallösung findet sich also für $x = 1$, $y = 0$, d.h. auf einem Randpunkt des Definitionsbereiches. Das ist typisch für lineare Optimierungsprobleme. Es sollte nicht verwundern, dass die Lagrange-Methode in diesem Beispiel auch keinen kritischen inneren Punkt findet. Die Kuhn-Tucker-Gleichungen lauten nämlich

$$2 + \lambda = 0, \quad 3 + \lambda = 0, \quad x + y = 1$$

und sind nicht lösbar. Das Optimum liegt in diesem Fall auf dem Rand des Definitionsbereiches, genauer gesagt in einer „Ecke" des zulässigen Bereiches.

Effektiv arbeiten in solchen linearen Optimierungsproblemen Verfahren, die die Probleme „diskretisieren", indem sie in nur noch diese Ecken absuchen. Das leistet z.B. der Simplex-Algorithmus, dessen Grundidee exemplarisch in Abschnitt 1.4 ⇨ vgl. S. 33 vorgestellt wurde.

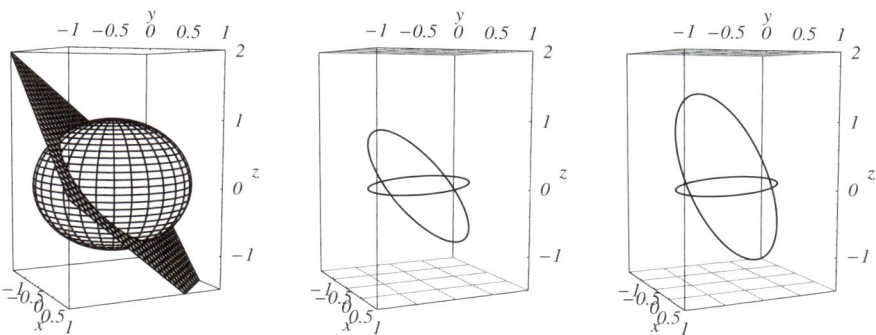

Abbildung 6.9: Zulässiger Bereich und Zielfunktion in Beispiel 6.23

6.2.2 Optimierung bei m Gleichungs-Nebenbedingungen

Liegt mehr als eine Nebenbedingung vor, so ist die Verfahrensweise von Satz 6.7 ⇨vgl. S. 238 ebenfalls anwendbar. Allerdings benötigt man für jede Nebenbedingung $g_i(x) = 0$ einen eigenen Lagrange-Multiplikator λ_i und die Lagrange-Vektorgleichung ist um den Summanden $\lambda_i \nabla g_i(x)$ zu erweitern.

Satz 6.8

Seien f, $g_1, \ldots, g_m : \mathbb{D} \subseteq \mathbb{R}^n \to \mathbb{R}$ differenzierbare Funktionen. Ein innerer Punkt $x^{(0)} = (x_1^{(0)}, \ldots, x_n^{(0)})^T \in \mathbb{D}$ sei lokales Extremum von f unter $g_1(x_1, \ldots, x_n) = 0, \ldots,$ $g_m(x_1, \ldots, x_n) = 0$. Weiter seien $\nabla g_1(x^{(0)}), \ldots, \nabla g_m(x^{(0)})$ **linear unabhängig**. Dann gibt es $\lambda_1, \ldots, \lambda_m \in \mathbb{R}$, so dass

$$\nabla f(x^{(0)}) + \lambda_1 \nabla g_1(x^{(0)}) + \ldots + \lambda_m \nabla g_m(x^{(0)}) = \bar{0}$$

Die $\lambda_1, \ldots, \lambda_m$ heißen Lagrange-Multiplikatoren.

Ein ausführlicher Beweis findet sich in der Literatur [HEUSER, 2008, S. 341 f.]. Er folgt den Leitlinien des zweiten Nachweises von Satz 6.7 ⇨ vgl. S. 239, wobei das Theorem über implizite Funktionen in Form von Satz 6.19 ⇨vgl. S. 276 benötigt wird.

Die Vektorgleichung der Lagrange-Methode wird auch **Kuhn-Tucker-Bedingung** genannt. Die Forderung, dass die Gradienten $\nabla g_1(x^{(0)}), \ldots, \nabla g_m(x^{(0)})$ der Restriktionen l.u. sind, ist unmittelbare Verallgemeinerung von $\nabla g(x_0, y_0) \neq \bar{0}$ aus Satz 6.7 ⇨vgl. S. 238, denn ein Vektor ist für sich allein linear unabhängig genau dann, wenn er nicht der Nullvektor ist.

Beispiel 6.23

Gesucht sind alle Extrema von $f(x, y, z) = x - y$ unter den Nebenbedingungen

$$g_1(x, y, z) = x + y + z = 0$$
$$g_2(x, y, z) = x^2 + y^2 + z^2 - 1 = 0$$

Im Übrigen dürfen x, y, z beliebige reelle Zahlen sein.

Zur grafischen Veranschaulichung des Problems kann die Variable z „eliminiert" werden: Der zulässige Bereich und die Zielfunktion sind in Abbildung 6.9 dargestellt. Die erste Nebenbedingung besagt, dass zulässige Punkte auf der Ebene $x + y + z = 0$ durch den Ursprung liegen, während nach der zweiten Nebenbedingung $x^2 + y^2 + z^2 = 1$ die Punkte gleichzeitig auf einer Kugeloberfläche liegen. Beide geometrischen Gebilde sind in Abbildung 6.9 links skizziert. Als Schnittmenge ergibt sich eine Kreislinie im Raum, die im mittleren Graph skizziert ist. Von den drei Komponenten x, y, z werden in der Zielfunktion jedoch nur x und y benötigt. Daher ist z für die Optimierung nicht von Belang und kann auf einen angemessenen Wert gesetzt werden, etwa $z = 0$. Die Kreislinie als zulässiger Bereich wird also auf die Ebene der x- und y-Koordinaten „projiziert", was in der mittleren sowie der rechten Abbildung geschieht. Rechts kann nun der Graph der Funktion $f(x, y) = x - y$ über dieser projizierten Kreislinie dargestellt werden. Man erkennt – auch ohne explizite Rechnung – dass die Funktion ein globales Minimum und Maximum haben muss.

Partielle Ableitungen sind $\nabla f(x, y, z) = (1, -1, 0)^T$ und $\nabla g_1(x, y, z) = (1, 1, 1)^T$, $\nabla g_2(x, y, z) = (2x, 2y, 2z)^T$. Das Lagrange-Gleichungssystem lautet daher

$$1 + \lambda_1 + \lambda_2 2x = 0$$
$$-1 + \lambda_1 + \lambda_2 2y = 0$$
$$\lambda_1 + \lambda_2 2z = 0$$
$$x + y + z = 0$$
$$x^2 + y^2 + z^2 = 1$$

Es gilt $\lambda_2 \neq 0$. Anderenfalls lauteten die ersten beiden Gleichungen $1 + \lambda_1 = 0$ und $-1 + \lambda_1 = 0$, wären also nicht vereinbar. Subtraktion der ersten von der zweiten Gleichung und der zweiten von der dritten Gleichung ergibt die beiden Gleichungen

$$\lambda_2(2x - 2y) = -2 \iff \lambda_2(y - x) = 1$$
$$\lambda_2(2y - 2z) = 1$$

Da $\lambda_2 \neq 0$, folgt hieraus $y - x = 2y - 2z \iff x + y - 2z = 0$. Aus dieser Gleichung und der Nebenbedingung $x + y + z = 0$ folgt sofort $z = 0$. Die dritte Ausgangsgleichung lässt dann auf $\lambda_1 = 0$ schließen. Übrig bleibt

$$x + y = 0, \quad x^2 + y^2 = 1$$

und ergibt durch Einsetzungsverfahren zwei kritische Punkte:

- $x = 1/\sqrt{2}$, $y = -1/\sqrt{2}$, $z = 0$ mit $\lambda_1 = 0$ und $\lambda_2 = -1/\sqrt{2}$
- $x = -1/\sqrt{2}$, $y = 1/\sqrt{2}$, $z = 0$ mit $\lambda_1 = 0$ und $\lambda_2 = 1/\sqrt{2}$

Die Lagrange-Methode für Nebenbedingungen in Gleichungsform lässt sich auch als nichtrestringierter Optimierungsansatz auffassen:

Lagrange-Ansatz bei Nebenbedingungen in Gleichungsform
Man bilde die **Lagrange-Funktion**:

$$L(x_1, \ldots, x_n, \lambda_1, \ldots, \lambda_m) := f(x_1, \ldots, x_n) + \sum_{i=1}^{m} \lambda_i g_i(x_1, \ldots, x_n)$$

und löse das Gleichungssystem $\nabla L(x, \lambda) = \bar{0}$.

Denn hierzu ist das Gleichungssystem der Lagrange–Methode

$$\left.\begin{aligned} \nabla f(x_1,\ldots,x_n) + \sum_{i=1}^{m} \lambda_i \nabla g_i(x_1,\ldots,x_n) &= \bar{0} \\ g_1(x_1,\ldots,x_n) &= 0 \\ &\vdots \\ g_m(x_1,\ldots,x_n) &= 0 \end{aligned}\right\}$$

gleichwertig. Man kann sich die Lagrange-Methode also auch so vorstellen, dass die Nebenbedingungen in Form von „Straftermen" der Zielfunktion zugeschlagen werden, wodurch scheinbar ein Optimierungsproblem ohne Nebenbedingungen entsteht.

Beispiel 6.24 (Fortsetzung von Beispiel 6.17 ⇨ vgl. S. 236)
Es sollen y Einheiten des Produktes kostenminimal hergestellt werden, d.h. zu minimieren ist $k(x_1,\ldots,x_n) = p_1 x_1 + \cdots + p_n x_n$ unter $f(x_1,\ldots,x_n) = y$. Die Lagrange-Funktion lautet

$$L(x_1,\ldots,x_n,\lambda) := k(x_1,\ldots,x_n) + \lambda(f(x_1,\ldots,x_n) - y)$$

Im Kostenminimum muss der Gradient der Lagrange-Funktion gleich dem Nullvektor gesetzt werden, d.h. $\nabla L(x_1,\ldots,x_n,\lambda) = \bar{0}$. Dies ist ausgeschrieben ein Gleichungssystem mit $n+1$ Gleichungen und $n+1$ Unbekannten: Ableiten nach λ ergibt wieder die Nebenbedingung $f(x_1,\ldots,x_n) = y$. und Ableiten nach x_i für $i = 1,\ldots,n$ ergibt

$$p_i + \lambda \cdot \frac{\partial}{\partial x_i} f(x_1,\ldots,x_n) = 0 \iff \lambda = \frac{-p_i}{\frac{\partial}{\partial x_i} f(x_1,\ldots,x_n)}$$

Diese Gleichungen lassen eine ökonomische Interpretation zu: In einem stationären Punkt ist das Verhältnis von Grenzkosten zu Grenzproduktivität konstant. Eine weitere Bestimmung der Produktionsfaktoren erfordert genauere Kenntnis der Produktionsfunktion. Für zwei Produktionsfaktoren und eine CD-Produktionsfunktion haben wir dies bereits untersucht ⇨ vgl. Beispiel 6.20, S. 240.

6.2.3 Optimierung unter einer Ungleichungsrestriktion

Auch bei Nebenbedingungen in Ungleichungsform ist die Lagrange-Methode anwendbar. Man darf dann aber solche Nebenbedingungen nicht ohne Weiteres ausschöpfen, d.h. das Ungleichungszeichen mit einem Gleichheitszeichen ersetzen.

Eine durch einen zulässigen Punkt $x^{(0)}$ nicht ausgeschöpfte Nebenbedingung heißt **inaktiv** für $x^{(0)}$. Wird die Nebenbedingung ausgeschöpft, so heißt sie **aktiv**.

Grundsätzlich löst man Optimierungsproblemen mit Ungleichungsrestriktionen wie folgt: es werden einige Nebenbedingungen als inaktiv „gesetzt" und zunächst ignoriert. Mit den übrigen (aktiven) Nebenbedingungen rechnet man die Lagrange-Methode. Für die gefunden kritischen Punkte prüft man anschließend, ob auch die jeweils inaktiv gesetzten Nebenbedingungen erfüllt sind.

Weil von vornherein nicht bekannt ist, ob in einem lokalen Minimum eine Nebenbedingung aktiv sein muss, sind bei Optimierungsproblemen unter Nebenbedingungen in Ungleichungsform Fallunterscheidungen erforderlich. Am wenigsten aufwändig sind

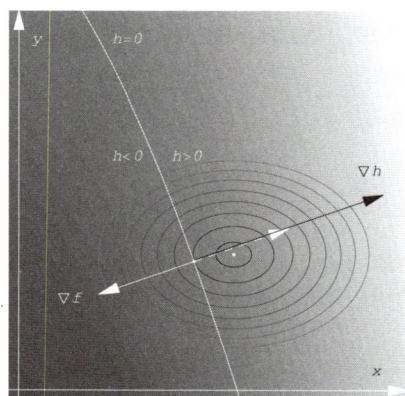

inaktive Nebenbedingung   aktive Nebenbedingung

Abbildung 6.10: Optimierungsproblem $f(x,y) \overset{!}{=} \min$ unter $h(x,y) \leq 0$

diese bei nur einer Nebenbedingung. Wir werden daher diesen Fall jetzt erst besprechen und uns dabei anfangs wieder auf zwei Variablen beschränken.

Satz 6.9 (Lokale Minima unter einer Ungleichungsrestriktion)
Für zwei differenzierbar Funktionen $f, h : \mathbb{D} \subseteq \mathbb{R}^2 \to \mathbb{R}$ sei $(x_0, y_0) \in \mathbb{D}$ ein Punktes mit $\nabla h(x_0, y_0) \neq \bar{0}$ und ein lokales Minimum von f unter der Nebenbedingung $h(x_0, y_0) \leq 0$. Dann gibt es ein $\mu \geq 0$, so dass

$$\nabla f(x_0, y_0) + \mu \nabla h(x_0, y_0) = \bar{0},$$

und es gilt $\mu = 0$ oder $h(x_0, y_0) = 0$ bzw. gleichwertig $\mu h(x_0, y_0) = 0$. Diese Gleichung wird **Bedingung vom komplementären Schlupf** genannt.

Zur Begründung: Es sind zwei Fälle zu unterscheiden, die in Abbildung 6.10 dargestellt sind:

- Die Nebenbedingung ist inaktiv, d.h. $h(x_0, y_0) < 0$. Dargestellt ist in der Abbildung links ein Kontur-Diagramm von h, in dem die **Niveaulinie** $h(x, y) = 0$ hervorgehoben ist. Diese teilt den Definitionsbereich in zwei Bereiche: im linken Teil liegen alle Punkte $(x, y) \in \mathbb{D}$ mit $h(x, y) < 0$, also auch der Punkt (x_0, y_0), im rechten Teil entsprechend die Punkte (x, y) mit $h(x, y) > 0$. Um den Punkt (x_0, y_0) sind zusätzlich die Niveaulinien von f skizziert, die darstellen, dass in (x_0, y_0) tatsächlich ein lokales Minimum liegt.

  Unter geeigneter Verkleinerung des betrachteten Bereiches findet sich um den Punkt (x_0, y_0) eine ganze Umgebung $B = B_r(x_0, y_0)$ mit $r > 0$ (begrenzt von der in Abbildung 6.10 links dargestellten Kreislinie), innerhalb derer die Nebenbedingung – sogar inaktiv – erfüllt ist und die Funktion den Minimalwert $f(x_0, y_0)$ hat. (x_0, y_0) ist somit schon Stelle eines lokalen Minimums von f ohne Nebenbedingungen und hat daher die notwendige Eigenschaft $\nabla f(x_0, y_0) = \bar{0}$. Setzt man aber $\mu = 0$, so gilt auch $\nabla f(x_0, y_0) + \mu \nabla h(x_0, y_0) = \bar{0}$, d.h. es gilt wieder die Kuhn-Tucker-Bedingung. Bei inaktiver Nebenbedingung ist der Lagrange-Multiplikator $\mu = 0$, denn es ist $\nabla h(x_0, y_0) \neq \bar{0}$ vorausgesetzt und $\nabla f(x_0, y_0) = \bar{0}$ geschlussfolgert, was $\mu \neq 0$ unmöglich macht.

Die Nebenbedingung ist aktiv, d.h. $h(x_0, y_0) = 0$. Damit verschiebt sich die Lage des lokalen Minimums auf die oben angesprochene Begrenzungslinie $h(x, y) = 0$, wie in Abbildung 6.10 rechts, skizziert. Es ist dann (x_0, y_0) auch lokale Minimalstelle unter der Nebenbedingung $h(x, y) = 0$ und nach den Überlegungen zur Optimierung unter Gleichungsrestriktionen müssen die Kuhn-Tucker-Bedingungen erfüllt sein, d.h. es gibt ein $\mu \in \mathbb{R}$ mit $\nabla f(x_0, y_0) + \mu \nabla h(x_0, y_0) = \bar{0}$.

Zusätzlich kann man schließen, dass $\mu \geq 0$ ist, mithin $\nabla f(x_0, y_0)$ und $\nabla h(x_0, y_0)$ in entgegengesetzte Richtungen zeigen (also nicht wie in Abbildung 6.10 rechts, der gestrichelte Pfeil). Anderenfalls hätten f und g die gemeinsame Abstiegsrichtung $-\nabla f(x_0, y_0) = \mu \nabla h(x_0, y_0)$. Dann könnte (x_0, y_0) zulässig verbessert werden, wäre also keine lokale Minimalstelle, was aber im Widerspruch zur Annahme steht.

Das Verfahren wird anhand des bereits früher erwähnten Problems der Verpackungsminimierung einer Konservendose illustriert.

Beispiel 6.25
Es soll die Oberfläche $O(r, h) = 2\pi r^2 + 2\pi r h \overset{!}{=} \min$ einer zylindrischen Konservendose minimiert werden. Das Mindestvolumen der Dose soll $\pi r^2 h \geq 500$ betragen. Dabei stellt r den Radius und h die Höhe des Zylinders dar. Als Nebenbedingung erhält man also $g(r, h) = 500 - \pi r^2 h \leq 0$. Die Funktionen O, g sind stetig partiell differenzierbar in $\mathbb{D} = \{(r, h)^T \in \mathbb{R}^2 : r > 0, h > 0\}$ mit

$$\nabla O(r, h) = (4\pi r + 2\pi h, 2\pi r)^T, \quad \nabla g(r, h) = (-2\pi r h - \pi r^2)^T$$

Bei einem lokalen Minimum von f in (r, h) gibt es nach Satz 6.9 ein $\lambda \geq 0$ derart, dass

$$\begin{aligned} \nabla O(r, h) + \lambda \cdot \nabla g(r, h) \quad &= \quad 0 \\ g(r, h) \quad &\leq \quad 0 \\ \lambda = 0 \quad \text{oder} \quad g(r, h) &= 0 \end{aligned}$$

d.h.

$$4\pi r + 2\pi h - 2\lambda \pi r h = 0 \text{ und } 2\pi r - \lambda \pi r^2 = 0$$
$$\pi r^2 h \geq 500$$
$$\lambda = 0 \text{ oder } \pi r^2 h = 500$$

Aufgrund der zweiten Gleichung folgt $\lambda \neq 0$ und die Nebenbedingung ist aktiv. Teilt man zudem die erste Gleichung durch 2π und die zweite Gleichung durch πr, was wegen $r > 0$ erlaubt ist, so ergibt sich das äquivalente System

$$2r + h - \lambda r h = 0, \qquad \lambda r = 2, \qquad \pi r^2 h = 500$$

Substituiert man $\lambda r = 2$ in die erste Gleichung, so ergibt sich $h = 2r$. Mit der dritten Gleichung folgt $r = \sqrt[3]{\frac{500}{2\pi}} \approx 4,30$, $h = 2\sqrt[3]{\frac{500}{2\pi}} \approx 8,60$ und $\lambda = 2/\sqrt[3]{\frac{500}{2\pi}}$.

Sie haben an diesem Beispiel gesehen, wie sich die Ungleichungsrestriktion während der Rechnung in eine aktive Restriktion, d.h. eine Gleichungsrestriktion wandelt. Dies kommt bei Optimierungsproblemen mit einer Nebenbedingung ziemlich häufig vor.

6.2.4 Optimierung unter k Ungleichungsbedingungen

Bei mehreren Ungleichungsrestriktionen bekommt jede von ihnen wieder einen eigenen Lagrange-Multiplikator zugewiesen, der zusammen mit dem Gradienten dieser Nebenbedingung Aufnahme in die Kuhn-Tucker-Gleichungen findet. Die Bedingung vom komplementären Schlupf gilt dann für jede Nebenbedingung, kann aber zu einer einzigen Gleichung zusammengefasst werden:

Satz 6.10 (FOC für lokale Minima unter Ungleichungen)

Seien $f, h_1, \ldots, h_k : \mathbb{D} \subseteq \mathbb{R}^n \to \mathbb{R}$ differenzierbare Funktionen. Ein innerer Punkt $x^{(0)} = (x_1^{(0)}, \ldots, x_n^{(0)})^T \in \mathbb{D}$ sei lokales Minimum von $f(x_1, \ldots, x_n)$ unter den Nebenbedingungen $h_1(x_1, \ldots, x_n) \leq 0, \ldots, h_k(x_1, \ldots, x_n) \leq 0$. Weiter seien $\nabla h_1(x^{(0)}), \ldots, \nabla h_k(x^{(0)})$ linear unabhängig. Dann gibt es $\mu_1, \ldots, \mu_k \geq 0$, so dass

$$\nabla f(x^{(0)}) + \mu_1 \nabla h_1(x^{(0)}) + \cdots + \mu_k \nabla h_k(x^{(0)}) = \bar{0}$$
$$\mu_1 h_1(x^{(0)}) + \cdots + \mu_k h_k(x^{(0)}) = 0$$

Auch hier spricht man von den **Kuhn-Tucker-Bedingungen**. Beachten Sie die die Vorzeichenbeschränkung $\mu_j \geq 0$ der Lagrange-Multiplikatoren. Ist in einem kritischen Punkt einer der Lagrange-Multiplikatoren negativ, so kann kein lokales Minimum vorliegen. Die Vorzeichenbedingungen können also ggf. zum Ausschluss von Punkten aus der weiteren Diskussion führen. Soll andererseits ein lokales Maximum bestimmt werden, so überführt man entweder das Problem durch Übergang von f zu $-f$ in die Minimierungsform nebst Anwendung des vorstehenden Satzes oder akzeptiert im obigen Lagrange-Ansatz nur diejenigen kritischen Punkte mit $\mu_j \leq 0$.

Dass die **Bedingung vom komplementären Schlupf** für jede Nebenbedingung erfüllt sein muss, besagt die Gleichung $\mu_1 h_1(x_0) + \cdots + \mu_k h_k(x_0) = 0$. Die darin auftretende Summe ist stets kleiner oder gleich Null, denn die Lagrange-Multiplikatoren $\mu_1, \ldots, \mu_k$ sind nichtnegativ und die Werte $h_1(x), \ldots, h_k(x)$ sind stets kleiner oder gleich Null, mithin sind alle Summanden kleiner oder gleich Null. Der Wert Null für die Summe bedeutet dann, dass jeder Summand $\mu_i h_i(x)$ (und damit jeweils wenigstens einer seiner Faktoren) gleich Null ist. Also muss jeweils entweder der Multiplikator Null sein, oder die betreffende Nebenbedingung wird voll ausgeschöpft, d.h. ist aktiv. Selten sind auch beide Eigenschaften gleichzeitig erfüllt

Umsetzung der Bedingung vom komplementären Schlupf

Es werden auf alle möglichen Arten Nebenbedingungen ausgewählt und als aktiv festlegt und dann abhängig von dieser Festlegung

[1] die Lagrange-Multiplikatoren der übrigen inaktiven Nebenbedingungen gleich Null gesetzt,

[2] die inaktiven Nebenbedingungen erst ignoriert und mit der Lagrange-Methode kritische Punkte zu den aktiven Nebenbedingungen ermittelt,

[3] geprüft, ob die kritischen Punkte nichtnegative Lagrange-Multiplikatoren haben und die inaktiven Nebenbedingungen erfüllen.

Die Zielwerte aller gefundenen kritischen Punkte werden abschließend verglichen.

Weil für jede Nebenbedingung zwei Entscheidungen „aktiv" oder „inaktiv" möglich sind und die Entscheidungen für verschiedene Nebenbedingungen unabhängig voneinander getroffen werden können, gibt es bei k Nebenbedingungen in Ungleichungsform prinzipiell 2^k grundsätzlich verschiedene Optimierungs-Teil-Probleme zu lösen.

Manchmal kann durch eine Zusatzüberlegung sofort klar gestellt werden kann, welche Nebenbedingungen in einem kritischen Punkt überhaupt aktiv sein müssen, damit dieser Aussicht darauf hat, ein globales Extremum zu werden:

Beispiel 6.26

Der Ertrag aus der Veräußerung dreier Produkte in den Quantitäten $x, y, z \geq 0$ von der Form $f(x, y, z) = 2xy + 3yz$ soll maximiert werden. Die dabei eingesetzten Rohstoffe sollen sich aus der Materialverflechtung zu

$$x + y \leq 6 \Leftrightarrow h_1(x, y, z) = x + y - 6 \leq 0$$
$$3y + z \leq 18 \Leftrightarrow h_2(x, y, z) = 3y + z - 18 \leq 0$$

ergeben. Die Bestimmungsgrößen der Lagrange-Methode sind nun

$$\nabla f(x, y, z) = (2y, 2x + 3z, 3y)^T, \nabla h_1(x, y, z) = (1, 1, 0)^T, \nabla h_2(x, y, z) = (0, 3, 1)^T$$

Kritische Punkte erfüllen demnach das Gleichungs/Ungleichungssystem

$$
\begin{aligned}
2y + \mu_1 &= 0 &&\Longleftrightarrow \mu_1 = -2y \\
2x + 3z + \mu_1 + 3\mu_2 &= 0 \\
3y + \mu_2 &= 0 &&\Longleftrightarrow \mu_2 = -3y \\
x + y &\leq 6 \\
3y + z &\leq 18 \\
\mu_1(x + y - 6) + \mu_2(3y + z - 18) &= 0
\end{aligned}
$$

Weiter müssen beide Nebenbedingungen in einem lokalen Maximum aktiv sein. Das kann man hier gleich auf zwei verschiedene Arten sehen:

- Gilt z.B. $x_0 + y_0 < 6$ und $3y_0 + z_0 \leq 18$, so kann man durch Vergrößerung von x_0 den Output noch zulässig erhöhen, ohne dass die zweite Nebenbedingung verletzt wird. Entsprechend lässt sich für die zweite Nebenbedingung argumentieren.

- Auch die Kuhn-Tucker-Bedingungen selbst implizieren, dass beide Nebenbedingungen aktiv sind. Wäre z.B. die erste Nebenbedingung inaktiv, so bedeutete dies $\mu_1 = 0$ und damit wegen der ersten Kuhn-Tucker-Bedingung auch $y = 0$. Wegen der dritten Nebenbedingung wäre dann auch $\mu_2 = 0$. Die zweite Kuhn-Tucker-Bedingung würde dann zu $2x + 3z = 0$, was wegen $x, z \geq 0$ sofort $x = z = 0$ bedeutet. Es lassen sich aber bessere zulässige Punkte finden, d.h. $x = y = z = 0$ kann kein lokales Maximum sein.

Substituiert man mit Hilfe der ersten und dritten Gleichung die Multiplikatoren in der zweiten Gleichung, so ergibt sich das lineare Gleichungssystem

$$2x - 11y + 3z = 0, \qquad x + y = 6, \qquad 3y + z = 18$$

Einzige Lösung ist der kritische Punkt $x = 3, y = 3, z = 9$ mit $\lambda_1 = -6, \lambda_2 = -9$.

Eine derartige Argumentation, nach der alle Nebenbedingungen im lokalen Extremum aktiv sind, ist jedoch nur in Ausnahmefällen möglich. In der Regel müssen alle Möglichkeiten, Nebenbedingungen zu aktivieren oder inaktiv zu lassen, „ausprobiert" werden:

Beispiel 6.27

Betrachtet werde das Optimierungsproblem

$$2x^2 + 4y^2 \stackrel{!}{=} \min \quad \text{unter } x^2 + y^2 - 2 \leq 0 \text{ und } 1 - x - y \leq 0$$

Dabei sei $\mathbb{D} = \mathbb{R}^2$. Die Kuhn-Tucker-Bedingungen lauten mit $\mu_1 \geq 0, \mu_2 \geq 0$

$$4x + \mu_1 2x - \mu_2 = 0$$
$$8y + \mu_1 2y - \mu_2 = 0$$
$$x^2 + y^2 \leq 2$$
$$x + y \geq 1$$
$$\mu_1(x^2 + y^2 - 2) + \mu_2(1 - x - y) = 0$$

Aus den ersten beiden Gleichungen folgt

$$4x + \mu_1 2x = 8y + \mu_1 2y \quad \Leftrightarrow \quad \mu_1(y - x) = 2(x - 2y) \quad \Leftrightarrow \quad \mu_1 = 2(x - 2y)/(y - x)$$

wobei $\mu_1, \mu_2 \geq 0$. Nun müssen vier Fälle überprüft werden:

▪ Keine aktive Nebenbedingung: Das Gleichungs-Ungleichungssystem vereinfacht sich zu $4x = 0, 8y = 0$. Der hieraus berechnete kritische Punkt $x = y = 0$ ist jedoch nicht zulässig, da die zweite Nebenbedingung $x + y \geq 1$ verletzt ist.

▪ Beide Nebenbedingungen sind aktiv: Das bedeutet $x^2 + y^2 = 2, x + y = 1 \Rightarrow$ $x^2 + (1 - x)^2 = 2$. Lösungen sind $(x_1, y_1) = (\frac{1}{2} + \frac{\sqrt{3}}{2}, \frac{1}{2} - \frac{\sqrt{3}}{2})$ und $(x_2, y_2) = (\frac{1}{2} - \frac{\sqrt{3}}{2}, \frac{1}{2} + \frac{\sqrt{3}}{2})$. In beiden Fällen liegt aber kein lokales Minimum vor, denn der Lagrange-Multiplikator $\mu_1 = \frac{2(x - 2y)}{y - x}$ ist jeweils negativ:

$$\mu_1 = (-1 + 3\sqrt{3})/(-\sqrt{3}) < 0 \quad \text{bzw.} \quad \mu_1 = (-1 - 3\sqrt{3})/\sqrt{3} < 0$$

▪ Nur die erste Nebenbedingung ist aktiv (d.h. $x^2 + y^2 = 2$ und die zweite Nebenbedingung ist inaktiv, d.h. $\mu_2 = 0$): Die übrigen Gleichungen lauten dann

$$4x + \mu_1 2x = 0 \Leftrightarrow x(4 + 2\mu_1) = 0 \quad \text{und} \quad 8y + \mu_1 2y = 0 \Leftrightarrow y(8 + 2\mu_1) = 0$$

Dieser Fall liefert aber keinen kritischen Punkt, denn aus $\mu_1 \geq 0$ und den beiden letztgenannten Gleichungen folgt $x = y = 0$, was mit der aktiven Nebenbedingung $x^2 + y^2 = 2$ unvereinbar ist. Es ergibt sich auch hier kein lokales Minimum.

▪ Nur die zweite Nebenbedingung ist aktiv (d.h. die erste Nebenbedingung ist inaktiv, d.h. $\mu_1 = 0$): Das Gleichungs-Ungleichungssystem vereinfacht sich zu

$$4x - \mu_2 = 0, \qquad 8y - \mu_2 = 0 \qquad x + y = 1$$

Hieraus folgt $4x = 8y \Leftrightarrow x = 2y$ und $x = \frac{2}{3}$, $y = \frac{1}{3}$ sowie $\mu_2 = 4x = \frac{8}{3} > 0$. Der ermittelte Punkt erfüllt die erste Nebenbedingung, denn $x^2 + y^2 = \frac{4}{9} + \frac{1}{9} = \frac{5}{9} \leq 2$. Nur dieser Fall führt also zu einem Kandidaten für ein lokales Minimum.

In diesem Beispiel waren alle vier Fälle zu prüfen, da sonst ein kritischer Punkt hätte übersehen werden können, der beim Wertevergleich am Ende möglicherweise gefehlt hätte. Das vorliegende Optimierungsproblem erfüllt aber die Voraussetzungen des weiter unten stehenden Satzes 6.16 von Kuhn-Tucker ⇨ vgl. S. 263. Nach deren Überprüfung reicht es, **einen** kritischen Punkt zu finden.

Der Vollständigkeit halber sei noch die eher seltene Situation behandelt, dass sowohl Gleichungen als auch Ungleichungen als Nebenbedingungen auftreten. In diesem Fall sind die Kuhn-Tucker-Bedingungen über alle Nebenbedingungsgradienten aufzustellen. Für die Lagrange-Multiplikatoren der Ungleichungsrestriktionen müssen die Bedingungen vom komplementären Schlupf erfüllt sein.

Satz 6.11 (Allgemeine Lagrange-Methode, FOC)

Seien f, $g_1, \ldots, g_m$, $h_1, \ldots, h_k : \mathbb{D} \subseteq \mathbb{R}^n \to \mathbb{R}$ differenzierbare Funktionen. Es sei $x^{(0)} = (x_1^{(0)}, \ldots, x_n^{(0)})^T \in \mathbb{D}$ innerer Punkt und lokales Minimum von $f(x_1, \ldots, x_n)$ unter den Nebenbedingungen $g_1(x_1, \ldots, x_n) = 0, \ldots, g_m(x_1, \ldots, x_n) = 0$, $h_1(x_1, \ldots, x_n) \leq 0, \ldots,$ $h_k(x_1, \ldots, x_n) \leq 0$. Weiter seien $\nabla g_1(x^{(0)}), \ldots, \nabla g_m(x^{(0)}), \nabla h_1(x^{(0)}), \ldots, \nabla h_k(x^{(0)})$ linear unabhängig. Dann gibt es $\lambda_1, \ldots, \lambda_m \in \mathbb{R}$ und $\mu_1, \ldots, \mu_k \geq 0$, so dass

$$\nabla f(x^{(0)}) + \sum_{j=1}^{m} \lambda_j \nabla g_j(x^{(0)}) + \sum_{i=1}^{k} \mu_i \nabla h_i(x^{(0)}) = \bar{0}$$

$$\mu_1 h_1(x^{(0)}) + \cdots + \mu_k h_k(x^{(0)}) = 0$$

Diese Gleichungen werden **Kuhn-Tucker-Bedingungen** genannt.

Übungen zu Abschnitt 6.2

6. Berechnen Sie mit der Lagrange-Methode jeweils alle kritischen Punkte von

a) $x^2 + y^2$ unter der Nebenbedingung $xy = 4$,

b) $x^2 + y^2$ unter der Nebenbedingung $x - 2y = 5t$ (mit $t > 0$),

c) $x - 2y$ unter der Nebenbedingung $x^2 + y^2 = 5t^2$ (mit $t > 0$).

7. Die Absatzwirkung $f(x, y) = 10\sqrt{x} + 20\ln(y+1) + 50$ eines Produkts in Abhängigkeit zweier Werbebudgets $x, y \geq 0$ soll maximal werden unter der Bedingung $10x + 20y = 30$. Bestimmen Sie einen kritischen Punkt mit der Lagrange-Methode.

8. Gesucht werden Extrema von $x - 2y + z$ unter der Nebenbedingung $x^2 + y^2 + z^2 = 6$. Berechnen Sie mit der Lagrange-Methode alle kritischen Punkte.

9. Maximieren Sie $x_1^{\alpha_1} x_2^{\alpha_2} \cdots x_n^{\alpha_n}$ für $x_1, \ldots, x_n \geq 0$ unter der Nebenbedingung $x_1 + \cdots + x_n = 1$. Dabei seien $\alpha_1, \ldots, \alpha_n > 0$.

10. Eine Bankkundin möchte ihr Geld so auf drei zur Auswahl stehenden Kapitalanlagen verteilen, dass ihr dabei eingegangenes Risiko $f(x, y, z) = 2x^2 + y^2 + \frac{3}{2}z^2$ minimal wird, wobei die Variablen $x, y, z \in [0; 1]$ den Anteil am jeweiligen Portfolio angeben und die Renditen der einzelnen Anlagemöglichkeiten mit 9%, 7% und 8% veranschlagt werden. Insgesamt soll eine Rendite von 8.5% erreicht werden. Berechnen Sie mit der Lagrange-Methode einen kritischen Punkt.

11. Überprüfen Sie die Funktion $f(x, y) = 4x^2 - 3xy$

a) auf lokale Extrema,

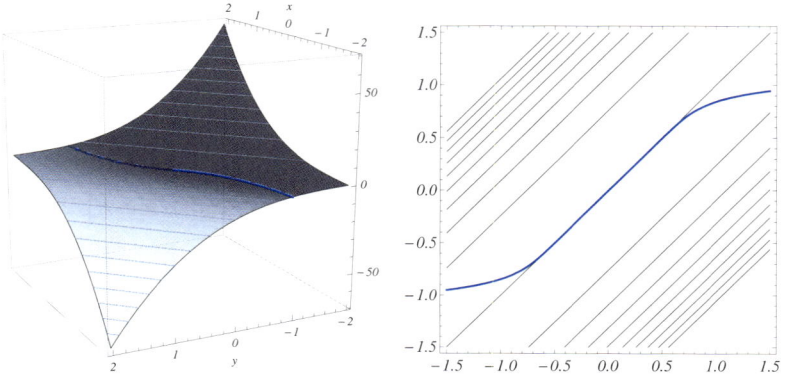

Abbildung 6.11: Graph und Konturdiagramm in Beispiel 6.28

b) auf kritische Punkte unter der Nebenbedingung $x^2 + y^2 \leq 1$

12. Die wiwinesische Kokonata-Faser-AG verkauft Kokosfaser für den Gebäude-Innenausbau auf den Nachbarinseln Costania und Pescadora. Die Produktionskapazität ist auf höchstens 240 Tonnen Kokosfaser pro Jahr begrenzt ohne Einschränkungen auf der Absatzseite. Die Kosten bei der Herstellung von $z = x + y$ Tonnen Kokosfaser in Kokonata betragen $K(z) = \frac{1}{4}z^2 + 400z + 9200$, wobei x Tonnen in Costania zum Preis $p(x) = 1000 - x$ je Tonne und y Tonnen zum Preis $q(y) = 1600 - 2y$ je Tonne in Pescadora abgesetzt werden. Ermitteln Sie mit Hilfe der Lagrange-Methode diejenigen Absatzmengen x, y, für die der Jahres-Gewinn $G(x, y) = xp(x) + yq(y) - K(x + y)$ maximal wird. (Hinweis: Berechnen Sie nur einen kritischen Punkt.)

13. Minimieren Sie die Kostenfunktion $k(x, y) = x^2 - 20x + 130 + y^2 - 10y$

a) unter der Kapazitätsrestriktion $g(x, y) = 2x + 3y \leq 22$.

b) unter der Kapazitätsrestriktion $g(x, y) = 2x + 3y \leq 48$.

für $x > 0, y > 0$. (Hinweis: Auch hier – zunächst – nur kritische Punkte berechnen.)

14. Finden Sie kritische Punkte für die Maximierung von $4z - x^2 - y^2 - z^2$ unter den beiden Nebenbedingungen $xy \geq z$ und $x^2 + y^2 + z^2 \leq 3$.

6.3 Hinreichende Bedingungen für Extrema

In diesem Abschnitt wollen wir verschiedene Ansätze besprechen, wie man den zuvor mit der Lagrange-Methode berechneten kritischen Punkten ansehen kann, dass sie bereits optimal sind. Eine solche Argumentation ist oft unerlässlich, denn auch bei Restriktionen können (nicht optimale) Sattelpunkte von Zielfunktionen auftreten:

Beispiel 6.28
Gesucht ist ein Extremum von $f(x, y) = (x - y)^3 + (x - y)$ unter der Nebenbedingung $g(x, y) = x - y - y^3 = 0$. Über den Lagrange-Ansatz bekommt man die Kuhn-Tucker-Bedingungen $3(x - y)^2 + 1 + \lambda = 0,$ $-(3(x - y)^2 + 1) + \lambda(-1 - 3y^2) = 0.$

Substitution von λ aus der ersten Gleichung in der zweiten ergibt $(9(x-y)^2+1)3y^2 = 0$, d.h. $y = 0$ und damit aus der Nebenbedingung auch $x = 0$. Der Punkt $x = y = 0$

ist also einziger kritischer Punkt. Substituiert man aber $x - y - y^3 = 0$, d.h. $x - y = y^3$ in der Zielfunktion, so erhält man $f(x, y) = y^9 + y^3$ und diese Funktion hat für $y = 0$ kein Extremum, sondern einen Sattelpunkt. Die Situation ist auch noch einmal in Abbildung 6.11 dargestellt. Die Kontur zur Nebenbedingung hat im kritischen Punkt der Lagrange-Methode eine Wendestelle, daher kann dort kein lokales Extremum vorliegen.

Wir werden im folgenden drei Ansätze behandeln, wie man auf globale bzw. lokale Extrema schließen kann. Zunächst besprechen wir hinreichende Bedingungen für lokale Extrema unter Nebenbedingungen auf Basis der Hesse-Matrix und gehen dann auf den Randwertvergleich ein, welcher die Untersuchung der Hesse-Matrix ggf. überflüssig macht. Der Satz von Kuhn-Tucker schließlich gibt bei Nebenbedingungen in Ungleichungsform eine Möglichkeit, konvexe Funktionen zu optimieren.

6.3.1 Hinreichende Bedingungen für lokale Extrema unter Nebenbedingungen

In diesem Abschnitt sollen – analog den bisher behandelten Klassen von Optimierungsproblemen – hinreichende Bedingungen für lokale Extrema unter Nebenbedingungen genannt und diskutiert werden. Es ist nicht überraschend, dass die hinreichenden Bedingungen auf der Hesse-Matrix aufbauen, allerdings wird nicht die pauschale Definitheit der Hesse-Matrix zur Zielfunktion benötigt. Diese ist oft auch gar nicht gegeben:

Beispiel 6.29
Es sei die Funktion $f(x, y) = x^2 - y^2$ in $\mathbb{D} = \mathbb{R}^2$ unter der Nebenbedingung $g(x, y) = y = 0$ zu minimieren. Ein unrestringiertes Minimum hat die Funktion nicht; das ist schon an der Indefinitheit der Hesse-Matrix von f, $H_f(x, y) = \begin{bmatrix} 2 & 0 \\ 0 & -2 \end{bmatrix}$ zu erkennen. Betrachtet man allerdings die Funktion längs der Nebenbedingung $y = 0$, so lautet die Zielfunktion auf dieser Linie $f(x, 0) = x^2$ und hat dort sehr wohl ein globales Minimum für $x = 0$. Dies kann man auch in Abbildung 6.2 ⇨ vgl. S. 227 sehen. f ist auf der Nebenbedingungslinie $y = 0$ konvex gekrümmt und hat daher in $x = y = 0$ ein Minimum unter der Nebenbedingung $y = 0$.

Formal kann man diese Richtungskrümmung wie folgt berechnen: Die Richtung der Nebenbedingung (d.h. die Tangente an die Nebenbedingung $g(x, y) = 0$) steht gemäß Satz 5.9 ⇨ vgl. S. 192 senkrecht auf $\nabla g(0, 0) = (0, 1)^T$, kann also gleich $(1, 0)^T$ gewählt werden. Damit ist die Richtungskrümmung von f in $(0, 0)^T$ in Richtung $(1, 0)^T$, d.h. der Richtung der Nebenbedingungslinie gleich $\left\langle \begin{pmatrix} 1 \\ 0 \end{pmatrix}, \begin{bmatrix} 2 & 0 \\ 0 & -2 \end{bmatrix} \begin{pmatrix} 1 \\ 0 \end{pmatrix} \right\rangle = 2 > 0$.

Deshalb wird man in restringierten Problemen nicht mehr die Definitheit von H_f, sondern nur noch eine „eingeschränkte" Definitheit in Richtungen fordern, welche im kritischen Punkt tangential zu den Niveaulinien, d.h. senkrecht zu den Nebenbedingungsgradienten liegen. Um die betreffenden Richtungen zu ermitteln, wird den Nebenbedingungen des Optimierungsproblems ein lineares Gleichungssystem $Gx = \bar{0}$ zugeordnet, wobei die Zeilen von G mit den (transponierten) Gradienten der Nebenbedingungsfunktionen in den kritischen Punkten übereinstimmen.

Definition 6.3 (Definitheit unter Nebenbedingungen)

Gegeben seien eine symmetrische $n \times n$-Matrix H und eine $n \times r$-Matrix G.

[1] Die Matrix H heißt **positiv definit unter** $Gx = 0$ (bzw. negativ definit unter $Gx = \bar{0}$), wenn für alle $x \neq \bar{0}$ mit $Gx = \bar{0}$ gilt: $\langle x, Hx \rangle > 0$ (bzw. $\langle ax, Hx \rangle < 0$).

[2] Die Matrix H heißt positiv semidefinit (bzw. negativ semidefinit) unter $Gx = \bar{0}$, wenn für die oben genannten x gilt: $\langle x, Hx \rangle \geq 0$ (bzw. $\langle x, Hx \rangle \leq 0$).

Wie bei der „pauschalen" Definitheit gibt es verschiedene Möglichkeiten, Definitheit unter Nebenbedingungen zu überprüfen. Eine Methode verwendet eine Basis der Lösungsmenge des linearen Gleichungssystems $Gx = \bar{0}$ gemäß Satz 2.7 ⇨ vgl. S. 62, eine andere arbeitet mit Minoren einer aus H und G zusammengesetzten Blockmatrix.

Satz 6.12 (Reduktionskriterium für Definitheit unter Nebenbedingungen)

Mit dem nachstehenden Verfahren kann nachgewiesen werden, dass eine symmetrische Matrix $H \in \mathbb{R}^{n \times n}$ definit unter der Nebenbedingung $Gx = \bar{0}$ ist:

[1] Setze die Vektoren einer **Basis** von $Kern(G)$ zu einer $n \times \ell$-Matrix A zusammen.

[2] Üüberprüfe mit den herkömmlichen Methoden, dass die Matrix $A^T H A$ **definit** ist.

Denn nehmen wir beispielsweise an, dass $A^T H A$ positiv definit ist. Sei jetzt $x \in Kern(G)$ mit $x \neq \bar{0}$. Es gilt dann auch $\langle x, Hx \rangle > 0$, denn x ist LK einer Basis von $Kern(A)$ und lässt sich in der Form $x = Ab$ mit $b \in \mathbb{R}^\ell$, $b \neq \bar{0}$, schreiben ⇨ vgl. S. 88. Dann gilt aber

$$\langle x, Hx \rangle = x^T Hx = (Ab)^T H(Ab) = (b^T A^T) H(Ab) = b^T (A^T H A)b = \langle b, (A^T H A)b \rangle$$

Der zuletzt erhaltene Ausdruck ist aber größer als Null, weil $A^T H A$ als positiv definit vorausgesetzt und $b \neq 0$ ist. Also ist auch $\langle x, Hx \rangle > 0$. □

Beispiel 6.30

Es soll die Definitheit von $H = \begin{bmatrix} 2 & 3 & 1 \\ 3 & 1 & 0 \\ 1 & 0 & 1 \end{bmatrix}$ unter der Nebenbedingung $Gx = \bar{0}$ mit $G = \begin{bmatrix} 0, & 1, & \frac{1}{2} \end{bmatrix}$ geprüft werden. Eine Basis von Kern(G) ist $(1,0,0)^T$ und $(0,1,-2)^T$.

Damit ergibt sich die positiv definite Matrix $\begin{bmatrix} 1 & 0 & 0 \\ 0 & 1 & -2 \end{bmatrix} \begin{bmatrix} 2 & 3 & 1 \\ 3 & 1 & 0 \\ 1 & 0 & 1 \end{bmatrix} \begin{bmatrix} 1 & 0 \\ 0 & 1 \\ 0 & -2 \end{bmatrix} = \begin{bmatrix} 2 & 1 \\ 1 & 5 \end{bmatrix}$.

Beispiel 6.31

Es soll die Definitheit derselben Matrix H wie im letzten Beispiel unter der Nebenbedingung $Gx = \bar{0}$ mit $G = \begin{bmatrix} 1 & 1 & 0 \\ 0 & 1 & \frac{1}{2} \end{bmatrix}$ geprüft werden. G hat die **Zeilenstufenform** $\begin{bmatrix} 1 & 0 & -\frac{1}{2} \\ 0 & 1 & \frac{1}{2} \end{bmatrix}$. Eine Basis von Kern$(G)$ ist also z.B. $(1,-1,2)^T$.

Damit ergibt sich die positiv definite Matrix $\begin{bmatrix} 1 & -1 & 2 \end{bmatrix} \begin{bmatrix} 2 & 3 & 1 \\ 3 & 1 & 0 \\ 1 & 0 & 1 \end{bmatrix} \begin{bmatrix} 1 \\ -1 \\ 2 \end{bmatrix} = \begin{bmatrix} 5 \end{bmatrix}$

Bei der Berechnung der Basis von $Kern(G)$ dürfen Sie die einzelnen Spaltenvektoren durch skalare Multiplikation auf eine vorteilhafte (z.B. ganzzahlige) Form bringen.

Ohne genauere Begründung sei noch ein weiteres von MANN gefundenes Kriterium auf Basis von Determinanten genannt [MANN, 1943].

Satz 6.13 (Kriterium der geränderten Hesse-Matrix)

[1] Man bilde die **geränderte Hesse-Matrix**, d.h. die $(r+n)$-zeilige und $(r+n)$-spaltige Block-Matrix $R_{H,G} = \left[\begin{array}{c|c} \mathbf{0}_{r\times r} & G \\ \hline G^T & H \end{array}\right]$.

[2] Wenn alle Hauptminoren von $R_{H,G}$ zu einer Zeilen- und Spaltenzahl größer als $2r$ das Vorzeichen $(-1)^r$ haben, so ist H positiv definit unter $Gx = \bar{0}$.

Beispiel 6.32 (Fortsetzung von Beispiel 6.30)

Für $H = \begin{bmatrix} 2 & 3 & 1 \\ 3 & 1 & 0 \\ 1 & 0 & 1 \end{bmatrix}$ und $G = [0,\ 1,\ \frac{1}{2}]$ ist $R_{H,G} = \begin{bmatrix} 0 & 0 & 1 & \frac{1}{2} \\ 0 & 2 & 3 & 1 \\ 1 & 3 & 1 & 0 \\ \frac{1}{2} & 1 & 0 & 1 \end{bmatrix}$. Zu berechnen sind

$\det \begin{bmatrix} 0 & 0 & 1 \\ 0 & 2 & 3 \\ 1 & 3 & 1 \end{bmatrix} = -2 < 0$ und $\det \begin{bmatrix} 0 & 0 & 1 & \frac{1}{2} \\ 0 & 2 & 3 & 1 \\ 1 & 3 & 1 & 0 \\ \frac{1}{2} & 1 & 0 & 1 \end{bmatrix} = -\frac{5}{2} - \frac{1}{2}(-\frac{1}{2}) = -\frac{9}{4} < 0$. H ist also

positiv definit auf $Gx = \bar{0}$.

Beispiel 6.33 (Fortsetzung von Beispiel 6.31)

Für $H = \begin{bmatrix} 2 & 3 & 1 \\ 3 & 1 & 0 \\ 1 & 0 & 1 \end{bmatrix}$ und $G = \begin{bmatrix} 1 & 1 & 0 \\ 0 & 1 & \frac{1}{2} \end{bmatrix}$ ist $R_{H,G} = \begin{bmatrix} 0 & 0 & 1 & 1 & 0 \\ 0 & 0 & 0 & 1 & \frac{1}{2} \\ 1 & 0 & 2 & 3 & 1 \\ 1 & 1 & 3 & 1 & 0 \\ 0 & \frac{1}{2} & 1 & 0 & 1 \end{bmatrix}$ mit der (einzig zu

berechnenden) Determinante $\frac{5}{4} > 0$. H ist positiv definit unter den Nebenbedingungen.

Mit Definitheit unter Nebenbedingungen kann man in kritischen Punkten restringierter Probleme hinreichende Bedingungen überprüfen.

Satz 6.14 (Hinreichende Bedingungen für lokale Minima)

Sei $\mathbb{D} \subseteq \mathbb{R}^n$ und $f, g_1, \ldots, g_m, h_1, \ldots, h_k : \mathbb{D} \to \mathbb{R}$ zweimal stetig partiell differenzierbar. Sei $x^{(0)} = (x_1^{(0)}, \ldots, x_n^{(0)})^T \in \mathbb{D}$ ein innerer Punkt von $\mathbb{D}$ mit folgenden Eigenschaften:

[1] $g_1(x^{(0)}) = \ldots = g_m(x^{(0)}) = 0$, $h_1(x^{(0)}) \leq 0, \ldots, h_k(x^{(0)}) \leq 0$.

[2] Mit $\lambda_1, \ldots, \lambda_m \in \mathbb{R}$ und $\mu_1, \ldots, \mu_k \geq 0$ sind die Kuhn-Tucker-Bedingungen erfüllt:

$$\nabla f(x^{(0)}) + \sum_{j=1}^{m} \lambda_j \nabla g_j(x^{(0)}) + \sum_{i=1}^{k} \mu_i \nabla h_i(x^{(0)}) = \bar{0} \qquad \sum_{i=1}^{k} \mu_i h_i(x^{(0)}) = 0$$

[3] Mit den Bezeichnungen $J = \{1, \ldots, m\}$, $I = \{i \in \{1, \ldots, k\} : h_i(x_0) = 0, \mu_i > 0\}$ ist

$$H_{L,\lambda,\mu}(x^{(0)}) := H_f(x^{(0)}) + \sum_{j \in J} \lambda_j H_{g_j}(x^{(0)}) + \sum_{i \in I} \mu_i H_{h_i}(x^{(0)})$$

positiv definit unter $Gx = \bar{0}$, wobei die Zeilen von G aus allen Gradientenvektoren $\nabla g_j(x^{(0)}), \nabla h_i(x^{(0)})$ mit $i \in I, j \in J$ bestehen.

Dann hat f in $x^{(0)}$ ein lokales Minimum unter den Nebenbedingungen $g_1(x_1, \ldots, x_n) = 0, \ldots, g_m(x_1, \ldots, x_n) = 0$, $h_1(x_1, \ldots, x_n) \leq 0, \ldots, h_k(x_1, \ldots, x_n) \leq 0$.

Dieses Kriterium ist aber meist nur für Optimierungsprobleme mit wenigen Nebenbedingungen handhabbar:

Beispiel 6.34 (Fortsetzung von Beispiel 6.25 ⇨ vgl. S. 247)

Es soll die Zylinderoberfläche $O(r,h) = 2\pi r^2 + 2\pi rh$ unter der Volumen-Nebenbedingung $g(r,h) = 500 - \pi r^2 h \leq 0$ minimiert werden. In Beispiel 6.25 ergab sich der kritische Punkt $r = \sqrt[3]{500/(2\pi)}, h = 2r, \lambda = \frac{2}{r} = \frac{4}{h}$. Die Nebenbedingung ist aktiv, der Multiplikator von Null verschieden, daher lautet die Hesse-Matrix

$$H_{L,\lambda}(r,h) = H_O(r,h) + \lambda H_g(r,h) = \begin{bmatrix} 4\pi & 2\pi \\ 2\pi & 0 \end{bmatrix} - \lambda \begin{bmatrix} 2\pi h & 2\pi r \\ 2\pi r & 0 \end{bmatrix} = 2\pi \begin{bmatrix} -2 & -1 \\ -1 & 0 \end{bmatrix}$$

Diese Matrix ist pauschal indefinit. Es muss daher Definitheit unter Nebenbedingungen überprüft werden. Hier liegt eine aktive Nebenbedingung vor mit Gradient

$$\nabla g(r,h) = -\begin{pmatrix} 2\pi rh \\ \pi r^2 \end{pmatrix} = \begin{pmatrix} 4\pi r^2 \\ \pi r^2 \end{pmatrix} = -\pi r^2 \begin{pmatrix} 4 \\ 1 \end{pmatrix}$$

Betrachtet werden muss hier die Definitheit unter $Gx = \bar{0}$ für $G = [4 \ \ 1]$. $Kern(G)$ hat den Basisvektor $(-1,4)^T$ und es gilt hierfür

$$[-1 \ \ 4] \begin{bmatrix} -2 & -1 \\ -1 & 0 \end{bmatrix} \begin{bmatrix} -1 \\ 4 \end{bmatrix} = [6]$$

was eine positiv definite 1×1-Matrix ist. Im berechneten Punkt (r,h) liegt daher ein lokales Oberflächenminimum unter der Volumenrestriktion vor.

Beispiel 6.35 (Fortsetzung von Beispiel 6.21 ⇨ vgl. S. 241)

Bei der Verpackungsoptimierung aus Beispiel 6.21 ist der Materialverbrauch, d.h. $f(x,y,z) = 2xy + 2xz + 4yz$ unter der Volumenrestriktion $g(x,y,z) = xyz - v = 0$ zu minimieren. Als kritischer Punkt ist $x = 2\sqrt[3]{v/2}, y = z = \sqrt[3]{v/2}, \lambda = -2/z - 2/y = -4/y = -4/\sqrt[3]{v/2}$ ausgewiesen. Dafür ergibt sich die Hesse-Matrix:

$$H_{L,\lambda}(x,y,z) = \begin{bmatrix} 0 & 2 & 2 \\ 2 & 0 & 4 \\ 2 & 4 & 0 \end{bmatrix} + \lambda \begin{bmatrix} 0 & z & y \\ z & 0 & x \\ y & x & 0 \end{bmatrix} = \begin{bmatrix} 0 & -2 & -2 \\ -2 & 0 & -4 \\ -2 & -4 & 0 \end{bmatrix}$$

Definitheit muß unter $Gx = \bar{0}$, d.h. für solche Vektoren $(a,b,c)^T$ überprüft werden, für die $\langle \nabla g(x,y,z), (a,b,c)^T \rangle = 0$ gilt. Dieses homogene LGS hat die Koeffizientenmatrix

$$[yz \ \ xz \ \ xy] = [y^2 \ \ 2y^2 \ \ 2y^2] \xrightarrow{1/y^2} [1 \ \ 2 \ \ 2]$$

Beachten Sie, dass wir hier die Eigenschaften des kritischen Punktes, nämlich $z = y$ und $x = 2y$ verwendet haben. Eine Basis von $Kern(G)$ lautet, zu einer Matrix zusammengefasst $A = \begin{bmatrix} 2 & -1 & 0 \\ 2 & 0 & -1 \end{bmatrix}^T$. Hieraus ergibt sich die Matrix

$$A^T H_{L,\lambda} A = \begin{bmatrix} 2 & -1 & 0 \\ 2 & 0 & -1 \end{bmatrix} \begin{bmatrix} 0 & -2 & -2 \\ -2 & 0 & -4 \\ -2 & -4 & 0 \end{bmatrix} \begin{bmatrix} 2 & 2 \\ -1 & 0 \\ 0 & -1 \end{bmatrix} = \begin{bmatrix} 8 & 4 \\ 4 & 8 \end{bmatrix}$$

Diese Matrix ist, wie man anhand der Haupt-Unterdeterminanten 8 bzw. 48 erkennt, positiv definit, d.h. $H_{L,\lambda}$ ist positiv definit auf $\mathbb{K}$. Im kritischen Punkt liegt ein lokales Minimum der Oberflächenfunktion unter der Volumenrestriktion vor.

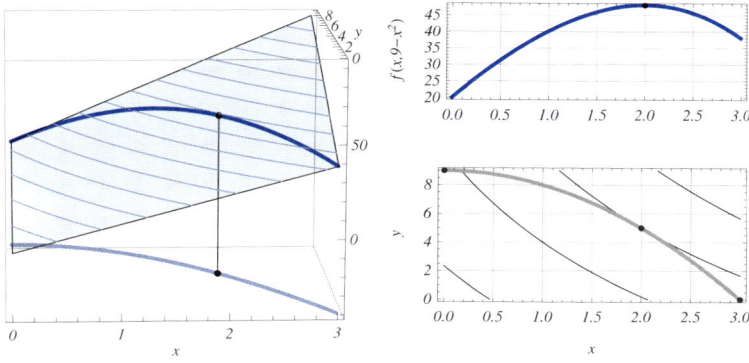

Abbildung 6.12: Graphischer Randwertvergleich im Beispiel 6.36

6.3.2 Nachweis der Optimalität durch Randwertvergleich

Wie bei Optimierungsaufgaben ohne Nebenbedingung müssen lokale Extrema in der Regel noch durch einen Randwertvergleich geprüft werden, ob sie global optimal sind. Wenn man weiß, dass ein Extremum existiert, so kann man sich in der gesamten Vorgehensweise oft noch die Überprüfung der hinreichenden Bedingungen für lokale Extrema anhand der Hesse-Matrix sparen. Die grundsätzliche Vorgehensweise sei an folgendem Beispiel vorgeführt.

Beispiel 6.36
Gesucht sind alle Extrema der Funktion $f : [0; \infty[^2 \to \mathbb{R}$, $f(x,y) = xy + 15x + 3y - 7$ unter der Nebenbedingung $g(x,y) = x^2 + y - 9 = 0$. In Abbildung 6.12, links ist der Graph von f dargestellt, blau hervorgehoben ist auch die Kurve der zulässigen Punkte auf dem Graph von f.

Wir wollen zunächst alle kritischen Punkte bestimmen (FOC). Mit dem Lagrange-Ansatz erhalten wir die Kuhn-Tucker-Bedingungen $y + 15 + \lambda 2x = 0$ und $x + 3 + \lambda = 0$. Substituiert man die zweite, d.h. $\lambda = -3 - x$ in der ersten dieser Gleichungen, so erhält man $y + 15 - 6x - 2x^2 = 0$ und durch Substitution der Nebenbedingung $y = 9 - x^2$ in diese Gleichung kommt man zur quadratischen Gleichung $x^2 + 2x - 8 = 0$. Von den beiden Lösungen führt nur $x = 2$ in den Definitionsbereich. Hierzu gehört $y = 9 - x^2 = 5$. Im gefundenen kritischen Punkt liegt der Zielwert $f(2,5) = 48$ vor.

Um zu erkennen, wo die Extrema von f liegen, substituieren wir die Nebenbedingung in die Zielfunktion und betrachten das Ergebnis als Funktion h einer Variablen x: $h(x) = f(x, 9 - x^2) = x(9 - x^2) + 15x + 3(3 - x^2) - 7 = -x^3 - 3x^2 + 24x + 20$. Die Variable x muss aufgrund der Nebenbedingung $x^2 + y = 9$ zwischen 0 und 3 verlaufen. Am Graph der Funktion h in Abbildung 6.12, rechts oben, erkennen Sie, dass für $x = 2$ der Maximalwert 48 und für $x = 0$ der Minimalwert 20 angenommen wird. Als Extremstellen kommen auch nur $x = 0$, $x = 2$ und $x = 3$ in Frage, dazu gehören genau der kritische Punkt $(2,5)^T$ und die Randpunkte $(0,9)^T$ und $(3,0)^T$ im Definitionsbereich von f. Neben dem Punkt $(2,5)^T$ sind das also die Stellen im Konturdiagramm von f gemäß Abbildung 6.12 rechts unten, wo die Nebenbedingungskurve den Definitionsbereich „verlässt".

Die zuletzt benannten Punkte werden auch als **zulässige Randpunkte** des Definitionsbereiches bezeichnet. Sie müssen beim Randwertvergleich mit den kritischen Punkten verglichen werden. Kann man davon ausgehen, dass mit diesen Punkten alle Kandidaten für ein Extremum gefunden wurden? Die Antwort lautet ja und liegt in einem grundlegenden mathematischen Satz über die Existenz von Extrema bei stetigen Funktionen begründet, auf den wir hier in einer Spezialfassung eingehen wollen. Wir betrachten das folgende allgemeine Optimierungsproblem:

- Minimiere/maximiere $f(x_1, \ldots, x_n)$ unter Nebenbedingungen $g_1(x_1, \ldots, g_n) = 0$, $\ldots$, $g_m(x_1, \ldots, g_n) = 0$, $h_1(x_1, \ldots, x_n) \leq 0, \ldots, h_k(x_1, \ldots, x_n) \leq 0$. Mit $\mathbb{M}$ sei die Menge der zulässigen Punkte bezeichnet.

- Es sei der Definitionsbereich $\mathbb{D}$ der Funktionen $f, g_1, \ldots, g_m, h_1, \ldots, h_k$ ein Quader, d.h. eine Menge der Form $\mathbb{D} = [a_1, b_1] \times \cdots \times [a_n, b_n]$, mit $-\infty < a_j < b_j < \infty$ für $j = 1, \ldots, n$.

- Alle Funktionen seien auf $\mathbb{D}$ stetig.

Der Quader-Definitionsbereich drückt aus, dass die Variablen x_j, $1 \leq j \leq n$, innerhalb der Intervalle $[a_j, b_j]$ frei variieren dürfen und erst durch die Nebenbedingungen Bindungen zwischen ihnen impliziert werden. Mengen, die wie $\mathbb{D}$ abgeschlossen und beschränkt sind, werden in der Mathematik als **kompakte Mengen** bezeichnet.

Satz 6.15 (Satz vom Maximum/Minimum)
In der soeben genannten Situation gilt: Die Funktion f hat ein globales Maximum und ein globales Minimum unter den Nebenbedingungen $g_1(x_1, \ldots, x_n) = 0, \ldots, g_m(x_1, \ldots, x_n) = 0$, $h_1(x_1, \ldots, x_n) \leq 0, \ldots, h_k(x_1, \ldots, x_n) \leq 0$. Es gibt also

$$x^{\min} = (x_1^{\min}, \ldots, x_n^{\min})^T \in \mathbb{M}, \quad x^{\max} = (x_1^{\max}, \ldots, x_n^{\max})^T \in \mathbb{M}$$

derart, dass für alle $x \in \mathbb{M}$ gilt $f(x^{\min}) \leq f(x) \leq f(x^{\max})$.

Auch wenn der Satz intuitiv klar sein sollte, so ist ein Beweis doch nicht ganz einfach. Wir verweisen auf [HEUSER, 2008], Satz 111.9.

Falls alle zugrundeliegenden Funktionen auf $]a_1, b_1[\times \cdots \times]a_n, b_n[$ differenzierbar sind und $x^{\min}$ und/oder $x^{\max}$ innere Punkte von $\mathbb{D}$ sind, so können sie über die Kuhn-Tucker-Bedingungen (Lagrange-Methode) bestimmt werden. Anderenfalls müssen es Randpunkte von $\mathbb{D}$ sein, d.h. Punkte, bei denen wenigstens eine der Komponenten von $x_j^{\min}$ bzw. $x_j^{\max}$ eine der Intervallgrenzen a_j, b_j ist. Deshalb bietet sich folgende Vorgehensweise zur zur Bestimmung von globalen Extrema an:

Lagrange-Methode mit Randwertvergleich
Unter den Voraussetzungen des obigen Satzes bestimme man bei Vorliegen differenzierbarer Funktionen

[1] mittels der Kuhn-Tucker-Bedingungen alle kritischen Punkte in $]a_1; b_1[\times \cdots \times]a_n; b_n[$,

[2] für jede Festlegung einer Variable x_i die Extremwerte der beiden Optimierungsprobleme, welches sich durch Hinzufügen der **Randbedingung** $x_i = a_i$ bzw. $x_i = b_i$ festschreibt.

Grundsätzlich sind in [2] dann $2n$ Optimierungsprobleme zu lösen, die sich von dem Ausgangsproblem darin unterscheiden, dass eine Variable weniger / eine Nebenbedin-

gung mehr auftritt. Bei konkreten Beispielen müssen viele dieser Optimierungsprobleme gar nicht gerechnet werden, weil sie keine oder nur einen einzelnen zulässigen Punkt
beinhalten. Im Extremfall entfällt der Randwertvergleich sogar schon völlig.

Beispiel 6.37 (Fortsetzung von Beispiel 6.19 ⇨ vgl. S. 239)
Wir betrachten noch einmal die Minimierung/Maximierung von $f(x,y) = x \cdot y$ für
$(x,y)^T \in \mathbb{D} = \mathbb{R}^2$ unter der Nebenbedingung $x^2 + y^2 = 1$.

Zunächst kann man den Definitionsbereich (beispielsweise) auf den Quader $\mathbb{D}' = [-2;2]^2$ verkleinern, weil die zulässige Kreislinie vollständig darin enthalten ist. In
diesem Bereich muss f unter der Nebenbedingung ein globales Maximum/Minimum
haben. Weil außerdem keiner der Randpunkte von $\mathbb{D}'$ zulässig ist, entfällt der Randwertvergleich. Durch Vergleich der Funktionswerte in den in Beispiel 6.19 berechneten
kritischen Punkten erkennt man daher: In $\pm(\sqrt{1/2}, \sqrt{1/2})^T$ liegt jeweils ein (globales)
Maximum, in $\pm(\sqrt{1/2}, -\sqrt{1/2})^T$ jeweils ein (globales) Minimum von f vor. Diese sind
in Abbildung 6.7 ⇨ vgl. S. 240 dargestellt.

Man hätte im letzten Beispiel als verkleinerten Definitionsbereich auch $\mathbb{D}' = [-1;1]^2$
nehmen können. Allerdings hätten dann die zulässigen Punkte $(\pm 1, 0)^T$ und $(0, \pm 1)^T$
auf dem Rand von $\mathbb{D}'$ gelegen und man hätte sie in den Randwertvergleich mit einbezie-
hen müssen. Das wäre aber unproblematisch gewesen, weil in allen vier Randpunkten
der Zielwert 0 vorliegt, welcher zwischen den Zielwerten der kritischen Punkte liegt.

Beispiel 6.38 (Fortsetzung von Beispiel 6.23 ⇨ vgl. S. 243)
In Beispiel 6.23 wurde $f(x,y,z) = x - y$ auf einer Kreislinie im $\mathbb{R}^3$ gemäß Abbildung 6.9
⇨ vgl. S. 243 auf Extrema untersucht. Wie auch der graphischen Illustration zu entnehmen, liegt der zulässige Bereich $\mathbb{M}$ als Kreislinie vollständig und ohne „Randberührung"
im Quader $\mathbb{D}' = [-1,1]^3$. Der Definitionsbereich kann daher auf $\mathbb{D}'$ verkleinert werden,
ohne dass sich die Lösbarkeit verändert. Weil wieder der Rand von $\mathbb{D}'$ nicht durch
zulässige Punkte angenähert werden kann, ist ebenfalls kein Randwertvergleich nötig.
Maximum und Minimum von f werden also durch die in Beispiel 6.23 berechneten
Punkte realisiert.

Im nächsten Beispiel sind sechs Optimierungsprobleme im Randwertvergleich zu lösen.
Weil aber gleich zwei Nebenbedingungen vorliegen, fallen von den Randproblemen je
drei zusammen und sind auch keine wirklichen Optimierungen, denn der zulässige
Bereich unter der Randbedingung besteht jeweils aus nur einen Punkt.

Beispiel 6.39 (Fortsetzung von Beispiel 6.26 ⇨ vgl. S. 249)
In Beispiel 6.26 war das Maximum der Funktion $2xy + 3yz$ in $\mathbb{D} = [0;\infty[\times[0;\infty[\times[0;\infty[$
unter den Nebenbedingungen $x + y \leq 6$, $3y + z \leq 18$ gesucht. Als kritischer Punkt
wurde $(3,3,9)^T$ mit Zielwert $f(3,3,9) = 99$ bestimmt.

Der zulässige Bereich liegt innerhalb des Quaders $\mathbb{D}' = [0,6] \times [0,6] \times [0,18]$ (die
rechten Intervallgrenzen bekommt man, wenn man bei den Nebenbedingungen immer
einen Summanden weglässt). Weiter wurde in Beispiel 6.26 auch gezeigt, dass beide
Nebenbedingungen in einem lokalen Maximum aktiv sein müssen. Wir können die
Ungleichungen also in Gleichungen $x + y = 6$ und $3y + z = 18$ überführen; bei den
sechs möglichen Randprobleme dann jeweils alle Variablenwerte spezifizieren:

- $x = 0$: Dann ist $y = 6$ und $z = 0$: Zielwert ist $f(0,6,0) = 0$. Auf den gleichen
  Randpunkt kommt man bei den Fällen $y = 6$ und $z = 0$.

■ $x = 6$: Dann ist $y = 0$ und $z = 18$: Zielwert ist $f(6,0,18) = 0$. Auf den gleichen Randpunkt kommt man bei den Fällen $y = 0$ und $z = 18$.

Insgesamt liefert der kritische Punkt das gesuchte Maximum.

Im folgenden Beispiel liegt nur eine Nebenbedingung in Gleichungsform bei drei Variablen vor. Dadurch erhöht sich der Aufwand bei den Randwertproblemen:

Beispiel 6.40
Gesucht ist ein Maximum von $f(x,y) = 2xy + 3yz + 2xz$ auf $\mathbb{D} = [0;\infty[^3$ unter der Nebenbedingung $g(x,y,z) = x + y + z - 5 = 0$. Der Lagrange-Ansatz liefert die drei linearen Gleichungen $2y + 2z + \lambda = 0$, $2x + 3z + \lambda = 0$ und $3y + 2x + \lambda = 0$. Löst man die erste der Gleichungen nach λ auf und substituiert in die zweite und dritte, so bekommt man $2x - 2y + z = 0$ und $2x + y - 2z = 0$. Zusammen mit der Nebenbedingung $x + y + z = 5$ hat man ein lineares Gleichungssystem mit der Lösung $x = 1, y = 2, z = 2$ und dem Lagrange-Multiplikator $\lambda = -8$. Zielwert ist $f(1,2,2) = 20$.

Der zulässige Bereich erlaubt es, den Definitionsbereich auf $\mathbb{D}' = [0;5]^3$ zu verkleinern. In diesem Bereich müssen wir die sechs Randprobleme untersuchen, bei denen eine der drei Variablen jeweils den Randwert 0 oder 5 annimmt. Man hat jeweils ein Optimierungsproblem in den zwei übrigen Variablen (vgl. Aufgabe 17 ⇨ vgl. S. 267)

■ $x = 0$: Maximiere $3yz$ auf $\mathbb{D} = [0;\infty[^2$ unter der Nebenbedingung $y + z = 5$. Lösung ist $y = z = \frac{5}{2}$ mit Zielwert $\frac{75}{4} < 20$.

■ $y = 0$: Maximiere $2xz$ auf $\mathbb{D} = [0;\infty[^2$ unter der Nebenbedingung $x + z = 5$. Lösung ist $x = z = \frac{5}{2}$ mit Zielwert $\frac{50}{4} < 20$.

■ $z = 0$: Maximiere $2xy$ auf $\mathbb{D} = [0;\infty[^2$ unter der Nebenbedingung $x + y = 5$. Lösung ist $x = y = \frac{5}{2}$ mit Zielwert $\frac{50}{4} < 20$.

■ $x = 5$: Maximiere $10y + 3yz + 5z$ auf $\mathbb{D} = [0;\infty[^2$ unter der Nebenbedingung $y + z = 0$. Hier gibt es nur einen zulässigen Punkt $y = z = 0$ mit Zielwert 0.

■ $y = 5$: Maximiere $10x + +15z + 2xz$ auf $\mathbb{D} = [0;\infty[^2$ unter der Nebenbedingung $x + z = 0$. Auch hier gibt es nur einen zulässigen Punkt mit Zielwert 0.

■ $z = 5$: Maximiere $2xy + 15y + 10x$ auf $\mathbb{D} = [0;\infty[^2$ unter der Nebenbedingung $x + y = 0$. Auch hier gibt es nur einen zulässigen Punkt mit Zielwert 0

Beim Vergleich mit den Randproblemen sieht man, dass im kritischen Punkt das Maximum vorliegt. Die Lösung ist also $x = 1, y = z = 2$.

Bei unbeschränkten zulässigen Bereichen ist der Randwertvergleich etwas umfangreicher. Grundsätzlich muss man den Definitionsbereich $\mathbb{D} = [0;\infty[^n$ hierbei auf einen beschränkten Quader $\mathbb{D}' = [a_1;b_1] \times \cdots \times [a_n;b_n]$ verkleinern, wobei aber ein Teil des zulässigen Bereiches ausgeblendet wird. Indem man die Grenzen des Quaders $\mathbb{D}'$ wieder gegen Null bzw. Unendlich konvergieren bzw. divergieren lässt, erfasst man dann alle zulässigen Punkte. Bei Minimierungsproblemen beispielsweise lässt man im einfachsten Fall eine der Variablen gegen einen Randpunkt konvergieren, wodurch eine andere und damit auch der Zielwert unbeschränkt wird. Wir betrachten ein Beispiel, welches später noch als Hilfssaussage für einen weiteren Randwertvergleich verwenden wird:

Beispiel 6.41
Für gegebene $a,b,c > 0$ soll die Funktion $f(x,y) = ax + by$ auf $\mathbb{D} = [0;\infty[^2$ minimiert werden unter der Nebenbedingung $xy - c = 0$. Der Lagrange-Ansatz hierzu ergibt die

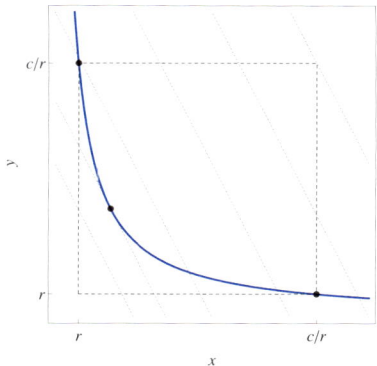

Abbildung 6.13:   Randwertvergleich   bei   unbeschränktem   zulässigen   Bereich.

Kuhn-Tucker-Bedingungen $a + \lambda y = 0, b + \lambda x = 0$. Durch Gleichsetzen über λ erhalten wir $ax = by$, also $y = \frac{a}{b}x$. Setzt man dies in die Restriktion $xy = c$ ein, so folgt $x = \sqrt{bc/a}$. Daraus bekommen wir $y = \sqrt{ac/b}$. Der Zielwert im kritischen Punkt ist $ax + by = a\sqrt{bc/a} + b\sqrt{ac/b} = 2\sqrt{abc}$.

Für den Randwertvergleich führen wir die Verkleinerung des Definitionsbereiches $\mathbb{D} = [0;\infty[^2$ zu $\mathbb{D}' = [r;c/r]^2$. Betrachten Sie hierzu Abbildung 6.13. $r > 0$ wird so nahe bei Null gewählt, dass sicher der berechnete kritische Punkt im Inneren von $\mathbb{D}'$ liegt. Auf $\mathbb{D}'$ hat f wegen des Satzes vom Maximum/Minimum im zulässigen Bereich gewiss ein Minimum. Wir vergleichen den kritischen Punkt mit den Lösungen der Randprobleme, von denen es hier nur zwei gibt, weil die Fälle $x = 0$ bzw. $y = 0$ gar keine zulässigen Punkte liefern:

- $x = r$ bedeutet $y = c/r$ und damit $f(x,y) = ar + bc/r \geq bc/r$
- $y = r$ bedeutet $x = c/r$ und damit $f(x,y) = ac/r + br \geq ac/r$

Liegt r nahe genug bei Null, so wird der Zielwert $2\sqrt{abc}$ des kritischen Punktes $(\sqrt{bc/a}, \sqrt{ac/b})^T$ sowohl durch ac/r als auch durch bc/r überschritten. Deshalb liegen auch die Zielwerte beider Randpunkte dann oberhalb von $2\sqrt{abc}$. Dies gilt für alle $r < r_0 = c/2 \cdot \min(a,b)/\sqrt{abc}$. Daher ist der kritische Punkt auf $\mathbb{D}'$ dann eine Minimalstelle, wenn $r < r_0$. Der Übergang von $\mathbb{D}'$ zu $\mathbb{D}$ ist nun einfach, denn jeder zulässige Punkt liegt in einem geeigneten Quader $[0;r]^2$ mit $r < r_0$. Dann kann er nach dem oben gesagten keinen geringeren Zielwert als der kritische Punkt haben.

Die Argumentation „für ausreichend kleines" r kann man auch so führen, dass man zulässige Punkte $(r, c/r)$ und $(c/r, r)$ betrachtet und nachweist, dass diese für ausreichend kleines $r > 0$ stets größere Zielwerte als der des kritischen Punktes haben. Praktisch vergleicht man den Zielwert des kritischen Punktes dann mit den Grenzwerten $\lim_{r \to 0} f(r, c/r) = \infty$ und $\lim_{r \to 0} f(c/r, r) = \infty$. Man sagt hier, dass die Zielfunktion zum (zulässigen) Rand hin unbeschränkt ist. Eine solche Grenzwertargumentation ist oft auch bei mehr als zwei Entscheidungsvariablen möglich.

Beispiel 6.42 (Fortsetzung von Beispiel 6.21 ⇨ vgl. S. 241)
In Beispiel 6.21 sollte die Kartonoberfläche $2xy + 2xz + 4yz$ bei gegebenem Kartonvolumen $xyz = v$ minimiert werden. Wir hatten einen kritischen Punkt berechnet, dessen

genauer Zielwert bei der folgenden Argumentation gar keine Rolle spielt, wesentlich ist nur, dass er endlich ist.

Der zulässige Bereich $\mathbb{M} := \{(x, y, z)^T \in \mathbb{R}^3 : x, y, z > 0, xyz = v\}$ ist nicht beschränkt. Die Zielfunktion zum zulässigen Rand hin zu untersuchen, bedeutet, Grenzübergänge $x \to 0$ bzw. $y \to 0$ bzw. $z \to 0$ durchzuführen, wobei gleichzeitig die anderen Variablen so gehalten werden müssen, dass man nur zulässige Punkte durchläuft. In diesem Beispiel lässt sich diese Aufgabe leichter lösen als erwartet, denn für zulässige Punkte $(x, y, z)^T$ gilt

$$xyz = v \Leftrightarrow xy = \tfrac{v}{z} \Leftrightarrow xz = \tfrac{v}{y} \Leftrightarrow yz = \tfrac{v}{x}$$

Wenn man mit diesen Beziehungen in der Zielfunktion $f(x, y, z) = 2xy + 2xz + 4yz$ jeweils xy, xz und yz substituiert, so ergibt sich

$$f(x, y, z) = \left(\tfrac{2}{z} + \tfrac{2}{y} + \tfrac{4}{x}\right) \geq \max\left(\tfrac{2}{z}, \tfrac{2}{y}, \tfrac{4}{x}\right)$$

Strebt nun (wenigstens) eine der Variablen gegen Null (z.B. $x \to 0$), so divergiert einer der Ausdrücke (z.B. $\tfrac{4}{x} \to \infty$). Bei zulässiger Randannäherung wird also der Zielwert unbeschränkt. Daher muss im kritischen Punkt ein globales Minimum vorliegen.

Wenn der zu betrachtende zulässig annäherbare Randbereich wieder durch eine Kurve beschrieben wird. muss man hier die größten bzw. kleinsten Funktionswerte wieder mit der Lagrange-Methode bestimmen:

Beispiel 6.43
Wir wollen auf $\mathbb{D} = [0; \infty[^3$ die Funktion $f(x, y, z) = 3x + y + 2z$ unter der Nebenbedingung $xyz = 36$ minimieren. Der Lagrange-Ansatz ergibt die drei Gleichungen

$$3 + \lambda yz = 0, \quad 1 + \lambda xz = 0, \quad 2 + \lambda xy = 0$$

Multipliziert man die erste (bzw. zweite bzw. dritte) Gleichung mit x (bzw. y bzw. z), so kann man über λxyz gleichsetzen und erhält zwei Gleichungen $y = 3x$ und $z = \tfrac{3}{2}x$. Diese können wir jetzt in die Restriktion $xyz = 36$ einsetzen und erhalten

$$x(3x)(\tfrac{3}{2}x) = 36 \Rightarrow x^3 = 8 \Rightarrow x = 2$$

Aus der Rücksubstitution ermitteln sich $y = 6$ und $z = 3$. Der Zielwert dieser Lösung ist $3x + y + 2z = 18$.

Für den Randwertvergleich sind nun die Fälle $x \to \infty$ bzw. $y \to \infty$ bzw. $z \to \infty$ bzw. $x \to 0$ bzw. $y \to 0$ bzw. $z \to 0$ zu behandeln. Wenigstens einer dieser Grenzwertübergänge ist bei der Annäherung an den Rand von $\mathbb{D}$ erforderlich. Die ersten drei dieser Übergänge sind unproblematisch, denn hieraus kann man dann sicher eine der Ungleichungen $x > 6$ oder $y > 18$ oder $z > 9$ folgern. Mit jeder dieser Ungleichungen wird der Zielwert $3x + y + 2z$ aber größer als der Zielwert 18 im kritischen Punkt.

Es verbleibt die Annäherung an 0 durch eine der Variablen. Wir führen die Rechnung exemplarisch für die Annäherung $z \to 0$ aus (die anderen beiden Fälle lassen sich genau so rechnen).

Es sei $z_0 > 0$ ein ausreichend nahe bei Null liegender Wert. Wir bestimmen den Minimalwert $3x + y + 2z$ unter $xyz = 36$ bei festem $z = z_0$, d.h. substituieren diesen Wert für z. Dann ist also für $x, y > 0$ der Term $2z_0 + 3x + y$ unter $xy = 36/z_0$ zu minimieren. In Beispiel 6.41 ⇨ vgl. S. 260 haben wir dieses Problem gelöst - die additive Konstante $2z_0$ stört hierbei nicht. Wir erhalten als Optimalwert $2z_0 + 2\sqrt{3 \cdot 1 \cdot 36/z_0}$. Weil z_0 aber beliebig nahe bei Null liegen muss, wird dieser Wert beliebig groß, überschreitet also mit $z_0 \to 0$ auf jeden Fall den Zielwert 18 im kritischen Punkt. Daher liegt im kritischen Punkt tatsächlich das globale Minimum vor.

In zahlreichen Fällen kann man mit dem Randwertvergleich abschließend auf die Optimalität eines berechneten kritischen Punktes schließen. Wir haben in den Beispielen u.a. folgende Spezialfälle gesehen:

■ additive Restriktionen, bei denen der zulässige Bereich geometrisch dem Teil einer Ebene entspricht. Im Randvergleich sind dann direkte Schnittpunkte dieser Ebene mit dem Rand des Definitionsbereiches zu prüfen;

■ multiplikative Restriktionen, bei denen der zulässige Bereich die Gestalt einer Hyperbel hat. Der Randvergleich erfolgt dann durch Annäherung an den Rand per Grenzwertübergang.

Auch Mischformen dieser Fälle oder völlig anders geartete Restriktionen können auftreten. Leider lässt sich daher keine über das bisher Gesagte hinaus gehende allgemeine und schematische Handlungsanweisung für den Randwertvergleich geben, vielmehr wird dieser meistens auf eine ad-hoc-Argumentation hinauslaufen. Da aber die meisten anderen Nachweismöglichkeiten für Extrema nur auf lokale Extrema abzielen, wonach ebenfalls noch der Randwertvergleich erforderlich ist, kommen Sie um den Randwertvergleich also nicht herum, wenn Sie wirklich sicher stellen wollen, dass kritische Punkte tatsächlich Extremstellen sind. Die nun noch besprochenen konvexen Optimierungsprobleme bieten in manchen Fällen eine Alternative zum Randwertvergleich.

6.3.3 Optimierung konvexer Funktionen unter Nebenbedingungen

Schon in der unrestringierten Optimierung stellen konvexe bzw. konkave Zielfunktionen einen besonders günstigen Spezialfall dar; denn dort ist es möglich, für kritische Punkte, d.h. unter ausschließlicher Voraussetzung der notwendigen Bedingungen auf das Vorliegen eines globalen Extremums zu schließen. Auch in der restringierten Optimierung lässt sich solch eine Schlussweise verwenden. Dabei ist aber eine Beschränkung auf Optimierungsprobleme unter Ungleichungsrestriktionen erforderlich.

Satz 6.16 (Satz von Kuhn-Tucker)
Es soll die Funktion $f : \mathbb{D} \subseteq \mathbb{R}^n \to \mathbb{R}$ minimiert werden unter k Nebenbedingungen $h_1(x_1, \ldots, x_n) \leq 0, \ldots, h_k(x_1, \ldots, x_n) \leq 0$. Weiter seien folgende Voraussetzungen erfüllt:

[1] $\mathbb{D}$ ist konvex und $f, h_1, \ldots, h_k : \mathbb{D} \to \mathbb{R}$ sind konvexe, differenzierbare Funktionen.

[2] Die **Slater-Bedingung** ist erfüllt, d.h. es gibt ein $\tilde{x} = (\tilde{x}_1, \ldots, \tilde{x}_n)^T \in \mathbb{D}$ mit ausschließlich inaktiven Nebenbedingungen $h_1(\tilde{x}) < 0, \ldots, h_k(\tilde{x}) < 0$.

Dann gilt: $x^{(0)} = (x_1^{(0)}, \ldots, x_n^{(0)})^T \in \mathbb{D}$ ist genau dann Lösung des Optimierungsproblems, wenn die Kuhn–Tucker–Bedingungen erfüllt sind, d.h. wenn es $\mu_1, \ldots, \mu_k \geq 0$ gibt, so dass

$$\nabla f(x^{(0)}) + \mu_1 \nabla h_1(x^{(0)}) + \cdots + \mu_k \nabla h_k(x^{(0)}) = \bar{0}$$
$$\mu_1 h_1(x^{(0)}) + \cdots + \mu_k h_k(x^{(0)}) = 0$$

Es sind also lediglich zwei zusätzliche Voraussetzungen, welche die Vorgehensweise beim Satz von Kuhn-Tucker von derjenigen aus Satz 6.10 ⇨vgl. S. 248 unterscheiden: konvexe Funktionen und ein zulässiger Punkt, in dem alle Restriktionen inaktiv sind. Dann sind die Kuhn-Tucker-Bedingungen nicht nur **notwendige** Bedingungen für lokale Minima, sondern auch **hinreichende** Bedingungen für globale Minima.

Der Punkt $\tilde{x}$, in dem die Slater-Bedingung erfüllt ist, muss keine Lösung des Optimierungsproblems sein. Die Slater-Bedingung besagt also nicht, dass die Optimallösung alle Nebenbedingungen inaktiv macht.

Beispiel 6.44

Gesucht sind alle Minima von $f(x,y) = \frac{x+y+1}{xy}$ für $x > 0, y > 0$ unter der Nebenbedingung $g(x,y) = x^2 + y^2 - 1 \leq 0$. f ist zweimal stetig partiell differenzierbar mit

$$D_1 f(x,y) = \frac{xy - (x+y+1)\,y}{x^2 y^2} = -\frac{y+1}{x^2 y}, \quad D_2 f(x,y) = -\frac{x+1}{xy^2}$$

sowie $H_f(x,y) = \begin{bmatrix} 2(y+1)/(x^3 y) & 1/(x^2 y^2) \\ 1/(x^2 y^2) & 2(x+1)/(xy^3) \end{bmatrix}$. Die Matrix ist für alle $x,y > 0$ positiv definit: ihre Hauptunterdeterminanten lauten $2\frac{y+1}{x^3 y} > 0$ und $\frac{4xy + 4x + 4y + 3}{x^4 y^4} > 0$. Auch g ist konvex mit Gradient $(2x, 2y)^T$ und Hesse-Matrix $\begin{bmatrix} 2 & 0 \\ 0 & 2 \end{bmatrix}$.

Die Slater-Bedingung ist erfüllt, denn beispielsweise für $x = \frac{1}{2}, y = \frac{1}{2}$ gilt $g(\frac{1}{2}, \frac{1}{2}) = -\frac{1}{2} < 0$, d.h. die Nebenbedingung ist inaktiv.

Also hat f in (x,y) genau dann ein Minimum unter $g(x,y) \leq 0$, wenn es ein $\lambda \geq 0$ gibt, so daß die Kuhn-Tucker-Bedingungen gelten:

$$D_1 f(x,y) + \lambda D_1 g(x,y) = 0$$
$$D_2 f(x,y) + \lambda D_2 g(x,y) = 0$$
$$g(x,y) \leq 0$$
$$\lambda g(x,y) = 0$$

Das bedeutet hier

$$2\lambda x = \frac{y+1}{x^2 y}, \qquad 2\lambda y = \frac{x+1}{xy^2}, \qquad x^2 + y^2 \leq 1, \qquad \lambda = 0 \text{ oder } x^2 + y^2 = 1$$

Aus den ersten beiden Gleichungen folgt durch Multiplikation mit y bzw. x

$$\frac{y+1}{x^2} = 2\lambda xy = \frac{x+1}{y^2} \qquad \Longrightarrow \qquad x^2(x+1) - y^2(y+1) = 0$$

Daraus lässt sich aber schon $x = y$ schließen (z.B. wegen $x^2(x+1) - y^2(y+1) = x^3 - y^3 + x^2 - y^2 = (x-y)(x^2 + xy + y^2 + x + y)$).

Aus der ersten (und auch der zweiten) Gleichung der Kuhn-Tucker-Bedingungen folgt zudem, dass $\lambda \neq 0$, d.h. dass die Nebenbedingung voll ausgeschöpft wird. Es gilt also $x^2 + y^2 = 1$. Setzt man hier $x = y$ ein, so bekommt man die Lösung $x = y = \sqrt{1/2}$ mit $\lambda = \frac{1 + \sqrt{1/2}}{2 \cdot 1/4} = 2 + \sqrt{2} > 0$. Die Kuhn-Tucker-Bedingungen sind also erfüllt. Nach dem Satz von Kuhn-Tucker liegt im kritischen Punkt ein globales Minimum vor.

Beispiel 6.45 (Fortsetzung von Beispiel 6.27 ⇨ vgl. S. 250)
Im Optimierungsproblem $2x^2 + 4y^2 \overset{!}{=} \min$ unter $x^2 + y^2 - 2 \leq 0$ und $1 - x - y \leq 0$ sind alle auftretenden Funktionen konvex. Außerdem ist die Slater-Bedingung z.B. für $x = y = \frac{2}{3}$ erfüllt, es gilt $(\frac{2}{3})^2 + (\frac{2}{3})^2 - 2 = -\frac{10}{9} < 0$ und $1 - \frac{2}{3} - \frac{2}{3} = -\frac{1}{3} < 0$. Der in Beispiel 6.27 berechnete kritische Punkt ist also Stelle eines globalen Minimums.

Wir beschließen den Abschnitt mit einer Anwendungssituation der Informatik, dem Entwurf von Netzwerken unter Kosten- und Performance-Aspekten.

Beispiel 6.46 (Optimale Verbrauchspläne)
In einem Unternehmen sollen die Abteilungen durch ein globales leitungsbasiertes DV-Netzwerk verbunden werden. Die insgesamt n Leitungen dieses Netzes werden mit Kapazitäten $x_1, \ldots, x_n > 0$ ausgestattet. Die Gesamtkosten des Netzaufbaus lassen sich als lineare Funktion $k(x_1, \ldots, x_n) = c_1 x_1 + c_2 x_2 + \cdots + c_n x_n$ darstellen. In den Kostenkoeffizienten $c_1, \ldots, c_n > 0$ werden Länge und Streckenführung der einzelnen Leitungen erfasst, im Übrigen sind die Kosten jeweils proportional zur Leitungskapazität. Für die Gesamtkosten ist eine Obergrenze $B > 0$ (Budget) vorgegeben.

Das Netzwerk soll eine möglichst gute Performance aufweisen. Das lässt sich beispielsweise auf Basis der mittleren Verweildauer von Datenpaketen in diesem Netz erfassen. Nach den Prinzipien der Warteschlangentheorie kann man diese Kennzahl eines leitungsbasierten Systems in der Formel

$$f(x_1, \ldots, x_n) = \frac{1}{x_1 - b_1} + \frac{1}{x_2 - b_2} + \cdots + \frac{1}{x_n - b_n}$$

erfassen [PFLUG, 1986]. Die $b_k > 0$ ergeben sich dabei aus Bestimmungsgrößen des Netzwerkes wie Nachrichtenübermittlungsdauer und -häufigkeiten sowie Leitungsrelevanzen (z.B. bei Alternativ-Verbindungen). Insbesondere ist b_k die Mindest-Leitungskapazität, die für störungsfreien Nachrichtenfluss auf der k-ten Leitung angesetzt werden muss. Mit diesen Bestimmungsgrößen haben wir folgendes Optimierungsproblem:

Man finde unter der Budget-Restriktion $h(x_1, \ldots, x_n) = \sum_{k=1}^{n} c_k x_k - B \leq 0$ diejenigen Leitungskapazitäten $x_1 > b_1, \ldots, x_n > b_n$, für welche die durchschnittliche Nachrichtenübermittlungsdauer $f(x_1, \ldots, x_n) = \sum_{k=1}^{n} 1/(x_k - b_k)$ minimal wird.

Es handelt sich hier also um ein Minimierungsproblem unter einer Nebenbedingung in $\leq$-Form mit dem – konvexen – Definitionsbereich $\mathbb{D} =]b_1; \infty[\times \cdots \times]b_n; \infty[$, welches sich mit dem Satz von Kuhn-Tucker lösen lässt. Dazu prüfen wir, ob die Voraussetzungen des Satzes erfüllt sind.

■ **Zur Konvexität der Funktionen**: Es werden die partiellen Ableitungen erster und zweiter Ordnung von f bestimmt:

$$\frac{\partial}{\partial x_i} \sum_{k=1}^{n} \frac{1}{x_k - b_k} = -\frac{1}{(x_i - b_i)^2}, \qquad \frac{\partial^2}{\partial x_i^2} \sum_{k=1}^{n} \frac{1}{x_k - b_k} = \frac{2}{(x_i - b_i)^3}$$

Die übrigen gemischten partiellen Ableitungen $\partial^2 f / \partial x_i \partial x_j$ zweiter Ordnung von f sind gleich Null. Also ist $H_f(x)$ eine **Diagonalmatrix** mit positiven Hauptdiagonalelementen und nach Determinantenkriterium daher positiv definit. Also ist f konvex. Auch h ist (als affin-lineare Funktion) konvex.

Zur Slater-Bedingung: Diese ist erfüllt, wenn $\sum_{k=1}^{n} c_k b_k < B$, d.h. ein Budget zur Verfügung steht, welches „etwas mehr" als die Mindest-Leitungskapazitäten erlaubt. Dann lassen sich nämlich Leitungskapazitäten $(b_1 + \varepsilon, \ldots, b_n + \varepsilon)^T$ mit geeignetem $\varepsilon > 0$ finden, so dass

$$\sum_{k=1}^{n} c_k \left(b_k + \varepsilon \right) = \left(\sum_{k=1}^{n} c_k b_k \right) + \varepsilon \sum_{k=1}^{n} c_k < B$$

Falls $\sum_{k=1}^{n} c_k b_k \geq B$, so gibt es keine zulässige Lösung. In diesem Fall kann wenigstens eine der Mindest-Leitungskapazitäten $b_1, \ldots, b_n$ durch das Budget nicht aufgebaut werden. Diese Leitung ist dann im Betriebszustand in der Regel blockiert.

Wir halten fest, dass genau unter der Voraussetzung, dass das Budget für die Minimalkonfiguration des Systems mehr als ausreicht, der Satz von Kuhn-Tucker angewendet werden kann. In diesem Fall müssen wir Leitungskapazitäten $x_1, \ldots, x_n$ und ein $\mu \geq 0$ finden, für welche die Kuhn-Tucker-Bedingungen gelten, d.h.

$$\nabla f(x_1, \ldots, x_n) + \mu \nabla h(x_1, \ldots, x_n) = \bar{0}$$
$$h(x_1, \ldots, x_n) \leq 0$$
$$h(x_1, \ldots, x_n) = 0 \text{ oder } \mu = 0$$

Die Gradientengleichungen lauten ausgeschrieben für $k = 1, \ldots, n$

$$-1/(x_k - b_k)^2 + \mu c_k = 0 \iff \mu = 1/(c_k (x_k - b_k)^2)$$

Es folgt $\mu > 0$, weshalb die Nebenbedingung aktiv sein, d.h. das Budget voll ausgeschöpft werden muss. Setzt man die Lagrange-Gleichungen über μ gleich, so gilt

$$\frac{1}{c_1 (x_1 - b_1)^2} = \frac{1}{c_2 (x_2 - b_2)^2} = \cdots = \frac{1}{c_n (x_n - b_n)^2}$$

bzw. nach Wurzelziehen (wegen $x_k > b_k$ eine Äquivalenzumformung) und Kehrbruchbildung $\sqrt{c_1} (x_1 - b_1) = \sqrt{c_2} (x_2 - b_2) = \cdots = \sqrt{c_n} (x_n - b_n)$. Somit folgt

$$x_k = \sqrt{c_1/c_k} (x_1 - b_1) + b_k$$

für $k = 1, \ldots, n$. Substituiert man die x_k in die Nebenbedingung, so ergibt sich

$$B = \sum_{k=1}^{n} c_k \left(\sqrt{c_1/c_k} (x_1 - b_1) + b_k \right) = (x_1 - b_1) \sum_{k=1}^{n} \sqrt{c_1 c_k} + \sum_{k=1}^{n} c_k b_k$$

Die Kapazität der ersten Leitung beträgt demzufolge (durch Auflösen der Gleichung) $x_1 = b_1 + \left(B - \sum_{k=1}^{n} c_k b_k \right) / \sum_{k=1}^{n} \sqrt{c_1 c_k}$. Rücksubstitution ergibt für $i = 1, \ldots, n$ die Lösung

$$x_i = \sqrt{c_1/c_i} (x_1 - b_1) + b_i = b_i + \frac{\sqrt{c_i}}{\sum_{k=1}^{n} \sqrt{c_k}} \times \frac{B - \sum_{k=1}^{n} c_k b_k}{c_i}$$

Nach dem Satz von Kuhn-Tucker ist die optimale Verwendung des Budgets gefunden. Sie lässt sich wie folgt interpretieren:

- Jeder Leitung L_i wird zunächst die Mindestkapazität b_i zugeteilt. Es verbleibt ein Restbudget $R := B - \sum_{k=1}^{n} c_k b_k$.
- Mit dem Restbudget werden die Leitungskapazitäten proportional zu $\sqrt{c_1}, \ldots,$ $\sqrt{c_n}$ aufgestockt. Für die Leitung L_i ergibt sich dann mit $p_i = \sqrt{c_i}/\sum_{k=1}^{n} \sqrt{c_k}$ die Gesamtkapazität $b_i + p_i R/c_i$.

Übungen zu Abschnitt 6.3

15. Prüfen Sie jeweils die Definitheit der Matrix H unter $Gx = \bar{0}$

a) $H = \begin{bmatrix} 1 & -3 \\ -3 & 2 \end{bmatrix}$, $G = \begin{bmatrix} 1 & 2 \end{bmatrix}$

b) $H = \begin{bmatrix} 1 & -3 \\ -3 & 2 \end{bmatrix}$, $G = \begin{bmatrix} 1 & -2 \end{bmatrix}$

c) $H = \begin{bmatrix} 1 & -3 \\ -3 & t \end{bmatrix}$, $G = \begin{bmatrix} 5 & 3 \end{bmatrix}$

d) $H = \begin{bmatrix} 0 & -3 & 2 \\ -3 & 1 & 1 \\ 2 & 1 & 4 \end{bmatrix}$, $G = \begin{bmatrix} 5 & 3 & 1 \\ 2 & 0 & -1 \end{bmatrix}$.

e) $H = \begin{bmatrix} 0 & 1 & 0 \\ 1 & 1 & 1 \\ 2 & 1 & 0 \end{bmatrix}$, $G = \begin{bmatrix} 5 & 3 & 1 \end{bmatrix}$

f) $H = \begin{bmatrix} -5 & 0 & -3 & 2 \\ 0 & 1 & 0 & 1 \\ -3 & 0 & 1 & -1 \\ 2 & 1 & 4 & 2 \end{bmatrix}$, $G = \begin{bmatrix} 2 & 0 & 1 & 1 \\ 2 & 1 & 1 & 1 \end{bmatrix}$

16. Prüfen Sie die kritischen Punkte aus den Aufgaben 6, 7, 8 und 10 ⇨ vgl. S. 251 darauf, ob sie Stellen lokaler Extrema sind.

17. Bestimmen Sie das Maximum der Funktion $f(x,y) = xy$ auf $\mathbb{D} = [0; \infty[^2$ unter der Nebenbedingung $ax + by = c$. Dabei seien $a, b, c > 0$. Berechnen Sie erst einen kritischen Punkt und führen Sie dann einen Randwertvergleich aus.

18. Maximieren Sie $x(1 - x) + 2y(1 - y)$ für $x, y \geq 0$ unter der Nebenbedingung $x^2 + y^2 \leq 1$. Berechnen Sie erst alle kritischen Punkte, und führen Sie dann einen Randwertvergleich aus.

19. Führen Sie in den Optimierungsproblemen der Aufgaben 6, 7, 8, 9 und 10 den Randwertvergleich aus und bestimmen Sie auf diese Weise, ob es sich bei den kritischen Punkten jeweils um globale Extrema handelt.

20. Weisen Sie mit dem Satz von Kuhn-Tucker jeweils nach, dass die kritischen Punkte in den Aufgaben 12 und 13 Lösungen der jeweiligen Optimierungsprobleme sind.

6.4 Komparative Statik

In wirtschaftswissenschaftlichen Fragestellungen wird oft die Suche nach einer in einem geeigneten Sinne optimalen Lösung thematisiert. Diese Lösung ist jedoch nur in den seltensten Fällen absolut, sondern muss sich Änderungen im Problemkontext stellen. Neben den durch das Optimierungsproblem geeignet festzulegenden Entscheidungsvariablen, die man auch **endogen** nennt, sind also Umweltparameter zu berücksichtigen, die **exogene Variablen** heißen. Beispiele solcher Variablen sind

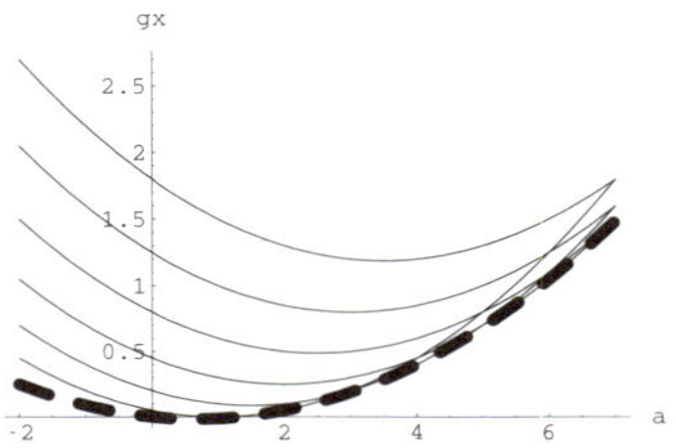

Abbildung 6.14: Kurvenschar g_x aus Beispiel 6.47

- nicht (unmittelbar) kontrollierbar: Inflationsrate, Bruttosozialprodukt, Arbeitsmarktzahlen, Preise von Komplementärgütern anderer Anbieter, Aktienkurs des Unternehmens,...

- (unmittelbar) kontrollierbar: Gesamtbudget für Investitionen

Auf den Punkt gebracht wird der Zusammenhang zwischen exogenen und endogenen Variablen durch die Betrachtung von Änderungsraten, d.h. Substitutionsgrenzraten und Optimalwertveränderungen. Erstere werden mit dem Satz über implizite Funktionen, letztere mittels des Envelopetheorems behandelt. Die Bezeichung „envelope" (engl.: Umschlag) stammt daher, dass die im Theorem behandelte Optimalwertfunktion eine Art „Einhüllende" der gegebenen Kurvenschar ist, wenn man Scharparameter und Funktionsargumente gegeneinander vertauscht.

Beispiel 6.47
Die Funktion $f_a(x) = \frac{(x-a)^2+ax-a}{20}$ wird bei festem $a \in \mathbb{R}$ minimal in $x_a = a/2$ mit Wertfunktion $V(a) := f_a(x_a) = \frac{a(3a-4)}{80}$. Zeichnet man die Funktionenschar $g_x(a) := f_a(x)$ in Abhängigkeit von x, wie in Abbildung 6.14 dargestellt, so hüllt die Wertfunktion V die Funktionenschar von unten ein.

Das Envelope-Theorem macht eine Aussage über das Änderungsverhalten der Einhüllenden; es wird insbesondere in Optimierungsproblemen unter Nebenbedingungen verwendet.

6.4.1 Ein Verpackungsproblem mit exogenen Variablen

Dass sich der Optimalwert eines Optimierungsproblems unter Nebenbedingungen verändert, wenn sich exogene Größen verändern, sollte grundsätzlich klar sein. Hier soll anhand des früher bereits behandelten Problems der optimalen Gestaltung eines Kartons diese Änderung auch quantitativ erfasst werden. Wie in Beispiel 6.21 ⇨ vgl. S. 241 wird ein Karton mit gegebenem Volumen v gesucht, dessen Materialbedarf minimal ist. Hier sollen aber Boden und Deckel bei der Materialbedarfsberechnung nicht doppelt gezählt werden, sondern je zwei „Flügel" des Kartons werden auf den a-ten Teil der Länge aus Beispiel 6.21 gekürzt, vgl. Abbildung 6.15. Dabei ist $a \in [0; 1]$ zunächst fest vorgegeben – im Ausgangsbeispiel ist $a = 1$ – und es soll später untersucht werden, wie sich zum einen die optimalen Abmessungen des Kartons, zum anderen der minimale Materialverbrauch mit Variation von a ändern.

Der Materialbedarf lässt sich jetzt in der Form $f(x, y, z) = 2xy + 2xz + 2(1 + a)yz$ darstellen. Wie ändert sich der minimale Materialbedarf nun, wenn sich entweder das

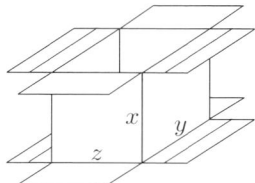

Abbildung 6.15: Geänderte Gestalt des Kartons im Verpackungsproblem; je zwei Flügel in Boden und Deckel sind gekürzt.

Volumen v oder das „Design" d.h. der Wert a gegenüber der Standardform $a = 1$ verändert? Dies wird erst durch direktes Nachrechnen beantwortet – mit Fokus auf den notwendigen Bedingungen für lokale Extrema unter Nebenbedingungen. Das Lagrange-Gleichungssystem lautet

$$\left.\begin{aligned} 2y + 2z + \lambda yz &= 0 \\ 2x + 2(1+a)z + \lambda xz &= 0 \\ 2x + 2(1+a)y + \lambda xy &= 0 \\ xyz &= v \end{aligned}\right\} \Rightarrow \left\{\begin{aligned} 2xy + 2xz + \lambda xyz &= 0 \\ 2xy + 2(1+a)yz + \lambda xyz &= 0 \\ 2xz + 2(1+a)yz + \lambda xyz &= 0 \\ xyz &= v \end{aligned}\right.$$

Es folgt $x = (1+a)y$, $z = y$. Substituiert man dies in $xyz = v$, so ergibt sich $y = \sqrt[3]{\frac{v}{1+a}}$ sowie $\lambda = -4\sqrt[3]{\frac{1+a}{v}}$. Die optimalen Abmessungen lauten

$$x_{av} = (1+a)\left(\frac{v}{1+a}\right)^{\frac{1}{3}}, \quad y_{av} = \left(\frac{v}{1+a}\right)^{\frac{1}{3}}, \quad z_{av} = \left(\frac{v}{1+a}\right)^{\frac{1}{3}}$$

Der minimale Verpackungsaufwand (Optimalwert) beträgt

$$V(a,v) = 2x_{av}y_{av} + 2x_{av}z_{av} + 2(1+a)y_{av}z_{av} = 6(1+a)\left(\frac{v}{1+a}\right)^{\frac{2}{3}} = 6(1+a)^{\frac{1}{3}}v^{\frac{2}{3}}$$

Die Optimalwertänderung bei Variation der Parameter a (Design) und v (Volumen) lässt sich nun durch Differenzierung der Optimalwertfunktion nach a bzw. v bestimmen: Bei Änderung des Volumens v ergibt sich

$$\frac{\partial V(a,v)}{\partial v} = \frac{\partial}{\partial v}\left(6(1+a)^{\frac{1}{3}}v^{\frac{2}{3}}\right) = 6(1+a)^{\frac{1}{3}} \cdot \frac{2}{3}v^{-\frac{1}{3}} = 4\left(\frac{v}{1+a}\right)^{-\frac{1}{3}} = -\lambda_{av}$$

Der negative Lagrange-Multiplikator ist also die marginale Optimalwert-Änderung. Dahinter steckt eine allgemeine Eigenschaft des Lagrange-Multiplikators. Bei Änderung des „Design-Parameters" a ergibt sich

$$\frac{\partial V(a,v)}{\partial a} = \frac{\partial}{\partial a}\left(6(1+a)^{\frac{1}{3}}v^{\frac{2}{3}}\right) = 2\left(\frac{v}{1+a}\right)^{\frac{2}{3}}$$

Gegenüber dem Standardkarton mit $a = 1$ ergibt die Verringerung der Skalierung in Boden und Deckel um eine marginale Einheit eine Materialverringerung um näherungsweise $2^{\frac{1}{3}}v^{\frac{2}{3}}$ Einheiten.

Die durchgeführte Rechnung ist im Gegensatz zur Rechnung in Beispiel 6.21 etwas komplizierter, da ein weiterer Parameter mit im Spiel ist. Wenn man nur von der Optimalwertänderung für den „Standard-Karton" mit $a = 1$ ausgeht, so lässt sich die

Änderungsrate auch schon mit Hilfe der hierfür in Beispiel 6.21 gefundenen Optimallösung berechnen: Man stellt zunächst die Lagrange-Funktion für den parametrischen Fall, d.h. mit allgemeinem a auf.

$$L_{a,v}(x, y, z, \lambda) = 2xy + 2xz + 2(1 + a)yz + \lambda(xyz - v)$$

Dann leitet man die Lagrange-Funktion nach v bzw. a ab und setzt im Ergebnis die im Fall $a = 1$ mit der Lagrange-Methode gefundenen Optimalwerte für x, y, z, λ ein:

$$\frac{\partial}{\partial v} L_{a,v}(x, y, z, \lambda) = -\lambda = \frac{\partial V(a, v)}{\partial v}$$
$$\frac{\partial}{\partial a} L_{a,v}(x, y, z, \lambda) = 2yz = 2 \left(\frac{v}{2}\right)^{\frac{1}{3}} \left(\frac{v}{2}\right)^{\frac{1}{3}} = 2^{\frac{1}{3}} v^{\frac{2}{3}} = \frac{\partial V(a, v)}{\partial a}$$

6.4.2 Das Envelope-Theorem

Hintergrund der Vorgehensweise im Verpackungsproblem ist das Envelope-Theorem, welches gerade diese Vorgehensweise in allgemeinen Optimierungsproblemen mit oder ohne Nebenbedingungen – in Gleichungsform – thematisiert. Das Envelope-Theorem wird in folgender Situation angewandt:

▪ Es liegt eine Schar von Optimierungsproblemen $f(x, \alpha) \overset{!}{=} \min\limits_{x}$ unter $g_1(x, \alpha) - y_1 = 0, \ldots, g_K(x, \alpha) - y_K = 0$ vor; alle Funktionen seien in x und α (total) differenzierbar.

▪ $L(x, \lambda, \alpha, y) = f(x, \alpha) + \sum_{k=1}^{K} \lambda_k(g_k(x, \alpha) - y_k)$ sei die Lagrange-Funktion.

▪ Für vorgegebene Werte $\alpha^* = (\alpha_1^*, \ldots, \alpha_m^*)^T, y^* = (y_1^*, \ldots, y_K^*)^T$ sei mit der Lagrange-Methode eine Lösung $x^*(\alpha^*, y^*), \lambda^*(\alpha^*, y^*)$ bestimmt.

▪ Der zugehörige Optimalwert lautet: $V(\alpha^*, y^*) = f(x^*(\alpha^*, y^*), \alpha^*)$.

▪ Gesucht ist das Änderungsverhalten des Optimalwertes, d.h. $\frac{\partial V(\alpha, y)}{\partial \alpha_j}$ bzw. $\frac{\partial V(\alpha, y)}{\partial y_k}$ in $\alpha = \alpha^*$ und $y = y^*$.

Zu erwarten wäre eigentlich, dass sich eine Änderung von α in der Wertfunktion $f(x^*(\alpha, y), \alpha)$ additiv aus einer Änderung von α und einer Änderung von x^* zusammensetzt. Das so genannte Envelope-Theorem besagt aber, dass der letztere Einfluss (marginal) vernachlässigt werden kann.

Satz 6.17 (Envelope-Theorem)

[1] Die marginale Änderung der Wertfunktion im exogenen Parameter α_j ist gleich der Ableitung der Lagrange-Funktion nach α_j, ausgewertet im Optimum $x = x^*(\alpha^*, y^*)$, $\lambda = \lambda^*(\alpha^*, y^*)$, in Formeln mit $j \in \{1, \dots, m\}$

$$\left.\frac{\partial V}{\partial \alpha_j}\right|_{\alpha=\alpha^*} = \left.\frac{\partial L}{\partial \alpha_j}\right|_{\substack{\alpha=\alpha^*, y=y^* \\ x=x^*(\alpha^*, y^*) \\ \lambda=\lambda^*(\alpha^*, y^*)}} = \left.\frac{\partial f}{\partial \alpha_j}\right|_{\substack{\alpha=\alpha^*, y=y^* \\ x=x^*(\alpha^*, y^*) \\ \lambda=\lambda^*(\alpha^*, y^*)}} + \sum_{k=1}^{K} \lambda_k^*(\alpha^*, y^*) \cdot \left.\frac{\partial g_k}{\partial \alpha_j}\right|_{\substack{\alpha=\alpha^*, y=y^* \\ x=x^*(\alpha^*, y^*) \\ \lambda=\lambda^*(\alpha^*, y^*)}}$$

[2] Die marginale Änderung der Wertfunktion im exogenen Restriktions-Parameter y_k entspricht dem negativen Lagrange-Multiplikator dieser NB im Optimum, in Formeln:

$$\left.\frac{\partial V}{\partial y_k}\right|_{\substack{\alpha=\alpha^* \\ y=y^*}} = -\lambda_k^*(\alpha^*, y^*).$$

[3] In einem Optimierungsproblem ohne Nebenbedingungen lautet die Änderungsrate

$$\left.\frac{\partial V}{\partial \alpha_j}\right|_{\alpha=\alpha^*} = \left.\frac{\partial f}{\partial \alpha_j}\right|_{\alpha=\alpha^*, x=x^*(\alpha^*)}$$

Das Envelope-Theorem macht Aussagen über partielle Ableitungen in einzelnen exogenen Variablen. Wegen der Annahme total differenzierbarer Funktionen lassen sich aber auch Änderungsraten für **Richtungsableitungen** bei gleichzeitiger Veränderung mehrerer dieser Variablen oder das **Differential** der Wertfunktion bestimmen.

Das Envelope-Theorem lässt sich in folgende Vorgehensweise umsetzen:

Optimalwertveränderung bei Änderung einer exogenen Variable

[1] Löse das Ausgangsproblem mit der Lagrange-Methode in den endogenen Variablen.

[2] Stelle die Lagrange-Funktion auf und leite sie nach der exogenen Variable ab.

[3] Setze die im ersten Schritt gewonnenen Werte der endogenen Variablen und die zugrundeliegenden Werte der exogenen Variablen ein.

Im nächsten Beispiel nehmen wir noch einmal alle Aspekte der Optimierung unter Nebenbedingungen inklusive der Interpretation exogener Parameter auf:

Beispiel 6.48
Ein Produkt wird aus zwei Rohstoffen hergestellt. Der Erlös sei $E(x, y) = 150x^{0,4}y^{0,6}$, die Kosten $K(x, y) = 20x + 25y$. Es soll der Deckungsbeitrag $G(x, y) = E(x, y) - K(x, y)$ für $x, y \geq 0$ unter der Nebenbedingung $K(x, y) = 20x + 25y = 1000$ maximiert werden.

Wir stellen die Lagrange-Funktion auf

$$L(x, y, \lambda) = 150x^{0,4}y^{0,6} - 20x - 25y + \lambda(20x + 25y - 1000)$$

und setzen ihre partielle Ableitungen in x, y gleich Null:

$$60x^{-0,6}y^{0,6} - 20 + 20\lambda = 0 \qquad \Rightarrow \qquad x^{0,4}y^{0,6} = \frac{20(1-\lambda)x}{60}$$

$$90x^{0,4}y^{-0,4} - 25 + 25\lambda = 0 \qquad \Rightarrow \qquad x^{0,4}y^{0,6} = \frac{25(1-\lambda)y}{90}$$

Gleichsetzen ergibt $(\frac{x}{3} - \frac{5y}{18})(1-\lambda) = 0$.

- Der Fall $\lambda = 1$ ergibt $x = 0$ oder $y = 0$, was einerseits zu einem negativen Deckungsbeitrag führt, andererseits aber ist an dieser Stelle die Zielfunktion nicht differenzierbar Dieser Punkt ist kein kritischer Punkt im Sinne der Lagrange-Methode.

- Der Fall $\lambda \neq 1$ führt zu $y = \frac{6}{5}x$. Eingesetzt in die NB folgt $20x + 25 \cdot \frac{6}{5}x = 1000 \Rightarrow 50x = 1000 \Rightarrow x = 20$. Daraus folgt $y = \frac{6}{5}x = 24$. Der Lagrange-Multiplikator lautet $x^{0,4}y^{0,6} = \frac{1}{3}(1 - \lambda)x \Rightarrow \lambda = 1 - 3\left(\frac{y}{x}\right)^{0,6} \approx -2,346$.

Schließlich lässt sich der gewonnene kritische Punkt durch einen Randwertvergleich als Stelle eines DB-Maximums nachweisen:

- Im kritischen Punkt: $G(20, 24) = 2346,80$

- erster Randpunkt $G(0, 40) = -1000$

- zweiter Randpunkt $G(50, 0) = -1000$

Interpretation des Lagrange-Multiplikators $\lambda \approx -2,346$: Je zusätzlich verfügbarer Geldeinheit für den Rohstoffeinsatz steigt der optimale Deckungsbeitrag um ca 2,346 Geldeinheiten (kleine bzw. marginale Änderung des Budgets vorausgesetzt).

Wie wirkt sich nun eine kleine Veränderung der Produktionsfunktion (technische Modifikation der Fertigung) auf den optimalen Deckungsbeitrag aus? Angenommen sei z.B. eine Zielfunktion der Form $G(x, y) = 150x^{0,4+a}y^{0,6-a} - 20x - 25y$ mit $a \approx 0$. Die marginale Änderung des Optimalwertes in $a = 0$ errechnet sich wie folgt:

- Bilde Lagrange-Funktion

$$
\begin{aligned}
L(x, y, \lambda) &= 150x^{0,4+a}y^{0,6-a} - 20x - 25y + \lambda(20x + 25y - 1000) \\
&= 150e^{(0,4+a)\ln(x)+(0,6-a)\ln(y)} + \lambda(20x + 25y - 1000)
\end{aligned}
$$

- Leite die Lagrange-Funktion nach a ab:

$$
\frac{\partial}{\partial a}L(x, y, \lambda) = 150x^{0,4+a}y^{0,6-a}(\ln(x) - \ln(y))
$$

- Setze $a = 0$ und für diesen Fall die oben berechneten Optimalwerte $x = 20$, $y = 24$ ein. Wegen $\ln(x) - \ln(y) = \ln(20) - \ln(24) < 0$ folgt:

Eine (marginale) Erhöhung des Produktionskoeffizienten $0,4$ (und eine entsprechende marginale Verringerung des zweiten Produktionskoeffizienten $0,6$) führt zu einer marginalen Verringerung des Deckungsbeitrags. Will man also den Deckungsbeitrag erhöhen, so sollte man eine Verringerung des Produktionskoeffizienten des ersten Rohstoffes anstreben ($a < 0$).

Von den Aussagen des Envelope-Theorems ist die zweite die am häufigsten verwendete, weil sie die Lagrange-Multiplikatoren aus dem Lagrange-Ansatz mathematisch interpretiert und in einen Zusammenhang zu dem ökonomischen Ziel der Optimierung setzt.

Den Lagrange-Multiplikator bezeichnet man aufgrund seiner Eigenschaft aus dem Envelope-Theorem auch als **Schattenpreis** der Restriktion. Er beschreibt den Zugewinn – oder auch Verlust – den man durch die Lockerung oder Straffung einer Restriktion erhält.

Bei mehreren Nebenbedingungen ist auch das Änderungsverhalten des Optimalwertes gegebenenfalls von der Änderung aller Nebenbedingungen abhängig. Die Optimalwertfunktion hat dann als Differential den Vektor der negativen Lagrange-Multiplikatoren, der für Simultanänderungen mehrerer Nebenbedingungen in eine spezielle Richtungsableitung übergeht.

Satz 6.18

Im Optimierungsproblem $f(x) \stackrel{!}{=} \min_{x \in \mathbb{D}} / \max_{x \in \mathbb{D}}$ unter den Nebenbedingungen $g_1(x) = 0, \dots, g_m(x) = 0$ seien Zielfunktion und Restriktions-Funktionen differenzierbar. Falls $(x_1^*, \dots, x_n^*)^T$ eine Lösung des Optimierungsproblems mit den zugehörigen Lagrange–Multiplikatoren $\lambda_1^*, \dots, \lambda_m^*$ ist, so ändert sich der Minimal–/Maximalwert $f(x_1^*, \dots, x_n^*)$ näherungsweise um $-\sum_{i=1}^{m} \lambda_i^* \cdot h_i$, wenn die Nebenbedingungen von $g_i(x_1, \dots, x_n) = 0$ auf $g_i(x_1, \dots, x_n) = h_i$ abgeändert werden.

Beispiel 6.49

In dem Verpackungsproblem aus Beispiel 6.21 ⇨ vgl. S. 241 ergibt sich mit der Lagrange-Methode ein Karton mit quadratischer Grundfläche, d.h. gemäß Abbildung 6.8 gilt für die Optimallösung $\frac{y}{z} = 1$. Man kann sich nun die Frage stellen, wie sich der Materialverbrauch $2xy + 2xz + 4yz$ verändert, wenn man von diesem Design abweicht und ein festes Seitenverhältnis der Grundfläche fordert, etwa durch die zusätzliche Nebenbedingung $\frac{z}{y} = d = 1 + \Delta$ mit $\Delta > 0$. Gleichzeitig soll aber auch noch die Änderung des vorgegebenen Volumens $xyz = v$ berücksichtigt werden. Rechnerisch ist das Differential der Optimalwertfunktion in den exogenen Größen v, d zu bestimmen. Die Optimalwertfunktion wird auch hier zunächst mit der Lagrange-Methode ermittelt:

$$
\begin{array}{ccc}
2y + 2z + \lambda_1 yz = 0 & & 2xy + 2xz + \lambda_1 xyz = 0 \\
2x + 4z + \lambda_1 xz - \lambda_2 z/y^2 = 0 & & 2xy + 4yz + \lambda_1 xyz - \lambda_2 z/y = 0 \\
2x + 4y + \lambda_1 xy + \lambda_2/y = 0 & \Rightarrow & 2xz + 4yz + \lambda_1 xyz + \lambda_2 z/y = 0 \\
xyz = v & & xyz = v \\
z = dy & & z = dy
\end{array}
$$

Wieder durch Gleichsetzen folgt $2xz - 4yz = -\lambda_2 z/y$ und $2xy - 2xz = 2\lambda_2 z/y$. Gleichsetzen über $\lambda_2 z/y$ ergibt die Gleichung $xy - 4yz + xz = 0$. Nutzt man $xyz = v$ und $z = dy$ aus, so ergibt sich $\frac{v}{dy} - 4dy^2 + \frac{v}{y} = 0 \Rightarrow y = v^{\frac{1}{3}}(d+1)^{\frac{1}{3}}2^{-\frac{2}{3}}d^{-\frac{2}{3}}$. Daraus folgt $x = 2(2dv)^{\frac{1}{3}}(1+d)^{-\frac{2}{3}}$, $z = v^{\frac{1}{3}}(d+1)^{\frac{1}{3}}2^{-\frac{2}{3}}d^{\frac{1}{3}}$ mit dem Optimalwert $3(2(1+d)v)^{\frac{2}{3}}d^{-\frac{1}{3}}$ und $\lambda_1 = -2(2(1+d))^{\frac{2}{3}}(dv)^{-\frac{1}{3}}$, $\lambda_2 = -(2(d-1))^{\frac{2}{3}}d^{-\frac{4}{3}}(d+1)^{-\frac{1}{3}}$.

Als Ergebnis dieser Rechnung ist festzuhalten: Der Minimalwert beträgt $V(v,d) = 3(2(1+d)v)^{\frac{2}{3}}d^{-\frac{1}{3}}$. Leitet man nach d bzw. v ab, so ergibt sich mit einigen Umformungen $\nabla V(v,d) = (-\lambda_1, -\lambda_2)$. Ändert man also d zu $d + h_1$ und v zu $v + h_2$ so beträgt die Änderung des Optimalwertes näherungsweise $\langle \nabla V(v,d), (h_1, h_2)^T \rangle = -\lambda_1 h_1 - \lambda_2 h_2$

6.4.3 Ein Kostenproblem

Neben der Angabe der Optimalwertänderung sollen in ökonomischen Fragestellungen oft auch die Änderungen der zugehörigen endogenen Variablen in Abhängigkeit von den exogenen Größen angegeben werden. Das wichtigste mathematische Hilfsmittel stellt dabei der schon früher angesprochene Satz über implizite Funktionen dar. Im Folgenden wird hierzu ein typisches Beispiel zur Kostenminimierung im Produktionskontext ausführlicher behandelt:

Ein Gut werde unter Einsatz von Arbeit und Kapital erstellt. Dabei bezeichnen $x_1 \geq 0$ den Arbeitseinsatz und $w_1 > 0$ (exogen) den Lohn je Einheit Arbeitseinsatz sowie

274 6 Optimierungsaufgaben

$x_2 \geq 0$ den Kapitaleinsatz und w_2 (exogen) den Kapital-Zinssatz. Weiter sei $f(x_1, x_2) \geq 0$ der Output dieses Gutes, y die (exogene) Soll-Produktion. Von der Produktionsfunktion soll nur angenommen werden, dass sie zweimal stetig partiell differenzierbar und in jeder Variable monoton steigend ist. Ihr Gradient und ihre Hesse-Matrix sollen mit $\nabla f = \begin{pmatrix} f_1 \\ f_2 \end{pmatrix}$ und $H_f = \begin{bmatrix} f_{11} & f_{12} \\ f_{21} & f_{22} \end{bmatrix}$ abgekürzt werden, wobei $f_1, f_2, f_{11}, \ldots, f_{22}$ Funktionen von Arbeitseinsatz und Kapitaleinsatz sind.

Gefragt ist nun, wie sich für die kostenminimale Produktion, d.h. x_1^*, x_2^* und $K(x_1^*, x_2^*)$ als Minimum des Problems

$$K(x_1, x_2) = w_1 x_1 + w_2 x_2 \overset{!}{=} \min_{x_1, x_2 \geq 0} \text{ unter } f(x_1, x_2) - y = 0$$

bei einer Änderung von Lohnkosten w_1 bzw. Zins w_2 bzw. Soll-Produktion y verändern.

Es handelt sich hierbei um eine typische Fragestellung der Volkswirtschaftslehre; das Problem ist – mangels weiterer Informationen – sehr unvollständig formuliert. Man kann z.B. nicht davon ausgehen, dass die Produktionsfunktion eine **Cobb-Douglas-Funktion** ist. Die Frage nach der Änderung der endogenen Variablen ist also losgelöst vom spezifischen Typ der Produktionsfunktion zumindest qualitativ zu beantworten, wobei Lohn, Kapitalzins und Soll-Produktion als exogene Variablen interpretiert werden müssen. Konkrete Werte dieser Größen sind nicht bekannt; vielmehr würden sie eine vollständige „What-If"-Analyse des Modells verhindern. Darüber hinaus sucht man nach qualitativen Aussagen hinsichtlich der Änderung der endogenen Variablen, wenn beispielsweise die Produktionsfunktion zwar bekannt, aber das Lagrange-Gleichungssystem weder explizit noch numerisch zu lösen ist. Allerdings ist auch für grundsätzliche Betrachtungen das Lagrange-Gleichungssystem zunächst aufzustellen und eine Bezeichnung der Optimallösungen vorzunehmen. In unserem Beispiel lauten die Lagrange-Gleichungen (FOC)

$$w_1 + \lambda f_1(x_1, x_2) = 0, \qquad w_2 + \lambda f_2(x_1, x_2) = 0$$

Durch Gleichsetzen ergibt sich

$$w_1/f_1(x_1, x_2) = w_2/f_2(x_1, x_2) \Leftrightarrow w_2 f_1(x_1, x_2) - w_1 f_2(x_1, x_2) = 0$$

Angenommen, es lassen sich Lösungen $x_1^* = x_1^*(w_1, w_2, y)$, $x_2^* = x_2^*(w_1, w_2, y)$ des Gleichungssystems

$$h_1(x_1, x_2, w_1, w_2, y) := w_2 f_1(x_1, x_2) - w_1 f_2(x_1, x_2) = 0$$
$$h_2(x_1, x_2, w_1, w_2, y) := f(x_1, x_2) - y = 0$$

finden. Dann lautet der zugehörige Lagrange-Multiplikator $\lambda^* = -w_i/f_i(x_1^*, x_2^*) < 0$ und die Gesamtkosten betragen $K(x_1^*, x_2^*) = w_1 x_1^*(w_1, w_2, y) + w_2 x_2^*(w_1, w_2, y)$. Wie verändern sich nun die endogenen Variablen bei Änderung der exogenen Variable w_1 („Stundenlohn")? Es gilt das Gleichungssystem

$$h_1(x_1^*, x_2^*, w_1, w_2, y) := w_2 f_1(x_1^*, x_2^*) - w_1 f_2(x_1^*, x_2^*) = 0$$
$$h_2(x_1^*, x_2^*, w_1, w_2, y) := f(x_1^*, x_2^*) - y = 0$$

Mit der Kettenregel ⇒vgl. Satz 5.6, S. 186 ergibt sich

$$0 = \frac{\partial h_1(x_1^*, x_2^*, w_1, w_2, y)}{\partial w_1} = \frac{\partial h_1}{\partial x_1}\frac{\partial x_1^*}{\partial w_1} + \frac{\partial h_1}{\partial x_2}\frac{\partial x_2^*}{\partial w_1} + \frac{\partial h_1}{\partial w_1}$$
$$0 = \frac{\partial h_2(x_1^*, x_2^*, w_1, w_2, y)}{\partial w_1} = \frac{\partial h_2}{\partial x_1}\frac{\partial x_1^*}{\partial w_1} + \frac{\partial h_2}{\partial x_2}\frac{\partial x_2^*}{\partial w_1} + \frac{\partial h_2}{\partial w_1}$$

d.h. in Matrix-Schreibweise $\dfrac{\partial h}{\partial x} \cdot \dfrac{\partial x^*}{\partial w_1} = -\dfrac{\partial h}{\partial w_1}$, wobei

$$\frac{\partial h}{\partial x} = \begin{bmatrix} \frac{\partial h_1}{\partial x_1} & \frac{\partial h_1}{\partial x_2} \\ \frac{\partial h_2}{\partial x_1} & \frac{\partial h_2}{\partial x_2} \end{bmatrix} = \begin{bmatrix} w_2 f_{11} - w_1 f_{21} & w_2 f_{12} - w_1 f_{22} \\ f_1 & f_2 \end{bmatrix}$$

$$\frac{\partial x^*}{\partial w_1} = \begin{pmatrix} \frac{\partial x_1^*}{\partial w_1} \\ \frac{\partial x_2^*}{\partial w_1} \end{pmatrix}, \qquad \frac{\partial h}{\partial w_1} = \begin{pmatrix} \frac{\partial h_1}{\partial w_1} \\ \frac{\partial h_2}{\partial w_1} \end{pmatrix} = \begin{pmatrix} f_2 \\ 0 \end{pmatrix}$$

Mit der Cramer-Regel 3.13 ⇨ vgl. S. 109 erhält man (falls $\frac{\partial h}{\partial x}$ invertierbar ist)

$$\frac{\partial x_1^*(w_1, w_2, y)}{\partial w_1} = -\frac{\frac{\partial h_1}{\partial w_1}\frac{\partial h_2}{\partial x_2} - \frac{\partial h_1}{\partial x_2}\frac{\partial h_2}{\partial w_1}}{\det \frac{\partial h}{\partial x}} = \frac{f_2^2}{\det \frac{\partial h}{\partial x}}$$

$$\frac{\partial x_2^*(w_1, w_2, y)}{\partial w_1} = -\frac{\frac{\partial h_1}{\partial x_1}\frac{\partial h_2}{\partial w_1} - \frac{\partial h_2}{\partial x_1}\frac{\partial h_1}{\partial w_1}}{\det \frac{\partial h}{\partial x}} = -\frac{f_1 f_2}{\det \frac{\partial h}{\partial x}}$$

Dabei ist der Nenner wegen $w_i = -\lambda^* f_i$ (Lagrange-Gleichungssystem) und für invertierbares $\frac{\partial h}{\partial x}$

$$\det \frac{\partial h}{\partial x} = (w_2 f_{11} - w_1 f_{21}) f_2 - (w_2 f_{12} - w_1 f_{22}) f_1$$

$$= (-\lambda^*) \left((f_2 f_{11} - f_1 f_{21}) f_2 - (f_2 f_{12} - f_1 f_{22}) f_1 \right)$$

$$= -\left\langle \begin{pmatrix} f_2 \\ -f_1 \end{pmatrix}, \lambda^* \begin{bmatrix} f_{11} & f_{12} \\ f_{21} & f_{22} \end{bmatrix} \begin{pmatrix} f_2 \\ -f_1 \end{pmatrix} \right\rangle < 0$$

Denn wenn tatsächlich ein Kostenminimum vorliegt, so ist die Matrix

$$H_{L,\lambda^*}(x_1^*, x_2^*) = H_K(x_1^*, x_2^*) + \lambda^* H_f(x_1^*, x_2^*) = \lambda^* H_f(x_1^*, x_2^*)$$

positiv semidefinit auf allen senkrecht zu $\nabla f = (f_1, f_2)^T$ stehenden Richtungen [LUENBERGER, 2003, S. 306]. Insgesamt folgt:

$$\frac{\partial x_1^*(w_1, w_2, y)}{\partial w_1} = f_2^2 / \det \frac{\partial h}{\partial x} < 0, \qquad \frac{\partial x_2^*(w_1, w_2, y)}{\partial w_1} = -f_1 f_2 / \det \frac{\partial h}{\partial x} > 0$$

Also gilt in sehr allgemeinem Zusammenhang, dass bei Erhöhung der Lohnkosten Arbeit durch Kapital substituiert werden sollte, um die Kosten minimal zu halten. Das gilt umgekehrt auch bei Erhöhung der Kapitalzinsen.

6.4.4 Das Theorem impliziter Funktionen

Im vorangegangenen Abschnitt wurden die interessierenden ökonomischen Größen – in diesem Fall die endogenen Optimalwerte – durch implizite Gleichungen festgelegt und ihre Änderungsraten mittels Kettenregel explizit gemacht. Das allgemeine technische Hilfsmittel bei solchen Rechnungen ist der Satz über implizite Funktionen, dessen Grundidee bereits bei der Bestimmung von **Substitutionsgrenzraten** ausgenutzt wurde. An dieser Stelle soll das zentrale Ergebnis noch einmal dargestellt werden. Hierzu benötigen wir das schon früher angesprochene Konzept der **Jacobi-Matrix:** einer differenzierbaren vektorwertigen Funktion $f : \mathbb{D} \to \mathbb{R}^m$ mit $\mathbb{D} \subseteq \mathbb{R}^n$, $f = (f_1, \ldots, f_m)^T$, (d.h. die $\mathbb{R}$-wertigen Funktionen $f_1, \ldots, f_m$ sind differenzierbar) der Variablen $x_1, \ldots, x_n$. Es sei $x_B = (x_{i_1}, \ldots, x_{i_k})^T$ eine Auswahl von k verschiedenen dieser Variablen und $\frac{\partial f}{\partial x_B}$ die **Jacobi-Matrix**

$$\frac{\partial f}{\partial x_B} := \begin{bmatrix} \frac{\partial f_1}{\partial x_{i_1}} & \cdots & \frac{\partial f_1}{\partial x_{ik}} \\ \vdots & & \vdots \\ \frac{\partial f_m}{\partial x_{i_1}} & \cdots & \frac{\partial f_m}{\partial x_{i_k}} \end{bmatrix}$$

Satz 6.19 (Theorem impliziter Funktionen – Teil 1)
Es sei $f = (f_1, \ldots, f_m) : \mathbb{D} \subseteq \mathbb{R}^n \to \mathbb{R}^m$ eine differenzierbare vektorwertige Funktion von $x \in \mathbb{R}^m, \alpha = (\alpha_1, \ldots, \alpha_{n-m}) \in \mathbb{R}^{n-m}$. Weiter $g = (g_1, \ldots, g_m) : \mathbb{E} \subseteq \mathbb{R}^m \to \mathbb{R}^m$ eine differenzierbare Funktion derart, dass $\forall i \in \{1, \ldots, m\}$ gilt

$$f_i(g_1(\alpha_1, \ldots, \alpha_{n-m}), \ldots, g_m(\alpha_1, \ldots, \alpha_{n-m}), \alpha_1, \ldots, \alpha_{n-m}) = 0$$

Dann gilt: $\frac{\partial f}{\partial \alpha} = -\left. \frac{\partial f}{\partial x} \right|_{x=g(\alpha)} \cdot \frac{\partial g}{\partial \alpha}$

Falls $\frac{\partial f}{\partial x}$ in $x = g(\alpha)$ invertierbar ist, so folgt: $\frac{\partial g}{\partial \alpha} = -\left(\left. \frac{\partial f}{\partial x} \right|_{x=g(\alpha)} \right)^{-1} \cdot \frac{\partial f}{\partial \alpha}$.

Grob gesagt möchte man also in einem nichtlinearen Gleichungssystem

$$f_1(x_1, \ldots, x_m, \alpha_1, \ldots, \alpha_{n-m}) = 0, \ldots, f_m(x_1, \ldots, x_m, \alpha_1, \ldots, \alpha_{n-m}) = 0$$

die Werte $x_1, \ldots, x_m$ als von den übrigen Werten $\alpha_1, \ldots, \alpha_{n-m}$ abhängig darstellen. Von den explizierenden Funktionen $x_i^*(\alpha) = g_i(\alpha)$ lassen sich mit dem implizten Funktionentheorem die partiellen Ableitungen berechnen. Es handelt sich bei der Aussage $\frac{\partial f}{\partial \alpha} = -\left. \frac{\partial f}{\partial x} \right|_{x=g(\alpha)} \cdot \frac{\partial g}{\partial \alpha}$ um eine Folgerung aus der Kettenregel [2]   ⇨ vgl. Satz 5.6, S. 186. Die Jacobi-Matrix $\frac{\partial g}{\partial \alpha}$ ist eine Verallgemeinerung der Substitutionsgrenzrate.

Zur Sicherstellung der (lokalen) **Existenz** solcher Funktionen g_i ist neben der Differenzierbarkeit von f lediglich eine spezielle Lösung $x_1^*, \ldots, x_m^*, \alpha_1^*, \ldots, \alpha_{n-m}^*$ sowie die Invertierbarkeit der Jacobi-Matrix $\left. \frac{\partial f}{\partial x} \right|_{x=x^*}$ nachzurechnen (Theorem impliziter Funktionen – Teil 2).

Übungen zu Abschnitt 6.4

21. Nachstehend finden Sie drei Optimierungsprobleme inklusive Lösung durch die Lagrange-Methode. Außerdem werden jeweils mehrere modifizierte Zielfunktionen oder Nebenbedingungen angegeben; durch Festlegung auf $a = 1$ ergibt sich dabei jeweils das Ausgangsproblem. Bestimmen Sie die marginale Änderung des Optimalwertes $V'(1)$

a) $xy \overset{!}{=} \max_{x,y \in \mathbb{R}}$ unter $x^2 + y^2 - 1 = 0$. Lösung: $x = \sqrt{1/2}, y = 1/2, \lambda = -1/2$

   i) $f_a(x, y) = xy^a \overset{!}{=} \max_{x,y \in \mathbb{R}}$ unter $g(x, y) = x^2 + y^2 - 1 = 0$.

   ii) $f(x, y) = xy \overset{!}{=} \max_{x,y \in \mathbb{R}}$ unter $g_a(x, y) = x^2 + y^2 - 1 = a$.

b) $x^2 + y^2 \overset{!}{=} \min_{x,y\geq 0}$ unter $x+y-1=0$. Lösung: $x=1/2, y=1/2, \lambda=-1$

   i) $f_a(x,y) = x^{2+a} + y^{2+a} \overset{!}{=} \min_{x,y\geq 0}$ unter $g(x,y) = x+y-1=0$.

   ii) $f(x,y) = x^2 + y^2 \overset{!}{=} \min_{x,y\geq 0}$ unter $g_a(x,y) = ax+y-1=0$.

   iii) $f_a(x,y) = x^{2+a} + y^{2+a} \overset{!}{=} \min_{x,y\geq 0}$ unter $g_a(x,y) = ax+y-1=0$.

c) $\ln(xyz) \overset{!}{=} \max\limits_{x,y,z>0}$ unter $x+2y+2z-1=0$. Lösung: $x=\frac{1}{3}, y=\frac{1}{6}, z=\frac{1}{6}, \lambda=-3$

   i) $f_a(x,y,z) = \ln((xyz)^a) \overset{!}{=} \max_{x,y,z>0}$ unter $g(x,y,z) = x+2y+2z-1=0$.

   ii) $f_a(x,y,z) = \ln((xyz)^a) \overset{!}{=} \max\limits_{x,y,z>0}$ unter $g_a(x,y,z) = x+2y+(1+a)z-1=0$.

22. In der Weihnachts-Manufaktur am Nordpol spielen neuerdings auch Herstellungskosten eine Rolle. Bei der Fertigung von Spielzeug-Rentierschlitten mit den Produktionsfaktoren

   „Rentier-Wolle" $x \geq 0$

   „Pythagorasbaum-Holz" $y \geq 0$ ($\Rightarrow$ vgl. S. 149)

mit insgesamt $z \geq 0$ „Heinzelmännchen-Montagestunden" betragen die variablen Kosten $k(x,y,z) = 2x+4y^2+8z$ und sollen insgesamt 1200 HEuro (himmlische Euro) nicht überschreiten. Die Gesamtausbringung von $f(x,y,z) = \sqrt[4]{8,1 \cdot xy^2z}$ Mengeneinheiten soll unter diesem Gesichtspunkt maximiert werden.

a) Berechnen Sie die optimalen Einsatzmengen x,y,z und die maximale Ausbringung $f(x,y,z)$ unter der Kostenrestriktion.

b) Um wie viel näherungsweise erhöht sich die maximale Ausbringung, wenn 50 HEuro mehr für die Fertigung ausgegeben werden können.

c) Die Heinzelmännchen-Gewerkschaft setzt eine Lohnerhöhung auf 8,5 HEuro je Montagestunde durch. Wie verändert sich jetzt die maximale Ausbringung näherungsweise (wenn Sie von maximal 1200 HEuro Gesamtkosten ausgehen)?

d) Weil sich die Rentiere neuerdings beim Scheren sträuben, muss man von der Kostenfunktion $k(x,y,z) = 2x^{1,1} + 4y^2 + 8z$ ausgehen. Wie verändert sich jetzt die maximale Ausbringung (wenn Sie wieder von maximal 1200 HEuro ausgehen)?

e) Bestimmen Sie die näherungsweise Änderung der maximalen Ausbringung, wenn alle drei Änderungen der Teilaufgaben b), c) und d) gleichzeitig eintreten.

Zusammenfassung

Nichtlineare Optimierungsprobleme der Ökonomie lassen sich prinzipiell mit Methoden der Differentialrechnung lösen. Notwendig für ein lokales Extremum ist die Gradientengleichung $\nabla f(x) = \bar{0}$, wenn keine Nebenbedingungen vorliegen, und $\nabla f(x) + \sum \lambda_k \nabla g_k(x) = \bar{0}$, wenn Nebenbedingungen der Form $g_k(x) = / \leq 0$ vorliegen. Die Variable λ_k heißt Lagrange-Multiplikator, ist im Falle einer Ungleichungsrestriktion vorzeichenbeschränkt und lässt sich allgemein als Schattenpreis der zugehörigen Restriktion interpretieren. Für jede Nebenbedingung in Ungleichungsform ist die Bedingung vom komplementären Schlupf zu prüfen, d.h. entweder ist diese Bedingung aktiv oder ihr zugeordneter Lagrange-Multiplikator ist gleich Null. Hinreichende Bedingungen für Extrema liegen etwa vor als

- leicht zu überprüfende Bedingungen in konvexen Optimierungsproblemen – leider nur bei Ungleichungsrestriktionen,

- Bedingungen für lokale Extrema unter Prüfung einer geeigneten Hesse-Matrix,

- Randwertvergleiche unter Verwendung des Satzes vom Maximum/Minimum, der die Existenz des globalen Extremums sicherstellt.

Unter Berücksichtigung exogener Parameter können sich die Zielwerte und Entscheidungsvariablen eines Optimierungsproblems in ihren Optimalwerten verändern. Die Untersuchung der zugehörigen Änderungsraten erfolgt mit dem Envelope-Theorem bzw. mit dem Satz über implizite Funktionen.

Übungen zur Vertiefung von Kapitel 6

23. Ein Produkt wird aus zwei Rohstoffen hergestellt. Setzt man diese in den Quantitäten $x \geq 0, y \geq 0$ ein, so fällt dabei ein Nebenprodukt in der Quantität $f(x,y) = (4x + y - 86)^2 + (4x + 8y - 128)^2 + 1$ an, welches als Schadstoff kostenaufwändig entsorgt werden muss. Das Hauptprodukt wird dann in der Quantität $h(x,y) = 2(x + y)$ ausgebracht.

a) Berechnen Sie Gradient und Hesse-Matrix von f und untersuchen Sie das Krümmungsverhalten von f.

b) Berechnen Sie die die schadstoffminimale Produktion.

c) In der kommenden Produktionsperiode sollen 102 Einheiten des Hauptproduktes so gefertigt werden, dass der Schadstoffausstoß minimal ist. Berechnen Sie mit der Lagrange-Methode den einen kritischen Punkt und geben Sie auch den zugehörigen Lagrange-Multiplikator an.

d) Begründen Sie mit dem Satz von Kuhn-Tucker, weshalb der Punkt aus c) Stelle eines globalen Minimums unter der Produktionsrestriktion ist.

e) Wie ändert sich die minimale Schadstoffausbringung näherungsweise bei Erhöhung der Ausbringung des Hauptproduktes um eine Einheit?

Übungsklausuren

Jede Klausur ist für eine Bearbeitungszeit von 180 Minuten bzw. – bei Überspringen der mit einem Stern versehenden Aufgaben bzw. Aufgabenteile – 120 Minuten vorgesehen. Sofern nicht ausdrücklich ausgeschlossen, sollten Sie Ihre Antworten durch geeignete Rechenwege ausführen und Ergebnisse so weit wie möglich vereinfachen. Für Folgeaufgaben fehlende Zwischenergebnisse schlagen Sie bitte im Lösungsteil nach ⇨ vgl. S. 293f.

Klausur 1

1. a) Überführen Sie das folgende lineare Gleichungssystem in Zeilenstufenform und lesen Sie die zugehörige Basislösung und die Lösungsmenge ab:

$$\begin{array}{rrrrrl} x_1 & & +3x_3 & & +x_5 & = 8 \\ 2x_1 & -x_2 & +8x_3 & & +x_5 & = 6 \\ 5x_1 & -2x_2 & +19x_3 & +x_4 & +3x_5 & = 24 \end{array}$$

b) Stellt die von Ihnen angegebene Basislösung ein Minimum der Funktion $f(x_1, x_2, x_3, x_4, x_5) = x_1 + 2x_2 + x_3 + x_4 + 3x_5$ unter allen Lösungen mit $x_1 \geq 0, \ldots, x_5 \geq 0$ dar?

2. Für $a \in \mathbb{R}$ sei die Matrix $H(a)$ gegeben als $H(a) = \begin{bmatrix} a & 1 & 2 \\ 1 & a & 0 \\ 2 & 0 & a \end{bmatrix}$

a) Für welche $a \in \mathbb{R}$ ist $H(a)$ invertierbar? Wie lautet dann der Eintrag in der ersten Zeile, ersten Spalte von $H(a)^{-1}$? (Hinweis: Cramer'sche Regel.)

***b)** Berechnen Sie die Eigenwerte von $H(1)$ und untersuchen Sie die Matrix auf Definitheit.

3. Für die langfristige Lagerung von $x \in]0; 2[$ Mengeneinheiten eines Gutes ergeben sich die durchschnittlichen Lagerhaltungskosten in der Form

$$f(x) = \frac{1}{2x} + 1 + \frac{x}{2} + \frac{x^2}{4} + \frac{x^3}{8} + \frac{x^4}{16} + \frac{x^5}{32} + \cdots$$

a) Vereinfachen Sie $f(x)$ und berechnen Sie $f'(x)$ für $x \in]0; 2[$.

b) Untersuchen Sie das Krümmungsverhalten von f (Hinweis: Nutzen Sie ohne Nachweis aus, dass $f''(x) \neq 0$ für alle $x \in]0; 2[$.)

c) Bestimmen Sie diejenige Lagermenge $x \in]0; 2[$, für welche die durchschnittlichen Lagerhaltungskosten minimal sind.

4. Für ein Produkt, welches von zwei Herstellern A,B angeboten wird, besteht bei Hersteller A eine Nachfrage der Form $f(x,y) = \frac{100xy^2}{x^3+2}$. Dabei sei $x \geq 0$ der Preis des Anbieters A und $y \geq 0$ der Preis des Anbieters B.

a) Berechnen Sie den Gradienten von f.

b)   Berechnen Sie den Elastizitätsgradienten und im Falle $x = 2, y = 2$ die Summe der partiellen Elastizitäten. Wie ist dieser Wert zu interpretieren?

****c)**   Prüfen Sie, ob f auf $[0; \infty[\times [0; \infty[$ homogen ist, d.h. weisen Sie entweder die Homogenität nach oder begründen Sie anhand geeigneter Zahlenbeispiele, dass f nicht homogen sein kann.

d)   Derzeit vertreiben beide Hersteller das Produkt zum Preis von $x = 2$ bzw. von $y = 2$ mit einer Nachfrage von 80 Einheiten bei Hersteller A. Um wieviel muss sich näherungsweise der Preis x des Herstellers A ändern, damit eine Änderung des Preises y des Herstellers B um Δy Geldeinheiten zu keiner Nachfrageänderung bei Hersteller A führt?

5. Ein Produkt wird aus drei Rohstoffen, die in den Quantitäten $x, y, z \geq 0$ vorliegen, hergestellt. Die Produktionsfunktion sei $f(x, y, z) = x \cdot y \cdot z$ Die Herstellungsmenge soll maximiert werden unter den Nebenbedingungen $x + 5y = 100$ und $8y + z = 100$. Diese geben die Anforderungen an die Soll-Mengen zweier Nebenprodukte an, die bei der Herstellung entstehen.

a)   Ermitteln Sie mit der Lagrange-Methode für die Herstellung die maximale Produktion unter den Nebenbedingungen. Weisen Sie dabei die Optimalität des kritischen Punktes mittels Randwertevergleich nach.

****b)**   Ermitteln Sie in der Problemstellung der vorangehenden Teilaufgabe die Lösung unter Verwendung der Substitutionsmethode. Welchen Vorteil hat die Lagrange-Methode gegenüber der Substitutionsmethode?

c)   Durch eine technische Veränderung des Produktionsprozesses kann der Output des Hauptproduktes von $x \cdot y \cdot z$ zu $x \cdot (y + 2a) \cdot z$ werden, wobei gleichzeitig die Nebenprodukte in den Quantitäten $x + 5(y + 3a)$ und $8(y + a) + z$ anfallen.

Es soll die maximal mögliche Produktion des Hauptproduktes marginal erhöht werden. Sollte hierzu a größer oder kleiner als Null sein? Argumentieren Sie mit dem Envelope-Theorem.

Klausur 2

1. Die Brillurit-Farben-und-Lacke-GmbH stellt drei verschiedene Lacksorten L_1, L_2 und L_3 mit Hilfe der drei Grundstoffe R_1, R_2 und R_3 her.

Dabei bestehen vier Kilogramm von L_1 aus je 1 Kilogramm R_1 und R_2 sowie 2 Kilogramm R_3, und 6 Kilogramm L_2 setzen sich aus 2 Kilogramm R_1 und 4 Kilogramm R_3 zusammen. Schließlich werden 3 Kilogramm L_3 aus je 1 Kilogramm von R_1, R_2 und R_3 gemischt.

In den Verkauf gelangen das Endprodukt E_1, welches mit der Lacksorte L_1 übereinstimmt, und das Endprodukt E_2, eine Mischung der Lacksorten L_2 und L_3 im Verhältnis $2 : 3$.

   a)   Geben Sie die Verflechtungsmatrix A für die Zwischen-Produktion der drei Lacksorten aus den drei Grundstoffen und die Verflechtungsmatrix B für die Herstellung der beiden Endprodukte aus den drei Lacksorten.

   b)   Berechnen Sie die Verflechtungsmatrix C für den Bedarf an den Grundstoffen R_1, R_2, R_3 auf Grundlage der Endprodukte E_1, E_2.

   *c)   Im Grundstoff-Lager befinden sich noch 3000 Kilogramm von R_1, 2000 Kilogramm von R_2 und 4000 Kilogramm von R_3.

   Für R_3 liegt gerade ein günstiges Angebot eines Zulieferers vor. Wieviel Kilogramm R_3 sollten bestellt werden, damit die dann insgesamt verfügbaren Grundstoffe vollständig in Endprodukte umgesetzt werden können? Wieviel Kilogramm der beiden Endprodukte werden dann hergestellt?

*2. Bestimmen Sie unter den Lösungen $x_1 \geq 0$, $x_2 \geq 0$, $x_3 \geq 0$ des linearen Gleichungssystems $2x_1 + x_3 = 40$, $3x_1 + x_2 = 30$ diejenige mit dem kleinsten Zielwert $4x_1 + 3x_2 + 4x_3$.

3. Gegeben sei die Matrix $A(t) = \begin{bmatrix} -1 & 2 & 2t \\ 0 & 2 & 0 \\ t & -1 & -2 \end{bmatrix}$ mit $t \in \mathbb{R}$.

   *a)   Untersuchen Sie, für welche $t \in \mathbb{R}$ die Matrix $A(t)$ invertierbar ist.

   b)   Berechnen Sie einen Eigenvektor zum kleinsten Eigenwert von $A(1)$.

4. Der Zeitschriftenmarkt für Schlangenliebhaber wird von zwei Printmedien bestimmt, den Zeitschriften Anakonda und Boah! Im Abonnemontbereich können Kunden vierteljährlich den Anbieter wechseln.

Dabei hat man im vierten Quartal 2006 festgestellt, dass $\frac{1}{4}$ der Anakonda-Abonnenten zu Boah! wechselten, während umgekehrt $\frac{1}{3}$ der Boah!-Kunden des vierten Quartals 2006 Anfang Januar 2007 Anakonda bezogen. Die übrigen Abonnenten blieben ihrer Zeitschrift treu.

Es wird angenommen, dass dieses Wechselverhalten auch in den folgenden Quartalen so bleibt.

   a)   Bestimmen Sie die Matrix P der Quartals-Kundenwanderung.

   *b)   Bestimmen Sie die Matrix P^n der n-Quartal-Kundenwanderung. Hinweis: Benutzen Sie dabei ohne besonderen Nachweis die Darstellungen

$$P = \begin{bmatrix} 1 & 1 \\ -1 & \frac{3}{4} \end{bmatrix} \begin{bmatrix} \frac{5}{12} & 0 \\ 0 & 1 \end{bmatrix} \begin{bmatrix} 1 & 1 \\ -1 & \frac{3}{4} \end{bmatrix}^{-1} \text{ und } \begin{bmatrix} 1 & 1 \\ -1 & \frac{3}{4} \end{bmatrix}^{-1} = \begin{bmatrix} \frac{3}{7} & -\frac{4}{7} \\ \frac{4}{7} & \frac{4}{7} \end{bmatrix}$$

   *c)   Anfang Januar 2007 beträgt der Marktanteil von Anakonda 25%. Wie hoch ist er nach n Quartalen? Nach wie vielen Quartalen übersteigt er erstmals die 50%-Marke?

   d)   Kann Anakonda langfristig mindestens 60% Marktanteil erreichen?

5. Die Herstellungs-Stückkosten von $x \in]0; 10[$ Einheiten eines Produktes betragen $f(x) = \frac{x+1}{\ln(x+1)}$.

   a)   Berechnen Sie $f'(x)$ und $f''(x)$

   b)   Bestimmen Sie alle lokalen Extrema von f für $x \in]0; 10]$.

   c)   Berechnen Sie $\lim_{x \to 0} f(x)$ und untersuchen Sie die lokalen Extrema aus Teil 5.b) darauf, ob sie globale Extrema sind.

   d)   Untersuchen Sie das Krümmungsverhalten von f im Intervall $]0; 10]$.

6. Gegeben sei die Nachfragefunktion $f(x, y, z) = \sqrt[3]{\frac{yz^2}{x^3}} = \frac{y^{\frac{1}{3}} z^{\frac{2}{3}}}{x}$ für die nachgefragte Menge eines Produktes P_1 mit dem Preis $x > 0$ bei gleichzeitiger Abhängigkeit von den Preisen $y > 0$ und $z > 0$ zweier Produkte P_2 und P_3.

   a)   Berechnen Sie die partiellen Ableitungen von f.

   b)   Welchen Wert hat die Summe der partiellen Elastizitäten von f?

   c)   Derzeit liegen die Preise $x = 2$, $y = 8$, $z = 8$ vor. Der Preis von Produkt P_2 verringert sich um eine marginale Einheit. Um wieviel muss der Preis von P_1 verändert werden, damit die derzeitige Nachfrage gehalten wird.

   *d)   Die Hesse-Matrix von f lautet $H_f(x, y, z) = \frac{1}{f(x,y,z)} \begin{bmatrix} \frac{2}{x^2} & -\frac{1}{3xy} & -\frac{2}{3xz} \\ -\frac{1}{3xy} & -\frac{2}{9y^2} & \frac{2}{9yz} \\ -\frac{2}{3xz} & \frac{2}{9yz} & -\frac{2}{9z^2} \end{bmatrix}$. Untersuchen Sie, ob f konvex oder konkav ist.

7. Berechnen Sie mit der Lagrange-Methode alle Extrema der Funktion $f(x, y) = xy - x^2$ für $x, y \geq 0$ unter der Nebenbedingung $g(x, y) = x + y - 1 = 0$. Berechnen Sie für jeden kritischen Punkt auch den zugehörigen Lagrange-Multiplikator und erläutern Sie dessen ökonomische Bedeutung. Führen Sie zur Klassifikation der Extrema einen geeigneten Randwertvergleich aus und erläutern Sie, weshalb hier der Satz vom Maximum/Minimum zur Anwendung kommen kann.

Klausur 3

1. In der zentralwestfälischen Metropole M. können Touristen mit drei Fahrrad-Droschken Stadtrundfahrten unternehmen. In den Osterferien 2007 wurde durch Befragung der Kunden folgendes tägliche Kundenwechselverhalten ermittelt: Von den Kunden des Fahrers A lässt sich am nächsten Tag die Hälfte nochmals chauffieren, $\frac{1}{3}$ wechseln zu B und $\frac{1}{6}$ zu C, einem ehemaligen Profi-Radrennfahrer; letzterer zieht alle Kunden des Fahrers B jeweils am nächsten Tag zu sich. Kunden von C bevorzugen aber – von dessen rasanter Fahrweise negativ beeindruckt – am Folgetag zu $\frac{3}{5}$ Fahrer A und zu $\frac{2}{5}$ Fahrer B.

   a) Bestimmen Sie die Übergangsmatrix A für das Kundenwechselverhalten.

   b) Berechnen Sie A^2. Interpretieren Sie A^2 im Kontext der Aufgabe.

   ****c)** Prüfen Sie, ob A invertierbar ist.

   ****d)** Berechnen Sie, welche Aufteilung des Marktes sich nach einem Tag nicht verändert (das so genannte Marktgleichgewicht)

   ****e)** Berechnen Sie die Eigenwerte von A und interpretieren Sie zwei von ihnen. Geben Sie zu mindestens einem Eigenwert auch einen Eigenvektor an.

   f) Berechnen Sie, welche Eigenschaften die drei Kundenanteile a, b, c eines Tages haben müssen, damit sie durch einen Marktübergang entstehen können. Wie sieht in diesem Fall die Marktaufteilung des Vortages aus?

2. ****a)** Untersuchen Sie die Folge mit den Gliedern $a_n = \frac{a4^n + b3^n}{3^n + c}$ in Abhängigkeit von den Parametern $a, b, c \geq 0$ auf Konvergenz. Berechnen Sie im Falle der Konvergenz auch den Grenzwert

   b) Die Tantiemen aus der ersten Auflage eines Buches stellen sich in den ersten vier Jahren wie folgt dar: 675 €, 450 €, 300 €, 200 €. Erstellen Sie ein geometrisches Bildungsgesetz, das die Zahlen sinnvoll fortsetzt und berechnen Sie die gesamten ausgezahlen Tantiemen bei

      i)   einer 10-jährigen Laufzeit der ersten Auflage,

      ii)   einer unbegrenzten Laufzeit der ersten Auflage.

3. Für die Zufahrt zu einer 5 Meter tief gelegenen Tiefgarage soll eine Rampe der Länge $\ell > 0$ derart angeschüttet werden, dass das Längsprofil der Rampe durch eine Funktion maximal dritten Grades, d.h. $f(x) = ax^3 + bx^2 + cx + d$ beschrieben wird und beim Auffahren auf die Rampe und beim Verlassen der Rampe die Fahrzeug-Stoßdämpfer möglichst wenig belastet werden.

   a) Leiten Sie aus diesen Anforderungen die Funktion $f(x)$ her. Wie lang ist die Rampe bei einem maximalen Gefälle von 25% mindestens?

   b) Wie viel Kubikmeter Füllmaterial werden benötigt, um die Rampe mit 5 Meter Breite zu erstellen?

4. Zwei Güter werden gemeinsam in den Quantitäten $x > 0$, $y > 0$ mit den durchschnittlichen Produktionskosten $f(x, y) = \frac{(x - \frac{1}{2}y)^2 + x + y}{x + y}$ hergestellt.

   a) Berechnen Sie den Gradient von $f(x, y)$.

   ****b)** Ist die Funktion $h(x, y) = f(x, y) - 1$ linear homogen?

   c) Die Hesse-Matrix von f lautet $H_f(x, y) = \begin{bmatrix} \frac{9}{2} \frac{y^2}{(x+y)^3} & -\frac{9}{2}x\frac{y}{(x+y)^3} \\ -\frac{9}{2}x\frac{y}{(x+y)^3} & \frac{9}{2}\frac{x^2}{(x+y)^3} \end{bmatrix}$. Untersuchen Sie damit, ob f konvex oder konkav ist.

d)   Berechnen Sie alle Produktionsquantitäten x, y, für welche die durchschnittlichen Produktionskosten minimal sind.

5. Bei der Herstellung eines Gutes an drei verschiedenen Standorten wird ein Produktionsfaktor in den jeweiligen Quantitäten $x, y, z > 0$ eingesetzt. Die Gesamtkosten für den Einsatz des Produktionsfaktors belaufen sich auf $f(x, y, z) = x + 2y + 3z$ und sollen möglichst gering sein. Die Gesamtproduktion beträgt $\sqrt{x} + \sqrt{y} + \sqrt{z}$ und soll in der laufenden Produktionsperiode 11 Einheiten betragen.

a)   Bestimmen Sie zunächst mit der Lagrange-Methode alle kritischen Punkte für das Optimierungsproblem $f(x, y, z) \overset{!}{=} \min$ unter $g(x, y, z) = 11 - \sqrt{x} - \sqrt{y} - \sqrt{z} = 0$, wobei $x > 0, y > 0, z > 0$ (d.h. an allen drei Produktionsstandorten wird auch gefertigt)

b)   Überprüfen Sie, dass für das Optimierungsproblem $f(x, y, z) \overset{!}{=} \min\limits_{x,y,z>0}$ unter $g(x, y, z) = 11 - \sqrt{x} - \sqrt{y} - \sqrt{z} \leq 0$ die Voraussetzungen des Satzes von Kuhn-Tucker erfüllt sind. Schließen Sie nunmehr auf die Optimalität eines der kritischen Punkte, die Sie unter 5.a) berechnet haben

*c)   Stellen Sie die in 5.a) und 5.b) berechnete Lösung denjenigen gegenüber, die sich ergeben, wenn wenigstens einer der Standorte nicht mehr produziert.

Hinweis: Aus Zeitgründen genügt es, wenn Sie nur einen der hier eigentlich zu prüfenden drei Fälle mit zwei strikt positiven Variablen nachrechnen und dabei lediglich nach einem kritischen Punkt suchen.

d)   Durch Variation eines Produktionsparameters $a \in \mathbb{R}$ lässt sich die Gesamtproduktion nunmehr in der Form $g_a(x, y, z) = x^{\frac{1}{2}+a} + y^{\frac{1}{2}+a} + z^{\frac{1}{2}+a}$ gestalten. Weiterhin sollen 11 Einheiten produziert werden.

Sollte der Parameter a marginal vergrößert oder verkleinert werden, um die laufenden minimalen Gesamtkosten zu verringern?

Kontrollergebnisse zu den Übungsaufgaben

Ausführliche Lösungen zu allen Übungsaufgaben finden Sie im Web-Service:
uvk-lucius.de/terveer

Kapitel 1

1. a) $a_0+2a_1 = 4, a_0+3a_1 = 0$ b) $a_0+2a_1+4a_2 = 4, a_0+3a_1+9a_2 = 0, a_0+4a_1+16a_2 = -6$ c) $a_0 = 5, a_1 + 6a_2 = 1, a_0 + 5a_1 + 25a_2 = 0$ d) $a_0 + 4a_1 + 16a_2 + 64a_3 = 0, a_1 + 8a_2 + 48a_3 = 4, 2a_2 + 24a_3 = 0, a_0 = 16$

2. $\frac{1}{5}x_1 + \frac{1}{5}x_2 + \frac{3}{5}x_3 = y_1, \frac{2}{5}x_2 + \frac{2}{5}x_3 = y_2$

3. $x_1 + 2x_2 + 2x_3 = 300, 2x_1 + x_4 + x_5 = 200, x_2 + x_4 + x_6 = 200, x_3 + x_5 + x_6 = 200$

4. a) $-\frac{2}{5}x_1 + \frac{1}{4}x_3 = 0, \frac{1}{5}x_1 - \frac{2}{5}x_2 + \frac{1}{4}x_3 = 0, \frac{1}{5}x_1 + \frac{2}{5}x_2 - \frac{1}{2}x_3 = 0, x_1 + x_2 + x_3 = 820$
b) $x_1 = 200, x_2 = 300, x_3 = 320$

5. a) $x = \frac{1}{11}, y = \frac{37}{11}$ b) $x = -\frac{1}{2}, y = \frac{1}{2}$ c) keine Lösung d) $x = 3, y = -7, z = -5$ e) $x = 2b - 2, y = 2 - b$ f) Für $a = b = -\frac{1}{2}$ gibt es unendlich viele Lösungen $x = b - ay$. Für $a = \frac{1}{2} \neq b$ gibt es keine Lösung. Für $a \neq \frac{1}{2}$ ist die Lösung $x = \frac{b-a}{2a+1}, y = \frac{2b+1}{2a+1}$

6. Es muss gelten $ad - bc \neq 0$.

7. Die Lösungsmenge besteht aus allen $(x_1, x_2, x_3, x_4, x_5)$ mit $x_1 = 2 + x_4$, $x_2 = -2 - 2x_4, x_3 = -3 - 2x_4 + x_5$ wobei $x_4 \in \mathbb{R}, x_5 \in \mathbb{R}$

8. a) $f(x) = 12 - 4x$ b) $f(x) = 6 + x - x^2$ c) $f(x) = 5 - 11x + 2x^2$ d) $f(x) = 16 - 20x + 6x^2 - x^3/2$

9. a) $x = \frac{1}{2} - \frac{1}{2}y$ für $t = -\frac{3}{2}$ b) unlösbar für $t = -2$. Anderenfalls $x = \frac{-3+t^2}{2(2+t)}$, $y = \frac{3+2t}{2+t}$.

10. Das Einsetzungsverfahren entspricht einem geeigneten Additionsschritt. Löst man z.B. die erste Gleichung nach x auf und substituiert dies in die zweite Gleichung, so ergibt sich die Gleichung $-12y + 26z = 6$. Das selbe Ergebnis bekommt man durch die Zeilenumformung $II \to II - 3I$.

11. a) maximal für $x_1 = \frac{5}{2}, x_2 = 0$, minimal für $x_1 = 0, x_2 = \frac{5}{4}$ b) für $t = 0$ minimal/maximal für jede Wahl von x_1, x_2. Für $t > 0$ minimal für $x_1 = \frac{3}{4}, x_2 = 0$, ein Maximum gibt es nicht (Zielwert nach oben unbeschränkt). Für $t < 0$ minimal für $x_1 = 0, x_2 = -3t$ und maximal für $x_1 = \frac{3}{4}, x_2 = 0$ c) minimal für $x_1 = \frac{7}{9}, x_2 = \frac{8}{9}, x_3 = 0$, maximal für $x_1 = \frac{3}{5}, x_2 = 0, x_3 = \frac{8}{5}$. d) minimal für $x_1 = \frac{7}{9}, x_2 = \frac{8}{9}, x_3 = 0$, ein Maximum gibt es nicht, die Zielfunktion ist nach oben unbeschränkt. e) das LGS hat keine Lösung mit $x_i \geq 0$, es gibt daher auch keine Lösung des Optimierungsproblems. f) minimal für $x_1 = 2, x_2 = 0, x_3 = 1, x_4 = 0$, maximal für $x_1 = 5, x_2 = 2, x_3 = 0, x_4 = 3$.

12. Eine Lösung ist $x_1 = x_3 = x_4 = 0, x_2 = 100, x_5 = 30$.

13. Spezielle Lösung auf Grundlage der ZSF: $x_1 = 360, x_2 = 1080, x_3 = 600, x_4 = x_5 = x_6 = 0$ mit 2040 Rollen Bedarf. Verwendet man z.B. Schnittmuster 5 bis zu 360 mal, dann verringert sich der Rollenbedarf auf 1920. Die spezielle Lösung ist noch nicht optimal.

14. $x_1 = -5a + 3b + 4c, x_2 = 10a - 5b - 7c, x_3 = 4a - 2b - 3c$

15. a) $x_A = 100 - x_E, x_B, x_C = 100, x_D = 50 - 2x_E, x_E \in \{0, \ldots, 25\}$. b) Der höchste Umsatz wird mit 75 Starter-Sets (A), 450 Starter-Sets (B), 100 Ergänzungs-Sets (C), 0 Ergänzungssets D und 25 XXL-Sets (E) erzielt.

Kapitel 2

1. a) $\begin{pmatrix} 3 \\ 5 \end{pmatrix}$ b) $\begin{pmatrix} 1 \\ 1 \end{pmatrix}$ c) nicht möglich d) $(3, 5)$ e) $(1, 1)$ f) nicht möglich g) nicht möglich h) $\begin{pmatrix} 2 \\ 2 \end{pmatrix}$ i) $\begin{pmatrix} 9 \\ 15 \end{pmatrix}$ j) $\begin{pmatrix} 5 \\ 10 \\ 15 \end{pmatrix}$ k) nicht möglich l) $\begin{pmatrix} 9\alpha_1 \\ 14\alpha_1 \\ 19\alpha_1 \end{pmatrix}$

2. $12,03 €$

3. a) ja für $t = 0$, nein für alle anderen t b) ja für $t = \pm 1$, nein für alle anderen t c) nein d) nein e) ja

4. Benötigt werden die Faktorregel (mit f ist auch αf differenzierbar) und die Summenregel (mit f, g ist auch $f + g$ differenzierbar).

5. a) $\alpha_1 = -11, \alpha_2 = 7$ b) Es gibt keine LK für $t = 12$. Anderenfalls $\alpha_1 = -\frac{t}{-12+t}, \alpha_2 = \frac{-9+t}{-12+t}$ c) $\alpha_1 = -1, \alpha_2 = -2, \alpha_3 = 2$ d) allgemeine Lösung: $\alpha_1 = -1 - 4\alpha_4, \alpha_2 = -2 - \frac{19\alpha_4}{2}, \alpha_3 = 2 + \frac{7\alpha_4}{3}$

6. a) $\frac{3}{16}$ b) $-17/6 - (5t)/12$

7. a) $-6x_1 + x_2 + 4x_3 = 0$ b) $9x_1 - 13x_2 + x_3 = 0, -7x_1 + 10x_2 + x_4$

8. a) l.u. b) l.a. c) l.a. für $t \in \{3 - \sqrt{7}, 3 + \sqrt{7}\}$, sonst l.u.

9. a) Aus $\alpha_1 s a^{(1)} + \alpha_2 t a^{(2)} = \bar{0}$ folgt $\alpha_1 s = \alpha_2 t = 0$ b) Aus $\alpha_1 a^{(1)} + \alpha_2 (a^{(1)} + a^{(2)}) = \bar{0}$ folgt $\alpha_1 + \alpha_2 = \alpha_2 = 0$. c) Aus $\alpha_1 a^{(1)} + \alpha_2 (s a^{(1)} + t a^{(2)}) = \bar{0}$ folgt $\alpha_1 + s\alpha_2 = t\alpha_2 = 0$.

10. a) $\begin{pmatrix} 1 \\ 2 \end{pmatrix}, \begin{pmatrix} 2 \\ 1 \end{pmatrix}$ b) $\begin{pmatrix} 3 \\ 0 \\ 1 \end{pmatrix}, \begin{pmatrix} 2 \\ 1 \\ -2 \end{pmatrix}, \begin{pmatrix} 1 \\ 5 \\ 4 \end{pmatrix}$ c) für $t = -2$ $\begin{pmatrix} 3 \\ 0 \\ -1 \end{pmatrix}, \begin{pmatrix} 2 \\ 1 \\ t \end{pmatrix}, \begin{pmatrix} 1 \\ 5 \\ 4 \end{pmatrix}$, für $t = 1/5$ $\begin{pmatrix} 3 \\ 0 \\ -1 \end{pmatrix}, \begin{pmatrix} 2 \\ 1 \\ t \end{pmatrix}, \begin{pmatrix} 1 \\ -1 \\ 1 \end{pmatrix}$, für alle anderen t $\begin{pmatrix} 3 \\ 0 \\ -1 \end{pmatrix}, \begin{pmatrix} 2 \\ 1 \\ t \end{pmatrix}, \begin{pmatrix} 1 \\ 5 \\ 4 \end{pmatrix}$

11. a) $(-1, 2, 1)^T$ b) $(-t, t, 1)^T$ c) $(-2, -1, -2, 1, 0, 0)^T$ und $(-1, -3, -4, 0, -1, 1)^T$

12. $A = \begin{bmatrix} 1 & 0 & 1/3/-2 & 0 \\ 0 & 1 & -7/3 & 6 & 0 \\ 0 & 0 & 0 & 0 & 1 \end{bmatrix}$

13. a) $x_1 - x_2 + 2x_3 = 0$ b) $x_1 - 3x_2 + 2x_4 = 0, -(3x_2/2) + x_3 + x_4 = 0$

14. Zwei Geraden stehen genau dann senkrecht aufeinander, wenn für alle Punkte $(x|y)$ auf der einen und $(\tilde{x}|\tilde{y})$ auf der anderen Gerade gilt $\langle (x|y) - (x_0|y_0), (\tilde{x}|\tilde{y}) - (x_0|y_0) \rangle = 0$. Vereinfachen Sie diesen Term und führen ihn auf $m_1 m_2$ zurück.

15. a) für $n = 5$ mindestens 34, höchstens 55; für $n = 6$ mindestens 56, höchstens 91 b) mindestens $\frac{n(n+1)(n+2)}{6}$, höchstens $\frac{n(n+1)(2n+1)}{6}$

16. a) $\cos(\phi) = \frac{4}{5}$, also $\phi \approx 0,644$ (im Bogenmaß), b) $\cos(\phi) = \frac{1}{2}$, also $\phi = \frac{\pi}{3}$

17. für $t = -1$ und $t = -\frac{1}{5}$

18. Wenden Sie Satz 2.11 ⇨ vgl. S. 71 auf $b^{(j)} = \frac{1}{\|a^{(j)}\|} a^{(j)}$, $j = 1, \ldots, n$, an.

19. a) $z^* = (-3/5, -3, -6/5)^T$ b) $z^* = (-4, 1, 3, 5)^T$ c) $z^* = (-4 - 3t, -2 - t, 3t)^T$

20. Die Normalgleichung lautet $\alpha \|a\|^2 = \langle a, x \rangle$

21. a) Projektion von $(2, 60|1, 80|2, 70|1, 70|1, 80)^T$ auf den UVR $\mathbb{L} \subset \mathbb{R}^5$, der von den Vektoren $(1|1|1|1|1)$, $(3|2|1|1|2)$, $(2|1|0|1|1))$ aufgespannt wird (ohne Berücksichtigung einer Pauschale den Erzeugenden-Vektor $(1|1|1|1|1)$ weglassen) b) Für die Variablen p (Preis), x_B (kg Bananen) x_O (kg Orangen) erhält man die Gleichung $p = 0, 93 + 0, 43x_B + 0, 16x_O$ (Koeffizienten gerundet). Ohne Pauschale lautet die Gleichung $p = 0, 66x_B + 0, 47x_O$ c) Hubert sollte sich sich mit Pauschale auf 1,52 ägyptische Pfund und ohne Pauschale auf 1,12 ägyptische Pfund einstellen.

22. Die Normalgleichungen sind auf Seite 82 in Matrixform angegeben. Man teile die erste und die zweite Gleichung durch n und subtrahiere das $\bar{x}$-fache der zweiten Gleichung von der ersten. Die erste Gleichung enthält dann nur noch eine Variable. Wenn man nach dieser auflöst, erhält man die Formel für die Steigung der Regressionsgerade. Die Formel für den Achsenabschnitt ist durch Auflösen der zweiten Gleichung gegeben.

23. a) Man projiziere $y = (88, 95, 70, \ldots, 34, 33)^T \in \mathbb{R}^{10}$ auf den UVR des $\mathbb{R}^{10}$, der von $(1, 1, \ldots, 1)^T$, $(2, 2, 18, \ldots, 39, 33)^T$ und $(2^2, 2^2, 18^2, \ldots, 39^2, 33^2)^T$ aufgespannt wird. Lösung ist $y = 102.492 - 4.606x + 0.070x^2$ b) Die nach oben geöffnete Parabel hat ihren Scheitelpunkt etwa in $x = 32.76$ und ist rechts davon monoton wachsend. Im Preismodell, das auf der Datengrundlage berechnet wurde, ergibt sich also ab einem gewissen Alter wieder ein steigender Wert (Oldtimer-Effekt).

24. Man berechne die Projektion z^* von x auf $\mathbb{L} = Span(a^{(1)}, \ldots, a^{(m)})$. Falls $x \in \mathbb{L}$, so gilt $z^* = x$.

Kapitel 3

1. a) $\begin{pmatrix} 33 \\ -16 \end{pmatrix}$ b) $\begin{pmatrix} -st \\ 2s^2 - t^2 \end{pmatrix}$ c) $\begin{pmatrix} n(n+1)/2 \\ n \end{pmatrix}$

2. a) $A = \begin{bmatrix} 0 & 0 & 1 \\ 0 & 1 & 0 \\ 1 & 0 & 0 \end{bmatrix}$ b) $A = \begin{bmatrix} 1 & 0 & 0 \\ 0 & t & 0 \\ 0 & 0 & 1 \end{bmatrix}$ c) $A = \begin{bmatrix} 1 & 0 & 0 \\ 0 & 1 & 0 \\ t & 0 & 1 \end{bmatrix}$

3. a) $A = \begin{bmatrix} 1 & -1 \\ 1 & 1 \end{bmatrix}$ b) es gibt keine solche Matrix. (L1.) und (L2.) gemäß Satz 3.1 ⇨ vgl. S. 88 sind verletzt. c) es gibt keine solche Matrix. $(L1.)$ ist verletzt, zudem ist f für $x_3 \neq 0$ nicht definiert.

4.

a) $\begin{bmatrix} 14 & -32 \\ -32 & 77 \end{bmatrix}$, $\begin{bmatrix} 17 & -22 & 27 \\ -22 & 29 & -36 \\ 27 & -36 & 45 \end{bmatrix}$, n. def., $\begin{bmatrix} -7 & -1 & -10 \\ 8 & -1 & 11 \\ -9 & 3 & -12 \end{bmatrix}$,

$$\begin{bmatrix} 1 & -1 \\ 9 & -21 \end{bmatrix}, \text{ n. def., } \begin{bmatrix} 1 & -4 & 9 \\ -4 & 10 & -18 \end{bmatrix}, \begin{bmatrix} 1 & -4 \\ -4 & 10 \\ 9 & -18 \end{bmatrix}, \begin{bmatrix} 7 & -10 \\ 25 & -52 \end{bmatrix}$$

b) $(-7, 8, -9)^T$, $-33, 39, 194$, $x^2 + 2y^2 + 3z^2$

5. a) $\begin{bmatrix} 2 & 6 & 4 & 8 \\ 2 & 6 & 3 & 3 \\ 4 & 2 & 1 & 0 \end{bmatrix}$, $\begin{bmatrix} 1 & 3 & 2 & 4 \\ 10 & 10 & 5 & 3 \\ 4 & 2 & 1 & 0 \end{bmatrix}$, **b)** $\begin{bmatrix} 1 & 3 & 2 & 4 \\ 4 & 2 & 1 & 0 \\ 2 & 6 & 3 & 3 \end{bmatrix}$, $\begin{bmatrix} 2 & 6 & 4 & 8 \\ 8 & 14 & 7 & 6 \\ 2 & 6 & 3 & 3 \end{bmatrix}$, **c)** Durch Matrix-multiplikation mit diesen so genannten Elementarmatrizen kann man elementare Zeilenumformungen darstellen.

6. a) $C = \begin{bmatrix} 14 & 14 \\ 3 & 10 \end{bmatrix}$. **b)** Einkaufskosten 37 für P_1 und 58 für P_2. **c)** Es werden 210 bzw. 80 Stück der Bauteile benötigt.

7. a) $\frac{1}{6} \begin{bmatrix} -3 & 6 & -3 \\ 18 & -30 & 6 \\ -13 & 22 & -3 \end{bmatrix}$ **b)** nicht invertierbar **c)** $\frac{1}{40} \begin{bmatrix} -5 & 5 & 5 \\ 11 & -3 & 5 \\ -3 & 19 & -5 \end{bmatrix}$ **d)**

$\frac{1}{3} \begin{bmatrix} 1 & 1 & 1 & -2 \\ 1 & 1 & -2 & 1 \\ 1 & -2 & 1 & 1 \\ -2 & 1 & 1 & 1 \end{bmatrix}$

8. a) $10A = \begin{bmatrix} 10 & 20 & 0 \\ 20 & 60 & 30 \\ 0 & 30 & 50 \end{bmatrix}$, $A + B = \begin{bmatrix} 3 & 2 & 0 \\ 2 & 9 & 3 \\ 0 & 3 & 10 \end{bmatrix}$, $A^2 = \begin{bmatrix} 5 & 14 & 6 \\ 14 & 49 & 33 \\ 6 & 33 & 34 \end{bmatrix}$, $AB = \begin{bmatrix} 2 & 6 & 0 \\ 4 & 18 & 15 \\ 0 & 9 & 25 \end{bmatrix}$,

$A^{-1} = \begin{bmatrix} 21 & -10 & 6 \\ -10 & 5 & -3 \\ 6 & -3 & 2 \end{bmatrix}$. Ökonomisch interpretieren lassen sich $10A$, AB und A^{-1}. **b)** $C = (AB)^{-1}$

9. $a = -\frac{3}{4}$, $b = \frac{3}{4}$

10. a) -19, **b)** 0, **c)** 7, **d)** 16, **e)** $-2t + 2t^2$ **f)** $8a^3 b$

11. $\left(\frac{1 - a_1 - a_3 - a_4}{x_1 x_2 x_3 x_4} \right) \cdot \left(\frac{a_1 a_2 a_3 a_4}{x_1 x_2 x_3 x_3} \right)$

12. Es gibt keine solche Matrix, ihre Determinante müsste ein Vielfaches von 28 sein.

13. a) $(-\frac{5}{2}, \frac{5}{2})^T$, **b)** $(-\frac{5}{2}, \frac{5}{2}, 0)^T$, **c)** $(\frac{t}{2}, \frac{(t-1)}{2}, \frac{t}{2})^T$

14. a) $\lambda_{1,2} = 2 \pm \sqrt{5}$ **b)** $\lambda_1 = 1 \vee \lambda_{2,3} = \frac{3}{2} \pm \frac{1}{2}\sqrt{5}$ **c)** $\lambda_1 = 3 \vee \lambda_2 = -1$

15. a) $\lambda = 4$ bzw. $\lambda = 5$ **b)** $x = (6, -2)^T$ bzw. $x = (9, -6, -9)^T$ **c)** $x = (1, 2, -2)^T$, $\lambda = 3$ **d)** Hier gibt es viele Lösungen, z.B. $A = \frac{1}{9} x x^T = \begin{bmatrix} 1/9 & 2/9 & -2/9 \\ 2/9 & 4/9 & -4/9 \\ -2/9 & -4/9 & 4/9 \end{bmatrix}$

16. Die Matrix hat zwei Eigenwerte für $t \in]-1, \frac{1}{3}[$, einen Eigenwert für $t \in \{-1, \frac{1}{3}\}$ und keinen Eigenwert für alle anderen t.

17. Die Eigenwerte sind $\lambda_{1,2} = (a + c)/2 \pm \sqrt{(a - c)^2/4 + b^2}$.

18. $\begin{bmatrix} 29525 & 29524 \\ 29524 & 29525 \end{bmatrix}$ (möglichst mit Hauptachsentransformation zu bestimmen).

19. a) $A := \frac{1}{100} \begin{bmatrix} 80 & 20 & 15 \\ 10 & 65 & 5 \\ 10 & 15 & 80 \end{bmatrix}$ **b)** $\begin{pmatrix} 45,75\% \\ 25,25\% \\ 29,00\% \end{pmatrix}$ **c)** $\begin{pmatrix} 46,00\% \\ 22,44\% \\ 31,56\% \end{pmatrix}$ **d)** $\begin{pmatrix} \frac{5}{11} \\ \frac{2}{11} \\ \frac{4}{11} \end{pmatrix}$

20. a) $A = \begin{bmatrix} \frac{3}{10} & \frac{1}{10} & \frac{1}{10} \\ \frac{1}{5} & \frac{2}{5} & \frac{2}{5} \\ \frac{1}{5} & \frac{2}{5} & \frac{2}{5} \end{bmatrix}$ **b)** z.B. $\begin{pmatrix} 100 \\ 0 \\ 0 \end{pmatrix}, \begin{pmatrix} 0 \\ 200 \\ 0 \end{pmatrix}, \begin{pmatrix} 0 \\ 0 \\ 200 \end{pmatrix}, \begin{pmatrix} 200 \\ 450 \\ 240 \end{pmatrix}$

Kapitel 4

1. a) arithmetische Folge, $a_n = \frac{5}{4}n$, monoton wachsend; nach unten beschränkt. b) geometrische Folge, $b_n = \frac{27}{8} \cdot \left(\frac{2}{3}\right)^n$, monoton fallend; nach oben beschränkt. c) geometrische Folge, $c_n = (-1)^{n-1} \cdot \left(\frac{4}{5}\right)^n$, nicht monoton; nach oben und nach unten beschränkt.

2. $a_1 = 200$, $q = 0,8$, $a_5 = 81,92$

3. $a_n = 8n + 1$, $a_5 = 41$, $s_4 = 84$

4. Der Anfangswert betrug 62500€. Jährlich wurden 12300€ linear abgeschrieben.

5. $y_n = \left(\frac{3}{2}\right)^n$

6. $p_n = 2 - \left(\frac{1}{2}\right)^n$

7. a) konvergent mit Grenzwert $t/t - 1$ für $t \notin \{0, 1\}$, Nullfolge für $t = 0$, divergent für $t = 1$. b) Nullfolge für $0 < t < 2$, konvergent mit Grenzwert $\frac{1}{5}$ für $t = 2$, divergent für $t > 2$

8. a) Hinweis: addieren Sie jeweils auf beiden Seiten der Ungleichung $\sqrt{n}$ und quadrieren Sie die Ungleichung danach. b) Erweitern Sie den Ausdruck ähnlich wie in Beispiel 4.13 ⇨ vgl. S. 135. c) Klammern Sie $\sqrt{n}$ aus.

9. $\frac{1}{2} + \frac{1}{2}\sqrt{5}$

10. a) im Jahr 2038 b) bis zum Jahr 2052.

11. Speziell: $a_n = \frac{2}{3}(1 - \left(-\frac{1}{2}\right)^n) \to \frac{2}{3}$. Allgemein: $a_n = a + \frac{2}{3}(b - a)(1 - \left(-\frac{1}{2}\right)^n) \to a + \frac{2}{3}(b - a)$

12. a) $1/(x - 1)$ für $|x| > 1$ b) $x\sqrt{x}/(\sqrt{x} - 1)$ für $x > 1$ c) $x^2/(1 - x^2)$ für $|x| < 1$ d) $1 + 1/x$ für $x > 0$ oder $x < -2$

13. a) Etwa $149, 16\,\mathrm{cm}$ b) $200\,\mathrm{cm}$

14. a) $f'(x) = -\sin(x)$, b) $f'(x) = 1/(1 + x)$, c) $f'(x) = 1/(1 + x^2)$

15. Implizite Funktionsgleichung $f(x) = x + \frac{1}{2}x^2 f(x) + \frac{1}{2}xf(x)$. Explizite Funktionsgleichung $f(x) = \frac{x}{(1 - \frac{1}{2}x^2 - \frac{1}{2}x)} = \sum_{n=0}^{\infty} \left(\frac{2}{3} - \frac{2}{3}(-\frac{1}{2})^n\right) x^n$

16. a) $p_1 = 0$, $p_2 = 4$, $p_3 = 4/5$, $p_4 = 84/25$ b) $p_n = \frac{20}{9} + \frac{25}{9} \cdot (\frac{4}{5})^n$ c) Grenzwert $\frac{20}{0}$

17. $K_n = K_0 q^n + qr\frac{q^n - 1}{q - 1}$

18. a) $r \approx 2915, 91$ b) $r \approx 721, 55$ c) $r \approx 239, 97$

19. a) $p \approx 3, 54$ b) $K_0 \approx 10001, 55$

20. a) $K_0 \approx 215532, 21$ b) $K_0 \approx 428571, 42$

21. $I = 250643, 14$

Kapitel 5

1. a) $\mathbb{D}_i$ schraffiert von links nach rechts: $\mathbb{D}_1$ mit $t = 1, 2, 0, -1$, $\mathbb{D}_2$ mit $t = 1, 2, 0, -1$:

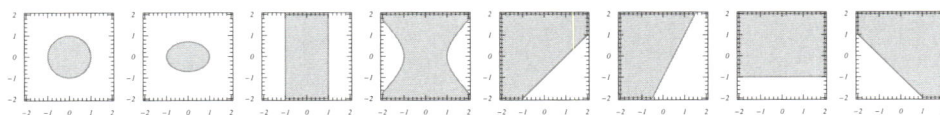

b) Kreis: $\mathbb{D}_1$ mit $t = 1$; Ellipse: $\mathbb{D}_1$ mit $t = 1$ und $t = 2$; Polytop: $\mathbb{D}_1$ mit $t = 0$ und $\mathbb{D}_2$.
c) konvex sind $\mathbb{D}_1$ mit $t = 1, 2, 0$ und $\mathbb{D}_2$.

2. a) f ist Polynom und auch quadratische Funktion. Für $c = 0$ ist f quadratische Form. Für $a = b = 0$ ist f lineare Funktion. b) f ist quadratische Funktion (Bruch kürzen!) c) Beide Versionen sind für $t = 0$ lineare bzw. konstante Funktion, für andere Werte von t ist f jeweils kein Polynom.

3. a) 10, f ist stetig b) 0, f ist stetig c) Für $t \neq 0$: $\frac{1}{2}$, f ist stetig; für $t = 0$ existiert der Grenzwert nicht. f ist in $(0,0)^T$ nicht definiert und kann auch nicht stetig dorthin fortgesetzt werden.

4. a) $N_g(c) = N_f(c/2)$ b) $N_h(c)$ entsteht aus $N_f(c)$ durch eine Vertikalverschiebung um 1 Einheit nach unten. $N_u(c)$ entsteht aus $N_f(c)$ durch eine Verschiebung von 1 Einheit nach unten und 1 Einheit nach rechts.

5. Wenden Sie die Regel von L'Hospital auf den logarithmierten CES-Term an.

6. a) Die Iso-Quanten sind rechts dargestellt. b) Der Ertrag wird dadurch begrenzt, dass einer der Produktionsfaktoren nicht in ausreichender Quantität zur Verfügung steht (limitationale Funktion). c) f ist positiv homogen vom Grad r.

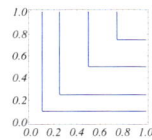

7. a) homogen vom Grad 2 b) nicht homogen c) positiv homogen vom Grad 0 d) nicht homogen e) positiv homogen vom Grad 2 f) positiv homogen vom Grad -2.

8. a) y und x b) $-y/x^2$ und -1 c) 1 d) $x^{y-1}y$ und $x^y \ln(x)$

9. a) $\dfrac{1}{\sqrt{1+2x^2-3y^2}}(2x, -3y)^T$

b) $(e^{x-y^2} + \cos(x+y) - \sqrt{1+y^2}, -2ye^{x-y^2} + \cos(x+y) - \dfrac{xy}{\sqrt{1+y^2}})^T$

c) $(\ln \frac{y}{z}, \frac{x}{y}, -\frac{x}{z})^T$

d) $(y + z + \frac{yz}{x} + \ln(xyz)(y+z), x + \frac{xz}{y} + z + \ln(xyz)(x+z), \frac{xy}{z} + x + y + \ln(xyz)(x+y))^T$

e) $x^{\frac{y}{z}}(\frac{y}{z}x^{-1}, \frac{1}{z}\ln(x), -\frac{y}{z^2}\ln(x))^T$

10. $(-28p + 3q + 2396, -6q + 3p + 1197)^T$

11. a) Die Aussage ist falsch für $f(x,y) = xy$ b) Ersetze „unabhängig von x" durch „konstant in allen Variablen".

12. $g(x,y) = 8x + 6y - 8$

13. a) $Dg(x,y) = p(x^2 + y^2)^{p-1}(2x, 2y)^T$ b) Für $p > 1/2$ ist g in $(0,0)^T$ total differenzierbar mit $Dg(0,0) = (0,0)^T$. Für $p = 1/2$ ist $Dg(0,0) = 1$. Für $p < 1/2$ ist g nicht total differenzierbar in $(0,0)^T$.

14. $h(t) = 1 - t$

15. Es müssen für beide Faktoren je 25 Geldeinheiten aufgewendet werden.

16. a) $\epsilon_{f,1}(x_1, x_2) = -\alpha$, b) $\epsilon_{f,2}(x_1, x_2) = \beta x_2$

17. a) $\epsilon_f(100, 10) = (7/4, 1/2)^T$ b) etwa $1,75$ Prozent. c) etwa $1,5$ Prozent. d) etwa $2,25$ Prozent.

18. a) der Produzent muß den Einsatz des ersten Faktors um etwa $\frac{7}{5}$ Tonnen erhöhen. b) Nein, diese Aussage gilt nur bei „marginalen" Änderungen.

19. $SEL(y|x) = 7/3$

20. positiv definit, indefinit, negativ definit, negativ definit, indefinit

21. Die Matrix ist positiv definit für $0 < a < 1$

22. a) $H_f(x, y) = \begin{bmatrix} -\frac{1}{x^2} & 0 \\ 0 & -\frac{1}{y^2} \end{bmatrix}$, f ist konkav.

b) $H_f(x, y, z) = \begin{bmatrix} 1 & 0 & 0 \\ 0 & -18y & 0 \\ 0 & 0 & 36z^2 \end{bmatrix}$. f ist weder konkav noch konvex.

c) $H_f(x, y, z) = \begin{bmatrix} \frac{12x^2}{yz} & \frac{-4x^3}{y^2z} & \frac{-4x^3}{yz^2} \\ \frac{-4x^3}{y^2z} & \frac{2x^4}{y^3z} & \frac{x^4}{y^2z^2} \\ \frac{-4x^3}{yz^2} & \frac{x^4}{y^2z^2} & \frac{2x^4}{yz^3} \end{bmatrix}$. f ist konvex.

d) $H_f(x, y, z) = e^{xyz} \begin{bmatrix} y^2z^2 & 1 + xyz & 1 + xyz \\ 1 + xyz & x^2z^2 & 1 + xyz \\ 1 + xyz & 1 + xyz & x^2y^2 \end{bmatrix}$. f ist weder konkav noch konvex.

23. a) $2\pi(r - 1)$ b) $\frac{14}{3}$ c) $\frac{25}{6}$ d) $\pi^2 - 4$ e) $\pi^2/2$

24. 4/15

25. a) $\nabla f(x, y, z) = \left(-\frac{y^2}{z(x+y)^2}, \frac{y^2+2xy}{z(x+y)^2}, -\frac{y^2}{z^2(x+y)}\right)^T$ b) $H_f(x, y) = \frac{2}{z(x+y)^3} \begin{bmatrix} y^2 & -xy \\ -xy & x^2 \end{bmatrix}$

c) f ist homogen vom Grad 0. $\epsilon_f(x, y, z) = (-\frac{x}{x+y}, \frac{y+2x}{x+y}, -1)^T$. Summe der partiellen Elastizitäten ist 0. d) g ist konvex.

Kapitel 6

1. a) globales Maximum bei $(0, 0)$, g ist konkav. b) keine Extrema, h ist weder konkav noch konvex c) keine Extrema. Funktion ist weder konkav noch konvex

2. lokales (nicht globales) Minimum in $(1, 0)^T$, Sattelpunkt in $(1, -2/3)$

3. Jeweils in $(0, 0)^T$ liegt ein kritischer Punkt vor. a) globales Minimum b) globales aber nicht isoliert liegendes Minimum c) kein lokales Extremum

4. a) $G(x, y) = cx^\alpha y^\beta - ax - by$ b) $x_0 = {}^{\alpha+\beta-1}\sqrt{\frac{a}{\alpha c} \left(\frac{\alpha b}{a\beta}\right)^\beta}$, $y_0 = {}^{\alpha+\beta-1}\sqrt{\frac{b}{\beta c} \left(\frac{a\beta}{\alpha b}\right)^\alpha}$

c) $H_G(x, y) = cx^\alpha y^\beta \begin{bmatrix} \alpha(\alpha - 1)/x^2 & \alpha\beta/(xy) \\ \alpha\beta/(xy) & \beta(\beta - 1)/y^2 \end{bmatrix}$. G ist konkav und hat daher im kritischen Punkt ein globales Maximum.

5. a) $x_1 = \frac{2}{3}x_0 - \frac{1}{3}$, $y_1 = 0$ b) $x_1 = \frac{4x_0^3}{6x_0^2 - 1}$, $y_1 = -\frac{4x_0^3}{6x_0^2 - 1}$

6. a) $\pm(2, 2)^T$ b) $\pm(t, -2t)^T$ c) $(t, -2t)^T$.

7. $x = y = 1$

8. $(1, -2, 1)^T$ und $(-1, 2, -1)^T$

9. $x_j = \frac{\alpha_j}{\alpha_1 + \cdots + \alpha_n}$. Hinweis: Mit logarithmierter Zielfunktion ist das Ableiten leichter.

10. $x = \frac{5}{9}, y = \frac{1}{18}, z = \frac{7}{18}$

11. a) Sattelpunkt in $(0,0)^T$ b) $\pm(1/\sqrt{10}, 3/\sqrt{10})^T$ und $\pm(3/\sqrt{10}, -1/\sqrt{10})^T$

12. $x = 60, y = 180$

13. a) $x = 12, y = 8$ b) $x = 10, y = 5$

14. $(0,0,0)^T$, $(1,1,1)^T$, $(-1,-1,1)^T$. Bei den auch noch in Frage kommenden Punkten $(-1,1,-1)^T$ und $(1,-1,-1)^T$ passt das Vorzeichen des Lagrange-Multiplikators nicht.

15. a) positiv definit b) negativ definit c) positiv definit für $t > -99/25$, positiv(negativ) semidefinit für $t = -99/25$, negativ definit sonst d) positiv definit e) negativ definit f) positiv definit

16. Aufgabe 6: erstes Problem: in $\pm(2,2)^T$ jeweils lokales Minimum; zweites Problem: in $(t, 2t)^T$ lokales Minimum; drittes Problem: in $(t, -2t)^T$ lokales Maximum; in $(-t, 2t)^T$ lokales Minimum;
Aufgabe 7: in $(1,1)^T$ lokales Maximum;
Aufgabe 8: in $(-1, 2, -1)^T$ lokales Minimum, in $(1, -2, 1)^T$ lokales Maximum
Aufgabe 10:in $(5/9, 1/18, 7/18)^T$ lokales Minimum.

17. $x = bc/(a(b+1))$, $y = ac/(b(a+1))$. Randwertvergleich mit $x = 0, y = c/b$ bzw. $y = 0, x = c/a$

18. Kritischer Punkt $(2/5, 3/10)^T$. Vergleich mit Randpunkten $(x, 0)$, und $(0, y)$ ergibt Randmaxima $(1/2, 0)^T$ und $(0, 1/2)$ mit kleinerem Zielwert. Also liegt im kritischen Punkt ein globales Maximum vor.

19. Aufgabe 7: erstes Optimierungsproblem; globales Minimum in beiden kritischen Punkten; zweites Optimierungsproblem: globales Minimum im kritischen Punkt; drittes Optimierungsproblem: globales Minimum in $(-t, 2t)^T$, globales Maximum in $(t, -2t)$.
Aufgabe 7: globales Maximum im kritischen Punkt
Aufgabe 8: globales Minimum in $(-1, 2, -1)^T$ und globales Maximum in $(1, -2, 1)^T$
Aufgabe 9: globales Maximum im kritischen Punkt. Aufgabe 10: globales Minimum im kritischen Punkt.

20. Aufgabe 12: $-G$ ist konvex, NB ist linear, also konvex, Slater-Bedingung z.B. mit $(1,1)^T$ erfüllt. Der kritische Punkt ist nach dem Satz von Kuhn-Tucker Stelle eines globalen Minimums.

Aufgabe 13: Voraussetzungen des Satzes von Kuhn-Tucker sind erfüllt (k ist konvex, g linear, also konvex,Slater-Bedingung z.B. mit $(1,1)^T$). In beiden Teilaufgaben ist der kritische Punkt globale Minimalstelle.

21. a) i) $-0,17329$, ii) $1/2$ b) i) $-0,17329$, ii) $-1/2$, $-0,67329$ c) i) -4682131, ii) $-5,182131$

22. a) $x = 200$, $y = 10$, $z = 50$. Ausbringung 30 Mengeneinheiten. b) Mit dem Lagrange-Multiplikator $\lambda = -3/160$ beträgt die Erhöhung etwa $0,9375$ Mengeneinheiten. c) Die maximale Ausbringung verringert sich um etwa $0,46875$ Mengeneinheiten. d) Die maximale Ausbringung verringert sich um etwa $3,97$ Mengeneinheiten. e) Die maximale Ausbringung verringert sich um etwa $3,5$ Mengeneinheiten.

23. a) $\nabla f(x, y) = (64x + 72y - 1712, 72x + 130y - 2220)^T$, $H_f(x, y) = \begin{bmatrix} 64 & 72 \\ 72 & 130 \end{bmatrix}$, f ist konvex. b) $x = 20, y = 6$ c) $x = 49, y = 2, \lambda = -784$ d) Betrachten Sie die Nebenbedingung zunächst als geeignete Ungleichung und prüfen Sie die Voraussetzungen des Satzes von Kuhn-Tucker. e) Erhöhung um näherungsweise 784 Einheiten.

Kontrollergebnisse zu den Übungsklausuren

Klausur 1

1. a) Zeilenstufenform: $\begin{bmatrix} 1 & 0 & 3 & 0 & 1 & | & 8 \\ 0 & 1 & -2 & 0 & 1 & | & 10 \\ 0 & 0 & 0 & 1 & 0 & | & 4 \end{bmatrix}$, allgemeine Lösung:

$\mathbb{L} = \left\{ (x_1, \ldots, x_5)^T \in \mathbb{R}^5 : x_1 = 8 - 3x_3 - x_5, x_2 = 10 + 2x_3 - x_5, x_4 = 4 \right\}$, spezielle Lösung: $(8, 10, 0, 4, 0)^T$.

b) Ja, die Lösung ist bereits optimal.

2. a) $H(a)$ ist invertierbar $\Leftrightarrow a \notin \{0, \sqrt{5}, -\sqrt{5}\}$. Der Eintrag lautet $\frac{a}{a^2 - 5}$.

b) Eigenwerte: $1, 1 + \sqrt{5}, 1 - \sqrt{5}$. Die Matrix ist indefinit.

3. a) $f(x) = \frac{1}{2x} - \frac{2}{x-2} = \frac{2+3x}{4x-x^2}$, $f'(x) = \frac{1}{2x^2} + \frac{2}{(x-2)^2} = \frac{3x^2+4x-4}{2x^4-8x^3+8x^2}$

b) f ist auf $]0; 2[$ konvex.

c) f hat in $x = \frac{2}{3}$ ein globales Minimum.

4. a) $\nabla f(x, y) = \left(\frac{200y^2 - 200x^3 y}{(x^3+2)^2}, \frac{200xy}{x^3+2} \right)^T$

b) $\varepsilon_f(x, y) = \left(\frac{2-2x^2}{x^3+2}, 2 \right)$. Summe ist $\frac{3}{5}$.

c) f ist nicht homogen.

d) Die Änderung muss näherungsweise $\frac{10}{7} \Delta y$ sein.

5. a) $x = 75$, $y = 5$, $z = 60$, $\lambda = -300$, $\mu = -375$.

b) $x = 75$, $y = 5$, $z = 60$, ohne Lagrange-Multiplikatoren (Schattenpreise!).

c) Marginale Optimalwertänderung ist 1500. a sollte größer als Null sein.

Klausur 2

1. a) $A = \begin{bmatrix} \frac{1}{4} & \frac{1}{3} & \frac{1}{3} \\ \frac{1}{4} & 0 & \frac{1}{3} \\ \frac{1}{2} & \frac{2}{3} & \frac{1}{3} \end{bmatrix}$, $B = \begin{bmatrix} 1 & 0 \\ 0 & \frac{2}{5} \\ 0 & \frac{3}{5} \end{bmatrix}$. **b)** $C = \begin{bmatrix} \frac{1}{4} & \frac{1}{3} \\ \frac{1}{4} & \frac{1}{5} \\ \frac{1}{2} & \frac{1}{15} \end{bmatrix}$

c) 500 Kilogramm R_3, 2000 Kilogramm E_1, 7500 Kilogramm E_2.

2. $x_1 = 10$, $x_2 = 0$, $x_3 = 20$

3. a) $A(t)$ ist invertierbar für $t \notin \{-1, 1\}$

b) Kleinster Eigenwert: $\lambda = -3$. Eigenvektor dazu ist z.B. $(1, 0, -1)^T$

4. a) $P = \begin{bmatrix} \frac{3}{4} & \frac{1}{3} \\ \frac{1}{4} & \frac{2}{3} \end{bmatrix}$. **b)** $P^n = \begin{bmatrix} \frac{3}{7} \left(\frac{5}{12} \right)^n + \frac{4}{7} & \left(-\frac{4}{7} \right) \left(\frac{5}{12} \right)^n + \frac{4}{7} \\ \left(-\frac{3}{7} \right) \left(\frac{5}{12} \right)^n + \frac{3}{7} & \frac{4}{7} \left(\frac{5}{12} \right)^n + \frac{3}{7} \end{bmatrix}$.

c) $a_n = -\frac{9}{28} \left(\frac{5}{12} \right)^n + \frac{4}{7}$, übersteigt 50% nach zwei Quartalen.

d) Langfristig können nur $\frac{4}{7}$ Marktanteil , d.h. ca $57,1\%$ erreicht werden.

5. a) $f'(x) = \frac{\ln(x+1)-1}{(\ln(x+1))^2}$, $f''(x) = \frac{2-\ln(x+1)}{(x+1)(\ln(x+1))^3}$

   b) Lokales Minimum für $x = e - 1$, lokales Randmaximum für $x = 10$.

   c) Globales Minimum für $x = e - 1$, globales Maximum für $x = 10$.

   d) f ist in $[0, e^2 - 1]$ konvex und in $[e^2 - 1, 10]$ konkav.

6. a) $\nabla f(x,y,z) = (-\frac{y^{\frac{1}{3}} z^{\frac{2}{3}}}{x^2}, \frac{1}{3} \frac{y^{-\frac{2}{3}} z^{\frac{2}{3}}}{x}, \frac{2}{3} \frac{y^{\frac{1}{3}} z^{-\frac{1}{3}}}{x})^T$.

   b) Die Summe hat den Wert Null.

   c) Der Preis muss um $\frac{1}{12}$ marginale Einheiten geändert werden.

   d) f ist weder konvex noch konkav.

7. $x = \frac{1}{4}$, $y = \frac{3}{4}$, $\lambda = -\frac{1}{4}$ (Schattenpreis!). Randvergleich mit $(1,0)^T$ und $(0,1)^T$.

Klausur 3

1. a) $A = \begin{bmatrix} \frac{1}{2} & 0 & \frac{3}{5} \\ \frac{1}{3} & 0 & \frac{2}{5} \\ \frac{1}{6} & 1 & 0 \end{bmatrix}$. **b)** $A^2 = \begin{bmatrix} \frac{7}{20} & \frac{3}{5} & \frac{3}{10} \\ \frac{7}{30} & \frac{2}{5} & \frac{1}{5} \\ \frac{5}{12} & 0 & \frac{1}{10} \end{bmatrix}$ (2-Tages-Übergangsmatrix)

   c) A ist nicht invertierbar. **d)** Fahrer A: $\frac{2}{5}$, Fahrer B: $\frac{4}{15}$, Fahrer C: $\frac{1}{3}$.

   e) $-\frac{1}{2}$, 0 (A nicht invertierbar) und 1 (Marktgleichgewicht ist Eigenvektor).

   f) Genau für $b = \frac{2}{3}a$ und $c = 1 - \frac{5}{3}a$ mit $0 \leq a \leq \frac{3}{5}$ ist dies möglich. Mögliche Vortagsmarktanteile sind $2a - \frac{6}{5}z$, $a - 2a + \frac{1}{5}z$ und $z \in [\max(0, 10a - 5), \frac{5}{3}a]$.

2. a) konvergent für $a = 0$ (Grenzwert b), divergent sonst.

   b) $a_n = 650 \cdot (\frac{2}{3})^n$. $\sum_{n=0}^{9} a_n \approx 1916,2$ und $\sum_{n=0}^{\infty} a_n = 1950$.

3. a) $f(x) = \frac{10}{\ell^3} x^3 - \frac{15}{\ell^2} x^2 + 5$. Mindestlänge $\ell = 30$ Meter.

   b) Volumen allgemein $\frac{25}{2} \ell$. Bei $\ell = 30$ sind das 375 Kubikmeter.

4. a) $\nabla f(x,y) = (\frac{(x - \frac{1}{2}y)(x + \frac{5}{2}y)}{(x+y)^2}, \frac{(x - \frac{1}{2}y)(-2x - \frac{1}{2}y)}{(x+y)^2})^T$

   b) h ist linear homogen. **c)** f ist konvex. **d)** globales Minimum für $y = 2x$.

5. a) $x = 36$, $y = 9$, $z = 4$, $\lambda = 12$ mit Zielwert (ZW) 66

   b) Insbesondere Slater-Bedingung z.B.: $g(121, 1, 1) < 0$

   c) $(0, \frac{1089}{25}, \frac{484}{25})^T$ hat ZW $145,2$. $(\frac{1089}{16}, 0, \frac{121}{16})^T$ hat ZW $90,75$. $(\frac{1936}{25}, \frac{484}{25}, 0)^T$ hat ZW $116,1\overline{6}$. $(0,0,121)^T$ hat ZW 363. $(0,121,0)^T$ hat ZW 242. $(121,0,0)$ hat ZW 121.

   d) a sollte marginal verkleinert werden.

Abbildungen

Tabellen

Symbole und Abkürzungen

$f'(x)$	Ableitung der Funktion f an der Stelle x ⇨ vgl. S. 176
$\|x\|$	Absolutbetrag der reellen Zahl x
$B_r(x)$	(auch $B(x,r)$) offener Ball um x mit Radius r ⇨ vgl. S. 72
$\binom{n}{k}$	Binomialkoeffizient ⇨ vgl. S. 142
CD	Cobb-Douglas ⇨ vgl. S. 172
CES	Constant elasticity of substitution ⇨ vgl. S. 173
$Df(x)$	Differential der Funktion f im Punkt x ⇨ vgl. S. 183
$A \setminus B$	Mengentheoretische Differenz der Mengen A und B. Alle Elemente von A, die nicht in B enthalten sind
I_n	Einheitsmatrix ⇨ vgl. S. 97
$e^{(i)}$	Einheitsvektor ⇨ vgl. S. 46
$\mathbf{1}$	Einsvektor; Spaltenvektor mit lauter Eins-Komponenten ⇨ vgl. S. 82
$\exists$	Kurzschreibweise „es gibt"
$\exp(x)$	bzw. e^x Exponentialfunktion ⇨ vgl. S. 145
$n!$	Fakultät der Zahl n ⇨ vgl. S. 142
FOC	aus d. Engl.: First Order Conditions ⇨ vgl. S. 224
$\forall$	Kurzschreibweise „für alle"
$\mathbb{Z}$	Menge der ganzen Zahlen
GEV	Gauß'sches Eliminationsverfahren ⇨ vgl. S. 25
$\nabla f(x)$	Gradient der Funktion f im Punkt x ⇨ vgl. S. 178
$\lim_{n \to \infty} a_n$	Grenzwert der Folge $(a_n)_{n \in \mathbb{N}}$ ⇨ vgl. S. 132
$\lim_{x \to x_0}$	Grenzwert der Funktion $f(x)$ mit $x \to x_0$. Auch uneigentlich, d.h. für $x_0 = \infty$ verwendet ⇨ vgl. S. 133
$H_f(x)$	Hesse-Matrix der Funktion f an der Stelle x ⇨ vgl. S. 205
$\mathbf{1}_S(x)$	Indikatorfunktion der Menge S. Nimmt den Wert Eins an, wenn $x \in S$ und Null sonst ⇨ vgl. S. 220
$[a; b]$	abgeschlossenes Intervall mit den Grenzen a und b
$]a; b[$	offenes Intervall mit den Grenzen a, b
$\int_a^b f(x)dx$	bestimmtes Integral der Funktion f in den Grenzen von a bis b
$\int f(x)dx$	unbestimmtes Integral (Stammfunktion) der Funktion f
A^{-1}	Inverse der Matrix A ⇨ vgl. S. 98
$J_f(x)$	Jacobi-Matrix der partiellen Ableitungen des Funktionsvektors f nach den Variablen des Vektors x, vgl. auch partielle Ableitung ⇨ vgl. S. 180
$\frac{\partial f}{\partial x}$	Jacobi-Matrix von f nach dem Variablenvektor x ⇨ vgl. S. 276

$A \times B$	kartesisches Produkt der Mengen A,B; Menge aller Paare (x,y) mit $x \in A$ und $y \in B$
M^n	n-faches kartesisches Produkt der Menge M; Menge aller Spaltenvektoren, deren Komponenten in M liegen
$Kern(A)$	Kern der Matrix A: Lösungsmenge des homogenen LGS $Ax = \bar{0}$ ⇨ vgl. S. 45
$\cos(x)$	Kosinus der reellen Zahl x ⇨ vgl. S. 146
KQ	Kleinste Quadrate ⇨ vgl. S. 80
A^C	Komplement der Menge A mit Bezug auf eine Obermenge M (meist $\mathbb{R}$ oder $\mathbb{R}^n$). Alle Punkte, die nicht in A enthalten sind
l.a.	linear abhängig ⇨ vgl. S. 55
l.u.	linear unabhängig ⇨ vgl. S. 55
LGS	Lineares Gleichungssystem ⇨ vgl. S. 19
LK	Linearkombination ⇨ vgl. S. 50
$\log(x)$	Logarithmus der reellen Zahl x zur Basis $e = 2,71827\ldots$ (der Euler'schen Zahl). Andere Schreibweise $\ln(x)$. Der Logarithmus zur Basis $a \in \mathbb{R}$ wird mit $\log_a(x)$ bezeichnet
A^n	Matrixpotenz, n-faches Produkt der Matrix A mit sich selbst ⇨ vgl. S. 98
AB	Produkt der Matrizen A, B. Auch mit $A \cdot B$ bezeichnet ⇨ vgl. S. 92
$\mathbb{N}$	Menge der natürlichen Zahlen (ohne Null). $\mathbb{N}_0$ bezeichnet Menge der natürlichen Zahlen inklusive Null.
$\|x\|$	euklidische Norm des Vektors x ⇨ vgl. S. 67
$\bar{0}$	Nullvektor ⇨ vgl. S. 42
$x \perp y$	Die Vektoren x und y sind orthogonal ⇨ vgl. S. 67
$D_i f(x)$	partielle Ableitung der Funktion f nach ihrer i-ten Variablen ⇨ vgl. S. 178
$\frac{\partial f}{\partial x}$	partielle Ableitung der Funktion f nach der Variablen x, vgl. auch Jacobi-Matrix ⇨ vgl. S. 181
∂A	Rand der Menge A
$\mathbb{R}$	Menge der reellen Zahlen
$Df(x,d)$	Richtungsableitung der Funktion f im Punkt x in Richtung d ⇨ vgl. S. 190
$\sin(x)$	Sinus der reellen Zahl x ⇨ vgl. S. 146
$\langle x,y \rangle$	Skalarprodukt der Vektoren x und y ⇨ vgl. S. 67
$\mathbb{R}^n$	Menge d. Spaltenvektoren über $\mathbb{R}$ ⇨ vgl. S. 40
$SEL(y|x)$	Substitutionselastizität zwischen y und x ⇨ vgl. S. 201
$GRS(y|x)$	Substitutionsgrenzrate zwischen y und x ⇨ vgl. S. 198
$\sum_{i=1}^{n} a_i$	Summe der Folgenglieder $a_1,\ldots,a_n$ ⇨ vgl. S. 141
A^T	Transponierte der Matrix A ⇨ vgl. S. 94
$\sum_{i=1}^{\infty} a_i$	unendliche Reihe der a_i ⇨ vgl. S. 143
ZSF	Zeilenstufenform ⇨ vgl. S. 31
$\mathbb{R}_n$	Menge d. Zeilenvektoren über $\mathbb{R}$. Auch: geordnete n-Tupel ⇨ vgl. S. 40

Das griechische Alphabet

Mathematik ist ohne Variablen undenkbar. Selbst bei vorsichtiger Nutzung lateinischer Buchstaben und Einsatz von Indizes ist aber unser herkömmliches Alphabet schnell „verbraucht", und zusammengesetzte „sprechende" Variablennamen führen oft zu klobigen Formeln. Als Alternative gebraucht man von jeher griechische Buchstaben, z.B. λ für den **Lagrange-Multiplikator** oder $\alpha, \beta, \ldots$ in der Vektorrechnung für **Skalare** zur Unterscheidung von **Vektoren**. Nicht alle Buchstaben des griechischen Alphabets sind „formelgeeignet", vor allem dann nicht, wenn sie ihren lateinischen Pendants zu sehr ähneln.

Kleinbuchstabe	Großbuchstabe	Aussprache
α	A	Alpha
β	B	Beta
γ	Γ	Gamma
δ	Δ	Delta
ϵ, ε	E	Epsilon
ζ	Z	Zeta
η	H	Eta
θ, ϑ	Θ	Theta
ι	I	Iota
κ	K	Kappa
λ	Λ	Lambda
μ	M	Mü
ν	N	Nü
ξ	Ξ	Xi
o	O	Omikron
π	Π	Pi
ρ, ϱ	P	Rho
σ	Σ	Sigma
τ	T	Tau
υ	Υ	Ypsilon
ϕ, φ	Φ	Phi
χ	X	Chi
ψ	Ψ	Psi
ω	Ω	Omega

Literatur

Aarts,E./**Korst**, J. [1989]: Simulated Annealing and Boltzmann Machines, Chichester.

Arrow, K./**Chenery**, H.B./ **Minhas**, B.S./**Solow**, R.M [1961]: Capital-Labor Substitution and Economic Efficiency. In: Review of Economics and Statistics. Vol. 43, S. 225-250.

Bazaraa, M.S./**Sherali**, H.D./**Shetty**, C.M [2006]: Nonlinear Optimization: Theory and Algorithms, Hoboken.

Cobb, C. W./**Douglas**, P.H. [1928]: A Theory of Production, American Economic Review, March 1928 Supplement, Vol. 18 Issue 1, S. 139-165

Forster, O. [2011]: Analysis 1, 10. Aufl., Wiesbaden.

Gandolfo, G. [1997]: Economic Dynamics, 3rd edition, Berlin.

Heuser, H. [2009]: Lehrbuch der Analysis, Teil 1, 17. Aufl., Wiesbaden.

Heuser, H. [2008]: Lehrbuch der Analysis, Teil 2, 14. Aufl., Wiesbaden.

Kruschwitz, L. [2010]: Finanzmathematik, 5. Aufl., München.

Leontief, W. [1954]: Domestic Production and Foreign Trade - The American Capital Position Reexamined, Economia Internazionale, (VII): S. 1.

Luenberger, D.G. [2003]: Linear and Nonlinear Programming, Second Edition, Boston.

Mann, H.B. [1943]: Quadratic Forms with linear constraints, American Mathematical Monthly, 50, S. 430-433.

Müller-Funk, U./**Kathöfer**,U. [2005]: BWL-Crash-Kurs Operations Research, Konstanz.

Nissen, V. [1997]: Einführung in Evolutionäre Algorithmen, Braunschweig.

Pflug, G. [1986]: Stochastische Modelle in der Informatik, Stuttgart.

Schira, J. [2003]: Statistische Methoden der VWL und BWL, München.

Schneider, W. [2006]: BWL-Crash-Kurs Kosten- und Leistungsrechnung, Konstanz.

Terveer, I./ **Terveer**, S. [2011]: Analysis-Brückenkurs für Wirtschaftswissenschaften, Konstanz.

Index

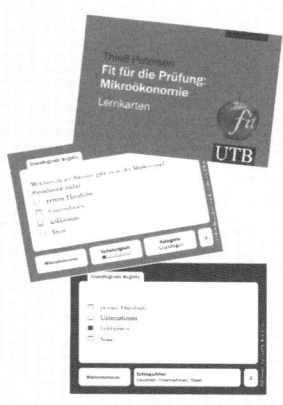
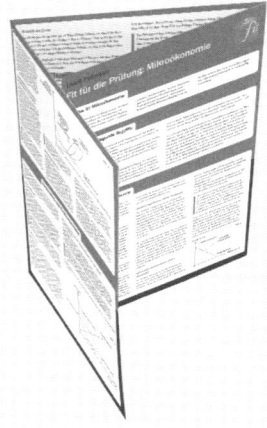